Lehrbuch der
Allgemeinen Geographie
Band 12

Lehrbuch der Allgemeinen Geographie

In Fortführung und Ergänzung von Supan-Obst,
Grundzüge der Physischen Erdkunde

Unter Mitarbeit von

J. Blüthgen †, Münster; H. Bobek, Wien; H. G. Gierloff-Emden, München;
A. Heupel, Bonn; Ed. Imhof, Zürich; H. Louis, München;
E. Obst, Göttingen; J. Schmithüsen, Saarbrücken;
S. Schneider, Bad Godesberg; G. Schwarz, Freiburg i. Br.;
M. Schwind, Hannover; K. Sinnhuber, Wien;
W. Weischet, Freiburg i. Br.; F. Wilhelm, München

Herausgegeben von
Erich Obst und Josef Schmithüsen

Walter de Gruyter · Berlin · New York 1976

Allgemeine Geosynergetik

Grundlagen der Landschaftskunde

Dr. phil. Josef Schmithüsen

o. Professor der Geographie an der Universität des Saarlandes

Walter de Gruyter · Berlin · New York 1976

Das Buch enthält 15 Abbildungen.

CIP-Kurztitelaufnahme der Deutschen Bibliothek

Lehrbuch der allgemeinen Geographie: in Fort-
führung u. Erg. von Supan-Obst, Grundzüge d.
phys. Erdkunde / unter Mitarb. von J. Blüthgen
...Hrsg. von Erich Obst u. Josef Schmithüsen. –
Berlin, New York: de Gruyter.
NE: Obst, Erich [Hrsg.]; Blüthgen, Joachim [Mitarb.]
Bd. 12. → Schmithüsen, Josef: Allgemeine Geosynergetik

Schmithüsen, Josef
Allgemeine Geosynergetik: Grundlagen d.
Landschaftskunde. – 1. Aufl. – Berlin, New
York: de Gruyter, 1976.
(Lehrbuch der allgemeinen Geographie; Bd. 12)
ISBN 3-11-001635-4

© Copyright 1976 by Walter de Gruyter & Co., vormals G. J. Göschen'sche Verlagshandlung,
J. Guttentag, Verlagsbuchhandlung Georg Reimer, Karl J. Trübner, Veit & Comp., Berlin 30.
Alle Rechte, insbesondere das Recht der Vervielfältigung und Verbreitung sowie der Übersetzung, vor-
behalten. Kein Teil des Werkes darf in irgendeiner Form (durch Photokopie, Mikrofilm oder ein ande-
res Verfahren) ohne schriftliche Genehmigung des Verlages reproduziert oder unter Verwendung elek-
tronischer Systeme verarbeitet, vervielfältigt oder verbreitet werden. Printed in Germany.
Satz und Druck: Saladruck Steinkopf & Sohn, Berlin.
Bindearbeiten: Lüderitz & Bauer Buchgewerbe GmbH, Berlin.

Inhaltsübersicht

Vorwort

In dem Rahmen des „Lehrbuches der Allgemeinen Geographie" zielt dieser Band auf das „Allgemeine" im Gesamtbereich der geographischen Wissenschaft. Das Thema „Allgemeine Geosynergetik" macht es notwendig, das Fach als Ganzes ins Auge zu fassen und in seinen theoretischen Grundlagen darzustellen. Teilweise muß dabei auch noch unsicherer Boden betreten werden. Die lebhafte Entwicklung der verschiedenen Zweige unserer Wissenschaft in den letzten Jahrzehnten hat es mit sich gebracht, daß die Übersicht über das ganze Fach zunehmend schwieriger geworden ist. Der Versuch, dieser Situation gerecht zu werden, veranlaßt uns, einleitend zu grundlegenden Fragen Stellung zu nehmen.

Das Bestreben, die innere Einheit im Aufbau unserer Wissenschaft aufzuzeigen und mit dem Ausbau der Landschaftskunde als Allgemeine Geosynergetik zu festigen, erfordert in mancher Hinsicht ein Heraustreten aus eingefahrenen Geleisen.

Ausgangspunkt sind die allgemeinen Aufgaben der Geographie. Daraus erst wird die spezielle methodologische Problematik unseres Themas entwickelt. Für einen Aufbau dieser Art gibt es in der Literatur nur wenig unmittelbar verwendbares Material, so daß wir uns nur in Ausnahmefällen an andere Darstellungen anlehnen können. Um die wissenschaftliche Landschaftskunde in ihrer vollen Bedeutung erfassen zu können, muß ihre Stellung in der Geographischen Wissenschaft geklärt werden. Es ist daher notwendig, diese in ihrer Gesamtheit zu betrachten und den inneren Zusammenhang ihrer verschiedenen Aufgabenbereiche aufzuzeigen. Denn nur auf Grund einer Einsicht in den logischen Aufbau des ganzen Faches können wir den noch wenig entwickelten Zweig der Allgemeinen Geosynergetik so fördern, daß er sich harmonisch einfügt und seine wichtige Funktion voll erfüllt.

Für den Geographen ist *Landschaft* ein wissenschaftlicher Grundbegriff von einem ähnlichen Rang wie Gestein für den Petrographen, Lebensgemeinschaft für den Biologen oder Epoche für den Historiker. Ähnlich wie bei diesen Begriffen beruht ein Teil der Schwierigkeiten bei der Diskussion des Landschafts*begriffs* auf der Tatsache, daß das verwendete Wort der Umgangssprache entnommen ist, in der es oft anders als im wissenschaftlichen Sprachbereich benutzt wird.

An den Auseinandersetzungen über den Begriff *Landschaft* haben sich seit Jahrzehnten die Gemüter vieler Forscher erhitzt. Die Literatur, in der diese Diskussion ihren Niederschlag gefunden hat, ist in ihrer Gesamtheit kaum noch übersehbar. Darin dokumentiert sich schon die große Bedeutung, die diesem Begriff für das Lehrgebäude der Geographie zukommt. Die Ursachen der Verwirrung, die in der wissenschaftlichen Diskussion über den Landschaftsbegriff herrschte, liegen in dem Widerstreit der Auffassungen, die über das Wesen und die Aufgaben der Geographischen Wissenschaft im Laufe der beiden letzten Jahrhunderte vertreten wurden. Auch heute ist darüber noch keine Einigkeit erzielt, wenn auch die Gegensätze nicht mehr so scharf sind und eine grundsätzliche Verständigung auf internationaler Ebene sich angebahnt hat.

Auf einen unbefangenen Beobachter wirkt das System der Geographischen Wissenschaft zunächst unübersichtlich, da es erst im Laufe der Geschichte aus teilweise heterogenen Komponenten zusammengewachsen ist. Eine radikal neue Gestaltung von den theoretischen Grundlagen aus ist zwar denkbar, aber praktisch nicht zu verwirklichen. Viele Geographen nehmen das Fach mit einer historisch überlieferten Gliederung als Tatsache hin und kümmern sich wenig darum, wie dieses in das Gesamtsystem der Wissenschaft einzuordnen ist. Nicht zuletzt ist aber gerade dieses Verhalten eine der Ursachen für die weitverbreitete methodologische Unsicherheit in der Geographie. Diese hat vor allem in den Beziehungen zu anderen Wissenschaftsbereichen oft unerfreuliche Folgen gehabt.

ALFRED HETTNER, dem wir die bisher umfassendste methodologische Gesamtdarstellung der Geographischen Wissenschaft verdanken, hatte in diesem Werk geschrieben: ,,Viele ... Forscher halten alle methodischen Betrachtungen über die Aufgaben und die Grenzen der einzelnen Wissenschaft für unnütz, fast für eine Spielerei; sie meinen, daß die Systematik der Wissenschaften nur formale, beinahe möchte ich sagen, nur ästhetische Bedeutung habe und für den Betrieb der Wissenschaften selbst gleichgültig sei. Diese Auffassung ist einseitig und kurzsichtig, ein Überbleibsel aus jener Zeit, in der der philosophische Geist ganz abgestorben war und nur die wissenschaftliche Roharbeit, und auch diese hauptsächlich für praktische Zwecke, geschätzt wurde. Wenn mit ihr Ernst gemacht wird, muß sie zur Vernachlässigung der wissenschaftlich notwendigen Arbeitsteilung und zur Kraftvergeudung führen'' (HETTNER 1927, S. 110). Die mit diesen Worten gekennzeichnete Zeit, in der es den meisten Geographen unnütz erschien, sich mit den theoretischen Grundlagen der Wissenschaft zu befassen, ist noch nicht lange vergangen. Erst in den letzten Jahrzehnten hat die Einsicht wieder mehr an Boden gewonnen, daß ,,die zusammenhaltende und belebende Kraft spekulativen Denkens'' (RUDOLF EUCKEN 1879) auch für die Geographie stärker wachgehalten und wirksam gemacht werden sollte.

Die Geographie muß ,,sich die Forderung gefallen lassen, an allgemeinen wissenschaftlichen Kriterien gemessen zu werden''. Diesem Satz des Studentenvertreter-Teams auf dem Kieler Geographentag (Geographiker 3, 1969) ist zuzustimmen. Die Notwendigkeit einer der logischen Kritik standhaltenden *Theorie* der Geographischen Wissenschaft und eines wissenschaftstheoretisch begründeten *Systems* ihrer Arbeitsbereiche ist nicht zu bestreiten. Denn ,,ohne Theorie gibt es weder gute noch neue Beobachtungen'' (CHARLES DARWIN). Die theoretische Begründung muß breit angelegt und in der allgemeinen Wissenschaftstheorie verankert sein. Nur so können grundlegende Mißverständnisse, wie sie immer wieder entstanden sind, überwunden und überflüssige, oft hemmende Kompetenzkonflikte mit anderen Disziplinen vermieden werden.

Die Möglichkeit der Überschneidung mit den Interessen anderer Wissenschaftsbereiche ergibt sich leicht aus der Art des geographischen Forschungsobjektes. Denn Länder und Landschaften kann man zwar einerseits als komplexe Gegenstände räumlicher Art erfassen, wie es die Hauptaufgabe der Geographie ist. Man kann jedoch auch ihre verschiedenen sachlichen Teilaspekte und Bestandteile einzeln betrachten und untersuchen, wie z. B. die in einem Lande vorkommenden Gesteine und ihre Lagerung und deren Verbreitung. Dabei kann die Grenze zur Petrographie oder Geologie fließend und oft auch strittig sein. Sinngemäß das gleiche gilt bei der isolierenden Betrachtung anderer Eigenschaften der Länder, wie ihrer Vegetation, ihrer Wirtschaft oder Bevölkerung. Für die *Praxis* der Forschung im einzelnen kann das belanglos sein. Für den *methodologischen* Ausbau der Wissenschaft ist es jedoch wichtig, dieses zu erkennen.

Die *Kriterien* dafür, ob man sich auf geographischem Boden bewegt oder nicht, können nur auf wissenschaftstheoretischen Grundlagen gefunden werden. Nur von hier aus gewinnen wir eindeutige Maßstäbe dafür, worin die Unterschiede der verschiedenen Zweige der Wissenschaft liegen und wie sich diese gegenseitig ergänzen.

Seit dem Entwurf des HETTNER'schen Bauplans der Geographie ist mehr als ein halbes Jahrhundert vergangen. Seine 1927 veröffentlichte Konzeption war in ihren Grundzügen schon um die Jahrhundertwende entstanden. Seitdem ist nicht nur die Forschung fortgeschritten und zu neuen Erkenntnissen gelangt, vielmehr wurden auch neue Einsichten in das Wesen der Wissenschaft selbst gewonnen. Für deren methodologische Auffassung kann das nicht ohne Folgen bleiben. Das Gesamtgebäude der Geographischen Wissenschaft, an dem wir heute bauen, sieht daher in wesentlichen Teilen anders aus als jenes, das HETTNER geschaffen hat. Bei der Bewertung der aktuellen wissenschaftlichen Fortschritte sollte man sich aber davor hüten, modischen Übertreibungen zum Opfer zu fallen.

Wir stehen damit vor einer doppelten Aufgabe. Einerseits müssen wir versuchen, vom Wesen des Forschungsgegenstandes und von den denkbaren Forschungsaspekten und -methoden aus eine zweckmäßige und allen Erfordernissen gerecht werdende Gliederung der Wissenschaft theoretisch abzuleiten. Auf der anderen Seite sehen wir die Notwendigkeit, auch das historisch Gewordene in vollem Umfang zur Kenntnis zu nehmen und dieses, soweit es unter dem Gegenwartsaspekt sinnvoll erscheint, zu übernehmen. Das letztere geschieht nicht aus Respekt vor der Vergangenheit oder aus anderen sentimentalen Motiven, sondern aus Zweckmäßigkeit. Der theoretischen Grundlegung gebührt unstreitig der Vorrang und im Zweifelsfall die Entscheidung. Aber auch das neueste Lehrgebäude einer Wissenschaft muß so angelegt sein, daß die schon entwickelten Arbeitsbereiche, soweit sie der Gesamtaufgabe dienlich sind, ohne unnötige Entwicklungsstörung darin ihren Platz behalten und mit allen übrigen verbunden werden können. Nur in einer harmonischen Verbindung mit ihrer eigenen Tradition kann die Wissenschaft sich fruchtbar weiter entfalten.

Zu der gleichen Auffassung kam auch DAVID HARVEY, als er sich darum bemühte, die sogenannte „*Quantitative Revolution*" zu erforschen, die – ausgehend von der Universität Washington – seit Anfang der Sechziger Jahre in den Vereinigten Staaten *Mode* geworden war (HARVEY, 1969, Vorwort). Er kam dabei darauf, daß es notwendig sei, seine „*geographische Philosophie*" zu überprüfen und anzupassen. Dabei fand er zu seiner eigenen Überraschung, daß *nicht* die *Ziele* und die Forschungsgegenstände der Geographie zu ändern seien. Vielmehr müsse vor allem das Methodenbewußtsein geschärft werden, damit die traditionellen Ziele besser erreichbar werden. Ein positiver Effekt der Bemühungen um Quantifikation sei der Zwang zu schärferem logischen Denken. Man müsse aber die wissenschaftliche *Methodik in ihrer Gesamtheit* unter die Lupe nehmen, um den Einsatz der methodischen Werkzeuge richtig steuern zu können. „Die schärfsten Werkzeuge können bei Mißbrauch den größten Schaden anrichten" (Vorwort S. VII).

Man vergleiche dazu auch die Darlegungen von ERICH OTREMBA über „Fortschritt und Pendelschlag in der Geographischen Wissenschaft" in der ERNST PLEWE-Festschrift (Hrsg. v. E. MEYNEN und E. RIFFEL 1973).

Mit der fortschreitenden Differenzierung in der Struktur der Wissenschaft gewinnt auch deren sprachlicher Ausdruck und damit das Problem der *Terminologie* zunehmend an Bedeutung. „Ohne eine Terminologie, ohne ein ihrer Aufgabe entsprechendes eigentümliches Sprachgebiet ist keine Wissenschaft möglich" (ROSENKRANZ, 1850). Mancher Leerlauf in

unfruchtbaren Diskussionen ist die Folge von unüberlegten, ohne Rücksicht auf den Gesamtzusammenhang der Wissenschaft gewählten Benennungen oder auch der undiszipli-
nierten Verwendung und damit eines schnellen Verbrauchs von ursprünglich zweckmäßig
geprägten Begriffen. Begriffssystem und Terminologie müßten für den Gesamtbereich der
Geographie grundsätzlich immer zusammen gesehen und zwischen den einzelnen Spezial-
zweigen des Faches aufeinander abgestimmt werden. Exaktheit der wissenschaftlichen Sprache bedeutet, ,,daß jedes Wort einen eindeutig festgelegten Sinn und der aus diesen Worten
gebildete Satz damit eine eindeutige Bedeutung hat" (C. F. v. WEIZSÄCKER, Sprache der
Physik, S. 148).

Bei der Geographie ergibt sich eine besondere Schwierigkeit aus der Lebensnähe des Faches. Diesem
wird von weiten Kreisen außerhalb der Wissenschaft großes Interesse entgegengebracht, und viele Geographen bemühen sich deshalb, die Begriffsbezeichnungen aus der Umgangssprache zu nehmen. Während es in den meisten anderen Wissenschaften als selbstverständlich gilt, daß man ihr Begriffssystem
und die Terminologie studieren muß, um eine fachliche Darstellung zu verstehen, sind die Geographen
meistens bestrebt, ,,allgemeinverständlich" zu schreiben. Man sollte nicht übersehen, daß diese Tendenz für die Wissenschaft große Nachteile hat. Dieses zeigt sich vor allem auch in den Verständigungsschwierigkeiten zwischen den verschiedenen Sprachbereichen bei internationalen Diskussionen und ist
zu einem großen Teil darauf zurückzuführen, daß die Geographie sich bisher noch nicht genügend um
eine eigene Fachsprache bemüht hat. Wir stimmen daher der Auffassung von GERASIMOV (1969) zu, daß
die Geographie gerade auch im Hinblick auf ihre weltweiten aktuellen Aufgaben ihre wissenschaftliche
Terminologie sorgfältig weiter entwickeln muß.
Die notwendige Eindeutigkeit des wissenschaftlichen Systems macht ein Mindestmaß an neuer Terminologie unvermeidlich. Nicht alle Fachkollegen pflegen sich solchen Versuchen gegenüber wohlwol-
lend einzustellen. Mancher bleibt oft lieber auf altgewohnten Bahnen und nimmt Vorschläge, die ein
Umdenken oder Umlernen nötig machen, nicht oder nur ungern zur Kenntnis. Auf der anderen Seite ist
die oft beklagte geringe Durchsetzungskraft der Geographischen Wissenschaft zum mindesten teilweise
auf die Unsicherheit ihres eigenen Methodenbewußtseins zurückzuführen. Diese beruht aber nicht zuletzt darauf, daß sich nur selten mutige und konsequente Theoretiker unseres Faches zu konstruktiven
Gesprächen über die gemeinsamen Grundlagen zusammenfinden.

Bei der Fülle des Stoffes, die in diesem Band zu bewältigen war, bestand die Gefahr, daß
die Übersichtlichkeit unter zu vielen Beispielen und Illustrationen leiden könnte. Beigaben
dieser Art sind deshalb auf das Nötigste beschränkt worden. ,,Die Strenge der Wissenschaft
fordert unter anderen Tugenden auch die der bewußten Enthaltsamkeit" (ROSENKRANZ,
1850). Sie verlangt aber auch, vor allem wenn es um theoretische Grundlagen geht, das Bemühen, den gesamten Zusammenhang der Aussagen konsequent mit den Mitteln der Sprache auszudrücken und nicht auf bildliche Darstellungen auszuweichen, die, wenn sie isoliert
betrachtet werden, leicht mißverständlich ausgelegt werden könnten.
Um das Verständnis zu erleichtern und die Darstellung kurz und möglichst einfach halten
zu können, werden an manchen Stellen die gleichen Beispiele für die Darlegung verschiedener Probleme herangezogen. So kann auf die schon in anderem Zusammenhang gegebenen
Vorstellungen Bezug genommen werden. Dem methodologischen Ziel des Buches entsprechend, wird auch nur eine begrenzte Auswahl von Schriften genannt. Zitate werden im Text
mit Rücksicht auf die Lesbarkeit nur sparsam gebracht. Nur die Geschichte der methodischen Ideenentwicklung wird großzügiger mit Belegstellen aus den Schriften der älteren Autoren dokumentiert. Damit setzen wir uns in Gegensatz zu den Gepflogenheiten in einem
Teil des heutigen Schrifttums, in dem oft nur auf sekundäre Äußerungen aus jüngster Zeit
Bezug genommen und damit das historische Bild der Ideenentwicklung nicht selten verfälscht wird.

Wir halten es aber für berechtigt, die Wissenschaftsgeschichte im Rahmen dieses Bandes nur in ihrem Bezug zur Gegenwart heranzuziehen. In Anlehnung an Formulierungen von CARL RITTER zum Thema Vergleichende Geographie (zitiert in Kap. 3.3) können wir diese hier vertretene Betrachtungsweise wie folgt charakterisieren: Wir suchen das Überdauernde auf und verfolgen dessen Entwicklung durch alle Zeiten bis auf die unsrige. So finden wir auf, was sich im Wandel der Zeit bewährt hat, und es wird einleuchtend, wie das Heute aus der Vergangenheit entstanden ist. Zugleich wird damit sichtbar, daß manche methodische Ideen nicht so neu sind, wie es zuweilen dargestellt wird, und wieviel wir in unserer gegenwärtigen Wissenschaft den Ideen früherer Forschergenerationen verdanken.

Während der Abfassung dieses Bandes ist 1967 das Werk von ERNST NEEF ,,Die theoretischen Grundlagen der Landschaftslehre" erschienen. Dieses ist auf ganz ähnliche Ziele gerichtet. Auch NEEF zeigt, daß die Begründung der Landschaftslehre notwendigerweise eine allgemeine Theorie der geographischen Wissenschaft voraussetzt bzw. als Kernstück zu dieser selbst gehört. Als Rahmen skizziert er seine Auffassung von den Aufgaben der allgemeinen Theorie: Klärung des Forschungsgegenstandes, Ableitung von Lehrsätzen aus (,,axiomatischen") Grundvorstellungen, Ausarbeitung der Methodenlehre, Entwicklung des Begriffsschatzes und der Terminologie, Klärung der Darstellungsprobleme und Aufbau einer systematischen Ordnung der Erdräume. In den Hauptteilen seines Werkes behandelt er ,,die Realität der Landschaft" und ,,die methodischen Probleme" und gibt darin ein von Grund auf entwickeltes Gesamtbild seiner Theorie. Unsere Auffassung stimmt in vielem damit überein. Mit anderem werden wir uns in einigen Kapiteln unserer Darstellung auseinanderzusetzen haben.

Der Titel unseres Bandes ist gegenüber dem ursprünglichen Plan, der in früheren Verlagsankündigungen veröffentlicht worden war, verändert worden. Mit *Allgemeine Geosynergetik* wird das, was hier dargestellt wird, exakter angegeben als mit der Bezeichnung Allgemeine Landschaftskunde. Denn als Landschaften begreifen wir, soviel sei hier einleitend noch gesagt, den Gesamtcharakter geosphärischer Wirkungssysteme, d. h. deren Struktur und Dynamik als synergetische Qualitäten. Diese Konzeption hat sich als zweckmäßig erwiesen. Man kann daraus ein umfassendes System von Methoden ableiten, die es ermöglichen, die komplexen Probleme des geosphärischen Synergismus aller räumlichen Dimensionsstufen zu erforschen. Die zunehmende Geltung der Geographie im Kreise der wissenschaftlichen Disziplinen ist nicht zuletzt auch den methodischen Fortschritten der Landschaftsforschung zu verdanken. Die Landschaftsanalyse hat sich als ein passender Schlüssel bewährt, um viele auch für die Praxis wichtige Probleme einer systemtheoretischen Durchleuchtung und damit z. T. auch einer quantifizierenden Beschreibung zugänglich zu machen. Damit erwachsen der Geographie vor allem auch im Hinblick auf die wissenschaftliche Bewältigung der Umweltprobleme der Menschheit neue konstruktive Aufgaben.

Der Verfasser hat nicht den Ehrgeiz gehabt, alle in diesem Buch behandelten oder angeschnittenen Probleme selbst lösen zu wollen. Er legt lediglich in geordneter Form die Gedanken und Schlußfolgerungen dar, zu denen die jahrzehntelange Beschäftigung mit dem Thema ihn geführt hat. Manches muß darin skizzenhaft bleiben, sollte aber als Anregung zum Weiterdenken und zu einer *konstruktiven* sachlichen Diskussion aufgefaßt werden.

Den Fachkollegen, die dieses Buch kritisch beurteilen werden, sei von vornherein zugegeben, daß nicht alle Teile des Bandes in der gleichen Intensität durchgearbeitet sind. Ich sah mich aber aus verschiedenen Gründen veranlaßt, dem freundlichen Drängen des Herausgebers Prof. Dr. ERICH OBST und des *Verlages* nachzugeben und das Werk zu einem vorläufigen Abschluß zu bringen in der Hoffnung, daß eine spätere Neuauflage mir Gelegenheit geben wird, manches zu verbessern oder zu ergänzen.

Ich danke allen *Mitarbeitern des Geographischen Instituts der Universität des Saarlandes,* die mir bei der Fertigstellung des Manuskripts behilflich gewesen sind, insbesondere Herrn Dr. GERHARD BRÜSER, der die Zitate kontrolliert und das Literaturverzeichnis vorbereitet und mir dabei manche sachliche und stilistische Verbesserungen im Text vorgeschlagen hat. Herzlichen Dank schulde ich auch vielen *Freunden und Kollegen des In- und Auslandes,* die in persönlicher Aussprache und in Diskussionen bei Symposien und Kongressen immer wieder meinen Mut bestärkt haben, die mir manchmal uferlos erscheinende Arbeit nicht aufzugeben. Ihnen und meiner lieben Frau JUTTA SCHMITHÜSEN, die mir dazu in den letzten 10 Jahren das notwendige häusliche Ambiente bereitet hat, sei dieses Buch gewidmet.

JOSEF SCHMITHÜSEN

1. Kapitel: Die Stellung der Geographie im System der Wissenschaft

1.1 Allgemeine wissenschaftstheoretische Grundlagen

Es gibt verschiedene Mittel und Wege, sich in der Wirklichkeit, in der wir leben, zu orientieren. Einer dieser Wege ist die Wissenschaft. Durch sie verschaffen wir uns mit Hilfe des Verstandes zielbewußt Einsicht in unsere Umwelt und bringen dieses Wissen in eine objektive, tradierfähige, akkumulierbare und übersichtlich geordnete Form.

Die wissenschaftlichen Disziplinen oder 'Fächer' sind nur der Ausdruck einer Arbeitsteilung, auf die man sich einigt, um der Aufgabe, die wir Wissenschaft nennen, möglichst gründlich und vollständig gerecht zu werden. Ihre Anzahl ist nicht begrenzt; sie wächst ständig. Ihre Grenzziehung ist fließend und kann jederzeit geändert werden, wenn theoretische Einsicht oder praktische Arbeitsteilung dies erfordern oder als zweckmäßig erscheinen lassen.

Andere Wege, sich eine Vorstellung von der Umwelt zu machen, hat die Menschheit im Bereich des Metaphysischen. In manchen Kulturstufen begründet sich die Orientierung ohne scharfe Trennung teils auf Erfahrung, teils auf mythischen Vorstellungen. Dieses gilt auch für jene frühen Zeiten des Griechentums, in denen wir, wie z. B. bei HOMER (2. Hälfte des 8. Jhs. v. Chr.), die ersten Anfänge einer geographischen Ideenwelt erkennen können. Doch trifft das auch noch bis in den Beginn der Neuzeit für manche Publikationen zu, die als 'geographisch' bezeichnet werden. Diese Tatsache wirft auch ein Licht auf die Fragwürdigkeit einer geschichtlichen Ableitung der Wissenschaftssystematik.

Wissenschaft ist Erkenntnis durch bewußte Verstandesarbeit. Sie beginnt mit der skeptischen Beobachtung und umfaßt die Gesamtheit des aufgrund von Betrachtung, Überschau und Besinnung gewonnenen und durch Denkarbeit gestalteten Wissens. Wissen allein ist noch nicht Wissenschaft, ebensowenig Forschen allein, sondern erst das rational dargestellte Erforschte. Vielleicht erfassen wir das Wesentliche, indem wir sagen: Wissenschaft ist das in Begriffen objektivierte und in geeigneten Kommunikationssystemen geordnete Wissen der Menschheit. Damit wird zugleich auch der überindividuelle und der internationale Charakter der Wissenschaft zum Ausdruck gebracht.

Die *Erfahrungs*wissenschaften haben es nur mit jenem Teil der denkmöglichen Wirklichkeit zu tun, der objektiv wahrgenommen und rational begriffen werden kann.

Ein Scheinproblem, das verwirrend wirken kann, ist die Frage, ob die wahrnehmbare Wirklichkeit, die wir mit Gegenstandsbegriffen erfassen und erforschen, objektiv existent sei oder nicht. Das mag ein wichtiges Problem der Philosophie sein. Für die empirischen Wissenschaften ist es belanglos. Denn deren Methoden und Erfolge beruhen seit eh und je auf der Konvention aller Gelehrten, zum mindesten so zu tun, als ob es eine außersubjektive reale Wirklichkeit gäbe. Alle in der Praxis des alltäglichen Lebens

tausendfältig bestätigten Ergebnisse der Erfahrungswissenschaften wurden aufgrund der Annahme gewonnen, daß die außersubjektive Wirklichkeit mit Hilfe der physisch-psychischen Fähigkeiten des
Menschen wahrgenommen, ins Bewußtsein gebracht und mit den Mitteln des Verstandes erforscht und
verifiziert werden kann. Wir gehen von dieser bewährten Übereinkunft als einer gegebenen Voraussetzung aus, ohne uns hier mit der Fragwürdigkeit des realistischen Vorurteils über die Existenz der außersubjektiven Welt auseinanderzusetzen.

Wenn in den Erfahrungswissenschaften von Wirklichkeit die Rede ist, so meint man die
objektive Wirklichkeit. Diese umfaßt alles, was die Menschheit durch sinnliche und instrumentelle Wahrnehmung erfahren und durch Reflexion als objektiv verifizieren kann. Voraussetzung sind auch für die Wissenschaft zunächst die unbewußt ablaufenden individuellen
Erkenntnisprozesse der Wahrnehmung, durch die der Mensch unter Mitwirkung aller seiner
Sinneskräfte Wissen von der Umwelt erwirbt.

Es darf nicht übersehen werden, daß es neben und in der objektiven Wirklichkeit andere, inhaltlich
enger begrenzte Wirklichkeitsbereiche gibt. Die Wirklichkeit, in der der einzelne Mensch als Individuum lebt, ist etwas anderes als die objektiv verifizierbare räumliche Wirklichkeit der Geosphäre, in der
die Menschheit lebt. Bei der subjektiven Wirklichkeit des Einzelnen kann man zwei Stufen unterscheiden: die aus direktem Kontakt mit der Außenwelt selbst erlebte und die durch mittelbare Information
erweiterte individuelle Wirklichkeit.
Das unmittelbar sinnlich Wahrgenommene hat für das Individuum den höchsten Realitätswert. Denn
der Vorstellungsinhalt ist auf der Grundlage erlebter Konkreta gestaltet. Wahrnehmungsvermögen und
Imagination konstituieren das auf Sinneserfahrung begründete subjektive Wissen von selbst erlebter
Wirklichkeit. Die Eigenwelt der individuellen Wirklichkeit einer Person enthält neben dem selbst
Wahrgenommenen auch mittelbar Erfahrenes. Dieses begründet sich auf dem Glauben an das von ande-
ren durch Wort, Schrift, Bild oder durch andere Zeichensysteme Mitgeteilte. Es ist für das Individuum
ebenfalls real. Zum Teil ist es aus abstrakten Begriffen aufgebaut. Die Wirklichkeit der Eigenwelt eines
Individuums kann immer nur ein geringer Bruchteil der gesamten objektiven Wirklichkeit sein.

Begriffe sind in einem sprachlichen Ausdruck eingefangene Vorstellungs- oder Ordnungsideen, die gefunden werden, um Wissen festzuhalten und mitteilen zu können. In Begriffen objektiviertes Wissen hat eigene Existenz, wenn es, losgelöst von den Individuen, die
mit ihren subjektiven Wahrnehmungen den Grund dazu gelegt hatten, in einer Sprache oder
einer anderen Form (Karte, Abbildung usw.) festgelegt ist. Die Gesamtheit dieses Wissens
wird damit selbst zu einer objektiven geistigen Wirklichkeit. Diese ist den Individuen als
weitere Erfahrungsquelle zugänglich. Der Einzelne kann Teile daraus in seine subjektive Eigenwelt aufnehmen.
Wissenschaft beginnt mit dem Reflektieren über das durch subjektives Erleben erworbene
Wissen und mit dessen Konzeption in einer mitteilbaren Form. Nur durch *Reflexion* und
eine darauf begründete objektive Darstellung kann das auf der Sinneserfahrung begründete
subjektive Wissen zu einem Bestandteil der Wissenschaft gemacht werden. Wissenschaft unterscheidet sich demnach von dem naiven Wissen durch die bewußte und zum Teil planmäßige Verstandesarbeit, mit der die erlebte Wirklichkeit in Begriffen objektiviert wird. Voraussetzungen dafür sind, ebenso wie für das unreflektierte Wissen, unbewußt ablaufende
physio-psychische Erkenntnisprozesse. Bei der Wahrnehmung, durch die ein Wissen von
der außersubjektiven Welt erworben wird, wirken alle Sinne und Gemütskräfte des Menschen mit. ,,Den eigentlichen Werth empfängt aber die Thatsache erst durch die Idee, die
daraus entwickelt wird" (JUSTUS VON LIEBIG, 1865, S. 39). Aufgabe der Wissenschaft ist es,

„den rohen Stoff empirischer Anschauung gleichsam durch Ideen zu beherrschen" (ALE-XANDER VON HUMBOLDT, 1845, Bd. 1, S. 6).

Wir bemächtigen uns der mit unserem Wahrnehmungsvermögen erfahrbaren Welt, indem wir mit Begriffen bestimmte Teile herausgreifen – wie z. B. Ozeane oder Atome, Tiere oder Landschaften – und auf die damit konstituierten Gegenstände alle Betrachtungsaspekte und Denkprozesse anwenden, über die wir verfügen. Dabei werden ständig neue Begriffe gebildet und neue Gegenstände erkannt. Denn mit der Lösung alter Fragen werden von der Wissenschaft zugleich immer neue Fragen gestellt.

Wissenschaftliches Denken ist rationale Klärung und Ordnung von Begriffen. Diese sind nicht nur die Form, in die das Wissen gefaßt wird. Sie sind zugleich auch die Werkzeuge, die Erkenntnismittel, mit denen das Wissen vermehrt und der Erkenntnisprozeß weiter gefördert werden kann.

Der wissenschaftliche Forscher bedarf nicht nur des Verstandes. Ebenso nötig sind andere Qualitäten wie Wahrnehmungs- und Erlebnisfähigkeit, Neugier, Erkenntnistrieb, Arbeits- und Gestaltungswille sowie die Fähigkeit, Erforschtes darzustellen. Mit Verstand allein kommt in der Wissenschaft nur der als Spezialist geschulte Handlanger aus, den auch ein Computer ersetzen könnte. Dem Forscher muß auch etwas 'einfallen'. Er muß die Begabung haben, Unerforschtes zu erkennen, sowie den Willen und die Fähigkeit, die wahrgenommenen Informationen mit allen Mitteln der Verstandesarbeit zu prüfen und sie damit rational zu verifizieren. *Forschen* zielt darauf, das Wissen zu mehren. Es setzt aber auch schon Wissen voraus, nämlich das Wissen um Fragen oder Probleme und um die Erkenntnisquellen und Methoden, die dazu verhelfen, neues Wissen zu gewinnen. Um das einzelne Wissen in dem Informationssystem Wissenschaft übersichtlich ordnen zu können, muß der Forscher teilweise auch neue Begriffe in planmäßigen Denkprozessen konstruktiv schaffen.

Begriffe sind nach den Gesetzen der Denkmöglichkeit geschaffene Erkenntnismittel. Jeder Begriff, auch der unbedeutendste, entsteht durch einen schöpferischen Akt. Die Voraussetzungen dafür und damit auch die besondere Art der Entstehung der einzelnen Begriffe können sehr unterschiedlich sein. Grundlage kann die Anschauung sein, wie z. B. bei der Benennung einer wahrgenommenen Gestalt zum Zwecke ihrer Identifizierung. Die Konzeption eines Begriffs kann aber auch aus einem reinen Denkvorgang, einer logischen Operation mit schon bekannten Begriffen hervorgehen. Zwischen diesen beiden Extremen gibt es Übergänge. Ein Beispiel dafür ist die Bildung eines normativen Typenbegriffes aufgrund eines planmäßigen Vergleichs vieler einzelner gegenständlicher Wahrnehmungen.

Im Gegensatz zu subjektivem Wissen bleibt wissenschaftliches Wissen immer abstrakt. Es muß in Begriffe gefaßt sein. Dabei kann jedoch dieselbe Wirklichkeit, je nach dem Aspekt, unter dem sie betrachtet wird, verschieden gefaßt werden. So kann z. B. derselbe Ausschnitt aus der Realität als Dorf am Waldrand oder als 17 Häuser neben 189 Kiefern begriffen werden.

Der richtige Umgang mit den Begriffen setzt eine gewisse Kenntnis von deren Bildung voraus. Das Begriffsinventar, mit dem die Wissenschaft arbeitet, besteht aus vielen, in einem langen historischen Vorgang angereicherten 'Schichten'. Die einzelnen Begriffe sind nicht nur von unterschiedlicher Art, sondern auch nach Herkunft und Alter sehr verschieden. Je nach der Zeit ihrer Entstehung können sie aus der Vorstellungswelt eines niederen oder höheren Standes der wissenschaftlichen Erkenntnis geprägt sein.

Nach ihrer Art und Herkunft unterscheiden wir 1. allgemeine Grundbegriffe kategorialen Charakters, 2. definierbare, aber von der Wissenschaft nicht ausdrücklich definierte allgemeine und spezielle Begriffe der Umgangssprache und 3. von der Fachwissenschaft definierte Begriffe.

1. Allgemeine Grundbegriffe kategorialen Charakters können nicht definiert, sondern nur gedanklich durchdrungen werden. Dazu gehören z. B. Wesen, Raum, Zeit, Einheit, Teil, Allgemeines, Besonderes, Qualität, Ursache, Wirkung, Sinn, Zweck. Dieses sind aus der Anschauung und der Art unserer Denkfähigkeit geschöpfte Ideen, Denkformen im Sinne IMMANUEL KANTS (1724–1804) oder Erkenntnis- und Seinsprinzipien nach NICOLAI HARTMANN (1882–1950). Sie sind nicht das Ergebnis wissenschaftlicher Erkenntnis, sondern bilden deren Voraussetzung. In ihrem Bereich ist die Wissenschaft auf ein Zusammenwirken mit der Philosophie angewiesen.

2. Definierbare, aber von der Wissenschaft nicht ausdrücklich definierte allgemeine und spezielle Begriffe der Umgangssprache bilden einen weiteren Teil der notwendigen Grundsubstanz wissenschaftlicher Sprache. Geläufige Wörter der Umgangssprache, wie z. B. Haus, Dorf, Wirtschaft, Fortschritt, werden zum großen Teil nach Art einer stillschweigenden Konvention ohne nähere Definition von der Wissenschaft verwendet. Sie müssen jedoch, wenn ihnen in dem wissenschaftlichen Zusammenhang eine besondere Bedeutung zukommt, definiert oder interpretiert und damit zu Begriffen der dritten Gruppe erhoben werden. Denn seit DESCARTES ist man „darin einig, daß der Unangemessenheit der gewöhnlichen Sprache viele Irrungen und Streitigkeiten entspringen" (RUDOLF EUCKEN, 1879, S. 86).

3. Die Anzahl und Mannigfaltigkeit der von der Wissenschaft ausdrücklich definierten Begriffe wächst mit der Zunahme des Erkannten. Viele werden aus der Umgangssprache übernommen und durch nähere Bestimmung ihres Inhalts und Umfangs zu speziellen methodischen Werkzeugen der Wissenschaft gemacht. Andere werden von der Wissenschaft selbst neu geschaffen. Alle wichtigen Begriffe müssen an der sich erweiternden Kenntnis immer wieder überprüft werden. Denn aus dem Begriffssystem, in dem die bisherigen Erkenntnisse gefaßt sind, kann eine Beharrungstendenz entstehen. Dieses kann den Fortschritt erschweren, wenn die Begriffe dem Stand der wissenschaftlichen Einsicht nicht mehr adäquat sind und das Begriffssystem nicht reformiert wird.

Inhaltlich beziehen sich die Begriffe auf Gegenstände (Dingbegriffe), Eigenschaften, Relationen oder allgemeine Ordnungsideen. Gegenständliche Ideen entstehen primär aus der Anschauung. Die wahrgenommenen Dinge unmißverständlich zu benennen, ist eine notwendige Voraussetzung für ihre wissenschaftliche Beschreibung. Es ist auch die unerläßliche Grundlage für eine planmäßig vergleichende Beobachtung und für die spezielle Erforschung der Gegenstände nach ihren Eigenschaften und Beziehungen. „Im Begriff stellt sich das als fertig dar, was durch die Forschung geleistet ist" (HEINRICH RICKERT, 1929, S. 19). Dieses gilt vor allem für die wissenschaftlichen Grundbegriffe, in denen sich die Ergebnisse der methodologischen theoretischen Arbeit präsentieren. Es gilt aber auch für jeden speziellen Begriff wie etwa für einen durch die Forschung erkannten und mit einem Namen gekennzeichneten Landschaftsraum.

Um die begriffliche Ordnung und die Benennung der Gegenstände bemühen sich zahlreiche, auf bestimmte Sachkategorien spezialisierte Zweige der Wissenschaft. Damit ihre Arbeitsteilung sinnvoll bleibt, ist ein ständiger Kontakt zwischen ihnen notwendig.

Ihre wichtigsten wissenschaftlichen Ordnungsbegriffe muß sich jede Disziplin selbst schaffen. Die Klärung der Grundbegriffe ist für die Leistungsfähigkeit des Faches entscheidend und bildet daher den wichtigsten Teil der Methodologie. Ohne eine ständige Besinnung auf seine theoretischen Grundlagen würde ein Fach bald seinen Charakter als Wissenschaft einbüßen.

Auch Begriffe können ihren Wert verlieren oder zum mindesten ihre Eignung für den Zweck, zu dem sie ursprünglich tauglich waren. Man kann sie in dieser Hinsicht mit Handwerksgeräten vergleichen. Sie sind so lange sinnvoll, wie sie den Zweck, für den sie geschaffen wurden, erfüllen. Oft muß jedoch später an die Stelle eines einfachen Begriffs ein komplizierter treten, so, wie ein Hammer durch ein spezielles Werkzeug ersetzt wird, wenn dieses für den bestimmten Zweck besser geeignet ist.

Selbst wissenschaftliche Grundbegriffe sind veränderlich. Man denke nur an die Wandlung des wissenschaftlichen Begriffs ,,Boden" in kaum einem halben Jahrhundert. Ein solcher Vorgang kann mehr oder weniger kontinuierlich und gleichgerichtet in einzelnen kleinen Schritten oder aber in größeren Sprüngen vor sich gehen. Er kann sich auch in einer zunächst divergierenden Entwicklung aus unterschiedlichen Ansätzen allmählich einpendeln als das Ergebnis der Auseinandersetzung verschiedener individueller Versuche, den bestmöglichen Vorschlag zu finden. Nicht selten wird ein früherer Entwicklungsansatz nicht mehr beachtet oder vergessen, später aber wieder entdeckt und reaktiviert. Dieses ist beispielsweise in jüngster Zeit auch in der Geographie geschehen, als einige wichtige Anknüpfungspunkte aus der ersten Hälfte des vorigen Jahrhunderts wieder aufgenommen und für die Entwicklung von Grundbegriffen erneut zur Geltung gebracht wurden.

Die Gesamtheit der erfahrbaren Wirklichkeit nennen wir Kosmos. Das *Problem der empirischen Wissenschaften* beginnt mit der Frage, über welche Mittel die Menschheit verfügt, um gesichertes Wissen von der Welt oder dem Kosmos zu erwerben und dieses in geordneter und überlieferbarer Form darzustellen. Dabei nehmen wir es als eine gegebene Tatsache hin, daß die Möglichkeiten, die Wirklichkeit denkend zu betrachten, von dem Wesen des Menschen und der Struktur seines Verstandes her bestimmt sind.

Die physischen und psychischen Vorgänge, welche die Voraussetzungen für die wissenschaftliche Tätigkeit bilden, können wir hier nicht näher behandeln. Mit der Lokalisierung der Wissenschaft im Bereich des objektiven Geistes ist die Grenze gezogen gegen das subjektive Erleben. Dieses bildet selbst keinen Teil der Wissenschaft, darf aber als Antrieb der wissenschaftlichen Tätigkeit und als Quelle der Wahrnehmung nicht unterschätzt werden. Erst wenn individuelles Erleben, intuitives Erkennen und subjektives Tun durch die Aufnahme in die menschliche Zeichenwelt objektiviert ist, wird es der rationalen Überprüfung und der Verifizierung zugänglich und damit zu einem Bestandteil der Wissenschaft. Denn das allein entscheidende Kriterium, ob eine Aussage als wissenschaftlich gelten kann, ist ihre rational gesicherte objektive Wahrheit.

Als Ansatz für unsere weiteren Überlegungen gehen wir von dem Phänomen Wissenschaft aus, so wie sich dieses als ein Teil der von der Menschheit selbst geschaffenen Umwelt real präsentiert. Die Wissenschaft als Ganzes hat sich geschichtlich entwickelt. Wie sie sich uns gegenwärtig darbietet, ist sie reich differenziert. Sie gliedert sich in viele unterschiedliche Bereiche, die sich selbst als sinnvolle und deshalb existenzberechtigte Teile der Gesamtwissenschaft auffassen. Nehmen wir diese Feststellung als Basis, dann können wir mit einer einzigen Frage in das Zentrum vorstoßen, von dem aus sichtbar wird, wie die Teilbereiche der Wissenschaft zueinander stehen und welche Möglichkeiten es für den inneren Aufbau der einzelnen Disziplinen gibt. Diese Frage lautet: Lassen sich in der real feststellbaren, geschichtlich gewordenen Differenzierung der Wissenschaft allgemeine Ordnungsprinzipien erkennen? Betrachten wir unter diesem Aspekt die einzelnen Disziplinen und zugleich auch die gesamte Wissenschaft, dann kommen wir zu folgendem Ergebnis: Viele Wissenschaftszweige, die voll entwickelt sind oder es zu sein scheinen, gliedern sich in vier Hauptarbeitsrichtungen, die sich gegenseitig ergänzen und zusammen der Gesamtaufgabe gerecht werden. Deutlich ist diese Gliederung beispielsweise in der Biologie mit den Bereichen der Morphologie, der Systematik, der Physiologie und der Ökologie. Faßt man diese vier Bereiche genügend weit, dann läßt sich alles, was in der Biologie geforscht und gelehrt wird, darin unterbringen. Es sind, wie OTTO STOCKER (1958) dargelegt hat, die vier methodologisch möglichen Forschungsrichtungen der Biologie. Andere gibt es nicht.

Diese Behauptung mag auf den ersten Blick verblüffen. Man glaubt vielleicht zunächst, für einige Arbeitsgebiete der Biologie Stichworte nennen zu können, die nicht in einen dieser vier Bereiche fallen, wie z. B. Genetik oder Pflanzensoziologie. Genetik ist jedoch entweder Stammbaumforschung und damit Systematik, oder sie ist Physiologie der Entwicklung. Bei der Biosoziologie ergibt sich ein Scheinproblem lediglich aus dieser zwar allgemein eingebürgerten, aber – wie in der Literatur schon oft betont worden ist (zuletzt: HELMUT SCHWABE, 1972) – durchaus fragwürdigen Bezeichnung für einen Wissenschaftszweig, der zweifellos ein Teil der Ökologie (im weitesten Sinne) ist.
Die für die Biosoziologie zuständige amerikanische Zeitschrift heißt bezeichnenderweise *Ecology*. Den Begriff *Ökologie* verstehen wir hier ganz im Sinne seines Erfinders ERNST HAECKEL (1834–1919) als die Wissenschaft von den räumlichen Relationen der Biota, von ,,den Beziehungen des Organismus zur umgebenden Außenwelt, wohin wir im weitesten Sinne alle Existenzbedingungen rechnen können" einschließlich der ,,Verhältnisse des Organismus zu allen übrigen Organismen, mit denen er in Berührung kommt" (ERNST HAECKEL, 1866, Bd. 2, S. 286).

STOCKER hat betont, daß die Gliederung in diese vier Bereiche eine innere zwingende Ordnung nicht nur der Biologie, sondern auch jeder anderen Naturwissenschaft ist. In einem Aufsatz (1958) hat er dargelegt, wie diese Ordnung aus der Besinnung auf die allgemeinen methodologischen und erkenntnistheoretischen Voraussetzungen der Wissenschaft verständlich wird. Wir kommen damit zu den Grundkategorien des Denkens.

In seiner Tafel der ,,kosmologischen Ideen" hatte KANT (Kritik d. r. V., S. 287) vier mögliche Denkkategorien (Qualität, Größe, Relation, Moralität) und, diesen zugeordnet, vier ,,Grundsätze des Denkens" unterschieden. Die damit gekennzeichneten möglichen Formen der Denkvorgänge erkennen wir in der Gesamtstruktur der Wissenschaft und in dem Aufbau vieler ihrer einzelnen Zweige wieder.

Die Formen des auf die außersubjektive Wirklichkeit gerichteten Denkens lassen sich aus der Bipolarität der beiden, den Denkvorgang letzten Endes bestimmenden Komponenten, nämlich der Erfassung des Gegenstandes und des Denkzieles, ableiten. Für die den Gegenstand begreifende Betrachtung gilt die Alternative, daß sie entweder den Gegenstand als Ganzes oder nur einen Teil von diesem erfassen kann. Das heißt, die den Gegenstand begreifende Betrachtung kann entweder *total*, oder sie kann *partial* sein. Bei dem Denkvorgang, der zu einer Aussage über den Gegenstand führt, gibt es ebenfalls eine Alternative. Das Ziel der Aussage kann entweder das Besondere oder das Allgemeine sein. Das heißt, das Denkziel kann *speziell*, oder es kann *generell* sein. Beides schließt auch hier einander aus. Erst zusammen machen Betrachtungsumfang (total oder partial) und Denkziel (speziell oder generell) einen Denkvorgang aus. Daher sind aus der doppelten Bipolarität vier Kombinationen möglich. Diese können wir durch die vier Wortpaare: *total-generell, partial-generell, partial-speziell* und *total-speziell* charakterisieren. Damit sind die vier möglichen Grundformen der Denkvorgänge erfaßt, die wir in unserem Übersichtsschema (Abb. 1) mit A, B, C und D bezeichnen.

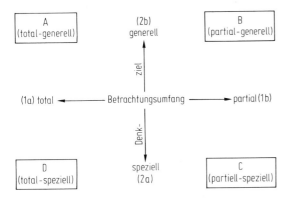

Abb. 1 Schema der doppelten Bipolarität der Denkgrundlagen und der vier Kategorien von Denkvorgängen (A, B, C, D)

Der Denkvorgang *total-generell* (A) sagt Allgemeines über den als Ganzes erfaßten Gegenstand aus und führt zu Erkenntnissen über Existenz, Wesen oder Qualität.

Der Denkvorgang *partial-generell* (B) erfaßt das Allgemeine, das heißt, das in einer einheitlichen Aussage Darstellbare der Teile. Er führt zu Aussagen über allgemeine Beziehungen zwischen den Teilen, die mathematisch oder in anderer Form als gesetzlich gefaßt und dargestellt werden können.

Der Denkvorgang *partial-speziell* (C) sagt über das Besondere der Teile und damit über deren Mannigfaltigkeit und die Modalität ihrer Eigenschaften aus. Er erfaßt die individuellen Vorgänge und Veränderungen. Er umfaßt somit auch das, was wir gemeinhin die Geschichte der einzelnen Objekte nennen. Denn nur aus dieser ist die Mannigfaltigkeit der Objekte zu verstehen.

Der Denkvorgang *total-speziell* (D) erfaßt das Besondere des Ganzen. Dieses ist die Gestalt des gleichzeitig Gegenwärtigen. Es ist die strukturelle Differenzierung des erfüllten Raumes, die gegliederte Zusammensetzung, die das Besondere des totalen Objektes ausmacht.

Dieses Schema der vier Denkvorgänge ist ein brauchbarer Ansatz, um ein logisches System der Wissenschaft aufzubauen und die verschiedenen Wissenschaftszweige nach der Art ihrer Aussagen in eine übersichtliche Ordnung zu bringen. Bevor wir dieses Schema auf die Wissenschaft anwenden, bauen wir es in seiner äußeren Form noch etwas um. Denn in seiner bisherigen Form (Abb. 1) ist darin nicht darstellbar, daß die verschiedenen Arten der Denkvorgänge sich aneinander anschließen und einander ablösen können. Wir gehen deshalb zu einer Figur über, in der die vier Arten der Denkvorgänge als vier Pole aufgefaßt und alle untereinander verbunden werden können. Dazu bietet sich das Tetraeder an, in dem die vier Denkvorgänge die Eckpunkte bilden. Damit wird zum Ausdruck gebracht, daß sich an jeden

Denkvorgang andere anschließen können, die in dem Schema auf den zu den anderen Ecken hinzielenden Verbindungslinien zu lokalisieren sind (Abb. 2).

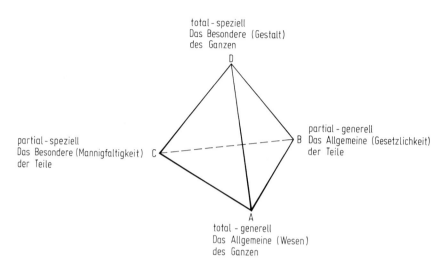

Abb. 2 Die vier Pole der Denkvorgänge

Dieses Schema können wir grundsätzlich auf jeden Gegenstand beziehen. Das Tetraeder kann jeden beliebigen Begriff repräsentieren. Wir nutzen alle Möglichkeiten, diesen logisch zu erfassen, indem wir die durch die vier Eckpunkte symbolisierten Denkvorgänge vollziehen. Wenn wir in dieser Weise die empirische Wissenschaft als Ganzes betrachten, dann wäre der Gegenstand, den das Tetraeder repräsentiert, die Wirklichkeit des Kosmos. Denn die Wissenschaft ist die geordnete Darstellung des mit allen verfügbaren Methoden verifizierten Wissens über die erfahrbare Welt. Stellen wir also den Kosmos als Inhalt in unser Tetraederschema (Abb. 2), so läßt sich anschaulich machen, wie die einzelnen Disziplinen, die wir in dem Phänomen Wissenschaft unterscheiden können, den Grundkategorien der Denkmöglichkeiten zuzuordnen sind.

Der Denkvorgang *total-generell* (A) bedeutet Erfassung des Gegenstandes in seiner Totalität mit dem Ziel einer generellen Aussage. Die allgemeine Aussage über das Ganze ist der Begriff des Gegenstandes selbst. In diesem Sinne kommt diese Betrachtungsweise auch in jeder Einzelwissenschaft zur Geltung. Es ist die Frage nach dem *Wesen des Forschungsgegenstandes*. Bezogen auf den Kosmos als Betrachtungsgegenstand können wir an die Ecke A des Tetraeders die allgemeine Wissenschaftstheorie und die Philosophie setzen, letztere insofern, als sie sich mit der Wirklichkeit des Kosmos befaßt und als Wissenschaft aufgefaßt werden kann.

Der Denkvorgang *partial-generell* (B) zielt auf allgemeingültige Aussagen über Teile. Er erfaßt das, was bei der Betrachtung der Teile auf einen Nenner gebracht werden kann, das heißt, alles, was meßbar ist und in der Form von Gesetzen (generellen Aussagen) festgehalten werden kann. Für die kosmische Materie ist die Physik die Wissenschaft von dem in allen Teilen einheitlich Erfaßbaren. Physik im allerweitesten Sinne nimmt daher den Platz B in unserem Schema ein.

Die Betrachtung der Teile mit dem Ziel, zu allgemeinen Aussagen zu gelangen, führt zwangsläufig zu der Sicht auf die gesetzmäßigen Beziehungen zwischen den Teilen und damit zu dem wissenschaftlichen Aspekt der Physik. Dazu gehören damit aber auch alle anderen Wissenschaften, die allgemeine Gesetze in den Beziehungen der Teile zu erfassen suchen wie die Physiologie als 'Physik des Lebendigen' und die experimentellen Richtungen der Psychologie und der Soziologie, welche die gleiche Betrachtungsweise auch auf das Verhalten des Menschen anwenden.

Der dritte Denkvorgang *partial-speziell* (C), der sich auf das Besondere der Teile richtet, führt zu der Beschreibung des Individuellen. Denn das Besondere der Teile ist das Individuelle. Diese Betrachtungsweise, die auch *idiographisch* genannt wird, will die Mannigfaltigkeit der Gegenstände (Dinge und Vorgänge) erfassen. Die Sicht auf die Vielfalt mit dem Bestreben zur Übersicht führt zugleich zu der typologischen *Ordnung der Vielfalt* und damit zum System *im taxonomischen Sinne* der Biologie. Die Ordnung der Vielfalt ist letzten Endes das Ergebnis einer umfassenden Nachzeichnung der individuellen Gegenstände, die man zu überblicken vermag. Die Herausbildung des Besonderen, das hier das Denkziel ist, entsteht oder geschieht im Ablauf der Zeit. Die Mannigfaltigkeit der Teile hängt mit deren zeitlicher Veränderung zusammen. Daher gelangen wir von diesem Denkvorgang aus dazu, die Vorgänge der Gestaltung, der Entwicklung und der zeitlichen Änderungen zu erfassen. Wir kommen damit von diesem Denkansatz zu dem, was wir *Geschichte* nennen.

Diese doppelseitige, einerseits auf die systematische Übersicht der Vielfalt und andererseits auf die Geschichte zielende Betrachtung kann auf alle Teile des Kosmos angewendet werden. Bei Punkt C unseres Schemas stehen daher alle Wissenschaften, die sich darum bemühen, die Vielheit unter diesen beiden Aspekten überschaubar zu machen. Das sind alle beschreibenden und alle geschichtlichen Natur- und Kulturwissenschaften. Die im Wesen des Denkens begründete enge Beziehung von systematischer und geschichtlicher Sicht kommt auch deutlich in der alten Bezeichnung *Naturgeschichte* zum Ausdruck. Auch der moderne Biologe weiß, daß Taxonomie letzten Endes Naturgeschichte ist.

In ähnlicher Weise sehen wir neben der Menschheitsgeschichte die *systematisch* beschreibenden Kulturwissenschaften. Systematik und Geschichte werden für manche Gegenstände in getrennten Wissenschaften unter verschiedenen Namen betrieben. So stehen z. B. als Partner in der Betrachtung der Wirtschaft die systematischen Wirtschaftswissenschaften und die Wirtschaftsgeschichte einander gegenüber. Für andere Gegenstände sind beide Betrachtungsweisen in einer einzigen Wissenschaft unter demselben Namen vereint. Dieses gilt z. B. für die Geologie, die Biologie und die Völkerkunde. An dem Eckpunkt C unseres Schemas sammeln sich also zahlreiche Einzelwissenschaften, die entweder systematisch oder historisch ausgerichtet sind oder unter einem gemeinsamen Namen beide Arbeitsrichtungen umfassen .

Der Denkvorgang *total-speziell* (D) begreift das Besondere des Ganzen. Dieses ist in bezug auf den Kosmos die qualitative räumliche Differenzierung. Wir können dafür auch einen Ausdruck verwenden, der von CARL RITTER (1779–1859) stammt: die *dingliche Erfüllung* des Raums. Wenn wir über das Ganze spezielle Aussagen machen wollen, kommen wir zu der Sicht auf Gestalt und Raumstruktur. Bezogen auf den Kosmos als Gesamtaufgabe stünde daher an dem Punkt D die Kosmographie, wie sie in der Geschichte der modernen Wissenschaft nur noch ALEXANDER VON HUMBOLDT angestrebt hatte. Heute teilen sich verschiedene Wissenschaften in diese Aufgabe.

Wenn wir von dem realen Phänomen der Wissenschaft selbst ausgehen, so sehen wir in deren Gesamtbereich eine Reihe von Disziplinen in einer räumlichen Arbeitsteilung tätig. Sie haben sich getrennt nach Räumen verschiedener Dimension, denen man nur mit unterschiedlichen Methoden gerecht werden kann. Die Astronomie befaßt sich mit dem Weltraum. Die Geophysik hat es mit der Gesamterde zu tun, deren Inneres nur physikalischen Forschungsmethoden zugänglich ist. Die Geographie schließlich betrachtet die *Erdräume*, die Räume an der Erdoberfläche oder, wie wir heute sagen, die *geosphärischen* Räume oder Länder. Da das Zusammenbestehende in einem Erdraum immer auch ein Zusammenbewirktes und Zusammenwirkendes ist, können wir die geographische Wissenschaft auch als die *Lehre von der räumlichen Ordnung des Synergismus in der Geosphäre,* als die *Wissenschaft von der räumlichen Differenzierung der geosphärischen Wirkungssysteme* auffassen.

1.2   Die Geosphäre als Gegenstand der wissenschaftlichen Forschung

Mit *Geosphäre* meinen wir einen bestimmten Teil der realen Wirklichkeit, nämlich den uns unmittelbar zugänglichen irdischen Raum. Dieser läßt sich auf verschiedene Weise interpretieren. Formal kann man ihn als den Raum an der äußeren Oberfläche der Erde kennzeichnen. Man kann ihn auch in irgendeiner Weise nach den Dimensionen seiner Ausdehnung beschreiben. Vor allem aber kann man ihn inhaltlich interpretieren als den einzigen Raum des Kosmos, von dem wir mit Sicherheit wissen, daß darin alle uns bekannten Seinsbereiche, nämlich Anorganisches, Organisches und Geistiges zusammen vorkommen. Diese evidente Tatsache erscheint als der beste Ausgangspunkt für eine Bestimmung des Begriffs *Geosphäre*.

Man hat das auch auf die einfache Formel gebracht, die Geosphäre sei der irdische Raum, in dem die Menschheit lebt. Diese Formulierung könnte zu dem Irrtum Anlaß geben, daß alles, was keinen unmittelbaren Bezug zu dem Leben der Menschen hat, für die Geographie nicht relevant sei. Deshalb möchten wir sie nicht befürworten.

Die Idee, die den Begriff ausmacht, den wir eben andeutungsweise umrissen haben, ist viel älter als der Name *Geosphäre*. Dieser ist ganz jung. Sein Begriffsinhalt jedoch hat sich mit der Ausdehnung der räumlichen Erfahrung im Laufe von mehr als zwei Jahrtausenden entwickelt. In den frühen Anfängen der Wissenschaft, als man von einer Erdkugel und deren Innerem noch nichts wußte, hat ursprünglich das Wort *Erde* teilweise eine ähnliche Bedeutung gehabt. Lange Zeit war die reale Welt, die man kannte und mit der man sich wissenschaftlich zu beschäftigen begann, nur ein kleiner Teil der Geosphäre. Denn deren gesamte räumliche Ausdehnung konnte erst sehr viel später aus der unmittelbaren Anschauung erfaßt werden.

Wenn wir uns in der Gegenwart mit geographischen Problemen befassen, haben wir stets das Bild des Globus vor Augen. Aus der Vorstellung des weiten Erdenrund, das wir jetzt als etwas Selbstverständliches überblicken, leiten wir die Grundsätze für unsere geographische Arbeit ab. Dieses ist nicht immer so gewesen. Der Begriff der Geosphäre hat erst gefunden werden müssen, bevor er für die Ableitung des Wissenschaftsgebäudes der Geographie die Rolle übernehmen konnte, die wir ihm jetzt in diesem Zusammenhang geben. Eine klare Konzeption dieses Begriffes ergab sich erst in einem fortgeschrittenen Stadium der Wissenschaftsgeschichte. Solange man nur einzelne Erdräume von beschränkter Ausdehnung kannte und damit nur kleine Teile der Geosphäre zu überschauen vermochte, konnte man zu deren Gesamtbegriff noch nicht gelangen. Eine Vorstellung von der sphärischen Erdhülle wurde erst gewonnen, nachdem die Ergebnisse vieler Entdeckungsfahrten gesammelt und verarbeitet waren, und nachdem die Idee der kugelförmigen Erde gefunden worden war.

Für die Griechen zur Zeit von HOMER war die Erde noch eng begrenzt. Die Orientierung beruhte auf den Erzählungen von Reisenden über das, was sie in verschiedenen Gegenden, die oft nur unbestimmt lokalisierbar waren, gesehen hatten. Da man in vielen Richtungen auf Meere gestoßen war, hatte sich die Vorstellung gebildet, die Erde sei eine vom Ozean umgebene Scheibe. Doch gab es auch früh schon darüber hinausgehende spekulative Ideen, die als Vorläufer der späteren Vorstellungen gelten können. So nahm ANAXIMANDER VON MILET (ca. 610–540 v. Chr.) an, die Erdscheibe schwebe in einem Weltraum, eine Idee, die dann verlorenging und später wiederentdeckt und neu begründet wurde.

Als man von der Erde als Weltkörper noch nichts wußte, meinte man mit *Erde* oder *Welt* nur einen Teil dessen, was wir heute als *Geosphäre* bezeichnen. Nachdem man die Kugelgestalt der Erde erkannt hatte, war damit zwar nicht ausdrücklich, aber doch mittelbar auch die Idee eines Raumes von der Form einer Kugelschale vorgeprägt. Die *Ökumene* des klassischen Altertums, womit der bekannte oder in seinem Umfang vermutete damalige Lebensraum der Menschheit gemeint war, darf man als einen frühen Vorläufer des Geosphärenbegriffes ansehen. Die Renaissance-Zeit hat diese Idee des *bewohnten Erdkreises,* wie es bei manchen Kosmographen heißt, wieder aufgenommen. Auch in der Gegenwart wirkt diese Idee noch nach. Manche Geographen neigen dazu, die Geosphäre ihrem Wesen nach in erster Linie als den *Lebensraum der Menschheit* oder, wie die Amerikaner es ausdrücken, als *home of men* aufzufassen.

Erste Ansätze zu unserem modernen Begriff *Geosphäre* sehen wir darin, daß schon früh im Sprachgebrauch die Bezeichnungen *Erde* und *Welt* in bestimmten Fällen mit eingeschränkter Bedeutung verwendet wurden. Oft geht dabei nur aus dem Sinnzusammenhang hervor, daß der außerirdische Weltraum und das der Erfahrung unzugängliche Erdinnere aus der Bedeutung von *Erde* oder *Welt* ausgeschlossen waren. Auch *Erdboden* und *Erdoberfläche* wurden oft in dem Sinn von Geosphäre verwendet. Da diese Wörter jedoch auch den engeren Sinn *Material* oder *Oberfläche des festen Erdkörpers* haben, hat ihre mehrdeutige Verwendung vor allem im letzten Jahrhundert oft zu Unklarheiten bei der geographischen Begriffsbildung geführt. Für manche Geographen ergeben sich daraus auch heute gelegentlich noch Schwierigkeiten.

Die ersten Andeutungen einer Konzeption des Begriffs der *Geosphäre* standen am Anfang der Entwicklung der modernen wissenschaftlichen Geographie. Einen frühen Ansatz zu seiner Konzeption finden wir bei BERNHARD VARENIUS (1621/22–1650), dem wichtigsten Wegbereiter der neuzeitlichen Geographie. Zwar hat VARENIUS die Aufgaben der Geographie noch weiter gefaßt, als wir es heute tun. Doch geht aus seinen Formulierungen über den Gegenstand der Geographie und aus seiner Definition des Faches schon die Tendenz hervor, das Schwergewicht der geographischen Arbeit auf die Behandlung der geosphärischen Räume zu legen. In seiner Geographia Generalis (1650), die für mehr als ein Jahrhundert das maßgebende Hauptwerk der allgemeinen Geographie blieb, hatte VARENIUS geschrieben: „Der Gegenstand der Geographie, also der Sachverhalt, der zu klären ist, ist zunächst die Gesamterde selbst, vor allem aber ihre Oberfläche und deren Teile" (zit. nach GOTTFRIED LANGE, 1961 b, S. 277). Gegenüber den älteren Auffassungen hatte er damit einen entscheidenden neuen Schritt getan. Im Zusammenhang mit seiner Definition der Geographie hatte VARENIUS diesen 'Gegenstand' mit einer anderen Formulierung noch schärfer präzisiert: „Geographie heißt der Teil der exakten Wissenschaften, der die Erde und ihre Teile nach ihren maßbestimmten Eigenarten beurteilt wie etwa Gestalt, Lage, Größe, nach ihrer Bewegung oder anderen astronomisch begründeten Erscheinungen. Gegenüber den allzu vielen Einzeltatsachen selbst beschränkt sie sich streng auf Beschreibung und Gliederung der irdischen Regionen" (zit. nach LANGE, 1961 b, S. 276).

Mit dem auf den Gegenstand der Geographie bezogenen Begriff „Oberfläche und deren Teile" des ersten Zitats und den „irdischen Regionen" des zweiten verband sich offenbar bei VARENIUS, auch wenn er dieses dabei nicht ausdrücklich sagte, die Vorstellung von den mit Einzelgegenständen ausgestatteten Räumen, die zusammen die Erdoberfläche (Geosphäre) bilden. Dieses geht deutlich daraus hervor, daß er in dem Aufbau seines Werkes Stichwörter wie Meere, Gebirge, Wälder, Wüsten und ähnliche benutzte, um den konkreten Inhalt der „irdischen Regionen" systematisch überschaubar zu machen. Diese komplexen räumlichen Gegenstände zeigen, daß „Oberfläche der Erde" für VARENIUS ein Raumbegriff war. Andere seiner Ausführungen stützen diese Auffassung. So stellte er als einer der ersten auch einen Wasserkreislauf innerhalb der „Erdoberfläche" dar. Daß seine Vorstellungen davon nach unseren heutigen Kenntnissen falsch waren, ist in diesem Zusammenhang nicht von Belang.

ANTON FRIEDRICH BÜSCHING (1724–1793) sprach etwa ein Jahrhundert später in einem ähnlichen Sinne von der „natürlichen und bürgerlichen Beschaffenheit des bekannten Erdbodens" (1770, Einleitung S. 9). Diese Umschreibung läßt erkennen, daß er in dem „bekannten Erdboden" bereits einen der wichtigsten Wesenszüge der Geosphäre erfaßt hatte, nämlich die Tatsache, daß in ihr Erscheinungen verschiedener Seinsbereiche vereinigt sind. Der räumliche Charakter wird von ihm ausdrücklich hervorgehoben. Denn er interpretierte die „natürliche Beschaffenheit" als das, „was auf und unter der Fläche des Erdbodens beweglich und unbeweglich ist" (1770, Einleitung S. 10). Fast dieselbe Formulierung wird 1881 von FRIEDRICH RATZEL (1844–1904) wieder aufgenommen. Bei BÜSCHING steht demnach das Wort Erdboden ganz klar in zwei verschiedenen Bedeutungen nebeneinander. In Verbindung mit der „bürgerlichen Beschaffenheit" kann es in dem ersten Satz nur etwas Ähnliches wie *Geosphäre* bedeuten. Dagegen ist mit demselben Wort in dem zweiten Zitat offensichtlich die feste Oberfläche des Erdkörpers gemeint. Oberhalb und unterhalb von dieser befindet sich Bewegliches und Unbewegliches, das zu dem Erdboden in dem anderen Sinne gehört. Eine ähnliche Doppelbedeutung finden wir in der späteren Literatur ganz allgemein bei dem dann viel häufiger verwendeten Wort *Erdoberfläche*.

KANT gebrauchte *Erdboden* ebenfalls in einem unserem Geosphärenbegriff entsprechenden räumlichen Sinne. So sprach er z. B. in dem Titel des zweiten Teiles seiner Physischen Geographie von der „Beobachtung dessen, was der Erdboden in sich faßt" (1922, S. 192). Wir sehen in dieser Formulierung eindeutig die inhaltliche Charakteristik eines Raumes.

RITTER rückte diesen Gesichtspunkt noch deutlicher in den Vordergrund und zog die sich daraus ergebenden Folgerungen. Dieses zeigt sich in seinem bekannten Wort von der „dinglichen Erfüllung der Erdoberfläche". Daraus geht klar hervor, daß er mit „Erdoberfläche"

einen sphärischen Raum meinte. Er sprach auch ausdrücklich von den „Räumen der Erdoberfläche". RITTER tat außerdem den von VARENIUS eingeleiteten Schritt („vor allem aber
ihre Oberfläche") konsequent zu Ende und engte den Arbeitsbereich der Geographie ausschließlich auf die *Erdoberfläche* ein.

A. v. HUMBOLDT hat sich mit diesen Fragen nicht ausdrücklich beschäftigt. Er war noch Kosmologe.
Sein Bestreben zielte auf eine empirische Wissenschaft von der gesamten wahrnehmbaren Welt. Die Ab-
grenzung des Arbeitsbereiches der Geographie war für ihn nicht von besonderem Interesse, obwohl er
wegen seiner konkreten Beiträge zur Landschaftsforschung mit Recht auch als einer der bedeutendsten
Geographen angesehen wird. „Die Oberfläche unseres Planeten und der Luftkreis . . ., der jenen einhüllt", ist HUMBOLDTs Formulierung des Geosphärenbegriffs. In der von 1805 datierten Vorrede seiner
„Ideen zu einer Geographie der Pflanzen nebst einem Naturgemälde der Tropenländer" schrieb er:
„Ich stelle in diesem Naturgemälde alle Erscheinungen zusammen, welche die Oberfläche unseres Planeten und der Luftkreis darbietet, der jenen einhüllt."

Das Fehlen eines passenden Namens für die Idee des geosphärischen Raums hat im 19. Jh.
oft zu Mißverständnissen und unfruchtbaren Diskussionen geführt. Zu nennen ist in diesem
Zusammenhang der mißlungene Versuch von GEORG KARL CORNELIUS GERLAND
(1833–1919) in seiner Einleitung zu den „Beiträgen der Geophysik" (1887), die Aufgaben
der Geographie allein auf die feste Oberfläche des Erdkörpers zu beschränken.
FERDINAND VON RICHTHOFEN (1833–1905) hatte in den Anfängen seiner wissenschaftlichen Laufbahn als Geologe ebenfalls dazu geneigt, die feste Erdoberfläche allein zum Forschungsgegenstand einer eigenen Wissenschaft zu machen, die er anfangs noch als Geologie,
später jedoch als Physische Geographie auffaßte. Durch seine zwölfjährige Asienreise war er
indessen zum Geographen geworden. Als solcher stellte er konkret die Frage: „Was aber ist
diese 'Erdoberfläche' des Geographen?" (1883, S. 8) und beantwortete sie mit einer Konzeption der wichtigsten Wesenszüge der Geosphäre. RICHTHOFEN sah in der „Erdoberfläche" nicht nur den „Schauplatz, auf dem der Mensch sich bewegt" (1883, S. 1), sondern
auch ein ursächlich verbundenes Ganzes, „etwas aus Stofflichem Zusammengesetztes", eine
„materielle Oberflächenschicht" (S. 8) aus Lithosphäre, Hydrosphäre und Atmosphäre. Er
sprach von der „raumausfüllenden Gestalt" (S. 16), zu welcher sich die drei Naturreiche
Erde, Wasser und Luft in der Konstituierung der materiellen Erdoberfläche zusammenfügen. Zugleich faßte er „die Erdoberfläche . . . als etwas in der Entwicklung und Umbildung
Begriffenes" (S. 16) auf mit „causalen Wechselbeziehungen" und „dynamischen Problemen" (S. 17). Eine derartige Konzeption der Gesamtgeosphäre hatte es vorher kaum gegeben. Jedenfalls war sie noch nicht mit dieser Klarheit ausgesprochen worden. Wir sehen
darin einen wichtigen Beitrag RICHTHOFENS zu der Begründung einer tragfähigen allgemeinen Theorie der Geographie. Denn die Entwicklung einer auf solchen Vorstellungen vom
Wesen der *Erdoberfläche* begründeten Geographie mußte selbstverständlich zu etwas anderem führen, als es beispielsweise die staatenkundliche 'Geographie' im 18. Jh. gewesen war.
ALFRED HETTNER (1859–1941) faßte die Erdoberfläche in einem ähnlichen Sinn auf wie
RICHTHOFEN. Wir zitieren dazu aus seinem methodischen Hauptwerk einen Abschnitt, der
mit dem Wort „Erdoberfläche" beginnt und mit „Erdhülle" endet:

„Der Begriff der Erdoberfläche als Gegenstand der Geographie ist nicht ganz leicht zu bestimmen. Er
ist keineswegs allein in der Gestalt der festen Erdoberfläche oder überhaupt in irgendeiner einzelnen
Tatsachenreihe gegeben, sondern umfaßt alle Naturreiche: den Erdboden, das Wasser, die Luft, die
Pflanzen- und Tierwelt, den Menschen und seine Werke, und spricht sich in jedem Naturreiche wieder

in den verschiedensten Beziehungen aus. Ihm gehören nicht nur alle Erscheinungen der Erdoberfläche, die im äußeren Bilde der Landschaft zum Ausdruck kommen, sondern auch diejenigen an, die sich durch ihren Einfluß auf andere Erscheinungen der Erdstelle als wesentliche Eigenschaften derselben erweisen. Genau genommen ist sie überhaupt keine Fläche, sondern eine körperliche Figur von beträchtlicher Dicke, die aus festen, flüssigen und gasförmigen Teilen zusammengesetzte und das Leben beherbergende Erdhülle" (HETTNER, 1927, S. 231).

Mit dem Begriff *Erdhülle* beseitigte HETTNER eine Quelle früherer Mißverständnisse. Denn er faßte damit die ursprünglich getrennt gesehenen ,,Sphären aller Naturreiche" unter einem neuen Namen zusammen, der zugleich auch den räumlichen Charakter dessen, was man vorher mit Erdoberfläche meinte, ausdrückt. Mit der Übersetzung des HETTNER'schen Terminus *Erdhülle* in *Geosphäre* hat der Begriff eine international verwendbare zweckmäßige Wortform erhalten, die sich schnell durchgesetzt hat.

Diese Neufassung des Begriffs ist in einer Züricher Arbeitsgruppe entstanden, der HANS CAROL (1915–1971), HANS BOESCH und DIETER BRUNNSCHWEILER angehörten. BOESCH und CAROL haben darüber bei dem Internationalen Geographiekongreß in Rio de Janeiro (1956) referiert. Die Wortschöpfung *Geosphäre* ist vor allem CAROL zu verdanken (BOESCH und CAROL, 1960; CAROL, 1961, 1963). Einige russische Geographen sprechen in einem ähnlichen Sinne von der *Landschaftssphäre*, so z. B. STANISLAV V. KALESNIK in der Diskussion beim IGU-Congress in Stockholm 1960 (vgl. dazu auch KALESNIK, 1958, 1961; D. L. ARMAND, 1952; V. A. ANUSCHIN, 1960; Y. K. YEFREMOV, 1961 und 1969).
Fast genau gleichzeitig mit der Entstehung des Terminus Geosphäre hatte übrigens WILLI CZAJKA vorgeschlagen, den Ausdruck Erdoberfläche durch ,,Geographische Globalsphäre" (1956/57, S. 426) zu ersetzen. Durch das zweifellos bessere Wort Geosphäre war aber dieser Vorschlag schon bei seinem Erscheinen überholt.

Die *Geosphäre* ist in der Sprache von RITTER *dinglich erfüllter Raum*. Das bedeutet, daß wir ihre wahrnehmbare Wirklichkeit als eine Fülle von verschiedenen Gegenständen begreifen. Diese alle zusammen machen die *Substanz* der Geosphäre aus. Anstelle des Ausdrucks *geographische Substanz*, den wir (HANS BOBEK und JOSEF SCHMITHÜSEN, 1949, S. 112), bevor es den Namen Geosphäre gab, von ANDREY ALEKSANDROVICH GRIGORYEV (1883–1968, 1948) übernommen hatten, sprechen wir jetzt besser von der *geosphärischen Substanz*.
Damit ergibt sich die Frage nach den qualitativen Unterschieden der Dinge, die zusammen die Geosphäre ausmachen. Dieses ist zugleich die Frage nach dem Wesen der verschiedenen Sachkategorien, die als solche Forschungsgegenstände vieler Einzelwissenschaften sind. Eine Antwort darauf ist heute leichter zu geben als in früheren Jahrhunderten. Denn auch die neuere Philosophie hat sich darum bemüht, die Dinge der geosphärischen Wirklichkeit zu unterscheiden und zu ordnen. In der Einteilung der Dinge nach ,,*Schichten*" oder ,,*Stufen*" verschiedener ,,*Seinsbereiche*" haben wir ein brauchbares Ordnungsprinzip. Bei diesem werden zugleich auch die für die wissenschaftliche Erklärung grundlegend wichtigen unterschiedlichen Arten der Ursächlichkeit berücksichtigt (BOBEK/SCHMITHÜSEN, 1949, S. 112 ff.).
An der Zusammensetzung und der Gestalt der Geosphäre sind alle uns bekannten Seinsbereiche oder ,,*Hauptschichten des Wirklichen*" beteiligt, nämlich (1) die anorganische Welt, (2) die vitale, d. h. nicht geistbestimmte organische Welt und (3) die geistbestimmte Welt des Menschen und seiner Werke. Diese wesensverschiedenen Wirklichkeitsstufen sind in dem

geosphärischen Raum vereint. Ihre Gliederung in drei Bereiche ergibt sich aus der Sicht auf die Gesamtheit des Wirklichen, von der wir bei unserer Betrachtung ausgegangen waren.

Lange bevor man die Gesamtgeosphäre in ihrem Wesen begriffen hatte, wozu RICHTHOFENs Frage ,,Was aber ist diese 'Erdoberfläche' des Geographen?'' ein neuer Anstoß gewesen war, hatte es schon eine Zusammenschau von Teilsystemen gegeben. Vor allem den Bereich der anorganischen Welt, innerhalb dessen man *Lithosphäre, Hydrosphäre* und *Atmosphäre* unterschied, hatte man bis zu einem gewissen Grade als ein Zusammenwirken dieser 'Sphären' und damit als eine Einheit gesehen. – Den Begriff des organischen Lebens hat schon ARISTOTELES (384–322 v. Chr.) definiert: ,,Einige Naturkörper haben Leben, andere nicht. Leben aber nennen wir Ernährung, Wachstum und Abnahme durch sich selbst'' (zit. nach E. H. F. MEYER, 1854, Bd. 1, S. 94/95). – Für die Gesamtheit der lebenden Organismen hatte JEAN-BAPTISTE DE LAMARCK (1744–1829) den Namen *Biosphäre* benutzt. Die *Noosphäre* war jedoch zunächst noch unberücksichtigt geblieben.

HETTNER sah in dem Aufbau der Erdhülle zunächst nur die anorganischen 'Sphären' in ihrem kontinuierlichen Zusammenhang. Die Biosphäre als Einheit aufzufassen, lehnte er ausdrücklich ab. Seine Begründung dafür lautete: ,,Der organischen Natur als Ganzem kann man weder Eigenschaften der stofflichen Zusammensetzung und Form noch mechanische noch physikalische oder chemische Kräfte beimessen'' (HETTNER, 1927, S. 246).

Wir vertreten in dieser Hinsicht heute nicht nur in der Geographie, sondern auch in der Biologie eine andere Auffassung. Dieses geht beispielsweise auch aus dem Internationalen Forschungsprogramm ,,*Man and the Biosphere*'' hervor, das unter anderem darauf abzielt, die gesamte Geosphäre als ein großes Ökosystem zu erfassen, in dem die Biosphäre als planetarische Einheit aller Lebewesen gesehen wird. Wir beschränken uns somit heute nicht mehr nur darauf, das anorganische Kräftespiel in der Geosphäre zu untersuchen, sondern berücksichtigen zugleich auch dessen Wirkungsbeziehungen mit der biogenetisch begründeten strukturellen Differenzierung der Biosphäre. Infolge der historischen 'Stammbaum'-Gliederung aller seiner elementaren Bestandteile (Taxa) ist im Bereich des Bios der innere räumliche Zusammenhang auf eine besondere Weise stärker als etwa in der Lithosphäre oder in den anderen anorganischen Bereichen.

Ähnliches wie für die Biosphäre gilt prinzipiell auch für die Sphäre des Menschen, die erst viel später in ihrem realen Zusammenhang als Einheit aufgefaßt wurde. Sie wird heute nach einer Anregung von PIERRE TEILHARD DE CHARDIN (1881–1955) *Noosphäre* genannt. Mit diesem Begriff wird das spezifisch 'Menschliche' in der Geosphäre erfaßt.

Die Menschheit ist weniger als der übrige Bios durch genetische Speziation gegliedert. Es gibt in der Gegenwart nur *eine* Spezies Mensch. Aber in ihrem Wirken ist die Menschheit besonders stark differenziert. Dieses ist begründet durch historische Vorgänge, die zu der Entstehung der unterschiedlichen sozialen Strukturen und Kulturen geführt haben. Die gesellschaftliche und kulturelle Differenzierung beruht auf menschlichen Ideen. Deren Auswirkungen werden durch Kommunikation und Nachahmung verbreitet und durch Tradition weitergeführt. Dabei werden übergreifende Zusammenhänge konstituiert, die nicht allein aus physikalischen und biotischen Ursachen erklärt werden können. Daher ist es berechtigt, das menschliche Wirken als ein eigenes Teilsystem (Noosphäre) in der Geosphäre zu betrachten.

Das Wort Noosphäre findet sich schon in einem ähnlichen Sinn (1927, S. 196) in einem Buch des französischen Naturphilosophen EDOUARD LEROY (1870–1954), der sich in bezug auf die Konzeption seiner Darstellung auf enge Zusammenarbeit mit TEILHARD DE CHARDIN beruft (S. 82). Letzterer hat den Inhalt des Begriffs in zahlreichen Schriften ausführlich präzisiert, zuletzt in dem 1947 abgeschlossenen posthum erschienen Werk ,,Der Mensch im Kosmos" (TEILHARD DE CHARDIN, 1959). Der Begriff wurde durch W. J. VERNADSKY auch in der Sowjetunion eingeführt und dort auch von Geographen übernommen (z. B. VICTOR B. SOCHAVA in einem Vortrag bei dem Internationalen Symposium über Probleme der physisch-geographischen Raumgliederung in Moravany/CSSR 1967).

Für die Erkenntnis der Geosphäre ist es wichtig, die Sphären der verschiedenen Seinsbereiche nicht nur getrennt, sondern auch als Teile der großen Einheit zu begreifen, in der sie durch Wirkungsbeziehungen verbunden sind. Denn der Zusammenhang dieser verschiedenen Sphären ist nicht nur ein Nebeneinander oder ein räumliches Mit- und Ineinander, sondern sie bilden in der Geosphäre ein durch zahllose Wechselbeziehungen vielfältig verbundenes Wirkungssystem. Die einzelnen Seinsbereiche sind demnach im Hinblick auf die Geosphäre nur getrennt begriffene Teile des Ganzen. Sie alle zusammen machen das besondere Wesen der Geosphäre aus und begründen damit zugleich deren Individualität. Es ist uns bisher nicht bekannt, ob sich noch sonst irgendwo im Kosmos eine gleichartige Vereinigung dieser Seinsbereiche findet. Nur von der anorganischen Welt wissen wir mit Sicherheit, daß sie auch außerhalb der Geosphäre, nämlich im Erdinnern und im außerirdischen Kosmos, vorkommt.

In der Integration der drei Seinsbereiche (anorganisch, biotisch und nootisch) können wir daher das Hauptcharakteristikum der Geosphäre sehen. Damit haben wir zugleich eine Grundlage für deren räumliche Abgrenzung gewonnen. Wir können diese auf der generellen Reichweite des Zusammenbestehens der drei Wirklichkeitsstufen begründen. Dabei ist die Frage der genauen räumlichen Abgrenzung im Grunde weniger wichtig als die inhaltliche Kennzeichnung des Wesens der Geosphäre als Integration der drei Seinsbereiche oder Wirklichkeitsstufen. Das *Innere der Erde* gehört nicht zur Geosphäre. Es ist rein anorganisch und nach seiner Substanz sehr viel homogener. Größere Einheitlichkeit tritt dort an die Stelle der stofflichen und strukturellen Mannigfaltigkeit der Geosphäre. Auch die unmittelbaren Wirkungsbeziehungen zu der Geosphäre werden im Inneren der Erde geringer und sind schließlich, abgesehen von der Massenwirkung, kaum noch vorhanden. Im Gegensatz dazu sind die Teile der *Geosphäre* untereinander durch stoffliche Kreisläufe und vielfältige Wirkungsbeziehungen eng verbunden und zugleich qualitativ reich differenziert. Auch gegen den außerirdischen Bereich ist die Grenze der Geosphäre leichter qualitativ als exakt räumlich zu definieren. Den atmosphärischen Bereich müssen wir zweifellos in seiner Gesamtheit als einen Teil der Geosphäre auffassen.

Die geosphärische Substanz ist synergetisch gestaltet. Nicht nur die Einheit der Gesamtgeosphäre, sondern auch der Charakter jedes einzelnen Ortes in ihr und die einzelnen Gegenstände entstehen aus dem Zusammenwirken der verschiedenen Seinsbereiche. Das bedeutet jedoch nicht, daß an jedem Ort alle drei Seinsbereiche beteiligt sind.

RICHTHOFENS Gedanken über die Wechselbeziehungen und die dynamischen Probleme in der ,,Erdoberfläche des Geographen" hatten an die Auffassung der Geosphäre als dynamisches System, in dem die Seinsbereiche in Wechselwirkung verbunden sind, schon nahe herangeführt.

Die Geosphäre ist eine komplexe Einheit der realen Wirklichkeit. Grundlage ihrer Einheit sind übergreifende Prozesse. Diese stellen Wirkungszusammenhänge zwischen allen räumlichen Teilen der Geosphäre her. Dazu gehört insbesondere der Kreislauf vieler Stoffe, der in einem fast geschlossenen System auf die Geosphäre beschränkt ist. Dagegen wird ihr Energiehaushalt durch Einstrahlung von einem außergeosphärischen Energielieferanten her gespeist. Aber die Formen des Energieumsatzes unter der Mitwirkung des Bios und des Menschen sind wiederum spezifisch geosphärisch. Wir kennen nichts Vergleichbares aus einem anderen Teil des Kosmos. Als weiteres Beispiel für übergreifende Beziehungen innerhalb der Geosphäre ist nochmals auf die gemeinsame Abstammung der Lebewelt zu verweisen. Der historische Prozeß ihrer genetischen Differenzierung begründet zwar einerseits strukturelle Unterschiede in der Geosphäre, andererseits aber auch deren innere Einheit und ihre Einmaligkeit im Kosmos.

Die Geosphäre ist kein geschlossenes, sondern ein offenes System. Es ist offen, weil Wirkungsbeziehungen sowohl zu dem außerirdischen Kosmos als auch zum Erdinnern bestehen. Diese Beziehungen des geosphärischen Systems nach außen können wir für die Gegenwart als eine strukturell vorgegebene Konstellation von Bedingungen auffassen (wie es schon VARENIUS tat). Von diesen äußeren Bedingungen wird sowohl die Existenz der Geosphäre als auch deren Wesen mit bestimmt. Sie sind zum Teil grundlegende Faktoren für die räumliche Differenzierung der geosphärischen Struktur. Weder das stoffliche, noch das energetische System der Geosphäre können ohne Kenntnis dieser Außenbedingungen verstanden werden.

Ein anderer Aspekt (den schon RICHTHOFEN betonte) muß noch einmal hervorgehoben werden. *Die Geosphäre ist etwas historisch Gewordenes.* Ihre Existenz, ihr Wesen und ihre strukturelle Differenzierung sind begründet in der Entwicklung des Sonnensystems, in der Geschichte des Lebens und in der Ideengeschichte der Menschheit. Daraus folgt, daß die Wirkungen und Vorgänge, mit denen wir es in der Geosphäre im einzelnen zu tun haben, an historische Strukturen heterogenen Ursprungs geknüpft sind. Sie können daher nur unter gleichzeitiger Berücksichtigung verschiedener Arten des Wirkens verstanden werden.

Wir begreifen die Geosphäre als ein *Sach-Raum-Zeit-System.* Mit Sach-, Raum- und Zeitbegriffen legen wir Schnitte in das Kontinuum und wandeln dieses damit in ein Diskretum aus logisch homogenisierten Teilen um. Darin liegt in jedem Fall eine Abstraktion. Hinsichtlich der Zeit tun wir dieses mit den Begriffen *jetzt, vorher* und *nachher*. Geographie ist, wie wir sagen, eine *Gegenwartswissenschaft*. Aber die „*Gegenwart*" im geographischen Sinne ist kein *jetzt* in dem engeren Sinne der Grenze zwischen *vorher* und *nachher*. Ihr Gegenstand hat daher auch keinen im strengen Sinne nur dreidimensionalen Charakter. Denn zur gegenständlichen Existenz gehört immer eine Dauer, eine Raum-Zeit-Dimension. Schon mit diesem Fundamentalbegriff der geographischen *Gegenwart* gehen wir daher ebenso wie alle anderen beschreibenden Wissenschaften einen Weg, der jenseits des mathematisch-physikalischen Denkens liegt. Doch nur durch den methodischen Schritt in diese andere Kategorie von Vorstellungen wird es überhaupt erst möglich, den *gegenwärtigen Raum* in Dingen, Örtlichkeiten oder Ländern zu erfassen. Dieses sind somit Begriffe, denen nicht im Dreidimensionalen, sondern nur in der fortfließenden Dauer des Raumzeitlichen eine Wirklichkeit entspricht (vgl. dazu G. PFEIFER, 1973).

Die Geographie hat den Begriff der Geosphäre geprägt. Sie ist aber keineswegs die einzige wissenschaftliche Disziplin, die sich damit befaßt, diesen Gegenstand zu erforschen. Nur in den frühesten Anfängen des wissenschaftlichen Bemühens war dies zeitweise so, da es die meisten Wissenschaften als selbständige Forschungszweige noch nicht gab. Damals war der Rahmen dessen, womit sich die 'Geographie' befaßte, weiter gesteckt.

Denn solange zwischen der Geosphäre, der Erde und dem Kosmos nicht scharf unterschieden werden konnte, beschäftigte sich die 'Geographie' noch unbefangen mit einem großen, aber nicht klar abgegrenzten Teil der gesamten erforschbaren Wirklichkeit. Viele der anderen empirischen Wissenschaften sind erst in der Neuzeit aus dem, was man früher 'Geographie' nannte, als selbständige Disziplinen hervorgegangen. Deshalb hat man die Geographie gelegentlich auch als die 'Mutter der Wissenschaften' bezeichnet.

Das Verhältnis jener urtümlichen Geographie zu der neuzeitlichen können wir wieder an unserem Tetraederschema der Denkkategorien veranschaulichen. Wenden wir dieses auf den Gegenstand Geosphäre an, so nahm die Geographie darin ursprünglich alle vier Eckpunkte ein. Die heutige Geographie steht dagegen nur noch in den Positionen A und D. Denn sie beschäftigt sich (A), ausgehend von der Evidenz des Phänomens *Geosphäre,* mit dessen Begriff und Wesen und (D) *speziell* mit der räumlichen Mannigfaltigkeit der Geosphäre, mit der Gestalt ihrer Glieder (Länder) und den geosphärischen Qualitäten, die den Charakter der einzelnen Erdgegenden ausmachen.

Von dem Ansatz der beiden anderen Denkvorgänge (B und C) aus sind zwei Gruppen selbständiger Wissenschaften erwachsen, die sich ebenfalls mit der Geosphäre befassen. Das sind an dem Eckpunkt B die exakten Naturwissenschaften von der Physik bis zu der experimentellen Verhaltensforschung, die bestrebt sind, gesetzliche Beziehungen zwischen den Teilen zu erkennen. Bei C sind es jene Wissenszweige, die sich bemühen, die Mannigfaltigkeit der Teile und deren zeitliche Veränderung zu begreifen. Dieses sind die geschichtlichen Wissenschaften im weitesten Sinne einschließlich der beschreibenden Naturwissenschaften. Diese beiden Gruppen betrachten die Geosphäre „*partial*". Sie beschäftigen sich mit bestimmten Sachbereichen des dinglich erfüllten Raumes, nicht mit diesem als solchem. Ihre Forschungsgegenstände sind spezielle Sachkategorien (C) oder deren gesetzliche Relationen (B). Sie erforschen nicht das räumliche Kontinuum, sondern nur Teile daraus, die sie nach bestimmten Gesichtspunkten auswählen und nach allen wissenswerten Aspekten untersuchen und darstellen.

Der Aspekt der *exakten Naturwissenschaften* (unter Punkt B) ist eng begrenzt. Denn nur bestimmte Eigenschaften der geosphärischen Wirklichkeit können in der Form allgemeingültiger Gesetze dargestellt werden. Andere entziehen sich dieser Art von Beschreibung und werden davon nicht erfaßt.

Die Gestalt einer Endmoräne, eines Hochmoores, eines Niedersachsenhauses, die Stadt Köln, der Spreewald, die Atacama, alles dieses kann nicht in mathematischen Ausdrücken dargestellt werden. Nur Fragen wie z. B. folgende: warum das Moränenmaterial aus der schmelzenden Gletscherstirn zu Boden sinkt, warum der Wasserspiegel in der Mitte des Hochmoores höher steht als an seinem Rande, warum der Regen von dem Dach des Niedersachsenhauses abläuft, warum der Kölner Dom nicht zusammenbricht, warum der Grundwasserspiegel im Spreewald einen bestimmten Stand hat und warum der Fluß in der Atacama austrocknet, nur solche Fragen vermag der Physiker zu beantworten. Er tut dies, indem er das Gemeinsame dieser Vorgänge in Formeln faßt, die für alle Teile der Geosphäre Gültigkeit haben, wie z. B. in Aussagen über das Gewicht der Stoffe und über das Schwerefeld der Erde und die erkennbaren Relationen zwischen beiden. Die Fähigkeit der Physik, allgemeingültige Aussagen in exakter Form zu machen, beruht darauf, daß sie nur einen Teil der Wirklichkeit betrachtet, alles übrige aber unberücksichtigt läßt. Beispielsweise die Form der Sphagnummoose, die im Hochmoor den wasserhaltenden Schwamm bilden, die architektonische Gestalt der Domtürme oder die individuelle Form des einzelnen Steins in der Wüste sind für die Physik nicht existent. Denn diese denkt ungegenständlich. Sie sieht an den Dingen nur den in Maß und Zahl erfaßbaren Aspekt der Materie und stellt ihn in ungegenständlichen Begriffen, nämlich in mathematischen Formeln, dar. Gerade darauf beruht ihre Bedeutung. Aber für die Wissenschaft ist – wie GUSTAV THEODOR FECHNER (1801–1887) es formuliert hat – die ,,Tagansicht'' der Gegenstände ebenso notwendig wie die ,,Nachtansicht'' der für das Gegenständliche blinden Physik. Wir verwahren uns damit gegen das von nur physikalisch Denkenden in Umlauf gesetzte Schlagwort, mit dem jede Wissenschaft, die nicht auf Messung beruht, als 'vorwissenschaftlich' deklassiert wird. Vorwissenschaftlich ist nur die Naivität, mit der diese Behauptung gelegentlich auch von Fachvertretern übernommen wird, die nicht bemerken, daß sie damit ihrer eigenen Disziplin den Boden unter den Füßen entziehen.

Der Aspekt jener Wissenschaften (unter Punkt C), deren Ziel es ist, die Mannigfaltigkeit zu erfassen, führt zu der Vielheit deskriptiver Aussagen über einzelne Gegenstände und deren Änderungen in der Zeit. Diese *beschreibenden Natur- und Kulturwissenschaften,* wie man sie zusammenfassend nennen kann, sind im einzelnen unterschiedlich entwickelt. Sie sind so mannigfaltig wie ihre Gegenstände. Die Methoden, die sie anwenden, hängen von dem Grad der Komplexheit ihrer verschiedenen Gegenstände ab. Man denke z. B. an die Petrographie, die Taxonomie der Pflanzen und Tiere, die Pedologie, die Völkerkunde, die politische Geschichte oder die Religionswissenschaft. Jede einzelne Sachwissenschaft bildet innerhalb einer bestimmten Sachkategorie eine Fülle von differenzierenden Begriffen, indem sie die Gesamtheit der Gegenstände, die als dieser Kategorie zugehörig erkannt werden, untereinander vergleicht, ordnet, klassifiziert und systematisiert. Dabei können sehr verschiedene Ordnungsideen (formal, funktional, Herkunft, Zweck, Alter u. a.) zur Geltung gebracht werden.

Die klassifizierenden Sachbegriffe sind in der Wissenschaft ebensowenig Selbstzweck wie die Formulierung von Gesetzen. Sie sind nur die notwendigen Mittel, die dazu verhelfen, die Mannigfaltigkeit der Erfahrungswelt darstellbar zu machen und zu erklären. Jede Sachwissenschaft untersucht ihre bestimmte Kategorie von Gegenständen mit allen geeigneten Methoden nach allen denkbaren Gesichtspunkten mit dem Ziel, die Gegenstände zu verstehen. Sie bemüht sich, deren Mannigfaltigkeit zu begreifen, ihre Bildung zu erklären und diese, soweit es möglich ist, in allgemeine Aussagen (Regeln, Gesetze) zu fassen. Sie betrachtet selbstverständlich ihre Gegenstände auch nach dem Aspekt ihrer räumlichen Verbreitung und nach den Bedingungen ihres Vorkommens. Sie untersucht auch deren Beziehungen zu anderen Dingen, soweit es die zu erforschenden Gegenstände notwendig machen.

Alle diese Wissenschaften haben noch ein anderes gemeinsam: Mit der Wahl eines bestimmten Gegenstandes als Studienobjekt lösen sie diesen Teil der Geosphäre aus seinem *wirklichen* Zusammenhang (Wirkungszusammenhang). Der Begriff des Gegenstandes teilt die Gesamtwirklichkeit in ein *Innen* und ein *Außen.* Mit der Konzeption einer Kategorie von Gegenständen wird daher potentiell auch der wissenschaftliche Aspekt von deren Außenbeziehungen begründet. Die sich daraus ergebende Forschungsproblematik wird in den Wissenschaften, die sich mit Lebewesen und ihren Gemeinschaften befassen, heute im allgemeinen mit dem von HAECKEL geprägten Begriff *Ökologie* gekennzeichnet. In anderen Disziplinen wird die entsprechende Frage nach der Relation der Gegenstände zum umgebenden Raum als Verbreitungslehre oder zuweilen auch fälschlich als 'Geographie' des betreffenden Gegenstandes bezeichnet. Dabei werden zwar auch räumliche Wirkungszusammenhänge betrachtet. Aber das eigentliche Ziel bleibt das Verständnis des speziellen Gegenstandes aus seinen Existenzbedingungen und den ihn beeinflussenden Kräften oder 'Faktoren'. Diese auf eine bestimmte Sachkategorie von Gegenständen bezogene 'geographische' oder ökologische Fragestellung ist im allgemeinen noch keine Geographie, obwohl sie dieser in vielen

Fällen nahekommen kann. Das gilt vor allem bei so umfassenden Gegenständen, wie sie z. B. mit den Begriffen Lithosphäre, Pedosphäre, Hydrosphäre, Atmosphäre, Biosphäre, Noosphäre erfaßt werden. Daher entsteht bei deren Betrachtung eine Art von Kondominium. Denn solche hochkomplexen Gegenstände können in manchen Fällen selbständige räumliche Teile der Geosphäre und damit in einem engeren Sinne Gegenstände der Geographie sein. Das trifft vor allem dort zu, wo nicht alle Seinsbereiche zugleich an dem Aufbau des örtlichen geosphärischen Systems beteiligt sind.

1.3   Der Forschungsgegenstand der Geographischen Wissenschaft

Wenn auch nach unserer auf RITTER zurückgehenden Auffassung der Arbeitsbereich der Geographischen Wissenschaft räumlich auf die Geosphäre beschränkt ist, so können wir doch nicht ohne weiteres sagen, der Forschungsgegenstand der Geographie sei die Geosphäre. Denn mit dieser beschäftigen sich, wie wir gesehen haben, auch viele andere Wissenschaften. Die Geosphäre bestimmt die äußeren räumlichen Grenzen des Arbeitsfeldes der Geographie. Sie ist aber nur in einem besonderen, noch näher zu bestimmenden Sinne Gegenstand der Geographischen Forschung.

Nach RICKERT (1929) sind alle Begriffe von Wissenschaften Begriffe von Aufgaben, und ihr logisches Verständnis ist nur möglich, wenn man von dem Ziel, das sie sich setzen, in die logische Struktur ihrer Methode eindringt. Die Frage nach dem Ziel einer Wissenschaft schließt die Frage nach deren Forschungsgegenstand mit ein. Daraus ergibt sich, was mit der logischen Struktur der Methode gemeint ist. Denn der Begriff eines Gegenstandes, dessen Erforschung die Wissenschaft sich zum Ziel setzt, impliziert schon die Methode seiner Konzeption. ,,Das Objekt ist nur 'Objekt', wenn und sofern es durch die Methode geformt ist, die Methode ist nur 'Methode', wenn und sofern sie an dem Objekt formt. Das eine ohne das andere ist – nichts" (THEODOR LITT, 1952, S. 69). In die gleiche Richtung hatte auch schon KANT gewiesen, als er mit speziellem Bezug auf die Geographie schrieb: ,,Zur Kenntnis der Welt gehört mehr, als bloß die Welt zu sehen" (1922, S. 8). Wissenschaftliche Kenntnis der Welt setzt Begreifen der Wirklichkeit voraus.

Jede Wissenschaft schafft sich ihren Forschungsgegenstand, indem sie dessen Begriff setzt. Die Denkkategorie, die zu dem Begreifen des Gegenstandes führt, ist der erste methodische Ansatz. Dieser bildet die Grundlage für den weiteren logischen Aufbau der betreffenden Wissenschaft. Denn aus dem Wesen des Forschungsgegenstandes ergeben sich die methodischen Möglichkeiten seiner wissenschaftlichen Erforschung und Darstellung.

Die Stellung der Geographie in der Gesamtwissenschaft hatten wir bereits aus den möglichen Denkformen abgeleitet und damit ihre logische Position von außen her bestimmt. Mit dem Wesen der Geographie müssen wir uns näher befassen. Wir gehen dabei von der Charakteristik einiger Wesenszüge der Geosphäre aus, deren Kenntnis für das Folgende unentbehrlich ist.

1. Die Geosphäre ist ein durch besondere, nur ihr eigene Qualitäten bestimmter räumlich begrenzter Teil der konkreten Wirklichkeit des Kosmos. Sie ist ein inhomogenes Kontinuum, *dinglich erfüllter Raum.*

2. Die Geosphäre besitzt einen nach unserem bisherigen Wissen im Kosmos einmaligen Wesenszug in der *Vereinigung der drei Hauptwirklichkeitsstufen* des Anorganischen, des

Biotischen und des Geistigen. Aus diesem ergibt sich ihre räumliche Ausdehnung als 'Erdhülle' von der Form einer Kugelschale.

3. Ein weiterer Wesenszug ist der *Synergismus*, das Zusammenwirken ihrer verschiedenen
Bestandteile. Daher ist die Geosphäre ein dynamisches System, ein Gewordenes, das sich
ständig weiter verändert.

4. Die Geosphäre ist ein *offenes System*. Denn Wirkungsbeziehungen bestehen auch zu
dem außerirdischen Kosmos und zum Erdinnern.

5. Es gibt demnach *äußere Bedingungen*, von denen das Wesen der Geosphäre mitbestimmt ist. Diese sind z. T. grundlegende Faktoren für die räumliche Differenzierung der
geosphärischen Struktur. Weder das stoffliche noch das energetische System der Geosphäre
können ohne Kenntnis dieser Außenbedingungen verstanden werden.

6. Jeder Ort in der Geosphäre und jedes andere räumliche Teilsystem steht in Wirkungsbeziehungen zu dem Gesamtsystem und ist wie dieses synergetisch, d. h. aus Wirkungszusammenhängen gestaltet.

7. In dem inhomogenen Kontinuum der Geosphäre ist kein Ort dem anderen gleich. Sie
ist von unendlicher Mannigfaltigkeit.

Diese evidenten Tatsachen bilden eine Art Axiomatik für unsere weiteren Überlegungen.

Von der Betrachtung der möglichen Denkformen und der tatsächlich üblichen Arbeitsteilung in der Wissenschaft aus sind wir zu der Vorstellung gelangt, daß die Geographische
Wissenschaft die Aufgabe hat, die Geosphäre in ihrer konkreten räumlichen Mannigfaltigkeit zu begreifen und darzustellen. Zu ihren primären theoretischen Aufgaben muß es daher
gehören, die *Grundbegriffe* zu klären, die es möglich machen, das räumlich Vereinte in logisch brauchbaren Einheiten zu erfassen. Erst dann kann die konkrete weitere Arbeit einsetzen, die darauf zielt, die Beschaffenheit dieser räumlichen Gebilde mit allen denkmöglichen
Methoden zu erforschen und überschaubar zu machen.

Um das Forschungsziel und damit zugleich auch den spezifischen Forschungsgegenstand
der Geographischen Wissenschaft näher zu bestimmen, gehen wir von der Interpretation eines vorerst ganz allgemein gehaltenen Satzes aus: *Die Geographie beschäftigt sich unter einem bestimmten Aspekt mit einem bestimmten Teil einer bestimmten Art von Wirklichkeit.*
Es gilt zu klären, was unter der „bestimmten Art von Wirklichkeit", dem „bestimmten
Teil" und dem „bestimmten Aspekt" zu verstehen ist.

Die „bestimmte *Art* von Wirklichkeit", um die es sich handelt, ist die objektiv erfaßbare
reale Wirklichkeit. Mit der Kennzeichnung *real* und *objektiv* werden dabei die ideelle und
die subjektive Wirklichkeit ausgeschlossen. Ideelle Wirklichkeit als reines Produkt der geistigen Tätigkeit des Menschen, wie sie etwa in der 'Literatur' objektiviert ist, gehört demnach als solche nicht zu unserem Gegenstand. Das gleiche gilt für die subjektive Wirklichkeit. Für das Individuum ist die individuell erlebte Umwelt subjektiv Realität. Diese muß indessen nicht objektiv real sein. Sie ist es jedenfalls nur zum Teil.

Der Gegensatz *real und ideell* ist eine qualitative Unterscheidung. Mit der Bestimmung
objektiv erfaßbar haben wir jedoch auch ein methodisches Prinzip der Wissenschaft als Begrenzung eingebracht. Gemeint ist damit die Art von Wirklichkeit, auf die sich alle empirischen Wissenschaften bei ihrer Arbeit beschränken. Das besagt zugleich, daß die Geographie von ihrer Zielsetzung her eine *Erfahrungs*wissenschaft ist. Als solche bedarf sie wie jede
andere Wissenschaft einer kritischen Durchleuchtung ihrer theoretischen Grundlagen.

Wenn alle Erfahrungswissenschaften zusammen die objektiv erfaßbare reale Wirklichkeit erforschen, welches ist dann der bestimmte *Teil,* mit dem sich die Geographie beschäftigt? Die Arbeitsteilung der empirischen Wissenschaften kann – wie wir gesehen hatten – teilweise aus der realen Wirklichkeit der Denkmöglichkeiten abgeleitet werden. Sie ist jedoch zugleich auch das Ergebnis einer historischen Entwicklung. Dabei hat sich im Rahmen der auf die räumliche Betrachtung der realen Wirklichkeit ausgerichteten Wissenschaften eine ebenfalls räumlich gegliederte Arbeitsteilung herausgebildet. Das heißt, die einzelnen Wissenschaften beschäftigen sich (z. T. nur unter bestimmten Gesichtspunkten) mit Räumen verschiedener Dimension. Der räumliche Bereich der Astronomie und der Weltraumforschung ist der außerirdische Kosmos. Die Geophysik studiert die physikalisch erfaßbaren Eigenschaften der Gesamterde. Die Geologie beschäftigt sich mit der Struktur des Inneren der Erdrinde und ihrer Entstehung. Die Geographie schließlich bleibt mit ihrem Forschungsziel nur in dem äußersten Teil der Erde, der Erdhülle oder Geosphäre. Ihr Arbeitsbereich beschränkt sich auf einen sehr kleinen, wenn auch den für den Menschen unmittelbar wichtigsten räumlichen Teil des Kosmos.

Es gibt jedoch auch viele andere Wissenschaften, deren Arbeit auf denselben räumlichen Bereich begrenzt ist. Dazu gehören alle speziellen empirischen Wissenschaften, deren Forschungsgegenstände nur in der Geosphäre zu finden sind. Das gilt z. B. für alle Wissenschaften, die sich mit den Lebewesen beschäftigen, da solche, jedenfalls nach unserer bisherigen Kenntnis, außerhalb der Geosphäre nicht vorkommen. Die Abgrenzung gegen diese anderen Disziplinen ergibt sich aus dem „bestimmten *Aspekt",* unter dem sich die Geographie mit diesem räumlichen Teil der objektiven Wirklichkeit befaßt. Es ist der Aspekt des *Raumes.* Die von der Geographie zu erforschenden Gegenstände sind die nach ihrer Gestalt und Struktur räumlich aufgefaßten Teile der Geosphäre und diese selbst als ein räumliches Gebilde im ganzen. Aus dieser Zielsetzung leitet sich nicht nur die methodologische Struktur der Geographischen Wissenschaft ab, sondern auch die Bestimmung ihrer Aufgaben im einzelnen.

Das *methodologisch* Besondere der Geographischen Wissenschaft ist, daß sie darauf zielt, die Gesamtheit dessen, was in den einzelnen Geosphärenteilen vereint ist, in seinem räumlichen Zusammensein zu begreifen und zu erklären. Darauf begründet sich ihre Existenz als selbständige wissenschaftliche Disziplin. Keine andere Wissenschaft befaßt sich mit der Geosphäre und deren räumlichen Gliedern in ihrer Totalität, mit dem „Zusammenbestehenden im Raum" (A. v. HUMBOLDT), den in Stufen integrierten „Gestalten der tellurischen Struktur" (JOHANN KARL FRIEDRICH ROSENKRANZ, 1850, S. 323), den „terrestrischen Gefügen" (ERNST WINKLER, mdl.) oder der „Ganzheit geosphärischer Lebensbilder" (EMIL EGLI, 1961, S. 231). Dieses sind nur einige wenige von den vielen, mehr oder weniger zutreffenden Umschreibungen dessen, was die geographische Forschung zu erfassen sich bemüht. Wir fügen eine weitere hinzu, wenn wir sagen: *der spezifische Forschungsgegenstand der Geographischen Wissenschaft sind die geosphärischen Räume.*

Auch HETTNER hat dies verschiedentlich formuliert, z. B. schon in seiner Tübinger Antrittsrede über die Entwicklung der Geographie im 19. Jh.: „Wenn wir von einigen willkürlichen Abweichungen abstrakter Methodiker absehen, ist der eigentliche Gegenstand der Geographie von der ältesten Zeit bis auf die Gegenwart immer derselbe geblieben, nämlich die Erkenntnis der Erdräume nach ihrer Verschiedenheit" (1898, S. 320). Nach HETTNER „hat die Geographie den Charakter verschiedener Räume und Örtlichkeiten..., die Erdteile, Länder, Landschaften und Örtlichkeiten als solche zu betrachten"

(1927, S. 123/124). Sie ist „die Wissenschaft von der Erdoberfläche nach ihren örtlichen Unterschieden... Das Wort Länderkunde würde diesen Inhalt der Wissenschaft besser bezeichnen als das Wort Erdkunde, das im Munde RITTERs ganz unbedenklich war, die neueren Methodiker aber zu falschen theoretischen Auffassungen vom Wesen der Geographie verführt hat. Nur darf man dann nicht bloß an die besondere Länderkunde, d. h. an die Beschreibung der einzelnen Länder und Landschaften, sondern muß zugleich an die allgemeine vergleichende Länderkunde denken" (1927, S. 122/123).

J. G. GRANÖ hat 1949 in den Einleitungssätzen seines Vortrags auf dem IGU-Kongreß in Lissabon (gedruckt 1952) darauf hingewiesen, daß die Auffassung, die Erdräume („régions terrestres") seien das zentrale Forschungsobjekt der Geographie, in jüngerer Zeit an Boden gewonnen hat.

Man vergleiche dazu auch PRESTON E. JAMES und CLARENCE F. JONES (Hrsg.) 1954, RICHARD HARTSHORNE, 1960; ROGER MINSHULL, 1967 und HARVEY, 1969.

Konkrete Erdräume nennen wir *Länder*. Die Geosphäre als Ganzes ist das größte *Land*. Kleinste Landeinheiten an der unteren Grenze der geographisch noch relevanten Größenordnung werden als *Örtlichkeiten* bezeichnet. Wir können somit auch sagen: Gegenstand der Geographischen Wissenschaft sind die Länder (in dem eben gekennzeichneten Sinne). Damit verstehen wir THEODOR KRAUS, wenn er schreibt: „Geographie ist Länderkunde" (1953, S. 455).

Eine solche Auffassung finden wir zum ersten Mal bei VARENIUS in seiner *Geographia Generalis* (1650): „Gegenüber den allzuvielen Einzeltatsachen selbst beschränkt sie [die Geographie] sich streng auf Beschreibung und Gliederung der irdischen Regionen" (zit. nach LANGE, 1961, S. 276). Eine „wissenschaftlich exakte Darstellung der Länder" (ebd.) sei das eigentliche, erstrebenswerte Ziel der Geographie. Unser Begriff der *geosphärischen Räume* entspricht dem Sinne nach den „irdischen Regionen" und „Ländern" des VARENIUS. Die Auffassung, daß die Geographische Wissenschaft einen konkreten Forschungsgegenstand hat, den wir Länder nennen, ist demnach nicht neu, wie zuweilen behauptet wird, sondern ebenso alt wie die Anfänge der modernen Geographie selbst. Sie ist sogar im strengen Sinne der Ausgangspunkt und die Wurzel für die selbständige Stellung der Geographie als Wissenschaft und zugleich der einzige Schlüssel für das Verständnis der logischen Struktur ihrer Methode.

Fast alle bedeutenden Geographen des 19. Jh., die sich mit der Geschichte der Wissenschaft befaßt haben, von A. v. HUMBOLDT bis zu RICHTHOFEN und RATZEL, haben VARENIUS als den wichtigsten Vorläufer, wenn nicht sogar als den Begründer der neuzeitlichen wissenschaftlichen Geographie angesehen und seine Leistung als genial anerkannt. Die Bedeutung des VARENIUS lag in erster Linie in seiner prinzipiellen Auffassung von der Wissenschaft, in seiner bewußten Abkehr von dem Autoritätsglauben und in der neuen Art, wie er mit dem Stoff umging. Was er an Material verwendete, war vorher bekannt. Seine besondere Leistung bestand darin, daß er den Stoff, soweit er für ihn zugänglich war, *methodisch* geordnet hat. Er war der erste Geograph der Neuzeit, der sich zielbewußt Gedanken über den logischen Aufbau der Geographischen Wissenschaft machte. Er entwarf ein umfassendes methodologisches System, in dem viele Vorstellungen und Ideen begründet wurden, mit denen wir heute zu denken gewohnt sind und die uns selbstverständlich erscheinen. Nach VARENIUS muß die Geographische Wissenschaft von der auf kritischer Auswertung von Beobachtungen beruhenden Feststellung und Beschreibung von Tatsachen ausgehen, und sie muß ursächliche Zusammenhänge zwischen den Tatsachen erforschen und darstellen. Damit hatte er die Geographie der frühen Neuzeit erst zu einer echten Wissenschaft erhoben. Gerade dieses wurde jedoch von den meisten geographischen Schriftstellern seiner Zeit noch nicht verstanden und daher auch kaum aufgenommen.

Bei dem Aufbau seines methodologischen Systems ging VARENIUS davon aus, daß er die Erde in einem bestimmten Faktorensystem sah, wir würden heute sagen, in einem Wirkungssystem unterschiedlicher Faktoren. Die wissenschaftlichen Aufgaben der Geographie gliederte er zunächst in allgemeine und spezielle und innerhalb von beiden im einzelnen nach den unterschiedlichen Wirkungsbereichen, von denen die Verhältnisse auf der Erdoberfläche bestimmt werden.

Dementsprechend baute er seine *Geographia Generalis* (1650) in drei Hauptteilen auf. In dem ersten Teil, der *Pars Absoluta*, stellte er zunächst die Erde als Ganzes in ihrer gegebenen körperlichen Gestalt dar. Dann behandelte er die an ihrem Aufbau beteiligten verschiedenen Bestandteile. Dieser Teil ist der umfangreichste der Geographia Generalis und umfaßt folgende Stichwörter: Form, Größe, Bewegung der Erde, Verteilung von Land und Wasser, Gebirge, ihre Formen, Wälder, Wüsten, Meere, Flüsse, Seen, Quellen, Veränderungen und Verhalten des Wassers und des Landes, Luftkreis, Winde. In seiner Darstellung bemühte sich VARENIUS, diese Gegenstandsgruppen nach allem, was man zu seiner Zeit darüber wußte, typologisch zu gliedern. Ein Teil dieser Gegenstände wie Wälder, Flüsse, Seen sind nach ihrem räumlichen Totalcharakter aufgefaßte Bestandteile der Landschaft oder, wie etwa die Wüsten, landschaftliche Typen.

Im zweiten Teil, der *Pars Respectiva*, betrachtete VARENIUS die Differenzierung der Erdoberfläche, soweit diese von der kosmischen Außenwelt bestimmt wird. Darin kam die Zonenlehre zur Geltung. Mit den Unterschieden der Klimate und ihrer Bedeutung als Bedingungen für das menschliche Leben wurde ein uraltes Problem der antiken Geographie wieder aufgenommen und weitergeführt. Es war auch bei VARENIUS noch unterbaut mit Ansichten der Autoren des klassischen Altertums, die er jedoch kritisch erläuterte.

Im dritten Teil, der *Pars Comparativa*, sollte das herausgestellt werden, was durch die räumlichen Beziehungen auf der Erde bestimmt ist und durch den Lagevergleich erfaßt werden kann. Konkret behandelte er hauptsächlich die mathematische Ortsbestimmung, die zu seiner Zeit für die Seeschiffahrt von besonderem Interesse war.

In einem weiteren Werk, der *Geographia Specialis,* wollte VARENIUS im ersten Teil – entsprechend zu der Pars Absoluta der Geographia Generalis – die *Affectiones Terrestres,* die Bestimmungen, die sich aus der Erde selbst ergeben, d. h. die tellurisch vorgegebenen Bedingungen für ein *Land,* behandelt sehen. Dieses läuft etwa auf das hinaus, was wir die ortsgebundene Landesnatur nennen könnten. In seinem Japanbuch (1649) behandelte er diese unter zehn Punkten in einer sachsystematisch geordneten Reihenfolge. Der zweite Teil der Geographia Specialis *Affectiones Caelestes* (analog zu der Pars Respectiva der Geographia Generalis) sollte nach den programmatischen Ideen des VARENIUS die Länder nach den von außen einwirkenden „Bestimmungen" betrachten. Im dritten Teil *Affectiones Humanae* schließlich rückte er den Menschen als das Bestimmende in den Vordergrund. Hier erscheinen bei ihm ethnographische, historische und sozialgeographische Inhalte als Gegenstände der Darstellung. Der Gedanke, den VARENIUS in seinem Programm aussprach, daß das individuelle Wesen eines Landes nur begriffen werden könne, wenn auch der Betrachtung des Menschen eine gebührende Stellung eingeräumt wird, findet sich ebenfalls in seiner Japankunde: „Die aber, die nur die Lage der Gebiete schildern ... ohne auf den Zustand der Bewohner einzugehen, die schicken ihre Leser und Zuhörer in den Schlaf" (zit. nach RAINER KASTROP, 1971, S. 200).

Entscheidend war, daß VARENIUS die Auffassung überwunden hatte, die spezielle Geographie sei eine Sammlung von beliebigen Merkwürdigkeiten. Die Länderkunde war für ihn ein integrierender Bestandteil der geographischen Forschung. Sie sollte nach seiner Auffassung der allgemeinen Geographie die Kenntnis der einzelnen konkreten Tatsachen liefern und dafür andererseits von dieser die aus der Fülle der Tatsachen durch Vergleich gewonnenen allgemeinen Begriffe übernehmen, die als Handwerkszeug bei der Beschreibung der Länder dienen können.

Die Gegenüberstellung einer *allgemeinen* und einer *speziellen* Geographie ist auch jetzt noch gebräuchlich. Auch stehen in der allgemeinen Geographie meistens immer noch die einzelnen Gegenstandskategorien im Vordergrund der Betrachtung. Der Versuch des VARENIUS, die Mannigfaltigkeit der Erscheinungen typologisch zu erfassen und sie damit der kausalen Erforschung zugänglich zu machen, war *de facto* die Begründung einer Reihe von besonderen Zweigen der Geographie, die auch jetzt noch die wichtigsten Teile der systematisch arbeitenden Allgemeinen Geographie ausmachen. Die Lehrbücher dieser Zweige stellen mit Recht immer noch die sachlich geordneten Erscheinungen und Vorgänge und deren kausale Erforschung in den Vordergrund. Hauptziel ist jedoch, Grundlagen für die Länderkunde zu schaffen. Auch dieses hatte VARENIUS schon formuliert. Die *Geographia Generalis* sei nicht Selbstzweck. Sie erfasse die Dinge typologisch, was eine Vorbereitung für die *Geographia Specialis* sei, in der die Ergebnisse der Geographia Generalis verwendet würden. Er betonte aber auch die Gegenseite. Die *Geographia Generalis* könne nicht deduktiv arbeiten. Sie müsse sich auf den Tatsachen begründen, die ihr die *regionale Forschung* zubringe. Erst durch den Vergleich dieser Tatsachen könne sie zu den Begriffen und Vorstellungen gelangen, die es schließlich möglich machen, eine länderkundliche Darstellung aufzubauen.

Bei RICHTHOFEN finden wir den gleichen Gedankengang in bezug auf die Methodik der „*chorologischen Betrachtungsweise*": „Ihr Wesen besteht darin, daß sie alle einen Planethentheil constituierenden Factoren, oder einen Theil derselben, in ihrem ursächlichen Zusammenwirken betrachtet. Durch die analytische Methode der Forschung wird sie mit der allgemeinen, durch die von der Synthese ausgehende Methode der Darstellung mit der beschreibenden Geographie verbunden. In specieller Anwendung erscheint sie entweder als Chorologie eines Erdraums, oder als Betrachtung mehrerer oder aller einzelnen Erdräume unter dem Gesichtspunkt einer Gruppe von Causalverbindungen, z. B. der klimatischen Factoren allein, oder des Klimas und der Pflanzenbekleidung, oder des Einflusses der Gebirge auf den Menschen" (1883, S. 66). Dem allgemeinen Bedürfnis des menschlichen Geistes folgend, zugleich mit den Erscheinungen auch deren Ursachen kennenzulernen, hatte RICHTHOFEN die *Frage nach der Ursächlichkeit* zum obersten Prinzip der geographischen Forschung erhoben. Die „causalen Wechselbeziehungen der Gegenstände und Erscheinungen mit Rücksicht auf die Erdoberfläche" zu erforschen, hatte er als den der Geographie „eigenthümlichen leitenden Gesichtspunkt" (1883, S. 25) bezeichnet.

Auch HETTNER hat die gleiche Auffassung vertreten: „Volle wissenschaftliche Erkenntnis ist immer nur möglich, wenn man die Erscheinungen nicht nur beschreibend auffaßt, sondern auch erklärt. Erst die ursächliche Auffassung bringt Ordnung und eine gewisse Einheitlichkeit in die unendliche Mannigfaltigkeit der unmittelbaren sinnlichen Wahrnehmungen und macht es möglich, diese in Gedanken zu bewältigen und in geistigen Besitz zu verwandeln" (1927, S. 135). Wir können beiden Formulierungen zustimmen, wenn darin *kausal* bzw. *ursächlich* als die Frage nach der *wirkenden Ursache* im weitesten Sinne und nicht im Sinne der physikalischen Kausalität ausgelegt wird. Viele Geographen haben aber vor allem in den ersten Jahrzehnten unseres Jahrhunderts das letztere getan, was zu einer Einengung der Sicht auf einen nur sehr beschränkten Teil der Wirklichkeit und zu einer determini-

stischen Auffassung der anthropogenen Umgestaltung der Erdräume führte. Schon OTTO
SCHLÜTER (1872–1959) hat sich energisch gegen eine solche rein naturwissenschaftliche Auffassung der Geographie gewendet.

Weil sie die Wissenschaft von den Ländern, von der räumlichen Wirklichkeit der Geosphäre ist, bleibt die Geographie immer in erster Linie eine *beschreibende* Wissenschaft. Insofern hat auch ihr Name seine Berechtigung. Sie muß dem Zusammenwirken, dem Synergismus der wesensverschiedenen Vorgänge und Phänomene in der Geosphäre Rechnung
tragen. Sie kann daher weder eine exakte Naturwissenschaft noch Biologie noch eine reine
Geisteswissenschaft sein. Sie kann sich also nicht auf die Art der Fragestellung oder auf die
Methoden einer dieser Wissenschaftsgruppen beschränken. Geographie ist *keine* exakte Naturwissenschaft. Ihre Aufgabe besteht nicht darin, nach den in der materiellen Welt gelten-
den allgemeinen Naturgesetzen zu suchen. Sie ist *ebensowenig* eine reine Geisteswissenschaft. Denn es ist nicht ihre Aufgabe, das menschliche Denken und Handeln als solches zu
erforschen. *Ihr primäres Anliegen ist es, die geosphärischen Räume in ihrer Mannigfaltigkeit
zu erfassen und darzustellen.* Wenn sie ihrem Gegenstand gerecht werden will, muß sie sich
aller Methoden bedienen, die geeignet sind, einen Zugang zum Verständnis der komplizierten Wirkungssysteme, mit denen sie es zu tun hat, zu eröffnen. Um die physikalisch erfaßbare Seite des Gegenstandes darstellen zu können, muß sie die mathematische Abstraktion
anwenden. Um das organische Leben als einen Bestandteil ihres Objektes zu begreifen, muß
sie dieses seinem Wesen gemäß nach der Art der beschreibenden Naturwissenschaften betrachten. Der Anteil des menschlichen Wirkens in den geosphärischen Räumen schließlich
erfordert auch Methoden, wie sie in den Geisteswissenschaften verwendet werden.

Die Eigenschaften geosphärischer Räume ergeben sich aus der Gesamtheit ihrer dinglichen Erfüllung. Die verschiedenartigen Dinge (*Sachkategorien*) sind aber nur existent in
räumlichen Wirkungssystemen. Das ist eine grundlegende Eigenschaft der Geosphäre. Wie
die Geosphäre als Ganzes, so sind auch ihre Teile – die geosphärischen Räume (Länder und
Meere) – Gebilde, Gestalten oder Systeme, die nicht nur einem Seinsbereich angehören. Als
komplexe Phänomene erfordern sie, wenn wir sie *verstehen* wollen, eine Betrachtung im
Ganzen, unter Berücksichtigung des geosphärischen Synergismus, d. h. des Zusammenwirkens aller Wirklichkeitsstufen. Hier liegt das methodologische Kernproblem der Geographie, mit dem wir uns immer wieder auseinanderzusetzen haben.

Belebte und unbelebte Natur und der Geist des Menschen sind schon in vielen der einzelnen Bestandteile und in kleinsträumlichen Wirkungsfeldern der geosphärischen Substanz
untrennbar verbunden. In dieser *Integration der Seinsbereiche* in der dinglichen Erfüllung
des Raumes begründet sich die innere Einheit der Geographie.

In den geosphärischen Räumen steht letzten Endes alles miteinander in Zusammenhang.
Darin liegt die größte methodische Schwierigkeit der Geographie, wenn sie sich bemüht,
solche räumliche Systeme darzustellen und zu verstehen. Sobald sie einzelne Vorgänge isoliert, und sie kann bei der analytischen Untersuchung nicht anders vorgehen, abstrahiert sie
in jedem Fall von einem Teil der Wirklichkeit. Nie ist das Gesamtsystem der Vorgänge in
seiner vollen Realität auf einmal zu erfassen. Die gleiche Schwierigkeit haben auch andere
Wissenschaften, z. B. die Physiologie. Ausgangspunkt der Forschung muß die Beobachtung der konkreten Wirklichkeit sein. Das ist das, was wir in einem bestimmten Raum mit

Hilfe unseres Wahrnehmungsvermögens und der kritischen Reflexion objektiv erfassen können.

Den *gegenwärtigen Raum* des gleichzeitig Zusammenbestehenden der Gesamtgeosphäre können wir jedoch nicht auf einmal untersuchen und beschreiben. Außer dem Weg, die geosphärische Substanz in die einzelnen Sachkategorien zu zerlegen und diese isoliert zu betrachten, wie es viele andere Wissenschaften tun, haben wir die Möglichkeit, die Geosphäre *räumlich* zu teilen. Mit Raumbegriffen nehmen wir Stücke aus ihr heraus. Die Begriffe des räumlichen Denkens, mit denen dieses Herausnehmen geschieht, sind geographische *Grundbegriffe.* Hier liegt die Wurzel für wichtige Teile unserer methodologischen Problematik. Es gehört zu den primären Aufgaben der Geographischen Wissenschaft, Grundbegriffe zu schaffen, die es erlauben, das räumlich Vereinte der Geosphäre in zweckmäßigen Einheiten zu erfassen.

Die weiteren Aufgaben, nämlich die konkrete Beschaffenheit dieser räumlichen Gebilde mit allen dazu geeigneten Methoden zu erforschen und darzustellen, lassen sich aus dem Wesen der Forschungsgegenstände ableiten, nämlich

1. aus deren räumlicher Differenzierung (alle Örtlichkeiten sind voneinander verschieden),
2. aus „dem räumlichen Zusammenhange der nebeneinander liegenden Dinge", dem „Vorhandensein geographischer Komplexe und Systeme, z. B. der Flußsysteme, der Systeme der atmosphärischen Zirkulation, der Verkehrsgebiete und anderer. Keine Erscheinung der Erdoberfläche kann für sich gedacht werden; sie wird immer erst durch die Auffassung ihrer Lage zu anderen Erdstellen verständlich" (HETTNER, 1927, S. 129), und
3. aus dem Wirkungszusammenhang, der die räumlich vereinigten unterschiedlichen Bestandteile der geosphärischen Substanz miteinander verbindet.

Daß in dem realen Wirkungssystem der Geosphäre jeder Ort von jedem anderen verschieden ist, ergibt sich ohne weiteres aus dem Lageunterschied in Verbindung mit dem Bewegungssystem der Erde. Wir wissen aber auch aus der alltäglichen Erfahrung, daß es keine zwei Orte in der Geosphäre gibt, die in ihrer dinglichen Erfüllung absolut gleich sind. In dieser Tatsache liegt die Hauptschwierigkeit der geographischen Aufgabe. Das methodologische Problem bleibt dasselbe, auch wenn wir nur ein Stück aus der Geosphäre herausnehmen. Denn auch ein solches bleibt immer aus verschiedenen Örtlichkeiten zusammengesetzt. Aus den Beschreibungen einer Reihe von benachbarten Örtlichkeiten läßt sich die Charakteristik einer Gegend aufbauen. Damit ergibt sich ein erster Ansatzpunkt für die geographische Darstellung kleiner Erdräume.

Dieses ist die ursprüngliche Art, wie in älteren Zeiten Gegenden beschrieben wurden. Beispielsweise in Kosmographien, in topographischen Beschreibungen oder in 'Geographischen' Handbüchern stellte man charakterisierende Diagnosen für einzelne Örtlichkeiten zusammen. Dieser Weg ist jedoch nur für Bereiche von geringer räumlicher Ausdehnung oder für eine beschränkte Anzahl ausgewählter Orte gangbar. Große Erdräume kann man auf diese Weise nicht zur Darstellung bringen. Es wäre undenkbar, damit jemals fertig zu werden. Zu einer brauchbaren Übersicht würde man damit jedenfalls nicht gelangen.

Dieses Problem war einer der Ausgangspunkte für die methodische Entwicklung der Geographie der Neuzeit. Eine der Haupttriebkräfte war die ständige Suche nach rationelleren Methoden, größere Erdräume zu erforschen und die Ergebnisse übersichtlich darzustellen. In diesem Zusammenhang gehört vor allem die Entwicklung der *landschaftlichen* oder *synergetischen* Methode.

Weil es das Ziel der Geographischen Wissenschaft ist, die konkrete räumliche Mannigfaltigkeit der Geosphäre zu begreifen und darzustellen, nennt man sie auch eine „*chorologische Wissenschaft*". Das darf jedoch nicht so ausgelegt werden, wie es oft geschieht, als ob es Aufgabe der Geographie wäre, alle Arten von räumlichen Beziehungen zwischen den verschiedenartigen Gegenständen der Geosphäre zu studieren. Das tut jede Sachwissenschaft für ihren Bereich selbst. Das Prinzip der räumlichen Beziehungen ist ebensowenig ein spezifisch geographisches wie das Prinzip der räumlichen (sog. 'geographischen') Verbreitung irgendwelcher geosphärischer Gegenstände.

Aus der irrtümlichen Meinung, *Kartographie* sei eine spezifisch geographische Methode, ist jene unglückliche Auffassung entstanden, die heute noch herumgeistert, daß eine Karte der räumlichen Verbreitung irgendeiner Art von Gegenständen Geographie sei, weil man sich dabei einer 'geographischen Methode', nämlich der Kartographie, bediene. Aus dieser Vorstellung entstand die Unzahl der sogenannten 'Geographien', wie etwa 'Mundartengeographie', 'Hausformengeographie', die wir nicht als Geographie anerkennen können. In den gleichen Zusammenhang gehört die ebenfalls noch nicht ausgestorbene unproduktive Idee, Geographie sei eine allgemeine Verbreitungslehre oder sogar nur eine 'Methode', um 'räumliche Beziehungen' zu erfassen und darzustellen. Es ist zwar ein unbestreitbares Verdienst der Geographie, zur Entwicklung der Kartographie entscheidend beigetragen zu haben. Jedoch ist es ein Irrtum, diese Forschungs- und Darstellungsmethode für etwas spezifisch 'Geographisches' zu halten. Botanik und Zoologie haben, weil sie es zuerst benötigten, das Mikroskop entwickelt. Dieses benutzen jetzt viele andere Wissenschaften, ohne daß diese damit zu Botanik oder Zoologie würden. Ebensowenig wird eine beliebige Sachinformation dadurch, daß man sich dabei einer kartographischen Methode bedient, zu Geographie.

Zum Charakter der Länder und Landschaften gehört auch deren *Physiognomie*. Nach unserer jetzigen Einsicht in das Wesen der Geosphäre sind wir aber *nicht* mehr wie manche Autoren am Ende des vorigen Jahrhunderts der Meinung, daß nur das physiognomisch Wahrnehmbare geographisch relevant sei. In diesem Punkt entspricht unsere Auffassung derjenigen, die auch bei HETTNER schon zum Ausdruck kommt. Die Bedeutung eines Faktums ist um so größer, je mehr es in Wirkungszusammenhängen mit anderen Komponenten des betreffenden Geosphärenteiles steht. *Geographisch relevant ist alles, was zur Kenntnis des Wesens eines Landes beiträgt.* Dieses ist eine kurze Zusammenfassung dessen, was HETTNER darüber gesagt hat. Die Geographie kann sich demnach nicht darauf beschränken, das sichtbare Bild der Erdräume aufzunehmen und darzustellen. Denn zu deren Wesen gehören auch Strukturen, die nur mittelbar wahrgenommen werden können, sowie Vorgänge, Wirkungszusammenhänge, Ursachen und Motive, von denen nur ein Teil der unmittelbaren Wahrnehmung zugänglich ist. Zur Wahrnehmung dieser Wesenszüge muß neben der direkten Inaugenscheinnahme eine ganze Fülle von anderen wissenschaftlichen Arbeitsmethoden eingesetzt werden.

Von der Kenntnis der möglichen Wege und der Bereitschaft, sie zu benutzen, hängen Art und Ausmaß der Einsichten ab, die gewonnen werden können. Denn es bekommt keine Wissenschaft „über ihren Gegenstand mehr heraus als das, wofür sie sich schon in ihrem Ansatz als aufnahmewillig entschieden hat" (EDUARD SPRANGER, 1949). Solche Entscheidungen werden getroffen bei der Bestimmung des Forschungsgegenstandes und bei der Auswahl und der Entwicklung der rationalen Methoden, mit denen man diesen untersucht.

Zwischen dem Forschungsgegenstand und der logischen Struktur der Methode bestehen ambivalente Beziehungen. Der Gegenstand selbst ist methodisch geprägt, und seine Erforschung erfordert die Entwicklung eines ihm angemessenen methodischen Systems. Der Gegenstand, den sie darzustellen hat, bestimmt das Wesen der Geographischen Wissenschaft und muß für ihre Arbeitsweise ausschlaggebend sein. Sie muß daher, wo dieses nötig ist, auch neue, ihrem spezifischen Objekt angemessene Arbeitsmethoden entwickeln. Sie ist aber selbstverständlich darauf angewiesen, *alle* Mittel und Wege zu benutzen, die helfen können, ihre Aufgabe zu erfüllen. Dabei ist es gleichgültig, von wem und zu welchem Zweck diese Hilfsmittel gefunden wurden. In der Wissenschaft sind nicht nur alle Mittel *erlaubt*, sondern *geboten*.

1.4   Wahrnehmung und Reflexion

Von ihrer Aufgabe her, die räumliche Gliederung der geosphärischen Wirklichkeit rational überschaubar und verständlich zu machen, ist die Geographie eine *Erfahrungswissenschaft.* Das bedeutet aber nicht, daß sie sich in der Forschung auf induktive Methoden zu beschränken hat. Im Gegenteil, vor allem in der Form der Arbeitshypothese, aber auch bei jeder Art klassifikatorischer Ordnung der Objekte und bei dem Aufbau des für die Forschung notwendigen Begriffssystems sind für einen rationellen Arbeitsprozeß immer auch deduktive Schritte auf vielen Stufen erforderlich. Es ist wichtig, sich über das Wesen dieser Arbeitsvorgänge im klaren zu sein, die Tatsachenbeschreibung und die Hypothesen scharf auseinanderzuhalten und jeder Deduktion die Überprüfung an der beobachtbaren Wirklichkeit mit allen verfügbaren Methoden unmittelbar folgen zu lassen.

Am Anfang aller geographischen Forschung stehen Beobachtung und Erkundung. Die *Wahrnehmung der Wirklichkeit* liefert das Urmaterial für jede Art von geographischer Darstellung und Untersuchung. Zwar ist es mit Hilfe der Kommunikationsmittel auch möglich, daß ein Geograph Forschungen in einem Lande durchführt, das er mit eigenen Augen nie gesehen hat. Doch bleibt auch dann die Grundlage seiner Informationen die Geländeerkundung, wie auch immer diese durchgeführt und übermittelt werden mag. Die Information kann z. B. gewonnen werden aus topographischen Karten, aus bildlichen Darstellungen, über die Fernsehkamera, durch Funkdaten, Meßwerte oder durch das gesprochene oder geschriebene Wort oder auch aus den in einer Datenbank gespeicherten Informationen. In allen diesen Fällen ist der Urheber der Information ein Beobachter. Etwas anders ist es bei der Gewinnung der Informationen durch das Luftbild, da der Techniker, der die Aufnahmen gemacht hat, das Land weder betrachtet noch überhaupt gesehen haben muß. In diesem Fall wird ein mechanisch gewonnenes Abbild des Landes, nicht dieses selbst der Beobachtung unterworfen.

Wir befassen uns hier zunächst mit der unmittelbaren Geländebeobachtung. Sehen ist noch nicht *beobachten.* Die von den Sinnesorganen aufgenommenen Eindrücke, Farben, Helligkeitsunterschiede und deren Veränderungen werden von dem unbewußt arbeitenden Wahrnehmungsapparat in Vorstellungsbilder der dreidimensionalen Wirklichkeit umgesetzt. Diese werden zu subjektivem Wissen, das unmittelbar aus der erlebten Wirklichkeit geschöpft ist. Wir nehmen die Farben wahr, den Wechsel von Tag und Nacht, die Gestalt vieler Gegenstände und erfassen diese mit Begriffen der Sprache. Wir vergleichen dabei unbewußt das Gesehene mit dem Vorrat an Erinnerungsbildern und den diesen zugeordneten Begriffen und wissen dann z. B., daß wir einen Baum, ein Haus oder einen Berg gesehen haben.

Von dem, was der einzelne weiß, hängt es ab, wie er die Welt anschaut und was er in einem bestimmten Fall sieht. Denselben optischen Eindruck am Wegesrande nimmt der eine als eine grüne Fläche, der andere als Gräser, Kräuter und Sträucher, der dritte als kulturfähiges Ödland, auf dem man einen Bauernhof anlegen könnte, wahr. Es gibt eine gleitende Reihe von Übergängen zwischen dem einfachen Schauen als einem Sichvertiefen in die sinnliche Wahrnehmung bis zu dem, was wir in der wissenschaftlichen Forschung Beobachten nennen.

Ein großer Teil der Beobachtungen bei Geländestudien beruht auf mittelbaren Wahrnehmungen. Man nimmt z. B. einen Bauernhof wahr, auch wenn nur eine Seite des Daches und vielleicht ein Stück einer Toreinfahrt unmittelbar zu sehen sind. Man schließt auf den mäandrierenden Verlauf eines Baches, wenn in Wirklichkeit nur Weiden und Erlen sichtbar sind, die, wie man aus Erfahrung weiß, in der Regel einen Bach begleiten. Diese Art von Wahrnehmung beruht darauf, daß Teile eines Gegenstandes, dessen Gestalt bekannt ist, die Vorstellung des ganzen Gegenstandes hervorrufen und dieser als das Beobachtungsergebnis registriert wird. Oder es werden gewohnte Koinzidenzen zum Anlaß genommen, um von dem tatsächlich gesehenen Objekt, z. B. der Baumreihe aus Weiden und Erlen, auf das Vorhandensein eines anderen Gegenstandes, in unserem Fall des Baches, zu schließen. Ein solcher Vorgang kann sich unbewußt abspielen als Leistung der Gestaltwahrnehmung, die, in Verbindung mit den im Gedächtnis gespeicherten Informationen, regelmäßig wiederkehrende Merkmalskombinationen aus der Fülle des Wahrnehmbaren zu abstrahieren vermag.

Das Erfassen von Gegenständen aus dem Chaos der Sinneseindrücke ist nur ein erster Schritt. Wir müssen uns darüber klarwerden, was sich näher anzusehen lohnt, auf was wir zu achten haben, und wie wir eine gedankliche Ordnung in die Summe der wahrgenommenen Einzelheiten bringen können.

Beobachten ist bewußtes sinnliches Wahrnehmen, bei dem das Wahrgenommene zugleich auch verarbeitet und verknüpft wird. Eine Beobachtung kann planmäßig herbeigeführt oder auch zufällig gemacht werden. Die Befähigung zur Gestaltwahrnehmung ist dabei ebenso wichtig wie die des analytischen Erkennens. Mehr nach der einen oder der anderen Seite begabte Personen können sich bis zu einem gewissen Grade in diese Aufgaben teilen. Der eine erschaut Neues und begreift das, was wirklich ist, als Gestalt. Der andere erfaßt nur nach bestimmten Gesichtspunkten ausgewählte Teilaspekte. Bei beiden steht ein unbewußt ablaufender Wahrnehmungsvorgang am Anfang. Rational analysiert werden kann nur das, was vorher als Gestalt, Qualität, Struktur oder Vorgang wahrgenommen worden ist.

Das erste Erfassen von bisher noch nicht erkanntem Gegenständlichen rein aus der Anschauung ist nahe verwandt und kann verbunden sein mit dem plötzlichen Einfall eines gedanklichen Zusammenhangs. Ein solcher, auch Intuition genannt, kann in Verbindung mit einer Zufallsbeobachtung spontan ins Bewußtsein treten als das Ergebnis mehr oder weniger unbewußter Erkenntnisvorgänge, bei denen frühere Erfahrungen, spielerische Phantasie und allgemeiner Erkenntniswille mitwirken. Demnach sind dabei Qualitäten der persönlichen Begabung mit im Spiel. Beobachtung ist daher nur in gewissen Grenzen lehr- und lernbar. Es hat zu allen Zeiten Forscher gegeben, die als besonders begabte Beobachter zu außergewöhnlichen Leistungen fähig waren. Was der Beobachtende im einzelnen wahrnimmt, hängt in hohem Maße von seiner schon erworbenen Erfahrung ab, von dem, was er bereits gesehen hat und schon weiß. Es hängt aber auch davon ab, wie die Begriffswelt aufgebaut ist, in der sein vorhandenes Wissen geordnet ist, und schließlich von den speziellen Gesichtspunkten und Fragestellungen, die er für die Beobachtung mitbringt. In welchem Ausmaß diese zur Geltung kommen und zu neuen Beobachtungsergebnissen führen können, ist aber weitgehend auch noch von anderen Qualitäten des Beobachters abhängig. Nach der Kenntnis von Tatsachen und Problemen richtet es sich, was bei einer Beobachtung als mehr oder weniger wichtig angesehen und festgehalten wird. Je spezieller sich der Beobachtende mit einer bestimmten Art von Phänomenen schon beschäftigt hat, um so mehr Einzelheiten wird er daran wahrnehmen.

Der Spezialist sieht vieles, was dem 'unerfahrenen' Beobachter nicht auffällt. ,,Nur der geographische oder geologische Fachmann, der von vornherein die Eigenschaften der Talterrassen kennt, wird diese in allen ihren Eigenschaften richtig beschreiben. Allerdings besteht andererseits für den Kenner die Gefahr der Befangenheit in wissenschaftlichen Vorurteilen. Er sieht leicht nicht das, was da ist, sondern was er sehen will, was er unter ähnlichen Verhältnissen zu sehen gelehrt worden ist, sobald die Wirklichkeit eine gewisse Ähnlichkeit mit seiner mitgebrachten Vorstellung hat . . . die wissenschaftliche Vorbildung bringt immer auch die Gefahr des Vorurteils mit sich'' (HETTNER, 1927, S. 175).

In einem Arbeitsgebiet, das ihm jederzeit leicht zugänglich ist, kann der Geograph seine Beobachtungen in aller Ruhe planmäßig nach den Erfordernissen seiner besonderen Fragestellung durchführen. Auf Forschungsreisen in fernen Ländern ist dieses nicht immer möglich. Er muß dort die Methodik seiner Beobachtung an besondere und oft für ihn schwierige Verhältnisse im Lande oder an die knappe Zeit, die ihm zur Verfügung steht, anpassen. In wenig erforschten und verkehrstechnisch schwer erreichbaren Gebieten wird er sich zuweilen entscheiden müssen, wieviel von seiner beschränkten Zeit und Arbeitskraft er für das intensive Studium eines Einzelproblems verwendet oder für die unter den gegebenen Umständen vielleicht nur in flüchtiger Form mögliche Beobachtung alles übrigen, was in dieser Gegend noch unbekannt ist. Ein gewisses angelerntes Beobachtungsschema oder ein vorher ausgearbeiter spezieller Beobachtungsplan können dabei in vielen Fällen die Arbeit erleichtern. Sie sollten aber diese nicht allein beherrschen.

Reisebeobachtungen können in mannigfaltiger Art behindert werden. Doch sind die Schwierigkeiten des Reisens in den meisten Ländern heute nicht mehr so groß wie noch vor wenigen Jahrzehnten. Wir brauchen daher dieses Problem nicht mehr so intensiv zu betrachten, wie es die früheren Geographen tun mußten. Zwar gibt es auch heute noch Gebiete, in denen man ähnlich wie die Forschungsreisenden der vergangenen Jahrhunderte 'expeditionsmäßig' reisen muß. In manchen Ländern ist die Bewegungsfreiheit im Gelände aus politischen oder aus militärischen Gründen begrenzt. Gelegentlich kann auch noch Unsicherheit durch Banditenwesen die Arbeit des Forschungsreisenden behindern.

Durch den besonderen Charakter eines Landes können die Möglichkeiten der Beobachtung beschränkt sein. Dieses gilt vor allem für große menschenleere Waldgebiete. Dort kann man vom Boden aus im allgemeinen nur einen schmalen Streifen der Reiseroute in Augenschein nehmen. Die heute gegebene Möglichkeit, die am Boden gewonnenen Erkenntnisse durch Beobachtung aus der Luft zu ergänzen, ist gerade in solchen Gebieten ein großer Gewinn. Besonders wertvoll ist es, wenn man mit dem Luftbild in der Hand das Land bereisen kann. Doch ist diese Möglichkeit bisher noch nicht allgemein und in manchen Erdteilen vorerst nur in Ausnahmefällen gegeben.

In vielen Ländern kann die Witterung die Beobachtungen während einer Reise, für die nur begrenzte Zeit verfügbar ist, stören oder teilweise unmöglich machen. Starke Niederschläge können das Fortkommen im Lande erschweren, Nebel und Wolken oft viele Wochen lang die Fernsicht verhindern. Um in dieser Hinsicht unangenehme Enttäuschungen zu vermeiden, ist es wichtig, schon bei der Planung einer Reise diese Möglichkeiten sorgfältig zu erwä-

gen. Man muß versuchen, den Termin der Reise oder den Verlauf des Reiseweges so zu wählen, daß wenigstens die nach der allgemeinen Kenntnis des Klimas voraussehbaren Witte-
rungsbedingungen die beabsichtigten Beobachtungen nicht allzusehr behindern oder unmöglich machen. Wo eigene visuelle Beobachtungen nicht ausreichen, muß man sie durch
andere Arten der Erkundung ergänzen. Solche sind neben der persönlichen Befragung, die
eine Auswertung fremder Beobachtungen ermöglicht, organisierte Massenbeobachtungen,
Stationsbeobachtungen usw. Diese sind meistens schon deshalb notwendig, weil der einzelne nur eine beschränkte Zahl von Örtlichkeiten persönlich kennenlernen und aus eigener
Anschauung beurteilen, überblicken und vergleichen kann.

Die eigene unmittelbare Beobachtung und Erkundung kann durch vielerlei Formen der
indirekten Information ergänzt werden. Dieses kann z. B. aus der Statistik geschehen oder,
um ein bekanntes Beispiel im Zusammenhang mit dem Problem der Zentralität der Orte zu
nennen, aus den Adressen in Telefonbüchern oder auch aus den lokalen Tageszeitungen, aus
denen man oft vieles über die Struktur eines Marktortes und über die Herkunft der Verkäu-
fer und Käufer und damit über den Einzugsbereich des Marktes entnehmen kann. Dazu
kommen direkte Informationen aus wirtschaftlichen Betrieben. Auf dieser Grundlage hatte
z. B. THIES HINRICH ENGELBRECHT (1853–1934) seine Forschungen über die räumliche
Verbreitung der Getreidepreise auf der Erde aufgebaut. Seitdem sind in zahllosen Spezialarbeiten, vor allem bei der Erforschung kleinerer Erdräume, derartige Erhebungsmethoden
mit großem Erfolg angewandt worden. Sie liefern oft wertvolleres Material als amtliche Sta-
tistiken und machen in vielen Fällen deren Auswertung erst möglich. Ferner sind zu nennen:
historische Quellen, Akten, Bodenfunde in Museen und sonstige geschichtliche Dokumente. Es gibt keine scharfen Grenzen dieser Formen indirekter Erkundung gegen das sogenannte Karten- und Literaturstudium. Das alles sind Informationsmittel, die in mannigfaltiger Weise ineinander übergehen können. Bei der Auswertung schriftlicher oder mündlicher
Mitteilungen von anderen Reisenden ist es wichtig, das dargebotene Material mit Kritik zu
benutzen.

Man muß sich vor allem darüber klar werden, was der betreffende Gewährsmann tatsächlich selbst
gesehen hat. In Berichten über wissenschaftliche Reisen wird dieses im allgemeinen angegeben, und oft
wird auch der Reiseweg in einer Karte dargestellt. Wo solche Angaben nicht vorliegen, kann man sich
meistens aus allgemein zugänglichen Informationen über den Charakter des Landes und seiner Ver-
kehrsverhältnisse eine Vorstellung davon verschaffen, was der Reisende bestenfalls selbst gesehen haben
könnte. Man wird sich auf diese Weise wenigstens bis zu einem gewissen Grade vor der Gefahr schützen, zu Unrecht verallgemeinerte Aussagen, die auf den ersten Blick nicht als solche zu erkennen sind,
für bare Münze zu nehmen.

Wenn man Beobachtungen aus der Reiseliteratur auswertet, so wird man sich, um deren
Wert und Zuverlässigkeit richtig einzuschätzen, Klarheit darüber verschaffen, welchen
Zweck der Autor bei seiner Reise verfolgte, wieviel Aufmerksamkeit er auf die speziellen
Beobachtungen verwendete, und in welchem Grade er aufgrund seiner Interessen und seiner
Vorbildung fähig war, bestimmte Aussagen in einer für die Wissenschaft brauchbaren Form
zu machen.

Diese Vorsicht ist nicht nur bei Schriften von nicht wissenschaftlich vorgebildeten Reisenden angebracht. Auch hervorragende Wissenschaftler, die sich bei ihren Forschungen auf die Beobachtung bestimmter Gegenstände konzentrieren, berichten zuweilen in naiver Weise und dabei oft irreführend
über 'Beobachtungen' außerhalb ihres Spezialgebietes. Noch mehr muß man sich bei solchen Reisenden

davor hüten, aus der Tatsache, daß bei ihren Schilderungen bestimmte Objekte nicht erwähnt werden, zu schließen, daß sie in der Gegend nicht vorkämen, etwa von der Vorstellung aus, daß man diese selbst nicht übersehen würde. Die Scheuklappen des Spezialisten engen oft in einem schwer vorstellbaren Maße den Blick ein.

Sollen Beobachtungen von Forschern anderer Fachgebiete ausgewertet werden, so ist zu beachten, unter welchen Gesichtspunkten diese ihre Studien gemacht haben. Denn ein Geologe, ein Bodenkundler, ein Botaniker, ein Ethnologe oder ein Archäologe sehen von ihrer Fragestellung aus in demselben Gebiet Verschiedenes, und selbst bei der Beschreibung desselben Gegenstandes werden sie oft Unterschiedliches mitteilen.

Ein Botaniker versteht mehr als irgendein anderer von Pflanzen. Er kennt deren Arten, weiß, wie sie leben und sich entwickelt haben. Es ist ja sein Hauptziel, dieses zu erforschen. Er kann auch untersuchen, warum eine Pflanzenart auf dem einen Standort besser oder schlechter wächst als auf dem anderen. Indem er im Experiment die Pflanzen bestimmten Varianten von Lebensbedingungen aussetzt, wie sie im Gelände vorkommen können, sei es nach Nährstoffgehalt, Feuchtigkeit oder physikalischen Bedingungen, gewinnt er die Einsicht, warum eine Pflanzenart auf diesem Acker gut, auf jenem dagegen schlecht gedeiht. Jedoch weshalb die Pflanze auf manchen Äckern wächst und auf anderen nicht, könnte er nur beurteilen, wenn er auch den wirtschaftlichen Hintergrund kennt. Dieses geht aber über den Rahmen der Botanik hinaus. Denn sie beschäftigt sich nicht mit den historischen Ursachen für die Ausbreitung bestimmter Nutzpflanzen oder mit den wirtschaftlichen Gründen, warum die Landwirte hier diese oder dort jene Art bevorzugen. Die Botanik studiert, wie eine neue Sorte von Pflanzen entsteht, jedoch nicht, warum aus der großen Anzahl von Sorten nur diese oder jene tatsächlich angebaut wird und welche Funktion sie in der Wirtschaft hat. Dieser vielschichtige Komplex liegt jenseits der Aufgabe des Botanikers, weil er nicht die Erkenntnis der Sachkategorie Pflanze betrifft.

Das Interesse des Geographen richtet sich gerade auf die *Vielschichtigkeit der Beziehungen im Raum.* Darin liegt ein entscheidender Unterschied zu den Sachwissenschaften. Daher können wir auch nicht erwarten, von dem Botaniker, dem Petrographen oder anderen Sachspezialisten alle Beobachtungen zur Verfügung gestellt zu bekommen, die wir benötigen.

Einen ersten Zugang zu dem zu erforschenden Gegenstand finden wir im allgemeinen über dessen augenblickliche Physiognomie. Diese kann zwar auch der Künstler darstellen. Die Wissenschaft hat jedoch andere Ziele. ,,Statt von einem festen Augenpunkt will sie das Land von möglichst vielen Stellen aus betrachten, um es im ganzen überblicken zu können. Sie macht sich schließlich überhaupt von einem sinnlichen Augenpunkt frei und damit auch von der Beschränktheit des Ausschnittes. Statt der sinnlich-symbolischen Anschauung der Kunst sucht und gewinnt die Wissenschaft sinnlich-abstrakte Vorstellungen'' (SCHLÜTER 1919, S. 17). Um sich solche Vorstellungen bilden zu können, muß der Geograph neben den unmittelbar sinnlichen auch mittelbare Wahrnehmungen benutzen. Die Methoden der indirekten Beobachtung können planmäßig entwickelt werden. Wenn sie mit der nötigen Kritik und Vorsicht verwendet werden, sind sie eine wertvolle und oft unentbehrliche Hilfe. Dabei gibt es viele fast unmerkliche Übergänge zu dem, was HETTNER im Zusammenhang mit der geographischen Geländeforschung *Konstruktion* genannt hat.

,,Die Konstruktion ist oft ein einfacher, man möchte sagen naiver Akt, der sich fast unwillkürlich mit der Beobachtung verbindet, so wenn der Reisende bei der Aufnahme der Karten zwischen die Flußstrecken, die er wirklich sieht, die dazwischen liegenden Strecken einschaltet, die sich seinem Blicke entziehen, oder wenn der aufnehmende Geologe in den Zwischenräumen zwischen zwei gleichartigen Aufschlüssen dieselben Gesteine in derselben Lagerung einträgt. Die Konstruktion darf in keinem Falle mechanisch vorgenommen, sondern muß immer von einer Vorstellung vom Wesen des Ganzen beherrscht werden, warum man auch besser nicht bloß von Ergänzung oder Interpolation, sondern eben von Konstruktion spricht" (HETTNER, 1927, S. 197).

Ein weiteres methodisches Mittel, auf das wir noch intensiver eingehen müssen, ist der *Vergleich.* Dieser rückt die Bedeutung der einzelnen Beobachtungen und Feststellungen vielfach erst in das richtige Licht. Er lehrt, auf vieles zu achten, was sonst leicht übersehen wird.

Bei entsprechender Übung können hochkomplexe Wahrnehmungen aus der Beobachtung oft in kürzester Zeit gewonnen werden. Der geübte Geograph sieht nicht nur gegenständliche Bilder. Er bleibt nicht bei einer statischen Raumvorstellung. Er erkennt vielmehr zugleich auch räumliche Relationen und Koinzidenzen. Er sieht Einzelvorgänge und diese zugleich als Teil einer komplexen Dynamik. Er erblickt Geschichte in dem sichtbaren Ergebnis des abgelaufenen Geschehens, in dem Nebeneinander von Gegenständen verschiedenen Alters. Voraussetzung für die Befähigung zu derartigem Sehen ist ein umfangreiches, wissenschaftlich fundiertes, geordnetes Wissen.

Vieles, was zum Wesen eines Landes gehört und für dessen Verständnis unentbehrlich ist, kann nicht durch direkte Beobachtung erkannt werden, weil es für die Sinne nicht oder wenigstens nicht zu jeder Zeit unmittelbar wahrnehmbar ist. Manche wirkungsvollen Erscheinungen, wie etwa das Hochwasser eines Flusses, treten nur in größeren Zeitabständen auf und können daher nur selten direkt wahrgenommen werden. Hier muß, sofern nicht die Beobachtungen anderer schon in geeigneten Informationen niedergelegt sind, die *Erkundung durch Befragung* einsetzen.

Diese Form, Urmaterial aufzufinden und auszuwerten, ist eine besondere Kunst. Auch hier läßt sich eine direkte von einer indirekten Form unterscheiden. Bei der ersteren spricht man die zur Information herangezogenen Personen unmittelbar auf das an, was man wissen möchte. Man wird sich aber Gedanken machen müssen, *wem* man direkte Fragen mit Aussicht auf Erfolg stellen kann. Es ist eine Sache der Erfahrung, vorauszusehen, von welchen Personenkreisen man brauchbare Antworten erwarten kann. Auf jeden Fall ist bei dieser Art von Erkundung eine kritische Prüfung erforderlich. Oft bringt eine *indirekte* oder auch eine getarnte Befragung, die auf etwas anderes zu zielen scheint und bei dem Gespräch schließlich nebenbei die gesuchte Information zutage fördert, zuverlässigere Auskünfte. Bei *direkten,* unmittelbar auf das Ziel gerichteten Fragen weichen viele Informanten in Angelegenheiten, die sie selbst betreffen, aus oder reagieren so, daß man keine Gewähr für die Richtigkeit der Auskünfte hat. Sichere Informationen gewinnt man oft leichter durch Auswertung spontaner und zufälliger Äußerungen, die man bei einiger Aufmerksamkeit aus vielen Gesprächen sammeln kann.

Der einzelne Forscher kann im allgemeinen nur einen Bruchteil seiner Vorstellungen unmittelbar aus der Anschauung und aus eigenen örtlichen Erkundungen in dem bisher gekennzeichneten Sinne gewinnen. Doch nur, wenn er selbst wenigstens ein gewisses Maß an eigener Beobachtungs- und Erkundungserfahrung hat, wird er in der Lage sein, auch die große Masse der von anderen übermittelten Beobachtungsergebnisse zu verstehen, zu sichten und im Rahmen seiner Forschungsarbeiten sinngemäß und kritisch zu verwerten.

Man hat früher oft die *Fußwanderung* als die vornehmste Methode gepriesen, geographische Erkenntnisse zu sammeln. ,,Wer Neues entdecken und beschreiben, ja wer auch nur das Altbekannte neu beurtheilen und verknüpfen will, der ist nothwendig auf den Fußweg gewiesen... Wandern heißt auf eigenen Füßen gehen, um mit eigenen Augen zu sehn, mit eigenen Ohren zu hören" (WILHELM HEINRICH RIEHL [1823–1897], 1869, S. 3/4). Zu Fuß findet der beobachtende Geograph die Muße, sich gerade auch um das zu kümmern, was nachher seiner Beschreibung eines Landes Farbe und Reiz verleiht. Wenn auch die speziellen Probleme, denen er nachgeht, ohnedies oft einen längeren Aufenthalt im Gelände nötig machen, so ist es im Zeitalter des motorisierten Verkehrs fast noch wichtiger geworden, sich dessen bewußt zu sein, als zu der Zeit von RIEHL, als das langsamere Reisen noch zwangsläufig zu einem engen Kontakt mit dem Land und seiner Bevölkerung führte.

,,Mit dem bloßen Beobachten ist es aber noch nicht gethan; es gilt auch zu gleicher Zeit das eben Erfaßte zu ordnen und durchzudenken. Wer sich auf dem Wege den Stoff sucht und hinterdrein daheim die Gedanken dazu, der ist nicht auf der rechten Fährte. Die besten Gedanken findet man immer dort, wo man die unmittelbare Anschauung der Thatsachen gefunden hat und die Gedanken wollen auf der Landstraß, auf dem Lagerplatz, im Abendquartier auch gleich frischweg erfaßt und festgehalten seyn. Dies ist das sicherste Mittel gegen die Gefahr, hinterher Fremdes in den gewonnenen Stoff hineinzudenken und die Thatsachen unsern Ideen zu beugen" (RIEHL, 1869, S. 6). Trotz aller technischen Fortschritte beim Reisen ist das noch heute gültig, nur daß an die Stelle des Notizbuches vielfach das Tonband tritt. Man überschätzt leicht seine Fähigkeit, sich sinnlicher Wahrnehmungen später deutlich zu erinnern. Solange man das eindrucksvolle Bild einer Landschaft oder eines bestimmten Gegenstandes noch vor sich hat, glaubt man, es nie vergessen zu können. Jedoch wie oft klammert man sich hinterher, wenn jenes Bild durch spätere Eindrücke fast ganz aus dem Gedächtnis verdrängt ist, mühsam an die viel zu spärlichen Notizen.

SIEGFRIED PASSARGE (1867–1958) gab in seinem Erdkundlichen Wanderbuch (1921), das er für Schüler geschrieben hatte, den Rat: ,,Stelle die Beobachtungen stets so an, als ob du niemals wieder an die Stelle zurückkehren wirst. Erfahrungsgemäß kommt man, wenn man es sich auch vornimmt, nach Stellen, an denen man einmal gewesen ist, gewöhnlich nicht wieder zurück, und hat man die Beobachtungen auf eine günstigere Zeit verschoben, gehen sie ganz verloren" (1921, S. 11). ROBERT GRADMANN (1865–1950) hat erzählt, daß er die Beschreibungen seines Süddeutschland-Buches zum großen Teil auf Wanderungen an Ort und Stelle verfaßt habe. ,,Zu wandern und wandernd zu beobachten und zu forschen ist alle Zeit die höchste Lust meines Lebens geworden . . . Ich habe mein Glück erwandert." Mit diesem Satz zog er bei einem Vortrag in Tübingen (1947) die Bilanz seines langen Forscherlebens.

Der *Ausgangspunkt* jeder geographischen Arbeit ist, wenn diese sinnvoll sein soll, *das Wahrnehmen komplexer räumlicher Gebilde.* Unser Geist bemächtigt sich der erfahrbaren Welt der Geosphäre primär durch das Erkennen von Gestalten, die wir aufgrund der Anschauung erfassen und als Gestaltidee in unser Wissen aufnehmen. Nicht nur ein Berg, ein Tal, ein Paß, eine Rodungsinsel, sondern auch der Harz, die Bergstraße, der Warndt oder Saarbrücken müssen zuerst als Gestalt erkannt sein, bevor wir beginnen können, diese Objekte zu erklären und zu verstehen. Der schöpferische Vorgang macht einen Ausschnitt aus der räumlichen Wirklichkeit als einen untersuchungswürdigen Gegenstand sichtbar. Er kann sich auf der unmittelbaren sinnlichen Wahrnehmung begründen und somit erlebte Sinneserfahrung sein. Er kann jedoch auch, veranlaßt durch eine Fülle angereicherter Informationen, rein auf der Imagination beruhen. Dieses ist insbesondere bei großräumigen Gestaltbegriffen wie etwa Europa, Alpen oder Sahara der Fall.

Man gewinnt die Vorstellung der Gestalt durch eine zum Teil unbewußt ablaufende Verarbeitung des Wissens. Man nennt diesen Vorgang *Gestaltwahrnehmung.* OTTO LEHMANN hat in diesem Zusammenhang von der Geographie als einer ,,integralen Erlebniswissenschaft" (1936, S. 223) gesprochen. Obwohl diese Wortbildung angreifbar ist und zu Mißverständnissen Anlaß geben könnte, wird damit doch etwas Richtiges angedeutet. Sinngemäß gilt hier das gleiche wie bei der Wahrnehmung organischer

Gestalten: ,,Jedes noch so verwickelt aufgebaute System kann und muß Gegenstand wissenschaftlicher Forschung sein . . . Der Weg kann dabei immer nur von der Ganzheit zum Element gehen und nicht umgekehrt. Es liegt nicht im Wesen von C-, N-, O- und H-Atomen, daß aus ihnen gerade Menschen oder Eichbäume entstehen müssen. Keine ihrer Eigenschaften macht gerade diese Endprodukte nötig, und auch eine noch so genaue Kenntnis aller Eigenschaften der Elemente würde es grundsätzlich nicht ermöglichen, aus ihnen synthetisch die organischen Systeme abzuleiten, die aus ihnen bestehen. Wohl aber haften umgekehrt auch den höchsten Organismen wesentliche Eigenschaften an, die sich aus der Art und Struktur ihrer Elemente notwendig ergeben" (KONRAD LORENZ 1942). Was hier in bezug auf die Organismen gesagt ist, gilt auch für andere hochkomplexe Gebilde wie jene offenen Systeme, die wir Landschaften und Länder nennen.

Die Dominanz des auf Quantifizieren gerichteten analytischen Denkens kann die Wahrnehmung von Raumgestalt erschweren. Denn diese ist ihrem Wesen nach als Ganzes nicht quantifizierbar. Wissen über sie kann man nur durch Schauen, sei es in sinnlicher oder geistiger Sicht, erwerben, nicht durch Zählen, Messen oder Berechnen. Dies einzusehen, ist heute nicht mehr so schwierig, wie am Anfang unseres Jahrhunderts. Aus der Situation jener Zeit sind Äußerungen zu verstehen, wie etwa der Satz: ,,Wir müssen wieder lernen, frei hinauszuschauen und durch das Auge sicheres Wissen aufzunehmen" (HETTNER, 1927, S. 219). Im übrigen ist die Schwierigkeit derartigen Sehens ein altes Problem. ,,Das ist das Schwerste von allem, was Dir am leichtesten dünkt, mit den Augen zu sehen, was vor den Augen dir liegt" (JOHANN WOLFGANG VON GOETHE). Das gilt für das sinnliche Sehen. Es gilt aber ebenso für das Erkennen von Raumgestalten auf der Grundlage andersartiger, nicht aus der eigenen sinnlichen Wahrnehmung stammender Informationen.

Aus nächster Nähe sehen wir die unterschiedlichsten Gegenstände in ihrer ganzen Mannigfaltigkeit. Wir erkennen einzelne Steine, einzelne Pflanzen, einzelne Häuser. Aus einiger Entfernung nehmen wir die Fülle der Dinge in der Einheit größerer Komplexe wahr. Wir generalisieren mit den Augen und ordnen dem Gesehenen umfassendere Begriffe zu, sei es idiographisch mit individuellen Namen wie Lorelei, Harz, Weimar, oder normativ mit typologischen Gattungsbegriffen wie Flußtal, Waldgebirge oder Stadt. Dinge wie die genannten Beispiele nennt man in der Alltagssprache Orte oder Gegenden. Solche können zum Gegenstand landeskundlicher Forschung gemacht werden, auch wenn sie räumlich keine große Ausdehnung haben.

Das *Erkennen* von Raumgestalten ist der erste Schritt. Die weiteren methodischen Vorgänge müssen auf das *Verifizieren der Gestalt* zielen. Dazu müssen wir erst herausfinden, was untersuchungswürdig ist, um den Gegenstand ausreichend vollständig zu erfassen und ihn darstellen zu können. Die Klärung, welche Fragen wir an den primär als Gestalt erkannten Gegenstand zu stellen haben, ist eine notwendige Vorüberlegung im Hinblick auf das gesamte methodologische System. Denn daraus ergeben sich die einzelnen Schritte des Verifizierens. Erst dann ist zu übersehen, welchen Begriffsapparat wir im einzelnen benötigen und gegebenenfalls neu aufbauen müssen, um diese Schritte zu tun. Wir können zunächst davon ausgehen, daß es grundsätzlich möglich ist, jeden Gegenstand nach seiner Substanz, nach der Struktur, nach den Vorgängen und nach seinem geschichtlichen Werden zu betrachten. Wollen wir unter diesen Aspekten unsere spezifischen Gegenstände untersuchen, dann brauchen wir einen Bestand an festen Begriffen, mit denen wir die entsprechenden Teile der Wirklichkeit, die Objekte, Vorgänge oder Systeme erfassen und darstellen können. Außerdem benötigen wir Grundbegriffe, um daraus das Erkenntnissystem für die Darstellung dieser Art von Gegenständen aufzubauen.

Sind wir z. B. zu der Einsicht gekommen, daß einer der Aspekte, unter denen wir ein hochkomplexes System zu betrachten haben, dessen *Substanz* ist, so müssen wir, um solche Gegenstände vergleichen und nach diesem Wesenszug kennzeichnen zu können, Begriffe für die Charakteristik der verschiedenen Arten von Substanz, die dabei in Frage kommen, zur Verfügung haben oder neu schaffen. Eine Art von Substanz in diesem Sinne sind die mannigfaltigen einzelnen Gegenstände, die in dem System eines 'Landes' oder einer 'Örtlichkeit' als Elemente (im Sinne der Systemtheorie) miteinander in Wirkungszusammenhang stehen. Deren Bedeutung für ein solches *System* kann aber nur erkannt und erfaßt werden, wenn man dieses zugleich *als Ganzes* sieht. Auch Methoden der Mengenlehre können als Hilfe für die Entwicklung logischer Deskriptionsschemata erst in Anspruch genommen werden, wenn die als Ordnungsstruktur zu untersuchende Grundmenge *vorher* als forschungsrelevante *Gestalt* erkannt und begriffen worden ist, und die in das Kalkül einzusetzenden Teilmengen oder Elemente bedürfen ebenfalls zum mindesten präliminar einer qualitativen Definition.

Was von den *Bestandteilen* wichtig ist, kann nur im Hinblick auf den Gegenstand, der verstanden werden soll, geklärt werden. Dieses gilt ganz allgemein. Wie verschieden die Größenordnung der zu erfassenden Objekte auch sein mag, und wie sie auch immer heißen mögen, ob Saarbrücken, Feldberggipfel, Laacher See, Ruhrgebiet oder Poebene, einen Maßstab dafür, was an Gegenständlichem oder an Vorgängen darin im einzelnen betrachtenswert und wichtig ist, können wir nur finden, wenn wir von der komplexen Einheit, die erklärt werden soll, schon einen Begriff oder wenigstens eine Vorstellung haben. Ein Raum, eine Örtlichkeit, eine Gegend oder ein Land werden primär nicht als eine Zusammensetzung aus Elementen, sondern als eine *Gesamtgestalt* erkannt.

Zur Verdeutlichung kann der Vergleich mit einer Mosaikdarstellung dienen. Man sieht zuerst das Bild als Ganzes, bevor man studiert, wie dieses aus verschiedenartigen Steinen aufgebaut ist und welche Bedeutung die einzelnen Elemente in dem Ganzen haben. Was das Mosaikbild darstellt, kann man nur aus dessen Totalbetrachtung erfassen. Beginnt man damit, Bestandteile zu untersuchen, ohne vorher das Gesamte wahrgenommen zu haben, so wird man das Inhalt des Bildes nicht erfassen, und man wird dieses auch aus den getrennten und nach irgendeinem System geordneten Mosaiksteinchen nicht wieder zusammensetzen können. Die 'Synthese' aus Bestandteilen ist nur möglich, wenn bekannt ist, was bei der Analyse zerlegt worden ist. Ein anderes Beispiel ist die komplizierte Organisation des industriellen Prozesses in einer Fabrik mit ihren Einzelvorgängen und technischen Einrichtungen. Diese können wir nur begreifen, wenn wir das gesamte Funktionssystem und auch das erzielte Endprodukt ins Auge fassen. Nur dann wird erkennbar, warum die einzelnen Vorgänge in dieser Weise zusammengefügt sind. Nur wenn wir den Blick auch auf den ganzen Betrieb richten, gewinnen Teilvorgänge, die wir getrennt betrachten, ihren Sinn.

Nur von dem *ganzen* Gegenstand aus wird erkennbar, was dessen Glieder sind und welche einzelnen Bestandteile dafür eine wesentliche Bedeutung haben. Wenn der Geograph z. B. das Stück Geosphäre betrachtet, das wir Saarbrücken nennen, werden ihm bestimmte Gegenstände wichtig sein wie etwa Saartal, Saarfluß, Hafen, Kaiserstraße, Alt-Saarbrücken, Eschbergsiedlung, Stadtwald, Bahnhof, Straßennetz, Stadt-Autobahn, Wohnbevölkerung, Industrieanlagen usw. und Vorgänge wie *rush-hour*, Durchgangsverkehr, Warenumsatz, Landesregierung usw. Um Saarbrücken zu erfassen, können wir nicht von den chemischen Elementen ausgehen. Mit welchen Aspekten man die Teilbetrachtung zweckmäßig beginnt und was dabei als die Substanz oder deren Bestandteile aufzufassen ist, muß aus der Sicht auf das Ganze geklärt werden.

Um Bestandteile klassifizieren, d. h. mit Gattungsbegriffen benennen zu können, brauchen wir einen Begriffsapparat. Wir müssen z. B. die Begriffe Straße, Straßennetz oder Fernverkehrsdurchgangsstraße haben, um bestimmte Teile der Substanz, aus der dieser Gegenstand besteht, sinnvoll charakterisieren zu können. Daß diese Substanz nicht nur statisch-stofflich ist, zeigen die genannten Beispiele.

Der Gegenwarts*raum,* auf den die Geographie ihre Betrachtung konzentriert, ist immer Raum in der Zeit. Alle Raumbegriffe der Geographie sind, auch wenn wir mit Hilfe des Zeitbegriffs die 'Gegenwart' von der Vergangenheit und der Zukunft abstrahieren, streng genommen nicht dreidimensional. Es sind keine Räume im statisch-formalen Sinne, sondern vielmehr immer sach-raum-zeitliche Begriffe. Sie kennzeichnen *Gestalten,* vierdimensionale (d. h. dynamische) Gebilde, *dinglich erfüllte Räume.*

Schon SCHLÜTER hatte energisch darauf hingewiesen, daß das dreidimensionale räumliche Bild nur der erste Ansatzpunkt für die wissenschaftliche Betrachtung ist. Wesentliche Aussagen gewinnen wir erst, wenn wir die gegenständliche Wirklichkeit so begreifen, daß auch die *vierte* Dimension (Zeit) mit erfaßt wird. Denn jede Landschaft ist immer und überall ein Prozeß, ein System von Vorgängen. *Dynamik* gehört zu ihrem Wesen. Erklären oder verstehen können wir sie daher nur, wenn wir die einzelnen formalen Züge ihrer Physiognomie als Ausdruck dieser Dynamik begreifen.

In Begriffe gefaßte und interpretierte Ergebnisse der Beobachtung sind die Bausteine zu geographischen Vorstellungen, zu dem geistigen Bild von dem Wesen eines Gegenstandes, eines Raumes oder eines Problems. *Anschauung und Reflexion* sind sowohl Erkenntnisquellen als auch Erkenntnismittel. Sie ergänzen einander, und sie sind beide unentbehrlich. Die Anschauung bringt Gleichzeitiges als Gestalt, Qualität, Struktur oder System ins Bewußtsein. Das Denken erfaßt das Bewußtgewordene mit Begriffen und setzt diese in logische Relationen zueinander. Von der Anschauung inspirierte Ideen kann das Denken entweder als die Identität eines Besonderen, eine spezielle Relation im einzelnen Fall, eine Mannigfaltigkeit von Individuen oder aber als ein Allgemeines, als Typus, Kategorie, Norm oder Gesetz verifizieren.

Geographische Beobachtung zielt auf räumlich geordnetes Wissen von der geosphärischen Wirklichkeit. Eine geographische Darstellung ist ein Komplex von Aussagen über geographisch relevante Beziehungen zwischen geographisch relevanten Gegenständen. Allen derartigen Aussagen muß die Konzeption der dabei verwendeten Begriffe vorangegangen sein. Nur dann können die Aussagen Sinn haben und verständlich sein. Der einfache Satz ,,Hier ist viel Wald" ist, für sich alleinstehend, noch keine geographische Aussage. Denn der Begriff ,,hier" ist geographisch nicht relevant. Es sei denn, er wird durch eine zweite Aussage auf einen geographisch relevanten Begriff bezogen, etwa auf einen durch seine Gradnetzkoordinaten bestimmten Bereich oder auf den Namen eines idiographischen Erdraumbegriffes wie ,,hier im Harz". Die Beobachtung einer einzelnen Erscheinung hat für die Geographie nur dann Wert, wenn sie auf irgendeine Weise lokalisiert und zu anderen, in ihrer räumlichen Ordnung bekannten Tatsachen in Beziehung gesetzt werden kann. Wenn man sich darüber klar ist, daß jeder Gegenstand Vorgänge repräsentiert, wird alles, was wir anfangs oft nur statisch auffassen, zum Ausdruck von Dynamik. Wenn wir Straße sagen, ist das nicht nur Pflaster oder Asphaltdecke auf irgendeiner Unterlage, sondern auch, zum mindesten potentiell, ein funktionierendes System oder ein Teil eines solchen. Ähnliches können wir für beliebig viele andere Begriffe, die man zunächst nur statisch aufzufassen gewohnt ist, sagen. Es ist dann auch leichter einzusehen, daß das Wesentliche bei der strukturellen Beschreibung einer Substanz immer auch einen Bezug auf Vorgänge, auf das Funktionieren in einem Wirkungssystem, enthält. Beides ist in der Wirklichkeit untrennbar verbunden. Wir trennen es nur logisch und abstrahieren dabei von einem Teil der Wirklichkeit, um darüber analytisch sprechen zu können. In der Wirklichkeit, wenn wir dieses Wort vom Verbum *wirken* her wörtlich nehmen, steht jeder Gegenstand in dynamischen Zusammenhängen mit anderen. Wenn wir den Gegenstand nur formal und statisch betrachten, dann abstrahieren wir von dessen eigentlicher 'Wirklichkeit', nämlich von den Vorgängen seines Wirkungszu*sammenhanges.* Jeder Baum besteht aus Vorgängen, ebenso jedes Haus, jede Straße und andere komplexere Gegenstände. Das Straßennetz und die Wohnbevölkerung und alles übrige, was z. B. die Substanz des Gegenstandes Saarbrücken ausmacht, sind Vorgänge, die in dynamischen Wirkungszusammenhängen ablaufen. Solange wir deren Gestalt nur statisch betrachten, abstrahieren wir von der Wirklichkeit.

Mit der Bildung und Ordnung von Gegenstandsbegriffen befassen sich zahlreiche Sachwissenschaften. So können wir z. B. von den Petrographen eine Gesteinsklassifikation erwarten. Wie weit diese für den geographischen Bedarf geeignet ist, ist eine besondere Frage. Es bedarf offenbar eines eigenen Bewertungsmaßstabes, um feststellen zu können, welche von den Gesteinstypen, die die Petrographie unterscheidet, geographisch relevant sind. Viele Unterschiede von Gesteinsarten, die für die Petrographie sehr wichtig sind, können für die Geographie belanglos sein, weil sie für deren komplexe Studienobjekte keine differenzierende Bedeutung haben. So können viele petrographisch unterschiedliche Gesteine z. B. von ihrer Härte aus gleichwertig sein, so daß sie bei den Verwitterungs- und Abtragungsvorgängen nicht differenzierend in Erscheinung treten; oder sie können trotz großer petrographischer Verschiedenheit für die Wirtschaft gleichen oder auch gar keinen Wert haben, so daß sie auch von dieser Seite aus in dem komplexen geographischen Gegenstand nicht wirksam werden. Daher können wir zwar einzelne Sachbegriffe von der Petrographie beziehen, nicht dagegen die Einsicht über deren Bedeutung in bezug auf unseren Forschungsgegenstand. Die Produkte der Gesteinsverwitterung erforscht eine andere Sachwissenschaft, die Bodenkunde. Für die Gewässer ist die Hydrologie und für die den Wasserhaushalt steuernden Witterungsvorgänge die Meteorologie zuständig. Aber dafür, wie dieses alles räumlich vereint ist und zusammenwirkt, haben die Sachwissenschaften keine brauchbaren Begriffe. Diese zu entwickeln und methodisch zu begründen ist Aufgabe der Geographie. Einfache Gegenstandsbegriffe können wir im allgemeinen bei anderen Fächern vorfinden. Doch müssen wir auch dabei selbst entscheiden, was davon für den Bedarf der Geographie notwendig und geeignet ist.

Komplexere Begriffe, wie z. B. Bauernhof und Waldgebirge, finden wir eher in der Umgangssprache, in der sich die Auseinandersetzung der Menschen mit der Umwelt, in der sie leben, widerspiegelt. Dort gibt es Begriffe wie Einzelhof, Großstadt oder Küstenniederung und ähnliche für Dinge verschiedenster Größenordnung. Der normalen Alltagsvorstellung des Menschen steht die geographische Fragestellung näher als derjenigen mancher anderen Wissenschaften. Die Menschen müssen mit dem, was sie alltäglich umgibt, fertig werden. Begriffe der normalen Sprache sind daher oft umfassender in bezug auf Wahrnehmungseinheiten und Funktionssysteme, während spezielle Sachwissenschaften stärker abstrahieren und aus der Wirklichkeit nur jene Teile begreifen, deren genaues Studium sie sich vorgenommen haben.

Die geographische Wissenschaft muß in der Lage sein, festzustellen, welche Begriffe aus der Umgangssprache in der Geographie sinnvoll verwendet werden können, welche aus anderen Wissenschaften zu übernehmen sind und welche die Geographie selbst neu konzipieren muß. Zu den letzteren gehören insbesondere die Begriffe hohen Komplexheitsgrades, die das, was räumlich vereint ist, auch zusammen erfassen. Solche Begriffe werden teilweise in den speziellen Zweigen der sogenannten Allgemeinen Geographie für deren besondere Sachbereiche geschaffen. Zum anderen muß dieses aufgrund von allgemeinen methodologischen Überlegungen geschehen, die als eine Art Vorbereitungsstufe den systematischen Zweigen der Geographie übergeordnet sind.

Von der Wahrnehmbarkeit der Gegenstände und von unserer Wahrnehmungsfähigkeit sind letzten Endes die Grenzen der Erkenntnismöglichkeit abhängig. Wenn im Zusammenhang mit der zunehmenden wissenschaftlichen Erkenntnis das Begriffssystem erweitert wird, verändern sich zugleich auch die Möglichkeiten der Wahrnehmung. Denn wir werden damit befähigt, kompliziertere Gestalten zu sehen und komplexe Systeme als Einheiten zu begreifen. Mit Begriffen der Alltagssprache erfassen wir einen Acker, eine Wiese oder ein Bauernhaus. Mit Hilfe der durch Einsicht in eine komplexe Struktur erarbeiteten wissenschaftlichen Begriffe haben wir gelernt, einen Betrieb mit seiner Feldgraswirtschaft als eine Einheit auch real wahrzunehmen. Auf einer höheren Stufe erfassen wir mit einem noch komplexeren Begriff (Wirtschaftsformation), den die Geographie erst geschaffen hat, die ganze Gegend, die von der Feldgraswirtschaft und einer bestimmten Siedlungsstruktur geprägt ist. Mit Hilfe solcher Begriffe von Wahrnehmungseinheiten größeren Komplexheitsgrades werden wir in die Lage versetzt, aus der unmittelbaren Beobachtung große Teile des gesamten räumlichen Systems sozusagen auf einen Blick zu erfassen. Dieses zu ermöglichen, ist eine der ersten und wichtigsten Aufgaben der geographischen Methode.

Diese methodische Aufgabe stand auch WILHELM VOLZ vor Augen, wenn er von dem ,,Rhythmus des Großbildes" sprach, womit er das gleiche meinte, was man heute ein räumliches Wirkungssystem nennt. ,,Die Geographie geht aus von der Wechselwirkung im einzelnen und kleinen und schreitet vor zum Rhythmus des Großbildes; das muß ich mir erringen. Und diese Konzeption des Großbildes ist die geistige Arbeit wissenschaftlicher Phantasie, ist die eigentliche wissenschaftliche Leistung... Diese Konzeption ist schwerstes geistiges Ringen, das Durchdenken des Problems, des gesamten Stoffes in innigster geistiger Konzentration, bis auch die letzte Unklarheit aufgehellt ist, bis das gesamte Bild abgeklärt und plastisch vor dem geistigen Auge steht, reif zur Darstellung" (VOLZ, 1923).

In ihrer wissenschaftlichen Aktivität steht, wie SAUSHKIN (1966) es formuliert hat, die Geographie ,,am Anfang einer neuen konstruktiven Entwicklungsperiode". ,,Sie entdeckt heute nicht mehr neue Länder, wie sie das in den vergangenen Jahrhunderten getan hat, und beschreibt nicht mehr nur die Erdräume wie in früheren Jahrzehnten", sondern sie erforscht auch ,,die Gesetze des Zusammenhangs der Erscheinungen in den räumlichen Komplexen" (SAUSHKIN, 1966) und kann damit auch dazu beitragen, die räumlichen Strukturen vernünftig zu gestalten (Angewandte Geographie). Daß dabei im Zeitalter des Computers auch neu verfügbar werdende Arbeitstechniken mit benutzt werden müssen, ist selbstverständlich.

2. Kapitel: Das methodologische System der geographischen Wissenschaft

2.1 Der Landbegriff und die aitiontische Methode der Länderkunde

Gegenstände der geographischen Forschung und Darstellung sind Länder und Meere oder geosphärische Räume. Wir hatten solche auch als terrestrische Gefüge oder räumliche Einheiten geosphärischer Wirkungssysteme gekennzeichnet. Diese können sehr unterschiedliche Dimensionen haben, von der *Geosphäre,* die als das größte Land aufzufassen ist, bis zu den kleinsten Einheiten, die noch als geographisch relevant gelten können, den *Örtlichkeiten* oder *Geotopen.*

Die einfachste Art einer geographischen Mitteilung ist die Beschreibung dessen, was an einem bestimmten Ort der Erde objektiv wahrnehmbar ist. Damit eine solche Mitteilung zu einer geographisch relevanten Information wird, muß der Ort, der beschrieben wird, in irgendeiner Form *lokalisiert* sein. Der Wert der Mitteilung hängt nicht nur von der Qualität ihres sachlichen Inhaltes, sondern auch von der Genauigkeit der Lokalisierung des Ortes ab. Eines ohne das andere ist geographisch wertlos.

Zu allen Zeiten haben beschreibende Mitteilungen über einzelne Orte einen großen Teil der geographischen Darstellungen ausgemacht. Doch sind diese kleinsten Einheiten auch schon früh in der neueren Geographie als etwas Besonderes, gewissermaßen als Grenzfälle aufgefaßt worden. Manche Autoren haben diese zwar noch als Gegenstände geographischer Betrachtung behandelt. Andere haben sie aber als jenseits der unteren Grenze geographisch relevanter Größenordnung angesehen und in ihren Darstellungen nicht mehr berücksichtigt.

KANT hatte in der Einleitung zu seinen geographischen Vorlesungen gesagt: ,,Die Beschreibung eines einzelnen Ortes der Erde heißt Topographie" (Physische Geographie, S. 11). Dem stellte er die ,,Chorographie" gegenüber als die Beschreibung einer Gegend und ihrer Eigentümlichkeit.
Die Beschreibung begründet sich nach KANT auf der sinnlichen Wahrnehmung: ,,Von den Sinnen fangen sich unsere Erkenntnisse an. Sie geben uns die Materie, der die Vernunft nur eine schickliche Form erteilt. Der Grund aller Kenntnisse liegt also in den Sinnen und in der Erfahrung, welche letztere entweder unsere eigene oder eine fremde ist" (ebd., S. 10). Unmittelbar davor schrieb er in dem gleichen Zusammenhang: ,,Ferner aber müssen wir auch die Gegenstände unserer Erfahrung im ganzen kennen lernen, so daß unsere Erkenntnisse kein Aggregat, sondern ein System ausmachen; denn im System ist das Ganze eher als die Teile, im Aggregat hingegen sind die Teile eher da" (ebd., S. 9). In unsere Sprache übertragen bedeutet das: Der Ausschnitt aus der Geosphäre, der von einem Beobachter an dem Ort, wo er sich aufhält, im ganzen als ein Komplex von Dingen wahrgenommen wird, kann als die kleinste in einen spezifisch geographischen Begriff faßbare Einheit der geosphärischen Wirklichkeit angesehen werden. Wir meinen solche kleinsten Einheiten, wenn wir davon sprechen, daß wir uns von einem Ort zu einem anderen begeben. Es ist eine der möglichen Grundformen des Begreifens, die Gesamtheit dessen, was an einem Ort wahrgenommen werden kann, zusammen zu erfassen. Diese Art von Einheit gehört daher zu dem ältesten Bestand geographischer Begriffe.

Zu der Konzeption des Grundbegriffs Örtlichkeit (oder Geotop) können wir sowohl auf induktivem als auch auf deduktivem Wege gelangen. Der erste Weg ist jener, der von der subjektiven Erfahrung ausgeht. Auf diesem Wege kam GRANÖ (1882–1956), der sich intensiv mit methodologischen Problemen der Geographie befaßt hat, zu seinem Begriff der *Nähe* (Nahumgebung). An jedem beliebigen Standpunkt auf der Erde präsentiert sich dem Beobachter ein mit allen Sinnen wahrnehmbarer Teil der Umgebung als ein komplexes Gebilde aus Gegenständlichem. Solche subjektiven Wahrnehmungskomplexe sind Urmaterial für die geographische Betrachtung. Deshalb hatte J. G. GRANÖ versucht, die *Nähen* zu der Grundlage seines methodologischen Systems zu machen. Von hier aus versuchte er die Begriffswelt einer *reinen Geographie* aufzubauen. Einen Ausschnitt aus der Geosphäre, der von einem Beobachtungsstandpunkt aus durch sinnliche Wahrnehmung erfaßt werden kann, betrachtet man dabei als die kleinste geographisch relevante räumliche Einheit der Wirklichkeit. Die Notwendigkeit eines derartigen Begriffs für die Geographie ist evident. Der *deduktive* Weg zu der Konzeption des Grundbegriffs Örtlichkeit oder Geotop geht von den Fragen nach dem Forschungsgegenstand der Geographie und dem Wesen der Geosphäre aus. Wenn es das Bestreben der Geographie ist, die räumliche Differenzierung oder den räumlichen Aufbau der gesamten Geosphäre zu verstehen und darzustellen, dann muß es kleinste Einheiten geben, bei denen die Grenze der Relevanz erreicht wird und ein Übergehen zu noch kleineren Einheiten für das Ziel der Geographie uninteressant oder sinnlos wäre.

Würden wir Raumeinheiten in der Größenordnung eines Ameisenhaufens oder von noch geringerer Ausdehnung als spezifische Forschungsobjekte in Betracht ziehen, so wäre dieses im Hinblick auf die geographische Aufgabe offensichtlich unangemessen. Das schließt jedoch nicht aus, daß sich der Geograph bei seinen Untersuchungen oft mit u. U. noch viel kleineren Gegenständen (z. B. Pflanzenpollen oder Topfscherben) zu befassen hat. Diese sind aber nicht sein spezifischer Forschungsgegenstand.

In der Schule wird seit langem ein Unterschied zwischen Heimatkunde und Geographieunterricht gemacht. Als eine Art Vorübung und zur allmählichen Einführung in eine räumliche Betrachtungsweise werden die Schulräume, der Schulhof, die Nachbarstraßen und vielleicht noch das Ortszentrum des Dorfes oder der Stadt behandelt. Es würde kaum jemand auf die Idee kommen, dieses Geographie zu nennen. Steigt man aber auf einen Kirchturm oder auf einen Hügel und überblickt das Dorf mit seiner Flur oder die Stadt mit ihrer Umgebung, so wird niemand Bedenken haben, wenn dabei von Geographie die Rede ist und die Dorfgemarkung oder die Stadt als Gegenstände einer geographischen Betrachtung angesehen werden.

Die Frage der geographisch relevanten Größenordnung ist immer wieder unterschiedlich beantwortet worden. In einem Punkt besteht jedoch Einigkeit: Die untere Grenze der Größenordnung geographischer Gegenstände hat etwas mit der Größe des Menschen selbst und mit den Fähigkeiten seiner natürlichen Sinnesorgane zu tun. Es gibt keine geographischen Gegenstände, die aus einem Betrachtungsmaßstab größer als 1 : 1 konzipiert werden. Wir sehen hier den Zusammenhang der geographischen Begriffsbildung mit der Beobachtung des unmittelbar sinnlich Wahrnehmbaren. Wahrscheinlich dürfen wir darin auch einen Zusammenhang mit der Größenordnung des Raumes als der Lebensumwelt des Menschen bzw. der menschlichen Gruppen oder Gesellschaften sehen.

Für die Pflanzen- und Tierökologie und die Biosoziologie sind auch sehr viel kleinere Raumeinheiten relevant. Jede geographische Örtlichkeit kann für sie noch ein komplexes enkaptisches System von Räumen verschiedenster Größenordnung sein bis hinab zu den 'Standortseinheiten' der Kleinlebewelt, die von der Ökologie und der Biosoziologie in Maßstäben der stärksten mikroskopischen Vergrößerung betrachtet werden.

Eine *Örtlichkeit* im geographischen Sinne oder ein *Geotop* ist eine Raumeinheit, die wesensmäßig noch ein gültiges Stück, gewissermaßen eine ausreichende Stichprobe der Geosphäre repräsentiert. Dieses ist die kleinste Einheit, die für den Geographen von Belang ist. Wie wir einen Krümel Erde nicht als Boden und zwei Bäume nicht als Wald auffassen, ebensowenig sehen wir in einem einzelnen Haus oder in einem Gartenbeet eine Einheit von geographischer Relevanz. Aus der Sicht auf die Gesamtaufgabe der Geographie leuchtet das ohne weiteres ein. Doch scheint es unmöglich zu sein, eine formale Definition für die untere Grenze der Größenordnung eines Geotops zu geben. Wir können eine solche Definition nur methodologisch aus der Gesamtaufgabe der Geographie ableiten. Aus dieser Sicht ist ein Geotop das, was wir eine *Stichprobe* genannt haben. Es ist der kleinste für das Verständnis des Ganzen noch sinnvolle Teil. So gesehen, ist der Geotop oder die Örtlichkeit tatsächlich nichts anderes als ein Grenzfall des Landbegriffs. Örtlichkeiten oder Geotope sind demnach gewissermaßen *Quanten des geographischen Forschungsgegenstandes, die gerade noch groß genug sind, bemerkenswerte Züge von dessen Wesen zu repräsentieren.*

Bei Hettner (1927) lesen wir, die Geographie habe unter anderem den „Charakter der Örtlichkeiten" und die „Örtlichkeiten als solche" zu betrachten. Als Voraussetzung dafür ist in jedem Fall ein geordnetes Repertoire von Dingbegriffen nötig. Denn den *Charakter* einer Örtlichkeit erfassen wir analytisch als eine Menge von wahrgenommenen Dingen oder Gegenständen. Deren Gesamtheit in der vorgefundenen Form ihrer örtlichen Vereinigung macht in unserer Vorstellung die Örtlichkeit aus. Wir können daher die Substanz und die Struktur einer Örtlichkeit als eine in bestimmter Weise angeordnete Kombination von Gegenständen beschreiben. Bei der analytisch-deskriptiven Darstellung des Wahrgenommenen sind also bestimmte Kategorien von Einzelgegenständen die elementaren Bestandteile einer Örtlichkeit. Diese ist daraus zusammengesetzt, und ihr Charakter wird von der Art dieser Zusammensetzung her als ein Komplex aus Gegenständlichem bestimmt. Daher können Geotope grundsätzlich auch mit mengentheoretischen Methoden verglichen und typologisch geordnet oder unter bestimmten Gesichtspunkten klassifiziert werden.

Wir sind gewohnt, die *Elemente,* aus denen sich eine Örtlichkeit aufbaut, mit Gruppenbegriffen von Sachkategorien (Gesteine, Luft, Pflanzen, Häuser usw.) zu erfassen. Teilweise verwenden wir dabei differenzierte Einzelbegriffe aus der Umgangssprache, vorwiegend durch anschauliche Abstraktion geschaffene Sammelbegriffe, wie z. B. Fluß, Baum, Haus, Acker, Dorf, Fabrik, Pflug, Bauer, Fischer usw. Daneben haben wir Begriffe zur Verfügung, die uns die speziellen Sachwissenschaften bereitstellen, und schließlich solche aus eigener geographischer Konzeption. Eine Neuprägung spezifischer Gattungs- oder Typenbegriffe von geographisch relevanten Gegenständen oder Gebilden ist vor allem notwendig, um zu komplexeren Einheiten vorzudringen. Denn das methodologische Kernproblem liegt darin, der hochkomplexen Qualität des Gegenstandes gerecht zu werden. Mit den einfachen Sachbegriffen der Umgangssprache oder auch der speziellen Sachwissenschaften ist es nur begrenzt oder gar nicht möglich, so komplexe Gebilde, wie es Örtlichkeiten sein können, für den geographischen Bedarf genau genug darzustellen. *Ihrem Wesen nach sind auch die Örtlichkeiten Wirkungssysteme,* offene Systeme, die mit denen benachbarter Örtlichkeiten und mit dem geosphärischen Gesamtsystem durch Wirkungsbeziehungen verbunden sind.

Dieses hat auch Hettner schon ausgesprochen: „Die verschiedenen Erdstellen liegen ja nicht unabhängig nebeneinander, sondern sind so oder so miteinander verbunden, bilden Komplexe oder Systeme, und es ist eine der wichtigsten Aufgaben der Wissenschaft, diese aufzufassen. Es ist das keineswegs erst eine Aufgabe der Darstellung, sondern der Forschung, der Untersuchung; denn die Komplexe und Systeme sind wirkliche Gebilde, die von der Wissenschaft erkannt werden müssen" (1927, S. 195). In jener Zeit mußte man noch darum kämpfen, daß solche *Systeme* überhaupt gesehen wurden. Denn als Erbe der zweiten Hälfte des 19. Jh. herrschte noch eine Sicht vor, die primär nur elementare Komponenten zu erfassen erlaubte. Eine derartige Auffassung macht es auch heute noch manchen Geographen schwer, konsequent von den Wahrnehmungseinheiten der realen Wirklichkeit auszugehen. Auch HETTNER hat den methodischen Ansatz, den er, wie das letzte Zitat beweist, im Prinzip erkannt und angedeutet hatte, selbst nicht weiter verfolgt. Auch er war noch zu stark in der Wissenschaftsauffassung der letzten Jahrzehnte des 19. Jh. verhaftet. Dazu kam die auf den Einfluß RICHTHOFENs zurückgehende Überbetonung der Kausalanalyse.

HETTNERs Satz ,,Erst die ursächliche Auffassung bringt Ordnung" (1927, S. 135) lenkte trotz der sonstigen Weite seines Blicks die Stoßkraft seiner Bemühungen mehr auf die Förderung der analytischen Methoden und damit der systematischen Zweige der Geographie. Er räumte zwar ein, daß ,,oft, in einer psychologisch begreiflichen Übertreibung, die Erklärung zu sehr die Beschreibung überwuchert" (1927, S. 186). Diese letztere Gefahr besteht auch gegenwärtig wieder. Fasziniert von den Möglichkeiten der modernen Analysentechnik, neigen viele Geographen dazu, über der Entwicklung neuer Hilfsmittel, die bei der Untersuchung helfen können, die eigentlichen Gegenstände, die zu erklären sind, aus dem Auge zu verlieren. Man spricht von einer ,,neuen Geographie", wenn es sich in Wirklichkeit nur um die Verbesserung quantitativer Forschungsmethoden mit Hilfe technischer Geräte handelt.

SCHLÜTER, der zur gleichen Zeit wie HETTNER arbeitete, hatte in der Überbetonung der einseitigen Kausalitätsforschung eine die Entwicklung der Geographie hemmende Einengung gesehen und dieses in den programmatischen Satz gefaßt ,,*Es wird sich nicht allein darum handeln, Ursache und Wirkung klarzulegen, sondern überhaupt das Wirkliche sinnvoll zu erfassen*" (1919, S. 12). Darin lag keine Ablehnung des Bemühens, das Wirkliche ursächlich zu erforschen, wohl aber die betonte Aufforderung, methodisch zunächst die ganze Wirklichkeit in ihrem Sosein, in ihrer Struktur und Gestalt zu erfassen, unabhängig von der Frage, wie weit es möglich ist, sie auch ursächlich zu erklären. Aus der zweiten Hälfte des Satzes von SCHLÜTER können wir eine Umkehrung des Satzes von HETTNER ableiten: Erst wenn wir in der Lage sind, die komplexe Struktur der Wirklichkeit sinnvoll zu begreifen, können wir die darin bestehende Ordnung erforschen und diese, soweit sie einer Anlyse zugänglich ist, kausal erklären. Das sinnvolle Begreifen der komplexen Systeme muß vorausgehen, wenn wir die Wirklichkeit in ihrem vollen Umfange erforschen wollen und nicht nur einzelne Teile, die zufällig der mechanischen Analyse leichter zugänglich sind als andere.

Mit einem *Land*-Begriff wie Sizilien, Belgien, Harz, Ruhrgebiet oder Landkreis Saarbrücken meinen wir einen bestimmten Teil der Geosphäre mit seinem konkreten Inhalt, mit allen Einzelheiten der 'dinglichen Erfüllung' und der räumlichen Differenzierung, mit der Individualität der Lage und den daraus sich ergebenden Lagebeziehungen sowie mit allen Vorgängen, die sich in diesem Erdraum abspielen. Ein solcher Begriff bezeichnet also einen in einer bestimmten Weise abgegrenzten Raum. Damit ist noch nichts darüber gesagt, was oder wieviel von dem Inhalt dieses Raumes im einzelnen schon bekannt ist. Wir schneiden einen Teil aus der Geosphäre, verleihen ihm einen Namen und machen ihn damit zu einem idiographischen Begriff. Ein Land in diesem Sinne braucht nicht einmal vom Menschen betreten worden zu sein, wie etwa eine nur auf See umfahrene oder aus der Luft gesichtete Insel. Diese ist klar abgegrenzt, wir können sie kartographisch erfassen und ihr einen Namen geben. Damit ist dieser bestimmte Raumausschnitt der Geosphäre identifiziert, auch wenn wir sonst von ihm noch nichts Näheres wissen. Nur die Kenntnis des Geltungsbereiches des Namens ist die Voraussetzung für dessen sinnvolle Verwendung. Im praktischen Sprachgebrauch benutzen wir die Namen gewöhnlich so, als ob der Name die Wirklichkeit selbst sei.

Da es sich bei diesen Begriffen, die einen in bestimmter Weise begrenzten Ausschnitt der Geosphäre meinen, nicht immer nur um festes Land, sondern oft auch um *Meere* (z. B. Nordsee) handelt, ist es zweckmäßig, dafür außer dem Wort *Land* auch einen neutralen Ausdruck zu haben. Dieser heißt *Idiochor* (SCHMITHÜSEN und ERICH NETZEL, 1962/63, S. 265). Diese Bezeichnung enthält den Hinweis auf den idiographischen Charakter des Begriffs und dazu dasselbe Grundwort wie der Terminus *Chorographie* bei PETER APIANUS (1501–1552) und KANT.

Ein Idiochor ist jeder räumliche Ausschnitt aus der Geosphäre von geographisch relevanter Größenordnung, dessen Identität eindeutig bestimmt ist. Mit dem Namen eines Idiochors meinen wir ein bestimmtes Stück Wirklichkeit mit seinem gesamten konkreten Inhalt. Idiochore können zwischen einer unteren und einer oberen Grenze jede beliebige Größe haben. Die untere Grenze der möglichen Größenordnung ist durch die geographische Relevanz, die obere durch die Größe der Gesamtgeosphäre bestimmt.

CAROL (1961 a, 1963) hat für beliebig große räumliche Ausschnitte der Geosphäre den Terminus *Geomer* vorgeschlagen. Diese Bezeichnung darf nicht als synonym mit Idiochor angesehen werden, da sie auch für kleinste Landschaftsteile anwendbar sein soll (CAROL, 1956, 1957, 1961 a, CAROL und NEEF, 1957, OTTO WERNLI, 1958). Außerdem wird das Wort Geomer seit einigen Jahren von SOCHAVA (Symposium in Irkutsk 1971) und von Geographen der DDR in einem ganz anderen Sinne verwendet, nämlich für den kleinsten räumlich einheitlichen Bestandteil eines Geosystems (SOCHAVA) oder für ein ,,elementares Areal eines (an einem Meß-/Aufnahmepunkt erkundeten) Geokomplexes bzw. Geosystems, dessen Begrenzung durch Inhaltsbestimmung und Einordnung in einen Typ (mit definierten Merkmalstoleranzen) festgelegt wird" (HAASE et all. 1973).

Formal betrachtet, ist das *Idiochor* der Grundbegriff für die Kategorie der Gegenstände, welche die geographische Wissenschaft zu erforschen hat. Geosphäre und Örtlichkeit sind die Grenzfälle, die sich aus der Bestimmung des Begriffsumfangs von Idiochor ergeben. Sie repräsentieren die Extreme der räumlichen Größenordnung, die ein Idiochor haben kann. Die Geosphäre ist das größte, eine Örtlichkeit das kleinste räumliche Gebilde, das wir als Land auffassen können. Im Wesen des Grenzfalles liegt es, daß man darüber streiten kann, ob die Gesamtgeosphäre und die Örtlichkeiten noch als *Länder* zu bezeichnen sind oder nicht. Daß wir die Geosphäre als das größte Land betrachten können, dürfte kaum problematisch sein. Es ergibt sich aus dem, was wir über die Geosphäre selbst und den Grundbegriff Land gesagt haben. Die obere Grenze der Größenordnung ist dadurch bestimmt, daß die Geographie eine geosphärische Wissenschaft ist. Sie kann keinen Forschungsgegenstand haben, der größer ist als ihr räumlicher Arbeitsbereich. Schwieriger erscheint das Problem der unteren Grenze der Größenordnung dessen, war wir noch als Idiochor und damit als geographischen Forschungsgegenstand in diesem Sinne auffassen können. Obwohl es noch keine befriedigende Lösung dieses Problems gibt, ist man sich am realen Objekt über die untere Grenze der Größenordnung geographisch relevanter räumlicher Einheiten doch selten uneinig. Die Schwierigkeit liegt darin, zu begründen, warum z. B. eine Treibeisscholle, ein Ameisenhaufen oder eine einzelne Acker- oder Gartenparzelle nicht als Gegenstände der Geographie anzusehen sind, während bei dem Gipfel des Fudjiyama oder bei der Burg Eltz kaum jemand bezweifeln wird, daß sie als geographische Objekte gelten und 'landeskund-lich' betrachtet werden können.

Idiochore können auf verschiedene Weise abgegrenzt sein. Grundsätzlich kann mit jedem beliebigen Kriterium ein räumliches Stück aus der Geosphäre geschnitten und zu einer benannten Einheit gemacht werden. Damit ist zugleich gesagt, daß sich Idiochore räumlich überschneiden können, wie etwa Schweiz, Alpen, Rheinstromgebiet, Schweizer Jura, Bodensee. Als *Abgrenzungskriterien* für Idiochore können z. B. Staatsgrenzen dienen. Dem entspricht die geläufigste Verwendung des Wortes Land als ein Synonym für Staat in der Umgangssprache. Die Abgrenzung kann auch durch eine aktuelle Verwaltungseinheit gegeben sein wie z. B. Landkreis Saarbrücken. Es können aber auch Grenzen sein, die heute nicht mehr als solche funktionieren, wie etwa historische Territorialgrenzen (z. B. Flandern). Grenzkriterium kann auch der Unterschied von Land und Meer sein wie bei den Inseln Sardinien oder Grönland oder ein bestimmter Charakterzug der Landesnatur, der mit einem qualitativen Gattungsbegriff ausgedrückt werden kann (Nildelta), dem Einzugsbereich eines Flußsystems (Rheinstromgebiet) oder den Grenzen bestimmter Relieformen (Poebene). Andere Möglichkeiten sind der Wohnbereich einer bestimmten Bevölkerungsgruppe (Baskenland), wirtschaftliche oder wirtschaftspolitische Bereiche (Benelux) oder der Gesamtcharakter des Landes (Ruhrgebiet, Harz). Ein Idiochor kann nach einem einzigen einheitlichen Kriterium (z. B. Staatsgrenze) abgegrenzt sein. Es können aber auch mehrere verschiedene Kriterien verwendet werden wie z. B. bei den Meeres- und Gebirgsgrenzen der Iberischen Halbinsel. Wichtig ist jedoch eine klare Definition der Grenzen. Mit einer solchen sind auch ganz willkürliche, nicht an bestimmte Eigenschaften des Landes selbst gebundene Kriterien verwendbar, wie z. B. die Linien des Gradnetzes der Erde, die eine Konstruktion sind. Wenn es aus irgendeinem Grunde sinnvoll erscheint, kann jedes beliebige Rechteck im Gradnetz der Erde mit einer identifizierenden Kennzeichnung versehen und damit als Idiochor aufgefaßt werden. Man kann also z. B. ein bestimmtes Ein-Grad-Feld zur Grundlage einer geographischen Landeskunde machen.

Welche *Kriterien* für die Bildung eines Landbegriffs zu bevorzugen sind, ist ausschließlich eine Frage der Zweckmäßigkeit. Mit dem Idiochorbegriff wird ein bestimmter Teil der Geosphäre identifiziert. Dabei muß von diesem zunächst nicht mehr bekannt sein als die Eigenschaften, die definitionsgemäß die Abgrenzung bestimmen, wie z. B. die Staatszugehörigkeit oder der Inselcharakter, und dazu die Lage auf der Erde, die durch die Abgrenzung gegeben ist.

Der *Name* eines Idiochors ist Konvention. Oft ist im Laufe der Geschichte derselbe Name für Länder unterschiedlicher Abgrenzung verwendet worden wie bei Luxemburg, dem Rheinland, der Eifel oder Mitteleuropa. In solchen Fällen bedarf es bei der Benutzung des Namens einer eindeutigen Feststellung, in welchem Sinne der Name in dem betreffenden Fall gemeint ist, wenn dieses nicht aus der Art seiner Verwendung von selbst hervorgeht. Viele Idiochore wie z. B. historische oder vom Volksmund geprägte 'Länder' sind außerhalb der geographischen Wissenschaft entstanden. Andere sind als wissenschaftliche Begriffe geschaffen worden. Von den letzteren sind manche über die Schulbücher so eingebürgert worden, daß ihre ursprüngliche Bildung durch die Wissenschaft oft kaum noch bekannt ist. Beispiele dafür sind der Pfälzer Wald, das Ruhrgebiet, das Rhein-Main-Gebiet und das Oberrheinische Tiefland.

Mit dem Setzen eines Idiochorbegriffes wird durch ein Abgrenzungskriterium und die Bestimmung der räumlichen Lage die Identität eines bestimmten Stückes der Geosphäre eindeutig definiert. Auf diese Weise können wir für eine nähere Betrachtung die Geosphäre in Teile jeder beliebigen Größenordnung gliedern, von Örtlichkeiten bis zu Land- oder Meeresgebieten kontinentalen Ausmaßes. Mit Ausnahme dessen, was für die Abgrenzung benutzt wurde, ist damit inhaltlich noch nichts erfaßt. Denn jedes derartige Stück ist wie die Gesamtgeosphäre ein heterogenes Kontinuum, in dem sich jeder Ort von jedem anderen unterscheidet. Das methodische Problem, wie man der Mannigfaltigkeit des komplexen Inhaltes rational beikommen kann, bleibt dabei prinzipiell das gleiche wie bei der Betrachtung der Gesamtgeosphäre.

Von ihrem Ziel her, die Wirklichkeit der Länder zu überblicken und rational zu erfassen, ergeben sich für die Geographie ihre wichtigsten methodischen Probleme und Aufgaben. Denn nur in sehr kleinen Ausschnitten der Geosphäre ist es ohne besondere methodische Vorbereitungen möglich, das Eigentümliche jeder Erdstelle befriedigend herauszuarbeiten und dabei der Vielfalt der Erscheinungen gerecht zu werden. Bei jedem Versuch, einen großen Raum zu überblicken, muß ausgewählt und verallgemeinert werden. Daraus ergeben sich die Probleme der *länderkundlichen Methodik.*

Wie wir schon festgestellt haben, gibt es für die Geographie zwei grundsätzlich verschiedene Ansatzpunkte, an ihr Objekt heranzugehen. Man kann damit beginnen, einzelne Dinge der verschiedenen Sachkategorien zu betrachen, oder man geht unmittelbar von den räumlichen Einheiten der geosphärischen Wirklichkeit selbst aus. Beide Wege haben im Laufe der Geschichte der Geographie in wechselndem Maße im Vordergrund gestanden. Zeitweise hat man geglaubt, man könne mit dem einen oder dem anderen allein auskommen. Es kann jedoch kaum ein Zweifel bestehen, daß beide Wege beschritten werden müssen. Auch der Weg über das primäre Erfassen der Sachkategorien ist ein wichtiger Bestandteil der Gesamtarbeit. Denn die räumlichen geosphärischen Systeme als wahrnehmbare Einheiten verschiedener Größenordnung können nur analysiert und verifiziert werden, wenn es geeignete Begriffe gibt, um die einzelnen Bestandteile in einer zweckentsprechenden Ordnung zu erfassen. Von da aus erhalten *die systematischen Zweige der Allgemeinen Geographie* ihre für die Gesamtgeographie sinnvollen Aufgaben. Sie nehmen, ähnlich wie es die speziellen Sachwissenschaften tun, Dinge bestimmter Kategorien aus dem Kontinuum der Geosphäre heraus, um diese getrennt zu untersuchen. Sie isolieren dabei einen Bestandteil der geosphärischen Substanz aus seiner räumlichen Wirklichkeit. Die speziellen Sachwissenschaften untersuchen ihre besondere Sachkategorie als solche und um ihrer selbst willen. Die systematischen Zweige der Allgemeinen Geographie dagegen studieren ihre ausgewählten Objekte im Hinblick auf deren Bedeutung für die räumliche Ordnung der Geosphäre und ihrer Wirkungssysteme.

Die nach ihren Ursprungskategorien isolierten Bestandteile des geosphärischen Wirkungssystems werden *Aitionen* ('Urheber') oder auch *Geofaktoren* genannt. Sie sind die nach dem sachlichen System der Seinsbereiche zu unterscheidenden elementaren Komponenten der geosphärischen Substanz. Ihre Gesamtheit bildet die geosphärische Substanz. Deren nach einzelnen Gegenstandsgruppen gegliederte systematische Untersuchung nennen wir im Hinblick auf das gemeinsame geographische Ziel, dem ihre Zweige dienen, *Aitiontik* oder *Geofaktorenlehre.* Darin kommt zum Ausdruck, daß die Gegenstände als wirkende Bestandteile der geosphärischen Räume untersucht und dargestellt werden sollen. Die Erforschung der Gegenstände muß sich daher vor allem auf deren Wirkungsbeziehungen und die damit im Zusammenhang stehenden Vorgänge richten. Dieses geschieht teils in umfassenden systematisch vergleichenden Studien, teils in speziellen und regionalen Einzeluntersuchungen.

Hier stellt sich das Problem, wie die von den systematischen Forschungszweigen gewonnenen Erfahrungen und Kenntnisse für die länderkundliche Gesamtaufgabe fruchtbar gemacht werden können. In den frühen Anfängen der neuzeitlichen Geographie hatte man zunächst keinen anderen Weg gekannt, als in einem begrenzten Raum jeden der einzelnen Sachbereiche für sich zu untersuchen. Man betrachtete nacheinander die Gegenstände der unterschiedlichen Sachkategorien und bemühte sich dann, auf dieser Grundlage die Darstellung eines Landes schrittweise aus den 'Schichten' der verschiedenen Gegenstandsgruppen aufzubauen.

Die Idee eines derartigen Aufbaus finden wir schon in der Japankunde von VARENIUS (1649). In der Einleitung zu seiner *Geographia Generalis* (1650) hatte er dieses auch theoretisch präzisiert.

Die Aneinanderreihung der für die einzelnen Sachgebiete erarbeiteten Kenntnisse aus einem Land ergibt jedoch noch keine Landeskunde im geographischen Sinne, sondern sie stellt nur Rohmaterial und damit eine Vorarbeit für die landeskundliche Bearbeitung des Raumes dar. Die meisten der sogenannten 'landeskundlichen' Regional-Atlanten, vor allem aus älterer Zeit, bestehen, ebenso wie viele Beschreibungen, fast nur aus der analytischen Darstellung einzelner, meist sehr eng gefaßter gegenständlicher Komponenten des Landes. So erscheint auf Karten die Verbreitung der Gesteinsarten, der Milchkühe, der Bodenpreise usw. Derartige Informationen können für das Studium bestimmter Probleme gewiß nützlich oder sogar notwendig sein. Sie bilden aber, selbst wenn sie noch so zahlreich und detailliert sind, zusammengenommen keine auch nur annähernd befriedigende geographische Landeskunde des betreffenden Gebietes. Denn sie legen nur Einzelanalysen in kartographischer Darstellung vor. Es bleibt dabei dem Benutzer der Kartenserien überlassen, sich selbst durch ein vergleichendes Studium dieses analytischen Rohmaterials eine Vorstellung des Landes aufzubauen, sofern er durch eine entsprechende Ausbildung zu einer solchen synthetischen Arbeit fähig ist. Die eigentliche geographische Arbeit wird dabei dem Leser überlassen und wird ihm oft noch dadurch erschwert, daß viele Gegenstände, die er erfassen möchte, bei dieser Art der Darstellung bis zur Unkenntlichkeit unterteilt werden.

Nach dem gleichen Prinzip wie solche Kartenserien waren in den Anfängen auch die meisten regionalen geographischen Darstellungen angefertigt. Sie bestanden aus einer oft willkürlichen oder durch den zufälligen Stand der Kenntnis bestimmten Aneinanderreihung von Einzelangaben über Relief, Klima, Gewässer, Bevölkerung, einzelne Orte, Verkehr, wirtschaftliche Produkte und mancherlei anderes. Bei dieser Art der Darstellung kam oft nur vorgeordnetes Rohmaterial für eine sachlich gegliederte Länderkunde heraus. Die Frage nach den methodischen Möglichkeiten einer Synthese des gesammelten Stoffes blieb ungelöst. Sie wurde in den Anfängen der Entwicklung der modernen Geographischen Wissenschaft auch kaum ausdrücklich gestellt. Man reihte Kenntnisse über einzelne Tatsachen ohne innere Verbindung aneinander.

Eine höhere Stufe begrifflicher Zusammenfassung wurde unter dem Einfluß von RICHTHOFEN erreicht. Indem er die ursächlichen Zusammenhänge zum Leitprinzip der Untersuchung und der Darstellung erhob, führte er ein logisches Kriterium in die landeskundliche Synthese ein. Die analytische Deskription der Sachkategorien konnte damit in höherem

Maße nach dem synthetischen Ziel ausgerichtet werden, indem man sich bemühte, die Gegenstände soweit wie möglich in ursächlicher Verknüpfung darzustellen. Das bedeutete ohne Zweifel einen wesentlichen methodischen Fortschritt. Die spätere Einsicht in die Schwächen und Denkfehler, zu denen eine einseitige Überbetonung dieses Zieles verleiten kann, hat die weitere methodologische Entwicklung der Geographie anregend gefördert.

Am Anfang war man zu sehr von der Vorstellung ausgegangen, daß es zwischen den verschiedenen Gegenstandsbereichen so etwas wie eine feste lineare Reihe der Abhängigkeiten gäbe. Nach dieser fiktiven Kausalreihe, die sich später zum mindesten teilweise als prinzipiell falsch herausstellte, versuchte man die Kapitelfolge der Länderkunde zu gliedern. Man kam auf diese Weise zu einem relativ einheitlichen Schema. In dem damaligen Stadium der theoretischen Einsicht ließ dieses Schema von seiner logischen Struktur her zunächst nur in einrahmenden Kapiteln zu Beginn und am Schluß sowie in Überleitungen zwischen den Kapiteln einigen Spielraum für eine freiere Gestaltung des Stoffes. Diese Methode der länderkundlichen Darstellung, die für längere Zeit die vorherrschende blieb, wurde später von ihren Gegnern als das *Länderkundliche Schema* bezeichnet und in vieler Hinsicht mit Recht kritisiert.

Wir verwenden hier den Namen *Länderkundliches Schema* nicht in einem negativ wertenden Sinn. Für uns ist er eine passende Bezeichnung für eine bestimmte methodische Idee, die in der geographischen Arbeit einen Weg neben anderen darstellt. Diese hat auch heute noch Bedeutung. Doch sind wir uns jetzt der Grenzen ihrer Leistungsfähigkeit mehr bewußt, als es die meisten Geographen am Anfang unseres Jahrhunderts sein konnten.

Die Grundidee des Länderkundlichen Schemas beruht auf der Annahme, daß die einzelnen Gegenstandskategorien der verschiedenen Seinsbereiche in einer bestimmten Stufenfolge ursächlich verbunden und in verschiedenem Grade voneinander abhängig seien. Daraus leitete man für die landeskundliche Darstellung eine gewisse Norm in der Reihenfolge der Behandlung der einzelnen Gegenstände ab.

Diese soll hier mit einigen Stichworten angedeutet werden. Fast immer wird ein Kapitel über Lage und Grenzen des Raumes vorangestellt. Die Grenzen ergeben sich primär aus der Wahl des zu bearbeitenden Landes. Sie werden deshalb zu Beginn angeführt. Mit der Abgrenzung ist zugleich die Lage gegeben. Diese ist von dem Inhalt des Raumes unabhängig, hat aber ihrerseits auf diesen großen Einfluß. Oft wird auch eine Schilderung der Erdgeschichte der betreffenden Gegend vorausgeschickt. Denn diese ist die historische Ursache der gegenwärtigen Struktur der Kruste und damit zugleich auch der großen Züge der Reliefgliederung. In der Darstellung folgen dann: Gesteinsverbreitung, Relief, Böden, Klima, Gewässer, Pflanzen- und Tierwelt, menschliche Siedlungen, bodengebundene Wirtschaft, Bevölkerung und ihre sonstigen Einrichtungen.

Die ursprüngliche Vorstellung einer festen Abhängigkeitsfolge dieser Art hat jedoch mit der zunehmenden Einsicht in die Zusammenhänge des Wirkens manche Wandlungen erfahren. So wurde man sich am Anfang der zwanziger Jahre der Bedeutung des Klimas für die Bildung der Oberflächenformen bewußt und ließ daher oft diese beiden Erscheinungskomplexe in der Reihenfolge ihren Platz tauschen. Dann erkannte man den Einfluß des Klimas und der Vegetation auf den Boden. Man sah jetzt die Böden als Gebilde an, die in hohem Maße nicht nur von den Gesteinen und dem Klima, sondern auch von der Lebewelt mit bestimmt sind und vertauschte daher auch hier oft die Reihenfolge. Schließlich löste man sich auch von der deterministischen Auffassung der menschlichen Gegenstände. Daher wurde dann nicht selten die Darstellung der Bevölkerung und ihrer Geschichte an die Spitze des so-genannten anthropogeographischen Teiles einer Landeskunde gerückt.

Die *Methode des Länderkundlichen Schemas* besteht also darin, die einzelnen Sachberei-che getrennt voneinander in der angedeuteten oder einer ähnlichen Reihenfolge in ihrem Formbestand zu analysieren und in ihrer räumlichen Differenzierung zu schildern, und zwar so weit wie möglich mit einer Darlegung der ursächlichen Beziehungen, die sich zwischen den einzelnen 'Schichten', das heißt praktisch zwischen den Inhalten der verschiedenen Ka-pitel einer solchen Länderkunde feststellen lassen.

Der Sinn der mehr oder weniger schematischen Reihenfolge der einzelnen Punkte soll darin liegen, die Darstellung der kausalen Zusammenhänge zwischen den verschiedenen Ge-genstandskategorien zu erleichtern. Zugleich liegt darin aber eine der größten Schwächen dieser Methode. Denn in der nach einem solchen deduktiven Schema festgelegten Darstel-lungsfolge erscheinen die Beziehungen zwischen den verschiedenen Gegenstandskategorien fast zwangsläufig nur in einer einseitig gerichteten Ursachenkette. Die Sicht auf andere Wir-kungszusammenhänge, die nicht in diese Folge passen, kann leicht versperrt werden. Der Stellung des Menschen und vor allem seinem Wirken in der Kulturlandschaft kann man auf diese Weise kaum gerecht werden. Die großen Meister der Länderkunde hatten sich deshalb auch früher schon, selbst wenn sie grundsätzlich nach dieser Methode arbeiteten, nicht streng an das Schema gehalten. Viele suchten mit Erfolg nach anderen Wegen der Darstel-lung.

Auch HETTNER, der die Länderkunde als die höchste Aufgabe der Geographie ansah, hat im Prinzip die Methode dieses Schemas vertreten. Die Analyse nach den verschiedenen ge-genständlichen Kategorien und deren kausale Verknüpfung sollte schließlich zu dem Ziel führen, ein synthetisches Bild des Landes aufzubauen. HETTNER stellte außerdem die zwar auch von ihm nie im einzelnen methodisch unterbaute Forderung auf, neben den Lagebezie-hungen vor allem auch ,,das Wesen des Landes" herauszuarbeiten. Gerade hier liegt aber eine besondere Schwäche des stufenweise nach Sachkategorien analysierenden Schemas. Denn das Wesen des Landes, das sich aus dem Zusammenwirken der verschiedenen Kom-ponenten im Raum ergibt, wird dabei von der Methode her aufgelöst. Der Forschungsge-genstand selbst bleibt kaum noch als Einheit erkennbar. Er wird in Gegenstandsklassen zer-legt, und diese werden in einer systematischen Ordnung nacheinander vor dem Leser ausge-breitet. Selbst in meisterhaften Darstellungen der ursächlichen Verbindungen zwischen den getrennt analysierten Sachbereichen bleibt – ähnlich wie bei den früher erwähnten analyti-schen Atlasblättern – die Hauptarbeit, nämlich die Synthese einer Gesamtvorstellung des Landes, dem Leser selbst überlassen. Aus der Summe übereinandergeschichteter Einzeldar-stellungen von geologischer Struktur, Oberflächenformen, Klima, Gewässern, Pflanzen-welt, Böden, Bevölkerung, Besiedlung, Landwirtschaft usw., z. B. des Oberrheingebietes, kann sich aber auch der begabteste Leser nicht das Wesen des Schwarzwaldes, des Kraich-gaus oder des Kaiserstuhls vorstellen, wenn ihm diese nicht als solche in ihrem spezifischen räumlichen Charakter dargestellt werden. Dazu ist aber die Methode des Länderkundlichen Schemas, jedenfalls in ihrer ursprünglichen Form, nicht geeignet.

Die Idee der beherrschenden Stellung des Kausalprinzips in der Länderkunde, die seit RICHTHOFEN von vielen Geographen, vor allem auch von HETTNER, ausdrücklich vertreten worden ist, hat zwei gewichtige Folgen gehabt. Eine negative Folge war, daß immer weniger

Geographen sich darum bemüht haben, Länderkunden zu schaffen. Denn mit dem theoretisch als richtig angesehenen Schema kam man praktisch nicht zurecht, und die nach dieser Methode ausgeführten länderkundlichen Darstellungen wirkten im allgemeinen nicht attraktiv, sondern langweilig. Eine positive Folge war, daß man aus dem Bestreben, der theoretischen Forderung Genüge zu tun, sich mit größter Intensität der Erforschung der ursächlichen Beziehungen zwischen den verschiedenen Gegenstandskategorien gewidmet hat. Die systematisch analysierenden Zweige der Allgemeinen Geographie haben damit starke Förderung und großen Auftrieb erfahren. Bei dem Studium der anthropogenen Gegenstände sind vor allem auch die verschiedenen Arten der Gesetzlichkeit des Wirkens, die man früher übersehen hatte, zur Geltung gekommen. Dieses hat dazu beigetragen, die um die Jahrhundertwende vorherrschende deterministische Auffassung zu überwinden.

Die Wirkungsbeziehungen zwischen den verschiedenen Seinsbereichen und Sachkategorien können bei einer nach dem Länderkundlichen Schema ausgerichteten Betrachtung weder vollständig gesehen, noch in ihrer Bedeutung richtig erfaßt werden. Denn die Sicht auf die ursächlichen Zusammenhänge wird nur in *eine* Richtung gelenkt. In der Wirklichkeit gibt es aber keine solche einfache Ursachenreihe, wie nach dem länderkundlichen Schema anzunehmen wäre. Das Wirkungssystem in einem Land ist viel komplexer und hat sehr mannigfaltige ambivalente Beziehungen. Die Aufgabe, ein Land in seiner Gesamtheit und nach der Mannigfaltigkeit seiner räumlichen Gliederung zu erfassen und aus den realen Wirkungszusammenhängen zu erklären, kann daher mit der Methode des Länderkundlichen Schemas allein nicht in befriedigender Weise bewältigt werden.

2.2   Die landschaftliche Methode

Die Gründe, warum wir mit der aitiontischen Methode des Länderkundlichen Schemas allein der länderkundlichen Aufgabe der Geographie nicht gerecht werden können, wurden in Abschnitt 2.1 dargelegt. Das in der Wirklichkeit räumlich Vereinte kann mittels dieser Methode in seinem inneren Zusammenhang nicht unmittelbar erfaßt werden. Wir kommen auf diesem Wege nicht zu der erstrebten Kenntnis der realen räumlichen Gebilde. Was wir erreichen, sind nur mehr oder weniger isolierte Vorstellungen der räumlichen Differenzierung einzelner Eigenschaften des Landes und gewisse Einsichten in deren ursächliche Bedingtheit, die aber meistens ebenfalls ohne innere Verbindung nebeneinander stehenbleiben.

Wie schon früher angedeutet, könnte man auf die Idee kommen, von dem Studium der einzelnen Örtlichkeiten auszugehen und deren Darstellung in räumlich geordneter Folge aneinanderzureihen. Doch wäre der Gedanke absurd, auf diese Weise einen großen Erdraum oder die ganze Geosphäre erforschen und darstellen zu wollen. Denn man müßte dann unendlich viele lokale Monographien verfassen und zusammenstellen. Es wäre aber keinesfalls möglich, ein größeres Land in seiner räumlichen Mannigfaltigkeit überschaubar und verständlich zu machen. Auch auf diese Weise kann die Aufgabe der Landeskunde nicht gelöst werden. Andererseits ist der Gedanke, von der Beobachtung der Örtlichkeiten und nicht von den Sachkategorien auszugehen, ein guter Ansatz. Er stellt uns vor das konkrete Problem, einen geeigneten Weg zu finden, die unendliche Mannigfaltigkeit der Örtlichkeiten überschaubar zu machen. Dies kann gelöst werden, indem wir Örtlichkeiten typologisch erfassen, so daß wir sie dann in größeren Gruppen zusammen betrachten und damit die Zahl der Untersuchungsobjekte reduzieren können.

Was wir benötigen, ist eine logisch einwandfrei begründete und für die Praxis der Forschung leicht anwendbare Methode, die es ermöglicht, von dem Gesamtcharakter der Örtlichkeiten zu größeren Betrachtungseinheiten zu gelangen, die trotz einer gewissen inhaltlichen Mannigfaltigkeit als isomorph gelten können. Seit den Anfängen der modernen Geographie haben sich viele Geographen bemüht, dieses Problem zu lösen. Es hat jedoch einer langen und wechselvollen Geschichte methodologischer Versuche und wissenschaftlicher Diskussionen bedurft, bis das Verfahren in den Grundzügen geklärt war, das wir jetzt die *landschaftliche* oder die *synergetische Methode* nennen.

Diese geht von den Örtlichkeiten aus, den kleinsten anschaulich erfaßbaren, geographisch relevanten räumlichen Einheiten der noch nicht sachanlytisch zergliederten geosphärischen Wirklichkeit. Damit beschreiten wir einen induktiven Weg. Wir beginnen nicht damit, das im Raum Vereinte nach vorgefaßten Meinungen auseinanderzunehmen und voneinander zu trennen. Wir zerlegen die geosphärische Substanz nicht von vornherein in gegenständliche Elemente, um diese isoliert zu beobachten und zu untersuchen. Vielmehr richten wir den Blick unvoreingenommen auf die volle Wirklichkeit der konkreten Gebilde, die wir an den einzelnen Orten der Geosphäre wahrnehmen können.

Schon J. G. GRANÖ hatte in seinem Werk über ,,Reine Geographie" (1929) versucht, die geographische Methode konsequent auf der örtlichen Erfassung der wahrnehmbaren geosphärischen Eigenschaften aufzubauen. Auch er wollte der Mannigfaltigkeit der Örtlichkeiten auf einem rein empirischen Weg gerecht werden. Er ging von dem aus, was von einzelnen Beobachtungspunkten in der Geosphäre mit den Sinnen wahrgenommen werden kann und erfaßte damit *Umgebungen.* Er unterschied den mit allen Sinnen unmittelbar erfaßbaren engeren Bereich, den er *Nähe* nannte, und die *Fernumgebung,* die eine Nähe umschließt und von dem Standpunkt des Beobachters nur noch optisch erfaßt werden kann. Über den visuellen Vergleich der in der Fernumgebung wahrnehmbaren Örtlichkeiten gelangte er zu einer Zusammenfassung von Nähen zu dem, was er *Landschaft* nannte.

Hier kann auf die von J. G. GRANÖ entwickelte Methodologie nicht im einzelnen eingegangen werden. Es soll nur die anregende Wirkung erwähnt werden, die seine Überlegungen für die Entwicklung der modernen Landschaftstheorie gehabt haben. Sie führten zu einem ähnlichen System der Betrachtung, wie wir es heute vertreten. Nur gab es bei J. G. GRANÖ noch einige Inkonsequenzen, die es uns unmöglich machen, ihm in allem zu folgen. Ein nicht sehr glücklicher Ansatz lag in der unterschiedlichen Bedeutung, die er den verschiedenen menschlichen Sinnen bei der Unterscheidung von Nähe und Fernumgebung zusprach. Dieses kann kein stichhaltiges Kriterium sein. Doch seine Grundidee, von der Beobachtung der Örtlichkeiten aus über einen Vergleich der gleichartig beschaffenen Teilen der Geosphäre zu gelangen, war ein wichtiger methodischer Fortschritt, den GRANÖ selbst in seiner Bedeutung auch richtig erkannt hatte. Zu seiner Zeit erschien diese Idee neu, obwohl sie mehr als 100 Jahre vorher von HEINRICH GOTTLOB HOMMEYER (ca. 1750–1815) im Prinzip schon angedeutet und in der Praxis der Forschung von A. v. HUMBOLDT und nach ihm auch von anderen bereits angewandt worden war. Unser Begriff der *Örtlichkeit* kann mit dem der *Nähe* im Sinne GRANÖS in etwa verglichen werden, wenn auch nicht voll identifiziert werden. In unserer Methode handhaben wir die Beobachtung der Örtlichkeiten gewissermaßen wie eine Sonde, mit deren Hilfe wir die wahrnehmbare Beschaffenheit der Geosphäre an einzelnen Punkten erfassen.

Daß alle Örtlichkeiten verschieden sind, hatten wir schon festgestellt. Keine einzige ist mit einer anderen identisch. Wollte man ohne Einschränkung alle ihre individuellen Eigenschaften berücksichtigen, so müßte man jede Örtlichkeit einzeln für sich darstellen. Ohne eine gewisse Abstraktion kommen wir demnach auf keinen Fall zurecht. Diese muß schon bei der ersten vergleichenden Sondierung der Wahrnehmungseinheiten einsetzen. Die Aufgabe, vor der wir dabei stehen, wird durch das Ziel bestimmt, für eine größere Zahl von Örtlichkeiten gemeinsam gültige Aussagen machen zu können. Dazu müssen wir zwangsläufig von einem Teil des Besonderen jeder einzelnen Örtlichkeit absehen.

Auf der Grundlage vergleichender Beobachtung fassen wir Gruppen von Örtlichkeiten unter gemeinsamen Kennzeichen zusammen. Ein Teil ihrer besonderen Eigenschaften wird dabei vernachlässigt. So entsteht durch Abstraktion aus der Anschauung die Vorstellung einer für eine Erdgegend charakteristischen Vergesellschaftung bestimmter Typen von Örtlichkeiten. Dieses ist der grundlegende Vorgang, der dazu führt, eine *Landschaft* zu begreifen. Wir fassen dabei nicht nur gleichartige, sondern auch unterschiedliche, aber nach ihren Wirkungsbeziehungen eng zusammengehörige Örtlichkeiten in ihrer besonderen Form der Vergesellschaftung als qualitative Einheit einer bestimmten geosphärischen Beschaffenheit auf.

Daß alle Örtlichkeiten Wirkungssysteme mit inneren und äußeren Relationen sind, wurde schon dargelegt. Wir können diese analysieren, um ihre gegenständlichen Bestandteile als Glieder des Zusammenwirkenden und des Zusammenbewirkten und damit in ihrer speziellen Bedeutung für das örtliche Wirkungsgefüge zu erkennen. Der Wahrnehmungsvorgang und die Verifizierung des Tatsachenbestandes richtet sich dabei, das muß immer im Auge behalten werden, auf die Gesamtheit des an einem Ort räumlich Vereinten.

Der entscheidende Schritt besteht darin, unter den vielen Örtlichkeiten, die wir als Stichproben geosphärischer Qualität vergleichend betrachten, durch Gestaltwahrnehmung Gleichartiges und unmittelbar Zusammengehöriges als Einheit zu erkennen. Das kann durch Beobachtung mit Hilfe unserer Sinne geschehen. Es kann sich aber auch auf die vergleichende Verarbeitung anderer Informationen stützen, die es möglich machen, Typen, die jenen der anschaulichen Abstraktion entsprechen, auf indirektem Wege (z. B. auch durch mechanische Datenverarbeitung) zu erkennen. *Gleichartigkeit* bedeutet dabei nicht Monotonie. Denn der Inhalt der wahrgenommenen Gestalten kann sehr komplex sein. Schon in einer einzelnen Örtlichkeit kann sehr Gegensätzliches vereint sein. 'Gleichartig' darf somit nicht mit 'eintönig' verwechselt werden, sondern es bedeutet, daß komplexe räumliche Gebilde nach ihrer Struktur und ihrem Wirkungsgefüge ähnlich beschaffen sind. Der Gestaltwahrnehmung muß selbstverständlich immer der nächste Schritt folgen, der dazu führt, die wahrgenommenen Einheiten durch eine kritische Analyse ihres Inhaltes zu verifizieren. Die Konzeption der zu analysierenden Einheiten muß vorausgegangen sein.

Die Grundlage ist somit immer die vergleichende Betrachtung der sinnlich wahrnehmbaren oder auf andere Weise diagnostisch erfaßten geosphärischen Eigenschaften in überschaubaren Ausschnitten der Wirklichkeit und das Erkennen charakteristischer Einheiten, die in ihrer strukturellen Mannigfaltigkeit und ihren Wirkungszusammenhängen als isomorph aufgefaßt werden können. Auf diese Weise konstituieren wir Landschaften aus der Anschauung. In diesem Zusammenhang wird der Satz von ALBRECHT PENCK (1858–1945) verständlich: ,,Die Landschaft ist das Anschauliche der Erdoberfläche" (1928, S. 39). Diese Aussage sollte nicht als ,,physiognomische" Definition der Landschaft ausgelegt werden, sondern in dem Sinne der aus der Anschauung wahrnehmbaren geosphärischen Beschaffenheit.

Eine Landschaft in der Rangordnung, die induktiv unmittelbar aus der Anschauung erkannt wird, fassen wir in der landschaftlichen Methode als Grundeinheit auf. Wir nennen diese, um sie von Landschaften anderer Dimensionen abzusetzen, eine *Synergose,* eine Einheit des Zusammenbewirkten. Die Form des Namens ist in Anlehnung an das Wort *Biozönose* gewählt (SCHMITHÜSEN und NETZEL, 1962/63, S. 284). Als Begriffsbestimmung können wir vorläufig festhalten: *Eine Synergose (Grundeinheit der Landschaft) ist die Gesamtbeschaffenheit eines räumlich isomorphen geosphärischen Wirkungsgefüges.* Unter 'isomorph' ist dabei nicht 'homogen' zu verstehen, sondern die Gleichartigkeit des charakteristischen Gefüges. Dieses kann ein Komplex von heterogenen Komponenten sein.

Haben wir aus der vergleichenden Betrachtung einer ausreichend großen Zahl von Örtlichkeiten eine Synergose erkannt und als eine besondere Art von geosphärischer Beschaffenheit begriffen, so können wir diese an anderen Stellen wiedererkennen. Das heißt, wir können feststellen, ob wir uns dort noch in der gleichen Synergose befinden oder nicht. Dieses kann um so zuverlässiger geschehen, je genauer die kennzeichnenden Merkmale der Synergose schon in eine diagnostische Beschreibung gefaßt worden sind. An konkreten Beispielen erforschen wir dann die Synergose näher, um sie in ihrem Wesen genauer kennenzulernen. Wir können sie im einzelnen nach ihrer substantiellen und formalen Struktur untersuchen, nach den Wirkungsbeziehungen zwischen ihren Bestandteilen und zu der sie umgebenden Außenwelt, nach ihren Entstehungsbedingungen, nach der Dynamik ihrer Entwicklung und ihren historischen Veränderungen.

Dazu ist es *nicht* notwendig, zu wissen, *wie weit* die Synergose verbreitet ist. Wir können ja auch z. B. an einer ausreichend großen Gesteinsprobe das Wesen eines Granits studieren, ohne seine Verbreitung zu kennen. Wir betonen das, um den *qualitativen* Charakter des Synergosebegriffs zu unterstreichen. Wir setzen diesen damit ausdrücklich gegen einen anderen Grundbegriff ab, den wir von der Synergose herleiten können, nämlich den Begriff *Landschaftsraum* oder *Synergochor* (s. u.). Damit sind wir bei einem weiteren wichtigen Schritt, mit dem der Landschaftsbegriff als wissenschaftliche Konzeption in besonderer Weise begründet wird. Die einzige Legitimierung eines wissenschaftlichen Begriffes ist dessen Zweckmäßigkeit. Die Berechtigung des Landschaftsbegriffes erweist sich daher am besten an der Aufgabe, die er in der Wissenschaft erfüllt.

Im folgenden werden wir sehen, daß in der geographischen Methode der Landschaftsbegriff eine Funktion hat, die ihn unentbehrlich macht. Landschaften zu begreifen ist ein grundlegender Schritt in der Methodik der wissenschaftlichen Länderkunde. Denn mit der Konzeption von Landschaften wird es möglich, die zunächst unübersehbar mannigfaltige Geosphäre überschaubar zu gliedern, ohne das Wirkungsgefüge nach Sachkategorien aufzulösen.

Nach der Landschaft können wir eine Erdgegend abgrenzen. Wenn wir mit allen verfügbaren Beobachtungsmethoden die Grenzen der Verbreitung einer bestimmten Landschaft feststellen, so schneiden wir mit dem auf den Gesamtinhalt bezogenen Kriterium *Landschaft* ein Stück aus der Geosphäre aus. Der auf diese Weise abgegrenzte Erdraum kann aufgrund der Methode, nach der er bestimmt worden ist, als nach seinem Totalcharakter isomorph gelten. Weil er nach der Landschaft bzw. der Synergose begrenzt ist, nennen wir einen derartigen Geosphärenteil einen *Landschaftsraum* oder *Synergochor* (SCHMITHÜSEN und NETZEL, 1962/63, S. 285).

In der älteren Literatur wurden die Begriffe Landschaft und Landschaftsraum terminologisch meistens nicht unterschieden, sondern beide wurden mit dem Wort *Landschaft* bezeichnet. Sie wurden daher auch inhaltlich oft verwechselt, was zu vielen Verwirrungen geführt hat. Eine klare Trennung sowohl nach dem Begriffsinhalt als auch in der Terminologie ist unbedingt erforderlich. Denn es sind Begriffe verschiedener Kategorien, ähnlich wie die Begriffe Klima und Klimagebiet.

Der *Landschaftsraum* gehört im weiteren Sinne in die Kategorie der *Idiochore*. Denn er begreift ein in bestimmter Weise abgegrenztes individuelles Stück der Geosphäre mit seinem ganzen Inhalt. Ein Landschaftsraum ist aber eine besondere Art von Idiochor. Von seinem Abgrenzungskriterium her ist er nach der Beschaffenheit seines Wirkungsgefüges eine Einheit. Er ist synergetisch isomorph. Der Begriff Landschaftsraum setzt somit den der Landschaft (Synergie) voraus. Der Konstituierung eines Idiochors muß die Bestimmung seines Abgrenzungskriteriums notwendigerweise vorausgegangen sein.

Methodologisch haben wir damit eine neue Basis für die Länderkunde gewonnen. Denn wir können jetzt jeden beliebigen Erdraum nach den verschiedenen darin vorkommenden Landschaften für die Untersuchung und die Darstellung rationell in sinnvoll abgegrenzte Teile gliedern.

Das Problem, wie im einzelnen die Grenzen zu ziehen und wie eventuelle Übergänge zu behandeln sind, kann hier noch außer acht bleiben. Wir gehen von der schon vielfach bestätigten Erfahrung aus, daß man in der Regel zwischen den Verbreitungsbereichen verschiedener Synergosen Grenzen erkennen kann. Wenn dabei besondere Grenzräume oder Übergangsräume ausgeschieden werden müssen, so kann man diese prinzipiell als kleinere eigene Landschaftsräume auffassen. Damit wird das Problem der Grenzziehung nur auf die Ebene einer anderen räumlichen Größenordnung verlagert.

Zwischen dem idiochorischen Begriff *Landschaftsraum* und allen anderen Arten von Landbegriffen besteht ein entscheidender Unterschied. Mit der Idee des Landschaftsraumes haben wir eine Möglichkeit gefunden, Ländereinheiten nach einem Kriterium abzugrenzen, das dem Wesen der Geosphäre optimal gerecht wird. Teilen wir nach anderen, willkürlich gewählten Kriterien, wie etwa nach politischen Grenzen, Wasserscheiden oder nach dem Gradnetz, dann bleibt in dem damit abgegrenzten Idiochor die Masse der Örtlichkeiten unübersehbar. Denn, abgesehen von der speziellen Eigenschaft, die das Grenzkriterium bestimmt, wird nichts Gemeinsames festgestellt. Mit der landschaftlichen Methode dagegen grenzen wir Räume ab, die von der Methode ihrer Konzeption her in ihrem Gesamtcharakter *qualitativ isomorph* sind.

Unsere Ausführungen sollten nicht dahingehend mißverstanden werden, als erschöpfte sich die Aufgabe der Geographie in der landschaftsräumlichen Gliederung der Geosphäre. Aber diese ist zweifellos die rationellste Basis, um länderkundliche Probleme zu untersuchen und den individuellen Charakter von 'Ländern' jeder Art und Größenordnung zu erkennen und darstellen zu können. In einem nach der Landschaft abgegrenzten Raum können wir dessen besondere Probleme durch vergleichende Beobachtungen an beliebig vielen Stichproben gründlich studieren. Mit der Abgrenzung des Landschaftsraumes ist dann der Geltungsbereich dieser Ergebnisse bekannt. Zugleich wird dabei mit jeder speziellen Untersuchung überprüft, ob die Konzeption der Landschaft richtig ist, und ob ihre Diagnose ausreicht. Diese Methode macht es möglich, auch für sehr große Erdräume, die als synergetisch isomorph erkannt sind, in einem einzigen Arbeitsgang eine Menge von Wesentlichem zu erfassen und auszusagen. Denn was wir von der Landschaft wissen, läßt sich für den Landschaftsraum verallgemeinern. Auf dem Hintergrund des für den ganzen Raum Gültigen kann man dann auch leicht die einmaligen und besonderen Züge bestimmter Teile oder Örtlichkeiten erkennen und herausarbeiten, soweit dieses nach dem Betrachtungsmaßstab erwünscht oder erforderlich erscheint. Gegenüber anderen methodischen Ansätzen der Länderkunde haben wir damit nicht nur ein einfacheres, sondern auch ein viel weiter führendes Verfahren gewonnen. Mit seiner Hilfe können wir in methodisch einwandfreier Form auch abwägen, was von unseren Betrachtungsergebnissen weiträumige Gültigkeit oder nur lokale Bedeutung hat. So können wir die individuellen Züge, die an spezifische örtliche Lagebedingungen gebunden sind, klar von jenen absondern, die sich als gleichartige Struktur für den ganzen Raum zusammen erfassen lassen.

Damit wird zugleich ein wesentlicher Teil der Raumstrukturen für die Analyse und die Verifizierung mit mathematischen Methoden zugänglich gemacht. Denn die landschaftlichen Wirkungssysteme können in ihren funktionalen Grundlagen prinzipiell als Datenkomplexe erfaßt und der mechanischen Faktorenanalyse unterworfen werden. Auf diese Weise eröffnet sich die Möglichkeit, auch sehr komplexe Phänomene, die bisher wenig durchschaubar waren, in Zukunft mit handfesten Methoden erfassen und erklären zu können.

Die Hauptbedeutung des Landschaftsbegriffes für die Geographie liegt darin, daß er diese hier angedeuteten Schritte möglich macht und damit für die Länderkunde bessere methodische Voraussetzungen schafft. Landschaftsforschung wird damit zu einer der wichtigsten Grundlagen der Regionalen Geographie. Mit der Abgrenzung der Landschaftsräume mündet sie unmittelbar in diese ein. Wir sprechen daher mit Recht von der landschaftlichen oder synergetischen Methode in der modernen Länderkunde.

Das alte Problem, eine Ländergliederung zu finden, die dem Wesen der Geosphäre gerecht wird und die es erlaubt, diese mit rationellen Methoden zu untersuchen und zu beschreiben, ist damit im Prinzip gelöst. Wir teilen die Geosphäre auf Grund einer räumlichen Differentialdiagnose ihres Totalcharakters. Dieses kann in Zukunft voraussichtlich weitgehend mit Hilfe elektronischer Datenverarbeitung vorgenommen werden. In dieser methodischen „Schlüsselstellung" begründet sich die besondere Bedeutung des Landschaftsbegriffs für die moderne Entwicklung der Geographie. Nach dieser methodischen Funktion läßt sich der Begriff *Landschaft* als der *„Inbegriff der Beschaffenheit eines auf Grund der Totalbetrachtung als Einheit begreifbaren Geosphärenteiles von geographisch relevanter Größenordnung"* (SCHMITHÜSEN, 1964, S. 13) bestimmen.

Mit den bisherigen Ausführungen wurde die landschaftliche Methode in ihrem Ansatz charakterisiert. Ihren weiteren Ausbau stellen wir später dar. Es gehört dazu noch die methodische Entwicklung einer Stufenfolge landschaftlicher Begriffe, die es möglich machen, von den Synergosen zu landschaftlichen Systemen höherer Ordnung und damit auch zu Landschaftsräumen anderer Größenordnungen vorzudringen. Dieses wird erreicht über den Vorgang der Typisierung der Synergosen. Aus solchen *Synergotypen* sind die landschaftlichen Systeme höherer Ordnung zusammengefügt. Erst damit gelangen wir schließlich zu der Möglichkeit, auch Räume von sehr großem Ausmaß abzugrenzen, die wir nach dem qualitativen Aufbau ihrer Wirkungssysteme als isomorph auffassen können. Dazu bedarf es jedoch noch einer weiteren Klärung der Aufgaben der sachsystematischen Zweige, deren Mitwirkung in der Länderkunde auch bei der Anwendung der landschaftlichen Methode nicht entbehrt werden kann.

2.3   Die systematische Aitiontik (Geofaktorenlehre)

Nicht nur eine große Anzahl von speziellen Sachwissenschaften, sondern auch die verschiedenen Zweige der systematischen Allgemeinen Geographie beschäftigen sich mit einzelnen Sachkategorien der geosphärischen Substanz. Einen Ausgangspunkt für die erste Übersicht über die verschiedenen Gegenstandsgruppen hatte schon RICHTHOFEN (1883) gefunden, als er deutlich aussprach, daß die ,,Erdoberfläche" aus den verschiedenen gegenständlichen Sphären der ,,sechs Naturreiche" besteht. Er bezog sich dabei auf die feste Erdkruste (Lithosphäre), die Gewässer (Hydrosphäre), die Lufthülle (Atmosphäre) sowie auf die Pflanzenwelt, die Tierwelt und die Welt des Menschen. Jedem dieser Sachbereiche entsprechen einige spezielle Sachwissenschaften und den meisten auch mehrere Spezialdisziplinen der Allgemeinen Geographie. Diese auf einzelne Sachgebiete ausgerichteten systematischen Zweige der Geographie untersuchen vergleichend die Form und die Struktur der Gegenstände nach einem bestimmten Ordnungsprinzip (das in der neueren Geographie meistens ein genetisches ist), sowie die damit im Zusammenhang stehenden Vorgänge.

Der Geographie kann nicht die Aufgabe zukommen, die Sachkategorien als solche zu untersuchen. Sie beschäftigt sich mit den Gegenständen im Hinblick auf deren Bedeutung als Bestandteile oder Faktoren der Beschaffenheit der Erdräume. Wo immer es möglich ist, wird sie sich dabei auf die entsprechenden Sachwissenschaften stützen und deren Ergebnisse benutzen.

Wo sie es mit Gesteinen zu tun hat, wird sie sich der Begriffe der Petrographie bedienen. Bei wirtschaftlichen Vorgängen muß sie bemüht sein, auch die Erkenntnisse der Wirtschaftswissenschaften zu verwenden. Zum mindesten wird sie immer Ausschau halten, ob die Sachwissenschaften für den gewünschten Zweck schon geeignete Begriffe oder Forschungsergebnisse bereithalten. Doch muß die Geographie dabei aus dem Stoff der Sachwissenschaften selbst auswählen und entscheiden, was für ihren eigenen Aufgabenbereich brauchbar und nützlich ist. Notwendigerweise wird sie die einzelnen Gegenstände oder Begriffe in geographischer Sicht nach ihrem Wichtigkeitsgrad anders einstufen als es die betreffenden Sachwissenschaften tun. Denn nach ihrer Bedeutung für die Beschaffenheit der Erdräume erhalten die Gegenstände eine Rangordnung, die für die Sachwissenschaften in dieser Art nicht besteht.

Diese Einsicht bewahrt davor, in die Geographie unnötig etwas einzubeziehen, was zu anderen Wissenschaften gehört. Die Klärung dieser Probleme hat zeitweise in der Geschichte der Geographie eine erhebliche Rolle gespielt. Seit etwa einem halben Jahrhundert sind jedoch die damit zusammenhängenden Streitfragen weitgehend geklärt. Die Auseinandersetzung darüber spielt heute kaum noch eine Rolle, wenn es auch nicht ausgeschlossen erscheint, daß durch unter Verkennung der eigentlichen Aufgabe der Geographie soziologisch arbeitende 'Geographen' erneut ein solcher Grenzstreit hervorgerufen werden kann.

Wenn man in besonderen Zweigen der Geographie Sachkategorien wie Vegetation oder Wirtschaft systematisch-vergleichend betrachtet, so geschieht dieses mit anderen Zielen als in den entsprechenden Sachwissenschaften. Die Geographie muß diese Gegenstände unter Aspekten ordnen und untersuchen, die für die räumlichen geosphärischen Wirkungssysteme von Bedeutung sind. Diese ergeben den Maßstab dafür, in welchem Umfang sich die Geographie mit den einzelnen Gegenständen zu beschäftigen hat. Das 'Wo der Dinge' gibt – im Gegensatz zu einer sehr verbreiteten irrigen Meinung – diesen Maßstab nicht. Die Verbreitung ihrer Forschungsgegenstände und deren Ursachen müssen auch die einzelnen Sachwissenschaften selbst erforschen und darstellen.

„Botanik und Zoologie können nicht darauf verzichten, die Standorte und Lebensbezirke der Pflanzen- und Tierarten kennenzulernen; die Mineralogie muß auf das Vorkommen der Mineralien, die Nationalökonomie auf das der Wirtschaftsformen Rücksicht nehmen . . . WALLACE hat in seinem grundlegenden Werke über die Verbreitung der Tierwelt diese Verschiedenheit der Gesichtspunkte scharf und richtig hervorgehoben, indem er die Lehre von der Verbreitung der einzelnen Ordnungen, Familien, Gattungen, Arten als geographische Zoologie, die Lehre von der verschiedenen Ausstattung der Länder mit Tieren dagegen als zoologische Geographie oder einfach als Tiergeographie bezeichnet hat. Derselbe Unterschied besteht zwischen der geographischen Botanik (oder einfacher: Geobotanik) und der Pflanzengeographie . . . .solange unser Augenmerk auf die Erscheinungen als solche gerichtet ist, bleiben wir im Bereiche der systematischen Wissenschaften. Erst wenn wir sie als Eigenschaften der Erdräume auffassen, treiben wir Geographie" (HETTNER, 1927, S. 123/124).

Diese Unterscheidung hat sich inzwischen durchgesetzt und bewährt. Sie ist, wie HETTNER schon festgestellt hatte, vor allem für die Arbeitsteilung bei der Darstellung wichtig. Denn für diese muß die Aufbereitung und Auswertung der Forschungsergebnisse klar geschieden unter dem Aspekt des einen oder des anderen Forschungszieles erfolgen.

Bei der praktischen Erforschung der Gegenstände im Gelände muß nicht unbedingt schon ein so scharfer Unterschied gemacht werden. Denn die Ergebnisse vieler Geländeuntersuchungen können oft zugleich ebenso der Geographie wie auch der entsprechenden Sachwissenschaft zugute kommen. In der Geländeforschung kann sich daher die Tätigkeit des Geographen mit derjenigen der Forscher einzelner Sachwissenschaften überschneiden. Nicht selten kann für das andere Fach ebensoviel dabei gewonnen werden wie für das eigene.

So arbeiten z. B. die Pollenanalytiker als Morphologen und Systematiker im Bereich der Botanik. Ihre Ergebnisse kommen jedoch auch der Geographie und vielen anderen Wissenschaftszweigen zugute, wie etwa der Erd- und Klimageschichte, der Vor- und Frühgeschichte, der Siedlungsgeschichte usw.

Die Geographen sind in erster Linie für die Erforschung und die Darstellung der Landschaften und Länder zuständig. Niemand sonst betrachtet dieses im Rahmen der allgemeinen wissenschaftlichen Arbeitsteilung als seine Hauptaufgabe. Wenn bei der dazu notwendigen Geländeforschung auch für die eine oder andere Sachwissenschaft Brauchbares herauskommt, ist das im Interesse der Gesamtwissenschaft nur zu begrüßen. Man sollte jedoch bei der Verarbeitung und der Darstellung des bei der Geländearbeit gewonnenen Stoffes das Hauptziel der Geographischen Wissenschaft nicht aus dem Auge verlieren.

Wir können auch nicht darüber hinwegsehen, daß in einigen der systematischen Zweige der Allgemeinen Geographie noch manches betrieben wird, was man in seiner gegenwärtigen Form und Ausrichtung nicht als Geographie im eigentlichen Sinne ansehen kann. Einiges davon kann man sicherlich als Vorstufen zu neu entstehenden Sachwissenschaften auffassen. Dieses mit zu bearbeiten, kann im Rahmen der Geographischen Wissenschaft eine notwendige propädeutische Aufgabe sein, solange eine entsprechende Sachwissenschaft noch nicht konsolidiert ist. Anderem mag der Charakter einer Hilfswissenschaft und damit eine randliche oder nachbarliche Stellung zukommen. Eine gewisse Aufmerksamkeit für diese Tatsachen scheint vor allem im Zusammenhang mit dem zweckmäßigen Ausbau des Begriffssystems nötig zu sein.

Prinzipiell muß für alle Kategorien von Gegenständen der Geosphäre angenommen werden, daß es dafür einerseits eine eigene Sachwissenschaft mit einem entsprechenden „Geo-

Zweig" (Geobotanik, Geoökonomie usw.) geben kann sowie andererseits auch einen bestimmten Sachbereich der Allgemeinen Geographie, der diese Gegenstandskategorie für den Bedarf der Geographie bearbeitet. Es ist teilweise in der Art und in der praktischen Bedeutung der Dinge, teilweise auch wissenschaftsgeschichtlich begründet, wenn in dieser Hinsicht die Situation für die einzelnen Sachbereiche sehr unterschiedlich ist. In manchen Fällen hat die Allgemeine Geographie die Aufgaben von Sachwissenschaften mit übernommen, weil entsprechende selbständige Disziplinen noch nicht existieren. In der Vergangenheit war dieses in noch höherem Maße der Fall. Viele spezielle Sachwissenschaften sind ursprünglich im Rahmen der Geographie entstanden und haben sich vor nicht sehr langer Zeit erst selbständig gemacht. In anderen Fällen ist dieser Prozeß noch im Gange. Die Geographie kann dabei kaum, wie es zuweilen gefordert wird, ihre Mitarbeit in diesen noch in der Entstehung begriffenen neuen Sachwissenschaften ohne weiteres ganz aufgeben. Sie sollte es zum mindesten solange nicht tun, als sie darin Leistungen aufweisen kann, die sonst niemand vollbringt und deren sie selbst für ihre eigenen Zwecke dringend bedarf. Denn nicht selten sind diese für die Erfüllung der eigentlichen geographischen Aufgaben eine wichtige oder sogar notwendige Voraussetzung.

Betrachtet man unbefangen den Gesamtbetrieb der geographischen Arbeit, so kann man leicht den Eindruck gewinnen, als ob systematische Spezialuntersuchungen dabei das Wichtigste wären. Es erscheint eine kaum überschaubare Fülle von Untersuchungen über Einzelprobleme sachlicher Art in vielen Bereichen. Dabei treten einzelne Arbeitsrichtungen zuweilen fast modeartig in den Vordergrund.

So hatte z. B. am Anfang unseres Jahrhunderts die Geomorphologie die meisten anderen Sachbereiche der Allgemeinen Geographie quantitativ stark überschattet. Mit dem Aufkommen der anthropogeographischen Richtungen ist sie dann mehr zurückgetreten und später zeitweise sogar etwas vernachlässigt worden. Nachdem der Mensch seit der Jahrhundertwende stärker in die Betrachtung einbezogen worden war, stand längere Zeit die 'Volksdichte' als Modeschlagwort im Vordergrund. Doch in der Wissenschaft ist nicht immer das, was im Augenblick als 'modern' propagiert wird, das Wichtigste und Dauerhafteste. Auch dieses muß im Interesse des Gesamtfaches zur Kenntnis genommen und im Auge behalten werden. Selbstverständlich können Arbeiten, die sich mit Themen befassen, die augenblicklich als aktuell angesehen werden, gut und für die wissenschaftliche Entwicklung förderlich sein. Die Masse der dann oft einsetzenden Serienfabrikation gleichartiger Arbeiten kann aber auch erstickend langweilig werden. Oft rückt dann bald ein anderer Bereich stärker ins Blickfeld. So wurde die Welle der 'Volksdichte'-Arbeiten in den zwanziger Jahren durch die Wirtschaftsgeographie, die vorher nur wenig gefördert worden war, abgelöst. Diese ist dann in jüngerer Zeit zugunsten der Siedlungs- und Sozialgeographie wieder mehr zurückgetreten. Im Bereich der Physischen Geographie hat die Geomorphologie durch eine komplexere Auffassung ihrer Problematik einen neuen Auftrieb bekommen.

Ein solcher Wechsel in der Dominanz einzelner Sachbereiche kommt auch in anderen Disziplinen vor und ist leicht verständlich. Wenn in einem bestimmten Bereich anregende Untersuchungen mit neuen Gesichtspunkten und Ergebnissen entstanden sind, schließen sich daran oft zahlreiche ähnliche Untersuchungen an. So waren in der Geomorphologie jahrzehntelang Studien über Flußterrassen, Rumpfflächen und Schichtstufen Mode. Die Erforschung dieser Objekte war zweifellos notwendig. Sie führte aber auch teilweise zu Routinearbeiten, bei denen das geographische Ziel in den Hintergrund trat. Die Entwicklung ist darüber hinweggegangen, und andere Probleme sind in den Vordergrund gerückt. Man beschäftigt sich auch heute weiter mit Flußterrassen; doch werden diese jetzt meistens in eine Problematik höherer Rangordnung einbezogen.

In jedem der systematischen Zweige der Allgemeinen Geographie kann man Objekte mit einem unterschiedlichen Grad von Komplexität unterscheiden. Kare oder Flußterrassen sind z. B. im Hinblick auf den Gesamtcharakter der Erdgegenden elementare Gegenstände. Sie sind aber zugleich Bestandteile von komplexeren Formengemeinschaften. Die Betrachtung der letzteren führt tiefer in die geographische Problematik und hat daher in bezug auf diese eine höhere Rangordnung. Beispiele für diesen Unterschied könnte man aus jedem Sachgebiet anführen. Die einzelnen sachsystematischen Zweige haben in dieser Hinsicht einen unterschiedlichen Entwicklungsstand. Je weiter sie entwickelt sind, um so komplexer sind im allgemeinen die Gegenstände, mit denen sie sich beschäftigen. Um so mehr lösen sie sich auch aus der nur auf eine der geosphärischen 'Schichten' eingeengten Sicht.

Bei einer isolierten Betrachtung im Rahmen eines einzigen Sachbereichs sieht man die Objekte teilweise nur außerhalb ihres realen Wirkungszusammenhanges. Es wird dabei von vielem abstrahiert, zu dem man dann oft auf Umwegen wieder hinfinden muß, um das Objekt verstehen zu können. Bei dem Beispiel der Oberflächenformen denken wir etwa an die Bedeutung der Vegetation für den Ablauf der Verwitterungs- und Abtragungsvorgänge. Die jüngeren Fortschritte der in Europa hauptsächlich von den Geographen betriebenen Geomorphologie sind größtenteils nicht zuletzt darauf zurückzuführen, daß man die ursprünglich mehr isolierende Betrachtung schrittweise wieder aufgehoben hat. Der erste Antrieb dazu hatte schon in dem frühen Übergang von der rein formalen Deskription zu dem Bemühen um eine genetische Deutung der Formen aufgrund kausaler Analysen gelegen.

„Der Fortschritt von der Morphographie zur Morphologie war einer der bedeutendsten Fortschritte der Geographie. Dagegen will es wenig besagen, daß die Morphologie eine Zeitlang übertrieben und zu sehr in den Vordergrund gerückt worden ist – neue Errungenschaften pflegen mit Übertreibungen verbunden zu sein, weil alles jetzt helfen will, die offensichtlich gewordene Lücke in der Wissenschaft auszufüllen. Nachdem dieses erreicht ist, kann die Morphologie ruhig wieder in eine bescheidenere Stellung zurücktreten; nur darf jetzt die Reaktion gegen sie nicht, wie es beinahe den Anschein hat, übertrieben werden; denn es wäre ein großer Verlust für die Geographie, wenn dieser wichtige Teil wieder verkümmerte oder ganz in andere Hände überginge" (HETTNER, 1927, S. 135). Das letztere, was HETTNER befürchtete, ist nicht eingetreten. Noch gibt es keine selbständige Wissenschaft von dem Relief der Erde. Zum mindesten in Europa hat sich eine solche noch nicht aus dem Verband der Geographischen Wissenschaft gelöst.

In der jüngeren Entwicklung der *Geomorphologie* sind deutlich zwei auseinanderstrebende Richtungen zu erkennen. Die eine wird immer stärker zu einer analytischen Spezialwissenschaft der reliefbildenden Vorgänge. Sie zielt damit vorwiegend auf die Klärung der Entstehung einzelner Formen und untersucht bevorzugt diejenigen Vorgänge, die auch quantitativ analysiert werden können. Umwälzende neue Erkenntnisse sind damit allerdings bisher noch kaum gewonnen worden. Die andere Richtung bemüht sich mehr um die Darstellung und Erklärung der unterschiedlichen Reliefgestaltung der Länder. Sie beschäftigt sich mit komplexen Formen und mit deren räumlicher Vergesellschaftung in charakteristischen Formengemeinschaften. Dabei ergibt sich fast von selbst eine Aufhebung der isolierenden Betrachtung. Man sieht sich in zunehmendem Maße gezwungen, das Relief im Zusammenhang mit anderen Phänomenen der geosphärischen Raumgliederung (Klima, Vegetation, Böden, menschliches Wirken) zu sehen. Diese Richtung wird immer ein notwendiger Bestandteil der Geographie bleiben und kann wohl auch nur von Geographen betrieben werden. Die andere, oben zuerst genannte Richtung dagegen könnte sich durchaus in absehbarer Zeit als eine selbständige Wissenschaft von dem Relief der Erde aus der Geographie lösen.

In bezug auf die *Hydrosphäre* ist die Arbeitsteilung zwischen speziellen Sachwissenschaften (Hydrologie, Ozeanographie, Limnologie) und der Hydro*geographie* (vgl. die entsprechenden Bände dieses Lehrbuches) bereits eindeutig vollzogen. Die Hydrologie wird zwar teilweise noch von Geographen mitbetreut. Sie kann jedoch als solche kaum noch zu der Geographie gerechnet werden.

Für den Bereich der *Atmosphäre* besteht die Trennung schon seit langem. Die Meteorologie als Physik der Atmosphäre ist ohne Zweifel keine Geographie. Die Klimatologie dagegen, soweit sie eine Lehre von den Eigenschaften der geosphärischen Räume bleibt, wird ebenso zweifelsfrei stets ein notwendiger Zweig der systematischen Allgemeinen Geographie sein.

In bezug auf die *Pflanzenwelt* besteht ebenfalls eine schon seit längerer Zeit eingespielte Arbeitsteilung zwischen der Geobotanik einerseits und der Vegetationsgeographie andererseits (vgl. dazu Bd. IV dieses Lehrbuchs). Für die Behandlung der *Tierwelt* wäre eine ähnliche Teilung angebracht. Doch ist dieser Bereich der Biogeographie auf der geographischen Seite bisher noch nicht ausreichend entwickelt.

Für den Bereich der *Anthroposphäre* ist die empirische wissenschaftliche Beschäftigung mit der konkreten Realität bisher und vor allem in den ersten Anfängen von der Geographie ausgegangen. Gegliedert nach den verschiedenen Arten der menschlichen Daseinsfunktionen (Siedlung, Wirtschaft, Verkehr), hat die Geographie gewisse Grundlagen für Sachwissenschaften dieser Bereiche gelegt. Diese sind bis zur Gegenwart in unterschiedlichem Grade entwickelt worden. Die Wirtschaftswissenschaften hatten sich mit ihren Gegenständen zunächst vorwiegend nur theoretisch befaßt. Da sie, soweit sie sich auch mit der konkreten Realität beschäftigen, vor allem auf eine quantitative Durchleuchtung der Vorgänge angewiesen sind, wird immer noch vieles stark deduktiv und von der Wirklichkeit des Raumes losgelöst betrachtet. Die Mannigfaltigkeit der Vorgänge des realen Raumes ist in den Zahlen einer wirtschaftlichen Bilanz nicht mehr sichtbar. In jüngerer Zeit haben die Wirtschaftswissenschaften in zunehmendem Maße Sachgebiete übernommen und in ihrem Rahmen als selbständige Arbeitsbereiche weiterentwickelt, die in den Anfängen vorwiegend in der Geographie gepflegt worden waren. Daher hat sich hier schon seit Jahrzehnten eine gesunde Partnerschaft mit gegenseitigen Anregungen angebahnt.

Eine selbständige Wissenschaft von den menschlichen Siedlungen hat sich bisher noch nicht konstituiert. Nur für den Bereich der Städteforschung sind, angeregt durch die Bedürfnisse für Planungsaufgaben, gewisse Ansätze dazu festzustellen.

Auch für jene Sachgebiete, für die voll entfaltete Spezialwissenschaften existieren, muß es innerhalb der Geographie sachkundige Instanzen geben, die das auslesen und nach seiner Bedeutung ordnen, was aus den einzelnen Bereichen für die Erforschung der geosphärischen Räume wesentlich ist. Die dazu notwendigen vergleichenden Untersuchungen erfordern häufig auch die Entwicklung spezifischer, auf das geographische Ziel ausgerichteter Methoden. In den speziell darauf eingestellten systematisch ausgerichteten Sachzweigen der Geographie wird angestrebt, auf der Grundlage eines über die ganze Geosphäre ausgedehnten vergleichenden Studiums die für die Gestalt der Erdräume wichtigen Bestandteile, Formen und Vorgänge in ihrer Mannigfaltigkeit zu erfassen, übersichtlich zu ordnen und nach ihrer räumlichen Differenzierung ursächlich zu erforschen.

Der Schnitt, der den Gegensatz zu der Betrachtungsweise der Sachwissenschaften bestimmt, liegt an der Grenze von Sach- und Raumkunde. Auf die letztere zielend, läßt sich ein

Betrachtungssystem nach dem Differentiationsprinzip aufbauen, fortschreitend vom Einfachen zum Komplexen. Daher werden im Bereich der Allgemeinen Geographie in zunehmendem Maße komplexere Erscheinungen betrachtet, die sich der Betrachtungsebene des Landschaftssystems annähern. Die Grenzen der sechs 'Sphären', nach denen sich die systematische Allgemeine Geographie in ihren ersten Anfängen vorwiegend aufgliederte, treten damit in den Hintergrund. Denn es werden immer mehr Gegenstandskomplexe behandelt, die jene Grenzen überspielen. Man denke z. B. an Begriffe wie klimatische Geomorphologie, allgemeine Biogeographie, Landesnatur und menschliche Lebensform.

Daß innerhalb der Grenzen der ursprünglich als Ausgangspunkt angenommenen sechs Sachsphären (Lithosphäre, Hydrosphäre, Atmosphäre, Pflanzenwelt, Tierwelt, Mensch) viele geographisch wichtige Gegenstände nicht erkannt werden können, wird beispielsweise durch die Bodenkunde deutlich demonstriert. Vor einem halben Jahrhundert waren *Böden* im Sinne des Begriffs der heutigen Pedologie als ein Gegenstand der Wissenschaft noch unbekannt.

Man kannte 'Bodenarten' (Lehm, Sand, Kies) als petrographische Eigenschaften der verwitternden Gesteine. Aber von dem Boden als einem komplexen System, in dem alle Seinsbereiche zusammenwirken können, war noch keine Rede. Ein solcher Gegenstand war unter der alten Teilung der Sachbereiche nicht erfaßbar. Denn von dem mineralischen Bestand her ist nur eine Grundlage des Bodens gegeben, nämlich dessen chemische Zusammensetzung und die physikalische Struktur. Von der Hydrosphäre her ist das zu verstehen, was sich im Boden als 'Wasserhaushalt' abspielt (Grundwasser, Bodenfeuchte). Außerdem hat aber der Boden auch ein Klima, und zwar nicht nur in der Luftschicht über dem Boden, sondern auch in diesem selbst. Ohne dieses ist wiederum die Lebewelt des Bodens nicht zu verstehen. Die Lebensgemeinschaften in und über dem Boden steuern weitgehend einen Teil der chemischen und physikalischen Vorgänge. Der Stoffumsatz wird zu einem wesentlichen Teil von Pflanzen und Tieren bestimmt. Die Lebewelt, die diese Dynamik in Betrieb hält, ist zum Teil auch ein Bestandteil des Bodens. Dazu kommt, daß auch der Mensch in mannigfaltiger Weise mitwirken kann, so daß alle Hauptseinsbereiche beteiligt sein können.

Dieser ganze Komplex wurde bei einer Teilung der Gegenstände nach den sechs Sphären, die wir als die klassischen kennengelernt haben, aufgelöst und war daher als solcher nicht erfaßbar. Der Begriff *Boden,* der diesen mit allen seinen Eigenschaften als ein Ganzes auffaßt, hat in der rein analytischen Betrachtungs- und Denkordnung keinen Platz.

Interessant ist, daß RICHTHOFEN, der die Einteilung in die sechs Sphären vertrat, dieses Problem schon angedeutet hat: ,,Die Schaffung einer Bodenkunde, wie sie als Grundlage geographischer Forschung erforderlich ist, muß als ein noch unerfüllter Wunsch bezeichnet werden" (RICHTHOFEN, 1883, S. 16). Dieser Wunsch ist inzwischen erfüllt. Die Bodenkunde, in den Anfängen ihrer Entwicklung hauptsächlich von russischen und deutschen Forschern gefördert, ist jetzt eine anerkannte selbständige Wissenschaft von hohem Rang. Erfreulicherweise kommt sie auch von sich aus dem, was die Geographie benötigt, weitgehend entgegen (vgl. ROBERT GANSSEN, 1957, 1961, 1965). Wenn man in jüngerer Zeit die Gesamtheit der Böden auch als *Pedosphäre* zusammenfaßt, so ist das formal berechtigt, da es sich – wenigstens auf dem Lande – um eine echte räumliche Hülle handelt. Doch darf dabei nicht übersehen werden, daß die Pedosphäre, verglichen mit den sechs 'Sphären' RICHTHOFENs, eine ganz andere Kategorie ist. Denn sie schließt, ähnlich wie die Geosphäre, Bestandteile aller übrigen 'Sphären' in sich ein.

Die systematische Beschäftigung mit speziellen Sachbereichen wird im Rahmen der Gesamtaufgabe der geographischen Wissenschaft erst sinnvoll, wenn sie sich an der Bedeutung der Gegenstände für die räumlichen Wirkungsgefüge der Geosphäre orientiert. Aus dieser Sicht müssen vor allem auch die Fragen der begrifflichen Ordnung geklärt werden. Das Problem, welche Art von Typologie oder Klassifikation der Sachgegenstände für die Geographie zweckmäßig ist, ob dabei z. B. formale, funktionale, genetische oder historische Gesichtspunkte ausschlaggebend sein sollen, führt zwangsläufig zu Überschneidungen mit der Arbeit der Sachwissenschaften.

Wo immer es möglich ist, sollte sich der Geograph der Begriffe aus den zuständigen Sachwissenschaften bedienen. Doch wenn die geographische Aufgabe es erfordert, muß er auch eigene Wege gehen, zumal es für manche Gegenstandsbereiche noch keine ausreichend entwickelten systematisch arbeitenden Sachwissenschaften gibt. Nicht selten stehen Begriffe aus der Umgangssprache dem, was der Geograph braucht, näher als solche aus speziellen Sachwissenschaften. Denn aus dem praktischen Bedürfnis nach geographischer Orientierung sind in der Alltagssprache schon viele Konzepte in Wörtern fixiert, die letzten Endes geographische Begriffe sind. Denken wir nur an Wörter wie Berg, Tal, Delta und ähnliche.

Viele derartige Wörter aus der Umgangssprache sind zu gut definierbaren wissenschaftlichen geographischen Begriffen geworden. Schon um dieses im normalen Sprachschatz vorhandene geographische Begriffsgut in das wissenschaftliche System übernehmen zu können, muß sich die Geographie systematisch und planmäßig vergleichend mit diesen Gegenständen beschäftigen. Was aus der gewöhnlichen Sprache wissenschaftlich verwendbar ist, muß von den dafür zuständigen Sachzweigen geprüft, ausgewählt und geordnet und, wenn nötig, mit speziellen Methoden der Begriffsanalyse geklärt und gesichert werden.

Weil die Geographie auf das Komplexe zielt, kann sie in ihren Begriffsschatz zwar vieles aus der alltäglichen Sprache oder von den Sachwissenschaften aufnehmen, sie muß aber außerdem auch eigene wissenschaftliche Begriffe prägen, wenn sie ihrer Aufgabe gerecht werden soll. In eigener Regie muß sie vor allem Ordnungssysteme spezifisch geographischer Gattungsbegriffe schaffen, um mit den verschiedenen Gegenstandskategorien für ihre Zwecke operieren zu können. Es geht vor allem darum, sich mit der Prägung typologischer Begriffe für geographisch wichtige Gebilde umständliche und ausführliche Beschreibungen zu ersparen. Oft kann dann schon ein einziges Wort, wie beispielsweise Fjord, Mangroveküste oder Atoll genügen, um die Vorstellung von Gegenständen mit bestimmten Eigenschaften hervorzurufen, und die zusätzliche Erwähnung einiger besonderer Eigenheiten reicht aus, um den speziellen Gegenstand individuell zu charakterisieren. Wichtig sind insbesondere Typen- oder Gattungsbegriffe hochkomplexer Gebilde, die als Gestalt wahrnehmbar sind.

So ist der Begriff *Fjordküste* durch Gestaltbeispiele, die OSCAR PESCHEL (1826–1875) aus dem Vergleich von Karten zusammengestellt hatte (1870), geprägt worden, bevor noch die Entstehung dieses Relieftyps erkannt war. Primäre Gestaltbegriffe in dem gleichen Sinne sind auch *Atoll* und *Mangrove* und viele andere geographische Dingbegriffe der verschiedensten Sachbereiche.

Solche 'Dinge' schafft sich die Geographie in wachsender Zahl, indem sie in zunehmendem Maße komplexere Begriffe prägt. Neben den Nutzpflanzenarten, ihren Anbauflächen und den dabei erzielten Produkten, die um die Jahrhundertwende fast die einzigen landwirtschaftlichen Gegenstände waren, die in der Geographie Beachtung fanden, sieht die neuere Landwirtschaftsgeographie jetzt auch Feldpflanzenkombinationen, Zelgenwirtschaft und andere Nutzungssysteme, Betriebsformen, Landwirtschaftsformationen und vieles andere mehr. Die Betrachtung solcher, von einem besonderen Zweig der Allgemeinen Geographie erkannten komplexeren Gegenstände führt in einem höheren Maße zu geographischen Erkenntnissen als die frühere primitive Arbeit mit nur elementaren Gegenstandsbegriffen. Ähnliches gilt entsprechend auch für andere Bereiche. Wenn nicht nur Dolinen oder Karren, sondern die unterschiedliche Formenwelt der Verkarstung verschiedener Erdgegenden und nicht nur Dörfer, Einzelhöfe oder Straßen, sondern das Siedlungsgefüge und das Verkehrsnetz und die im Zusammenhang mit beiden funktionierende Mobilität der Bevölkerung betrachtet wird, dann zeigt sich darin eine im Hinblick auf das geographische Ziel stärker fortgeschrittene Begriffsbildung. Es wird damit außerdem auch die Frage der Ursächlichkeit auf einer anderen Ebene angeschnitten, was geradezu zwangsläufig in die synergetische Problematik hineinführt.

Seitdem sich die landschaftliche Auffassung in der Geographie stärker durchgesetzt hat, haben viele Forscher daran gearbeitet, die sachsystematischen Zweige der Allgemeinen Geographie mehr auf die landschaftliche und landschaftsräumliche Betrachtung hin auszurichten.

Für die Anthropogeographie sind hier z. B. Arbeiten von BOBEK, HUGO HASSINGER (1877–1952), KRAUS (1931, 1948, 1957), HANS SCHREPFER (1897–1945), MARTIN SCHWIND und LEO WAIBEL (1888–1951) zu nennen, für die physikalische Geographie die Entwicklung der sogenannten klimatischen Morphologie und für den Gesamtbereich der Physischen Geographie die Arbeiten zu dem Problem der naturräumlichen Gliederung. Für die Allgemeine Vegetationsgeographie hat der Verfasser versucht (1959 b), einen auf die landschaftliche Methode und das länderkundliche Ziel ausgerichteten Aufbau zu begründen. In einigen ihrer Bereiche bedarf jedoch die Allgemeine Geographie immer noch einer schärferen Scheidung von den Geo-Sachwissenschaften und einer strengeren Ausrichtung auf die landschaftliche Problematik und das länderkundliche Ziel.

Die Betrachtungsweise der systematischen Zweige der Geographie kann man selbstverständlich auch räumlich beschränkt in einem beliebigen Teil eines Landes anwenden. Beiträge zur Geographie sind solche regionalen oder lokalen Studien einzelner Sachprobleme dann, wenn der betreffende Gegenstand in seiner Bedeutung für die Beschaffenheit des Erdraumes untersucht wird. Auch in diesen Fällen klassifiziert man die einzelnen Bestandteile in gleicher Weise, wie es die systematische Allgemeine Geographie tut. Man bemüht sich dann aber vor allem darum, diese in einem ganz speziellen Fall nach ihrer räumlichen Verteilung, nach ihrer Entstehung und nach ihrer Funktion im dynamischen System der Landschaft zu erforschen. Damit eröffnet sich ein weites Feld regionaler Spezialarbeiten. Diese sind eine notwendige Voraussetzung für allgemeine vergleichende Untersuchungen und liefern für diese das Grundmaterial.

Die im Laufe der Zeit allmählich herausgebildeten unterschiedlichen Zweige der Allgemeinen Geographie haben zumeist auch eigene Namen und werden nicht selten so betrieben, als seien sie selbständige Wissenschaften. Sie sind aber nicht von gleicher Rangordnung. Es ist immer wieder versucht worden, sie entweder in eine lineare Reihe gleichrangiger Fachabteilungen oder in ein einheitliches hierarchisches Ordnungssystem zu bringen. Das erstere ist offenbar unmöglich. Es ist aber auch zweifelhaft, ob das zweite zweckmäßig wäre.

Schon ein Blick auf die am frühesten entstandenen und traditionell als selbständig angesehenen Zweige der Allgemeinen Geographie läßt die Problematik ihrer systematischen Ordnung erkennen. Die ursprünglichen 'klassischen' Hauptabteilungen Geomorphologie, Klimatologie, Ozeanographie, Pflanzengeographie, Tiergeographie und Anthropogeographie gingen von RICHTHOFENs Gliederung in die sechs Sphären aus und damit von einer getrennten Betrachtung der Gegenstände: Relief, Klima, Gewässer, Pflanzen, Tiere und Menschenwelt. In manchen dieser Bereiche kam man schon früh aus dem Umfang der Sache zu einer Untergliederung. So unterschied man z. B. im anthropogeographischen Bereich gemäß den verschiedenen Lebensfunktionen die Betrachtung der Bevölkerung, der Siedlung, der Wirtschaft und der staatlichen Organisation (Politische Geographie). Dabei haben sich schon von Anfang an grundsätzliche Schwierigkeiten gezeigt. Diese kamen beispielsweise darin zum Ausdruck, daß man sich nicht einigen konnte, ob Verkehrsgeographie ein den schon genannten Zweigen adäquater selbständiger Bereich sei, oder ob diese als ein Teil der Siedlungs- oder der Wirtschaftsgeographie aufzufassen sei. Ähnliche Streitfragen gab es um die Stellung der Handelsgeographie.

In der Praxis geschah jedoch die arbeitsteilige Aufspaltung weitgehend ohne Rücksicht auf diese Problematik durch die mit einzelnen Sparten befaßten Spezialisten. Diese begründeten ihre Bereiche zumeist auf der Bearbeitung einer bestimmten Gegenstandskategorie (z. B. Gletscher oder Ackerbau). Erst nachträglich beschäftigte man sich mit dem Problem eines entsprechenden Überbaus, als man sicherstellen wollte, daß die Gesamtheit der in Frage kommenden Gegenstände gleichmäßig berücksichtigt wird. So war z. B. aus einer ursprünglichen Produktenkunde und der Nutzpflanzengeographie die Agrargeographie geworden. WAIBEL erweiterte sie zu der Landwirtschaftsgeographie und stellte dieser die Industriegeographie zur Seite. In seinen wirtschaftsgeographischen Begriff der Wirtschaftsformation hatte er aber zugleich auch den in sozialen Gruppen wirtschaftenden Menschen und die der Wirtschaft dienenden Gegenstände der Siedlungen und der Verkehrsanlagen einbezogen. Damit war eine Konzeption entstanden, die auf die Landschaft zielte. In komplexen Begriffen wurden Gegenstände zusammengefaßt, die nach der klassischen Teilung verschiedenen Bereichen der Allgemeinen Geographie zugeordnet worden waren. Daraus ergab sich fast zwangsläufig das Bestreben zu einer neuen Zusammenfassung auf höchster Ebene, nämlich für die anthropogenen Gegenstände auf der Ebene der Lebensformen der in der Landschaft lebenden und agierenden Menschen. Hier liegt die Wurzel für den Streit um die Stellung der 'Sozialgeographie'. Denn aus der dargelegten Sicht kann man diese jedenfalls nicht als einen gleichrangigen Zweig neben Siedlungs-, Wirtschafts- und Verkehrsgeographie setzen. Man muß sie vielmehr als den Überbau einer umfassenderen Betrachtung ansehen, die das gesamte Wirken des Menschen in seinem realen Zusammenhang zu erfassen sucht. Der Mensch wirkt nur in der Gesellschaft. In dem gleichen Zusammenhang stellt sich die weitere Frage nach den Unterschieden oder der Identität der Begriffe Anthropogeographie, Kulturgeographie und Sozialgeographie. Doch wollen wir an dieser Stelle darauf nicht eingehen. Nähere Informationen und Literaturhinweise zu diesem Thema finden sich bei WILLI CZAJKA (1962/63) und bei DIETRICH BARTELS (1968 b).

In den Bereichen der geographischen Betrachtung physikalischer und biotischer Phänomene der Geosphäre hat sich eine ähnliche Entwicklung zu immer komplexerer Sicht vollzogen. Diese hat zu dem Begriff der Landesnatur und zu der Untersuchung der naturräumlichen Gliederung des Landes geführt. Oft werden mehrere Hauptbereiche der Allgemeinen Geographie einander gegenübergestellt. So können z. B. vergleichsweise die physische Ausstattung einerseits und das erdräumliche Wirken des Menschen andererseits den Gegenstand der Untersuchung bilden. (Vgl. dazu HARTMUT LESER, 1974).

Die neue Arbeitsteilung, die sich daraus teilweise schon ergeben hat, läßt sich größtenteils nicht mehr den klassischen Hauptzweigen unterordnen. Vielfach werden jetzt spezielle Typen von geographischen Forschungsgegenständen in den Mittelpunkt von mehr oder weniger selbständig wirkenden Arbeitsbereichen gestellt, wie z. B. Wüsten, Seen, Moore, Karst, Stadt, Stadtumland, Fischerei und landwirtschaftliche oder industrielle Wirtschaftsformationen. Eine moderne allgemeine Stadtgeographie kann zweifellos nicht mehr nur ein Teil der Siedlungsgeographie im Sinne der „klassischen" Allgemeinen Geographie sein. Ebensowenig ist Karstgeographie reine Geomorphologie oder Seenkunde reine Hydrogeographie. Entsprechendes gilt für die übrigen Beispiele. In diesem Zusammenhang soll hier untersucht werden, ob ein allgemeines Prinzip dieser Entwicklung erkennbar ist.

Das allgemeine Prinzip, das wir in dieser historischen Entwicklung erkennen können, ist die immer stärkere Zuwendung zu komplexeren Objekten. Es handelt sich dabei um Gegenstände, die zum mindestens als Teilsysteme von Landschaften aufzufassen sind, wie etwa die Wirtschaftsformationen oder die Vegetationsformationen. In jedem Fall sind es Objekte von hoher landschaftlicher Relevanz. Damit erschließt die Geographie im Vergleich zu den Sachwissenschaften andere Aspekte. Diese sind mit der Tendenz verbunden, die sachanalytische Forschung auf das synthetische Ziel auszurichten. Man zielt so von der Sicht auf die verschiedenen Sachbereiche her letzten Endes auch auf die Landschaft. Diese wird damit auch für sachgegenständlich begründete Begriffe zum Maßstab der geographischen Relevanz.

Im Hinblick auf die Verwendbarkeit ihrer Ergebnisse für die der Länderkunde dienenden landschaftlichen Methode beschäftigen sich die sachlich ausgerichteten Bereiche der Allgemeinen Geographie in einem dreistufigen Aufbau mit:

a) den Bestandteilen der betreffenden Sachkategorie, mit deren Typologie und der Klassifikation ihrer Formen und Vorgänge und mit der Problematik ihrer Verbreitungsursachen,

b) der Betrachtung dieser Objekte in der landschaftlichen Wirklichkeit als *Formationen* (z. B. des Reliefs, der Vegetation, der Wirtschaft usw.) und

c) der chorologischen Problematik der betreffenden Sachkategorie, wie z. B. mit den Arealen der wirtschaftlichen Produktionszweige und der wirtschaftlichen Lebensformen, mit der wirtschaftsfunktionalen Verflechtung von Erdräumen und den entsprechenden chorologischen Begriffen wie *Wirtschaftsraum* oder *Wirtschaftsgebiet* und mit dem Gesamtproblem der räumlichen Gliederung der Wirtschaft in der Geosphäre.

Einen sinngemäß ähnlichen dreistufigen Aufbau erfordern die auf umfassendere Objektkomplexe (z. B. auf die Komplexe aller physikalischen, aller biotischen oder aller kulturellen Objekte oder auf die die beiden erstgenannten Komplexe umfassende Landesnatur) gerichteten Partialbetrachtungszweige der Allgemeinen Geographie. Auch sie gliedern sich nach dem Betrachtungsmaßstab und damit zugleich nach der räumlichen Größenordnung der Gegenstände in die Problematik (a) der elementaren Bestandteile, (b) der Komplexe auf landschaftlicher Ebene und (c) der großräumigen Chorologie. Auf jeder dieser Maßstabsebenen sind für die Untersuchung die vier Grundaspekte Wesen, Komponenten, Beziehungen, räumliche Ordnung anwendbar. Bei einem derartigen Aufbau rücken die bisher noch mitlaufenden oder in einigen Zweigen vielleicht noch dominierenden sachwissenschaftlichen Gesichtspunkte von selbst in die ihnen für die Geographie zukommende propädeutische Stellung.

2.4   Das System der Geographischen Wissenschaft

Das System einer wissenschaftlichen Disziplin ist nicht Selbstzweck. Es ist eine Ausdrucksform der methodologischen Theorie. Es dient vor allem dazu, die methodischen Grundbegriffe und grundlegende Aussagen über deren Beziehungen zueinander zu ordnen und abzustimmen und diese damit in ihrem Gesamtzusammenhang jeder Art von Bewährungsprüfung zugänglich zu machen. Das System der Wissenschaft soll einen übersichtlichen Rahmen bilden, aus dem Maßstäbe für Entscheidungen über den weiteren Ausbau des wissenschaftlichen Begriffssystems gewonnen werden können. Die Bedeutung und die Rangordnung der methodischen Grundbegriffe und die Art ihrer logischen Verkettung sollten daher in dem System klar zum Ausdruck kommen. Das heißt, dieses muß im ganzen ein Abbild des methodologischen Aufbaus der Wissenschaft sein, damit es bei der Bildung neuer Begriffe richtunggebend und als Prüfstein für deren Zweckmäßigkeit dienen kann. Deshalb müssen wir an das System der Geographischen Wissenschaft insbesondere die folgenden Anforderungen stellen: Es muß von evidenten Tatsachen ausgehen, dem gegenwärtigen Stand der durch die Forschung gewonnenen Einsicht in das Wesen des Forschungsgegenstandes entsprechen, dem logischen Zusammenhang der Forschungsmethoden gerecht werden und zugleich auch die schon erprobte und als zweckmäßig erwiesene Arbeitsteilung berücksichtigen.

Als Ergebnis theoretischer und methodologischer Überlegungen und Diskussionen der letzten Jahrzehnte unterscheiden wir in bezug auf den geographischen Forschungsgegenstand drei nach ihrem Denkaspekt verschiedene Hauptebenen der wissenschaftlichen Arbeit: die Aitiontik, die Synergetik und die Choretik. Schon ROSENKRANZ hatte diese drei Arbeitsebenen im Prinzip erkannt, als er schrieb: ,,Die Eintheilung der Geographie kann daher nur die Beschreibung der Elemente der Erdgestaltung, der landschaftlichen Profile und der individuellen Plastik der einzelnen Welttheile und Länder enthalten" (1850, § 491). Beschreibung der Elemente der Gestaltung ist Aitiontik. Beschreibung der landschaftlichen Profile, wobei als geistiger Ausgangspunkt das ,,Naturgemälde der Anden" von A. v. HUMBOLDT zu nennen ist, zielt auf die Synergetik. Beschreibung der individuellen Plastik der Länder deutet auf das Ziel der Choretik. Dazu kommt als vierter Bereich die Fachmethodik (Allgemeine Theorie und Methodologie). Diese ist grundlegend für die gesamte übrige Arbeit, weil aus ihr die Konzeption des Forschungsgegenstandes hervorgeht (SCHMITÜSEN, 1970 c).

Bei der Zweiteilung der Gesamtgeographie lediglich unter der Alternative von generell und speziell, wie sie schon seit VARENIUS üblich war, galt die regionale Geographie (Choretik) als die Spezielle Geographie, während die Methodologie und die Aitiontik sowie die Synergetik, soweit diese überhaupt schon betrieben wurde, zusammen die Generelle (Allgemeine) Geographie ausmachten. Die Spezielle (Regionale) Geographie liefert den Stoff und die Grundvorstellungen. Die Allgemeine Geographie ist für die Bildung allgemeiner und typologischer Begriffe zuständig und für die Erforschung allgemeiner Gesetzmäßigkeiten. Dazu gehört, wie schon J. G. GRANÖ erkannt hatte, auch ,,die rationelle Klassifizierung der geographischen Faktoren der Landschaft, die Erklärung ihrer Genesis und Verbreitung sowie die sich darauf gründende Bestimmung der Landschaftstypen" (1929, S. 23). Abgesehen von der Fachmethodik (Allgemeine Theorie und Methodologie), die alles umfaßt, glie dern wir den Kernbereich der Geographischen Wissenschaft in die drei Hauptarbeitskreise Aitiontik, Synergetik und Choretik. Diese überschneiden einander teilweise. Aitiontik und Synergetik sind überwiegend *allgemeine* Geographie in dem traditionellen Sinne. Die Choretik dagegen ist zum weitaus größten Teil *spezielle* Geographie.

Damit sind gegenüber der bisherigen alternativen Zweiteilung schon Einschränkungen gemacht. Denn in den Überschneidungen der drei Hauptkreise liegen Arbeitsbereiche, die sich jener Alternative nur mit einer willkürlichen Entscheidung unterwerfen lassen. Das sind einerseits die Spezielle (Regionale) Aitiontik und die Spezielle (Regionale) Synergetik. Diese müßten wir, wenn wir jene Alternative als Entscheidungszwang anerkennen wollen, noch in den Rahmen der Speziellen Geographie nehmen. Andererseits müßte die bisher noch sehr unterentwickelte Allgemeine Choretik (Vergleichende Länderkunde) bei einer solchen Zweiteilung dem Bereich der Allgemeinen Geographie zugerechnet werden.

In unserem System der Geographischen Wissenschaft erscheint in der oberen Rangordnung weder ,,Physische Geographie" noch ,,Anthropogeographie". Wir sind mit PRESTON E. JAMES (1954) der Meinung, daß die (von manchen Geographen propagierte) Spaltung der Geographie in eine Physische und eine Antropogeographie das wahre Wesen der Geographie mehr verdunkelt als geklärt hat. In betontem Gegensatz zu der in der sowjetischen Geographie früher vorherrschenden scharfen Trennung zwischen ,,physischer" und ,,ökonomischer" Geographie hat L. F. ILYISCHEV, 1963 vor der Akademie in Moskau die Geographie als ein besonders anschauliches Beispiel dafür bezeichnet, ,,daß es keine absolute Abgrenzung zwischen Natur- und Sozialwissenschaften geben kann"(1964, S. 33).

Auch Y. G. SAUSHKIN hat sich mehrfach in dem gleichen Sinn ausgesprochen: ,,Ein solches Bild bietet das System der geographischen Wissenschaft im ganzen. Wie man sieht, läßt es sich nicht scharf in zwei Gruppen trennen, eine naturwissenschaftliche (die physisch-geographische) und eine gesellschaftswissenschaftliche (die ökonomisch-geographische). Eine solche Trennungslinie würde die komplexe Geographie . . . in ihrem Lebensnerv zerschneiden" (SAUSHKIN, 1966). ,,Die in Grenzbereichen liegenden Wissenschaften, darunter die an der Grenze zwischen Natur- und Gesellschaftswissenschaften, erlangen immer größere Bedeutung. Die Stellung der Geographie an der Grenze der Natur- und Gesellschaftswissenschaften bedingt die Notwendigkeit, auch gleichzeitige Analysen von Natur- und Produktionsprozessen miteinander zu vergleichen, was für die fernere Entwicklung der Geographie günstig werden wird. Betrachtet man die Perspektiven der sowjetischen Geographie, so läßt sich sagen, daß auch in Zukunft eine vertiefte Erforschung der wechselweisen Verbindungen der einzelnen Seiten der Landschaftssphäre mit dem materiellen Leben der Gesellschaft von den einzelnen Zweigen der geographischen Wissenschaften her, deren Zahl weiter ansteigen wird, unternommen werden wird. Zugleich aber muß ein ganz breiter Weg den gesamtgeographischen Wissenschaften geöffnet werden, auf deren Gebiet wir in Rückstand geraten sind" (SAUSHKIN, 1966).

,,Wenn wir die materielle Welt als Einheit ansehen, dann müssen wir auch die Tatsache anerkennen, daß es – unabhängig von den fundamentalen Unterschieden zwischen beiden – eine Einheit zwischen Natur- und Sozialwissenschaften gibt. Diese Einheit wird offensichtlich in solchen Wissenschaftszweigen, die wie die Geographie nicht scharf in natur- und sozialwissenschaftliche Zweige unterteilt werden können" (ANUCHIN, 1972). HETTNER hatte schon 1903 in der GZ geschrieben: ,,Eine Zweiteilung der Geographie in physische Geographie und Geographie des Menschen ist nur aus äußeren, nicht aus inneren Gründen berechtigt (S. 32).

Unsere graphische Darstellung (Abb. 3) soll die Gliederung der gesamten Geographischen Wissenschaft in ihrem logischen Zusammenhang veranschaulichen. Wir unterscheiden darin – abgesehen von den Hilfswissenschaften und den fachlich angrenzenden Wissenschaften, auf die wir hier nicht näher eingehen wollen – sechs Aufgabenkreise. Zu diesen kommen dann noch die eben genannten drei Bereiche in den Kreisüberschneidungen.

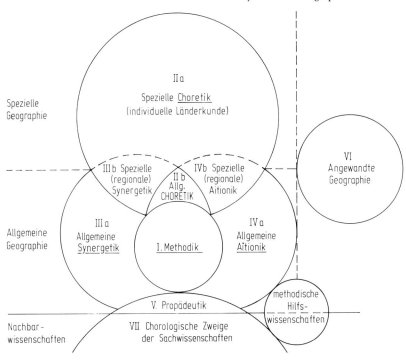

Abb. 3 Die Aufgabenkreise der Geographischen Wissenschaft (SCHMITHÜSEN 1970)

Das System baut sich somit aus folgenden Einheiten auf:

I   Fachmethodik (Allgemeine Theorie und Methodologie)
IIa   Spezielle Choretik (Individuelle Länderkunde)
IIb   Generelle Choretik (Vergleichende Länderkunde)
IIIa   Generelle Synergetik (Allgemeine Landschaftskunde)
IIIb   Spezielle (Regionale) Synergetik (Spezielle Landschaftskunde)
IVa   Generelle Aitiontik (sachsystematisch gegliederte Allgemeine Geographie)
IVb   Spezielle (Regionale) Aitiontik (sachsystematische Länderkunde)
V   Propädeutik
VI   Angewandte Geographie
VII   Chorologische Zweige der Sachwissenschaften (z. B. Geobotanik)
VIII   Methodische Hilfswissenschaften der Geographie (z. B. Kartographie, Technik
        der Luftbildauswertung, Statistik, Kybernetik)
IX   Nachbarwissenschaften (z. B. Geologie, Soziologie)

I Fachmethodik (Allgemeine Theorie und Methodologie der Geographie)
Die Fachmethodik durchdringt alle übrigen Arbeitsbereiche. Ihre Hauptaufgabe ist die das gesamte Fach, seine logische Gliederung und seine praktische Arbeitsteilung begründende allgemeine Theorie und Methodologie. Sie befaßt sich insbesondere mit den Fragen

nach dem Wesen der geographischen Wissenschaft, nach ihrem Forschungsgegenstand und den Erkenntniszielen, nach der Arbeitsweise (Methodologie), nach dem logischen System und der fachlichen Untergliederung (Arbeitsteilung). Die Problematik dieses Bereichs hat eine philosophische (erkenntnistheoretische und logische), eine methodologische und zum Teil pragmatische, eine wissenschaftssystematische sowie eine historischbeschreibende Seite (Wissenschaftsgeschichte und Forscherbiographie).

II Choretik (Länderkunde)

Die Choretik ist schwerpunktsmäßig *Spezielle (Regionale) Geographie* (IIa). Deren Hauptaufgabe ist die idiographische Darstellung der räumlichen Teile der Geosphäre (Individuelle Länderkunde). Diese wird von vielen Geographen als das eigentliche Endziel, als die höchste und auch schwierigste Stufe der geographischen Arbeit angesehen. Alle übrigen Bereiche schaffen dazu die nötigen Voraussetzungen. Sie liefern der speziellen Länderkunde für ihre Forschungsarbeit die allgemeinen Grundlagen (methodische Erkenntnisse, Begriffssysteme usw.).

Den beiden nebeneinander gebräuchlichen Bezeichnungen für die Choretik, *Landeskunde* und *Länderkunde,* möchten wir keine grundsätzlich unterscheidende Bedeutung beimessen. In dem einen Fall wird das Gewicht mehr auf die Einheit eines behandelten Landes, in dem anderen mehr auf dessen Untergliederung bzw. seine Zusammensetzung aus 'Ländern' geringerer Größe gelegt. Die Choretik ist bestrebt, die Länder in ihrem gegenwärtigen Charakter mit allen wesentlichen, durch Lage und Geschichte bedingten individuellen Eigenschaften zu erforschen und darzustellen. ,,Geographische Länderkunden können nicht veralten. Was sie an Aktualität verlieren, gewinnen sie als Geschichtsquelle" (O. LEHMANN, 1936, S. 239). Länderkunde kann aber auch als *Historische Geographie* betrieben werden, als Choretik eines Erdraumes für eine bestimmte Zeit der Vergangenheit. Diese unterscheidet sich von der Gegenwarts-Länderkunde in der praktischen Forschungsarbeit durch das Vorwiegen historischer Methoden bei der Materialbeschaffung, da unmittelbare Beobachtung dabei nur in begrenztem Umfang möglich ist. Die Auffassung des Forschungsgegenstandes *Land* ist aber prinzipiell die gleiche.

Die Kunst länderkundlicher Darstellung ist zweifellos ein nicht zu unterschätzender Bestandteil der Arbeit des Geographen. Aber ebenso wie didaktische und pädagogische Fragen, die mit den Aufgaben der Geographie verknüpft sein können, liegen die methodischen Probleme der länderkundlichen Darstellung auf einer anderen Ebene als die Aufgaben der Forschung. Die länderkundliche *Forschung* ist an die Methoden der empirischen Wissenschaft gebunden. Ihr Vorgehen muß sich nach dem Wesen des Forschungsgegenstandes Land richten und kann daher nicht rein willkürlich sein. Die *Darstellung* hat demgegenüber größere Freiheit. Ihre einzige Bindung ist die Verpflichtung, ein möglichst wahres Abbild des Landes zu geben. Da sie von den bereits fertig vorliegenden Ergebnissen der Forschung ausgehen kann, ist sie bei der Gestaltung des dargebotenen Stoffes nicht an einen bestimmten Aufbau gebunden. Man kann dabei von Fall zu Fall entscheiden, wie der Stoff am besten zu ordnen ist. ,,Je weniger Vorschriften, desto besser" (GRADMANN, 1947, Vortrag in Tübingen).

Die *generelle Choretik* (IIb) wird bisher meistens unter dem Stichwort *Vergleichende Länderkunde* begriffen. Sie ist bisher noch wenig entwickelt.

III Synergetik (Landschaftslehre)

Generelle und Spezielle Synergetik stehen gleichrangig nebeneinander und ergänzen sich gegenseitig. Kennzeichnend für beide ist das Prinzip der Totalbetrachtung des Zusammenbestehenden im Raum der geosphärischen Substanz.

Die *Allgemeine* Synergetik (IIa) ist ein konstituierender Bestandteil der Allgemeinen Geographie. Sie schafft die Grundlagen für die Anwendung der landschaftlichen Methode. Im Hinblick auf das länderkundliche Hauptziel der Geographie hat sie insbesondere die Aufgabe, die Zusammenfassung der induktiv gewonnenen Landschaftsräume zu größeren landschaftsräumlichen Einheiten (Spezielle Synergetik) zu ermöglichen. Sie tut dieses, indem sie auf vergleichender Grundlage normative Begriffe (Synergotypen und Synergemtypen) schafft, und indem sie die Bildungsgesetze und -regeln der Landschaften erforscht und zu nomothetischen Erkenntnissen über den formalen, den funktionalen, den zeitlichen und den räumlichen Aspekt der Landschaften vorzudringen versucht.

Die *Spezielle* (Regionale) Synergetik (IIIb) oder Synergochorologie beschäftigt sich speziell mit einzelnen Landschaftsräumen und mit der landschaftsräumlichen Gliederung der einzelnen Länder und der Gesamtgeosphäre.

IV Aitiontik (Geofaktorenlehre)

Die Aitiontik ist durchgehend nach Sachkategorien in eine große Zahl von Zweigen systematisch aufgegliedert. Die einzelnen Zweige lassen sich teilweise zu Gruppen höheren Ranges zusammenfassen. In jedem einzelnen Zweig kann die Aitiontik „allgemein" oder „speziell" betrieben werden, so daß diese Unterteilung ebensogut den einzelnen systematischen Zweigen zugeordnet werden kann wie dem gesamten Aufgabenkreis.

Die *Allgemeine* Aitiontik (IVa) beschäftigt sich in jedem ihrer Sachzweige generell und vergleichend mit einer bestimmten Kategorie von Gegenständen oder Vorgängen der geosphärischen Substanz. Der Ausgangspunkt für die Begründung der einzelnen Zweige der Aitiontik ist die Zerlegung der Geosphäre in die unterschiedlichen Sachkategorien oder Geofaktoren. Inhalt und Aufbau dieser Forschungszweige müssen, wenn sie im strengen Sinne geographisch bleiben sollen, nach den Erfordernissen der Landschaftsforschung und der Länderkunde ausgerichtet werden. Die Erforschung der Einzelobjekte um ihrer selbst willen, einschließlich der dazu gehörenden Verbreitungslehre, gehört nicht zur Geographie, sondern zu den entsprechenden Geo-Sachwissenschaften.

Wenn man sich in den einzelnen Zweigen der Aitiontik mit den Problemen der betreffenden Sachkategorie in einem bestimmten begrenzten Erdraum befaßt, so wird die Arbeit zu einem Teil der *Speziellen* (Regionalen) Aitiontik (IVb). Diese liefert Grundmaterial für die (vergleichende) Allgemeine Aitiontik.

V Propädeutik

Die Aufgabe der Propädeutik besteht darin, nach den Richtlinien der geographischen Methodik Ergebnisse der Nachbarwissenschaften für die Verwendung in den verschiedenen Arbeitsbereichen der Geographie aufzubereiten.

VI Angewandte Geographie

Die Angewandte Geographie kann grundsätzlich alle übrigen Bereiche der Geographie umfassen. Sie betreibt diese unter dem Aspekt und zu dem Zweck der unmittelbaren praktischen Anwendung. Sie unterwirft sich dabei pragmatischen Anforderungen, die von außerwissenschaftlichen Lebensbereichen her gestellt werden. Sie gehört zur wissenschaftlichen Geographie soweit, als sie sich an die allgemeinen Prinzipien wissenschaftlicher Arbeit hält.

Ergänzend muß darauf hingewiesen werden, daß es auch Fachbezeichnungen pragmatischer Art gibt, denen im System der Wissenschaft kein fester Platz zuzuweisen ist. Dieses sei am Beispiel der *Wirtschaftsgeographie* noch kurz erläutert.

Darüber, was ,,Allgemeine Wirtschaftsgeographie" im Sinne eines sachsystematischen Zweiges der Aitiontik ist, kann man sich leicht verständigen, und diese Allgemeine Wirtschaftsgeographie ist auch nicht schwer zu definieren. Sie ist wie die übrigen Sachgebiete der Aitiontik ein anerkannt notwendiger Bestandteil im logischen System der Geographischen Wissenschaft. Auch die Regionale Wirtschaftsgeographie in dem Sinne von wirtschaftlicher Landeskunde hat einen festen Platz in dem System der Geographischen Wissenschaft. Man kann sie als spezielle (regionale) Aitiontik auffassen, bei der die Betrachtung des Landes auf einen bestimmten Hauptgesichtspunkt reduziert ist.

Mit diesen beiden Bereichen (Allgemeine Wirtschaftsgeographie und Regionale Wirtschaftsgeographie) ist jedoch keineswegs alles umschrieben, was wir nach der üblichen Auffassung zur Wirtschaftsgeographie rechnen. Denn Wirtschaftsgeographie im weitesten Sinne (z. B. bei einer Lehrstuhlbezeichnung) ist kein fest abzugrenzender Teilbereich im logischen Aufbau des Systems der Geographie, sondern es handelt sich dabei um einen pragmatischen Begriff, der quer durch die Gesamtgeographie jegliche Art von Fragestellung umfassen kann, bei der Wirtschaftsvorgänge in den Vordergrund der Betrachtung gerückt werden. Das heißt aber, daß es eigentlich nicht nötig ist, sich um eine komplizierte formale Definition der Wirtschaftsgeographie zu bemühen, um diese damit gegen die übrige (nicht unter dem Spezialaspekt Wirtschaft betriebene) Geographie abzugrenzen. Wichtig ist es nur, gute Kriterien dafür zu haben, ob das, was unter dem Namen der Wirtschaftsgeographie in diesem weiten pragmatischen Sinne betrieben wird, tatsächlich Geographie ist oder nicht.

Auch die Sozialgeographie, so wie sie heute von vielen ihrer Vertreter aufgefaßt wird, dürfte sich in ähnlicher Art interpretieren lassen.

3. Kapitel: Der Landschaftsbegriff und seine Entwicklung

3.1 Das Wort Landschaft und das Problem der wissenschaftlichen Terminologie der Grundbegriffe

In der geographischen Literatur wird das Wort Landschaft in einer ähnlichen Bedeutung wie heute allgemein seit etwas mehr als anderthalb Jahrhunderten benutzt. Doch war die Bedeutung nicht immer eindeutig. Es gab oft gleichzeitig verschiedene und z. T. einander widersprechende Auffassungen darüber, was unter Landschaft zu verstehen sei. Viele Schwierigkeiten in der Entwicklung der geographischen Landschaftslehre sind nur deshalb entstanden, weil das Wort Landschaft eine umstrittene und nicht selten in die Irre führende Rolle gespielt hat. Daher erscheint es interessant, festzustellen, ob und wie weit das Wort Landschaft von seiner sprachlichen Struktur und seiner allgemeinen Bedeutung her zu dem Sinn des wissenschaftlichen Begriffs Landschaft paßt. Dazu ist es nützlich, die Herkunft und die ursprüngliche Bedeutung des Wortes und seine Verwendung in verschiedenen Sinnfeldern sowie seinen Bedeutungswandel in der vorwissenschaftlichen Sprache kurz zu betrachten.

Abgetrennt von der Frage der Terminologie ist die Entwicklung der Idee zu untersuchen, die dem Sinn entspricht, den wir mit dem wissenschaftlichen Landschaftsbegriff meinen (vgl. 3.2 bis 3.4). Denn der Begriffsinhalt ist unabhängig von dessen Benennung. Als 'schwebender Begriff' kann er lange bestehen und in Umschreibungen oder anderen Ausdrucksformen erkennbar sein, bevor er in einem bestimmten Terminus eine feste Form findet.

Über die früheste Geschichte des Wortes Landschaft wissen wir wenig. Seine Entstehungszeit ist unsicher. Aus dem Althochdeutschen und dem Mittelhochdeutschen kennen wir nur wenige Belege. Die früheste Überlieferung findet sich in der 830 in Fulda unter HRABANUS MAURUS (780–856) verfaßten Übersetzung von Tatians Evangelienharmonie. Darin steht *lantscaf* als Übersetzung für das lateinische *regio* (Gebiet, Herrschaftsbereich). In anderen Fällen werden auch *patria, provincia* und *terra* mit *lantscaf* übersetzt.

Die althochdeutsche Ableitungssilbe *scaf* diente zur Bildung von Abstrakta, wie z. B. auch *friuntscaf* (Freundschaft). In der mittelhochdeutschen Form *schaft* drückte sie die Zusammenfassung von gleichartig Beschaffenem aus, wie z. B. in Ritterschaft, Verwandtschaft. Altnordisch *Landscap* bedeutet Landesbeschaffenheit. Etymologisch ist die Ableitungssilbe auf einen indogermanischen Stamm *scab* oder *scap* zurückzuführen, von dem sich die deutschen Tätigkeitswörter schaben und schaffen und die Zustandsbezeichnungen beschabt und beschaffen ableiten. Auf denselben Stamm geht auch das englische Wort *shape* zurück. Dieses bedeutet als Verbum schaffen, formen, gestalten und als Substantiv Gestalt. Das englische Wort *landscape* (alts. *landscepi*, ags. *landscipe*) bedeutet demnach, etymologisch abgeleitet, Landesgestalt.

Das deutsche Wort Landschaft (althochdeutsch: *lantscaf, landskaffi, landscaft* – mittelhochdeutsch: *lantschaft*) meint, wenn man von der Wortzusammensetzung und der einen Sammelbegriff bildenden Funktion der Ableitungssilbe *-schaft* ausgeht: zusammengehöriges Land. Berücksichtigt man dabei auch den etymologischen Zusammenhang der Ableitungssilbe (mit schaben, beschabt, beschaffen), dann kann man den Wortsinn von Landschaft noch etwas enger, nämlich als *Sammelbegriff für nach seiner Beschaffenheit zusammengehöriges Land* interpretieren. Wir stellen somit fest, daß die etymologisch abgeleitete Bedeutung des Wortes in etwa dem entspricht, was wir in der Wissenschaft damit meinen.

Selbstverständlich wollen wir den wissenschaftlichen Landschaftsbegriff nicht aus der Geschichte der Wortbedeutung ableiten. Aber es mag doch nicht uninteressant sein, zu wissen, daß der sprachliche Sinn des Wortes mit dem Inhalt des wissenschaftlichen Begriffes, den wir damit bezeichnen, zusammenpaßt.

Es darf jedoch nicht außer acht gelassen werden, daß mit dem Wort Landschaft im Laufe der Sprachentwicklung eine große Mannigfaltigkeit unterschiedlicher Sinngehalte verbunden worden ist. Wenn man sehr genau sein will, könnte man rund zwei Dutzend Bedeutungen aufzählen, für die das gleiche Wort nebeneinander verwendet wird. Wir begnügen uns mit einer Übersicht über die wichtigsten und fassen diese in einigen Gruppen zusammen:

1. Bildliche Darstellung einer Erdgegend in der Kunst

Sehr häufig werden Gemälde, die einen Teil der Erdoberfläche abbilden, als Landschaften bezeichnet. Wie die Art oder der Inhalt solcher Gemälde im einzelnen näher zu kennzeichnen wäre, kann hier offenbleiben. In dieser Bedeutung ist Landschaft ein Bild, das eine Erdgegend darstellt. Ein solcher, von Menschen geschaffener Gegenstand, der eine Vorstellung wiedergibt, ist objektivierter Geist. Nach seinem Sinn gilt dabei der Inhalt der Darstellung oft als *pars pro toto*. Dieses wird deutlich in der Benennung für ein Meeresgemälde, das man als ein 'Seestück' bezeichnet. Das Bild eines typischen Ausschnittes steht hier stellvertretend für den von dem Maler als typisch oder charakteristisch angesehenen Inhalt einer Erdgegend. Oft werden auch nur einzelne charakteristische Bestandteile als Symbole für die besondere Gestalt der Erdgegend abgebildet.

Das Bild, das man Landschaft nennt, muß nicht realistisch oder naturalistisch sein wie in den Gemälden der Spätrenaissance. Es kann auch stilisiert sein mit symbolischem Inhalt wie in der Spätgotik oder eine Darstellung von etwas Unwirklichem oder Subjektivem wie die idealistischen Kompositionen in der Romantik oder die expressionistischen Gemälde des 20. Jh. In unserem wissenschaftlichen Sinne ist jedoch das Gemälde als solches nicht die Landschaft, sondern lediglich ein Bild von dieser, sofern es eine Landschaft (im Sinne von Nr. 6) erkennbar darstellt.

2. Sinneseindruck der irdischen Umwelt

Zuweilen wird das Wort Landschaft identifiziert mit dem Sinneseindruck, den ein erlebter Teil der irdischen Umwelt in uns hervorbringt. Hier meint das Wort „Raum als Widerhall" (THEODOR BALLAUF) in der subjektiven Erlebnissphäre. Der Psychologe und Mediziner WILLY HELLPACH (1877–1955) hat Landschaft definiert als den „sinnlichen Gesamteindruck, der von einem Stück der Erdoberfläche und dem dazugehörigen Abschnitt des Himmelsgewölbes in uns erweckt wird" (1917, S. 303). Konsequent heißt es bei ihm daher auch: „Demnach sollen uns Landschaftselemente die elementaren Sinneswahrnehmungen sein, die den Gesamteindruck Landschaft seelisch konstituieren" (ebd. S. 306). Eine ähnliche Auffassung hat EWALD BANSE (1883–1953) vertreten. Auch für ihn war Landschaft der subjektive seelische Eindruck eines Erdraums.

3. Äußeres Erscheinungsbild einer Erdgegend

ALWIN OPPEL (1849–1929) und andere verwenden das Wort Landschaft in dem Sinne von Physiognomie einer Erdgegend. Sie meinen damit das äußere Erscheinungsbild dessen, was wir mit unserem wissenschaftlichen Begriff Landschaft erfassen.

4. Natürliche Beschaffenheit einer Gegend

In diesem Fall wird das Wort in einer qualitativen Bedeutung verwendet für die natürliche Ausstattung einer Gegend unter Ausschluß des vom Menschen Bewirkten. Dieser Sinn umfaßt das, was wir *Landesnatur* nennen, etwa Gesteinsaufbau, Relief, Klima, Gewässer und natürliche Lebewelt.

5. Kulturelle Prägung einer Gegend

Dieses ist die entgegengesetzte Auffassung zu Nr. 4. Für sie ist Landschaft etwas durch den Menschen Gestaltetes, ,,ein sozial zusammenhängendes ganzes" (JACOB und WILHELM GRIMM, 1885, Band 6, S. 132). Als Beispiel für diese Auffassung zitieren wir eine Formulierung von BRUNO BREHM (mdl.): ,,Landschaft ist für mich nur die durch den Menschen gestaltete Erdoberfläche. Reine Natur ist keine Landschaft." In unserem wissenschaftlichen Sinne wäre das *Kulturlandschaft.* In ähnliche Richtung geht die im Sprachgebrauch heute nicht seltene Verwendung des Wortes in einem rein geistigen Sinne, wie etwa in dem Ausdruck ,,politische Landschaft" mit der Bedeutung ,,geistige Atmosphäre eines Landes".

6. Allgemeiner Charakter einer Erdgegend

Diese Auffassung entspricht unserem wissenschaftlichen Landschaftsbegriff. In Übereinstimmung mit der Mehrzahl der Autoren, die sich in jüngerer Zeit mit diesen Problemen befaßt haben, meinen wir mit dem wissenschaftlichen Landschaftsbegriff ungefähr das, was A. v. HUMBOLDT den ,,Charakter einer Erdgegend" genannt hatte.

7. Begrenzter Erdraum

Sehr häufig wird Landschaft in der Bedeutung begrenzter Erdraum für einen bestimmten räumlichen Ausschnitt aus der Geosphäre verwendet, also etwa in dem Sinn von Region, Provinz, Territorium, Gebiet, Umgebung, Gegend, zusammenhängender Landstrich, ,,landcomplex in bezug auf lage und natürliche Beschaffenheit" (J. und W. GRIMM, 1885, Bd. 6, S. 131). So werden z. B. die Schwäbische Alb oder das Ruhrgebiet als Landschaften bezeichnet, aber z. B. auch der von einem Aussichtspunkt aus überschaubare und durch die Reichweite des Blickes begrenzte Erdraum.

8. Politisch-rechtliche Körperschaft oder Organisation

Eine Reihe von historischen Begriffen, die mit dem Wort Landschaft bezeichnet wurden, leiten sich von der ursprünglichen Bedeutung *regio* her, wie z. B. bei Landschaft in der Bedeutung Vertreter eines Territoriums oder eines Landes (Ständevertretung) oder auch in der Bedeutung: Gesamtheit der Bewohner einer bestimmten Region. In diesem Sinne ist das Wort heute nur noch wenig bekannt.

Eine ganz spezielle historische Bedeutung erhielt es in dem Namen der in der Zeit Friedrichs des Großen bestehenden 'Landschaften' in Preußen. Dieses waren öffentlich-rechtlich konstituierte landwirtschaftliche Grundkreditanstalten der Provinzen, die sich zu einer Standesorganisation der Adelsgüter
entwickelten und bei der Bildung des Großgrundbesitzes eine Rolle spielten.

9. Areal oder Verbreitungsgebiet einer bestimmten Kategorie von Gegenständen

Vgl. z. B. 'Hausformenlandschaften' = Hausformenverbreitungsgebiet, 'Mundartland-
schaften' u. ä. Diese Verwendung des Wortes Landschaft ist zwar sehr verbreitet, muß aber
als ein sprachlicher Mißbrauch angesehen werden und sollte aufgegeben werden.

Das Wort Landschaft hat demnach ,,nicht nur einen Januskopf, es schillert nach vielen
Seiten", wie HARRY WALDBAUR (1888–1961) in einem Brief (1953) gesagt hat. Schon in der
Umgangssprache vertritt das Wort eine große Schar von sehr verschiedenen Begriffen. Bereits LEIBNIZ (1646–1716) hatte es für verkehrt gehalten, ,,Schwierigkeiten, welche der Wort-
ausdruck verursacht in die Sache selbst hineinzutragen" (EUCKEN, 1879, S. 100). Manche
Geographen sind, wie viele Diskussionen auch in der jüngsten Literatur noch zeigen, bis
heute nicht zu dieser Einsicht gelangt. Vor allem im älteren geographischen Schrifttum haben viele Autoren das Wort Landschaft oft wie selbstverständlich verwendet, ohne sich über
den Sinn dessen, was sie damit meinten, näher zu äußern. Oft kann nur aus dem Zusammenhang, in dem das Wort gebraucht wird, erschlossen werden, welche Vorstellung der Autor
damit verbindet. Außerdem gibt es nicht wenige Autoren, die das Wort Landschaft mit einem weiten Spielraum unterschiedlicher Bedeutungen gebrauchen. Andere haben im Laufe
ihrer wissenschaftlichen Entwicklung das Wort in einem wechselnden Sinn verwendet.
Die Bemühungen, das deutsche Wort Landschaft zur Basis einer internationalen Terminologie zu machen, haben auf Grund der historischen Vorbelastung und der Vieldeutigkeit
dieses Wortes in den lebenden Sprachen nicht zum Erfolg geführt. Es muß deshalb ein anderer Weg gefunden werden, ein dem gegenwärtigen Stand der wissenschaftlichen Entwicklung gerecht werdendes Vokabular aufzubauen. Unter den verschiedenen Möglichkeiten der
Begriffsbenennung haben fremdsprachliche Kunstwörter den Vorzug, daß ihr Sinn so eindeutig bleibt, wie er eingeführt wird. Bei Wörtern aus der Umgangssprache kann der Sinn
durch das sich wandelnde Sprachgefühl leicht verschoben oder verfälscht werden. Durch
häufigen Mißbrauch kann das allerdings auch bei Fremdwörtern geschehen.

Aus dem *Synergismus* der Geosphäre lassen sich einige der methodologisch wichtigsten
Grundbegriffe der geographischen Wissenschaft ableiten. Als Basis für eine einheitliche aus
der griechischen Sprache zu entwickelnde internationale Fachterminologie haben wir
(SCHMITHÜSEN und NETZEL 1962/63) außer dem Begriff Synergismus folgende Begriffsbe-
nennungen vorgeschlagen (vgl. Abb. 4), wobei in allen Fällen zur Sicherung der Eindeutigkeit noch die Silbe Geo- vorangestellt werden kann.

Sprachliche Ableitung und kurze Erläuterung der in der Übersicht aufgeführten Begriffe:
1. Das A í t i ŏ n: [αἴτιον (aítiŏn) = Ursache, Grund] = Geofaktor. Die Aitionen sind die
nach dem sachlichen System der Seinsbereiche zu unterscheidenden elementaren Komponenten der geosphärischen Substanz. Die Gesamtheit der Aitionen ist die geosphärische
Substanz. Adjektiv dazu: aitionisch.
2. Die S y n e r g i e mit der Nebenform Geosynergie: [συνεργία (synergía) = das Zusam-
menwirken] = Landschaft im weitesten Sinne, allgemeiner Begriff für die auf dem Totalcha-

Geosphärischer Synergismus
(Wirkungsgefüge)

1. Aition (Geofaktor)	6. S y n e r g o n t (Landschaftsteil)	7. G e o t o p (Örtlichkeit)
		8. Idiochor (idiographischer Raumbegriff, Land)
	2. Synergie (Landschaft)	9. S y n e r g o c h o r (Landschaftsraum)
	3. S y n e r g o s e (Grundeinheit der Landschaft)	10. C h o r e o s e (landschaftsräuml. Grundeinheit)
	4. S y n e r g e m (Landschaftskomplex, landschaftl. System)	11. C h o r e m (Raum eines Synergems)
	5. S y n e r g o t y p (Landschaftstypus)	12. T y p o c h o r (Raum eines Synergotyps)
13. Aitiontik	14. Synergetik	15. Choretik

Abb. 4 Übersicht über die Terminologie der wichtigsten geosymergetischen Grundbegriffe (aus SCHMITHÜSEN/NETZEL, 1962/63)

rakter begründeten qualitativen Einheiten (vgl. Nr. 3, 4 und 5) des geosphärischen Wirkungsgefüges. Adjektiv dazu: synergisch bzw. geosynergisch.

3. Die S y n e r g o s e: [συν-(syn-) = zusammen; ἔργον(ĕrgŏn) = Wirkung, das Bewirkte; Endung -ose in Analogie zu Symbiose, Biozönose] = konkrete Einzellandschaft, aus dem Synergismus resultierende Grundeinheit der geosphärischen Gestaltqualität bzw. des Totalcharakters. Adjektiv dazu: synergotisch.

4. S y n e r g é m: [συνέργημα(synĕrgĕmă) = das Zusammenwirken; Endung -em in Analogie zu System, Problem] = Landschaftskomplex, landschaftliches System, z. B. das Gesamtsystem des Komplexes von Gebirgssynergosen verschiedener Höhenstufen mit den dazugehörigen Talsynergosen oder das synergetische System einer Großstadt mit ihrem Umland. Es gibt Synergeme verschiedener Ordnung. Adjektiv dazu: synergemisch.

5. Der S y n e r g o t ý p: [συνεργός(synĕrgŏs) = Mitwirkender; τύπος (týpŏs) = das Geformte, Gepräge] = Landschaftstypus. Ein Synergotyp ist z. B. der Begriff „Gäulandschaft". Adjektiv dazu: synergotypisch.

6. Der S y n e r̆ g ó n t: [συνεργῶν(synergón), Genitiv συνεργοῦντος(synergúntos) = zusammenwirkend] = Landschaftsteil. Die Synergose besteht aus einer Assoziation von Synergonten. Diese sind zumeist schon Integrationen von verschiedenen Aitionen. Adjektiv dazu: synergontisch.

7. Der G e ŏ t ó p: [γῆ (gé) = Erde; τόπος (tópos) = Gegend] = geosphärische Örtlichkeit, die kleinste geographisch relevante räumliche Einheit der Geosphäre. Der Begriff Geotop ist bereits international eingeführt. Adjektiv dazu: geotopisch.

8. Das I d i ŏ c h ó r: [ἴδιος (ĭdĭŏs) = eigentümlich, von anderen unterschieden; χώρα (chóra) = der fassende Raum] = idiographischer Raumbegriff eines beliebigen Ausschnittes der Geosphäre, Land (Épeirochor) oder Meer (Thálassochor) [ἤπειρος (épeiros) = festes Land; θάλασσα (thălăssă) = Meer]. Adjektiv dazu: idiochorisch.

9. Das S y n ĕ r g ŏ c h ó r: [συνεργός (synĕrgŏs) = Mitwirkender; χώρα (chóra) = Raum] = Landschaftsraum im weitesten Sinne, auf synergetischer Grundlage abgegrenztes Idiochor, allgemeiner Begriff für die verschiedenen Stufen (vgl. Nr. 10, 11 und 12) der nach dem Totalcharakter des geosphärischen Wirkungsgefüges begrenzten idiographischen räumlichen Einheiten (Ausschnitte) der Geosphäre. Adjektiv dazu: synergochorisch.

10. Die C h o r e ó s e: [χώρη (chóre) = Raum] = landschaftsräumliche Grundeinheit, Raum einer Synergose, synergetisch isomorphes Idiochor. Adjektiv dazu: choreotisch.

11. Das C h o r é m: [χώρημα (chorema) = der fassende Raum] = idiographischer Begriff für den räumlichen Bereich eines Synergems, auf Grund seines landschaftlichen Systems abgegrenzter Erdraum. Adjektiv dazu: choremisch.

12. Das T y p ó c h ó r: [τύπος (týpŏs) = Das Geformte, Gepräge; χώρα (chóra) = der Raum] = Areal eines Synergotyps, z. B.: typochorische Gürtel oder Zonen der Geosphäre. Adjektiv dazu: typochorisch.

13. A i t i ó n t i k [αἰτιῶν (aitión), Genitiv αἰτιῶντος (aitióntŏs) = als Ursache zuschreibend] = Geofaktorenlehre; Teil der Geographie, der sich der Partialbetrachtung einzelner geosphärischer Seinsbereiche widmet; die auf die Erforschung von Aitionen oder Aitionengruppen gerichteten systematischen Zweige der Geographie, wie z. B. Geomorphologie, Vegetationsgeographie, Siedlungsgeographie. Adjektiv dazu: aitiontisch.

14. S y n ĕ r g é t i k: [συνεργήτης synĕrgétés) = der Mitwirkende] = geographische Landschaftslehre, Landschaftsforschung, Landschaftswissenschaft; Teil der geographischen Wissenschaft, der sich systematisch und vergleichend mit der synergischen Struktur der Geosphäre befaßt. Adjektiv dazu: synergetisch.

15. C h o r é t i k: [χωρέω (chorĕo) = in seinem Raum erfassen] = regionale Geographie, Länderkunde. Adjektiv dazu: choretisch.

3.2 Die Vorgeschichte des wissenschaftlichen Landschaftsbegriffs

Die Idee, die dem wissenschaftlichen Landschaftsbegriff zugrundeliegt, hat eine jahrhundertelange Entwicklung hinter sich. Schon früh hatte man versucht, Vorstellungen der irdischen Wirklichkeit in geeigneter Form darzustellen. Längst ehe die Wissenschaft sich damit auseinanderzusetzen begann, waren in der darstellenden Kunst Wege entdeckt worden, 'Landschaft' mit der Darstellung einzelner Gegenstände symbolisch anzudeuten. Dieses gab es nicht erst seit den Anfängen der modernen abendländischen Kunst, sondern auch schon bei den Assyrern und den Ägyptern, sowie in der minoischen Kultur (Mitte des 2. Jt. v. Chr.) und bei den Etruskern. Seit dem 6. Jh. v. Chr. finden wir auf griechischen Vasen die landschaftliche Zuordnung des Dargestellten durch gegenständliche Attribute ausgedrückt.

Ein interessanter Hinweis auf landschaftliche Darstellungen in der Kunst der Griechen des 4. Jh. v. Chr., von denen uns aber nichts näheres bekannt ist, findet sich bei PLATON (ca. 427–347 v. Chr.): ,,Damit ich jedoch mich noch deutlicher gegen euch erkläre, so stellt mit mir folgende Betrachtung an. Was nämlich irgendeiner von uns sagt, muß wohl notwendig zu einer Nachahmung und Nachbildung sich gestalten. Betrachten wir aber die Kunst der Maler in der Nachbildung göttlicher und menschlicher Gestalten, inwiefern es ihnen leicht oder schwer wird, den Beschauenden durch ihre Nachahmung zu genügen, so werden wir sehen, daß wir erstens bei der Erde, den Bergen, den Flüssen, dem Walde, dem ganzen Himmel und allem, was an ihm sich findet und bewegt, zufrieden sind, hat jemandes Nachbildung nur einige Ähnlichkeit mit diesen Gegenständen, sowie daß wir außerdem, da wir von dergleichen Dingen keine genaue Kenntnis besitzen, das Gemalte weder prüfen noch streng beurteilen, sondern uns mit einer mutmaßlichen und illusionären perspektivischen Darstellung begnügen; versucht es dagegen einer, unsere eigenen Gestalten abzubilden, dann werden wir, vermöge der ständig uns beiwohnenden Beobachtung das Mangelhafte scharfsichtig wahrnehmend, zu strengen Richtern desjenigen, welcher nicht durchaus alle Ähnlichkeiten wiedergibt'' (PLATON, Kritias 107 b–d), Übersetzung von ROBERT SCHRÖTER).

Bemerkenswerte Beispiele von Landschaftsdarstellungen in der Freskomalerei der Römerzeit sind Fragmente impressionistischer Wandbilder zu Motiven der Odyssee (im Antikenmuseum des Vatikan) aus der Mitte des 1. Jh. v. Chr. und die in der Casa Vettii und in der Casa des Centenario in Pompeji im Jahre 72 n. Chr. verschütteten Fresken, in denen Weinbau, Weidewirtschaft und ländliche Siedlungen dargestellt sind. Von den Mosaikbildern der späteren Römerzeit sind die Jagd- und Fischerszenen aus der kaiserlichen Villa von Piazza Armerina (Sizilien) zu nennen, und vor allem ein Mosaik aus Palestrina (in Rom) aus dem 3. Jh. n. Chr. mit einer Darstellung der Nilüberschwemmung.

Eine Sonderstellung nimmt die ostasiatische Landschaftsmalerei ein. Ihr war in China schon seit etwa 1000 v. Chr. die Aufnahme der Landschaft in die Literatur vorausgegangen. Das Wort für Landschaft setzt sich in China, ebenso wie in Japan, aus der Kombination der Zeichen für Berg und Wasser zusammen. Unter dem Einfluß der taoistischen Naturphilosophie war die Landschaft in der Han-Periode (202 v. Chr. – 220 n. Chr.) auch Gegenstand der Malerei geworden. Dieses hatte mit der Darstellung stilisierter Einzelformen von Bergen, Gewässern, Bäumen und Tieren begonnen. In der weiteren Entwicklung gab es Höhepunkte in der ersten Hälfte des 4. Jh. (KU-K'AI-CHIH, um 334- um 405), im 8. Jh. und in der Sung-Periode (TUNG YÜAN um 1000). Im 11. Jh. verfaßte KUO HSI (ca. 1020–ca. 1090), einer der bedeutendsten chinesischen Landschaftsmaler, ein berühmtes Essai über die Landschaftsmalerei. Über das gleiche Thema hatte im 8. Jh. auch schon der Dichter und Maler WANG WEI (699–759) geschrieben.

In Japan war ebenfalls die ursprüngliche Naturreligion eine wichtige Grundlage für die besondere Einstellung zur Landschaft. Auch hier war der bildlichen Darstellung die Aufnahme der Landschaft in die Dichtung vorausgegangen. In ihren Anfängen im 8. Jh. stand die japanische Landschaftsmalerei stark unter chinesischem Einfluß. Dieser wurde auch in den folgenden Jahrhunderten mehrfach wieder wirksam. Bereits seit dem 11. Jh. gab es in Japan realistisch gemalte Landschaftsbilder, wenn auch vorwiegend nur als Hintergrund für Personen. Schon im 13. Jh. erschien die Landschaft auch als selbständiges Objekt der Darstellung (z. B. Nachi-Wasserfall). Doch setzte sich dieses erst vom Ende des 14. Jh. an in vollem Umfange durch. In der Muromachi-Periode (1338–1573) erreichte die japanische Landschaftsmalerie ihren ersten Höhepunkt. Aus dieser Zeit stammen die Werke von MIN-CHO (1352–1431), beispielsweise die ihm zugeschriebene Einsiedelei am Bergbach; von JO-SETSU (um 1375–1450) z. B. der Mondaufgang über einer Landschaft mit Zaun; von SHU-

BUN (1390–1464) z. B. der Pavillon der Drei Weisen (1418) und von SESSHU (1420–1506). Der letztere gilt mit seinem umfangreichen, vorwiegend Landschaften darstellenden Lebenswerk als einer der hervorragendsten japanischen Maler. Aus der 2. Hälfte des 15. Jh. können außerdem SHUKEI (Mitte des 15. Jh.), GAKU-O (gest. etwa 1515) und MOTONOBU (1476–1559) genannt werden.

Diese wenigen Angaben über die ostasiatische Landschaftsmalerei sollen einen Zeitvergleich mit der europäischen Entwicklung ermöglichen (Literatur dazu vgl. SCHMITHÜSEN, 1973).

Wenn wir von der ,,Vorgeschichte" des wissenschaftlichen Landschaftsbegriffes sprechen (SCHMITHÜSEN, 1963), so meinen wir damit jenen Vorgang, bei dem sich zu Beginn der abendländischen Neuzeit noch außerhalb der wissenschaftlichen Fragestellung eine Idee herausbildete, die inhaltlich mit dem, was wir in der Wissenschaft mit Landschaft meinen, verwandt ist. Diese kann als Vorläufer des Landschaftsbegriffes angesehen werden. Im Grunde wäre es nicht wichtig, unter welchem Namen diese Vorstellung ursprünglich aufgekommen ist. Doch zeigt sich gerade hier eine überraschende Konsequenz der Sprache. Wo in der abendländischen Geistesgeschichte zum ersten Mal eine Vorstellung deutlich wird, die dem wissenschaftlichen Landschaftsbegriff entspricht, ist diese fast von Anfang an auch mit dem Wort Landschaft verbunden. Bevor aber dieses Wort in der Malerei den damals neuen Sinn bekam, der dann bis heute gültig geblieben ist, war es in der deutschen Sprache schon seit einem halben Jahrtausend für das Bedeutungsfeld: Gebiet, Territorium, Gegend, historischer Bezirk usw. in Gebrauch gewesen.

Der Vorgang, der im abendländischen Kulturbereich im Zusammenhang mit der Kunst zu der Konzeption des neuen Begriffsinhaltes *Landschaft* geführt hat, kann nicht in historischen Einzelheiten behandelt werden. Nur das Wesentlichste soll angedeutet werden. Äußerlich präsentiert sich dieser Prozeß zunächst in dem Wechsel von dem undifferenzierten Goldgrund der mittelalterlichen Bilder zu dem gegenständlichen Hintergrund in den Gemälden der beginnenden Neuzeit. Der Vorgang läßt sich in den Werken der Kunst selbst und teilweise auch in zeitgenössischen literarischen Zeugnissen verfolgen. Seine geistesgeschichtlichen Ursachen zu untersuchen ist nicht unsere Aufgabe. Wir halten uns nur an greifbare Tatsachen.

Einige Vorläufer mit der Andeutung landschaftlicher Vorstellungen gibt es unter den Miniaturen der Buchmalerei schon seit der karolingischen Zeit. Beispiele sind die vier Evangelisten im karolingischen Evangeliar (Domschatz zu Aachen), die Darstellung des Matthäus vor einer skizzenhaft angedeuteten Hügellandschaft mit Bäumen und Häusern im Ebbo-Evangeliar aus Epernay (zwischen 816 und 835) und ähnliche aus dem 9. Jh. stammende Darstellungen im Utrechter Psalter. Andere finden sich in dem auf der Reichenau für den Trierer Bischof hergestellten Codex Egberti (um 980) sowie in symbolhafter Andeutung in dem Bamberger Perikopenbuch HEINRICHs II (um 1012), z. B. bei der Darstellung des Einzugs in Jerusalem. Auch der Canterbury-Psalter (um 1150) ist hier zu nennen. Doch erscheint es nicht sicher, ob sich der spätere historische Vorgang, auf den es hier ankommt, damit unmittelbar in Beziehung bringen läßt. Denn ähnliche Beispiele finden wir in der Buchmalerei erst wieder in der MANESSE-Handschrift am Anfang des 14. Jh.

Von den frühen Ausnahmen der mittelalterlichen Buchmalerei abgesehen, wurden irdische Gegenstände und die Erde als solche erst seit der Mitte des 13. Jh. in die Bildwelt der Maler aufgenommen. Aus anderen Zweigen der darstellenden Kunst können auch frühere Beispiele angeführt werden, so etwa die Bronzetür von Sankt Zeno in Verona, die Mosaikbilder in Monreale und manche der romanischen Säulenkapitelle aus dem 12. Jh. Es ist die Zeit, in der FRANZ VON ASSISI (1182–1226) einem bewußten Naturempfinden Geltung verschaffte und in der FRIEDRICH II (1194–1250) ein auf Erfahrung begründetes Buch über Vögel und VINCENT DE BEAUVAIS (ca. 1190–1264) sein enzyklopädisches Werk *Speculum Naturale* schrieb. Um diese Zeit erschienen auch auf geographischen Karten die ersten Abbildungen von für die Erdteile charakteristischen Pflanzen, Tieren, arbeitenden Menschen und ihren Siedlungen, wie z. B. auf der Ebstorfer Weltkarte (ca. 1235) und auf der Weltkarte von Hereford (ca. 1290).

In der italienischen Wandmalerei erschien im 13. Jh. irdische Architektur als Hintergrund der heiligen Gestalten. Der MEISTER von PISTOIA malte den Gekreuzigten vor Gebäuden der Stadt Jerusalem (Mitte des 13. Jh.). Damit vollzog sich ein grundsätzlicher Wandel der mittelalterlichen religiösen Bilderwelt, dem vor allem GIOTTO DI BONDONE (1266–1337) am Ende des 13. Jh. zum vollen Durchbruch verhalf. Vorher hatte man „nur die ewigen Seins-Zustände der göttlichen Ordnungen verwirklicht" (FRANZSEPP WÜRTENBERGER, 1958, S. 16) in Bildern, auf denen nichts geschah und in denen kein Ort oder Raum zu bestimmen war. „Die Gestalten, die gezeigt werden, waren eines materiellen Untergrundes, einer rational in Länge, Breite und Tiefe ausgedehnten Bodenfläche, nicht bedürftig" (ebd.). Jetzt begann man, die biblische Geschichte, Christus und die Heiligen in ihrem Erdenleben abzubilden, wie beispielsweise in den Darstellungen des Alten und des Neuen Testaments der Wandmosaiken von Monreale (12./13. Jh.).

„Die Bilder werden mit einem gewissen Grad von Geschichtlichkeit, das heißt mit einer besonderen Art von Zeit erfüllt ... Auf einmal gibt es die geheiligten Örtlichkeiten und biblisch-heilsgeschichtlich bevorzugten Landstriche unserer Erde, ...Es bildet sich keimhaft die Erdoberfläche, ein Eigenraum, eine zusammenhängende Bodenfläche, eine Geschehnisbühne heraus. ...Es kommt zu einem irdischen Koordinatensystem der Raum- und Zeit-Kategorien von Nah und Fern, von Vorn und Hinten. ...Solche irdische Gefilde mit Eigenwert, mit irdischem Zeit- und Orts-Begriff, nennen wir Landschaft. Im Sinne der Majestas-Zone der ewigheiligen Zeit gibt es den Begriff Landschaft überhaupt nicht. Somit ist das Aufkommen einer Landschaftsmalerei Folge und Produkt davon, daß unsere Erde in einen irdischen zeitlichen Ablauf gestellt und dadurch überhaupt erst zur Existenz erweckt wird. ...Allerdings ist anfangs diese Bildbühne als Frühform der Landschaftsdarstellung, als Schauplatz des Erdgeschehens noch von recht bescheidener, geringer irdischer Ausdehnung" (WÜRTENBERGER, 1958, S. 16–18).
„GIOTTO DI BONDONE ist jener Künstler, der inhaltlich seine Malereien am deutlichsten auf den historisch erzählenden Charakter des Heilsweges Christi und des Lebens der Heiligen auf Erden einstellte." (ebd., S. 20).

Schon vor der Jahrhundertwende (1296–1297) hatte GIOTTO DI BONDONE in der Oberkirche von Assisi seine Darstellungen der Franziskus-Legende geschaffen mit dem Bild der Stadt Arezzo, aus der Franziskus die Teufel vertreibt und mit dem Heiligen, der vor dem mit Vegetation bedeckten und mit Siedlungen in Gipfellagen besetzten Bergen seinen Mantel verschenkt. Um 1305 malte GIOTTO in Padua die Fresken der Arena-Kapelle. Darin erscheint Joachim bei den Hirten neben dem Schafstall am Fuß eines mit Bäumen bestandenen Felsens, und die Flucht nach Ägypten ist vor einem ähnlichen Hintergrund dargestellt. GIOTTO brachte als erster den Horizont der weiten Landschaft ins Bild, z. B. in den Freskenfragmenten der Bardi-Kapelle in Florenz. Er war befreundet mit dem fast gleichaltrigen DANTE ALIGHIERI (1265–1321), der ins freie Land spazieren ging, sowie ebenfalls noch mit dem viel jüngeren FRANCESCO PETRARCA (1304–1374), der 1335 den Mt. Ventoux bestieg.

„Die Italiener sind die frühesten unter den Modernen, welche die Gestalt der Landschaft als etwas mehr oder weniger Schönes wahrgenommen und genossen haben. Diese Fähigkeit ist immer das Resultat langer, complicierter Culturprocesse, und ihr Entstehen läßt sich schwer verfolgen, indem ein verhülltes Gefühl dieser Art lange vorhanden sein kann, ehe es sich in Dichtung und Malerei verrathen und damit seiner selbst bewußt werden wird" (JACOB BURCKHARDT, 1901 Bd. 2, S. 15).

Abb. 5 Alpenübergang Heinrichs VII. 1310 (aus dem Balduins-Kodex von 1350)

Auch in Deutschland erschienen um die gleiche Zeit schon landschaftliche Motive als Hintergrund für religiöse (z. B. MEISTER VON HOHENHEIM, 1320) und gleichfalls für weltliche Personendarstellungen wie z. B. in der Abbildung des Alpenübergangs Heinrichs VII. in dem Balduins-Kodex von 1350 (Abb. 5). In der MANESSE-Handschrift (Anfang des 14. Jh.) sind den Gestalten einzelner Minnesänger landschaftliche Requisiten beigegeben. Diese repräsentieren aber nur ,,Vordergrund ohne Ferne''.

Ähnliches ist auch für die Literatur festzustellen. ,,Auch in jenen lateinischen Dichtungen der fahrenden Cleriker fehlt noch der Blick in die Ferne, die eigentliche Landschaft, aber die Nähe wird bisweilen mit einer so glühenden Farbenpracht geschildert, wie sie vielleicht kein ritterlicher Minnedichter wiedergibt'' (BURCKHARDT, ebd., S. 16). ,,Wird der Erde auch zunächst im Verlaufe des 14. Jh. nur bedingt und nur eine gewisse Eigengesetzlichkeit zugestanden, so bleibt die Hauptsache, daß sie überhaupt in ihrer Eigengesetzlichkeit in die Bildwelt Eingang gefunden hat'' (WÜRTENBERGER, 1958, S. 17).

SIMONE MARTINI (zw. 1280/85–1344), der auch PETRARCA in einem Rebgarten porträtiert hat, malte 1328 in Siena den Feldherrn Guidoriccio als Reiter in einem hügeligen Land mit den Burgen, die dieser erobert hatte. AMBROGIO LORENZETTI (gest. um 1348) schuf seit 1335 am gleichen Ort große realistische Bilder der Stadt Siena und der landwirtschaftlichen Nutzflächen ihrer Umgebung als Hintergrund für personenreiche weltliche Szenen. Manches, was in diesem Zusammenhang von Bedeutung wäre, kennen wir nur teilweise aus zufällig erhaltenen Resten. Ein Beispiel ist der Baum aus dem Fresko-Fragment des Kreuzträgers (Mitte des 14. Jh.) der Bardi-Kapelle in Florenz von NARDO DI CIONE (gest. 1365/66).

Es gab viele Stufen des allmählichen Bewußtwerdens der Landschaft. Die Darstellung konnte sich in den einfachsten Formen auf einen symbolischen Ausdruck beschränken. Wir erkennen darin die Absicht, charakteristische Elemente einer Erdgegend zu erfassen. Mit deren Andeutung wurde das Hauptobjekt des Bildes anschaulich lokalisiert. Im 14. Jh. nahm die Zahl der Maler schnell zu, die auf diese Weise versuchten, Personen oder Handlungen erdräumlich einzuordnen. Der Hintergrund deutete ein bestimmtes Gebiet an, eine Landschaft in dem Sinne von *regio,* zu der die Person oder die Handlung in Beziehung gebracht werden sollte. Die Maler trafen dabei eine Auswahl aus dem physiognomisch Erfaßbaren, um das Charakteristische oder etwas Wesentliches der betreffenden Erdgegend zu zeigen. ANDREA PISANO (ca. 1290–1348/49) und SIMONE MARTINI waren dabei wohl die ersten, die zusammenhängendes 'Gelände' und nicht nur ein Mosaik von kennzeichnenden Einzelzügen darstellten.

Erst im 15. Jh. begannen einige Künstler, Landschaften oder deren einzelne Bestandteile nach der unmittelbaren Beobachtung zu malen. Die Anregung ging von der Buchmalerei der Niederländer aus, insbesondere von den Brüdern VAN LIMBURG (Pol, Jan und Hermann, gest. um 1416) und den Brüdern VAN EYCK. JAN VAN EYCK (um 1385–1441) brachte die realistische Malerei nach der Natur auch in der Tafelmalerei, die um diese Zeit erst aufkam, zur Geltung.

,,Je genauer man der irdischen Welt habhaft werden wollte, um so mehr zeigte es sich, daß die Kunst nur mit Zeichen, nur mit Symbolen, mit Abbreviaturen arbeitet. Diese vermögen jedoch nur bedingt der Darstellbarkeit der wirklichen, naturwissenschaftlichen Erdenverhältnisse gerecht zu werden. Denn je irdisch realer und natürlich genauer man die Erdendinge wiedergeben und abbilden will, desto ausschnitthafter, fragmentarischer und abgekürzter werden sie. …Die Bilder sind auf eine besondere Umgrenzung, auf einen Rahmen angewiesen. Dieser soll feststellen, daß das Bildfeldgefüge nicht mehr jenseits der Welt eine ganze Welt darstellt, sondern daß es nur einen gewissen, fest umgrenzten Ausschnitt aus der irdischen Erdengesamtwelt einfängt'' (WÜRTENBERGER, 1958, S. 19/20).

„Im 15. Jh. trat eine erhebliche Verweltlichung der Situationsschilderungen des biblischen Erdenle-
bens Christi ein, der Lebensweg Christi wird immer stärker eingebaut und eingetaucht in das irdisch-
profane Treiben der Menschen. Zwar noch bruchstückhaft doch schon prinzipiell werden nun die vorher erdabgelösten biblisch-historischen Szenen mit starkem irdisch-zeitgenössischem, geographisch
bedingtem, optisch sinnlichem Gegenwartscharakter durchsetzt. Ein besonders auffälliges Anzeichen
dafür sind die wachsende topographische Genauigkeit und die Irdischkeit der biblischen Szenen" (ebd.,
S. 23).

Die niederländischen Maler begannen, den Menschen in seinen Beziehungen zu der realen
Umwelt zu sehen und wirklichkeitsgetreu darzustellen. Die Wandlung der Auffassung wird
deutlich, wenn man die zwischen 1411 und 1416 entstandene Miniatur „Feldbestellung" der
Brüder VAN LIMBURG in dem Stundenbuch des Herzogs von Berry mit der Darstellung des
gleichen Motivs in der Illustration eines ORESMIUS-Werkes von 1372 vergleicht. In nieder-
ländisch-burgundischen Miniaturen aus dem 2. Jz. des 15. Jh. findet sich das erste Bild mit
dem nächtlichen Sternenhimmel. Das Stundenbuch des Herzogs von Berry enthält die erste
Abbildung der Stadt Paris und als Februarblatt eine winterliche Schneelandschaft. Die Brüder VAN LIMBURG bildeten konkrete Landschaften und die darin arbeitenden Menschen mit
geradezu photographischer Treue ab.

In der gleichen Zeit wirkte im alemannischen Raum LUKAS MOSER VON WEILDERSTADT
(Tiefenbronner Altar, 1431). „Er sah mit einer noch LOCHNER fremden Andacht auf das
Sichtbare" und „wandte eine geradezu fromme Ehrerbietung auf die Erfassung des Sachli-
chen" (WILHELM PINDER, 1937, S. 261). Im Tafelbild tat dieses in vollendeter Form KON-
RAD WITZ (ca. 1400–1445). Im Petrusalter von Genf stellte er 1444 den „Fischzug" in der na-
turgetreu gemalten Landschaft des Genfer Sees dar. Der MEISTER M. S. malte um 1505 die
anbetenden Hirten vor den mittelslowakischen Bergen der Umgebung der Bergbaustadt
Schemnitz (Banska Stiavnica), wo dieses Bild jetzt im Pfarrhaus aufgestellt ist.

„In der altdeutschen und der altniederländischen Malerei werden vielfach die Szenen der Bibel, welche sich in Palästina abspielten, in die deutsche oder niederländische Landschaft hineinversetzt. So kann
die Auferstehung Christi bei Straßburg stattfinden (KASPAR ISENMANN), die Geburt Christi bei nordi-
schem Schnee (MARTIN SCHONGAUER und Bayerischer Meister von 1445), das Meerwunder am Genfer
See (KONRAD WITZ), die Flucht nach Ägypten vor den Toren von Wien (Meister des Schottenstiftes)
oder die Anbetung der Heiligen Drei Könige vor den Toren von Antwerpen (JAN BREUGHEL d. .Ä., um
1600)" (WÜRTENBERGER, 1958, S. 23).

In Italien hatte schon GENTILE DA FABRIANO (ca. 1370–1427) die Flucht nach Ägypten
und die Anbetung der Könige in die italienische Landschaft seiner Zeit versetzt, hatte aber
damit in seinem Lande zunächst kaum Nachfolge gefunden. Der MEISTER des CHIOSTRO
DEGLI ARANCI stellte um 1435–1440 in der Legende von der verlorenen Sichel den Heiligen
Benedikt vor einem von sehr schematisch stilisierten Bergen umrahmten See dar. Ähnlich ist
das Gebirgsbild mit Wald hinter der Madonna von FRA FILIPPO (Mitte des 15. Jh.). Doch
wird von der Mitte des 15. Jh. an auch bei den italienischen Malern der landschaftliche Hintergrund zunehmend konkreter und inhaltsreicher. FRA ANGELICO (1400–1455) stellte z. B.
schon sehr getreu die Landbewirtschaftung dar.

In diesem Zusammenhang können auch folgende Werke genannt werden: DOMENICO VENETIANO
(1410–1461): Anbetung der Könige (vor Gebirgstal mit Weidewirtschaft und Stadt); ANTONELLO DA
MESSINA (ca. 1430–1479): S. SEBASTIANO (vor Stadt und Burg mit Bergen als Hintergrund); GIOVANNI
BELLINI (ca. 1430–1516): Madonna di Alzano (vor Stadt, Burg und Flußufer mit Jagdsezne); ANDREA

MANTEGNA (1431–1506): Madonna vor dem Felsen; MAESTRO VENETO (Mitte des 15. Jh.): Landschaften in den Seitenfeldern zu der Madonna col Bambino; FIORENZO DI LORENZO (ca. 1440–1525): S. Gerolamo vor einer Felsenhöhle am Flußtal; ALVISE VIVARINI (um 1445- um 1505): Drei Heilige vor einem Tal mit Teichen; ferner Bilder von BENOZZO GOZZOLI (1420–1497), FRANCESCO BOTTICINI (1446–1497), PIETRO VANNUCCI PERUGINO (um 1446–1523) und anderen, sowie schließlich LEONARDO DA VINCI (1452–1519), bei dem diese Entwicklung für den italienischen Bereich ihren Höhepunkt findet, und der auch Landschaften ohne Personen darstellte.

LEONARDO DA VINCI kann in vieler Hinsicht als Repräsentant einer neuen geistigen Haltung der beginnenden Neuzeit angesehen werden. Er gehörte zu den ersten, die die Natur planmäßig beobachteten, nicht nur um sie künstlerisch darzustellen, sondern auch, um zu wissenschaftlichen Einsichten zu gelangen. Er kannte nicht mehr die Scheu vor dem Gebirge. Er bestieg die Berge mit neugierigem Interesse und gelangte im Monte-Rosa-Gebiet bis an die Schneegrenze. Damit begann die Entdeckung des besonderen Charakters der Alpen.

Wie bei LEONARDO, so wurde auch bei ALBRECHT DÜRER und ALBRECHT ALTDORFER (ca. 1480–1538) die Landschaft zu einem eigenen Gegenstand der Darstellung. DÜRER beobachtete schon auf seiner Gesellenwanderung und auf der ersten Italienreise, die er mit 23 Jahren antrat, die Natur, um sie realistisch darzustellen (z. B. Lindenbaum, 1494, und Krabbe, 1495). Seine Aquarelle deutscher Landschaften, von denen die ersten ebenfalls schon in der Frühzeit seines Wirkens entstanden, sind für uns eine Quelle der Kenntnis landschaftlicher Zustände jener Zeit. Es sind „topographische Ansichten mit dem Blick für das Bezeichnende, Kennzeichnende" (HANS KAUFFMANN, 1971, S. 20). „So treten sie den Erstlingen landeskundlicher Literatur an die Seite" (ebd.), wobei insbesondere an die Weltchronik (1493) von HARTMANN SCHEDEL (1440–1514) und an das Nürnberg-Buch (1495) und die unvollendet gebliebene *Germania illustrata* des KONRAD CELTIS (1459–1508) zu denken ist.

„Es gibt von nun an Bilder, die sich ausdrücklich rühmen, sozusagen ideenlos, gemeint ist naturgetreu zu sein. Es wird eigens dazugeschrieben 'Wahre Contrafaktur' oder 'optica delineatio' oder 'Wahre Abbildung'. ...Damals begann der große Wettlauf des Künstlers mit der Natur, um mit Hilfe seines winzigen naturalistischen Bilderrahmen-Velums die quantitativ übermäßige reale Größe der Natur einzufangen" (WÜRTENBERGER, 1958, S. 26–28).

Hinter dem Bemühen um die „ideenlosen" Bilder stand „leidenschaftliches Erkenntnisstreben" (KAUFFMANN, 1971, S. 22), das *Bewußtwerden der realen Wirklichkeit* und das Bemühen, dieser mit den Mitteln der Kunst habhaft zu werden. Niemals vorher oder nachher in der europäischen Geschichte haben die Ziele der Kunst und der Wissenschaft einander so nahe gestanden wie in der Zeit von LEONHARDO und DÜRER. Die Künstler hatten die Idee der aus der wahrnehmbaren Umwelt erfaßbaren realen Wirklichkeit, die sie *Natur* nannten, entdeckt. Während gegenwärtig viele Künstler in der Umwelt nur inhaltlose Formen und Farben sehen, die ihre Phantasie zur Konzeption von „Eigenem Neuen" anzuregen vermögen, waren die alten Meister bestrebt, ihre aus der Anschauung gewonnene *Erkenntnis des Wesens der realen Umwelt* in Bildern zu objektivieren und zu einem dauerhaften Bestandteil des Erfahrungsschatzes der Menschheit zu machen. „Das Kunstwerk soll den Wahrheitskern freilegen" (KAUFFMANN, 1971, S. 22, über ALBRECHT DÜRER). Die Mittel, das Erkannte festzuhalten, waren andere; aber das Ziel war ähnlich wie bei der Wissenschaft. In mancher Hinsicht ging die Kunst dieser voraus. Sie fand Konzeptionen der konkreten räumlichen Wirklichkeit, die sie mit ihren Mitteln darzustellen vermochte, längst bevor die Wissenschaft Begriffe dafür finden konnte.

So ist in DÜRERS Rasenstücken die Idee der Pflanzengesellschaft als einer charakteristischen Kombination bestimmter Pflanzenarten vorweggenommen, rund 300 Jahre, ehe die Naturforscher in ihrer Sprache einen Begriff dafür fanden. Ähnlich war es mit der Idee der Landschaft, die in der dargelegten Weise zunächst tastend, dann aber bis zur DÜRER-Zeit in voller Deutlichkeit entdeckt worden war, allerdings mit dem Unterschied, daß in diesem Fall die Maler auch noch den nächsten Schritt taten und den Begriff Landschaft dazu erfanden.

Wie an anderer Stelle (3.1) schon ausgeführt, hatte das Wort Landschaft, das in der deutschen Sprache schon lange gebräuchlich war, ursprünglich die Bedeutung 'Gebiet' oder 'zusammengehöriges Land'. Über die hier dargelegten Vorgänge in der Malerei hat sich spätestens im 15. Jh. sein Sinn auf den charakteristischen Inhalt der Erdräume verlagert, den man darstellen wollte, um eine Bildszene zu lokalisieren.

In dem ihnen zur Verfügung stehenden begrenzten Ausschnitt konnten die Maler nur eine Auswahl des für die Erdgegend Wesentlichen, etwas Charakteristisches oder Typisches, bringen. Solches wurde z. B. in der Gestalt eines bestimmten Stadtprofils erfaßt, oder es konnte auch durch einzelne für eine Gegend typische Formelemente, wie etwa durch Zypressen oder Pinien als Kennzeichen mediterraner Gebiete, repräsentiert werden. Es ging darum, mit einigen markanten Zügen eine Gegend kenntlich zu machen.

Bei dem Gewicht, das bildliche Darstellungen im Geistesleben der Zeit vor der Erfindung des Buchdruckes hatten, und bei der wenig spezifischen Bedeutung, die das Wort Landschaft bis dahin gehabt hatte, ist es verständlich, daß diesem der neu entdeckte Sinn *charakteristischer Inhalt einer Erdgegend* zugeordnet wurde, da es dafür kein eigenes Wort gab. Für den Gebietsbegriff, den man vorher mit Landschaft gemeint hatte, blieben noch genügend andere Wörter verfügbar.

Eine bestimmte Landschaft in der alten Bedeutung *Gebiet* konnte bildlich nur durch physiognomische Charakterzüge dargestellt werden. Die Physiognomie der Erdgegend wurde daher mit der Landschaft identifiziert. Man meinte mit diesem Wort jetzt sowohl das Gemälde als auch die darin dargestellte reale Wirklichkeit. *Landschaft* bekam auf diese Weise neben oder anstelle des alten Sinnes Gebiet mehrere neue Bedeutungen wie Abbildung einer Erdgegend, Physiognomie einer Erdgegend, Charakter einer Erdgegend. Am Anfang des 16. Jh. war diese Ideenentwicklung offenbar schon vollzogen. Wir sehen dieses in der Verwendung bei ALBRECHT DÜRER, der in den Notizen seiner niederländischen Reise (1521) den Niederländer JOACHIM PATINIR (ca. 1480–1524) als ,,Landschaftsmaler" charakterisierte.

Fast gleichzeitig mit dem Aufkommen der Idee des Charakters einer Erdgegend in der Malerei sehen wir eine ähnliche Entwicklung auch in der Kartographie mit den Anfängen konkreter großmaßstäblicher Darstellungen. Schon um 1480 hatte die Landschaftsidee ihren geographischen Ausdruck auch in Karten gefunden. Dabei bestand am Anfang eine enge Beziehung zwischen Malerei und Kartographie. Es waren oft dieselben Männer, die sowohl die Gemälde als auch die Karten schufen. Wir erkennen darin das Bemühen, den als Vorstellung erfaßten neuen Wahrnehmungsgegenstand auch rational zu bewältigen.

Sowohl LEONARDO als auch DÜRER haben Karten gezeichnet oder gemalt. Im Jahre 1502 hat LEONARDO die Toscana in einer Karte dargestellt, die das Land im Rahmen des Gradnetzes aus der Vogelperspektive zeigt mit Hügeln, Bergen, Flußtälern und Dörfern, mit Städten auf den Hügelkuppen und Burgtürmen.

Dieses war zu der gleichen Zeit, als man auch begann, die neuen Informationen, die durch die Entdeckungsreisen in fernen Ländern gewonnen wurden, mit neuen Methoden auf Karten abzubilden. Die großmaßstäblichen Darstellungen waren am Anfang noch zum Teil von Malern geschaffene Bilder in geographischer Position. Dann wurden sie zunehmend abstrakter und damit zu topographischen oder geographischen Karten in unserem heutigen Sinne.

Eine 1528 in Oppenheim gedruckte Karte von SEBASTIAN MÜNSTER (1489–1552) mit dem Titel „Der Heidelberger Bezirk" zeigt besonders schön, wie mit der Anordnung der Kartenzeichen der Landschaftscharakter des Odenwaldes wiedergegeben ist. Nicht mehr als Bild in der Vogelperspektive wie

Abb. 6 Karte des Heidelberger Bezirks (Odenwald, Kraichgau und Rheinebene) von SEBASTIAN MÜNSTER (1528)

bei LEONARDO, sondern mit abstrakten Zeichen wie Maulwurfshügeln für Berge, Ortskreisen, Baumzeichen, Burgtürmen, ist dort der Komplex des *Zusammenbestehenden im Raum* kartographisch dargestellt. Mit einem die gleichartige Kombination der Symbolgruppen einrahmenden Strichband ist außerdem die Idee des nach der Landschaft abgegrenzten Raumes, eines *Landschaftsraumes*, angedeutet (Abb. 6). Ähnliches können wir auch auf anderen Karten feststellen.

Eine weitere Entwicklung der angedeuteten Konzeption sehen wir darin, daß in Karten des 16. Jh. in zunehmendem Maße auch Namen eingetragen wurden, die offenbar landschaftsräumliche Einheiten bezeichnen sollten. So finden wir z. B. in der Karte von MÜNSTER (1528) die Namen Otenwald, Kraichgeu, Bergstraß und Brurein. Die inhaltliche Darstellung mancher Karten dieser frühen Zeit zielte oft in höherem Maße auf den landschaftlichen Charakter, als es später der Fall war. Man vergleiche dazu die Karte des Atterseegebietes von PHILIPP APIAN von 1568 (Abb. 7) oder auch die Karte des Bodenseegebietes von 1578. Der Grad der graphischen Abstraktion war noch geringer als auf späteren Karten.

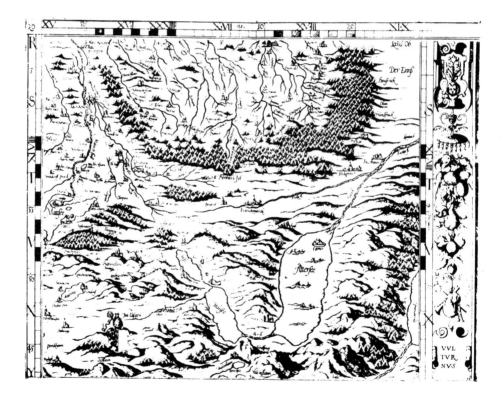

Abb. 7 Karte des Atterseegebietes von PHILIPP APIAN (1568)

3.3   Der Ursprung des wissenschaftlichen Landschaftsbegriffes und seine Entwicklung bis 1850

Neben der Frage nach der Vorgeschichte und dem allgemeinen Ursprung der Idee, die dem Landschaftsbegriff zugrunde liegt, muß vor allem auch geklärt werden, aus welcher wissenschaftlichen Problemstellung es zu der Bildung des Landschaftsbegriffes gekommen ist und wie dieser als wissenschaftlicher Begriff zuerst gefaßt wurde.

Spätestens seit GEORG FORSTER (1754–1794) und A. v. HUMBOLDT ist in der deutschen Geographie und bei vielen Geologen und Botanikern die Idee der Landschaft, wenn auch oft unter anderem Namen oder als noch unbenannter Begriffsinhalt, geläufig. Bei einer näheren Untersuchung erscheint die Auffassung dieses Begriffes einheitlicher, als es ein großer Teil unserer methodologischen Literatur oft glauben machen möchte. Bei vielen dieser Diskussionen steht nur das Wort im Mittelpunkt und nicht der Begriffsinhalt. Zuweilen wird übersehen, daß viele Autoren zwar nicht das Wort, aber doch den Begriff schon gekannt und benutzt haben. In manchen Fällen stimmen aber auch Äußerungen, in denen der Begriff interpretiert wurde, nicht mit dem Sinn überein, in dem ihn derselbe Autor in seinen Arbeiten tatsächlich verwendet hat.

Wir müssen daher untersuchen, wie weit wir den wissenschaftlichen Landschaftsbegriff etwa in dem Sinne von ,,Inbegriff der Beschaffenheit eines nach seinem Gesamtcharakter als Einheit begreifbaren Teiles der Geosphäre von geographisch relevanter Größenordnung'' geschichtlich zurückverfolgen können. Wir bemühen uns dabei um die Genealogie der gedanklichen Konzeption dieses Begriffsinhaltes, unabhängig davon, wie dieser im einzelnen Fall benannt oder formuliert worden ist. Dabei ist vor allem zu prüfen, welche Rolle dieser Begriff wiederum ohne Rücksicht auf seine vielleicht unterschiedliche Benennung, bei den Autoren gespielt hat, die die Entwicklung der modernen geographischen Wissenschaft in ihren verschiedenen Phasen am stärksten beeinflußt haben.

Man darf sich bei dieser Betrachtung nicht stören oder verwirren lassen durch dialektisch hochgespielte angebliche Gegensätze, die in Wirklichkeit keine solchen sind. Denn manche Diskussionen der methodologischen Literatur erhitzen sich unnötig an Scheinproblemen. Auch sollte man die Auffassungsunterschiede nicht künstlich überschärfen, wie es oft geschieht. Es erscheint uns fruchtbarer zu versuchen, zunächst das Gemeinsame der Auffassungen zu erkennen und das, was in der historischen Entwicklung als Kontinuität feststellbar ist, herauszuarbeiten. Denn darauf kann mit Aussicht auf Erfolg weiter aufgebaut werden.

Ausgangspunkt für die Bildung und die Entwicklung des wissenschaftlichen Landschaftsbegriffes sind Bemühungen um eine methodische Konzeption, die in ihren Anfängen mit dem Wort Landschaft noch gar nicht verbunden wurde. Sie ergaben sich als Problem aus dem, was man damals noch Chorographie nannte.

Außer den Originalberichten über Reisen in fernen Erdteilen, von denen manche übertreibenden oder gar phantastischen Charakter hatten, und den darauf begründeten Beschreibungen der neu entdeckten Länder entstanden am Anfang des 16. Jh. auch chorographische Werke über das eigene Land auf neuen Grundlagen.

Als ein Beispiel betrachten wir hier zunächst die Beschreibung Deutschlands von COCHLAEUS (JOHANNES DOBNECK, 1479–1552). Die von COCHLAEUS 1512 veröffentlichte Edition der Kosmographie des POMPONIUS MELA (um 40 n. Chr.) enthält als Anhang einen Abriß der mathematischen Geographie und eine Beschreibung Deutschlands. Die letztere hat den Titel *Brevis Germaniae Descriptio.* Sie kann als die erste neuzeitliche Landeskunde von Deutschland gelten. Im Jahre 1960 ist sie nachgedruckt und mit einer deutschen Übersetzung und einem Kommentar von KARL LANGOSCH neu herausgegeben worden. Mehr als die Hälfte des Buches lehnt sich eng an ältere Quellen an und bleibt damit ganz in dem bis zu dieser Zeit vorherrschenden alten Stil der Kompilation. In manchen Teilen, vor allem in dem Kapitel über Nürnberg und in den drei letzten Kapiteln, bringt COCHLAEUS jedoch eine Menge von Angaben, die auf dem beruhen, was er selbst gesehen oder aufgrund von persönlichen Informationen durch andere zusammengetragen hatte.

Die Stadt *Nürnberg* stellte er nicht nur als Mittelpunkt Deutschlands, sondern auch Europas dar unter den Stichwörtern: ,,ein sehr geeigneter Handelsplatz", ,,auch nach der Sprache die Mitte", ,,die Mitte auch in der Leistungsfähigkeit" und ,,überall in Europa sind Nürnbergs Kaufleute" (COCHLAEUS, 1960, S. 75 u. S. 77). Er dachte dabei nicht nur an die Wirtschaft, sondern auch an sittliche, geistige und politische Kräfte der Stadt.

,,Diese Stadt liegt auf unfruchtbarem Boden. Doch was hat das mit dem Politischen zu tun? In der Tat sehr viel. Die Stadt liegt ja auf unfruchtbarem Boden. Das Volk kann sich daher nicht lediglich von seinem Ackerland ernähren, das teils mit Wäldern bedeckt, teils mit Kies und unfruchtbarem Sand angefüllt ist; sie verbraucht ja in jeder Woche über 1000 Scheffel Getreide, und 100 Fette Rinder außer dem sonstigen Fleisch von Kleinvieh, Wild und Geflügel genügen nicht. So ist denn ihre politische Leistungsfähigkeit bei den Fremden nicht unbekannt. Sie führen aber zu Haus ein so hervorragendes Regiment, daß sie keiner Stadt in ganz Europa nachsteht" (COCHLAEUS, 1960, S. 77).

In diesem durchaus geographischen Konzept werden viele Zusammenhänge angedeutet. Man erkennt das Bestreben, die Stadt in ihrer von dem Tun der Menschen ausgehenden Dynamik und in ihren Beziehungen zur Umwelt verständlich zu machen. Das Land ist in seinem Charakter mit Wäldern, Kies und Sand als Hintergrund gekennzeichnet. Die realen Beziehungen der Stadt dazu sind sehr konkret angedeutet.

Aus einem anderen Abschnitt greifen wir die Darstellung des *Ries* heraus: ,,Der Teil Schwabens aber, der dem Zentrum, d. i. Nürnberg, am nächsten liegt, ist das Ries, ein Land einst mit Wäldern und Sümpfen bedeckt, jetzt einigermaßen kultiviert und ungemein reich an Städten, Burgen und Getreide. Die wichtigsten Städte sind Nördlingen, Wemding, Öttingen und Bopfingen" (COCHLAEUS, 1960, S. 105/107).

Interessant ist, daß das Ries mit einem eigenen Namen erscheint. Auch andere der von COCHLAEUS verwendeten räumlichen Begriffe sind keine politisch begrenzten Einheiten, sondern nach unserer Terminologie *Landschaftsräume*, wie z. B. das Allgäu, der Hegau und der Breisgau. Die Kennzeichnung des Ries als ,,einst mit Wäldern und Sümpfen bedeckt, jetzt einigermaßen kultiviert und ungemein reich an Städten, Burgen und Getreide" erinnert an die graphische Formel aus Kartensymbolen (Berge, Bäume, Burgtürme, Dörfer), mit der wir in der fast gleichzeitig entstandenen Karte das charakteristische Zusammenbestehende im ,,Landschaftsraum" des Odenwaldes von SEBASTIAN MÜNSTER dargestellt sahen.

Auch dieser gab dazu in einem erklärenden Begleittext (1536) eine ähnliche Kurzbeschreibung: ,,Viele Wälder und Berge" werden im Odenwald gefunden. Es ,,wächst kein Wein, sondern etliche ernähren sich mit Holz, das sie den Neckar herabflößen, die anderen mit Weben, die dritten mit Vieh, die vierten mit Faßmachen". Auch den Kraichgau, den Brurein und andere landschaftsräumliche Einheiten hatte er als solche erkannt. Die Bergstraße charakterisierte er als ,,ein fruchtbares Land mit köstlichem Wein, Getreide, Obst und anderer Frucht, und wird genannt Bergstraße" (MÜNSTER 1965).

In der zitierten Wortformel des COCHLAEUS für das Ries kommt mit dem ,,*einst ... jetzt*" noch eine Abbreviatur für die historische Tiefe dazu. Damit ist, wenn auch dem Autor selbst wahrscheinlich noch unbewußt, die Landschaft der Idee nach als ein Sach-Raum-Zeit-System aufgefaßt. In der abstrakten Ausdrucksform der Kartographie wie bei dem Beispiel von SEBASTIAN MÜNSTER war dafür kein Darstellungsmittel verfügbar. In anderen Karten derselben Zeit finden wir aber mit der Abbildung geschichtlicher Ereignisse in Rand-illustrationen oder durch erzählende Bilder, die in die Karte eingesetzt sind, auch die historische Tiefe angedeutet.

Besonders instruktiv wird das tastende Bemühen um einen neuen wissenschaftlichen Begriff bei PETER APIANUS (1501–1552) sichtbar. Wie ein Maler versuchte er, bildlich zu sagen, was für ihn mit einem eindeutigen Wort noch nicht zu fassen war. In der Antwerpener Ausgabe (1540) seiner *Cosmographia* stellte er der Geographie, die das Umfassendere sei, die Chorographie gegenüber.

Nach der Vorstellung APIANs verhalten sich Geographie und Chorographie zueinander ähnlich wie die Betrachtung eines Kopfes und seiner einzelnen Organe. Diesen Vergleich hatte er auf einer Bildtafel mit vier Zeichnungen dargestellt (Abb. 8). Neben einer Erdkarte ist ein Männerkopf und auf der anderen Seite neben dem Bild eines kleinen Ausschnittes der Erdoberfläche ein Auge und ein Ohr abgebildet. Dabei ist aufschlußreich, was auf diesem Bild, das die Chorographie repräsentiert, zu sehen ist. Es erscheint darauf ein Hügel oder Berg mit einem flachen Hang, auf den ein Weg hinaufführt. Auf der anderen Seite ist ein steilerer Hang, an dem ein Fluß entlang fließt. Der Berg ist von einer Burg gekrönt. Außerdem sieht man einige Häuser und ein paar Bäume. Über dieser Abbildung steht das Wort „Chorographie". Der Bildinhalt versinnbildlicht mit einer Kombination verschiedener Gegenstände den *Charakter einer Erdgegend*, ganz ähnlich wie die Kartenzeichen in der Darstellung des Odenwaldes von SEBASTIAN MÜNSTER oder wie die knappe Aufzählung in dem zitierten COCHLAEUS-Text über das Ries.

Dieses Blatt mit der Gegenüberstellung von Geographie und Chorographie in dem anschaulich dargebotenen Metaphern-Paar ist ein eindrucksvoller Hinweis auf das Bewußtwerden neuer wissenschaftlicher Vorstellungen. APIAN konnte diese noch nicht prägnant in Worten formulieren. Denn es gab dafür noch keine zweckmäßigen Bezeichnungen. Den Begriff Landschaft hatte man zu dieser Zeit in der Wissenschaft noch nicht zur Verfügung. Daher behalf sich APIAN damit, die schwebende Vorstellung dieses Begriffs bildlich auszudrükken. Dieses erscheint uns als ein geradezu klassisches Beispiel dafür, wie der Inhalt eines Begriffes in der Vorstellung schon präsent und unter Umständen auch ohne Worte darstellbar sein kann, längst bevor man dafür einen passenden Terminus gefunden hat. Wir sind mit EUCKEN der Meinung, daß die „Existenz eines Begriffes keineswegs von dem Terminus abhängig" (1879, S. 181) ist.

In der Umgangssprache war das Wort Landschaft zu dieser Zeit schon in einem ähnlichen Sinn gebräuchlich. In einem Gedicht (1537) von HANS SACHS (1494–1576) ist im Zusammenhang mit dem Ausblick von einem Turm von der „Landschaft fern und nah" die Rede. Hier ist mit Landschaft offenbar ein mehr oder weniger zufällig begrenzter Teil der Geosphäre gemeint, wie er sich von einem Aussichtspunkt aus dem Blick darbietet.

In den Kosmographien des 16. Jh. kommt das Wort Landschaft nebeneinander in verschiedener Bedeutung vor. SEBASTIAN FRANCK (1499–1542) benutzte es in seinem Weltbuch (1534) für die Gesamtheit der Bewohner eines Gebietes: „die Landschaft daselbst isset nit Brodt, sonder Reiß, Fisch und Nuß". SEBASTIAN MÜNSTER (1544) meinte mit Landschaft einerseits Gebiete historischer Zusammengehörigkeit, z. B. Aquitanische Landschaften. Zum anderen finden wir bei ihm das Wort in dem Sinn von Gegend oder Umgebung, z. B. Bielersee oder Genfersee umgeben von einer lieblichen Landschaft, Colmar und seine Land-

LIBRI COSMO.   Fo.IIII.

Geographia.   Eius fimilitudo

Chorographia quid.

 Horographia autem (Vernero dicente) quæ & Topogra-
phia dicitur, partialia quædam loca feorfum & abfolute cõ
fiderat, abfcp eorum adfeinuicem , & ad vniuerfum telluris ambitum comparatione. Omnia fiquidem, ac fere mini
ma in eis contenta tradit & profequitur. Velut portus, vil-
las, populos, riuulorum quoque decurfus, & quęcunq alia illis finitima,
vt funt ædificia, domus, turres, mœnia &c. Finis vero eiufdem in effigi
enda partibus loci fimilitudine confummabitur: veluti fi pictor aliquis
aurem tantum aut oculum defignaret depingeretque.

Chorographia   Eius fimilitudo

Abb. 8 Eine Seite aus der Antwerpener Ausgabe der Kosmographie von PETER APIANUS (1540), auf der
        „Geographie" und „Chorographie" mit symbolischen Abbildungen einander gegenüberge-
        stellt werden

schaft u. ä. und bereits 1536 in dem Titelblatt des Textes zu der *Mappa Europae*. In diesem
Text, der u. a. eine „gewisse Anleitung einen Umriß einer Stadt oder Landschaft zu zeich-
nen" sein sollte, erschien auch wieder die früher schon erwähnte Karte der Heidelberger
Umgebung.

Versucht man, in der Verwendung des Wortes Landschaft bei MÜNSTER einen General-
nenner zu finden, so kommt man zu der Grundbedeutung *Gegend*. Die Konzeption einer
solchen kann sich auf verschiedenen Kriterien begründen, so z. B. auf der räumlichen
Zuordnung (Umgebung von Colmar), auf der historischen Zugehörigkeit (Gegenden im Bereich des ehemaligen Aquitanien) oder aber auch auf eigenen Qualitäten der Erdgegend von
emotionaler (,,lieblich'') oder funktionaler Bedeutung (,,fruchtbar''). JOHANNES STUMPF
(1500–1578) benutzte das Wort Landschaft auch in der Bedeutung von Landschaftsraum, so
z. B. für Odenwald und Hunsrück. Der Sinn des Ausdruckes ,,natürliche Gelegenheit'' bei
SEBASTIAN MÜNSTER nähert sich anscheinend dem Inhalt unseres Begriffes Landesnatur,
wobei allerdings zu klären bleibt, ob ,,natürlich'' hier das gleiche bedeutet wie das, was wir
heute darunter verstehen.

Um die gleiche Zeit begannen auch einige Naturforscher Vorstellungen zu entwickeln, die
in dem hier behandelten Zusammenhang von Interesse sind. Wir erwähnen hier nur CON-
RAD VON GESNER (1516–1565), der einer der führenden Schweizer Humanisten war. Wegen
seiner vielseitigen und umfassenden Arbeiten hat man ihn den ,,deutschen Plinius'' genannt.
Nach seiner Besteigung des Pilatus (1555) stellte er zum ersten Mal die klimatische Höhengliederung der Alpen dar.

Von oben nach unten kennzeichnete er vier Stufen: 1. die winterliche Partie, in der es nur eine Jahres-
zeit gibt (= Schneeregion); 2. die frühjährliche Partie, wo auf den langen Winter ein kurzer Frühling
folgt (= alpine Region); 3. die herbstliche Partie, wo neben dem Winter und dem Frühling auch ein
Herbst unterschieden werden kann (= subalpin); 4. die sommerliche Partie, wo es auch einen warmen
Sommer gibt (= Talstufe). Hier war aus der Sicht des Botanikers eine geographische räumliche Vorstellung erwachsen. Die Beobachtung, daß Pflanzen unterschiedlich verbreitet sind, hatte in Verbindung
mit Gedanken über die Ursachen dieser Tatsache zu dem ersten Versuch einer allgemeinen Höhengliederung der Alpen geführt. Dieser traf sachlich das Wesentliche und wurde erst im 18. Jh. durch neue
Erkenntnisse übertroffen.

In Ländern, die vorher unbekannt gewesen waren, erweckte die Begegnung mit einer
fremden Welt bei dem einen oder anderen Autor die Beobachtungsgabe und das Interesse an
manchem, was für die weitere Entwicklung der geographischen Betrachtung anregend war.
Viele dieser Reisebeschreibungen sind in unserem Zusammenhang interessant. Es wäre lohnend, sie auf ihren Gehalt an geographischen Begriffen zu untersuchen. Das gilt auch für solche, deren Autoren keine Geographen waren, und die nicht mit wissenschaftlichen Absichten geschrieben worden sind. Denn die Berichte der Reisenden waren die Informationsquel-
len für die Geographen, die sich, ähnlich wie es COCHLAEUS für Deutschland getan hatte,
bemühten, die alten Kosmographien mit Darstellungen der neu entdeckten Länder zu ver-
vollständigen.

Eine nähere Betrachtung erfordert das 1557 erschienene Buch von HANS STADEN (ca.
1525–ca. 1576): ,,Wahrhaftig Historia und beschreibung eyner Landtschafft der Wil-
den/Nacketen/Grimmigen Menschenfresser Leuthen/ in der Newenwelt America gelegen /
vor und nach Christi geburt im Land zu Hessen vnbekant / biß uff diese 2 nechst vergangene
jar / Da sie HANS STADEN VON HOMBERG auß Hessen durch sein eygne erfarung erkant /
vnd yetzo durch den truck an tag gibt''.

STADEN war als Schiffssoldat durch Zufall in Brasilien in die Hände von Indianern geraten. Diese hiel-
ten ihn neun Monate lang gefangen. Dank seiner Aufgeschlossenheit und wohl auch einer besonderen

Begabung hatte er trotz der unangenehmen Lage, in der er sich bei den Menschenfressern befand, Land und Leute mit sachlichem Interesse beobachtet. Die Schilderung, die er davon gab, ist eine der ersten landeskundlichen Darstellungen überseeischer Länder aus dem Beginn der Neuzeit. Sie zeigt uns, wie ein von der Wissenschaft unberührter Seemann und Soldat mit der bürgerlichen Erziehung einer deutschen Kleinstadt ein fremdes Land sah, und mit welchen Begriffen er seine Erfahrungen darzustellen vermochte. Wir können daran ermessen, wie weit zu dieser Zeit in Deutschland geographisches Denken möglich war, sofern zugleich die Chance, Neues zu sehen, und die Fähigkeit, dieses auch darstellen zu können, gegeben war.

Schon der Aufbau des Buches läßt erkennen, daß die dingliche Erfüllung des Raumes darin vielseitig behandelt wird. Auch funktionale Zusammenhänge werden erfaßt, obwohl STADEN weder systematische Beobachtungen beabsichtigt hatte, noch dazu wissenschaftlich vorgebildet war. Seine naive Neugier ließ ihn aus der Anschauung leichter zu geographischen Einsichten gelangen als manche der in der Literatur verhafteten Gelehrten seiner Zeit. STADEN betrachtete unbefangen das Land mit seinem ganzen Inhalt. Die Bevölkerung mit ihren Lebensäußerungen stand dabei im Mittelpunkt, ihre Siedlung, ihre Wirtschaft und das soziale Leben. Die Gegend sah er auch vergleichend in ihrem Gegensatz zu dem angrenzenden bewaldeten Küstengebirge, wo nur primitive Sammler und Jäger lebten. Von diesem Gebiet sagte er ausdrücklich, daß es außerhalb der Landschaft der Tupinamba läge.

Eingehend schilderte STADEN die Wirtschaft, die Jagd, den Fischfang, den Anbau und die Sammelwirtschaft. Er unterschied, was die Frauen und was die Männer tun. Er kennzeichnete die Geräte, die sie verwendeten und wie sie diese herstellten. Er beschrieb auch die Tierarten, die genutzt wurden und bildete sie teilweise ab. Dagegen trat die Flora in seiner Darstellung zurück. Er behandelte nur die wichtigsten Nutzpflanzen wie die Baumwolle, den brasilianischen Pfeffer und die Pflanzen, deren Wurzeln oder Knollen den Wilden als Nahrung dienten. Besonders ausführlich berichtete er über den Pflanzstockbau und die Verwendung des Maniok.

Die Siedlungen charakterisierte STADEN funktional und in ihrer räumlichen Lagebeziehung: ,,sie setzen ire wonungen gerne auff örter da sie wasser und holtz nicht weit haben. Wild und Fische desselbigen gleichen, und wann sie es auff einem ort verheert haben (d. h. wenn eine Gegend erschöpft ist), verändern sie ire wonungen auff andere örter''. Damit ist die vagante Siedlung des Wanderpflanzstockbaus gekennzeichnet. STADEN beschrieb, wie die Hütten aussehen, wie sie in Gemeinschaftsarbeit errichtet werden und innen ausgestattet sind, und wie mehrere Familien ohne gegenseitigen Abschluß gemeinsam in einer Hütte wohnen. Er schilderte das Leben in der Dorfgemeinschaft, die Sitten, Riten und Glaubensvorstellungen, die Kriegsführung und sehr anschaulich auch die Gebräuche bei der Menschenfresserei.

Auch ein Teil der Zeichnungen, die STADEN seinem Buch beigab, sind inhaltsreiche geographische Aussagen. Er bildete darin z. B. eine Maniokpflanzung ab, in der Frauen arbeiten, mit Wald im Hintergrund, an dessen Rand Rodungsstubben erkennbar sind, und mit einer Charakteristik des Klimas durch Sonnenschein auf der einen und Gewitterregen auf der anderen Seite (Abb. 9).

Das Wort Landschaft wurde von STADEN vorwiegend in dem alten Sinne von *regio* gebraucht, gelegentlich auch für den Landescharakter, was aber bei ihm nicht immer scharf zu unterscheiden ist. Meistens nannte er den Bereich, in dem der Stamm lebte, dessen Landschaft. In dem speziellen Teil des Buches über ,,die Landschaft der Tupinamba'' berichtete er nach Hörensagen auch einiges von Gesamtbrasilien. Auch ganz Amerika nannte er gelegentlich eine Landschaft. Dieses Wort gebrauchte er also für Erdräume oder Gegenden verschiedendster Größenordnung, ohne daß ein bestimmter Sinn in der Verwendung erkennbar ist. Der Bedeutungswandel des Wortes Landschaft, den wir für die Malerei aufgezeigt haben, war in die Sprachwelt, aus der HANS STADEN seine Ausdrucksweise erworben hatte, offenbar noch nicht ganz eingedrungen. Er deutete sich aber doch bis zu einem gewissen Grade schon an.

Abb. 9 Zeichnung von HANS STADEN (1557) mit einer Darstellung der Landwirtschaft der Tupi-Indianer und des tropischen Regenwald-Klimas (Wechsel von Sonnenschein und Starkregen)

STADEN meinte mit Landschaft meistens einen bestimmten benannten Erdraum, so etwa den Erdteil Amerika, der zwar erst teilweise bekannt war, oder ein Land wie Brasilien, dessen Grenzen ebenfalls noch unbestimmt waren, oder aber den Lebensraum der Bevölkerung, bei der er als Gefangener lebte. Die inhaltliche Charakteristik, die er ab und zu mit dem Wort Landschaft verband, enthielt aber schon einiges mehr als in der älteren Literatur, in der das Wort nur „regio" bedeutet hatte. Deutlicher als in dieser sich anbahnenden Wandlung des Wortsinnes ist in der sachlichen Darstellung STADENs die Zuwendung zu der Idee des Gesamtinhaltes einer Erdgegend zu sehen. Wir dürfen daher sagen, daß STADEN schon so etwas wie eine Landschaftsidee hatte, wenn auch nur in einem ersten Ansatz. Vielleicht war es mehr noch eine Andeutung der Idee des Landschaftsraumes, wenn er die „Landschaft der Tupinamba" dem Waldgebiet des Küstengebirges gegenüberstellte und dieses durch die dort lebenden Stämme mit ihrer ganz anderen Lebensweise und Wirtschaftsform charakterisierte.

In den Zeichnungen, die STADEN erst nach seiner Heimkehr aus der Erinnerung entworfen hat, ist Ähnliches erkennbar. Es gibt darunter kartenähnliche Darstellungen, eine Art Kombination von Karte und Bild. Andeutungen von Küstenlinien und Inseln sind darin z. B. mit der Darstellung des Kampfes um ein Fort verbunden. Zugleich ist mit einer Reihe von Gegenständen der Charakter der Gegend gekennzeichnet. Man sieht fliegende Vögel, das Fort und im Vordergrund das Meer mit Schiffen. Siedlungen sind eingezeichnet, das Relief mit Maulwurfshügeln und die Vegetation mit Baumsignaturen angedeutet. Die Absicht, den Gesamtcharakter der Gegend abzubilden, ist unverkennbar. Dieses geschieht mit bescheidenen, aber in der Wirkung sehr ansprechenden Mitteln. Wir sehen auch darin wieder eine Parallele zu der schon dargelegten Entwicklung in der Malerei und in der Kartographie.

Diesem Buch des naiven Schriftstellers aus dem Volke können wir ein anderes von einem zeitgenössischen Mann der Wissenschaft gegenüberstellen. JOSIAS SIMLER (1530–1576) veröffentlichte 1574 die erste geographische Monographie der Alpen. SIMLER kannte die Alpen wenigstens zu einem kleinen Teil aus eigener Anschauung. Sein Alpenbuch ist aber vorwiegend noch im Geiste des Glaubens an die Autorität der antiken Literatur geschrieben. Es besteht zu einem großen Teil aus der Wiedergabe der Ansichten alter Schriftsteller. Doch werden Quellen genannt und teilweise auch kritisch verglichen. Daneben werden aber auch Ergebnisse eines Vergleichs mit der eigenen Erfahrung sichtbar.

SIMLER hatte zusammengetragen, was für ihn an Informationen über die Alpen erreichbar war. Daraus hatte er seine Auswahl getroffen, von der er im Vorwort sagte: ,,Ich beabsichtigte hierbei nicht, Gründe und Sinn all der Dinge aufzudecken, die uns die Natur verbirgt, sondern lediglich die Erscheinungen historisch und systematisch zu beschreiben. Bisweilen werde ich auch das erklären, was uns von anderen über diese Dinge unklar oder irrtümlich überliefert ist. Ich habe diese Abhandlung um so lieber geschrieben, als ich bei den Vorarbeiten für mein Werk 'De Helvetiorum Res Publica' oft auf Dinge dieser Art gestoßen bin, die hier einmal zusammengefaßt, in der Folge bei der Beschreibung einzelner Alpengruppen oder Alpengegenden ermüdende Wiederholungen unnötig machen" (SIMLER, 1931, S. 5). Der letzte Satz ist bedeutsam für das, worauf es hier ankommt: die Entwicklung der methodischen Idee. Der Gedanke, nur ein einziges Mal zusammenfassend darzustellen, was bei der Beschreibung der zahlreichen Teile zu ermüdender Wiederholung führen würde, ist das geographische Forschungsprinzip, aufgrund *vergleichender Beobachtung* herauszufinden, was für eine größere Anzahl von Erdgegenden gemeinsam charakteristisch ist. Es ist die typisierende anschauliche Abstraktion, die, wenn der gesamte Inhalt der Gegenden betrachtet wird, schließlich zu dem Begriff einer Landschaft führt.

Sein Kapitel über die Gewässer begann SIMLER mit dem Satz: ,,Nunmehr wollen wir uns mit all dem beschäftigen, was in den Alpen seinen Ursprung hat oder seine Lebensbedingungen findet; indessen werden wir nur auf dasjenige eingehen, was besonderer Erwähnung wert erscheint, für die Alpen typisch und ihnen sozusagen ausschließlich eigen ist" (1931, S. 151). Damit nahm er den Gedanken des Schlußsatzes der Einleitung über das rationale Umgehen mit dem Stoff, um Wiederholungen zu vermeiden, wieder auf und betonte hier für ein besonderes Sachgebiet noch einmal ausdrücklich sein Ziel, Typisches herauszustellen. Auch das Vorkommen des Wortes ,,*Lebensbedingungen*" in diesem Satz ist bemerkenswert.

Man kann nicht behaupten, daß SIMLER in dem größten Teil seines Werkes sein Ziel erreicht oder sich auch nur überall darum bemüht hätte. Dazu stand er noch zu sehr in der älteren wissenschaftlichen Tradition. Wir finden in seinem Werk mosaikartig miteinander wechselnd eine traditionelle und eine grundsätzlich neue wissenschaftliche Einstellung.

Besonders aufschlußreich ist das Kapitel über die Gefahren in den Alpen. In dem darin enthaltenen Abschnitt über Lawinen tritt uns eine ganz andere Diktion entgegen als in den meisten übrigen Teilen des Buches. Offensichtlich sprach SIMLER hier aus Erfahrung über etwas, das er persönlich kannte oder das zum mindesten den Menschen, mit denen er verkehrte, geläufig war. Diese komprimierte konkrete Darstellung von *Erfahrungswissen* erscheint fast wie ein Fremdkörper zwischen anderen Teilen des Werkes.

Als Beispiele zitieren wir daraus hier einige Sätze: ,,An ebenen Örtlichkeiten und in den Tälern kommen die niedergegangenen Schneemassen zum halten, stauen sich an und sperren zuweilen den Lauf der Gebirgsbäche, in deren Bett sie geraten. Wenn die Leute das Hindernis nicht beseitigen, durchbricht zuweilen das aufgehaltene und gestaute Wasser unter nicht geringer Gefahr für die Bewohner den Damm. In den Gegenden, die wegen der vom Gebirge niedergehenden Lawinen gefürchtet sind, gibt es im Talgrund weder Häuser, noch Hütten oder Viehställe, denn die Einheimischen pflegen sich da anzubauen und zu wohnen, wo sich eine nahegelegene Anhöhe zwischen ihnen und den Lawinenstrichen befindet" (1931, S. 135). ,,Des öftern führen Straßen infolge der Enge der Täler, weil es sich nicht anders machen läßt, durch Gelände, das der Lawinengefahr ausgesetzt ist. Um sich vor der Gefahr zu schützen, müssen die Reisenden am frühesten Morgen aufbrechen, wo diese noch geringer ist und schweigend und eiligst die gefährlichen Stellen passieren. Die Gebirgsbewohner, die diese Stellen genau kennen und an gewissen Anzeichen die drohende Gefahr ersehen, mahnen die Fremden zur Vorsicht" (1931, S. 135/136).

Man erkennt darin *funktionales Denken* über die Vorgänge und über die räumliche Ordnung in der Landschaft. Wie STADEN intensiv beobachtete, weil für ihn die Chance des Überlebens davon abhing, so hatte SIMLER die beste Einsicht in den Zusammenhang der Vorgänge in einem Bereich, bei dem es um lebenswichtige Interessen der Bevölkerung ging. Es gibt aus dieser Zeit sonst kaum so kohärente Darstellungen landschaftlicher Zusammenhänge wie bei diesem Lawinenbeispiel. Darin zeigt sich eines der Motive, die zu empirischer wissenschaftlicher Erkenntnis führten, nämlich die Notwendigkeit, mit der Lebensumwelt fertig zu werden.

Um dieselbe Zeit entstanden die bekannten Buchwerke, in denen Städte mit topographischer Genauigkeit abgebildet wurden. Das hervorragendste war das Städtebuch von GEORG BRAUN (1541–1622) und FRANZ HOGENBERG (gest. ca. 1590), das 1572 erstmals erschien. Es enthielt zahlreiche von Künstlern entworfene Städtebilder, darunter manche mit wirklichkeitstreuen Abbildungen der Städte und der sie umgebenden Landschaft.

Diese Literaturgattung fand ihre Fortsetzung in dem Werk von MATTHÄUS MERIAN (1593–1650). Er zeichnete auf vielen Reisen Städte und Landschaften unmittelbar nach der Beobachtung und publizierte diese Abbildungen seit 1642 mit topographischen Beschreibungen. Seine Darstellungen können zu einem großen Teil heute als historisch-geographische Information dienen. Denn viele seiner Ansichten überliefern mit großer Genauigkeit ein Bild des damaligen Zustandes der Städte und Landschaften.

Bei VARENIUS, dem bedeutendsten Geographen des 17. Jh., finden wir nichts, was als Andeutung des wissenschaftlichen Landschaftsbegriffes aufgefaßt werden könnte. Das gilt wohl auch für die meisten anderen Geographen des 17. und der ersten Hälfte des 18. Jh. Wo das Wort Landschaft gebraucht wird, erscheint es, soweit wir sehen, vorwiegend in der alten Bedeutung Gebiet, Herrschaftsbereich oder historisches Territorium. Allerdings ist die Literatur aus dieser Zeit unter dem begriffsgeschichtlichen Gesichtspunkt noch nicht mit genügender Sorgfalt und ausreichender Vollständigkeit untersucht worden. Daß auch die Maler in dieser Zeit mit dem Wort Landschaft nicht mehr nur das Bild meinten, sehen wir deutlich bei JOACHIM VON SANDRART (1606–1688), der in seinem kunstgeschichtlichen Werk ,,Teutsche Academie der edlen Bau-, Bild- und Mahlerey-Künste" (1675) in einem ausdrücklichen Gegensatz zum Gemälde von der ,,Landschaft im Leben" sprach.

Ein Bedürfnis, die ,,wahre gründliche Beschaffenheit" der Länder zu kennen, hatten vor allem die Politiker. So lesen wir in dem von dem sächsischen Kanzler Veit (Vitus) LUDWIG VON SECKENDORFF (1626–1692) begründeten staatswissenschaftlichen Handbuch ,,Teutscher Fürsten-Staat" (2. Aufl. 1737, Vorbericht), daß es ,,notwendig sein will, daß eine gründliche, aus dem Augenschein und der wirklichen Gelegenheit der Sachen selbst entspringende Beschreibung des Landes... nach seiner äußerlichen Beschaffenheit verfasset sei" (1737, S. 4).

Wir finden darin, wenn auch nur programmatisch, ein Gliederungsmodell, ,,wonach die materialische Beschreibung eines jeden Landes eingerichtet werden könnte" (S. 5). Lage und Beschaffenheit des Landes sollen in einer Karte dargestellt werden. Das zweite Kapitel soll die ,,Ab- und Einteilungen" (S. 8) der Fürstentümer beschreiben. ,,Oder es werden auch die Landschaften in gewisse Kreise unterschieden, deren jeder einen besonderen Namen und Verfassung hat" (S. 9). Das dritte Kapitel soll ,,Arthaftigkeit und Fruchtbarkeit" (S. 17) behandeln. ,,Die Fruchtbarkeit eines Landes ergibt sich aus der Beschaffenheit seines Erdreichs und der Witterung des Himmels. ...Gleichwohl ist auch desselben Unterschied nicht zu verleugnen, indem bald dieses zum Ackerbau, jenes zum Weinwuchs, eines zur Viehzucht, ein anderes zur Schiffahrt und Handlung besser und bequemer gelegen ist. Es ist fast kein Land und Fürstentum, welches nicht in einem Amt und Bezirk anders, als in dem anderen, geartet wäre" (S. 17/18). Im vierten Kapitel seien ,,die Einwohner nach ihren unterschiedenen Ständen zu betrachten" (S. 19). In einer nachträglichen Anmerkung werden auch spezielle Beschreibungen kleiner Verwaltungseinheiten in zwei Teilen vorgeschlagen. ,,Der erste Teil ist materialisch, oder descriptio physica, begreifend des Amts oder Orts äußerlich sichtbarlice und greifliche Beschaffenheit. Der andere Teil ist mehr formalisch, oder descriptio politica..." (1737, Additiones, S. 33).

Ein neuer Antrieb in dieser Richtung, *,,die sichtbare oder greifliche Beschaffenheit"* der *Länder* zu beachten, ergab sich aus dem Problem, das die Geographen des 18. Jh. stark beschäftigte, nämlich Erdbeschreibungen nicht mehr nach Staaten, sondern nach dauerhafter abgegrenzten Landbegriffen vorzunehmen.

POLYCARP LEYSER (1690–1728) hatte 1726 in Helmstedt, wo er an der Universität lehrte, eine richtungweisende Schrift veröffentlicht, die zwar bei den Zeitgenossen mehr Widerspruch als Zustimmung auslöste, an die aber später die Vertreter der ,,Reinen Geographie" ausdrücklich wieder anknüpften. In diesem Werk *Commentatio de vera Geographiae metodo* vertrat LEYSER die Meinung, die wahre Geographie könne nicht auf den veränderlichen politischen Grenzen, sondern sie müsse auf natürlichen Eigenschaften der Länder begründet werden, als da sind: Berge, Täler, Quellen, Flüsse, Seen und Meere. Ein Zusammenhang mit der gleichzeitig sich entwickelnden Idee der Physiokraten (FRANÇOIS QUESNAY, 1694–1774) erscheint naheliegend.

In anderer Form und hauptsächlich auf das Relief als Kriterium der Abgrenzung eingeengt, wurde dieser Gedanke von PHILIPPE BUACHE (1700–1773) aufgenommen. In seinem Kartenentwurf zu einem Akademievortrag von 1752 (publiziert 1756) gliederte er Frankreich in ,,hydrographische Becken", die er auch ,,contrées" nannte. Mit der Einzeichnung der Gebirgszüge, die er überall auf den Wasserscheiden der Flußeinzugsbereiche annahm, verfuhr er dabei ziemlich willkürlich. Doch war dieses seit GESNERs Konzeption der klimatischen Höhenstufen der Alpen der erste konkrete Versuch einer auf natürlichen Gegebenheiten begründeten geographischen Raumgliederung.

Eine für die landschaftliche Auffassung tiefer dringende Anregung ging etwa gleichzeitig auch wiederum von demselben Objekt aus, von dem schon GESNER stimuliert worden war. ALBRECHT VON HALLER (1708–1777) hatte in seinem Alpengedicht (1728), wie er selbst sagte, die Schönheit der Alpen und ihren Nutzen demonstrieren wollen, und dabei auch landschaftliche Aspekte geschildert. Er charakterisierte die Alpen nach ihren von einem Gipfel wahrnehmbaren typischen Bestandteilen als ,,ein angenehm Gemisch von Bergen, Felß und Seen" (1753) mit Wald, grünen Tälern, futterreichen Weiden, Geblök der Herden, ,,verjährtem Eis" (Firn und Gletscher), Bergwänden, Waldströmen und Wasserfällen. Später beschäftigte er sich auch mit der Frage nach dem Inhalt des Begriffs ,,Alpen" und nannte dabei als Kriterien die ,,fast beständige Dauer des Schnees", die Höhe des Gebirges, die steilen Waldhänge, steile Weideflächen, spitze Felsgipfel, gefällsreiche Täler, Gletscher und ,,keine Winterwohnung".

In der Zweiten Auflage seiner Schweizer Flora (1768) unterschied HALLER sieben Höhenstufen, die sich leicht mit jetzt gebräuchlichen Bezeichnungen identifizieren lassen. Dieses sind von oben nach unten:
    1. Die nivale Stufe: ,,Bey den Gletschern und in den höchsten Thälern . . . währet der Sommer . . . aufs höchste 40 Tage, und wird dazu noch oft durch Schnee unterbrochen. Den ganzen übrigen Theil des Jahres herrschet ein rauher Wind . . . wie in Spitzbergen".
    2. Die subnivale Stufe: ,,Weidgänge, die mager und felsigt, und bloß für Schaafe zugänglich sind, und hier herrschen sehr niedrige Pflanzen, die beständig fortdauern". Hier wird in der Beschreibung schon nicht mehr mit Einzelpflanzen, sondern mit Formationstypen gearbeitet.
    3. Die alpine Stufe: ,,Nahrhafte Wiesen, wo das Vieh die 40 Tage durch . . . eine genugsame Nahrung findet." Hier wachsen ,,Pflanzen, die man gemeiniglich Alpenpflanzen nennt. . . .In diesen Weiden fangen an Bäume hervorzusprossen, zuerst der Sevenbaum, die Arveln, die Bergrosen, verschiedenen Weiden u. a. m."
    4. Die subalpine Stufe: ,,Tannwälder . . . Zwischen den Wäldern befinden sich . . . reiche und fette Wiesen, die durch das Verbrennen der Wälder entstanden sind". Damit ist auch der Gesichtspunkt der Veränderung durch den Menschen in die kurze Charakteristik aufgenommen.
    5. Die montane Stufe: ,,Am Fusse der Alpen . . . Mischung von Feldern, Wiesen und Wäldern . . . Diese Gegenden . . . kommen schon besser mit dem nördlichen Theile von Deutschland überein; doch findet man hier keine Sandflächen, hingegen aber einige, doch nicht sehr ausgedehnte Torfsümpfe".
    6. Die colline Stufe: Hügeliges Tiefland, ,,wärmer, . . .der Gegend um Jena oder dem mittleren Theil von Deutschland ähnlich . . . Weinberge und verschiedene österreichische Pflanzen, einige aus dem nördlichen Frankreich und Italien".
    7. Die ,,heissesten Gegenden" auf der Südseite der Alpen: ,,Veltlin" und Tessin mit ,,Pflanzen, die . . . auch . . . in Italien wohnen, und die in Deutschland unbekannt sind" (HALLER, 1768, S. 76–80).

HALLERs Gliederung der alpinen Höhenstufen war ein biogeographisches Konzept mit soliden Andeutungen landschaftlicher Vorstellungen. Einen formulierten Landschaftsbegriff hatte HALLER noch nicht. Doch wenn er beispielsweise eine Höhenstufe der Schweizer Alpen als ,,Kuhweiden mit den obersten Holzgewächsen" charakterisierte, so kann man dieses als Ansatz zu dem Begriff einer Landschaft auffassen. Bei näherer Betrachtung dieser Charakteristik findet man darin eine Kulturlandschaft und zugleich ein markantes Phänomen der Landesnatur (Baumgrenze) angedeutet.

Bei KANT ist ein Landschaftsbegriff in unserem Sinne nicht erkennbar. Doch sind auch bei ihm gewisse Vorstufen zu seiner Entdeckung festzustellen. Wir erinnern an das Stichwort ,,Wechselwirkung" und an die Betonung der Notwendigkeit, die ,,Erscheinungen, die sich in Ansehung des Raumes zu gleicher Zeit ereignen" (1922, S. 12) im ganzen zu begreifen, um das ,,System" erforschen zu können: ,,Ferner aber müssen wir auch die Gegenstände unserer Erfahrung im ganzen kennen lernen, so daß unsere Erkenntnisse kein Aggregat, sondern ein System ausmachen" (1922, S. 9).

Nachdem im 18. Jh. das Bedürfnis immer stärker geworden war, geographischen Beschreibungen dauerhafter abgegrenzte Landeinheiten zugrunde zu legen, suchte man teilweise zielbewußt nach ,,natürlichen" Abgrenzungskriterien für Länder. JOHANN CHRISTOPH GATTERER (1727–1799), der in Göttingen Geschichte lehrte und dazu Geographie als Hilfswissenschaft betrieb, schrieb 1775 einen ,,Abriß der Geographie". Dessen Einleitung und Gliederungsplan enthält den zaghaften Entwurf einer Neuorientierung der Geographie nach der physischen Seite. GATTERER knüpfte an POLYCARP LEYSER und PHILIPPE BUACHE an und vertrat die Idee einer physischen Gliederung der Erde, die auf der Verteilung der Gebirgssysteme zu begründen sei. Wie BUACHE entwarf er dazu eine Karte mit konstruierten Gebirgszügen, nach denen man die Erde einteilen könne. In der Ausführung seines Werkes war jedoch davon kaum noch die Rede, sondern er blieb in den eingefahrenen Geleisen der Staatenkunde.

Einen besseren Zugang zu dieser Problematik fanden viele der wissenschaftlichen Reisenden, die sich im Gelände mit dem Zusammenhang der Dinge im Raum selbst auseinanderzusetzen hatten. Zum großen Teil waren es Naturforscher, aber auch andere, die sich aus irgendeinem Grund in einem fremden Gebiet aufhielten und sich dabei mit dem betreffenden Erdraum beschäftigten. Von solchen aufgeschlossenen Reisenden, denen das wahrnehmbare ,,Zusammenbestehende im Raum" (A. v. HUMBOLDT) spontan und unmittelbar zum Problem wurde, stammen viele Anregungen, die in den Kern der geographischen Problematik führten. Dieses war eine der Wurzeln, aus denen schließlich um die Jahrhundertwende die Landschaft als ein methodischer Grundbegriff der Geographie hervorging.

PETER SIMON PALLAS (1741–1811) hat in seinen Beschreibungen der ,,Reisen durch verschiedene Provinzen des Russischen Reiches" (3 Bände, Petersburg, 1771–1776) viele Möglichkeiten der Beobachtung gezeigt, die sich dem Reisenden in einem fremden Land bieten. Er sah Zusammenhänge zwischen den Dingen im Raum. Den Vegetationscharakter der südrussischen Steppen stellte er in seiner Beziehung zu den Klimabedingungen dar. Er wies damit auf einen der Zugänge zu dem Verständnis der Landschaft hin, nämlich auf den Weg von der Beobachtung eines bestimmten Phänomens über das Studium von vielseitigen Abhängigkeitsbeziehungen zu der Einsicht in komplexe Zusammenhänge des ganzen Erdraumes.

GEORG FORSTER fand dagegen mehr von den physiognomischen Eindrücken aus die Anregung zu der Darstellung des komplexen Inhaltes von Erdräumen. Er war einer der ersten, die in diesem Zusammenhang auch das Wort Landschaft verwendeten, wenn auch vorwiegend noch in dem Sinne der Malerei. Doch war er bei seinen Beschreibungen, die vom Landschaftsbilde ausgingen, eifrig bestrebt, alle gegenständlichen Bereiche, die daran als Bestandteile beteiligt sind, zu berücksichtigen. Man erkennt bei ihm auch deutliche Ansätze, Beziehungen zwischen den Gegenständen zu beachten. In dieser Hinsicht darf man ihn als einen Vorläufer und Anreger von ALEXANDER VON HUMBOLDT ansehen.

Eine Initiative mit ähnlichen Zielen, wie wir sie bei GATTERER gesehen hatten, war in Frankreich mit den ersten Entwürfen geologischer Karten entstanden. MONAIT vollendete 1780 eine von GUETTARD und LAVOISIER begonnene geologische Bodenkarte von Nordfrankreich. Er unterschied darin erdräumliche Einheiten nach den vorherrschenden Gesteinen wie z. B. ,,Muschelkalkland" oder ,,Kreideland" und ähnliche. Er stellte dabei ausdrücklich fest, daß es auch Landeinheiten (pays) gebe, in denen das gleichrangige Nebeneinander mehrerer Gesteinsarten den Landescharakter bestimme. Physische Eigenschaften wurden damit zur Charakteristik der Beschaffenheit des Geländes hervorgehoben und zur kartographischen Abgrenzung von Raumeinheiten benutzt, eine erste Andeutung der Idee der naturräumlichen Gliederung.

Weitere Schritte in die gleiche Richtung finden wir in dem Werk von JEAN LOUIS GIRAUD (1753–1813), der unter dem Namen SOULAVIE publizierte. Seine ,,Histoire naturelle de la France Méridionale" in 7 Bänden war eines der bedeutendsten naturwissenschaftlichen Werke jener Zeit in Frankreich. SOULAVIE beschäftigte sich darin auch mit Problemen der

Physischen Geographie unter Einbeziehung der Vegetation („Principe de la géographie physique du règne végétal") und der Bioklimate („L'exposition des climats des plantes"). Dieser Teil seines Werkes ist ein Markstein für die Entwicklung biogeographischer Ideen, weil SOULAVIE „die Gesetze erkennen wollte, die der Schöpfer in die Verteilung der Lebewesen hineingelegt hat". Es war aber auch ein Schritt auf dem Wege zu einer dem Gegenstand besser gerecht werdenden geographischen Methode. Um die Zusammenhänge zwischen der Pflanzenverbreitung und deren Ursachen zu erkennen, studierte SOULAVIE intensiv das Gelände und stellte für Südfrankreich die verschiedenen *Pflanzenklimate* (Orangenklima, Ölbaumklima, Rebenklima, Kastanienklima, Alpenpflanzenklima) und den Verlauf ihrer Grenzen dar. In einer Spezialkarte für das Ardèche berücksichtigte er neben den Pflanzenklimaten auch die Gesteine. Dieser zwar nur skizzenhafte Entwurf ist der erste uns bekannte Versuch einer kartographischen Darstellung der *Naturräumlichen Gliederung* in unserem heutigen Sinne. Denn mit der Kombination verschiedener Faktoren der Landesnatur (Relief, Gesteine und Klima) bildete er darin Geländebereiche unterschiedlicher natürlicher Standortsqualität ab.

Auch in anderen Zweigen der Wissenschaft bemühte man sich jetzt mehr, über die reine Beschreibung hinaus die Dinge auch in ihrer ursächlichen Verknüpfung zu erfassen. Das führte fast zwangsläufig zu einer umfassenderen Sicht auf das Zusammensein der Dinge im Raum. Wir erinnern an das Stichwort „Wechselwirkung" bei KANT. So kam man von den verschiedenen Sachbereichen aus dazu, Einzelgegenstände auch in ihrem räumlichen Zusammenhang zu sehen. Dieses lag auch in der allgemeinen geistigen Tendenz dieser Zeit. Wir finden es bei vielen Autoren, darunter manchen, die bisher unter diesem Gesichtspunkt kaum erwähnt worden sind.

In der Geschichte der Agrarwissenschaft kennt man ARTHUR YOUNG (1741–1820) als Landwirtschaftsforscher, Schriftsteller und Agrarpolitiker. Er hatte sich intensiv bemüht, die regionalen Unterschiede der Landwirtschaft in ihren wirklichen Zusammenhängen zu erfassen. Auf Beobachtungsreisen in England und Irland in den Jahren 1768 bis 1780 sammelte er Informationen und beschrieb für die einzelnen Regionen die Landwirtschaft. In Frankreich machte er ähnliche Studien. Seine Berichte und Beschreibungen, in denen er Gebiet für Gebiet charakterisierte, sind heute die besten Quellen für die Kenntnis der landwirtschaftlichen Zustände in den von ihm bereisten Ländern um die Wende zum 19. Jh. Auch hier sehen wir wie bei den Naturforschern erste Schritte zu neuer Erkenntnis. Die Betrachtung einer bestimmten Gegenstandskategorie, in diesem Fall der Bodennutzung, führte dazu, in weitere Zusammenhänge einzudringen. Hinter den Forschungen von YOUNG stand als treibende Kraft die wirtschaftspolitische Idee, die Wandlungen der Landwirtschaft steuern zu wollen. Er hatte erkannt, daß es als Voraussetzung dafür notwendig war, die realen Verhältnisse in ihrer historisch bedingten räumlichen Struktur zu erfassen.

Ähnliche Einsichten finden wir in Deutschland bei den Vätern der „Theorie der Gartenkunst" (CHRISTIAN CAJUS LAURENZ HIRSCHFELD [1742–1792] 1779–1785) und den Vorläufern der „Landesverschönerer". Bei ihnen waren wirtschaftspolitische Motive teilweise mit ästhetischen verbunden. „Nichts kann reicher an Nutzen, nichts an Gestalt reizender sein, als ein wohlangebautes Land" (HIRSCHFELD, 1787, S. 48). KARL VON ECKHARTSHAUSEN (1752–1803) schrieb über „Verderbnis der Luft... und die Art sie... zu verbessern" und forderte, daß „der Arzt, der Geograph, der Witterungsbeobachter, der Naturkundige, der Oekonom mit vereinigten Kräften" (1788, S. 42) Untersuchungen anstellen sollten. „Ganze Länder haben durch Ausrottung der Wälder ihr ehemaliges gesundes Clima verloren" (S. 52).

M. IMHOF schrieb über die „Verbesserung des physikalischen Klimas Baierns durch eine allgemeine Landeskultur" (München 1792).

So kam von verschiedenen Fachrichtungen manches zusammen, was darauf hinlenkte, *Wirkungszusammenhänge* in den Erdräumen als ein wissenschaftliches Problem zu erkennen, das in Angriff genommen zu werden verdiente.

Auf den weiteren geistesgeschichtlichen Hintergrund, der dabei mitwirkte, kann nicht näher eingegangen werden. Er soll hier nur mit zwei Zitaten angedeutet werden: „Das starke, seit der 2. Hälfte des 18. Jh. unter dem Einfluß J. J. ROUSSEAUS lebendig gewordene Naturgefühl, wie es z. B. in den poetischen Naturschilderungen LORD BYRONS und A. VON HALLERS zum Ausdruck kommt, hat den Sinn für Landschaftsbetrachtung auch bei wissenschaftlichen Schriftstellern geweckt" (HASSINGER, 1937, S. 85). „What the wandering nature-lovers were discovering at first hand in Germany was the existence of areas of markedly individual character, partly a product of the excessive political splintering, and possessing distinctive traditional customs and dress . . . But perhaps the most powerful impulses were more general in character: the spirit of free enquiry, the belief in the unity of nature in all its manifestations, and the search for a coordinating principle" (CRONE, 1951, S. 11).

Die wachsende Aufgeschlossenheit der Menschen für den Aufenthalt in der freien Natur regte ganz allgemein eine intensivere Beschäftigung mit der wahrnehmbaren Umwelt an. Es entstand damit auch eine speziell darauf ausgerichtete Literatur. JOHANN GOTTFRIED EBEL (1764–1830) schrieb 1793 (2. Aufl. 1805 und weitere) einen Führer für die Schweiz. Darin ist diese nicht von einem bestimmten Fachgebiet aus, sondern *landeskundlich* unter vielerlei Gesichtspunkten, die den Reisenden interessieren konnten, behandelt. EBEL hat später (1798–1802) auch ein zweibändiges Werk veröffentlicht, das die Menschen der Schweiz sehr konkret schildert, und ein weiteres „Über den Bau der Erde im Alpengebirge" (1808). Darin erscheinen Natur und Mensch getrennt. Der gemeinsame Ausgangspunkt für beide Betrachtungen war aber die „Anleitung auf die nützlichste und genußvollste Art, in der Schweiz zu reisen" (1793).

Auch in der geistigen Welt von GOETHE manifestiert sich, was wir für die Wissenschaft seiner Zeit schon angedeutet haben, nämlich die Hinwendung von der Betrachtung des einzelnen zu der Sicht auf komplexere Bereiche, und das Bewußtwerden der methodischen Probleme, die damit zusammenhängen: „Um manches Mißverständnis zu vermeiden, sollte ich freilich vor allen Dingen klären, daß meine Art, die Gegenstände der Natur anzusehen und zu behandeln, von dem Ganzen zu dem Einzelnen, von dem Totaleindruck zu der Betrachtung des Teiles fortschreitet, und daß ich mir dabei recht wohl bewußt bin, wie diese Art der Naturforschung so gut als die entgegengesetzte gewissen Eigenheiten, ja wohl gar Vorurteilen unterworfen ist"; und dazu an anderer Stelle: „Zwei Forderungen entstehn uns bei der Betrachtung der Naturerscheinungen: die Erscheinungen selbst vollständig kennenzulernen, und uns dieselben durch Nachdenken anzueignen. Zur Vollständigkeit führt die Ordnung, die Ordnung fordert Methode, und die Methode erleichtert die Vorstellungen. Wenn wir einen Gegenstand in allen seinen Teilen übersehen, recht fassen und ihn im Geiste wieder hervorbringen können; so dürfen wir sagen, daß wir ihn im eigentlichen und im höhern Sinne anschauen, daß er uns angehöre, daß wir darüber eine gewisse Herrschaft erlangen. Und so führt uns das Besondere immer zum Allgemeinen, das Allgemeine immer zum Besondern" (GOETHE, 1959, Bd. 18, S. 104). Darin ist das methodische Grundproblem der Geographie angesprochen, wenn auch ohne direkten Bezug auf diese, sondern im Hinblick auf die Betrachtung der Wirklichkeit ganz allgemein.

Zum richtigen Verständnis der Zitate ist im Auge zu behalten, daß GOETHE mit „Natur" nicht das gemeint hat, was wir heute meistens darunter verstehen. Er meinte die sinnlich wahrnehmbare Wirklichkeit. Zu seiner Zeit konnte man auch noch von der „Natur" eines Hauses oder eines Dorfes sprechen.

Landschaft war für GOETHE nicht das Gemälde, sondern die wahrnehmbare Realität, die man auch abbilden kann. Er sagte dieses eindeutig in „Dichtung und Wahrheit" (II, 6): „Welcher Sinn, welches Talent, welche Uebung gehört nicht dazu, eine weite und breite Landschaft als Bild zu begreifen." Die Wandlung im Wortgebrauch ist also hier schon vollzogen. Mit Landschaft ist nicht mehr im Sinne der Maler das nach dem sinnlichen Eindruck geschaffene Bild der Physiognomie einer Gegend gemeint, sondern die *räumliche Realität* selbst, die man mit Talent und Übung auch als Bild begreifen kann.

In dem Schrifttum aus der Zeit nach der Jahrhundertwende sind die Vorgänge, die zu der Konsolidierung des wissenschaftlichen Landschaftsbegriffes geführt haben, deutlich erkennbar. Wir wollen versuchen, diese, möglichst unter Verzicht auf das unnötige Beiwerk des späteren Literaturstreites, darzustellen.

Die geschilderte Entwicklung im 18. Jh. hatte von verschiedenen Ausgangspunkten aus das geographische Denken in seiner neuen Ausrichtung beeinflußt. Seitdem im 16. Jh. SIMLER für seine Darstellung der Alpen das methodische Problem, „ermüdende Wiederholungen unnötig zu machen", prinzipiell gelöst hatte, indem er die Absicht aussprach, nur auf das einzugehen, was „für die Alpen typisch und ihnen sozusagen ausschließlich eigen ist", war bis zum Ende des 18. Jh. die Frage, wie man der „*materiellen Beschaffenheit*" des Landes in einer geographischen Darstellung gründlich gerecht werden könne, immer mehr in den Vordergrund gerückt worden.

Ganz konkret wurde diese Frage für die Militärgeographie von dem preußischen Offizier HOMMEYER wieder aufgenommen. Wie einige Vorgänger grenzte er Landeinheiten nach Wasserscheiden ab. Aber ihm kam es für seine Zwecke weniger auf die Grenzen, als auf den räumlichen Inhalt der als „Länder" gefaßten Ausschnitte der Geosphäre an. Er fragte auch nach deren Dimension. Diese müsse dem Inhalt angepaßt werden, damit es möglich sei, „den physisch-geographischen Charakter eines solchen Abschnittes so speciell, als es für den verlangten Überblick nöthig ist, zu erkennen" (1805, Einleitung). Eine solche Forderung war vorher noch nie so entschieden formuliert worden.

Der „physisch-geographische Charakter", der hier als maßgebendes Kriterium für die Abgrenzung von Erdräumen genannt wurde, kann als eine Vorstufe der Landschaftsidee im wissenschaftlichen Bereich aufgefaßt werden. Dabei ist festzuhalten, daß hier mit „physisch" nicht Landesnatur in unserem heutigen Sinne, sondern im Sinne der damaligen Zeit (wie bei KANT, GOETHE, HUMBOLDT) die „*erscheinende Wirklichkeit*" gemeint ist. „Die Welt als Gegenstand des äussern Sinnes, ist Natur" (KANT, 1839, S. 422). HOMMEYER hat diese Idee nicht nur als Forderung hingestellt. Er hat auch *in nuce* die Methode aufgezeigt, wie man den Charakter des Landes erfassen kann, nämlich die Methode des Vergleichs von „Gegenden". Unter einer Gegend verstand er jeden Bereich, den man von irgendeinem Standpunkt im Gelände aus in seinem gegenständlichen Bestand deutlich erkennen kann. So kommt er von dem Vergleich der Gegenden aus durch *anschauliche Abstraktion* zu dem „physisch-geographischen Charakter" einer „Menge von Gegenden", welche von andersartigen ,,Terraintheilen" umfaßt werden. Dieses ist im Prinzip die gleiche methodologische Konzeption wie die, mit der wir im vorigen Kapitel den *Landschaftsbegriff* abgeleitet haben.

Bei HOMMEYER finden wir in diesem Zusammenhang auch das Wort Landschaft, wenn auch mehr in dem Sinne von Landschaftsraum, nämlich als eine von andersartigen Terraintheilen umfaßte ,,Menge von Gegenden" (1805, Einleitung). Es kann kaum zweifelhaft sein, daß bei der Konzeption des ,,physisch-geographischen Charakters" einer ,,Menge von Gegenden" der zu dieser Zeit geläufige Landschaftsbegriff der Kunst mit Pate gestanden hat. Dieses zeigt sich auch darin, daß HOMMEYER bei seinen speziellen Darstellungen den ästhetischen Eindruck der Länder in die Betrachtung mit einbezieht.

Den methodischen Gedankengang von HOMMEYER geben wir hier mit zwei Zitaten aus der Einleitung seiner ,,Beiträge zur Militar-Geographie der Europäischen Staaten" (1805) wieder: ,,Die Erdfläche ist mit Bergen, Hügeln, Gründen, Thälern, Schluchten, Ebenen, Wildnissen, Waldungen, Bächen, Flüssen, Kanälen, Seen, Morästen, Sümpfen, Wohnungen, Dörfern, Städten, Gärten, Wegen, Straßen, Brücken, Dämmen, Aeckern, Wiesen, Weinbergen, Gräben, Gehegen, Pflanzungen u. s. f. besetzt". ,,Wenn man reiset, so durchschneidet man die Erdfläche oder ein Stück derselben nach Linien, und in jedem Standpunkte hat man die Ansicht einer mit dergleichen Gegenständen oder Terraintheilen bekleideten Fläche, so weit das Auge reicht. Reiset man im Umfange einer solchen von einem Standpunkte überschauten Fläche, so übersieht man Flächen, welche jene umfassen und in der Gesichtsweite ihre Schranken haben. Eine jede überschaute Fläche, worin man die Gegenstände, welche an den Grenzen liegen, noch deutlich erkennet und unterscheidet, heißt eine Gegend, und ist im Allgemeinen der Theil der Erdfläche, welcher gegen uns liegt, oder in irgend einem Standpunkte uns bis auf die Gesichtsweite umschließt. Die Summe aller, eine Gegend zunächst umgebenden, Gegenden, oder der Bezirk aller von einem sehr hohen Standpunkte überschauten Flächen, oder auch die Menge der Gegenden, welche von den nächsten großen Terraintheilen, hauptsächlich von Bergen und Waldungen umfaßt werden, heißt eine Landschaft. Die ganze europäische Erdfläche ist mit Landschaften überzogen, welche die Natur bei ihrem Bilden der Erdoberfläche anordnete, begrenzte, und der Einwirkung der Elemente und der Hand des Menschen überließ".

Mit dieser Konzeption, zu der HOMMEYER auf empirischer Grundlage gelangt war, stand er zunächst allein da. Daher konnte er diese in dem konkreten Inhalt seiner Werke kaum anwenden. Er war auf den Stoff, den ihm die Literatur seiner Zeit lieferte, angewiesen, da er keines der von ihm dargestellten Länder aus eigener Anschauung kannte.

Aufgenommen und weitergeführt wurden HOMMEYERs theoretische Vorstellungen vor allem von JOHANN AUGUST ZEUNE (1778–1853) in seinem ,,Versuch einer wissenschaftlichen Erdbeschreibung" (1808) und von AUGUST LEOPOLD BUCHER (geb. 1782) in seinen ,,Betrachtungen über die Geographie und ihr Verhältniß zur Geschichte und Statistik" (1812). Diese Autoren, die etwas später diese Diskussion in einem ähnlichen Sinne fortsetzten, waren aber schon von A. v. HUMBOLDT beeinflußt, was deutlich aus ihrem Wortschatz hervorgeht. ZEUNE spricht z. B. von dem ,,Naturgemälde" des Landes (1808, S. 151) und BUCHER von dessen ,,physischem Totalcharakter" (1812, S. 109).

,,Es bedeutete einen großen Fortschritt, als man in den ersten Jahrzehnten des 19. Jh. anfing, die Gesamtnatur der Erdräume ins Auge zu fassen und natürliche Landschaften darauf zu begründen. Zuerst ist das durch naturwissenschaftliche Reisende, namentlich A. v. HUMBOLDT, geschehen, der in seinen amerikanischen Reisewerken und später in seinem Werke über Zentral-Asien Gebiete, die ihrer ganzen Natur nach gleichartig sind, in einer Beschreibung zusammenfaßte und darin den ursächlichen Zusammenhang der Erscheinungen zum Ausdruck brachte; als das Muster der Darstellung einer natürlichen Landschaft kann man immer seine Schilderung der Llanos bezeichnen" (HETTNER, 1927, S. 299).

A. v. HUMBOLDT stützte sich auf die im 18. Jh. entwickelten Methoden aller Zweige der Naturwissenschaften und auch der übrigen Wissenschaften. Sein Ziel war es, den gesamten Kosmos in seinen ursächlichen Zusammenhängen zu erforschen und darzustellen. Sein Blick war dabei ebenso auf den realen Inhalt der irdischen Räume wie auf die übrigen Bereiche des Kosmos gerichtet. Wenn somit seine wissenschaftlichen Absichten auch weit über die Geographie hinaus zielten, so machte ihn seine Grundeinstellung, das Einzelne immer und überall in seinem Gesamtzusammenhang zu sehen und das in irgendeiner Gegend der Erde räumlich Vereinte als eine Einheit zu erfassen, doch zum Pionier der modernen Geographie. In einem Erdstück sah er die eigentümliche Beschaffenheit „eines gleichzeitig bestehenden Naturganzen" (Kosmos, Bd. 1, S. 50), die durch Beobachtung und Messung erforscht und mit objektiv gesicherten Tatsachen in einem „Naturgemälde" darzustellen sei. HUMBOLDTs Begriff „*Naturgemälde*" hatte nichts mit der Kunst zu tun. Er verstand darunter das Strukturbild einer Erdgegend in Verbindung mit einem räumlich geordneten Informationssystem der beobachteten und gemessenen Daten. Dem „Naturgemälde der Anden", das sein erdräumliches Denksystem am besten repräsentiert, gab er ebenso wie dem Titelblatt des „Naturgemäldes der Tropenländer" (1807) den ausdrücklichen Zusatz „auf Beobachtungen und Messungen gegründet". Sein Bestreben zielte auf den Vergleich der „Naturgemälde" der verschiedenen Erdstriche, um schließlich „die Resultate dieser Vergleichung in wenigen Zügen darzustellen" (1849, Bd. I, S. 14). Adäquate Synonyme der Gegenwartssprache zu HUMBOLDTs Naturgemälde wären z. B. *Modell* oder *Pattern*.

Seine große Bedeutung für die Geographie konnte HUMBOLDT vor allem deshalb bekommen, weil seine Wissenschaftsauffassung den scheinbar unüberbrückbaren Gegensatz zwischen den methodischen Ansichten ISAAC NEWTONs (1643–1727) und GOETHEs überwand und beide zur Geltung kommen ließ. Für HUMBOLDT waren die analytische Kausalforschung der exakten Naturwissenschaft einerseits, und die Konzeption komplexer Gegenstände durch Gestaltwahrnehmung andererseits gleichberechtigte Bestandteile der wissenschaftlichen Tätigkeit.

Was von HOMMEYER in seinem Buch von 1805 mit dem „physisch-geographischen Charakter" methodisch angedeutet worden war, hatte um die gleiche Zeit auch HUMBOLDT während seiner Tropenreise in ganz ähnlicher Konzeption erkannt und in seiner Untersuchung und Darstellung der Llanos des Orinoco beispielhaft zu einem viel konkreteren Begriffsinhalt erhoben, dem Begriff der Dynamik eines räumlichen Wirkungsgefüges. Der Ausgangspunkt war für HUMBOLDT die wahrnehmbare Wirklichkeit in ihrer Gesamtheit. *Das Zusammenbestehende im Raum* war bei seinen Untersuchungen der Llanos des Orinoco der Forschungsgegenstand.

Für die Geographie war damit eine prinzipiell neue Fragestellung entdeckt worden. Mit dem Streben, die Erscheinungen der Geosphäre in ihrer „Verkettung nach räumlicher Gruppirung" (Kosmos, Bd. 1, S. 55) kausal zu erfassen, das „Zusammenwirken der Kräfte" (Ansichten der Natur, Vorrede zur 1., 2. und 3. Ausgabe) zu beweisen, und damit zugleich den „eigentümlichen Charakter der Gegend" (Kosmos, Bd. 1, S. 6) in ihrer *Dynamik* zu begreifen, ging HUMBOLDT weit über die statisch-deskriptive methodische Konzeption HOMMEYERs hinaus. HUMBOLDT bezeichnete es ausdrücklich als eine Aufgabe der Wissenschaft, die aus der Anschauung gewonnenen „Ansichten der Natur" durch die „Einsicht in den inneren Zusammenhang" zu begreifen, um damit zugleich die störende „Anhäufung einzelner Bilder" zu überwinden und den Genuß der Anschauung zu vermehren (Vorrede zur 1. Ausgabe der „Ansichten der Natur", 1849, S. VIII/IX). Damit ist ein methodologisches Programm angedeutet, das auf landschaftliche Erkenntnis zielt.

Ein Landschaftsbegriff in unserem Sinne ist von HUMBOLDT nicht *expressis verbis* formuliert worden. Er hat ihn mit mannigfaltigen Ausdrücken umschrieben. Das Wort Landschaft verwendete er noch vorwiegend im Sinne der Malerei für den das Gemüt ansprechenden subjektiven Eindruck und das perspektivische Augenblicksbild einer Gegend oder deren malerische Darstellung. Dagegen begriff er mit dem „eigenthümlichen Charakter der Gegend" und dem „Naturgemälde" den Forschungsgegenstand, den wir Landschaft nennen.

Wenn heute die meisten Geographen – wie wir glauben, mit Recht – in A. v. HUMBOLDT einen der Begründer der modernen wissenschaftlichen Geographie sehen, so ist dieses sicher nicht zuletzt darauf zurückzuführen, daß er erstmals umfassende konkrete wissenschaftliche Darstellungen von Landschaften gegeben hat. HUMBOLDT wollte in seinen Darstellungen den eigentümlichen Charakter erfassen, der jeden Landstrich auszeichnet. Sein Blick war dabei auf den gesamten geosphärischen Inhalt gerichtet. Er wollte alle für dessen Charakter wesentliche Erscheinungen und deren kausale Zusammenhänge aufdecken. Seine Betrachtung zielte dabei nicht auf eine Augenblicksaufnahme des Physiognomischen. Denn darin wäre die volle Eigenart des Landstrichs nicht zum Ausdruck gekommen. Er sah und beschrieb vielmehr Dynamik. Ebenso wichtig wie die Formen waren ihm die Vorgänge, und zwar sowohl der Wechsel im Rhythmus der Jahreszeiten als auch die Vorgänge, die dauerhafte Veränderungen bewirken. ,,Das Sein wird in seinem Umfang und inneren Sein vollständig erst als ein Gewordenes erkannt'' (Kosmos, Bd. I, S. 64). Die *Physiognomie* war für HUMBOLDT der Zugang zu der Einsicht in die ,,Verkettung nach räumlicher Gruppirung'' (ebd., S. 55) und in das ,,Zusammenwirken der Kräfte''. Beides erforschte er durch planmäßige ,,Beobachtungen und Messungen'', um schließlich das in einer Erdgegend ,,Zusammen-Bestehende (ebd., S. 63) in dem System eines ,,Naturgemäldes'' anschaulich darstellen und verständlich machen zu können.

HUMBOLDTs Prägung des Begriffs *Charakter einer Erdgegend,* so wie er ihn in der Arbeit über die Llanos des Orinoco mit Inhalt erfüllte, dürfte als der eigentliche Schöpfungsakt des wissenschaftlichen Landschaftsbegriffes in unserem heutigen Sinne anzusehen sein. Der Begriff trat nach außen nicht sehr in Erscheinung, weil er noch nicht ausdrücklich terminologisch abgesondert wurde.

Vom konkreten wissenschaftlichen Inhalt der Schriften HUMBOLDTs aus gesehen und unter dem Aspekt der Geschichte der geographischen Methodologie finden wir keinen Grund, diese Auffassung aufzugeben, auch wenn sie in jüngster Zeit mit einer philologischen Argumentation angezweifelt wurde. Bei den Ausführungen von GERHARD HARD (1969 a) hat man den Eindruck, daß der Verfasser über der Analyse des Wortkatalogs vergißt, den sachlichen Inhalt der Beobachtungen und der Gedanken HUMBOLDTs zur Kenntnis zu nehmen. HUMBOLDTs Darstellung der ,,Llanos'' und den konkreten Inhalt seiner ,,Neugemälde'' der Anden und der Tropenländer, und damit das für die Geographie methodologisch Neue bei HUMBOLDT scheint HARD bei seiner Beschäftigung mit den Wörtern aus dem Auge verloren zu haben. Seine Folgerungen sind in der apodiktischen Form, in der sie vorgetragen werden, irreführend.

Wenn wir nach seinen eigenen Beschreibungen und den in den ,,Ansichten der Natur'' verarbeiteten Ergebnissen konkret betrachten, was HUMBOLDT auf seiner großen Reise im Gelände erforscht hat, dann kann kein Zweifel daran sein, daß er die von ihm speziell untersuchten Erdgegenden als ,,Gebilde'' schon unter den gleichen Gesichtspunkten betrachtet hat, die er später im ,,Kosmos'' programmatisch als ,,physische Weltbeschreibung'' formulierte. Diese schildert ,,das Zusammen-Bestehende im Raume, das gleichzeitige Wirken der Naturkräfte und der Gebilde, die das Product dieser Kräfte sind. Das Seiende ist aber, im Begreifen der Natur, nicht von dem Werden absolut zu scheiden: denn nicht das Organische allein ist ununterbrochen im Werden und Untergehen begriffen, das ganze Erdenleben mahnt, in jedem Stadium seiner Existenz, an die früher durchlaufenen Zustände'' (A. v. HUMBOLDT, Kosmos, Bd. I, S. 63).

ZEUNE hat die Idee HOMMEYERs von natürlichen Ländern ausgebaut, indem er HUMBOLDTs totalinhaltlichen Landschaftsbegriff an die Stelle von HOMMEYERs ,,physisch-geographischen Charakter" setzte. Aber die methodische Idee der anschaulichen Abstraktion, die HOMMEYER mit dem Stichwort „Menge der Gegenden" angedeutet hatte, wird von ZEUNE nicht weiter entwickelt.

Selbständiger und fortschrittlicher war demgegenüber BUCHER, der sich etwa um dieselbe Zeit wie ZEUNE mit dem gleichen Problem befaßt hat. Er spricht unter anderem auch von der *Wechselwirkung, in der Natur und Mensch miteinander stehen.* Auch BUCHER war zwar ein Anhänger der Einteilung der Länder nach Stromgebieten. Aber wie bei HOMMEYER gibt es für ihn nicht nur eine äußere Grenzbestimmung für die Länder, sondern auch „innere Bestimmungen", nämlich den „physischen Character" oder die „natürliche Beschaffenheit" (BUCHER, 1812, S. 34). Länder sind für ihn die „durch physischen Totalcharakter und natürliche Gränzen bestimmten Bezirke" (ebd., S. 127). Hier sind also die beiden Ausdrücke von HUMBOLDT „Totaleindruck" und „Charakter" einer Gegend schon in dem Sinne unseres heutigen Wortgebrauchs kontaminiert.

Die Wortverbindung *Totalcharakter* wurde in der jüngeren deutschen Literatur eine Zeitlang irrtümlich HUMBOLDT zugeschrieben. HARD hat aber festgestellt, daß sie im Wortschatz HUMBOLDTs nicht vorkommt (1970 a, S. 51).

BUCHER schlug damit 1812 eine Brücke von der Landschaftsidee HUMBOLDTs zu HOMMEYERs methodischen Bemühungen um die Abgrenzung dauerhafter *Länder.* Nach BUCHER sollten alle Gegenden in einem solchen Land vereinigt werden, die „in ihrem physischen Totalcharakter" (1812, S. 109) wirklich mehr Ähnlichkeit miteinander haben als mit den „nächstgelegenen, zu einem andern Lande geschlagenen, Gegenden" (ebd.). Damit ist der Begriffsinhalt definiert, den wir heute *Landschaftsraum* nennen. Denn auch hier ist „physisch" noch nicht in dem späteren eingeschränkten Sinne zu verstehen.

RITTER sprach 1810 von „der Erde in ihren physischen Formen und Gestalten", von der einem Lande „eigenthümlichen Gestalt" (1959, S. 86) und davon, daß der Charakter von Pflanzen, Tieren und Menschen mit dem Naturcharakter der Länder auf das genaueste verbunden sei. Mit Bezug auf das Problem der „dauerhaften Länder" bemerkte er, daß man vorher nur Grenzen gesucht habe, „statt den Kern, das Wesen ins Auge zu fassen". Mit dieser Gegenüberstellung wird den „inneren Bestimmungen" BUCHERs (Kern, Wesen = Landschaft) ein weiteres Gewicht beigemessen. Für den nächsten Schritt, nämlich Landschaftsräume nur noch nach der Landschaft selbst auf Grund einer vergleichenden Totalbetrachtung der dinglichen Erfüllung abzugrenzen, wird damit der Boden bereitet.

RITTER hatte sein Europabuch, dessen erster Band als Zusammenfassung mehrerer seit 1803 im „Neuen Kinderfreund" erschienenen Aufsätze 1804 herauskam (2. Bd. 1807), im Untertitel „ein geographisch-historisch-statisches Gemälde" genannt. GUTSMUTHS meinte dazu in einer Besprechung, es sei doch wohl kein Gemälde, denn „Landschaften, komponiert aus Himmel und Erde, Luft und Wasser, Tieren und Pflanzen" könne nur der „philosophische Maler" geben. Er verkannte damit offenbar den Sinn dieses Begriffs „Geographisch-historisch-statistisches Gemälde". Denn dieser entsprach bei RITTER offenbar weit eher der Bedeutung von HUMBOLDTs „Naturgemälde" als dem Gemälde des Malers. Schon in der Vorrede des Buches von 1804 hatte RITTER betont, er versuche alles pragmatisch zu machen, und „Die Erde und ihre Bewohner stehen in der genauesten Wechselbeziehung".

RITTERs Auffassung der Landschaft scheint von derjenigen HUMBOLDTs nicht grundsätzlich verschieden gewesen zu sein. Nur war bei ihm vor allem in den späteren Werken das Schwergewicht des Interesses anders ausgerichtet. 1822 betonte er ganz im Sinne HUM-

BOLDTs die Notwendigkeit der Totalbetrachtung. Im Zusammenhang mit der dinglichen Erfüllung der Erdoberfläche wiederholte er den Gedanken KANTs, aus der Summe der Einzelerscheinungen könne die Erkenntnis des Ganzen nicht hervorgehen, wenn dieses Ganze nicht zugleich als solches gesehen würde. Daß er seine große Erdkunde mit Asien begann, begründete RITTER später ebenfalls damit, daß erst aus dem größeren Ganzen (Asien) der Teil Europa begriffen werden könne. In seiner Akademierede (1833) formulierte er, ebenfalls in Anlehnung an KANT: ,,Die geographischen Wissenschaften haben es vorzugsweise mit den Räumen der Erdoberfläche zu thun, in so fern diese irdisch erfüllt sind; also mit den Beschreibungen und Verhältnissen des Nebeneinander der Örtlichkeiten... Sie unterscheiden sich hierdurch von den historischen Wissenschaften, welche das Nacheinander der Begebenheiten, oder die Aufeinanderfolge und die Entwicklung der Dinge... zu untersuchen, und darzustellen haben'' (1835, S. 41).

Sein Werk, ,,Die Erdkunde im Verhältniß zur Natur und zur Geschichte des Menschen'', deren 1. Band 1817 herauskam, hatte RITTER im Untertitel ,,oder allgemeine vergleichende Geographie'' genannt. Was hier mit ,,allgemein'' und ,,vergleichend'' gemeint ist, hat er selbst erläutert: ,,Allgemein, wird diese Erdbeschreibung genannt, nicht, weil sie Alles zu geben bemüht ist, sondern weil sie ohne Rücksicht auf einen speciellen Zweck, jeden Theil der Erde und jede ihrer Formen, liege sie im Flüssigen oder auf dem Festen, im fernen Welttheil oder im Vaterlande, sey sie der Schauplatz eines Culturvolkes oder eine Wüste, ihrem Wesen nach mit gleicher Aufmerksamkeit zu erforschen bemühet ist: denn nur aus den Grund-Typen aller wesentlichen Bildungen der Natur kann ein natürliches System hervorgehen. – Vergleichend, wird sie zu benennen versucht, in demselben Sinn, in welchem andre vor ihr zu so belehrenden Disciplinen ausgearbeitet worden sind, wie vor allem z. B. die vergleichende Anatomie'' (1822, Erster Theil, Einleitung, S. 21). ,,Wir suchen die dauernden Verhältnisse auf und verfolgen ihre Entwicklung durch alle Zeiten, von Herodot bis auf die unsrigen. So finden wir auf, was sich durch allen Zeitwandel hindurch in dem Erdorganismus als gesetzmäßig bewährt hat, und erhalten die Vergleichende Geographie. Durch sie wird einleuchtend, wie das Heute aus der Vergangenheit entstanden ist'' (Vorlesungen über Allgemeine Erdkunde, 1862, S. 23).

In dem Vorwort des Asienbandes der ,,Erdkunde'' (1832, S. 15) finden wir bei RITTER eine, wenn auch etwas verschwommene Andeutung der landschaftlichen Methode, ,,daß wir... uns erst überall mit Critik ganz im Einzelnen in den räumlich, naturgemäß, gesonderten Localitäten orientiren, um dieses dann in den zusammengehörigen Gruppen, nach den individuellsten Erscheinungen, Verhältnissen und hervortretenden Gesetzen, in den Wirkungen und gleichzeitigen räumlichen Sphären der Kräfte aufzufassen, um, mit dem Verbande der verschiedenen Gruppen, wiederum sich zu allgemeinern Beschreibungen, Verhältnissen, Constructionsgesetzen in Beziehung auf das physicalische, und auf die anderweitigen Functionen jedes Locales, auf das Organische und Lebendige, zu erheben''.

,,Er betont also, daß man vom Einzelnen ausgehen müsse und nur auf diesem Wege zur Aufstellung der Naturgebiete gelangen könne, und in der Tat geht er in seinem großen Werke auf diese Weise vor. Ohne einleitende Übersicht, wie bei Afrika, oder mit kurzer Übersicht, wie bei Asien, geht er sofort auf die einzelnen Landschaften ein, um zunächst diese genau kennen zu lernen. Meist erst am Schlusse eines größeren Abschnittes faßt er die Ergebnisse zu einer allgemeineren Charakteristik des Erdraumes zusammen. Er geht hier also durchaus den Weg nüchterner induktiver Untersuchung und bringt das sogar in der Darstellung mehr zum Ausdruck, als es für die Lektüre bequem ist'' (HETTNER, 1927, S. 300). RITTERs ,,Landschaftsschilderungen sind nicht nur lebendig und plastisch, sondern auch merkwürdig korrekt und beweisen eine Art intuitiver Begabung, welche auch ohne Autopsie das landschaftliche Bild richtig und anschaulich zu zeichnen vermag'' (JOSEF WIMMER [1838–1903] 1885, S. 308). Sein eigentliches Ziel war die individuelle Länderkunde.

Während HUMBOLDTs Interesse mehr auf das Allgemeine im Rahmen einer Kosmographie gerichtet war, hatte sich RITTER konsequent auf das geographische Objekt, die dinglich erfüllte und differenziert gestaltete Erdoberfläche beschränkt. Über zwei Kontinente (Afrika, Asien) hat er das Kontinuum der „Erdoberfläche" zu beschreiben versucht. Er hatte dazu, wie niemand vor und nach ihm, die erreichbare Literatur aus allen Sprachen von den ältesten Quellen bis zur Gegenwart verarbeitet.

„RITTERs Werk steht vor uns als ein Torso, den auch nur im Gedanken klar zu ergänzen, niemandem möglich ist. Es ist ein ehrwürdiges Vermächtnis, das der deutschen Geographie immer teuer bleiben wird, mit all seinen Lichtern und Dunkelheiten, mit all seinen Rätseln und Lösungen" (HEINRICH SCHMITTHENNER [1887–1957], 1951 a, S. 71).

CARL GUSTAV CARUS (1789–1869), der Philosoph der romantischen Landschaftsmalerei (CASPAR DAVID FRIEDRICH, 1774–1840; KARL FRIEDRICH SCHINKEL, 1781–1841) stellte in seinen Briefen über Landschaftsmalerei, die zwischen 1815 und 1824 geschrieben sind, der „landschaftlichen Kunst" die „landschaftliche Natur" gegenüber, durch deren Wirken auf den Menschen die landschaftliche Kunst angeregt wurde. Natur interpretierte er wie KANT als „Sinnliche Erscheinungen". „Landschaftliche Gegenstände" waren für ihn die Gestalten der Berge, Täler oder Ebenen, der Gewässer und Lüfte, die Formationen der Pflanzen, der Wechsel der Tages- und Jahreszeiten, „das langsame oder unaufhaltsam fortschreitende Verwandeln der Erdoberfläche, das Verwittern nackter Felsgipfel... fruchtbares Land" (Zweiter Brief, S. 34/35). Dieses alles waren für CARUS die Formen, „unter welchen das Leben der Erde sich kundgibt" (ebd.). Er sprach in diesem Sinne auch von der Morphologie der Erdoberfläche. CARUS sah Landschaft als geosphärischen Prozeß. „Erdleben" war sein Wort dafür, und folgerichtig sprach er synonym neben Landschaftsmalerei auch von „Erdlebenbildkunst" (siebter Brief, S. 133).

Aus der Verbindung romantisch-ästhetischer Vorstellungen mit den auf die praktische Landesgestaltung gerichteten Ideen der Nachfolger der Physiokraten gingen die Bestrebungen der „bildenden Gartenkunst" und der „Landesverschönerer" hervor. Auch diese trugen, teils durch philosophische Überlegungen, zu der Einsicht in die Vorgänge der Landschaft bei.

FRIEDRICH LUDWIG VON SCKELL (1750–1820) wies in seinen „Beiträgen zur bildenden Gartenkunst" (1819) darauf hin, daß die „Urwälder der Natur" an den Grenzen verschiedenartiger Standorte in ihrem Artenbestand keine so „harten Scheidungslinien" zeigen wie die „Wälder, die durch Menschen Fleiß hervorgehen". Er schilderte die Übergänge von einem herrschenden Wald zum anderen und die „Mannigfaltigkeit der Flora, die überall einen eigenthümlichen Charakter annimmt" (1819, S. 6/7).

AUGUST VON VOIT (1801–1870) brachte ähnliche Vorstellungen unmittelbar zusammen mit dem Begriff der realen Landschaft, die er auch unter dem Einfluß des menschlichen Wirkens (als Kulturlandschaft) sah. In seiner ersten Veröffentlichung (1821), in der er den Aufgabenbereich der Landesverschönerung skizzierte, schrieb er: „Eine angebaute Landschaft, in welcher der Fleiß und das Streben der Menschen sichtbar wird, ist erfreulicher als eine Steppe" (1821, S. 3). Doch sah er darin auch Bindungen an die Landesnatur und forderte, der Gartenkünstler „sollte kein Gebäude eines fremden Himmelsstriches nachahmen; denn wie könnte er dasselbe mit den damit harmonierenden Bäumen, Gesträuchen und Gewächsen umgeben? Ein solches Gebäude würde immer fremd bleiben und isoliert auf unrechtem

Boden stehen". Bei VOIT finden wir 1824 auch erstmals die Idee des *Landschaftshaushalts* angedeutet: „Man hat nicht nur einzelne Erzeugnisse des Landmannes zu beachten und begünstigen, sondern es muß die ganze Haushaltung einer Landschaft geprüft und gewürdigt werden" (1824, S. 289).

GUSTAV VORHERR (1778–1848), der mit seinem 1807 publizierten Aufsatz „Ideen und Fingerzeige zur Organisation des deutschen Vaterlandes" einer der ersten Anreger der Landesverschönerungs-Bewegung war, faßte Landschaftsgestaltung als eine sozialpolitische Kunst auf: „Die Landesverschönerungskunst, an der Spitze aller Künste stehend, umfaßt im Allgemeinen: den großen Gesamtbau der Erde auf höchster Stufe; lehrt, wie die Menschen sich besser und vernünftiger anzusiedeln, von dem Boden neu Besitz zu nehmen und solchen klüger zu benutzen haben . . . webt ein hochfreundliches Band, wodurch künftig alle gesitteten Völker zu Einer großen Familie vereinigt werden . . . Im Besondern umfaßt diese Tochter des neunzehnten Jahrhunderts: das gesamte Bauwesen . . . Die Wahre . . . Verschönerung der Erde entsteht nur dadurch, wenn Agrikultur, Gartenkunst und Architektur . . . ungetrennt nicht bloß für das Einzelne, sondern Hauptsächlich für das Gemeinsame wirken" (1826).

Auch GEORG-JONATHAN SCHUDEROFF (1766–1843) forderte die „durch Kunst entstandene Landschaft" (1825, S. 44). „Den Grund und Boden, welchen Gott dir zur Pflege und Wartung anvertraut hat, sollst du überall so bearbeiten, gestalten und benutzen, wie es die Natur irgend gestattet" (1825, S. 95). „Warum den Zerstörungen keine Schranken setzen, wenn man die Mittel dazu in Händen hat?". Der Philosoph KARL CHRISTIAN FRIEDRICH KRAUSE (1781–1832) hatte bei seinem Tode ein Manuskript über „Die Wissenschaft der Landesverschönererkunst" hinterlassen, das erst 1883 publiziert wurde. Dieses enthielt eine landschaftliche Theorie, in der er Natur*prozesse*, Natur*gebilde* und Natur*gebiete* unterschied. Im Zusammenhang mit den Gebieten sprach er von deren Grundbestandteilen, von natürlichen Gliedern und durch die Menschheit gebildeten Abteilungen des Landes und schließlich von der Harmonie der Gebietsgliederung.

Kurz vor der Mitte des Jahrhunderts machten einige durch ihre praktische Tätigkeit unmittelbar mit dem Gelände konfrontierte Forscher Ansätze zu einer Auffassung *geographischer Raumeinheiten,* bei deren Charakteristik oder Abgrenzung sie *mehrere* Kriterien von Geländeeigenschaften *zugleich* heranzogen. Dieses waren die ersten tastenden Versuche einer komplexen Erfassung der Landesnatur. Sie führten zu einer Vorstufe dessen, was wir heute die naturräumliche Gliederung nennen. Der Ausgangspunkt war dabei die Betrachtung einzelner, mehr oder weniger isoliert gefaßter geosphärischer Eigenschaften. Teilweise entstanden solche Bemühungen noch in einem direkten gedanklichen Anschluß an die als unzureichend erkannten Versuche von BUACHE und anderen, geographische Räume nach Wasserscheiden abzugrenzen.

So hat FELIX-VICTOR RAULIN (1815–1905) eine Einteilung Frankreichs in „régions naturelles" versucht (1852). Er ging davon aus, daß der großflächig unterschiedliche Charakter der Oberflächenformen wichtiger sei als die Grenzen der Flußgebiete. Er unterschied drei Haupttypen des Reliefs nämlich „les montagnes, les plateaux et les plaines". Als zweiten wichtigen Gliederungsfaktor zog er die Verbreitung von Gesteinsarten (Granit, Schiefer, Kalk) heran. Er berief sich dabei auf GEORGE DE CUVIER (1769–1832), der schon erkannt habe, daß z. B. in den Granitgebieten des Limousin oder der Bretagne die Lebensgewohnheiten der Menschen, ihre Art zu wohnen, sich zu ernähren und zu denken, anders seien als auf den Kalkböden der Champagne oder der Normandie. Mit solchen, ganz im Sinne von RITTER auf die Bedeutung für den Menschen gerichteten Ideen im Hintergrund, gliederte RAULIN Frankreich nach dem Reliefcharakter und der Gesteinsverbreitung in „Natürliche Regionen". Deren Grenzen stellte er auf einer Karte im Maßstab 1 : 6 000 000 dar.

RAULIN tat aber noch einen weiteren Schritt. Er trug auf dieselbe Karte außerdem eine Gliederung in „régions botaniques" ein. Dabei versuchte er, die Florenverbreitung einerseits nach ihren horizontalen und andererseits nach ihren vertikalen Unterschieden zu erfassen. Nach den horizontalen Unterschieden der Pflanzenverbreitung teilte er Frankreich in 10 Florengebiete. Auf der Karte vermerkte er in jeder „natürlichen Region" (abgegrenzt nach Relieftypus und Gesteinscharakter) deren Zugehörigkeit zu einem dieser Florengebiete, indem er dessen Namen darin einschrieb (z. B. Flora Bretonne, Flora Aquitaine). Außerdem unterschied er auf derselben Karte mit Flächenfarben 5 floristische Höhenstufen. Damit waren darin indirekt und unausgesprochen auch horizontale und vertikale Klimaunterschiede angedeutet.

Um die gleiche Zeit arbeitete in Deutschland BERNHARD VON COTTA (1808–1879) mit ähnlichen Zielen, die ebenfalls in ihrem methodologischen Programm auf den Ideen von RITTER basierten. In seinem Buch „Deutschlands Boden" (1854) wollte COTTA das Land nach den „constanten Verschiedenheiten der Erdgegenden" (S. 590) („klimatische, formale und substantielle") in „ideale natürliche Gebiete" (S. 112) gliedern. Seine Hauptabsicht war, den Einfluß des „Bodens" auf das wirtschaftliche Leben zu zeigen und eine „richtige Erkenntniß der natürlichen Hülfsquellen der Länder und ihrer Vertheilung" (S. 585) zu gewinnen. „Oberflächengestaltung, Bodenfruchtbarkeit, Quellenbildung und technische Verwendbarkeit der Gesteine oder Lagerstätten sind die wichtigsten Momente, durch welche sich ein solcher Einfluß geltend macht" (S. 582). Er begrenzte jedoch „natürliche Gebiete" nicht mit festen Linien und stellte sie deshalb auch nicht kartographisch dar. Bei der Charakteristik der Gebiete berücksichtigte er die Lage (Stellung zum Ganzen, Art der Umgrenzung, klimatische Verhältnisse), die Erhebung und Oberflächenform, den Wasserlauf (Quellen und Flußlauf), den inneren Bau (einschließlich dessen Qualität in Beziehung auf technische Ausnutzung) und die Einflüsse aller dieser Faktoren auf das Leben.

Die Bedeutung von COTTAs Werk als Vorläufer unseres „Handbuches der Naturräumlichen Gliederung Deutschlands" (MEYNEN und SCHMITHÜSEN, 1953 ff.) haben wir in dessen Einleitung gewürdigt. Hier seien zur Ergänzung einige Sätze von COTTA als Zitate angefügt, um noch einen näheren Einblick in dessen Gedanken zu vermitteln.

„Als KARL RITTER die geographischen Wissenschaften reformierte, war der innere Bau der Länder noch wenig erforscht. Der berühmte Geograph konnte daher damals wesentlich nur die äußern Formen in den Bereich seiner Betrachtungen ziehen. Jetzt vermag man einen Schritt weiter zu gehen, man kann die äußern Formen aus dem innern Bau herleiten und zugleich manche unmittelbare Einwirkungen des letztern auf statistische Geographie nachweisen. So sind beide Lehren, Geologie und Geographie, aufs engste verbunden und in dieser Verbindung ein sehr wichtiges Element der Staatenkunde" (1854, S. 1/2).

„Die hier vorliegende, wie jede Erforschung, kann stets nur vom Speciellen ausgehen und durch Häufung und Gruppirung einzelner Thatsachen nach und nach zu immer allgemeinern Resultaten vorschreiten. Die Darstellung des bis jetzt bereits Erforschten gewinnt dagegen sehr an Uebersichtlichkeit, wenn sie mit den allgemeinsten Resultaten beginnt und den umgekehrten Weg vom Allgemeinern zum Besondern einschlägt, selbst auf die Gefahr hin, daß manche der allgemeinern Sätze noch etwas unsicher sind, während alles Specielle nothwendig in Thatsachen bestehen muß." (ebd., S. 2/3). „Der Boden, den wir

Menschen bewohnen, ist nie ohne Einfluß auf unsere Zustände und Sitten, er ist eine der Ursachen besonderer nationaler Entwicklung, und zwar eine der unveränderlichsten" (ebd., S. 4). „Die Formen der Landschaft sind Folgen des innern Baues und localer geologischer Vorgänge, wie Erhebungen, Senkungen und Flutungen. Die Vegetation trägt neben dem überwiegenden des Klima einigermaßen auch den Charakter der Gebirgsarten; von den Pflanzen leben Thiere, und beide benutzt der Mensch. Der feste Boden selbst liefert Bausteine, formbare Erden, Metalle, Kohlen und Salze; er bietet festen oder unfesten Baugrund, große oder geringe Schwierigkeiten für Verkehrswege, viel oder wenig Quellen, gutes oder schlechtes Trinkwasser, Thermen oder mineralische Heilquellen; er zwingt die Flüsse zu sehr gleichmäßigem oder sehr unregelmäßigem Lauf; er befördert oder hindert ihre Schiffbarkeit, erhöht oder mindert ihre Anwendbarkeit als Wasserkraft. Er wirkt als guter oder schlechter Wärmeleiter, er erzeugt Exhalationen von mancherlei Dämpfen und Gasarten; er ist durch das Alles nicht ohne Einfluß auf das physische Wohlbefinden und auf die Beschäftigung der Menschen." (ebd., S. 7–8).

„Streng genommen ist in der Natur nichts ohne allen Einfluß aufeinander. Man würde aber in keiner wissenschaftlichen Betrachtung zu einem Ziel und Abschluß gelangen, wenn man alle, auch die zartesten gegenseitigen Wirkungen vollkommen erschöpfen wollte; deshalb scheidet man stets die unwesentlichen ab und beschränkt sich auf die wesentlichen, mit dem Bewußtsein, daß jene zwar existiren, aber im Vergleich zu diesen ignorirt werden können, ohne die Wahrheit der Betrachtung zu stören. Der Fortschritt der Untersuchung kann indessen auch solche lange Zeit für unwesentlich gehaltene Wirkungen in die Reihe der wesentlichen erheben, und dadurch wird dann allemal zu den frühern ein neues fruchtbares Feld der Bearbeitung gewonnen" (ebd., S. 10).

„Jeder Versuch, natürliche Abgrenzungen einigermaßen scharf zu ziehen, stößt überall auf Schwierigkeiten. Die verschiedenartigen Rücksichten der Eintheilung durchkreuzen, mischen oder decken sich theilweise und es ist nicht möglich, den Versuch durchzuführen, ohne der Natur der Sache einige Gewalt anzuthun. Die politischen Grenzen sind freilich schärfer, aber sie sind nicht nur der Veränderung ausgesetzt, sondern fassen auch zuweilen ganz Heterogenes zusammen oder trennen Gleichartiges. Darum bleibt für unsere Betrachtungen doch nichts Anderes übrig, als ideale natürliche Gebiete, wenn auch zuweilen mit einiger Gewaltsamkeit, zu bilden. Es wird dabei vorzugsweise darauf ankommen, ihre Centren charakteristisch zu wählen, wenn auch ihre Grenzen sich verlaufen" (ebd., S. 112).

„Für jedes dieser Einzelgebiete hat unsere Darstellung zu berücksichtigen: die Lage, die Erhebung und Form der Oberfläche, den Wasserlauf, den innern Bau und die Einflüsse aller dieser Factoren auf das Leben. Unter Lage fassen wir dabei zusammen: die Stellung zum Ganzen, die Art der Umgrenzung und die klimatischen Verhältnisse; unter Oberflächenform die allgemeine Erhebung, die Lage, Richtung, Form und Erhebung der Gebirge oder Hügelketten; unter Wasserlauf: den Reichthum an Quellen, ihre Natur und die Formen des Flußlaufes; unter innerm Bau nicht nur dessen erschließbare Gestaltung und seinen Einfluß auf die Oberflächenform, sondern auch dessen Qualität in Beziehung auf technische Ausnutzung. Der Einfluß auf die organische Welt – das Leben – wird überall da zu erörtern sein, wo er sich in charakteristischer Weise nachweisen läßt" (ebd., S. 114).

Von den zeitgenössischen Geographen wurden die Anregungen COTTAs nicht unmittelbar aufgenommen. Erst A. PENCK knüpfte, soweit wir sehen, an dessen Ideen teilweise wieder an.

Die bis zu der Mitte des 19. Jh. entwickelte Auffassung der Landschaft ist am besten zusammengefaßt in dem 1850 erschienenen „System der Wissenschaft" des Königsberger Philosophen ROSENKRANZ. Er erkannte die Diskrepanz zwischen den Betrachtungsaspekten der systematisch analysierenden Wissenschaft und den Wahrnehmungseinheiten der realen räumlichen Wirklichkeit. „In der unmittelbaren Realität der Natur scheint nun allerdings jede Spur systematischen Zusammenhangs zu verschwinden und nur ein regelloses Durcheinander der verschiedenen Existenzen sich darzubieten, . . . Allein dies Durcheinander bildet doch . . . wieder ein relatives System harmonisch zusammenhängender Phänomene, welches zu schildern die Aufgabe der Geographie ist" (1850, § 302). Die Vollendung der Beobachtung sei die Reise, die das Totalbild einer Localnatur . . . im Verschmelzen aller Naturpotenzen und Naturproducte zur landschaftlichen Einheit darstellt" (§ 295).

Unter Berufung auf persönliche Gespräche mit führenden Geographen gab ROSENKRANZ ine Formulierung des wissenschaftlichen Landschaftsbegriffes, die wir, wenn auch nicht als ausreichende Nominaldefinition, so doch als eine klassische Interpretation auch heute noch gelten lassen können. Er kennzeichnete Landschaften als „relative Ganze", (§ 500), „stufenweise integrierte Localsysteme" (§ 268) von Faktoren aller Naturreiche. Relative Ganze sind in unserer Sprache „offene Systeme". Unter „alle Naturreiche" hatte ROSENKRANZ auch das menschliche Wirken mit eingeschlossen. Dieses ist deutlich ausgesprochen in dem Satz: „Durch die Einheit des Localsystems erreicht die erscheinende Wirklichkeit, in der Kreuzung der Dinge und Geister, der Naturprocesse und menschlichen Handlungen . . . die Entwicklung einer in sich zusammenstimmenden Totalität" (§ 269).

Nach Inhalt und Form repräsentieren diese Sätze unverkennbar die Geisteswende der Mitte des vorigen Jahrhunderts. In der Betrachtungsweise und der begrifflichen Konzeption spricht noch die Zeit von GOETHE und A. v. HUMBOLDT mit einer noch freien Sicht auf die Gesamtheit der erscheinenden Wirklichkeit und mit dem Bemühen, die Mannigfaltigkeit in Einheiten zu begreifen: Landschaften als „stufenweise integrierte Localsysteme" (ROSENKRANZ, 1850, § 268). In der Sprache ist dagegen klar der Unterschied zum Anfang des Jahrhunderts sichtbar. An der Stelle des Wortes „physich" der früheren Zitate steht jetzt die „erscheinende Wirklichkeit" (ebd.). Den menschlichen Handlungen sehen wir die Naturprozesse gegenübergestellt, Natur hier in dem engeren Sinne der modernen Naturwissenschaft verstanden. ROSENKRANZ sprach in einem *dynamischen* Sinne von der „Gestaltung der Erdoberfläche" (1850 § 499), von den Gebirgssystemen, der Fluß- und Talbildung, von Liman- und Deltabildung, und er kannte komplexe Typenbegriffe wie Tafelberg, Hochebene, Stufenland, Bergsee, Bergstrom und Steppenfluß. Er sprach auch von den Pflanzengürteln und der Flora in der „Einheit eines besondern landschaftlichen Pflanzengebietes" und von den Charaktertieren (ebd. §§ 494–499).
    Landschaft war für ROSENKRANZ zunächst „ein Localsystem der räumlichen Formen" (§ 503). „Der orographische, hydrographische und organigraphische Factor treten in der Erdoberflächenbildung als relative Ganze zusammen, die wir Landschaften nennen" (§ 500). „Die Bodenform, das Wasser, die Pflanzen- und Thierwelt, die äußere Figuration und Umgrenzung, so wie die eigenthümliche landschaftliche Ausstattung, machen die allgemeine Morphologie der Erdphysiognomie aus. Allein die Erdoberfläche entwickelt dieselben bis zur Bestimmtheit individueller Systeme" (§ 506).

ROSENKRANZ sah auch das Problem der *Integrationsstufen* der Seinsbereiche: „Es fragt sich nun, ob innerhalb dieser allgemeinen Differenzen die tellurische Structur einen Stufengang der Formation zeigt, der von Gestalt zu Gestalt durch stete Integration der niedern in der höheren eine immer größere Vollendung entfaltet? Diese Frage muß durch den Versuch beantwortet werden, die Beziehung der gegebenen Formen in ihrer Folge zu finden, ein Versuch, der zunächst ganz unabhängig von der Geschichte gemacht werden muß" (§ 506).
    Der eigentümliche *Zusammenhang aller Prozesse* infolge der gegenseitigen Gebundenheit der Existenzen ist das „Localsystem". In der „Einheit aller Localsysteme und ihrer Metamorphosen" (§ 275) sah er die „Coexistenz des Fortschritts, des Rückschritts und des status quo" (§ 275).

ROSENKRANZ hatte sich in seinem System der Wissenschaft mit besonderer Anteilnahme der Geographie angenommen und gab anschließend auch Rechenschaft über die Quellen seiner Information:

„Dem Abschnitt, die Gestalt der Erdoberfläche, § 491 bis 515, hoffe ich, wird man die Liebe anfühlen, mit welcher ich ihn gehegt habe. Wie unendlich viel ich in diesem Theil der Wissenschaft den unsterblichen Heroen der Geographie, der Trias HUMBOLDT, L. v. BUCH und RITTER verdanke, brauchte ich hier kaum noch zu sagen, wenn ich nicht gern auch öffentlich diesen großen Männern für die Entzückungen dankte, die sie meinem wissensdurstigen Geist bereitet. Aber ich muß auch noch zwei anderen Deutschen danken: KOHL und KAPP. KOHLs Werk heißt: der Verkehr und die Ansiedlungen der

Menschen in ihrer Abhängigkeit von der Gestaltung der Erdoberfläche. Mit 24 Steindrucktafeln. Dresden und Leipzig 1845. Dies classische Werk scheint mir noch gar nicht so unter uns bekannt und von Geographen, Historikern und Militairs so genutzt zu sein, als es verdient. Wie zäh' ist die Auctorität bei uns, wenn sie sich ein mal zur Existenz gebracht hat; aber wie schwer hält es, daß das Gute bei uns zur Auctorität werde! KAPP's Werk: Philosophische oder vergleichende allgemeine Erdkunde als wissenschaftliche Darstellung der Erdverhältnisse und des Menschenlebens nach ihrem inneren Zusammenhang. 2 Bde. Braunschweig 1845, ist ein aus der RITTER'schen und HEGEL'schen Anschauung entsprungenes Werk, voll von Kenntniß, Geist und Frische, dem aber, daß auch Hegelsche Philosophie darin waltet, die gerechte Würdigung erschwert zu haben scheint. Da ich selber zur Hegel'schen Schule gehöre, so muß ich mich mit ihm kurz auseinandersetzen. KAPP scheint mir den Fehler gemacht zu haben, die Geographie zu sehr aus dem historischen Standpunct zu nehmen und eben deswegen habe ich mich bemüht, die Erdoberfläche ganz unbefangen ohne alle Einmischung der Geschichte zu betrachten. Man opfert dabei viel Reize, allein die Strenge der Wissenschaft fordert unter andern Tugenden auch die der bewußten Enthaltsamkeit" (S. 603–604). ,,Wenn ich aber mich bemüht habe, die reinen Naturformen in ihrer objectiven Fortgestaltung anzugeben, so bin ich doch weit entfernt, dem Zusammenschauen von Natur und Geschichte, dem geographisch-historischen Blick irgendwie entgegen zu sein; im Gentheil und ich hoffe, diese Synthese selbst an sehr bestimmten Aufgaben, z. B. in meiner Topographie des heutigen Paris und Berlin, Königsberg 1850, gezeigt zu haben. Ich habe hier nur das Recht der Wissenschaft auf ihre Grenze wahren wollen" (S. 604).

3.4   Die Entwicklung des Landschaftsbegriffs und der landschaftlichen Methode bis zur Mitte des 20. Jahrhunderts

Bei ROSENKRANZ war die ,,erscheinende Wirklichkeit" (1850, § 269) der geosphärischen Substanz als Einheit der Ausgangspunkt der Betrachtung gewesen und hatte, als das zu erklärende Objekt, die erste Stelle eingenommen. Demgegenüber wurde die Wissenschaft der zweiten Hälfte des 19. Jh. mehr und mehr beherrscht von dem Janushaupt der Alternative, entweder Naturprozesse oder menschliche Handlungen zu sehen. Geographie wurde damit entweder zu einer Naturwissenschaft oder, wie man gelegentlich sagte, zu einer ,,Magd der Geschichte".

JULIUS BRAUN (1825–1869), der 1867 ein Buch unter dem Titel ,,Historische Landschaften" veröffentlichte, war in der Konzeption seiner Landschaftsidee etwa auf dem Stand der Maler des 14. oder 15. Jh. Er wollte die Schilderung der alten Historie in eine Kenntnis topographischer Tatsachen einbetten. Zu einer positiven Weiterentwicklung des Landschaftsbegriffs hat sein Buch nicht beigetragen.

Der unbefangene Blick auf den Gesamtcharakter der räumlichen Wirklichkeit ging fast verloren. Damit trat auch die wissenschaftliche Landschaftsidee wieder in den Hintergrund. Denn einem rein physikalischen Denken war diese in ihrer wirklichen Bedeutung nicht zugänglich. Man begriff die reale Wirklichkeit des ,,Zusammenbestehenden im Raum" nicht mehr als Einheit, sondern hatte nur noch dessen *Elemente* ,,in Schubladen nebeneinander liegen" (KALESNIK, 1958). Man sah primär nur noch elementare Bestandteile der geosphärischen Substanz, nach denen sich dann auch die Geographie in ihre systematischen Zweige zu spalten begann. Das Hauptinteresse wurde in zunehmendem Maße auf das systematische Studium einzelner Sachbereiche verlagert, wobei die Anwendung rein naturwissenschaftlicher Methoden als Maßstab für die Wissenschaftlichkeit angesehen wurde. PESCHEL berief sich bei seinen Untersuchungen geosphärischer Gegenstände, die er vorwiegend als Kriterien für das Erkennen erdgeschichtlicher Vorgänge benutzte, wie schon RITTER auf die Methode der vergleichenden Anatomie. Bei anderen konzentrierte sich das Bemühen mehr auf das, was sich in Maß und Zahl erfassen ließ. Die analytische Sicht trat damit mehr und mehr in den Vordergrund.

Das rein analytische Denken ließ ein unbefangenes Sehen der komplexen Wirklichkeit kaum noch zu. Damit war der wissenschaftliche Landschaftsbegriff, so wie ihn die erste Hälfte des Jahrhunderts konzipiert hatte, uninteressant und scheinbar entbehrlich geworden. Bei vielen Autoren verkümmerte er zu dem rudimentären Begriff Landschaftsbild. Manche engten das Wort Landschaft jetzt ausdrücklich nur auf die Bedeutung Landesnatur ein. Andere übertrugen es auf den Sinn 'kleines Land'. Viele benutzten jedoch daneben mehr oder weniger unbewußt den Begriff in indirekter Form auch in dem alten Sinne weiter, nämlich über das Wort Landschaftsbild. Sie machten sich jedoch kaum noch Gedanken darüber, welcher Art das Objekt sei, das sich in diesem Bilde darstellt. Hier liegen die Gründe für die Sprachverwirrung, die in den ersten Jahrzehnten unseres Jahrhunderts zuerst überwunden werden mußten, als sich die Forschung mehr und mehr auch den komplexen Gebilden der Wirklichkeit zuwandte und man den wissenschaftlichen Landschaftsbegriff wieder notwendig brauchte.

Für ROSENKRANZ war es noch das Ideal der Beobachtung auf Reisen gewesen, ,,das Totalbild einer Localnatur . . . im Verschmelzen zur landschaftlichen Einheit'' (1850, § 295) zu erfassen. In der von GEORG NEUMAYER (1826–1909) herausgegebenen ,,Anleitung zu wissenschaftlichen Beobachtungen auf Reisen'' (1. Aufl. 1875, 2. Aufl. 1888) war dagegen von etwas Ähnlichem keine Rede mehr. Es gab darin kaum noch eine Stelle, wo etwas Derartiges gesagt werden konnte. Die Kapitel beider Bände waren nur einzelnen Objektkategorien gewidmet. Es erscheint dabei bezeichnend, daß als einziger der Botaniker OSCAR DRUDE (1852–1933) in dem Abschnitt über die Pflanzengeographie, teils implizit, teils explizit auf die Landschaftsidee Bezug nimmt.

DRUDE begann seinen Beitrag in NEUMAYERs Werk mit dem an A. v. HUMBOLDT angelehnten Satz: ,,Der denkende Reisende, der Geograph im weitesten Sinne dieser Wissenschaft, kann sich, auch ohne mit dem ganzen Lehrgebäude der organischen Naturwissenschaften vertraut zu sein, nimmermehr dem tiefen Eindrucke entziehen, den die an Länder bestimmten Charakters gebundene und für sie bestimmt wechselvolle Ausprägung der Pflanzendecke überall hervorruft . . .'' (1888, Bd. II, S. 139). In seinem Schlußsatz erläuterte er, was mit dem ,,bestimmten Charakter'' gemeint war: ,,Im innigen Verkehr mit der Natur, das Auge durch treuliche Beobachtung geschärft, verknüpft mit der Pflanzenwelt durch tausend an jedem Reisetage sich wiederholende oder neu entwickelnde Beziehungen, beseelt von dem Gedanken, die in ihrer fertigen Einheit dastehende Landschaft nach dem Zusammenwirken aller Bildungskräfte zu den sich ihm darbietenden wechselvollen Zügen zu befragen, wird der Forscher unabhängig von fremden Urtheilen das Zusammengehörige selbst zusammenfügen und die Wissenschaft mit den Früchten seiner Beobachtungsgabe bereichern'' (1888, Bd. II, S. 190).

Für jeden, der gewillt und fähig ist, die Gedankengänge der umständlichen Sätze jener Zeit nachzuvollziehen und zu verstehen, dürfte es klar sein, daß hier der wissenschaftliche Landschaftsbegriff in unserem Sinne gemeint war und die Grundidee der landschaftlichen Methode zum mindesten angedeutet wurde. Wie schon erwähnt, stehen aber diese Äußerungen in dem von NEUMAYER herausgegebenen Gesamtwerk isoliert da. Daß und warum gerade von dem Studium der Vegetation aus die Entwicklung der wissenschaftlichen Landschaftsidee (gleichgültig ob mit dem Terminus Landschaft verbunden oder nicht) am meisten gefördert worden ist, haben wir an anderen Stellen schon aufgezeigt. Was DRUDE in den beiden zitierten Sätzen sagte, stützte sich auf Einsichten, die – abgesehen von noch früheren Vorläufern – vor ihm schrittweise von A. v. Humboldt, Karl Friedrich Philipp Von Martius (1794–1868), August H. R. Grisebach (1814–1879), Anton Kerner Von Marilaun (1831–1898) und anderen gewonnen worden waren.

Peschel (1870) verwendete das Wort Landschaft in der Bedeutung des von einem Maler dargestellten Bildes, faßte aber andererseits den Gegenstand, der darin dargestellt ist, ohne einen eigenen wissenschaftlichen Namen dafür zu haben, genetisch-dynamisch auf.

,,Wenn ein Landschaftsmaler eine Gebirgsgegend wiedergibt, wie er sie wirklich fand, so wird, hätte er auch nicht die geringste Ahnung von der wissenschaftlichen Bedeutung des Gegenstandes besessen, ein Geolog dennoch das Gemälde sich vollständig erklären können. Er wird im Bilde den Bau der Gebirgsarten, ihre Schichtenlage und ihre Verwerfungen, er wird die Verheerungen von Luft und Wasser wieder finden, ihm wird die Malerei nicht eine Landschaft sein, sondern ein historisches Gemälde, eine geschichtliche Darstellung des Kampfes von Naturkräften mit den Stoffen unserer Erdrinde. Sobald der Maler eine Gebirgslandschaft erfinden wollte, er müsste sie denn zusammensetzen aus Reminiscenzen, wird er stets irgendwo gegen das Naturmögliche verstossen. Eine gute Karte ist aber nichts anderes, als ein Naturgemälde, welches sich auf vorausgegangene Messungen stützen muss, wo Alles unter sich in Harmonie steht, wo sich Alles gegenseitig bedingt, der wagrechte Umriss sowol als die senkrechte Erhebung, wo unter anderen auch jeder Strom mit seinen Verzweigungen in uns eine deutliche Vorstellung von dem senkrechten Bau des abgebildeten Entwässerungsgebietes hervorruft. Wie die Gebirgslandschaft zugleich vor dem Auge des Geologen zu einem geschichtlichen Gemälde wird, so müssen wir auch naturtreue Karten als die Darstellung historischer Vorgänge auffassen" (Peschel, 1870, S. 4).

Einen Anklang an den wissenschaftlichen Landschaftsbegriff sehen wir bei Peschel in dem, was er mit ,,Ländergestalt" und ,,Erdgestalt" bezeichnete. ,,Es gilt daher zunächst, die Vermuthung festzuhalten, dass nicht der Zufall die Ländergestalten zusammengetragen habe, sondern dass im Gegentheil jede, auch die geringste Gliederung in den Umrissen oder Erhebungen, jedes Streben der Erdoberfläche seitwärts oder aufwärts irgend einen geheimen Sinn habe, den zu ergründen wir versuchen sollten. Das Verfahren zur Lösung dieser Aufgaben besteht aber nur im Aufsuchen der Aehnlichkeiten in der Natur, wie sie uns vom Landkartenzeichner dargestellt wird. Ueberblicken wir dann eine grössere Reihe solcher Aehnlichkeiten, so gibt ihre örtliche Verbreitung meist Aufschluss über die nothwendigen Bedingungen ihres Ursprunges. Wo es auf diese Weise gelungen ist, beim Anblick der Erdgestalten sich Etwas zu denken, da beginnen die geographischen Gemälde gleichsam selbst uns anzureden und die Schicksale der Länderräume zu erzählen" (Peschel, 1870, S. 4/5). Darin ist eine auf der Beobachtung von räumlichen Koinzidenzen begründete Forschungsmethode angedeutet.

Josef August Kutzen (1800–1877) wollte ,,unser an Naturvorzügen so reiches und in Folge seiner Naturbeschaffenheit geschichtlich so bedeutsames Vaterland" (1855, Vorwort zur 1. Aufl. S. IV) darstellen und stützte sich dabei, wie er betonte, vor allem auf Autoren, ,,welche durch Autopsie unterstützt die Beschaffenheit und Bedeutung der Locale aufgefasst haben" (S. IV). Er hoffte, in seinem Werk ,,das vorzugsweise Eigenthümliche der einzelnen Oberflächenstücke Deutschlands richtig skizzirt, hier und da in einem mehr ausgeführten Bilde getreu veranschaulicht, in seiner Einwirkung auf das Leben der Menschen genau bezeichnet und somit durch die fortwährende Bezugnahme auf dasjenige organische Leben, was uns am nächsten liegt und uns am meisten fesselt, auch in die Arbeit Leben gebracht" (S. IV/V) zu haben. Landschaft umschrieb er als ,, die gestaltlichen Verhältnisse der Erdoberfläche" (S. V) und betonte wie Cotta die Bedeutung des geologischen Baus und der Gesteinsverbreitung, ,,denn die Abhängigkeit der gestaltlichen Verhältnisse der Erdoberfläche von der stofflichen Eigenthümlichkeit der Erde, mit welcher sich die Geognosie beschäftigt, ist ausser Zweifel" (ebd.).

RICHTHOFEN hatte in NEUMAYERS „Anleitungen" noch unter dem Titel „Geologie" über die Erforschung der festen Erdoberfläche geschrieben. In der zweiten Auflage (1888) ließ er zwar „aus Zweckmässigkeitsrücksichten" diesen Titel seines Abschnittes bestehen. Er meinte aber, daß der Inhalt „theils der Geologie, theils der physischen Geographie, theils einem breiten Grenzgebiet zwischen beiden" (Bd. I, S. 115) angehöre. Denn inzwischen hatte er in seiner Leipziger Antrittsrede (1883) seine Auffassung der Geographie geklärt und in seinem „Führer für Forschungsreisende" (1886) die „Morphologie der Erdoberfläche" (Vorwort) als einen Zweig der Physischen Geographie begründet.

RICHTHOFEN war infolge seiner naturwissenschaftlichen Grundeinstellung zwar von der Auffassung ausgegangen, „daß der Gegenstand der wissenschaftlichen Geographie in erster Linie die Oberfläche der Erde für sich ist, unabhängig von ihrer Bekleidung und ihren Bewohnern". Durch seine kausalgenetisch ausgerichtete Betrachtungsweise wurde er jedoch – ähnlich wie die Botaniker, die sich im Gelände mit der Vegetation beschäftigen – zu einer tieferen Erfassung der Wechselwirkungen in der Geosphäre geführt. Damit gelangte er trotz seiner ursprünglich vorwiegend analytischen Sicht doch schließlich auch zu einer Art Vorstufe der wissenschaftlichen Landschaftsidee.

Er ging aber dabei nicht von den primären Wahrnehmungseinheiten der realen Wirklichkeit aus, sondern von den als Sachbereiche abstrahierten Elementen der Erdoberfläche und ihren kausalen Beziehungen. Was tatsächlich schon ein Ergebnis der Abstraktion des analysierenden Naturforschers ist, glaubte er als erstes zu erblicken: „Das Erste, was sich dem Blick des Forschungsreisenden in fremdem Land darbietet, ist die scheinbar unwandelbare Erdoberfläche in ihrer endlosen Mannigfaltigkeit der Gestaltung. Sie bildet den Boden, auf welchem er selbst sich bewegt; auf ihr fliessen die Gewässer; über sie hinweg strömt die Atmosphäre; sie ist, nebst dem von ihr getragenen Wasser, der Schauplatz aller, der biologischen Welt angehörigen, im Gegensatz zu ihrer eigenen Stabilität einem leicht erkennbaren Wechsel unterworfenen Factoren. Der Pflanze dient sie zur Anheftung; das Thier ist auf sie angewiesen; der Mensch gründet auf ihr seine Wohnstätte. Das Verständnis ihrer Formen und ihrer Beschaffenheit ist daher die Grundlage für jedwede weitergehende geographische Erkenntnis. Der Forschungsreisende . . . wird bald gewahr werden, in wie hohem Maass der Werth seiner anderweitigen Untersuchungen dadurch erhöht wird; wie jede Thatsache, möge sie sich auf die Vegetation, auf die Verbreitung der Thiere, auf die Beschäftigungen, die Ansiedelungen und den Verkehr der Menschen beziehen, in den Bodenverhältnissen ihre ursächliche Begründung zum Theil oder gänzlich findet" (RICHTHOFEN, 1886, S. 3).
    „Wenn die Formen und Erscheinungen . . . nicht einfach als solche erfasst und dargestellt, sondern als Resultate von Kräftewirkungen begriffen werden, lässt sich ein sicheres Fundament gewinnen, mit dessen Hilfe die Beobachtungen über das Verhältniss nicht allein der Pflanzen und Thiere, sondern auch des Menschen, seiner Ansiedelungen, seiner Industrien und seines Verkehrslebens zu der umgebenden Natur im wissenschaftlichem Sinn, d. h. in ihrem Causalitätsverhältnisse zu derselben, verstanden werden können" (ebd., Vorwort).

In einem gewissen Gegensatz zu den eben zitierten Formulierungen begriff RICHTHOFEN in seiner Leipziger Rede Erdräume auch in ihrem Gesamtcharakter unter Einschluß des vom Menschen Bewirkten: „Jeder Erdraum, wie groß oder gering seine Ausdehnung sein möge, . . .wird in seiner Zusammensetzung aus kleineren Raumtheilen, sowie nach allen auf ihm wahrnehmbaren Erscheinungsformen, unter denen auch die durch die menschliche Cultur geschaffenen Einrichtungen eine große Rolle spielen können, betrachtet" (1883, S. 31). Es sei für den Geographen die „oberste Aufgabe, . . .die Vielheit zur Einheit zu gestalten" (S. 24/25). „Wem das Glück zu Theil wird, durch bescheidene Beschränkung auf einen Theil vertiefend und fördernd zu wirken, der sollte stets bestrebt sein, die Beziehung des Theiles zur Allgemeinheit zu erfassen und den Zusammenhang des Ganzen nicht aus den Augen zu verlieren" (S. 67). Doch sprach er lediglich davon, „dass jeder Erdraum stofflich

ein *Agglomerat* von Bestandtheilen ... der sechs Naturreiche" (S. 30) sei und „nur durch
deren Gesammtheit dargestellt werden kann" (S. 30), während ROSENKRANZ (1850) darin
viel mehr als ein Agglomerat, nämlich die Einheit stufenweise integrierter Localsysteme aller
Naturreiche gesehen hatte.

RICHTHOFEN konnte trotz seiner auf die kausale Fragestellung gerichteten Grundeinstellung noch nicht zu der methodischen Idee der Systemanalyse vordringen. Denn er sah primär nicht die erdräumlichen Wirkungssysteme als Einheiten, sondern die Erscheinungsformen der Sachbereiche. Methodisch verblieb er daher bei einer dreistufigen Analyse von Teilsystemen. Damit wurde zwar das allgemeine Verständnis der Geosphäre wesentlich gefördert, das methodologische Kernproblem der Geographie aber noch nicht befriedigend gelöst.

RICHTHOFENs Kennzeichnung der Aufgaben des Geographen zielten noch mehr auf die
systematischen Bereiche der Allgemeinen Geographie als auf Landschafts- und Länderkunde. Für ihn blieb „die erste Aufgabe ... die Erforschung der festen Erdoberfläche nebst Hydrosphäre und Atmosphäre nach den vier Principien der Gestalt, der stofflichen Zusammensetzung, der fortdauernden Umbildung und der Entstehung, unter dem leitenden Gesichtspunkt der Wechselbeziehungen der drei Naturreiche untereinander und zur Erdoberfläche"
(1883, S. 65). Als zweite Aufgabe sah er „die Erforschung der Pflanzenbekleidung und der
Thierwelt in ihren nach denselben Principien stattfindenden Wechselbeziehungen zur Erdoberfläche" (ebd.). Die nach seiner Auffassung dritte Aufgabe schließlich „behandelt den
Menschen und einzelne Momente seiner materiellen und geistigen Cultur unter demselben
Gesichtspunkt nach denselben vier Principien" (ebd.).

RICHTHOFEN untersuchte somit in erster Linie die Faktorengruppen der geosphärischen
Dynamik, getrennt nach den 'Naturreichen', und wollte diese nach Möglichkeit kausalge-
setzlich und in ihren Auswirkungen auf die sich wandelnden Formen erfassen.

„In jedem gegebenen Augenblick ist die Erdoberfläche nicht, was sie in vorhergegangenen gewesen
war. Viele der festen Bestandtheile der Oberflächenschicht haben, durch Wasser, Eis oder Luft bewegt,
ihren Ort verändert; fliessende Gewässer sind, der Anziehung der Erde folgend, nach tieferen Niveaus
gelangt; selbst das Meer hat durch Strömungen eine Wandlung im Nebeneinander der Theile erlitten;
der atmosphärische Druck hat sich an jedem einzelnen Ort geändert. Die Erdoberfläche tritt uns also als
etwas in der Entwickelung und Umbildung Begriffenes entgegen. Dem Geographen stellt sich die Aufgabe dar, die Vorgänge dieser Umbildung in den örtlichen Einzelerscheinungen zu untersuchen und die
Gesetze, nach welchen die Bewegungen im Festen, Flüssigen und Luftförmigen mit Beziehung auf die
Erdoberfläche erfolgen, soweit sie sinnlich wahrnehmen oder aus Wahrgenommenen erschliessen
lassen, zu ergründen. Wir finden uns damit vor dynamische Probleme gestellt und treten noch voll-
kommener als bisher in den grossen Bereich der causalen Wechselbeziehungen hinein, welche zwischen
den drei Naturreichen der Erde, des Wassers und der Luft mit Rücksicht auf die Erdoberfläche stattfinden" (1883, S. 16/17). RICHTHOFEN ging es also – wie das auch in der Darstellung seines Chinawerkes
zum Ausdruck kommt – in erster Linie um die Wechselbeziehungen zwischen den verschiedenen Erscheinungen der Erdoberfläche, aber mehr um diese im allgemeinen als in den einzelnen räumlichen
Einheiten.

Den Menschen, so betonte RICHTHOFEN in seinen 1891 und 1897/98 in Berlin gehaltenen
Vorlesungen über „Allgemeine Siedlungs- und Verkehrsgeographie (bearb. und hrsg. von
OTTO SCHLÜTER, 1908), bezog er in die geographische Betrachtung nur ein, „insoweit er in
seiner Verbreitung über die Erde in kausalen Beziehungen zum Boden steht" (1908). Auch
daraus ergab sich eine weitere Einschränkung, die ihn nicht zu einer landschaftlichen Betrachtung in einem umfassenden Sinne gelangen ließ. Den Menschen sah er in seiner Abhängigkeit von der Natur der Erdräume, aber nicht als deren aktiven Gestalter.

In bezug auf die Landesnatur wandte er jedoch schon einige methodische Gesichtspunkte der modernen vergleichenden Landschaftsforschung an. So behandelte er im ersten Band seines Chinawerkes den „Gegensatz zentraler und peripherer Gebiete im allgemeinen" (1877). Im zweiten Band (1882) hat er zwei weitere der später von HERMANN LAUTENSACH (1886–1971) aufgestellten Kategorien des landschaftlichen Formenwandels, nämlich den planetarischen und den hypsometrischen, ebenfalls bereits angedeutet.

Die durch RICHTHOFEN geförderte naturwissenschaftliche Richtung, die darauf zielte, den physischen Charakter der Geosphäre kausalgenetisch zu erforschen und zu erklären, hatte wesentlich dazu beigetragen, der Geographie im Universitätsbereich in höherem Maße Anerkennung zu verschaffen. Andererseits war die Kluft zwischen dieser konsolidierten Physischen Geographie und der auf die Geschichte ausgerichteten Länderkunde, dem Zeitgeist entsprechend, verschärft worden. Der die Einheit des Faches stiftende Forschungsgegenstand des Gesamtcharakters der Erdgegenden oder Räume, den A. v. HUMBOLDT und RITTER gesehen hatten, bzw. der örtlichen und regionalen geosphärischen Systeme nach der Formulierung von ROSENKRANZ, war wieder aus dem Blickfeld gerückt. Die Unsicherheit über die Auffassung der Geographie war daher größer als vorher. Sie wurde durch die Aufspaltung der alten Wissenschaftsfakultät in eine „naturwissenschaftliche" und eine „geisteswissenschaftliche" verstärkt. Für Gegenstände der realen Wirklichkeit, denen man weder mit naturwissenschaftlichen noch mit geisteswissenschaftlichen Methoden allein gerecht werden kann, war in der Sicht dieser Fakultätengliederung kein Platz mehr. Das betraf nicht nur die Geographie, sondern auch andere Realwissenschaften, wie Anthropologie, Völkerkunde, Kulturkunde, Sozialwissenschaft usw.

Die irrtümliche Annahme der zweiten Hälfte des 19. Jh., die Wissenschaft nach zwei Methodengruppen aufspalten zu können, hat dazu geführt, die wahrnehmbare Realität wissenschaftlich zu vernachlässigen. Darunter haben die erwähnten und noch andere Wissenschaften bis in die jüngste Zeit zu leiden gehabt. Daraus erklärt sich auch teilweise die Situation, die HETTNER für die Zeit zu Beginn seines eigenen Studiums charakterisiert hat: „Als ich, wohl als der erste, auf die Universität mit der ausgesprochenen Absicht kam, Geographie zu studieren, trat sie mir als etwas anderes, viel naturwissenschaftlicheres entgegen, als ich sie mir gedacht hatte; und sie trat mir bei jedem meiner Universitätslehrer: A. KIRCHHOFF, THEOBALD FISCHER, GEORG GERLAND und F. VON RICHTHOFEN in verschiedener Form entgegen" (HETTNER, 1927, S. III). Vor allem aber wird daraus auch verständlich, warum RATZEL, als er 1882 unter dem Stichwort „Anthropogeographie" eine neue Arbeitsrichtung begründete, diese nur als einen Übergangsbereich zwischen der Geographie und der Geschichte und nicht als einen konstituierenden Bestandteil der Geographie auffaßte. In der Sicht jener Zeit galt bei vielen nur die physikalische Forschungsrichtung als die eigentliche wissenschaftliche Geographie.

Der Gedanke des wissenschaftlichen Landschaftsbegriffs wurde zu dieser Zeit hauptsächlich von historischer Seite aufrechterhalten und allmählich wieder belebt. Einen neuen Impuls bekam die Diskussion durch zwei Werke, die fast gleichzeitig erschienen, und die beide das Stichwort „Landschaftskunde" im Titel führten (OPPEL, 1884 und WIMMER, 1885).

ALWIN OPPEL (1849–1929) war Geographielehrer am Realgymnasium in Bremen. Sein 1884 erschienenes Werk heißt „Landschaftskunde" und trägt dazu den für sich sprechenden Untertitel „Versuch einer Physiognomie der gesamten Erdoberfläche in Skizzen, Charakteristiken und Schilderungen, zu-

gleich als erläuternder Text zum landschaftlichen Teile (II.) und F. HIRTs Geographischen Bilderta-
feln". In dem Vorwort dazu interpretierte der Verfasser das Ziel, das er sich gesetzt hatte, näher: ,,Mit
der dadurch gestellten Aufgabe, die Bilder durch Schilderungen zu umschreiben, hat sich der Verfasser
des Werkes, der zu diesem Zwecke ausgedehnte und gründliche Quellenstudien gemacht hat, nicht be-
gnügt, sondern er that einen Schritt weiter und unternahm es, aus der Summe der Einzellandschaften
den Gesamtcharakter der Länder und Erdteile festzustellen, diesen in systematischer und konsequenter
Weise auf die örtlich herrschenden Naturbedingungen zurückzuführen, den Einfluß der menschlichen
Kultur auf den ursprünglichen Zustand des Bodens nachzuweisen und die gewonnenen Resultate bald in
ausführlichen Charakteristiken darzulegen. Ein solcher Versuch der Physiognomik der gesamten Erdoberfläche ist unseres Wissens bisher noch nicht gemacht worden" (S. V).

OPPEL betrachtete die Physiognomie der Erdoberfläche als den Zugang, um aus der Zusammenfassung von Wahrnehmungen an ,,Einzellandschaften den Gesamtcharakter der
Länder und Erdteile festzustellen". Das Stichwort *Physiognomik* in Verbindung mit einigen
nicht sehr klaren Formulierungen in dem Werk von OPPEL hat manche Autoren zu der Aussage verführt, OPPEL habe einen ,,physiognomischen Landschaftsbegriff" vertreten. Er
habe mit Landschaft nur das Bild und nicht die Wirklichkeit von räumlichen Teilen der Geosphäre gemeint. Tatsächlich hat jedoch OPPEL selbst die Landschaft als einen ,,Erdraum" interpretiert, der sich durch ,,eine gewisse Einheitlichkeit" ,,in einer bestimmten Abgrenzung" ,,als ein Ganzes darbietet", als eine räumliche ,,Gestalt", deren ,,unzweifelhafte Gesetzmäßigkeit" in einem ,,nichtkörperlichen Schauen" erfaßt werden kann.

Als Beleg für diese Auslegung bringen wir hier die Abschnitte des Vorworts, dem die in dem letzten
Satz verwendeten Zitate entnommen sind: ,,Unter 'Landschaft' verstehen wir denjenigen *Erdraum,*
welcher sich von irgend einem Punkte aus dem Blicke *als ein Ganzes darbietet;* je beschränkter der Gesichtskreis, desto kleiner und einfacher ist das Bild, je freier der Standpunkt, desto umfassender und zu-
sammengesetzter wird das Gemälde. Die Summe der Landschaften auf der ganzen Erde, in diesem Sinne, ist eine ungeheure, die Mannigfaltigkeit der möglichen Gestaltungen eine außerordentliche, nicht
allein, weil die Zahl und die Art der Oberflächenformen eine fast unendliche ist, sondern auch, weil dieselben landschaftlichen Elemente, von einer anderen Seite gesehen, einen anderen, zuweilen ganz entgegengesetzten Eindruck machen. Eine einigermaßen vollständige Landschaftskunde würde daher ein
Werk von riesigen Dimensionen ergeben, wenn nicht gewisse *Gestalten,* unter dem Einflusse gleicher
oder ähnlicher Naturbedingungen, auf engerem Raume oder innerhalb der ganzen Erde wiederkehrten
und in der schier unbegrenzten Mannigfaltigkeit derartiger Naturgebilde *eine gewisse Einheitlichkeit*
hervortreten ließen.
   Aber auch dann erschließt sich noch eine so seltene Fülle des interessantesten Stoffes und eine so verschiedenartige Gruppierung der einzelnen Formen, daß sich unsere Darstellung auf das Hauptsächlich-
ste und Wesentlichste beschränken mußte. Planmäßig ausgeschlossen sind daher Untersuchungen über
Entstehung, Begrenzung und specielle Gliederung der Oberflächenformen, statistische Angaben, Auf-
zählungen und ausführliche Darlegungen über die Pflanzen- und Tierwelt; wo aber solche in vereinzel-
ten Fällen gemacht wurden, geschah es lediglich zum Zwecke und im Interesse der Feststellung des
Landschaftscharakters.
   So glauben wir den Männern von Fach unser Werk als eine notwendige Ergänzung der Atlanten emp-
fehlen zu dürfen; denn selbst das beste Kartenblatt vermag von der wirklichen Landschaftsgestaltung
der Erdoberfläche nur ein unvollkommenes Bild zu gewähren, da die Karte auf kleinem Raum große
Dimensionen umfaßt und keinen Horizont hat, während in der Natur jede Landschaft sich *in einer bestimmten Abgrenzung* darstellt" (S. V/VI).
   Gegen Schluß des Vorwortes spricht OPPEL von dem Genuß, den ihm die Arbeit an seinem Buche bereitet habe: ,,Enthüllte sich doch vor meinen geistigen Blicken in jenem eigentümlichen, fast zauberhaf-
ten Reize, der einem jeden *nichtkörperlichen Schauen* eigen zu sein pflegt, der staunenswerte Reichtum
der landschaftlichen Gestalten, die fesselnde Schönheit der Natur und ihre *unzweifelhafte Gesetzmäßigkeit*" (S. VIII).

Daß OPPEL mit Landschaft die geosphärische Realität und nicht ihr äußeres Bild meinte, geht auch aus dem Satz hervor, daß „dieselben landschaftlichen Elemente" ein verschiedenes Aussehen haben können, je nachdem von welcher Seite aus man sie betrachtet. Es wird außerdem unterstrichen durch den Schlußsatz des Vorwortes, in dem im Zusammenhang mit praktischen Aufgaben in den überseeischen deutschen Kolonien gesagt wird: „In Zeiten solcher Unternehmungen... ist die Kenntnis der Erde, ...wie sie die Landschaftskunde zu gewähren vermag, ...eine dringende Notwendigkeit" (S. VIII). Mit der Betrachtung der Physiognomie allein hätte er kaum den Anspruch erheben können, für Kolonialunternehmungen einen nützlichen Beitrag zu leisten.

Der vorwiegend mathematisch-naturwissenschaftlich eingestellte, scharfsinnige Geograph HERMANN WAGNER (1840–1929), der das Buch von OPPEL kurz nach dessen Erscheinen im Geographischen Jahrbuch (Bd. 10[1885] S. 608–610) rezensierte, hatte dieses klar erkannt. Er kritisierte zwar, daß „OPPEL sich sofort in Widersprüche verwickelt und mit einer ganz unklaren Vorstellung von dem, was eine Physiognomik der Erdoberfläche zu leisten hat, ans Werk geht, um ein aus Beschreibungen und Schilderungen zusammengesetztes, durchaus lesbares, aber jeder schärferen Erfassung des Gegenstandes bares Oberflächenbild verschiedener Erdstriche zu bieten" (S. 608). Er erkannte aber den *methodischen Ansatz* an, wenn er an anderer Stelle sagte: „Die Landschaftskunde als Physiognomik der gesamten Erdoberfläche gedacht, kann aber auch wie die synthetische Geographie vorgehen und in räumlicher Folge die Erdteile und Länder beschreiben, indem sie stets den Landkomplex, den Erdraum, der physiognomisch den gleichartigen Typus zeigt, zu einem Gesamtbilde vereinigt... Die grundlegende Vorarbeit würde eine Karte sein, auf welcher mit Linien oder Streifen alle die Erdstellen bezeichnet wären, an denen ein Wechsel des Landschaftsbildes eintritt. Man sieht aus dieser Darstellung, daß es sich hier um einen Spezialfall der Individualisierung der Erdräume, der Auffindung geographischer Einheiten (s. o. S. 559) handelt; der physiognomische Charakter, wie er sich dem Auge darbietet, wird hier zum Schlüssel benutzt" (S. 609).

Der Seitenhinweis in der Klammer des Zitats bezieht sich auf eine Stelle, wo WAGNER die Arbeit von L. C. BECK (1884) über „Die Aufgaben der Geographie mit Berücksichtigung der Handelsgeographie" bespricht. Dort heißt es: „Die nach ihren eigentümlichen Merkmalen als Individuen vorstellbaren Erdoberflächenteile lassen sich in geographische Provinzen im engeren Sinne oder geographische Einheiten (Gebiete, welche nach den wesentlichen Merkmalen ihrer Teile einheitlich sind, z. B. Lüneburger Heide), und geographische Provinzen im weitern Sinne, einteilen. Letztere bilden ja eine Mehrheit örtlich verschiedener Gebiete, die aber doch gegenüber den andern Gebieten durch gemeinsame Merkmale als ein Ganzes erscheinen... Unter solchen Merkmalen hat man sich, wie Beck sehr richtig sagt (S. 92), nicht nur körperliche Eigenschaften, sondern auch Thätigkeiten und Verhältnisse, überhaupt alles, was in irgend einer Weise dem Objekt kausal angehört, vorzustellen" (WAGNER, 1885, S. 559). BECK hatte in der erwähnten Arbeit auch von den „Kulturformationen" als menschlichen, die Erdoberfläche verändernden Massenwirkungen gesprochen.

Man sieht, daß sowohl OPPEL als auch BECK und WAGNER auf dem besten Wege waren, die landschaftliche Methode zu entdecken bzw. zu entwickeln. Es mangelte nur noch zu sehr an einem klaren Bewußtwerden der Grundbegriffe, die sich erst ganz vage abzeichneten als „Charakter, wie er sich dem Auge darbietet" (Landschaft) und als „Gebiete, welche nach den wesentlichen Merkmalen ihrer Teile *einheitlich* sind" (WAGNER, 1885, S. 609) oder die „durch gemeinsame Merkmale als ein Ganzes erscheinen" (ebd., S. 559) (Landschaftsräume).

Wie OPPEL, so ist auch anderen Autoren irrtümlich nachgesagt worden, sie hätten einen „physiognomischen Landschaftsbegriff" vertreten. Dieses entstand aus einer falschen Auslegung der Tatsache, daß sich diese Autoren vorwiegend mit der Physiognomie der Landschaft befaßt und diese „zum Schlüssel benutzt" hatten, um „den gleichartigen Typus" zur „schärferen Erfassung des Gegenstandes" „zu einem Gesamtbilde" zu vereinigen (Herkunft der hier kombinierten Zitate siehe oben). Es wurde meistens übersehen, daß die mit dem Odium des von ihnen angeblich vertretenen „physiognomischen Landschaftsbegriffs" behafteten Autoren in ihren Schriften auch das Wort „Landschaftsbild" verwenden. Daraus geht aber deutlich hervor, daß sie mit dem Wort Landschaft allein nicht nur deren Physiognomie gemeint haben können. Dann wäre ja das Wort Landschaftsbild unsinnig. Jeder Autor, der von Landschaftsbild oder Landschaftsphysiognomie spricht, muß einen anderen Landschaftsbegriff gehabt haben als einen „physiognomischen", auch wenn dieses ihm selbst vielleicht in manchen Fällen nicht bewußt war.

Wir sehen daran, wie notwendig es ist, sorgfältiger zu untersuchen, ob der Inhalt des Landschaftsbegriffes bei manchen Autoren, deren Äußerungen oft dialektisch gegeneinander ausgespielt werden, wirklich so verschieden voneinander ist, wie es nach der Sekundärliteratur erscheint. Wenn der eine das äußere Bild, der andere die Entwicklung oder der dritte die Kausalzusammenhänge der Landschaft in den Vordergrund rückte und zu einem Hauptkriterium dafür machen wollte, was geographisch belangvoll ist, so beweist das nicht eine grundsätzliche Verschiedenheit des Landschaftsbegriffes, sondern es zeigt sich darin nur, daß Autoren eine ungleiche Auffassung von der Rangordnung der verschiedenen Aufgaben der Geographie hatten.

Echte Unterschiede in der Auffassung des Landschaftsbegriffes gibt es noch genug. Es ist wichtig, in jedem einzelnen Fall zu klären, ob der Autor mit dem Wort Landschaft diese in dem Sinne unseres wissenschaftlichen Landschaftsbegriffs, oder ob er den Landschaftsraum oder die Landesnatur oder den Naturraum gemeint hatte, oder ob, was bei manchen Autoren auch heute noch vorkommt, dasselbe Wort nebeneinander für mehrere dieser unterschiedlichen Grundbegriffe verwendet wurde.

WIMMER, der als Gymnasiallehrer in München wirkte, hat mit seinem Buch über „Historische Landschaftskunde" (1885) in vieler Hinsicht anregend gewirkt. Er hat aber auch dazu beigetragen, die Verwirrung in der Bestimmung der geographischen Grundbegriffe am Ende des letzten Jahrhunderts zu vergrößern. Schon WAGNER (1885) hatte beanstandet, daß der sachliche Inhalt des Buches von WIMMER mit dem, was man nach der Einleitung und den darin gegebenen Definitionen erwarten würde, nicht übereinstimmt. WIMMER behandelte in dem Hauptteil seines Werkes die seit dem Beginn historischer Überlieferung faßbaren landschaftlichen Veränderungen, vorwiegend an Beispielen aus dem mediterranen Bereich und aus Mitteleuropa, geordnet nach den verschiedenen Faktoren, die solche Änderungen bewirkt haben. Im ersten Teil betrachtete er naturbedingte Vorgänge, wie z. B. den Vulkanismus, das Wasser in seinen umgestaltenden Wirkungen (Deltabildung, Flüsse, der Ozean als Landverschlinger), Küstenschwankungen, Vorschreiten des Wüstensandes, Dünen, historische Veränderungen des Klimas. Im zweiten Teil beschäftigte er sich mit der Umgestaltung der Landschaft durch den Menschen unter Stichwörtern wie Bodenkultur, Umgestaltung der Pflanzenwelt, Bewässerung, Entwässerung, Veränderungen in den landschaftlich bedeutsamen Tierformen, Umwandlung der architektonischen Staffage, Wegebau, Wasserstraßen.

So wertvoll und anregend zu dieser Zeit eine solche Übersicht der Umgestaltungsvorgänge mit der Gegenüberstellung von naturbedingten Ursachen und menschlichen Wirkungen

war, so irreführend waren die Überschriften der beiden Hauptteile: ,,Die historische Naturlandschaft'' und ,,Die historische Kulturlandschaft''. Hier lag die Wurzel für eine terminologische Fehlentwicklung, die es über Jahrzehnte den meisten Geographen erschwert oder
gar unmöglich gemacht hat, die Landschaft noch unbefangen in ihrer Gesamtheit zu sehen.
Man sah in ein und derselben Landschaft eine *Natur*landschaft, womit man die Landesnatur
und naturbedingte Vorgänge meinte, und eine *Kultur*landschaft, womit lediglich die anthropogenen Gegenstände in der Landschaft gemeint waren. Erst seit dem Ende der zwanziger
Jahre unseres Jahrhunderts hat man die durch diese terminologische Schizophasie entstandene Hürde überwinden können. Aber selbst bis heute haben sich manche Geographen der
auf diese Weise gebildeten Scheuklappen noch nicht wieder ganz entledigen können.

Unglücklich war auch WIMMERs Einleitung zu seinem Buch. Das mag sich daraus erklären, daß er seinem im Sachlichen grundsoliden Werk die Einführung zuletzt noch vorangestellt hat, offenbar angeregt
durch kurz vorher erschienene andere Schriften (z. B. OPPEL 1884). Ohne das Bestreben, mit Titel und
Einleitung auf dem neuesten Stand 'modern' zu erscheinen, hätte WIMMERS Werk vielleicht den Titel
tragen können ,,Geschichtliche Veränderungen der Landschaft. Historisch-geographische Darstellungen''. Sein späteres Buch (1905), das sich in seinem ersten Teil in stärkerem Maße mit ,,Historischen
Landschaften'' (= Landschaften einer bestimmten Zeit der Vergangenheit) befaßte, hat er, dem Inhalt
sehr gut entsprechend, ,,Geschichte des deutschen Bodens mit seinem Pflanzen- und Tierleben von der
keltisch-römischen Urzeit bis zur Gegenwart. Historisch-geographische Darstellungen'' genannt.

Das Unglück in der Einleitung des Werkes von 1885 begann damit, daß WIMMER, hier
FRIEDRICH MARTHE (1832–1893) (1877) folgend, die *Erdkunde* aufspalten wollte in eine
rein deskriptive *Geographie* und eine kausal forschende *Geosophie*. Die daraus sich ergebenden, schwer verständlichen und z. T. widersprüchlichen Folgerungen für den Bereich der
Historischen Geographie brauchen wir hier nicht zu erörtern. Für das, was unmittelbar unsere Probleme betrifft, sind die teilweise konfusen und oft ebenfalls einander widerspre-
chenden Äußerungen über die Landschaft wichtig. Es erscheint zweckmäßig, einige davon
zusammenzustellen, um zu zeigen, daß bei WIMMER zu dem Thema der Begriffsinterpretation nicht viel Brauchbares zu holen ist, und daß isolierte Zitate aus seinen Werken in der methodologischen Diskussion mit größter Vorsicht zu bewerten sind.

,,Die Geographie fällt nämlich hinsichtlich der Grenzen ihres Darstellungskreises zusammen mit dem
Landschaftsbilde, mag nun dasselbe als Gemälde oder in kartographischer Form ausgeführt sein. Der
beschreibende Geograph ist nichts anderes als ein Landschaftsmaler und Kartenzeichner in Worten''
(1885, S. 9). Weil sie nicht ,,geosophisch'', sondern ,,geographisch'' ist, ,,darf sich dagegen eine 'Landschaftskunde' nur mit dem geographischen oder deskriptiven Teile der Erd- oder Länderkunde befassen. Diese folgt aus dem Begriffe der Landschaft, worunter wir irgend ein Stück der Erdoberfläche als
Objekt deskriptiver Darstellung sei es in Bild oder Wort verstehen'' (ebd.). Mit Bezug auf die Angaben
zu dem Wort Landschaft in GRIMMS Wörterbuch fährt er dann fort: ,,Die Elemente, welche bei einer
Landschaft in Betracht kommen, sind demnach folgende: Bodenplastik; Vegetationsformen; atmosphärische Verhältnisse; insoweit sie von Menschen besiedelt und bebaut ist, die architektonische Staffage;
endlich ihre Eigenschaft als ein politisches Ganzes oder als Teil eines solchen. Der Ausdruck historische
Landschaft pflegt in einem doppelten Sinne gebraucht zu werden. In der Kunst bezeichnet man damit
ideale, nicht nach der Natur kopierte, in einem gewissen strengen Stile gehaltene Landschaftsbilder, in
der Wissenschaft aber Erdräume, welche als Schauplätze von geschichtlichen Ereignissen denkwürdig
geworden sind'' (S. 10). In einer Anmerkung wird hier auf das von uns schon erwähnte Buch von JULIUS
BRAUN (1867) hingewiesen. Dann fährt WIMMER fort: ,,Weder in dem einen noch in dem andern Sinne
soll hier von historischer Landschaft die Rede sein, sondern wir verstehen darunter das landschaftliche
Bild, welches irgend ein Erdraum in einer bestimmten historischen Epoche dargeboten hat. ...Ausge-
schlossen sind mithin Landschaften, die zu allen Zeiten unbewohnte Wildnisse oder Tummelplätze ge-
schichtsloser Völker gewesen sind. Und ebensowenig haben wir es mit solchen Epochen der Erdbil-

dung, die zeitlich nicht mehr in den Gesichtskreis der Geschichte hineinfallen, d. h. mit der prähistorischen Landschaft zu thun, welche der Geologie oder auch der allgemeinen Erdkunde angehört" (S. 10/11).

Die „Darstellung historischer Landschaften... fällt in der Hauptsache zusammen mit einer Beschreibung der Veränderungen, welche die Erdoberfläche während des historischen Zeitalters und innerhalb der historischen Zone erlitten hat. Verändern aber konnte sich eine Landschaft in historischer Zeit in bezug auf ihre sämtlichen oben angeführten Elemente. Es kann ihre Bodenplastik stellenweise umgestaltet, es können ihre atmosphärischen Verhältnisse umgewandelt worden sein, es kann ferner ihr Vegetationskleid, ihre Bebauung und Besiedlung andere Formen angenommen haben; sie kann sich endlich als soziales Gebilde umgestalten, kann sozusagen ihr politisches Kolorit gewechselt haben" (S. 11).

Dies ließe eine Landschaftsvorstellung erkennen, die von der unsrigen gar nicht sehr verschieden ist. Andererseits wollen aber die zuerst zitierten, aus dem Gegensatz zu einer fiktiven „Geosophie" konzipierten Interpretationen (von S. 9) gar nicht dazu passen. Das hatte anscheinend auch WIMMER selbst bemerkt. Er fährt anschließend fort: „Diese geschichtlichen Umgestaltungen einer Landschaft konnten nun durch eine dreifache Kategorie von Ursachen hervorgerufen werden: entweder durch Naturkräfte oder durch Thätigkeit des den Erdboden kultivierenden und des sich politisch zusammengesellenden Menschen", und er versucht die offensichtlichen Widersprüche zu seinen früheren Ausführungen zu rechtfertigen mit der Anmerkung: „Wir haben zwar die Geographie als eine Wissenschaft der Thatsachen aufgefasst, aber es involviert keinen Widerspruch, wenn wir die Thatsachen nach Ursachen gruppieren; umgekehrt konnten wir oben auch für die Geosophie als eine Wissenschaft der Ursachen deskriptive Kategorien als Einteilungsmotiv wählen" (S. 11).

Der Hauptgrund dafür, daß WIMMER mit seinen Begriffsinterpretationen scheitern mußte, war, daß er – im Gegensatz zu anderen zeitgenössischen Geographen – der Geographie nur „deskriptive Kategorien" zubilligen wollte. Bei den mehr naturwissenschaftlich ausgerichteten Geographen hatte schon der von MARTHE (1877) vertretene, sicherlich verfehlte Ansatz keine Anerkennung finden können, zumal um dieselbe Zeit RICHTHOFEN gerade die ursächliche Auffassung als das Kriterium der Wissenschaftlichkeit der Geographie herausgestellt hatte.

In seinem zweiten Buch von 1905 war WIMMER vorsichtiger geworden. Er bezeichnete es als ein Werk der historischen Geographie und enthielt sich jeglicher wissenschaftstheoretischer Interpretation. Die vorgenommene Aufgabe kennzeichnete er dieses Mal im Vorwort, ganz dem tatsächlichen Inhalt des Buches entsprechend, als „den Versuch..., den Boden des heutigen deutschen Reiches samt seiner Pflanzen- und Tierwelt in seinen geschichtlichen Metamorphosen darzustellen" (1905, S. V). Dabei sprach er die Hoffnung aus, „daß dieses Buch als Beitrag zu einer Physiologie der deutschen Geschichte manchem Historiker und Geographen nicht unwillkommene Dienste leisten wird" (S. VI). Mit dem Ersatzwort „Boden" wich er in diesem Werk den terminologischen Problemen der auf die Landschaft bezogenen Begriffe weitgehend aus.

Dem Sinne nach finden sich jedoch in diesem Werk, in verschiedener Form umschrieben und benannt und durchweg klar unterschieden, viele der für die Landschaftsforschung wichtigen Grundbegriffe. Wir können diese größtenteils unseren Begriffen Landschaft, Landschaftsraum, Kulturlandschaft, Urlandschaft, Landesnatur und Naturraum zuordnen. Den allgemeinen Begriff *Landschaft* vermied WIMMER in diesem zweiten Werk. Er verwendete das Wort nur noch sehr sparsam. Es erscheint darin fast nur noch im Zusammenhang mit davon abgeleiteten Begriffen wie: landschaftliches Bild, Urlandschaft, Wald-, Tal- und Sumpflandschaft, Fluß- und Seelandschaft, Zisterzienserlandschaft." (S. 99).

Mit einer „Zisterzienserlandschaft" meinte WIMMER den von diesem Orden bei der Ansiedlung bevorzugten Typus von Landesnatur: „Das sumpfige Waldtal, auch die einsame Flußniederung, das war die echte Zisterzienserlandschaft; sie in Kulturland umzuwandeln, das war die Aufgabe des Klosters."

Seine Aufzählung der „durch Spezialbezeichnungen scharf unterschiedene Formen" von „offenen Flächen, die dem Feldbau nicht unterworfen waren" wie Heide, Geest, Au, Bruch Brühl, Marsch, Anger, schloß er ab mit der Bemerkung: „Das sind landschaftliche Bezeichnungen" (S. 51). Im Sinne von Landesnatur spricht er von der „Naturausstattung" eines Erdraums (S. 1). In der Bedeutung von Naturraum verwendet er die Umschreibung „eines von deutlichen Naturgrenzen umschriebenen Terrains" (S. 116). Dem „Kulturboden" stellt er den „Wildboden" (= Naturlandschaft) gegenüber (S. 3). Von hier aus kommt er zu der Frage nach der Beschaffenheit der Landschaft vor ihrer grundlegenden Umgestaltung durch den Menschen und damit zu der Frage nach dem „landschaftlichen Bild" zur Zeit der Landnahme sowie zu dem Begriff der „Urlandschaft" (S. 5).

Das Wort *Boden* hat in diesem Werk WIMMERs, so wie es beispielsweise schon im Titel gemeint ist, oft in etwa den Sinn von Landschaft. Das geht auch andeutungsweise aus den Einleitungssätzen (S. 1) hervor: „Nicht bloß ein Volk, sondern auch der Boden, den es bewohnt, hat seine Geschichte. Wenn die geschichtliche Bewegung einem Kaleidoskop gleicht, dessen farbige Steine sich zu immer neuen Figuren zusammensetzen, so hat an diesem Gestaltenwechsel nicht bloß das politische und geistige Leben des Volkes seinen Anteil, sondern auch der Boden, auf dem sich dieses Leben abspielte. Sobald nämlich die Menschen sich auf irgend einem Erdraum niedergelassen hatten, begannen sie denselben nach und nach für ihr Dasein zweckentsprechend einzurichten, indem sie dessen Naturausstattung, je nachdem sie ihnen förderlich oder hinderlich war, teils benutzten teils beseitigten" (S. 1).

In Frankreich war PAUL VIDAL DE LA BLACHE (1845–1918) ein Hauptinitiator für die Entwicklung der modernen Geographie. Er war ursprünglich Historiker, gilt aber auch mit Recht als Begründer der französischen länderkundlichen Geographie. Während des größten Teils des 19. Jh. war die Geographie in Frankreich nur als eine Hilfswissenschaft der Geschichte betrieben worden. Erst JULES MICHELET (1798–1874) und ELISÉE RECLUS (1830–1905) bemühten sich, sie zu einer selbständigen Wissenschaft zu machen. Dieses gelang aber erst VIDAL DE LA BLACHE, indem er die regionale Geographie auf der landschaftlichen Methode und der Idee des Landschaftsraums begründete.

VIDAL DA LA BLACHE war geboren in Pézenas, einer ehemaligen Hauptstadt des Languedoc in der Nähe der Ruinen des keltischen Oppidums Ensérune. Die historisch geprägte Umwelt seiner Heimat hat VIDAL DE LA BLACHE anscheinend wirksam angeregt. Nach seinem Studium der Geschichte arbeitete er kurze Zeit in Carcassonne und dann von 1867 an in der französischen Schule in Athen. Auf der Reise dorthin vertiefte er in Rom seine Neigung zur Altertumsforschung. Von Athen aus besuchte er zu historischen und archäologischen Studien Griechenland, Kleinasien, Syrien, Palästina und Ägypten, wo er 1869 der Eröffnung des Suezkanals beiwohnte. Auf diesen Reisen las er die zwischen 1850 und 1859 erschienenen Bände der Erdkunde von RITTER über Syrien, Palästina und Kleinasien. Aus dem Vergleich dieser Studiengebiete untereinander und mit seiner Heimat im mediterranen Frankreich erwuchs sein Interesse an Zusammenhängen zwischen Landesnatur und Geschichte, und erkannte die menschliche Geschichte als eine gestaltende Kraft in der Landschaft. Darüber wurde er zum Geographen. Einen großen Einfluß auf sein Denken hatten die Schriften von RITTER und A. v. HUMBOLDT. Nachdem er sich 1870 nach Frankreich zurückgekehrt war, promovierte er mit einer geschichtlichen Arbeit und ging 1872 als Professor für Geschichte und Geographie nach Nancy, wo er 1875 einen Lehrstuhl für Geographie erhielt.

Von Nancy aus reiste er zu seiner Weiterbildung nach Deutschland und traf in Leipzig mit PESCHEL und in Berlin mit RICHTHOFEN zusammen. Später hatte er ständig eine persönliche Verbindung mit RATZEL. Nachdem er sich so auch ein genaues Bild der Geographie in Deutschland verschafft hatte, schuf er in Nancy die Grundlagen seiner eigenen Geographie.

Die Besonderheit der Geographie VIDAL DE LA BLACHEs bestand darin, daß er grundsätzlich alle Disziplinen, die zur Erforschung des Landes dienen konnten, einbezog in eine

Geographie, deren Ziel das Studium der Landschaftsräume war. Er betonte dabei ganz besonders auch den Wert der direkten eigenen Beobachtung im Gelände.

Seine grundlegenden methodologischen Anregungen für die Geographie, die zu der Wiederbelebung und der Klärung der Landschaftsidee wesentlich beigetragen haben, erschienen zuerst in dem 1894 geschriebenen Vorwort zu dem „Atlas général VIDAL-LABLACHE" (1897). Dort sagt er, man müsse *die Gesamtheit der Merkmale, die eine Gegend charakterisieren,* ins Auge fassen und *geistig miteinander verbinden.* Darin bestehe die geographische Erklärung eines Landes. (,, ... de placer sous les yeux l'ensemble des traits qui caractérisent une contrée, afin de permettre à l'esprit d'établir entre eux une liaison. C'est, en effet, dans cette liaison que consiste l'explication géographique d'une contrée" [Préface]. Wir erkennen darin den Einfluß der Zeit, in der die analytische Sicht den Ausgangspunkt bildete. Das begriffliche Erfassen einer komplexen Einheit wurde gewissermaßen als ein sekundärer Vorgang aufgefaßt. VIDAL DE LA BLACHE gelang es, diese Auffassung zu überwinden. Isoliert betrachtet, hätten die Einzelzüge, die zusammen die Physiognomie eines Landes ausmachen, nur den Wert von Fakten. Wissenschaftlichen Wert bekämen sie erst, wenn man sie in der *Verkettung* sieht, von der sie ein Teil sind, und die nur allein ihnen ihre volle Bedeutung gäbe. Um diese Verkettung sichtbar zu machen, müsse man sich bemühen, alle Glieder dieser Kette wieder zusammenzufügen. Das Charakteristische einer „*contrée*" sei ein Komplex, der aus der Gesamtheit vieler Einzelzüge und der Art, wie diese sich zusammensetzen und einander beeinflussen, hervorgehe. Die Geographie habe damit das schöne, jedoch schwierige Problem vor sich, aus der Gesamtheit der Einzelzüge des physiognomischen Charakters einer Landschaft in deren Verkettung den Ausdruck allgemeiner Gesetze der terrestrischen Organisation zu erfassen.

VIDAL DE LA BLACHE war der Meinung, der wesentliche Beitrag der *Geographie* im Kreise der Wissenschaften, die sich mit den Gegenständen der Geosphäre beschäftigen, sei ihre *Fähigkeit, das nicht zu zerstückeln, was in der Wirklichkeit vereint ist* (,,L'aptitude à ne pas morceler ce que la nature rassemble" [1894]. Aus dieser Sicht erkannte er, daß in Frankreich viele der von der Bevölkerung mit einem Namen versehenen kleinen „*pays*" nach dem Gesamtcharakter abgegrenzte Einheiten seien, also Landschaftsräume in unserem Sinne.

Dieser Grundgedanke bestimmt die Darstellung seines „Tableau géographique" in dem Einleitungsband zu der „Histoire de la France" (1908). Darin gliederte VIDAL DE LA BLACHE die Rheinische Region in die Landschaftsräume (pays) Vogesen, Lothringen, Maaßland und Elsass. Entsprechend verfuhr er mit den übrigen Teilen Frankreichs. In der Darstellung behandelte er gleichgewichtig die Erscheinungen der Landesnatur und des menschlichen Lebens und sah beide in ihren Wechselbeziehungen. Auch die Idee der menschlichen Gruppen als Lebensformen *(genre de vie)* klang dabei schon an. Das menschliche Schaffen, das die Möglichkeiten des physischen Milieus ausnutzt, ist ein wesentlicher Teil der Individualität der *Landschaftsräume.* Diese sind demnach ein *Ergebnis des Zusammenwirkens von Landesnatur und menschlicher Geschichte.* Eine deterministische Auffassung der Kulturlandschaft hat VIDAL DE LA BLACHE ausdrücklich abgelehnt.

Seine stärkste Wirkung auf die französische Geographie hat VIDAL DE LA BACHE durch seine intensive Lehrtätigkeit an der Sorbonne über seine zahlreichen Schüler bekommen. Fast alle bedeutenden französischen Geographen der ersten Jahrzehnte unseres Jahrhunderts stammten aus seiner Schule. Sie alle hatten, wie VIDAL selbst, auch Geschichte studiert, und sie begannen mit landeskundlichen Arbeiten, auch wenn sie sich später, wie z. B. VIDALS Schwiegersohn EMMANUEL DE MARTONNE (1873–1955) oder wie HENRI BAULIG (1877–1962) stärker speziellen Zweigen der Allgemeinen Geographie zuwandten. Man sah darin keinen Gegensatz. Frankreich war von der VIDAL-Schule als Studienobjekt für landeskundliche Doktor-Thesen entdeckt worden. In kurzer Folge erschienen am Anfang des Jahrhunderts die tiefschürfenden Werke von ALBERT DEMANGEON (1872–1940) über die Picardische Ebene (1905), von RAOUL BLANCHARD (1877–1965) über Flandern (1906), von JULES SION (1879–1940) über die östliche Normandie (1909), von ANTOINE VACHER über das Berry (1908) und andere. Zu den Schülern von VIDAL DE LA BLACHE zählen auch PHILIPPE ARBOS (1882–1956), JEAN BRUNHES (1869–1930), FERNAND MAURETTE (1879–1937), RENÉ MUSSET, MAURICE ZIMMERMANN.

Etwa gleichzeitig mit VIDAL DE LA BLACHE hatte der um 14 Jahre jüngere HETTNER nach seinen beiden Südamerikareisen mit methodologischen Publikationen (Herausgabe der Geographischen Zeitschrift seit 1895) begonnen. Er begründete darin die innere Einheit der Geographischen Wissenschaft auf dem Forschungsgegenstand der *Erdräume*. Auch er betonte von Anfang an die Notwendigkeit, die ursächlichen Zusammenhänge der an einer Erdstelle räumlich vereinigten Erscheinungen zu erfassen. In diesem Zusammenhang trat bei ihm auch der Begriff *Landschaft* auf, wenn auch nicht in einem eindeutig definierten Sinne, und die Idee der landschaftlichen Methode wurde angedeutet.

,,...die meisten Erscheinungen einer Erdstelle sind ursächlich eng mit einander verbunden und machen jede Erdstelle dadurch zu einer natürlichen Einheit, der man Eigenart oder Individualität zusprechen kann. Und wie die Schilderung diese Einheit unbewußt erfaßt, um die Landschaft gleichsam als ein harmonisches Kunstwerk darzustellen, so führt auch die analytische Thätigkeit des Verstandes schließlich doch wieder zur Einheit" (1895, S. 10). ,,Erst...die Erklärung...macht es möglich, ...zur Aufstellung von...Landschaften...fortzuschreiten" (S. 11).

Wenn er hier von Landschaften sprach, so meinte HETTNER auf der Landesnatur begründete räumliche Einheiten. ,,Landschaftsgliederung" bei HETTNER (1895) bedeutet daher in unserer Terminologie Naturräumliche Gliederung. Für HETTNER gab es damals noch nicht das Problem einer Alternative zwischen Naturraum und Landschaftsraum. Denn zu dieser Zeit hatte man noch die Vorstellung, die menschlichen Erscheinungen seien nur in dem Maße von geographischem Interesse, als sie von der Landesnatur abhängig sind und sich in die naturräumliche Gliederung einfügen.

Die Schwierigkeit, sich aus einer deterministischen Auffassung der anthropogenen Bestandteile der Landschaft zu lösen, wird besonders deutlich in der Berliner Antrittsrede von A. PENCK:

,,Wie befruchtend aber für die Pflege der neueren allgemeinen Geographie gewesen, dass die Erdoberfläche als ihr eigentlicher Vorwurf erkannt wurde, in der Länderkunde ist dieser Gesichtspunkt noch nicht durchaus zu Recht gekommen. Die Ursache dafür liegt sachlich in der Tatsache, dass die schöne Korrelation geographischer Erscheinungen, welche uns in weiten unbewohnten oder dürftig besiedelten Gebieten entgegentritt, durch das Eingreifen des Menschen völlig zerstört wird... Das Aussehen ganzer Länder gestaltet er um und drückt ihnen den Stempel seines Willens auf... Allein, jene Umgestaltung ist so beschränkt, wie der Wille der sie bewirkt. Im Grunde genommen handelt es sich bei jeder Kulturarbeit nur um die Selbsterhaltung. Das Nahrungsbedürfnis fesselt den Menschen an die Scholle, und kann er seine Wohnstätte um so mehr von seiner Nährfläche räumlich trennen, über je ausgedehntere Verkehrsmittel er verfügt, er kann sich nie von ihr unabhängig machen, und ist in ihrer Ausnutzung beschränkt durch ihre natürliche Beschaffenheit, welche immer nur bestimmte Arten von Kulturen gestattet. Diese Abhängigkeit von der Scholle Land für Land klarzulegen, erscheint mir als die wahre Anthropogeographie" (1906, S. 6).

PENCK hatte schon früh das Wort Landschaft verwendet, jedoch lediglich im Zusammenhang mit einer Typologie des Reliefcharakters: ,,Die verschiedenen Einzelformen pflegen gesellig aufzutreten und bilden durch ihre häufige Wiederholung gewisse Landschaften, wie z. B. die Thäler die Thallandschaften, die Berge die Berggruppen" (1894, Bd. 1, S. 34). Später schrieb er bei der Behandlung der ,,Beobachtung als Grundlage der Geographie" (1906), daß die Mannigfaltigkeit der Oberflächenformen und des Pflanzenkleides „zum Studium der Verschiedenheiten einzelner Landschaften auffordert" (S. 41). Auf seine weiteren Beiträge zu der Entwicklung der landschaftlichen Methode werden wir noch zu sprechen kommen.

Grundlegende Gedanken, die zu einer Konsolidierung des wissenschaftlichen Landschaftsbegriffes und zu der weiteren Entwicklung der landschaftlichen Methode entscheidend beigetragen haben, verdanken wir SCHLÜTER. Von seinen Zeitgenossen ist SCHLÜTERs Auffassung zwar teilweise mißverstanden und deshalb nicht unmittelbar aufgenommen worden. Erst WAIBEL hat diese in ihrer Bedeutung voll erkannt und stärker zur Geltung gebracht. SCHLÜTER hatte die Gedanken zu seiner „Landschaftsgeographie" etwa seit der Jahrhundertwende entwickelt. Wir können dieses nicht im einzelnen chronologisch aufzeigen, sondern müssen uns darauf beschränken, den wesentlichsten Inhalt seiner Beiträge zur geographischen Methodologie aus den beiden ersten Jahrzehnten unseres Jahrhunderts zusammenfassend zu charakterisieren.

Entscheidend war, daß SCHLÜTER aus seiner Sicht der Aufgaben und Methoden der Geographie, ähnlich wie VIDAL DE LA BLACHE, einen Ansatz fand, die dualistische Auffassung des Forschungsgegenstandes zu überwinden. Was damit gemeint ist, haben wir an dem Beispiel des ersten Werkes von WIMMER (1885) aufgezeigt, der in demselben räumlichen Gegenstand zwei verschiedenartige „Landschaften" sah, nämlich eine „Naturlandschaft", womit er die Vorgänge der Landesnatur, und eine „Kulturlandschaft", womit er das Wirken des Menschen in derselben Gegend meinte. Diese Auffassung hatte sich aus verschiedenen Gründen bis über die Jahrhundertwende erhalten und in der Vorstellungswelt der meisten deutschen Geographen festgesetzt. Ein Grund dafür war das gegenseitige Nichtverstehen der historisch eingestellten und der naturwissenschaftlich denkenden Geographen. Dieses war noch verschärft worden durch RICHTHOFENs und HETTNERs strikte Forderung nach einer ausschließlich kausalen Fragestellung. Unter einer kausalen Erforschung der kulturbedingten Gestaltung der Erdoberfläche konnte man sich aber damals noch nicht viel vorstellen. Man sah darin entweder etwas, das sich nur durch eine geschichtliche Betrachtung darstellen lasse, oder aber man vertrat einen nackten Determinismus, der nur eine beschränkte Auswahl von anthropogenen Elementen in die Betrachtung einzubeziehen erlaubte.

SCHLÜTERs Ausgangspunkt waren siedlungsgeographische Forschungen in Thüringen (1896, 1902, 1903). Um die Siedlungen in ihrer Gesamtgestalt verstehen zu können, sah er sich vor die Notwendigkeit gestellt, die Landschaft, so wie sie sich als Ganzes der Beobachtung darbietet, in die Betrachtung einzubeziehen. Daraus erwuchs sein Bemühen, die Aufgabe und die Arbeitsweise der Geographie schärfer vom Gegenstand her zu bestimmen.

Wie VIDAL DE LA BLACHE sah SCHLÜTER in der Gestalt der Erdräume das zu erforschende Objekt. Der zu seiner Zeit einseitig vorherrschenden Geomorphologie stellte er die Morphologie der Kulturlandschaft und damit die Forderung einer morphologischen Betrachtung des geosphärischen Gesamtcharakters gegenüber. Als Elemente einer Landschaft faßte er alle flächenhaft wahrnehmbaren Erscheinungen auf, aus denen sich die geosphärischen Räume zusammensetzen. SCHLÜTER hatte erkannt, daß die alleinige Betonung der Kausalforschung sich hemmend auswirkte. Er sah es als unmöglich an, alle Elemente zuerst vollständig zu „erklären", um erst dann über die „erklärende Beschreibung" zu der Vorstellung des Ganzen vorzudringen. Er hielt es für notwendig, zunächst die wahrnehmbare

Wirklichkeit deskriptiv zu erfassen. Daher wandte er sich ausdrücklich gegen die Überbetonung der Kausalanalyse. Wir erinnern an seinen schon früher (2.1) zitierten Satz: ,,Es wird sich nicht allein darum handeln, Ursache und Wirkung klarzulegen, sondern überhaupt das Wirkliche sinnvoll zu erfassen'' (1919, S. 12).

Das *Wirkliche* ist die reale Gestalt aus Natur und Menschenwerk. Der unmittelbaren Beobachtung ist es zunächst über seine Physiognomie zugänglich. Daher sah sich SCHLÜTER veranlaßt, die Notwendigkeit der Darstellung des sinnlich Wahrnehmbaren zu betonen. Den Begriff einer bestimmten Landschaft gewinnt man aus dem Landschaftsbild; ,,von den kleinen Objekten, aus denen sich die Landschaft im einzelnen zusammensetzt'', kann er nicht abgeleitet werden; er muß vielmehr ,,aus einer von vornherein zusammenfassenden Art der Betrachtung'' (1920, S. 152) gewonnen werden. Damit widersetzte sich SCHLÜTER selbstverständlich nicht dem Ziel, das Wirkliche auch ursächlich zu erforschen. Aber er wies darauf hin, daß es methodisch unumgänglich sei, zuerst die Wirklichkeit in ihrer wahrnehmbaren Struktur zu begreifen, ohne Rücksicht darauf, ob und wie weit diese ursächlich erklärt werden kann. Erst wenn die komplexe Wirklichkeit als solche begriffen ist, wird man deren dynamische Struktur ursächlich erforschen können. Das zu untersuchende Objekt muß vorher erkannt sein, wenn nicht nur willkürlich herausgegriffene Teile davon erforscht und erklärt werden sollen. Deshalb rückte SCHLÜTER das ,,Landschaftsbild'' als Indikator des Objektes Landschaft in den Mittelpunkt der Betrachtung und machte dieses zum Kriterium dafür, was wesentlich sei.

Die maßgebende Stellung, die SCHLÜTER damit der Physiognomie einräumte, ist so ausgelegt worden, als ob sein Landschaftsbegriff eine nur auf die Physiognomie bezogene Konzeption gewesen sei. Dieses ist ein Mißverständnis. Denn wäre ,,Landschaft'' nur das ,,Bild'', dann wäre das Wort Landschafts-Bild überflüssig! SCHLÜTER hat demnach nicht – wie oft behauptet wurde – den Inhalt des Landschaftsbegriffs eingeschränkt. Wenn er betonte, daß die Landschaft aus ihrer Physiognomie zu erfassen sei, so präzisierte er damit den Forschungsweg und begründete zugleich den unausweichlichen Zwang, Natur und Mensch in der Landschaft in gleichem Maße zu berücksichtigen.

Mit Landschaft meinte SCHLÜTER, auch wenn er deren Begriff von dem sinnlich Wahrnehmbaren her ableitete, nicht nur deren äußeres Bild. Aus diesem erschloß sich vielmehr bei seiner Art der Forschung die Dynamik des Gegenstandes. Er erfaßte damit in der Gestalt der Landschaft auch das Zusammenwirken von Natur und Kultur. Diese beiden Seiten der Erscheinungen wollte er methodisch gleichrangig behandelt sehen, ohne jedoch damit die Betrachtung der Kultur auf die mechanische Kausalität zu reduzieren. ,,Werke von Menschenhand, die nicht verstanden werden können ohne geschichtliche, nationalökonomische, ethnologische, kurz geisteswissenschaftliche Forschung, gehen in die Landschaft als Bestandstücke ein'' (1920, S. 145). Beim Aufsuchen dessen, was zum Verständnis der zu erforschenden Tatsachen beitragen könnte, wollte sich SCHLÜTER ,,keine Zügel anlegen lassen'' (S. 218).

Eine ähnliche Auffassung vertrat KARL SAPPER (1866–1945). Er ging von den ,,wesentlichen Charakterzügen des Bildes'' (1917, S. 2) einer Landschaft aus und war der Meinung, daß zunächst ,,das Wichtigste immer die anschauliche Schilderung des Tatsächlichen'' (S. 3) sei.

1913 veröffentlichte PASSARGE seinen Aufsatz über ,,Physiogeographie und Vergleichende Landschaftsgeographie'', auf den wir noch zurückkommen werden, und 1916 sprach auch GRADMANN in seinem Aufsatz über ,,Wüste und Steppe'' programmatisch von einer

„allgemeinen" Landschaftskunde, die methodisch ein eigener, zwischen allgemeiner und spezieller Geographie stehender Zweig sei.

Auch PAUL L. MICHOTTE (1876–1940) hatte, z. T. von VIDAL DE LA BLACHE, SCHLÜTER und PASSARGE angeregt, die methodologische Bedeutung des Landschaftsbegriffs für den Aufbau und die Gliederung der Geographie erkannt. Er verwies ausdrücklich auf die Flexibilität (flexibilité) der Beziehungen zwischen den verschiedenartigen landschaftlichen Erscheinungen, deren Erkenntnis auch schon BRUNHES geholfen habe, die deterministische Auffassung zu überwinden. Landschaften setzen sich nach MICHOTTE aus Gegenständen wie Berge, Hügel, Wasserläufe, Wege, Häuser, Fabriken, Dörfer, Wald, Wiesen, Felder usw. zusammen. Die Mannigfaltigkeit ihrer Kombination zu beschreiben und zu erklären, sei das Ziel der regionalen Geographie. Die landschaftlichen Komplexe zu klassifizieren, um auf diese Wiese zu großen Regionen vordringen zu können, sei Aufgabe der „vergleichenden regionalen" oder der „allgemeinen Geographie". Dazu käme als drittes die Chorologie der Geofaktoren, die MICHOTTE als die auf den systematischen Wissenschaften basierende „spezielle Geographie" bezeichnete. Geographie sei im wirklichen Sinne des Wortes „géographie, une description scientifique des diverses unités spatiales, des diverses régions, de la surface terrestre" (1921).

Wenn SCHLÜTER, SAPPER, MICHOTTE, PASSARGE und andere die Notwendigkeit der unvoreingenommenen Deskription betonten, so geschah dieses zum Teil in Abwehr gegen die Geringschätzung der reinen Beschreibung, die sich vor allem unter dem Einfluß von WILLIAM MORRIS DAVIS (1850–1934), der im Wintersemester 1908/9 Gastvorlesungen in Berlin gehalten hatte, auszubreiten begann. Von dem Bestreben aus, zu einer genetischen Typologie des Reliefs zu gelangen, hatte DAVIS deduktiv schematische Modelle für die „erklärende Beschreibung der Landformen" (1912) entwickelt. Diese spekulative Konstruktion von Erklärungen mit einseitiger Herausstellung bestimmter Tatsachen (tektonische Bewegungen und Erosion) und unter Vernachlässigung anderer, wie z. B. des Klimas und der Vegetation, wirkte faszinierend, verführte aber auch dazu, aufgrund theoretischer Voreingenommenheit die Tatsachen zu verfälschen oder unvollkommen zu erkennen.

Dieser Gefahr versuchte neben anderen auch A. PENCK zu begegnen, indem er betont der Abhängigkeit der Oberflächenformen von Gestein und Tektonik den Aspekt der Beziehungen von Klima und Relief an die Seite stellte. In seinem Aufsatz „Versuch einer Klimaklassifikation auf physiogeographischer Grundlage" (1910) machte er einen ersten Ansatz, Klimagebiete mit geomorphologischen Indikatoren zu kennzeichnen. Schon früher hatte er auf die Notwendigkeit und die Bedeutung der unbefangenen „Beobachtung als Grundlage der Geographie" (1906) hingewiesen.

HETTNER, der 1918 (S. 173) geschrieben hatte, die Landschaft sei „der eigentliche geographische Grundbegriff", erkannte diese als das Kriterium der geographischen Relevanz: „Nicht die Zugehörigkeit einer Erscheinung zum Bilde, sondern zum Wesen der Landschaft entscheidet darüber, ob sie ein Gegenstand der Geographie ist" (1919, S. 12).

In den „'geographischen Provinzen', die man unter Berücksichtigung der *gesamten* 'dinglichen Erfüllung des Raumes' aufzustellen versucht" (ROBERT SIEGER [1864–1926], 1918, S. 389) sehen wir eine Vorstufe der Definition des Landschaftsraums.

Es ist zur Zeit immer noch schwer, korrekt zu würdigen, welche Rolle PASSARGE bei der Entwicklung der landschaftlichen Methode gespielt hat. Fast drei Jahrzehnte lang war sein Name in der Vorstellung der deutschen und auch vieler ausländischer Geographen fast untrennbar mit dem Stichwort *Landschaftskunde* assoziiert. Dagegen ist er in den letzten Jahrzehnten in den Diskussionen über dieses Thema nur noch selten zitiert worden und wird jetzt kaum noch genannt. Letzteres sicher zu Unrecht, denn PASSARGEs Verdienste um die Förderung der landschaftlich ausgerichteten Geographie sind ohne Zweifel besonders groß.

Es gibt aber viele Gründe, die es fast unmöglich machen, ohne eine gründliche Spezialuntersuchung, an die sich aber niemand herangewagt hat, die Bedeutung seiner Schriften gerecht zu würdigen. Ein Hauptgrund ist die Widersprüchlichkeit vieler Aussagen in dem Werk von PASSARGE. Diese hat dazu geführt, daß man seine Äußerungen in stillschweigender Übereinkunft beiseite ließ, um die Diskussion über das schwierige Thema nicht unnötig noch mehr zu verwirren. Denn zu der begrifflichen Klärung hat PASSARGE mit seinen vielen nicht zusammen passenden Formulierungen kaum beigetragen. Sein Verdienst ist es gewesen, daß er mit seinen vielen Publikationen das Thema Landschaft in der Geographie nicht zur Ruhe kommen ließ und das Interesse einer breiten Öffentlichkeit dafür gewonnen hat. In der Art, wie er dieses tat, hat er aber auch manchen abgeschreckt, sich näher damit zu befassen. Andere jedoch hat er angeregt, sich mit dem Thema Landschaftskunde auseinanderzusetzen, wenn auch oft vorwiegend in kritischer Opposition.

PASSARGE, eine originelle Persönlichkeit, war auf seinen Reisen als Schiffsarzt zum Geographen geworden. Dabei hatte er offenbar die größte methodologische Schwäche der Geographie erkannt. Er bemühte sich, hier mit starker Initiative einzugreifen, indem er zwischen der analytischen Einzelforschung der systematischen Zweige und der länderkundlichen Geographie als ausrichtende Mitte eine ,,vergleichende Landschaftsgeographie'' aufzubauen versuchte.

Die lange Reihe seiner geographischen Publikationen begann er 1908 mit einem Aufsatz über ,,die natürlichen Landschaften Afrikas'' (gemeint sind Naturräume). Es folgte eine methodische Arbeit über ,,Physiogeographie und Vergleichende Landschaftsgeographie'' (1913). Schon damit hatte er einen entscheidenden Schritt für die Förderung der landschaftlichen Methode und die Begründung der allgemeinen Landschaftslehre getan. Mit seinen beiden umfangreichen Hauptwerken ,,Die Grundlagen der Landschaftskunde'' (1919/20) und ,,Vergleichende Landschaftskunde'' (1921–1930) und einigen für eine breitere Öffentlichkeit geschriebenen Veröffentlichungen, wie z. B. ,,Erdkundliches Wanderbuch'' Bd. 1: Die Landschaft (1921), machte PASSARGE am Anfang der zwanziger Jahre die Landschaftskunde zu einem populären Thema.

Sein ,,Erdkundliches Wanderbuch'' gliederte er in zwei Teile. ,,Der erste Teil umfaßt die Landschaft, also den Schauplatz für Tier und Mensch, der zweite aber Tier und Mensch'' (1921, Vorwort S. 5). ,,Die Landschaft ist der Schauplatz der Tiere und des Menschen. Sie setzt sich aus Erscheinungen der festen Erdrinde – Oberflächengestaltung, Gesteine, Aufbau, Verwitterungsboden – ferner des Klimas, der Bewässerung und der Pflanzendecke zusammen'' (1921, S. 217). PASSARGE sah am Anfang die Landschaft wie die früheren Landschaftsmaler als Hintergrund (,,Schauplatz'') und hat diese Auffassung auch später nie ganz überwunden. Die Sicht auf das geosphärische Gesamtsystem war damit für ihn von vornherein behindert. Dennoch meinte er mit Landschaft nicht etwa nur Landesnatur, sondern nannte als Beispiele für die Formelemente der Landschaft auch Felder und Wiesen. Diese unklare Ausgangskonzeption blieb bei der weiteren Entwicklung seines Gesamtwerkes eine schwere Belastung. Er sah sich daher später oft zu unglücklichen Kompromißformulierungen gezwungen, von der unwirschen Formel ,,Das, was man sieht, ist doch die Landschaft'' (1924) bis zu den widersprüchlichen Sätzen in der ,,Einführung in die Landschaftskunde'' (1933): ,,Die Landschaft umfaßt also vor allem das auf der Erdoberfläche sinnlich Wahrnehmbare, soweit es mit dem Raum eng verbunden ist. Demgemäß gehören unbedingt dazu alle Erscheinungen der Kulturlandschaft . . . Keinesfalls aber sind Tier und Mensch 'Landschaftsbildner', deshalb darf man sie nicht bei der Aufstellung und Abgrenzung von Landschaftsräumen verwenden, also z. B. die Rokitnosümpfe nach Polen, Weiß- und Kleinrussen in drei Landschaften zerlegen'' (S. 1). Die wenigen Beispiele mögen genügen, um deutlich zu machen, daß es aussichtslos wäre, sich bei dem begrifflichen Aufbau der Landschaftskunde auf Definitionen von PASSARGE stützen zu wollen.

Das Wort „Landschaft" verwendete PASSARGE in mannigfaltiger Bedeutung, und zwar nicht nur in den verschiedenen zeitlichen Phasen seiner persönlichen Entwicklung, sondern nicht selten auch unmittelbar nebeneinander in der gleichen Arbeit. Es bedeutet weder eindeutig Landesnatur oder Naturraum noch Landschaft oder Landschaftsraum. An manchen Stellen ist Landschaft „das, was man sieht" (1924), an anderen „ein Gebiet" (1921) usw.

Geradezu verkrampft wirkt die Ableitung der „Landschaftsräume" in der „Einführung" von 1933. Der Grund für seine Schwierigkeiten ist hier deutlich erkennbar. Er sah die Wirklichkeit nicht primär als räumliches Kontinuum, vielmehr versuchte er, „Raum" aus der Summe von Arealen (= „Einzelräume") einzelner Gegenstände zu konstruieren. Sein Denken war offenbar noch zu sehr in der Methode des sachanalytischen Schemas verhaftet. Er identifizierte Verbreitungsgebiete von Gegenständen mit „Räumen". „Die Einzelwissenschaften, die in der Landschaft wurzeln, beschäftigen sich mit den sie angehenden Einzelräumen bzw. Verbreitungsgebieten; die Botanik mit der Pflanzenwelt, die Geologie mit ... Nun sehen wir aber, daß sich die Einzelräume (lies: Verbreitungsgebiete einzelner Gegenstände!) in der Landschaft zu einheitlichen zusammengesetzten Räumen vereinigen, und zwar nicht beliebig, sondern augenscheinlich gesetzmäßig ... Also die Einzelräume der Oberflächenformen, der Gesteine, der Pflanzendecke, des Wassers vereinigen sich regelmäßig zu Räumen von bestimmtem Landschaftscharakter. Diese aus Einzelräumen zusammengesetzten Räume wollen wir 'Landschaftsräume' nennen, und da sich die Landschaftskunde mit solchen, die Landschaft aufbauenden, zusammengesetzten Landschaftsräumen beschäftigt und gerade diese erforscht, so ist folgende Definition der Landschaftskunde gegeben: Landschaftskunde ist die Lehre von der Anordnung und Durchdringung der landschaftsbildenden Einzelräume (lies: Verbreitungsgebiete der einzelnen Gegenstände!) und ihrer Verschmelzung zu einheitlichen Bestandteilen der Landschaft. Die Erfahrung hat gelehrt, daß es namentlich dem Anfänger – und bezüglich der Landschaftskunde sind auch meine Universitätskollegen im allgemeinen wohl Anfänger, mögen sie auch bereits ein patriarchalisches Alter erreicht haben – schwer fällt, landschaftskundlichen Gedankengängen zu folgen" (S. 6). Die sorgfältige Lektüre dieses Textes dürfte davon überzeugen, daß es nicht nur an dem patriarchalischen Alter der Anfänger lag, wenn man PASSARGEs Gedankengängen nicht folgen konnte. Er hatte das Pferd vom falschen Ende her gezäumt. Dieses ist besonders bedauerlich, weil ihm ein richtiges Ziel vorschwebte, das er mit viel Enthusiasmus und einem immensen Aufwand von Arbeitskraft zu erreichen strebte, das aber auf diesem Wege unerreichbar blieb.

Dazu kam noch der unglückliche Dualismus seiner Alternative Mensch und 'Landschaft'. Auch diese hat in Verbindung mit der noch weitgehend deterministischen Auffassung der anthropogenen Erscheinungen dazu beigetragen, daß andere Autoren, die ebenfalls auf dem Wege waren, die landschaftliche Methode zu entdecken, sich mit den Werken von PASSARGE nicht befreunden konnten. Auch das Positive seiner Werke kam daher weniger zur Geltung, als es hätte sein können.

Positiv und für die Entwicklung der landschaftlichen Methode förderlich war

1. daß sich PASSARGE ebenso scharf wie SCHLÜTER oder PENCK für die Pflege der unvoreingenommenen Beschreibung einsetzte und ausdrücklich gegen die „erklärende Beschreibung" von DAVIS, d. h. gegen die voreilige Deduktion Stellung nahm;

2. daß er grundsätzlich das methodische Prinzip vertrat, bei der Erforschung der Landschaft von deren räumlichen Bauelementen auszugehen, auch wenn er diese vorwiegend nur in einem naturräumlichen Sinne auffaßte;

3. daß er für eine planvolle Analyse der Landschaft unmittelbar aus der Beobachtung eintrat und sich um ein hierarchisches Ordnungssystem der aus der Beobachtung erfaßbaren räumlichen Glieder der Landschaften bemühte;

4. daß er den Unterschied erkannte zwischen einer individuellen (in PASSARGEs Formulierung: „realen") Landschaftskunde, die zu der Erfassung und konkreten Beschreibung der einzelnen kleinen Landschaftsräume („Reallandschaften") führt, und der Typologie der Landschaften, die es möglich macht, zu der großräumigen Zusammenfassung von „Landschaftsgürteln" zu gelangen.

Insgesamt ist das Lebenswerk von PASSARGE ein Beispiel dafür, wie unendlich mühevolle Arbeit mit viel zu geringem Nutzeffekt vertan werden kann, wenn eine solide theoretische Grundlage fehlt. Soweit es die begriffliche Klärung angeht, kann das Bemühen von PASSARGE heute nur noch als ein toter Ast in der Entwicklung angesehen werden.

Einen anderen Autor, der um die gleiche Zeit erheblich dazu beigetragen hatte, das Thema Landschaft in der Geographischen Wissenschaft in Mißkredit zu bringen, brauchen wir hier nur kurz zu erwähnen. BANSE, der von sich selbst behauptete, daß er im Jahre 1912 als erster die Landschaft als Darstellungsobjekt und damit die neue (,,gestaltende'') Geographie entdeckt hätte.

Als Beleg für BANSES Auffassung der Geographie bringen wir ein Zitat aus seinem Buch *Landschaft und Seele* (1928): ,,Es ist klar, daß Gestaltung eine ganz andere Einstellung zu den Dingen erfordert als Untersuchung. Letztere kann von jedem ausgeübt werden, der mittelmäßig begabt ist und die erforderlichen Vorkenntnisse erwirbt. Erstere dagegen setzt voraus: einmal besonderes Einfühlungsvermögen und zum andern Kraft, Erlebtes anschaulich wiederzugeben. Wem nicht eine Landschaft mit ihrer ganzen Erfülltheit von Formen und Farben, von Luft und Menschen zum Erlebnis wird, das ihn völlig durchrüttelt und gänzlich ausfüllt, der kann nicht bis zum Geheimnis ihrer Seele vordringen und wird nie in der Lage sein, diesen Erlebniseindruck anderen Menschen in wünschbarer Stärke zu vermitteln'' (S. 45/46).

Der Erlebniseindruck des Geheimnisses der landschaftlichen Seele ist nicht verifizierbar. Was BANSE wollte, ist keine Wissenschaft, und wir brauchen uns daher hier nicht näher damit zu befassen. Es besteht auch kaum die Gefahr, daß seine selbstüberheblichen Schriften, in denen er dieses als die wahre Geographie anpries, noch viel gelesen werden. Der Sache nach können wir dazu mit einem Zitat von HASSINGER Stellung nehmen: ,,Das Verhältnis der wissenschaftlichen Forschung zur Landschaft unterscheidet sich grundsätzlich von dem der Kunst dadurch, daß hier nicht der Einfluß der seelischen Beeindruckung im Vordergrund steht, sondern das Streben nach objektiver Wahrheit, nach Wiedergabe von Beobachtungstatsachen, die sich gleichbleiben, gleichviel, durch welchen Beobachter sie vermittelt werden. Hier gilt nicht das Wort des Malers: 'So sehe ich es' . . . Für die Wissenschaft gilt nur der Respekt vor den Tatsachen, nur die Wahrheit, nicht Willkür und Phantasie'' (1937, S. 78).

Die zwanziger Jahre waren ein Jahrzehnt der Gärung und einer turbulenten Diskussion, die in ihren einzelnen Phasen historisch darzustellen, einen eigenen Band füllen würde. Wir müssen uns daher darauf beschränken, hier in chronologischer Folge eine Auswahl der im Zusammenhang mit der Entwicklung der Landschaftskunde interessantesten Arbeiten zu nennen. Auf manche davon kommen wir in dem entsprechenden sachlichen Zusammenhang an anderer Stelle zurück. Zu einer gerechten Beurteilung des Anteils der einzelnen Autoren an der Entwicklung sollte man aber die zeitliche Folge dieser Arbeiten nicht aus dem Auge verlieren.

1919
R. GRADMANN: Pflanzen und Tiere im Lehrgebäude der Geographie
H. HASSINGER: Über einige Aufgaben geographischer Forschung und Lehre
A. HETTNER: Die Einheit der Geographie in Wissenschaft und Unterricht
S. PASSARGE: Die Grundlagen der Landschaftskunde

A. PENCK: Ziele des geographischen Unterrichts
A. PHILIPPSON: Inhalt, Einheitlichkeit und Umgrenzung der Erdkunde und des
                             erdkundlichen Unterrichts
O. SCHLÜTER: Die Stellung der Geographie des Menschen in der erdkundlichen
                             Wissenschaft

1920
R. GRADMANN: Die Erdkunde und ihre Nachbarwissenschaften
O. SCHLÜTER: Die Erdkunde in ihrem Verhältnis zu den Natur- und Geistes-
                             wissenschaften
A. SCHULTZ: Die natürlichen Landschaften von Russisch-Turkestan
L. WAIBEL: Der Mensch im südafrikanischen Veld

1921
M. FRIEDERICHSEN: Die geographische Landschaft
R. LÜTGENS: Spezielle Wirtschaftsgeographie auf landschaftskundlicher
                             Grundlage
P. MICHOTTE: L'orientation nouvelle en géographie
S. PASSARGE: Vergleichende Landschaftskunde
W. VOLZ: Im Dämmer des Rimba. Sumatras Urwald und Urmensch
L. WAIBEL: Urwald, Veld, Wüste

1922
E. BANSE: Die neue Geographie
A. LEUTENEGGER: Begriff, Stellung und Einteilung der Geographie
E. OBST: Eine neue Geographie?
O. SCHNURRE: Tiergeographie und Landschaftsgeschichte
L. WAIBEL: Die Viehzuchtgebiete der südlichen Halbkugel

1923
H. H. BARROWS: Geography as human ecology
J. G. GRANÖ: Die landschaftlichen Einheiten Estlands
A. HETTNER: Methodische Zeit- und Streitfragen
N. KREBS: Natur- und Kulturlandschaft
E. OBST: Die Krisis in der geographischen Wissenschaft
S. PASSARGE: Die Landschaftsgürtel der Erde. Natur und Kultur
H. SCHREPFER: Das phänologische Jahr der deutschen Landschaften
M. SIDARITSCH: Landschaftseinheiten und Lebensräume in den Ostalpen
R. SIEGER: Natürliche Räume und Lebensräume
W. VOLZ: Der Begriff des „Rhythmus" in der Geographie
W. VOLZ: Das Wesen der Geographie in Forschung und Darstellung

1924
W. FRENZEL: Historische Landschafts- und Klimaforschung
W. GEISLER: Die landschaftliche Gliederung des Mitteleuropäischen, insbe-
                             sondere Norddeutschen Flachlandes

R. GRADMANN:	Das harmonische Landschaftsbild
V. PASCHINGER:	Versuch einer landschaftlichen Gliederung Kärntens
S. PASSARGE:	Landeskunde und vergleichende Landschaftskunde
P. SCHULTZE-NAUMBURG:	Vom Verstehen und Geniessen der Landschaft
M. SIDARITSCH:	Die landschaftliche Gliederung des Burgenlandes
J. SÖLCH:	Die Auffassung der „natürlichen Grenze" in der wissenschaftlichen Geographie

1925

G. BRAUN:	Zur Methode der Geographie als Wissenschaft
A. CHEVALIER:	Essai d'une classification biogéographique des principaux systèmes de culture
N. CREUTZBURG:	Die Entwicklung des nordwestlichen Thüringer Waldes zur Kulturlandschaft
O. GRAF:	Vom Begriffe der Geographie im Verhältnis zur Geschichte und Naturwissenschaft
G. HASENKAMP:	Die Wege als Erscheinungen im Landschaftsbild
F. HUTTENLOCHER:	Ganzheitszüge in der modernen Geographie
O. MAULL:	Zur Geographie der Kulturlandschaft
C. O. SAUER:	The morphology of Landscape
F. SCHWIEKER:	Hamburg, eine landschaftskundliche Stadtuntersuchung
R. SIEGER:	Natürliche Grenzen

1926

R. GRADMANN:	Harmonie und Rhythmus in der Landschaft
A. v. KRUEDENER:	Waldtypen als kleinste Landschaftseinheiten bzw. Mikrolandschaftstypen
F. LAMPE:	Geographisches Denken
H. LAUTENSACH:	Allgemeine Geographie zur Einführung in die Länderkunde
J. MOSCHELES:	Das logische System der Geographie des Menschen
A. PENCK:	Deutschland als geographische Gestalt
C. TROLL:	Die natürlichen Landschaften des rechtsrheinischen Bayerns
W. VOGEL:	Zur Lehre von den Grenzen und Räumen

1927

K. FRENZEL:	Beiträge zur Landschaftskunde der Westlichen Lombardei mit landeskundlichen Ergänzungen
K. FRIEDERICHS:	Grundsätzliches über die Lebenseinheiten höherer Ordnung und den ökologischen Einheitsfaktor
S. FUNK:	Die Waldsteppenlandschaften, ihr Wesen und ihre Verbreitung
J. G. GRANÖ:	Die Forschungsgegenstände der Geographie
A. HETTNER:	Die Geographie. Ihre Geschichte, ihr Wesen und ihre Methoden
L. KOEGEL:	Tropenurwald und Wüstenlandschaften der Erde
K. KROHM:	Die Buschwüsten
H. SPETHMANN:	Neue Wege in der Länderkunde
I. STOLTENBERG:	Landschaftskundliche Gliederung von Paraguay

Wir schließen diese Zusammenstellung mit 1927 ab, weil in diesem Jahr das Werk von AL-
FRED HETTNER ,,Die Geographie. Ihre Geschichte, ihr Wesen und ihre Methoden" erschien. In diesem wurde eine Bilanz gezogen und die Diskussion für die Folgezeit auf eine
neue Basis gestellt. Wie die hier folgende Zusammenstellung einiger Zitate zeigt, hatte
HETTNER die landschaftliche Methode in ihrem logischen Aufbau und ihrer Bedeutung
durchaus erkannt.

,,Bisher überwuchert in der Geographie oft noch der dingliche Gesichtspunkt. Ihre Betrachtungs-
weise läuft oft viel zu sehr auf die geographische Verbreitung einzelner Dinge statt auf die Erfüllung des
Raumes und auf den Charakter der Länder und Örtlichkeiten hinaus. Die Geographie soll aber nicht
Wissenschaft von der örtlichen Verteilung der verschiedenen Objekte, sondern von der Erfüllung der
Räume sein" (1927, S. 124/125).

,,Die einzelne Tatsache ist der Geographie meist mit anderen Wissenschaften gemeinsam; aber sie faßt
sie unter anderem Gesichtspunkte auf als jene, denn den systematischen oder dinglichen Wissenschaften
ist es immer um das Ding: den Stein, die Pflanze, das Tier, den Menschen, und seine Verhältnisse als solche, den geschichtlichen Wissenschaften um ihre Stellung im Gange der Entwicklung, der Geographie
dagegen um ihren Anteil am Wesen des Landes oder der Örtlichkeit zu tun. Es ist die Verschiedenheit
von Ort zu Ort und das Zusammensein und Zusammenwirken mit den anderen Erscheinungen derselben Örtlichkeit, was sie interessiert" (S. 172).

,,Erscheinungen, die eines solchen Zusammenhanges mit den anderen Erscheinungen derselben Erdstelle entbehren oder deren Zusammenhang wir nicht erkennen, gehören nicht in die geographische Betrachtung" (S. 129).

,,Das Ziel der chorologischen Auffassung ist die Erkenntnis des Charakters der Länder und Örtlichkeiten aus dem Verständnis des Zusammenseins und Zusammenwirkens der verschiedenen Naturreiche
und ihrer verschiedenen Erscheinungsformen" (S. 130).

,,Gegenstand der Geographie ist die individuelle Wirklichkeit, und auch bei der kürzesten Darstellung müssen immer noch individuelle Erscheinungen besprochen werden, die Verkürzung der Darstellung muß in erster Linie in Auswahl und Vereinfachung der Tatsachen bestehen. Auch die großen geographischen Komplexe und Systeme, Gebirge, Flußsysteme, Staaten usw., sind individuelle, ja singu-
läre Tatsachen. Aber wenn die Geographie nur diesen Weg der individualisierenden Betrachtung und
Darstellung einschlägt, wie es früher meist getan hat, so opfert sie einen großen Teil ihres Stoffes und
ihres wissenschaftlichen Gehaltes. Selbst bei den ausführlicher Darstellung bleiben viele kleine Tatsachen: die einzelnen Bergrücken, die vielen kleinen Bäche und Tälchen, die Gehöfte und auch Dörfer
usw., zurück, die unmöglich einzeln genannt und beschrieben werden können, sondern in die Darstellung nur eingehen, wenn man sie gemeinsam auffaßt und beschreibt. Bei Verzicht hierauf geht der allgemeine Charakter der Landschaft verloren, der gerade in der Ausbildung der vielen kleinen Erscheinungen besteht. Neben der Übersicht, die durch die Stoffauswahl erreicht wird, ist allgemeine Charakteristik nötig. Man kann diese auf zwei Wegen erreichen.

Der eine ist der des typischen Beispiels. Wenn ich eine Exkursion in eine Gegend mache, will ich nicht
nur den Weg kennen lernen, den ich gerade gehe, sondern mich leitet dabei der Gedanke, daß ich auf
dem einen Wege den ganzen Charakter der Landschaft erfasse. Ich kann ein großes Gebiet so darzustellen suchen, daß ich ein besonders charakteristisches, d. h. das allgemeine Wesen besonders gut verkör-
perndes Stück herausnehme und genau beschreibe. Diesen Weg der Darstellung beschreitet man namentlich in der Auswahl der Bilder, die man der sprachlichen Beschreibung beigibt. Man wählt sie möglichst typisch, so daß sie nicht nur die einzelnen Örtlichkeiten, sondern den allgemeinen Charakter der
Landschaft vor Augen führen" (S. 228).

,,Die verschiedenen Erdstellen liegen ja nicht unabhängig neben einander, sondern sind so oder so
miteinander verbunden, bilden Komplexe oder Systeme, und es ist eine der wichtigsten Aufgaben der
Wissenschaft, diese aufzufassen. Es ist das keineswegs erst eine Aufgabe der Darstellung, sondern der
Forschung, der Untersuchung; denn die Komplexe und Systeme sind wirkliche Gebilde, die von der
Wissenschaft erkannt werden müssen" (S. 195).

Wenn HETTNER den Ansatz, wie er vor allem in dem letzten Zitat als Aufgabe formuliert
ist, nicht intensiv weiter förderte, so darf dieses als eine Nachwirkung der Überbetonung des
Kausalitätsprinzips gesehen werden. SCHLÜTERs Auffassung hatte er sich nicht zu eigen ge-

macht, sondern er formulierte noch einmal ausdrücklich: ,,Erst die ursächliche Auffassung bringt Ordnung" (S. 135). Er zog nicht die Konsequenz, daß die Ordnung in den Komplexen und Systemen, die ,,wirkliche Gebilde" sind und ,,von der Wissenschaft erkannt werden müssen", erst ursächlich aufgefaßt werden kann, wenn sie primär als Struktur wahrgenommen worden ist. Dieses hing damit zusammen, daß trotz aller Diskussion der Landschaftsbegriff zu diesem Zeitpunkt noch nicht genügend geklärt war.

Weiterführende Anregungen dazu gaben in der Folgezeit vor allem SPETHMANN mit seiner aufrüttelnden Kritik an dem ,,Länderkundlichen Schema" (1927, 1928, 1931), LEO WAIBEL (1928, 1929, 1930, 1933, 1935) und seine Schüler mit ihrem tieferen Eindringen in die konkreten Probleme der Kulturlandschaft, sowie J. G. GRANÖ mit dem methodologischen Entwurf einer ,,reinen Geographie" (1929) und KURT BÜRGER mit seinem Überblick über die historische Entwicklung des Landschaftsbegriffs (1935).

SPETHMANN forderte eine dynamische Betrachtung in der Länderkunde. Man solle das aktive Wirken des Menschen und die aktuellen Vorgänge in der Landschaft stärker berücksichtigen, um damit die Landeskunde wirklichkeitsnäher und attraktiver zu machen.

Den Grundgedanken, die Beziehungen zwischen dem Menschen und seiner räumlichen Umwelt als Wechselwirkungen aufzufassen und zu untersuchen, hatte HARLAN HARLAND BARROWS (1877–1960), ohne zunächst viel Anklang damit zu finden, in der Forderung ausgedrückt, Geographie müsse Ökologie des Menschen sein (1923).

Konkrete Schritte in dieser Richtung, die zugleich auch eine Klärung der Problematik der landschaftlichen Dynamik anbahnten, hatte schon seit einiger Zeit WAIBEL (1914, 1920, 1921, 1922, 1927, 1929, 1930, 1933) eingeleitet. Ausgangspunkte seiner Betrachtung waren die tierischen und menschlichen Lebensformen, die natürliche Ausstattung der Lebensräume und die anthropogenen Vorgänge in der Wirtschaftslandschaft, die er als aufeinander bezogene funktionale Systeme sah. Anregungen dazu hatte er – abgesehen von seinen eigenen tiergeographischen Untersuchungen – vor allem von EDUARD HAHN (1856–1928), THEODOR BRINKMANN (1913), FRITZ KRAUSE (1924), BRUNO KUSKE (1926) und ALFRED RÜHL (1925, 1927, 1928) übernommen. Indem er in den von der Wirtschaft gestalteten Landschaften (,,Wirtschaftslandschaften") nach den Vorgängen fragte, die diese Prägung bestimmen, kam WAIBEL zu der Sicht auf die ,,Wirtschaftsformationen". Damit meinte er die Gesamtheit von konkreten Gegenständen und Vorgängen, in denen die wirtschaftlichen Systeme bestimmter menschlicher Lebensformen oder sozialer Gruppen sich in der Landschaft ausprägen. Dieses war ein wichtiger Schritt dazu, die Landschaft in ihrer Gesamtheit als ein dynamisches System zu erfassen.

SCHLÜTER war von der Frage ausgegangen: Wie sieht die Landschaft aus, und wie ist sie geschichtlich entstanden? WAIBEL fragte jetzt außerdem: Wie funktioniert sie und wie prägt sich die räumliche Organisation ihrer Dynamik in ihrer Gestalt aus? Damit wurde der Charakter der Landschaft als Prozeß, als räumliches Wirkungsgefüge in den Vordergrund der Betrachtung gerückt. WAIBEL sprach dabei von der Physiologie der Landschaft. Dieses Wort ist, wohl um der Gefahr einer organismischen Auslegung auszuweichen, später vermieden worden. Man sprach dann lieber von der Ökologie, womit allerdings ein neuer Grund zu Mißverständnissen entstanden ist. Denn in der Biologie meint man mit Ökologie stets nur die äußeren Wirkungsbeziehungen von biotischen Einheiten, mit Physiologie dagegen deren innere Eigendynamik.

WAIBEL hatte die Bedeutung der Landschaft für die Geographie und insbesondere auch für die Wirtschaftsgeographie gesehen und deshalb zielbewußt versucht, der Landschaftsforschung eine maßgebende Funktion im methodischen Aufbau der Geographie zu geben. Er hat damit die Entwicklung der modernen Geographie stärker beeinflußt, als bisher in der Literatur anerkannt worden ist.

Wenn man sich nicht an terminologischen Klippen stört, die in einigen Fällen dazu geführt haben, daß WAIBELsche Gedanken mißverstanden worden sind, dann kann man feststellen, daß die Vorstellungen über das System und den methodischen Aufbau der Geographie, die heute von vielen Geographen vertreten werden, *in nuce* bei WAIBEL schon vorhanden waren. Wir finden bei ihm dieselbe Dreiteilung der Geographie, wie auch wir sie vertreten, nämlich:

1. als oberstes Ziel die Länderkunde, die das individuelle Wesen der Erdräume herausarbeiten soll ,,nach allen ihren wesentlichen Eigenschaften, seien sie sichtbar oder nicht'',

2. als Vorstufe dazu: die Erforschung der Landschaften, die sich als ,,körperlicher Gegenstand'' nach ihren typischen Formen, nach dem in ihnen herrschenden Kräftespiel und nach ihrer Entstehung betrachten und darstellen lassen, und

3. als Vorstufe zu beidem: die Erforschung von Einzelproblemen und die systematische Klärung und Ordnung der notwendigen Begriffe im Hinblick auf das Endziel.

WAIBELs Wirtschaftsgeographie des tropischen Afrika demonstriert besser als jede theoretische Darlegung diese seine Auffassung: ,,Stofflich begründet auf speziellen Einzeluntersuchungen und mit Begriffen arbeitend, die einem klaren Lehrgebäude fest eingeordnet sind, zielt dieses Werk auf länderkundliche Erkenntnis und bedient sich dabei der Hilfe einer landschaftlichen Betrachtung'' (SCHMITHÜSEN, 1952).

Die terminologischen Klippen ergeben sich daraus, daß zu der Zeit WAIBELs die Klärung des wissenschaftlichen Landschaftsbegriffes eben erst begann (Das Buch von BÜRGER 1935, dürfen wir als einen ersten Ansatz dazu ansehen). Es herrschte damals noch der etwas chaotische Zustand, dem sich auch WAIBEL nicht ganz entziehen konnte, daß man mit demselben Wort, zuweilen sogar im gleichen Satz, Verschiedenes meinte. Bei WAIBEL finden wir das Wort Landschaft in drei verschiedenen Bedeutungen, nämlich

1. als qualitativen Begriff für den Gesamtcharakter ähnlich ausgestatteter Erdstellen. In diesem Sinne spricht WAIBEL z. B. von der Physiognomie und der Physiologie der Landschaft genau wir wir es heute auch tun können;

2. finden wir Landschaft bei WAIBEL in dem Sinne des als landschaftlich einheitlich abgegrenzten Erdraums, so z. B. 1933 in dem etwas paradox klingenden Satz: ,,Die Landschaft . . . umfaßt alle die Gegenden, die noch denselben Landschaftscharakter haben.'' Da WAIBEL in seinen übrigen Schriften das Wort Landschaft auch in dem erstgenannten Sinne verwendet, sahen wir uns gezwungen, für die Bedeutung Nr. 2 das Wort ,,Landschaftsraum'' einzuführen und den zitierten Satz umzuformulieren: ,,Der Landschaftsraum umfaßt alle Gegenden, die dieselbe Landschaft haben.''

3. Viel wichtiger für die Problematik unseres Themas ist aber die dritte Bedeutung, in der das Wort Landschaft in Anlehnung an den Sprachgebrauch anderer Autoren seiner Zeit auch von WAIBEL verwendet wurde, nämlich nicht für die Landschaft als Ganzes, sondern für daraus abstrahierte Teilsysteme wie z. B. in dem Wort ,,Naturlandschaft'' für das, was wir heute Landesnatur nennen, und in dem Wort ,,Kulturlandschaft'', womit WAIBEL nicht – wie wir heute – die vom Menschen mitgestaltete Landschaft als Ganzes meinte, sondern

„nur die Werke des Menschen in der Landschaft" (1933). Dasselbe gilt für das Wort „Wirtschaftslandschaft", die WAIBEL noch enger, nämlich nur als einen Teil des Menschenwerkes in der Landschaft auffaßte, nämlich „die wirtschaftlich genutzten Flächen, die in ihrer Gesamtheit die Wirtschaftslandschaft bilden" (1933).

In dieser nach unserer heutigen Auffassung mißbräuchlichen Verwendung des Wortes Landschaft für einen aus dem Gesamtgefüge der Landschaft abstrahierten Teilkomplex, den man etwa „das Wirtschaftliche in der Landschaft" nennen könnte, ist der Verwirrung und z. T. Verfälschung WAIBELscher Gedanken Vorschub geleistet worden, gegen die PFEIFER schon in seinem Aufsatz von 1958 protestiert hat. Um die richtungsweisenden Gedanken WAIBELS zur Methode der Wirtschaftsgeographie in ihrer Klarheit und Konsequenz richtig zu erkennen und darauf sinngemäß weiter aufbauen zu können, muß man sich leider die Mühe machen, sich in die hinsichtlich der Terminologie noch ziemlich verwirrte historische Situation der zwanziger und dreißiger Jahre zurückzuversetzen und den Sinn mancher Sätze WAIBELS in unsere Gegenwartssprache zu übersetzen. Tut man das nicht, so erscheinen manche oft zitierten Sätze WAIBELS wie der, er habe „für die einer einheitlichen Wirtschaftsform entsprechende Wirtschaftslandschaft den Namen Wirtschaftsformation vorgeschlagen" (1933) ziemlich abstrus, und man kann daraus, wie OTREMBA und andere es teilweise getan haben, falsche Konsequenzen ziehen.

Wenn wir heute von Wirtschaftslandschaften sprechen, dann meinen wir damit eine Landschaft, die von den wirtschaftenden Menschen gestaltet ist, und zwar die ganze Landschaft als geosphärisches Wirkungssystem. Wir stellen die Wirtschaftslandschaft in Gegensatz zu einer Naturlandschaft, die nicht vom Menschen mitgestaltet ist. Wirtschaftslandschaft ist also ein typologisch-klassifizierender Begriff für eine bestimmte Gruppe von Landschaften. WAIBEL dachte bei dem zitierten Satz nicht im entferntesten daran, diesen Landschaften einen neuen Namen zu geben. Was er sagen wollte, heißt (für unsere heutigen Ohren terminologisch gereinigt): Von den wirtschaftlichen Gegenständen und Vorgängen in der Landschaft sollten alle diejenigen, die von einer einzigen Wirtschaftsform her geprägt sind, als etwas Zusammengehöriges in einen Begriff gefaßt werden. Ein solcher durch ein und dieselbe Wirtschaftsform bestimmter Teilkomplex im Wirkungsgefüge der Landschaft soll Wirtschaftsformation heißen.

Zu der Sicht auf das landschaftliche Wirkungssystem war man um die gleiche Zeit auch in anderen Forschungsbereichen vorgedrungen, so AUGUST THIENEMANN (1918, 1925, 1931) von der Hydrobiologie und der Limnologie aus, KARL FRIEDERICHS (1927, 1930) von der terrestrischen Tierökologie aus und dieselben Autoren außerdem mit theoretischen Studien über allgemeine Ökologie (FRIEDERICHS, 1937; THIENEMANN, 1941). Von beiden angeregt war auch die „Landschaftsbiologie" von ERNST KAISER (1937). Ähnliche Anregungen kamen von der Forstwissenschaft (GUSTAV KRAUS, ESCHERICH u. a.), von der allgemeinen Biocoenologie (RESWOY, 1924; TANSLEY, 1934) und der Pflanzensoziologie (BRAUN-BLANQUET, 1928; TÜXEN, 1931, 1937, 1939). Damit waren in den vierziger Jahren zugleich die ersten Ansätze zu einer ökologisch ausgerichteten Landschaftsforschung entstanden.

Auch GRANÖ (1929) kam in seiner „Reinen Geographie" letztlich zu der Forderung nach einer „geographischen Physiologie", deren Ziel es sei, ursächliche Zusammenhänge und Wechselwirkungen in den Landschaften zu erforschen. Seine Bemühungen konzentrierten sich aber vorwiegend darauf, die methodischen Grundlagen für eine exakte Erfassung der landschaftsräumlichen Gliederung zu klären. Schon 1923 hatte er Estland und 1925 Finnland (im Atlas von Finnland, Helsinki 1925–1928) in „landschaftliche Einheiten" gegliedert. Für GRANÖ war Geographie und Landschaftskunde identisch, nämlich „die Lehre von den Umgebungen des Menschen und den in bezug auf diese einheitlichen Gebieten" (1929, S. 35). Die „reine Geographie" leitete er unmittelbar aus dem Bestreben des Menschen ab, sich von örtlichen Beobachtungspunkten aus aufgrund des Sinneseindrucks der Umgebung in seiner Umwelt zu orientieren. Der einzelne konkrete Forschungsgegenstand ist für ihn „die sinnlich wahrnehmbare Umgebung in ihrer Ganzheit" (GRANÖ, 1929, S. 10), der von einem bestimmten Punkt des Geländes aus wahrnehmbare Geosphärenteil mit seinem gesamten Inhalt.

„Umgebungen" nannte er die Wahrnehmbarkeitsbereiche von einzelnen Beobachtungspunkten aus. Jede Umgebung besteht nach GRANÖ aus zwei in bezug auf die Wahrnehmbarkeit unterschiedlichen Teilen, nämlich der „Nähe" und der „Landschaft". Die „Nähe" ist der engere Teil der Umgebung, der mit allen Sinnen wahrnehmbar ist; die „Landschaft" ist die Umgebung, soweit sie mit dem Auge erfaßt werden kann (S. 20). Sowohl die Nähen als auch die Landschaften sind „von den Räumen und Grenzen der Erdoberfläche unabhängige Typen" (S. 50). „Landschaft ist die sichtbare Fernumgebung" (S. 56), „das jenseits der Nähe bis zum Horizont Sichtbare bzw. dessen Typus".

In dieser Konzeption steckt die Idee, Landschaft durch anschauliche Abstraktion zu erfassen, wobei „anschaulich" hier wörtlich im optischen Sinne gemeint ist. Der „Typus der Umgebungen" bei GRANÖ entspricht in etwa unserem Landschaftsbegriff.

Das Wort Landschaft verwendete GRANÖ ursprünglich nur in einem physiognomischen Sinne, wobei er aber auch die Physiognomie des „umgeformten Stoffs" (der durch Mensch und Tier bedingten Erscheinungen) mit einbezog. Nicht mit eingeschlossen wurde die Lage, und ausgeschlossen blieb nach GRANÖ (nicht nur aus dem Landschaftsbegriff, sondern überhaupt aus der Geographie) die geistige und soziale Umgebung. Mit dieser Auffassung glaubte GRANÖ (nach eigener Aussage, S. 35) sich in Übereinstimmung mit SCHLÜTER und PENCK zu befinden, was aber wohl nicht zutreffend sein dürfte.

Später hat GRANÖ seine Auffassung z. T. etwas modifiziert. Er blieb aber auch bei seinem Vortrag auf dem IGU-Kongress in Lissabon 1949 noch dabei, daß es zum mindesten für die Abgrenzung von Landschaftsräumen zweckmäßig sei, sich auf die Benutzung von sichtbaren Formkriterien zu beschränken, weil damit die Untersuchung vereinfacht und Irrtumsmöglichkeiten ausgeschaltet würden (1952, S. 331).

Auch „Örtlichkeit" gebrauchte GRANÖ in einer anderen Bedeutung als wir. „Die Örtlichkeit ist eine der Landschaft entsprechende, fest umgrenzte, durch Erscheinungen der Fernsicht charakterisierte Fläche" (1929, S. 30). „Ohne Schwierigkeiten läßt sich eine grössere oder kleinere Anzahl in gewisser Beziehung gleichartiger Örtlichkeiten zu geographischen Bezirken vereinigen und diese wieder nach Bedarf zu grösseren Komplexen, geographischen Provinzen, ja zu grossen Erdteilen" (S. 31). Diese Art von räumlichen Einheiten setzte GRANÖ den „natürlichen Landschaften" der deutschen Geographen gleich. Doch ist auch die Berechtigung dieser Gleichsetzung zum mindesten in dieser allgemeinen Form fraglich.

Insgesamt unterschied GRANÖ in der „Reinen Geographie" drei Aufgabenbereiche:
   1. eine „Allgemeine Geographie", nämlich „die rationale Klassifizierung der geographischen Faktoren der Landschaft, die Erklärung ihrer Genesis und Verbreitung sowie die sich darauf gründende Bestimmung der Landschaftstypen" (S. 23);
   2. eine „Spezielle Geographie", deren Aufgabe in erster Linie die landschaftsräumliche Gliederung („landschaftskundliche Gebietseinteilung", S. 178) ist, wobei er räumliche Ein-

heiten, die in bezug auf ihre Landschaftszüge einheitlich sind, zu geographischen Bezirken und diese zu Provinzen vereinigt (S. 31);

3. eine „Geographische Physiologie", deren Ziel es ist, die ursächlichen Zusammenhänge und die Wechselwirkung zwischen den verschiedenen Erscheinungen in den Landschaften zu untersuchen.

Wir können zwar das gedankliche System von GRANÖ in seiner Gesamtheit und vor allem seine Terminologie aus Gründen, die an anderen Stellen näher ausgeführt werden, nicht übernehmen. Es muß aber hier ausdrücklich die anregende Wirkung anerkannt werden, die sein Werk für die weitere Klärung des Landschaftsbegriffs und der landschaftlichen Methode gehabt hat. Die regionalen Untersuchungen, mit denen GRANÖ seine methodischen Ideen praktisch erprobt hatte, sind die Grundlage geblieben für die später von LEO AARIO weiter entwickelte Darstellung der räumlichen Gliederung im Atlas von Finnland (AARIO, 1963).

A. PENCK hatte, ähnlich wie GRANÖ, mit Nachdruck betont, daß die räumliche Gliederung der Erdoberfläche im Prinzip von unten her, von den ganzheitlich erfaßten kleinsten Einheiten aus aufgebaut werden müsse. „Das Herangehen an Grenzfälle ist in allen Wissenschaften ungemein fruchtbar" (1928). „Die Erdoberfläche fügt sich mosaikartig zusammen aus zahllosen kleinsten Bestandteilen", „die man nicht weiter aufteilen kann, ohne den Begriff der Landschaft aufzugeben" und „die durch ihr Zusammentreten bestimmte Muster bilden mit manchmal scharfer, manchmal undeutlicher Umrandung". Das eigentliche Ziel der Betrachtung seien dabei nicht diese kleinsten Einheiten selbst, sondern wie sie „durch ihre Vergesellschaftung eine größere Einheit" bilden. Damit legte er das Gewicht ausdrücklich auf das räumliche Gefüge, auf „die Art ihres Zusammentretens zu größeren Einheiten". Wenn wir „das Gesamtbild eines Mosaiks" wahrnehmen wollen, dann genügt nicht die Kenntnis der einzelnen Steinchen, sondern wir müssen deren Anordnung und Gruppierung ins Auge fassen". Auch hatte PENCK (1926) von Landschaften als „Formengesellschaften" gesprochen. Wir finden dieses wieder in der Formulierung von CARL ORTWIN SAUER, eine Landschaft sei gebildet als „a distinct association of forms both physical and cultural".

Prinzipielle Anregungen in ähnlicher Richtung, jedoch mehr mit dem Schwergewicht auf der landschaftlichen Auffassung der Landesnatur, gingen zur gleichen Zeit von L. S. BERG (1929) aus.

Über die Bedeutung der Landesnatur für die räumliche Gliederung der „Wirtschaftslandschaft" hatte TÜXEN in den Erläuterungen zu seiner im Landesmuseum in Hannover ausgestellten „Naturlandschaftskarte von Hannovers Umgebung" 1937 geschrieben: „Unsere heutige Wirtschaftslandschaft ist das Ergebnis von zwei grossen Entwicklungsvorgängen. Der eine wird bestimmt durch die natürlichen Kräfte des Klimas und seiner Wandlungen, die Böden und ihre in langer Zeit erfolgten Änderungen, durch Schwankungen im Grundwasserspiegel und seiner Zusammensetzung, sowie durch die natürliche Einwanderung neuer Pflanzenarten und -gesellschaften.

Der zweite Entwicklungvorgang wird beherrscht von der immer stärker werdenden Wirksamkeit des siedelnden Menschen, der durch Brand, Beweidung, Rodung, Entwässerung, Düngung usf. und Masseneinführung neuer Pflanzen das Aussehen der Landschaft stark beeinflußt hat. Das Ergebnis dieser beiden ineinandergreifenden und bis zu einem bestimmten Grade mit einander gekoppelten Entwicklungsvorgänge ist unsere heutige Wirtschaftslandschaft".

Seit dem Anfang der dreißiger Jahre hat sich auch der Verfasser darum bemüht, die bis dahin gewonnenen Einsichten für die geographische Landschaftsforschung fruchtbar zu machen und Grundbegriffe und Methoden weiter zu klären. Der erste Ansatz war eine Arbeit (1934), „die sich zum Ziel gesetzt hatte, den Niederwald des linksrheinischen Schiefergebir-

ges als landschaftliche Erscheinung, als Teil der Rheinischen Kulturlandschaft" (SCHMITHÜ-
SEN, Thar. Forstl. Jb. 85, S. 197) zu untersuchen, um die Vegetationsgliederung „in ihrer
Abhängigkeit von der Landesnatur verstehen und schildern zu können und um genetische
Zusammenhänge zwischen den Vegetationstypen und die Abhängigkeit der Vegetation von
Kultureinflüssen zu erkennen" (ebd., S. 202). Dabei wurden *Landschaft* und *Landesnatur*
schon begrifflich getrennt. In einem Vortrag über den „Trier-Luxemburger Raum" wurden
im gleichen Jahr auch die Begriffe *Naturraum* und *naturräumliche Einheit* zum ersten Mal
verwendet:

> „Das Relief bietet reale Grenzlinien in der Landschaft. Aber diese genügen nicht, um Naturräume
> auszuscheiden, vor allem dann nicht, wenn wir die natürliche Gliederung als Grundlage für kulturgeo-
> graphische Untersuchungen benutzen wollen. Zur Charakterisierung der naturräumlichen Einheiten
> muß man noch andere Dinge, man muß Klima, Boden und Vegetation mit heranziehen" (SCHMITHÜ-
> SEN, Vortrag in Bitburg 1934).

Mit der Abgrenzung von Naturräumen nach der Gesamtqualität des zusammenwirkenden Komplexes natürlicher Faktoren sollte eine Grundlage gewonnen werden, um in einer
Kulturlandschaft unterscheiden zu können, was bei den vom Menschen geschaffenen Tatsachen als eine Anpassung an vorgegebene Bedingungen der Landesnatur, und was als davon
unabhängig nur aus dem unterschiedlichen Charakter der wirkenden Gesellschaften zu verstehen ist.

Das Stichwort *naturräumliche Gliederung* erscheint daher zum ersten Mal in einem Aufsatz, der als
Einleitungsvortrag einer landesgeschichtlichen Arbeitsgemeinschaft das Ziel hatte, in der historischen
Schichtung der gegenwärtigen Kulturlandschaft die Bindung an in der Landesnatur begründete „Ge-
setze der räumlichen Gruppierung" (SCHMITHÜSEN, 1936) aufzuzeigen. Der zweite Aufsatz, in dem von
Naturräumen die Rede war, zielte auf das Verständnis der historischen Entwicklung der luxemburgi-
schen Landwirtschaft (1938) und der dritte (1939) auf die Erkenntnis von „Wesensverschiedenheiten im
Bilde der Kulturlandschaft an der wallonisch-deutschen Volksgrenze". Dabei wurden die „Naturräumlichen Einheiten" als methodische Grundlage gewählt, um „die naturabhängigen oder naturangepaßten
Züge der Kulturlandschaft von den naturunabhängigen sauberer zu trennen, als es bisher möglich gewesen ist".

Aus der gleichen Problematik entstand auch die Gegenüberstellung von *Naturplan* und *menschlich
bestimmtem Gestaltplan* in der Landschaft in dem Aufsatz über „Vegetationsforschung und ökologische Standortslehre in ihrer Bedeutung für die Geographie der Kulturlandschaft" (1942). Um den bis zu
diesem Zeitpunkt erreichten Stand der Einsicht deutlich zu machen, zitieren wir daraus einige Auszüge:
„Die Geographie hat... die Gesamterscheinung der Landschaft als ein Ganzes zu betrachten und zu
untersuchen, eine Aufgabe, die ihr von niemand abgenommen oder streitig gemacht wird. Daraus ergibt
sich für den Geographen die... Verpflichtung, bei seiner Forschung die Natur und den Menschen mit
dessen Wirken in gleichem Maße zu berücksichtigen und sein Hauptaugenmerk stets auf das Gesamtgefüge und das Zusammenspiel beider Erscheinungsgruppen zu richten." „Landesnatur und Mensch stehen miteinander in einer innigen Wechselwirkung. Die Natur bietet dem Menschen die stofflichen und
räumlichen Grundlagen für sein Leben, setzt aber auch seinem Wirken Hemmungen entgegen und zieht
ihm zum Teil unüberwindliche Schranken. Der Mensch andererseits bildet aus dem, was die Natur ihm
darbietet, die Kulturlandschaft. Mit der Arbeit seines Geistes und seiner Hände formt er Stoff und
Raum nach den Bedürfnissen seines Lebens um und schafft sich so im Rahmen der von der Natur gegebenen Möglichkeiten den ihm gemässen Lebensraum."

„So birgt jede Kulturlandschaft in sich zwei ihrem Wesen nach verschiedene Gestaltpläne. Der Naturplan enthält Anorganisches und Organisches. ...Gesteinsaufbau, Oberflächengestalt, Klima bestimmen in den Grundzügen die räumliche Gliederung der Lebensräume, in die sich die Pflanzen- und
Tiergesellschaften gesetzmäßig einfügen. Dieser von der natürlichen Ausstattung her vorgegebene Plan
enthält – vom Menschen aus gesehen – in seinem räumlichen Aufbau eine bestimmte Anordnung von
Eignungen zu Leistungen (Nutzungsmöglichkeiten)".

„Demgegenüber hat der andere Gestaltplan seine Wurzel in den menschlichen Gemeinschaften. Der Mensch sucht die im Naturplan der Landschaft vorhandenen Einheiten mit ihren Eignungen zu Leistungen für sein Leben heranzuziehen. Die Auswirkungen des Menschen in der Landschaft sind zunächst von den einfachsten Lebensbedürfnissen des Wohnens, des Sichernährens, des Sichfortbewegens usw. her bestimmt. Von ihrer Zweckbestimmtheit in diesen Bereichen wollen sie verstanden sein. Die landschaftliche Umformung, die etwa von einer Dorfbevölkerung im Bereich des von ihr beanspruchten Siedel- und Nährraums bewirkt wird, ist daher nur ... von den Lebenserscheinungen dieser Siedelgemeinschaft her zu begreifen. In diesem kulturellen Gestaltplan (Leistungsplan) werden die Glieder des Naturplanes untereinander auf eine neue Art verbunden und aufeinander bezogen. Zugleich werden neue, vom Naturplan unabhängige Glieder in das Gesamtgefüge eingebracht. Viele dieser Glieder sind ihrem Wesen nach Lebensgemeinschaften, die mit ihren Lebensstätten ... verbunden sind. So sind die beiden Gestaltpläne in der Kulturlandschaft in ihren Wirkungsbeziehungen innig miteinander verwoben und in ihrem äusseren Bild zu ... einer gemeinschaftsbedingten Gestalt verschmolzen. Deren Form ist in gleichem Maße im Naturplan und im Wesenskern der gestaltenden Menschengemeinschaft verwurzelt" (S. 1/2).

„Jede Zeit, jede Kulturstufe, jedes Volk hat sich bei der Gestaltung der Kulturlandschaft mit den natürlichen Gegebenheiten des Landes auseinanderzusetzen. Es gehört zu den reizvollsten, aber auch schwierigsten Aufgaben der Landschaftsforschung zu untersuchen, wie die in einem Raum lebende Bevölkerung die im Naturplan der Landschaft gegebenen Eignungen zu Leistungen für sich ummünzt, wie aus dem Stoff des Naturplans, die auf die menschliche Gemeinschaft bezogene Form des kulturellen Leistungsplans geschaffen wird" (S. 34).

„Jede Landschaftseinheit der Kulturlandschaft ist in sich gegliedert und fasst diese ihre Glieder unter eigenen Gesetzmäßigkeiten zusammen; zugleich ist sie selbst Glied eines größeren Ganzen, in das sie abhängig hineingestellt ist und aus dem sie nicht gelöst werden kann. In diesem Stufenaufbau der landschaftlichen Ganzheiten liegt es begründet, daß Chorologie und Ökologie in der Landschaftskunde untrennbar miteinander verbunden sind".

„Die ökologische Untersuchung wird die für das Landschaftsgefüge maßgebenden Kräfte nach Art, Raum, Zeit und Ursprung ihres Wirkens herauszustellen haben. Je genauer die Beziehungen der Einzelerscheinungen zu den sie bedingenden Grundlagen und ihren gegenseitigen Beeinflussungen und Wechselwirkungen untersucht sind, um so besser können die Existenzbedingungen des gesamten Landschaftsgefüges erkannt werden.

Die genetische Fragestellung, die sich mit dem Entstehen und Vergehen der Landschaftseinheiten befaßt, wird die Bewertung der Einzelerscheinungen nach ihrer Behauptungskraft und nach ihrer dynamischen Bedeutung in ähnlicher Weise vornehmen können wie die Pflanzensoziologie, indem sie diejenigen Glieder, die die Erhaltung des Landschaftszustandes gewährleisten (Festigende, Neutrale) von jenen unterscheidet, welche die Wandlungen mit bewirken oder anzeigen (Aufbauende, Abbauende, Zerstörende, Vorzeitformen). Auch den Begriff der Sukzession wird man auf die Kulturlandschaft übertragen können. Der Vorgang der Industrialisierung zum Beispiel, die Umwandlung einer Agrarlandschaft in eine Industrielandschaft, ist kein reines Ausbreitungsphänomen, sondern ein dynamischer Ablauf, der auch unter soziologisch-ökologischen Gesichtspunkten betrachtet werden sollte. Das Schwergewicht der ökologischen Landschaftsforschung müßte schließlich darin liegen, die entscheidenden Gestaltungskräfte ... herauszuarbeiten" (S. 35/36).

Wir haben diese im Juli 1939 der Mathematisch-Naturwissenschaftlichen Fakultät der Universität Bonn vorgetragenen Ausführungen hier auszugsweise wiederholt, weil darin in großen Zügen die Grundideen enthalten waren, aus denen schließlich dieses Lehrbuch hervorgegangen ist. Wir möchten damit zugleich demonstrieren, welcher Stand der Erkenntnis bis zum Beginn des Zweiten Weltkrieges erreicht war, und verweisen dazu auf die seinerzeit diesen Ausführungen beigegebene Quellendokumentation, die hier nicht wiederholt werden kann (SCHMITHÜSEN, 1942, S. 36 bis 45).

Auch für neue, heute in der Landschaftsforschung allgemein gebräuchlich praktische Arbeitsmethoden, insbesondere die landschaftliche Interpretation von Luftbildaufnahmen, waren damals bereits Grundlagen geschaffen worden (C. TROLL, 1939).

Die begriffliche Erfassung einer Landschaft auf Grund von Gestaltwahrnehmung und wissenschaftlicher Verifizierung hatte um dieselbe Zeit R. CLOZIER sehr klar charakterisiert: ,,Le paysage est d'abord conçu comme une synthèse intuitive conforme à une certaine attitude mentale, puis, après enquête, devient une synthèse ordonnée construite selon les lois de la recherche scientifique'' (CLOZIER, 1942).

Das Prinzip der landschaftlichen Methode finden wir auch 1946 bei M. A. LEFÈVRE. Sie kennzeichnete den Vorgang der anschaulichen Abstraktion, der zu der Konzeption einer Landschaft führt: Bei der genauen Beobachtung überschaubarer Ausschnitte des Landes sucht man typische Züge herauszufinden, die für eine größere Einheit wesentlich sind. Man vergleicht dabei im Geiste mit schon bekannten Vorstellungen, und je reichhaltiger die Vergleichselemente sind, um so genauer wird eine Landschaft erfaßt. ,,La vision concrète, qui se prête difficilement à une analyse complète, se ramène généralement à une construction hypothétique vérifiée par les faits qui se livrent à l'observateur'' (1946, S. 25). Mit Hilfe der gewonnenen Charakteristik der Landschaft kann man deren Verbreitung erfassen und gelangt so zu der Abgrenzung eines Landschaftsraumes (,,région géographique''). ,,On entend par région, conception géographique, une espace plus ou moins vaste de la terre qui se distingue des autres parties du monde par une combinaison à caractères, déterminés de faits physiques, biologiques et généralement humains qui s'ordonnent suivant leurs affinités collectives et leurs rapports réciproques'' (S. 27).

ROBERT GRADMANN (1865–1950), dessen ,,natürliche Landschaften'' in seinem Süddeutschlandwerk (1931) Landschaftsräume in unserem Sinne sind, sagte 1947 in einem Vortrag (Tübingen), diese müßten ,,von innen heraus konstruiert'' werden, von Bereichen aus, ,,wo die Landschaft besonders typisch entwickelt ist''.

HARRY WALDBAUR wies bei einer Geographentagung 1947 in Bonn energisch darauf hin, daß das Wort Landschaft in Deutschland in sehr verschiedener Bedeutung verwendet wird. Er stellte solche unterschiedlichen Begriffsinhalte einander gegenüber und schloß mit der Feststellung, daß es nötig sein würde, wo dieses nicht von selbst klar sei, anzugeben, was mit dem Wort Landschaft jeweils gemeint sei. Obwohl er u. a. den Begriffsinhalt Landschaftsraum klar umschrieb, führte er keinen eigenen Terminus ein. Später hat er jedoch die im Handbuch der naturräumlichen Gliederung eingeführte Bezeichnung ,,Landschaftsraum'' als ,,eine sehr gute Hilfe'' (Brief vom 31. 12. 1955) begrüßt.

Nach einem ersten noch unzulänglichen Versuch (SCHMITHÜSEN, 1948), eine Übersicht über die bis dahin in der Landschaftsforschung benutzten Raumbegriffe zu geben, haben HANS BOBEK und der Verfasser im Anschluß an die auf dem Münchener Geographentag durch den Vortrag von E. OBST ausgelöste Diskussion gemeinsam einen Ansatz gemacht, die Stellung der ,,Landschaft im logischen System der Geographie'' grundsätzlich zu klären (BOBEK und SCHMITHÜSEN, 1949).

Der Unterschied von Landschaft und Landschaftsraum ist dabei noch nicht herausgearbeitet worden. Dieses wurde aber bald (SCHMITHÜSEN 1953) nachgeholt, und auf die Wichtigkeit dieser Unterscheidung wurde später mehrfach hingewiesen. Der von uns ebenfalls immer wieder betonte Unterschied von Landesnatur und Naturraum ist inzwischen fast selbstverständlich geworden. In Europa ist es kaum noch nötig, zu begründen, daß eine klare Scheidung zwischen diesen Begriffen notwendig ist, um zu brauchbaren Aussagen über die räumliche Wirklichkeit und die darin stattfindende Auseinandersetzung des Menschen mit den Naturbedingungen zu gelangen.

Teile der Geosphäre, in denen der Mensch nicht an der Gestaltung beteiligt ist, sind heute schon die Ausnahmen. Sie schrumpfen täglich mehr zusammen. Nur in solchen ist die landschaftsräumliche Gliederung identisch mit der naturräumlichen Gliederung.

Im Ruhrgebiet ist es leicht einzusehen, daß Landschaft etwas anderes ist als die Landesnatur, und der Landschaftsraum deckt sich dort ganz und gar nicht mit einem Naturraum. Die Problematik der geographischen Methode ist in Kulturlandschaften grundsätzlich anders als in Naturlandschaften. In anderen Erdteilen, wo der geosphärische Totalcharakter noch nicht in dem gleichen Maße von dem Wirken des Menschen mitbestimmt ist, wird der Unterschied von Landschaft und Landesnatur nicht immer verstanden und daher oft nicht berücksichtigt. Wie sehr dieses zu einer Verkennung der Wirklichkeit führen kann, zeigt das Beispiel der tropischen Grasländer, die man infolge der Gleichsetzung von Landesnatur und Landschaft früher für ursprünglich gehalten hat. Jetzt wissen wir, daß sie zum größten Teil durch menschliches Wirken bedingte Charakterzüge der Landschaft sind, und können dieses auch unmißverständlich ausdrücken.

Einige Autoren – wie z. B. H. CAROL seit 1960 – lehnen den Landschaftsbegriff ab mit der Begründung, Landschaften gäbe es in der Wirklichkeit nicht, sie seien eine Schöpfung des menschlichen Geistes. Deshalb sei dieser Begriff überflüssig. Eine eingehende Diskussion dieser Argumentation dürfte sich erübrigen. Landschaften sind genau so viel und so wenig existent wie Gesteine, Getreidepflanzen, Weidetiere, Städte und Universitäten. Auch dieses sind vom Menschen gesetzte Begriffe, um bestimmte Teile der Wirklichkeit rational zu erfassen. ,,Die Welt des Menschen mitsamt all den geschichtlich gewordenen Ordnungen und geistigen Schöpfungen, die sie in sich schließt, muß in Bestände der sinnlich wahrnehmbaren Wirklichkeit investiert sein, damit der einzelne auch nur im elementarsten Sinne des Wortes von ihr erfahren und mit ihr in Verbindung treten kann'' (TH. LITT, 1952). Die Fragestellung kann demnach nur sein, ob ein Begriff notwendig ist und wie er am zweckmäßigsten gefaßt wird, um die ihm zugedachte Aufgabe zu erfüllen.

Die Notwendigkeit des Landschaftsbegriffs haben wir bereits in einem früheren Kapitel aus der Aufgabe der Wissenschaft abgeleitet und begründet. Auch die Zweckmäßigkeit unserer Fassung des Begriffs wurde dort aufgezeigt. *Landschaft ist der wichtigste spezifisch geographische Grundbegriff, mit dessen Hilfe wir die Geosphäre gliedern können, ohne sie in zusammenhanglose Elementarteile aufzulösen.* Zu diesem Zweck ist der Begriff geschaffen worden. Auf ihn zu verzichten hieße, die Geographie auf eine primitive Stufe ihrer Entwicklung zurückzuwerfen. Daher erscheint es paradox, wenn CAROL einen Aufsatz, in dem er diese Meinung vertrat, ,,Geographie der Zukunft'' (1961) betitelt hat.

Um die Möglichkeit zahlreicher Mißverständnisse auszuschalten, dürfte es zweckmäßig sein, deutlich zu sagen, was mit Landschaft *nicht* gemeint ist. Auf diese Weise können wir eine Reihe von Scheinproblemen aus der Diskussion ausscheiden und den Blick frei machen für die echten Probleme, die immer noch schwierig genug sind.

1. Mit Landschaft meinen wir nicht ein subjektives Erlebnis. Damit scheidet die Diskussion des Themas EWALD BANSE für uns aus.

2. Eine Landschaft im wissenschaftlichen Sinne ist nicht die Physiognomie oder das Bild, wie es der Maler erfaßt, sondern die Landschaft ist geosphärische Substanz, die neben anderen wie dem stofflichen und dem strukturell-dynamischen *auch* einen physiognomischen Aspekt hat. Daß die oft geäußerte Meinung, viele Geographen hätten einen 'physiognomischen' Landschaftsbegriff vertreten, in den meisten Fällen irrig ist, haben wir schon dargelegt.

3. Eine Landschaft ist nicht ein durch Partialbetrachtung abstrahierter Teil des geosphärischen Inhaltes, sondern sie begreift die Gesamtheit des in der Wirklichkeit räumlich Vereinten, den Totalcharakter der zusammenwirkenden Seinsbereiche (Anorganisches, Organisches, Geistiges). Wenn einige Autoren mit Landschaft nur die Landesnatur meinen, so ist dieses ein historisches Relikt aus jener Zeit einseitiger naturwissenschaftlicher Betrachtung, als man in der Geosphäre nur ein physikalisches Reaktionsfeld sah, die Mitwirkung des Organischen noch kaum ahnte und die menschlichen Gesellschaften nur als abhängig von der Landesnatur, aber noch nicht in ihrer Eigenschaft als autonome Mitgestalter der geosphärischen Räume auffaßte.

4. Eine Landschaft ist nicht ein begrenzter Raum, sondern eine Qualität der geosphärischen Dynamik. Einen nach der Landschaft abgegrenzten Raum nennen wir dagegen Landschaftsraum.

4. Kapitel: Allgemeine Probleme der wissenschaftlichen Behandlung geosynergetischer Systeme

4.1 Der allgemeine Landschaftsbegriff (Geosynergie) und seine Varianten in den verschiedenen Betrachtungsdimensionen

Der wissenschaftliche Landschaftsbegriff ist, wie in dem zweiten Kapitel (2.4) schon dargelegt wurde, ein methodologischer Grundbegriff. Er dient dazu, die Gestalt der Gefüge zu begreifen, in denen geosphärische Wirkungssysteme in den verschiedenen Erdgegenden als „konkrete Erscheinungsform der Geosphäre" (NEEF, 1967, S. 19) realisiert sind.

Landschaft als Begriff des Gesamtcharakters isomorpher Geosphärenteile meint – ähnlich wie etwa Molekül in der Chemie, Genom in der Biologie, Gesellschaft in der Soziologie oder Kultur in der Anthropologie – die Vorstellung der Beschaffenheit oder Ausbildungsform bestimmter komplexer Wirkungssysteme. Ihre Definition macht daher ähnliche Schwierigkeiten wie bei allen übrigen Begriffen, mit denen so komplexe Gebilde wie z. B. Gestein, Vegetation, Stadt usw. erfaßt werden sollen.

Zu einer allgemeinen 'Definition' des Begriffs der Landschaft sind wir gelangt, indem wir von dem Sinn und dem Zweck dieses Begriffs in der wissenschaftlichen Methode ausgingen (vgl. 2.4). Die Aufgabe, für die er in der Wissenschaft erfunden worden ist, besteht darin, mit einem der komplexen Struktur der synergetischen Systeme gerecht werdenden Kriterium die Mannigfaltigkeit der Geosphäre in eine überschaubare Menge von Teilen zu gliedern, die als Einheiten wahrnehmbar und begreifbar sind. Aus dieser Sicht formuliert, ist eine (Geo-)Synergie (oder Landschaft) der Inbegriff der Beschaffenheit eines nach seinem Gesamtcharakter als Einheit begreifbaren Teiles der Geosphäre von geographisch relevanter Größenordnung.

Nach seiner Form entspricht dieser Satz einer Nominaldefinition. Das Definiendum „(Geo-)Synergie (Landschaft)" kann überall, wo es in einer Aussage vorkommt, durch das Definiens („Beschaffenheit eines nach seinem Gesamtcharakter als Einheit begreifbaren Teiles der Geosphäre von geographisch relevanter Größenordnung") ersetzt werden, ohne daß damit die Aussage ihren Sinn verliert. Das Definiens erfüllt die Bedingung eines bedeutungsgleichen Ausdrucks aus bekannten Wörtern, deren Sinn entweder selbstverständlich oder durch Definition klargestellt ist. Wenn wir Beschaffenheit, Gesamtcharakter, Einheit und Teil als selbstverständliche Begriffe der Sprache annehmen, bleiben zwei spezielle wissenschaftliche Begriffe, die einer Erklärung bedürfen, nämlich „Geosphäre" und „von geographisch relevanter Größenordnung". Beide wurden schon in unseren früheren Ausführungen interpretiert.

Dennoch handelt es sich bei unserem Satz nicht um eine echte Nominaldefinition, sondern eher um eine tautologische Aussage, denn „ein nach seinem Gesamtcharakter als Einheit begreifbarer Teil der Geosphäre von geographisch relevanter Größenordnung" ist dem Sinne nach identisch mit Synergochor (Landschaftsraum). Unser Satz sagt demnach nur etwas über die Beziehung der beiden Grundbegriffe Landschaft und Landschaftsraum: „Landschaft ist die Beschaffenheit eines Landschaftsraumes". Damit wird nur nochmals festgestellt, daß Landschaft im Gegensatz zu Landschaftsraum kein Raumbegriff, sondern ein qualitativer (Beschaffenheits-)Begriff ist. Da sich dieser nach NEEF (1967, S. 19) einer Definition entzieht, können wir nur versuchen, ihn seinem Wesen nach zu interpretieren.

Eine Landschaft ist der diagnostische Begriff für eine bestimmte Beschaffenheit im geosphärischen Raum. Sie ist der Inbegriff der in einer bestimmten Gegend der Geosphäre wahrnehmbaren Gestaltqualität des räumlichen Wirkungsgefüges. Der Begriff meint somit eine ,,grundlegende geographische Vorstellung . . . als Äquivalent des Wesens geographischer Realität'' (NEEF, 1967, S. 35). Nach NEEF wird damit ,,landschaftlich und geographisch in der Grundaussage gleichbedeutend'' (S. 36). Die ,,an einer bestimmten Erdstelle reelle Form'' des materiellen Systems der Geosphäre ,,bezeichnen wir mit dem Worte 'Landschaft''' (S. 11, in Anlehnung an KALESNIK, 1951 und mit dem Hinweis auf eine ähnliche Formulierung von A. G. ISACHENKO, 1965).

Beschaffenheit kann nur Sinn haben in bezug auf etwas, was als Einheit begreifbar ist. Einheit erfordert aber nicht die Gleichheit der Teile und bedeutet daher auch nicht Einförmigkeit des Ganzen. Es wäre ein Irrtum, anzunehmen, daß nur eine Mehrzahl von untereinander gleichen Örtlichkeiten als Landschaft aufgefaßt werden könnte. Die Einheit ergibt sich aus dem Charakter des räumlichen Gefüges der in den Wirkungssystemen miteinander verbundenen Örtlichkeiten und zugleich daraus, daß dieses Gefüge sich gegen benachbarte als andersartig absetzt.

Die in diesem Sinne zusammengehörenden Teile, aus denen die Einheit gebildet ist, können sich nach Gestalt und Wesen voneinander unterscheiden wie etwa die Elemente einer Siedlung mit Wald und Flur und den dazu gehörenden Verkehrswegen usw. Aber der Gesamtcharakter einer größeren Zahl von nebeneinander liegenden Siedlungen mit ihren Wäldern und Fluren und ihrem Verkehrsnetz kann im Sinne der landschaftlichen Auffassung gleichartig sein. Diese zusammen können daher als eine Einheit, als Typus einer bestimmten geosphärischen Beschaffenheit begriffen werden, die sich z. B. gegen die Beschaffenheit eines angrenzenden Industriegeländes oder eines unbesiedelten Waldgebirges als davon ,,landschaftlich verschieden'' absetzt.

Der Begriff einer bestimmten Landschaft wird induktiv gewonnen. Aus dem vergleichenden Überblick über Örtlichkeiten erfassen wir den Gestaltcharakter eines bestimmten Teiles der Geosphäre. Dabei wird selbstverständlich von vielen Einzelheiten, die nicht als relevant angesehen werden, abstrahiert. Wir heben dieses ausdrücklich nochmals hervor, weil dieser Punkt oft zu Mißverständnissen bei der Interpretation des Landschaftsbegriffes geführt hat.

Wenn wir eine bestimmte Landschaft aus der Übersicht über die an ihrem Charakter beteiligten Örtlichkeiten begreifen, tun wir grundsätzlich Ähnliches wie der Biologe, wenn er eine Lebensgemeinschaft als solche erfaßt. Auch er vergleicht Stichproben und erkennt daraus eine bestimmte Art der Vergesellschaftung, die das Wesen dieser Lebensgemeinschaft ausmacht und sie zugleich von anderen unterscheidet.

Prinzipiell gleich sind auch die Methoden des Petrographen, wenn er eine Gesteinsart nach ihrer mineralischen Zusammensetzung erfaßt oder die des Pedologen, wenn er aus dem Aufbau der Profile und der Art der Vorgänge, die sich daraus ablesen lassen, einen Bodentypus erkennt. Es ist auch die gleiche Methode, mit der der biologische Systematiker arbeitet, wenn er auf Grund des Vergleichs vieler Pflanzenindividuen unter Berücksichtigung aller erkennbaren wesentlichen Eigenschaften den Typus einer Art aufstellt und diese mit einer Diagnose kennzeichnet.

In allen diesen Fällen geht man von dem Vergleich komplexer Gebilde aus und erfaßt einen Teil von diesen auf Grund der anschaulichen Abstraktion als gleichartig in einen Begriff. Über viele als unwesentlich angesehene Unterschiede wird dabei bewußt hinweggesehen. Bei der Konzeption einer Landschaft geschieht methodisch das gleiche; nur ist die Aufgabe schwerer, weil die zu vergleichenden Gegenstände komplizierter sind als Gesteine, Pflanzen oder Böden.

Bei der Konzeption einer Landschaft ist der gesamte räumliche Inhalt der geosphärischen Wirklichkeit in Betracht zu ziehen, nicht etwa nur ein ausgewählter Teil davon wie bei dem Begriff „Landesnatur", bei dem von der durch den Menschen bewirkten Gestaltung der geosphärischen Substanz abstrahiert wird. Inhaltlich umfaßt Landschaft das Zusammenbestehende im Raum ohne Rücksicht darauf, was davon Natur oder Menschenwerk ist.

Einen ähnlichen methodischen Ansatz, der allerdings noch nicht ganz konsequent weitergeführt wurde, hat DERWENT WHITTLESEY (1954) mit der Einführung des Begriffs „compage" gemacht. Dieses in der Umgangssprache nicht mehr geläufige englische Wort soll nach dem Vorschlag eines amerikanischen Geographen-Komitees in der Bedeutung „Community of features that depict the human occupance of area" verwendet werden. „The compagne is by definition, something less than spatial totality, but it does include all the features of the physical, biotic, and societal environments that are functionally associated „with man's occupance of the earth" (ebd. S. 45). Der Unterschied zu unserem Landschaftsbegriff besteht in der von der Grundkonzeption her eigentlich nicht erforderlichen Einschränkung auf die geosphärischen Eigenschaften, die mit dem menschlichen Wirken funktional verbunden sind. Daher können wir „Compagre" leider nicht als Synonym zu unserem Landschaftsbegriff übernehmen.

Die oft diskutierte Frage, ob Landschaften 'Individuen' oder 'Typen' seien, hat mehr Verwirrung als Klärung gebracht. Ganz abgesehen von Verständigungsschwierigkeiten infolge unterschiedlicher Auffassung der Begriffe Typus und Individuum, ist die Frage als Alternative falsch gestellt. Der Begriff einer bestimmten konkreten Landschaft wird induktiv gewonnen. Wir erkennen sie aus der vergleichenden Betrachtung einer größeren Zahl von Stichproben geosphärischer Strukturen. Mit Landschaft als der Beschaffenheit gleichartiger Teile der Geosphäre begreifen wir dabei das, was für Gegenden, die dieselbe Beschaffenheit haben, 'typisch' ist. Bezogen auf die Gegenden, aus deren Vergleich sie durch anschauliche Abstraktion erfaßt wird, ist die Landschaft somit ein empirischer Typus, der Gestalttypus einer Anzahl gleichartiger Gegenden. Von der Methode ihrer Konstituierung her ist sie demnach auf normativer Grundlage konzipiert.

Nach seinem Inhalt jedoch meint der Begriff einer Landschaft den individuellen Gestaltcharakter dieses bestimmten Teiles der Geosphäre. Denn schon allein infolge der Lagegebundenheit vieler geosphärischer Eigenschaften ist die für die Stichproben 'typische' Beschaffenheit, verglichen mit den übrigen Teilen der Geosphäre, etwas Einmaliges. Inhaltlich begreift demnach Landschaft die besondere Qualität eines bestimmten Geosphärenteiles. In dieser Hinsicht ist sie demnach ein individualisierender Begriff idiographischen Charakters.

Zusammengefaßt muß daher die Antwort auf jene Alternativfrage lauten: Nach der Methode der Konzeption ihres Begriffsinhaltes ist eine Landschaft normativ, nach der Qualität dieses Inhaltes jedoch idiographisch. Sie ist ein idiographischer Begriff auf normativer Grundlage, ähnlich wie die Begriffe des Klimas oder der Kultur eines Landes, der Spezies in der biologischen Taxonomie oder des spezifischen Gewichtes eines bestimmten Stoffes.

Die Begriffsinterpretation wird dadurch erschwert, daß Landschaft, so wie das Wort in der Wissenschaft allgemein verwendet wird, ein (kategorieller) *Stufenbegriff* ist, ähnlich wie auch Klima, Vegetation oder Gesellschaft. Ein solcher Stufenbegriff umschließt notwendigerweise eine Serie von Bedeutungsvarianten, je nach der Größenordnung und dem Komplexheitsgrad des Gegenstandes, auf den er angewandt wird. Genau genommen handelt es sich um eine Familie von Begriffen, deren einzelne Glieder jedoch meistens nicht durch unterschiedliche Namen auseinandergehalten werden.

Bei dem Klima z. B. wird je nach der Anwendung untergliedert in Makroklima, Geländeklima, Lokalklima, Mikroklima, Bodenklima usw. Dieses sind Begriffe für Systeme unterschiedlicher Dimension, die z. T. sogar nur mit ganz verschiedenen Methoden erfaßt werden können. Dennoch wird in der Praxis nicht ständig der entsprechende Spezialbegriff, sondern meistens der allgemeine Terminus Klima verwendet, so daß dieser je nach dem Bezugsobjekt und der Größenordnung des Betrachtungsmaßstabes eine unterschiedliche Bedeutung haben kann.

Ähnlich ist es mit der Verwendung des Terminus Landschaft. Es kann damit, je nach der Verwendung in einem bestimmten Bezugsrahmen Unterschiedliches gemeint sein. Die Varianten der Bedeutung sind, wenn überhaupt, oft nur aus dem Sinnzusammenhang erkennbar. Das heißt aber nichts anderes, als daß die Entwicklung der Terminologie gegenüber der Differenzierung des Begriffssystems im Rückstand geblieben ist.

Viele Mißverständnisse, die vor allem in theoretischen Auseinandersetzungen immer wieder auftauchen, wären leicht zu beheben, wenn für die verschiedenen Begriffe, die unter dem Sammelnamen gemeint sein können, unterschiedliche Bezeichnungen benutzt würden. Man kann allerdings nicht erwarten, daß in einer einzigen allgemeinen Begriffsbestimmung alle Bedeutungsvarianten der verschiedenen Anwendungsstufen zum Ausdruck gebracht werden können. Es bedarf vielmehr einer näheren Interpretation dieser Varianten. Diese müssen schärfer als bisher üblich gefaßt werden, und sie sollten auch terminologisch klar unterschieden werden.

Innerhalb des kategoriellen Grundbegriffs (Geo-)Synergie (Landschaft) unterscheiden wir folgende Bedeutungsvarianten als Unterbegriffe:

1. die (Geo-)Synergose = Grundeinheit der Landschaft.
Dieses ist die unterste Stufe des Synergiebegriffes. Wir meinen damit die Beschaffenheit eines räumlichen Wirkungsgefüges, das aus der vergleichenden Betrachtung der Örtlichkeiten unmittelbar wahrgenommen werden kann. Wir können die Synergose in einer die Qualität der betreffenden Erdgegend charakterisierenden Gestaltdiagnose erfassen.

2. der (Geo-)Synergotyp = Landschaftstypus, Typus gleichartiger Synergosen.

3. das (Geo-)Synergem = Landschaft höherer Ordnung, Landschaftskomplex oder landschaftliches System.

Eine entsprechende Stufenfolge ist bei den Synergochoren (Landschaftsräumen) erforderlich. Die hier zu unterscheidenden Unterbegriffe werden an anderer Stelle erläutert.

Mit NEEF (1963, 1967), der mehrfach nachdrücklich die methodologische Bedeutung der Betrachtungsdimensionen hervorgehoben hat, unterscheidet man im allgemeinen drei Hauptdimensionsstufen, die geosphärische oder planetarische, die chorologische oder regionale (nach SOCHAVA, 1972) und die topologische Dimension.

In der planetarischen Größenordnung steht „die Geosphäre als gesamtirdisches Phänomen im Mittelpunkt" (NEEF, 1967 a, S. 71).

Die chorologische Dimension kann man, worauf auch NEEF (1967a, S. 71) schon hingewiesen hat, in verschiedenen Stufen sehen, nämlich:

a) die synergemisch-choremische Stufe, in der größere landschaftliche Systeme (Synergeme) und die Raumeinheiten entsprechender Größenordnungen (Choreme) betrachtet werden, und

b) die synergotisch-choreotische Stufe, bei der die landschaftliche und die landschaftsräumliche Grundeinheit (Synergose und Choreose) im Mittelpunkt der Betrachtung stehen.

Die topologische Dimension ist im Hinblick auf die Landschaft (Synergie) die Dimension der räumlichen Analyse; dabei werden die kleinsten geographisch relevanten Einheiten (Örtlichkeiten oder Geotope) als Landschaftsteile (Synergonten) erfaßt. „Sicherlich sind die kleinsten homogenen Flächeneinheiten keine Landschaften, die immer ein Mosaik solcher homogener Grundbausteine darstellen" (NEEF, 1967 a, S. 33).

In der Sowjetunion werden solche kleinste Einheiten auch als „elementare Geosysteme" (SOCHAVA, 1972) bezeichnet, und die Methodik ihrer Untersuchung wird als ein besonders wichtiger Zweig der Landschaftsforschung angesehen. Diesem Forschungsbereich wurde 1971 in Irkutsk ein eigenes Internationales Symposium „Geosystem-Topologie – 71" gewidmet, bei dem man sich vor allem auch um eine Abstimmung der Grundbegriffe und der Terminologie bemühte.

Wir beginnen die folgenden Ausführungen in der synergotisch-choreotischen Dimensionsstufe mit der Betrachtung der Synergose als Grundeinheit der Landschaft. Bei deren Analyse gehen wir in die topologische Dimension. Erst später werden wir mit unserer Betrachtung in die synergemisch-choremische Stufe der chorologischen Dimension und am Schluß in die geosphärische Dimension aufsteigen.

4.2 Die Synergose als Wahrnehmungseinheit und Forschungsgegenstand

Die Synergose ist die landschaftliche Grundeinheit, die unterste Stufe der Geosynergie. Wir meinen damit die Qualität der geosphärischen Beschaffenheit in einer Erdgegend von überschaubarer Dimension. Deren Totalcharakter ist ebenso real wie die Eigenschaften einer Blume oder die Beschaffenheit einer Fabrik oder die Instituteinrichtungen einer Universität. *Totalcharakter* soll besagen, daß der Begriff sich auf die Gesamtheit der Eigenschaften bezieht, ohne Bevorzugung bestimmter Objektkategorien, und damit auch ohne Rücksicht darauf, was etwa in der Synergose als naturbedingt oder als anthropogen anzusehen ist. Gemeint ist nicht eine Summe von Einzelheiten, sondern die geosphärische Gestaltqualität der Gegend insgesamt.

In ähnlichem Sinn hatte A. PENCK (1928), wie auch andere vor und nach ihm, den Begriff der *Gestalt* auf die Landschaft angewendet. Wegen der umstrittenen Rolle, die das Wort Gestalt im Rahmen philosophischer Auseinandersetzungen bekommen hat, möchten viele Geographen vermeiden, es für die Landschaft zu benutzen. Wir sind zwar nicht unbedingt auf dieses Wort angewiesen. Was damit ausgedrückt werden soll, kann auch auf andere Weise gesagt werden. Doch gibt es andererseits auch keinen überzeugenden Grund, auf den Gebrauch dieses Wortes in unserem Zusammenhang zu verzichten. Das Wort *total* ist insofern neutraler, als ihm nicht so leicht unterstellt werden kann, ein Vorurteil über den Gegenstand im Sinne von Ganzheitlichkeit zu fällen.

Weder Totalcharakter noch Gestalt sind statisch gemeint und erst recht nicht als Bild im Sinne einer Momentphotographie. Wir meinen vielmehr damit die körperlich-gegenständliche Erscheinungsform, in der sich das geosphärische Wirkungsgefüge in einer Erdgegend präsentiert.

Wenn wir sagen, eine Synergose sei *Wirklichkeit,* so ist das im wörtlichen Sinn gemeint. Es ist ein genereller Wesenszug der Geosphäre, daß die Beschaffenheit aller ihrer Teile das Ergebnis komplexer Wirkungen ist. Das bringt auch der Name Synergose zum Ausdruck: Er soll besagen, daß es sich bei jeder einzelnen Synergose um eine bestimmte Art von Wirkungssystem, um einen bestimmten synergetischen Qualitätscharakter in dem Gesamtsystem der Geosphäre handelt. Diese *Wirklichkeit* aus der Gestalt, in der sie sich präsentiert, zu erfassen, begrifflich darzustellen und zu erklären, ist Aufgabe der geographischen Forschung.

Das Bestreben, solche dynamischen Systeme als Einheiten zu begreifen, darf nicht mit der Idee der organismischen *Ganzheit* verwechselt werden. Diese Verwechslung ist oft geschehen und hat zu unfruchtbaren Diskussionen geführt. Die Synergose ist ohne jeden Zweifel keine Ganzheit im organismischen Sinne.

Daß sie es sei, wird allerdings von ernst zu nehmenden Geographen auch kaum jemals behauptet. Die Attacke gegen die „Ganzheit" der Landschaft, die EMIL SCHMID (1955) in einem Aufsatz in der Geographica Helvetica mit geschliffener Dialektik geführt hat, erscheint als ein Kampf gegen Windmühlen. Es dürfte niemanden geben, der sich ihm dabei entgegenstellt. Der Schluß, den SCHMID aus seiner Argumentation gegen fiktive Gegner zog, Landschaften seien lediglich Agglomerationen von Einzelobjekten, ist ebenso wirklichkeitsfremd.

Die „terrestrischen Gefüge" (WINKLER) sind keine Organismen. Sie sind aber auch keine reinen Agglomerationen. Das Wesen der Synergose liegt zwischen diesen Extremen. Sie ist eine Qualität von Systemcharakter, ein räumlich strukturiertes Wirkungssystem, das wir als solches wahrnehmen und als Wahrnehmungseinheit begreifen und wissenschaftlich erforschen können.

Als reales Phänomen ist eine Synergose sinnlich wahrnehmbar. Wir können uns darin bewegen und können sie erleben. Sie kann unser Gefühl engagieren, unsere Erfahrung bereichern und unseren Geist beschäftigen. Wir können sie beobachten und als Wahrnehmungseinheit begreifen.

Wandern wir etwa auf dem Hunsrück von einem bestimmten Ort zu einem benachbarten, so bewegen wir uns in einer Landschaft (Synergose). Diese erscheint uns primär in einer Fülle perspektivischer Einzelbilder. Das sind zunächst subjektive Sinneseindrücke von Hell und Dunkel, von Formen, Farben, Geräuschen und Gerüchen. Unsere Wahrnehmungsfähigkeit registriert diese Eindrücke zu einem großen Teil schon unbewußt als gegenständliche Vorstellungen, wie z. B. als Wege, Straßenbäume, Felder, Wiesen, Wälder, Häuser mit Viehställen usw. Sie vermittelt uns aus der Anschauung synoptische Raumbilder, die wir in unserer Erinnerung bewahren können.

Die nacheinander von unterschiedlichen Standpunkten aufgenommenen Eindrücke vermögen wir sinnvoll aufeinander zu beziehen. Das Wahrnehmungsvermögen „synchronisiert" sie zu einem einzigen, von den verschiedenen Blickpunkten unabhängigen räumlichen Gesamtbild. Wir haben dann, wie man richtig zu sagen pflegt, etwa von Liesenich und seiner Umgebung 'eine Vorstellung' bekommen. Diese Gegend ist damit für uns zu einem „Gegenstand" geworden, einem konkreten Begriff, mit dem sich eine bestimmte Vorstellung verbindet. Wir können diese anderen mitteilen. Wir können sie auch mit „landschaftlichen" Vorstellungen anderer Gegenden, die wir in unserer Erinnerung haben, vergleichen, wie etwa in unserem Beispiel mit dem benachbarten Moseltal.

Prüfen wir näher, welche Erinnerungen sich im einzelnen auf der sinnlichen Wahrnehmung einer bestimmten Gegend begründen, so werden es teilweise persönliche Erlebnisse und Stimmungen, Erinnerungsbilder der subjektiven Anschauung sein, teilweise jedoch Vorstellungen konkreter Gegenstände und Vorgänge, die sich als für jene Gegend charakteristisch unserem Gedächtnis eingeprägt haben, und die auch ein anderer Beobachter, der denselben Weg geht, wahrnehmen würde.

Wir wissen aus tausendfältig erprobter und bewährter Erfahrung, daß ein Geograph bei entsprechender Ausbildung und Übung dazu fähig ist, Synergosen als charakteristische Gebilde unmittelbar aus der Anschauung aufzufassen. Diese haben für ihn eine wiedererkennbare Gestalt, so wie ein Stück Porphyr für den Petrographen oder ein Buchenwald für den

Biologen eine unverkennbare Gestalt besitzen, oder wie die Straßenzüge mancher Großstädte, in denen es dem erfahrenen Reisenden nach wenigen Schritten klar ist, ob er sich im Herzen von Paris, von Rom, Palermo oder Tokyo befindet. Deshalb halten wir es auch für berechtigt, von der *Gestalt* einer Synergose zu sprechen.

Nicht alle charakteristischen Strukturen sind jederzeit in gleicher Weise sichtbar. Manche treten nur unter besonderen Bedingungen deutlich in Erscheinung, ähnlich wie etwa mit dem Tau an einem sonnigen Septembermorgen auf Waldblößen tausende von Spinnennetzen aufleuchten, die sonst kaum in die Augen fallen.

„Mit . . . Leichtigkeit schließen sich . . . Einzelzüge einer Landschaft, verbunden durch die Erkenntnis ihrer mannigfaltigen Zusammenhänge, zu einem einheitlichen Bilde zusammen" (GRADMANN, 1924, S. 136). Dieses Evidenz-Erlebnis aufgrund der Anschauung in Verbindung mit geistiger Arbeit hatte GRADMANN als das Aufleuchten des „harmonischen Landschaftsbildes" bezeichnet. Diese Formulierung ist oft diskutiert und angegriffen worden, nachdem man ihr – vom Wort ausgehend – einen anderen Sinn unterlegt hatte. Gemeint war bei GRADMANN das Aufblitzen einer Einsicht, eine Art von Imagination, wie sie auch in jeder anderen Wissenschaft vorkommt und immer nötig ist, um Neues in das Blickfeld der Betrachtung und der Untersuchung zu rücken. Damit wird ein Teil jenes Vorgangs gekennzeichnet, mit dem wir zu dem Begriff einer Landschaft gelangen.

Wir konzipieren eine Synergose aus der Wahrnehmung in einem überschaubaren Bereich durch Vergleich und Abstraktion. Dabei erkennen wir sie als eine Gestalt.

Wenn eine Synergose zunächst *intuitiv* erkannt wird, so ist dabei spontan ein geistiger Prozeß abgelaufen, nämlich der Vorgang einer anschaulichen Abstraktion. Wir sehen beispielsweise ein in Obstgärten gebettetes Dorf am Rande einer mit Kuhweiden erfüllten Quellmulde, mit Ackerzelgen und ein paar Wegen auf der angrenzenden Hochfläche, Niederwald auf dem Grauwackenfels steilhängiger Tälchen, mit Wiesenstreifen im Grund und einem Touristengasthaus in einer ehemaligen Lohmühle am erlengesäumten Bach. Wir sehen, daß sich in derselben Gegend Komplexe dieser Art mit leichter Abwandlung dutzende Male nebeneinander wiederholen. Wir erfassen damit die Gestalt dieser Erdgegend aus der vergleichenden Anschauung. Nach einer gewissen Zahl von Beobachtungen, wenn die Betrachtung weiterer derartiger Komplexe nichts wesentlich Neues mehr dazu bringt, haben wir eine ausreichende Vorstellung von dieser speziellen Synergose gewonnen. Wir können sie benennen und durch eine Gestaltdiagnose kennzeichnen.

Um die so erkannte Systemeinheit zu einem Gegenstand der wissenschaftlichen Forschung machen zu können, sind aber noch weitere Schritte nötig, nämlich: 1. die konsequente Objektivierung der Wahrnehmung, 2. die Verifizierung der Richtigkeit und der ausreichenden Vollständigkeit der wahrgenommenen Tatsachen, auf denen sich die Konzeption der Gestalt begründet, 3. das Erkennen des Wesentlichen und 4. die Fixierung des Begriffsinhalts in einer wissenschaftlich einwandfreien diagnostischen Kennzeichnung.

1. Die Objektivierung der Wahrnehmungen erfordert Abstraktion von subjektiven Eindrücken und Stimmungen. Solche können für den Künstler das Wesentliche sein, wenn er sich durch eine Landschaft inspirieren läßt. Der Geograph muß davon absehen können. Er muß die zufälligen perspektivischen Augenblicksbilder in eine gegenständliche Vorstellung transformieren. Dieses ist ein Vorgang des Begreifens, den unser Bewußtsein spontan zu vollziehen vermag. Er führt zu der Objektivierung der Wahrnehmung in dem Begriff des als Einheit erfaßten Gegenstandes (Synergose).

Objektivierung bedeutet dabei insbesondere das Zusammenfügen der aus Einzelbildern gewonnenen Wahrnehmungen zu der Vorstellung einer räumlichen Struktur. Wir begreifen damit den dinglich erfüllten Raum als einen strukturierten Gegenstand. Dieses geschieht in einem ordnenden Vorgang des Bewußtseins aufgrund einer spezifischen Leistungsfähigkeit des Verstandes, die KANT als „Synthesis der Recognition im Begriff" genannt hatte. Die aus verschiedenen Perspektiven aufgenommenen und in der Vorstellung bewahrten Einzel-wahrnehmungen werden dabei sinnvoll aufeinander bezogen und zu der Vorstellung des objektiven Gegenstandes vereint.

Dazu gehört auch das Erfassen des zeitlichen Aspekts, das Erkennen dieses Gegenstandes als *Wirklichkeit,* das heißt als Ausdruck eines Prozesses komplexer Vorgänge. Wir sehen z. B. 'Kartoffelernte' als die Wirkung menschlicher Tätigkeit. Wir nehmen dabei den Acker als einen Gegenstand wahr, der gepflügt und bestellt worden ist, um jetzt abgeerntet zu werden, und der somit wie jeder Gegenstand nur in einem zeitlichen Ablauf existent ist. Es gibt darin ein Vorher und ein Nachher, und es bestehen Wirkungszusammenhänge mit vielen anderen Gegenständen des umgebenden Raumes.

Alles, was wir als die *Beschaffenheit* einer Erdgegend wahrnehmen können, stellt sich bei näherem Zusehen, sobald es gelingt, es in einer sinnvollen Weise gegenständlich aufzufassen, als der Ausdruck von Prozessen dar, die in der Zeit ablaufen. Dieses ist uns bei der Nennung der beobachteten Gegenstände oft nicht bewußt. Aber schon die meisten Grundbegriffe der Sprache, mit denen wir eine Landschaft als ein scheinbar statisches Gebilde beschreiben können, meinen nicht nur das Physiognomisch-Formale des dreidimensionalen Raumes, sondern einen Komplex von Vorgängen. Sie schließen die Zeitdimension mit ein, wie etwa die Begriffe Tal, Dorf, Straße, Acker, Wald usw.

Bei vielen Begriffen dieser Art, die allgemein geläufig sind, läßt sich oft kaum noch unterscheiden, ob sie außerhalb der Wissenschaft oder unter deren Mitwirkung entstanden sind. Ein Rückblick in die Schriften aus den Anfängen der modernen Geographie (von VARENIUS bis KANT) läßt uns oft mit Über-raschung feststellen, daß eine große Zahl geläufiger Gegenstandsbegriffe unserer Alltagssprache von Geographen geprägt oder geklärt worden sind.

2. Der Eindruck einer Wahrnehmung kann täuschen. Eine wissenschaftliche Feststellung erfordert daher Kontrollbeobachtungen, mit denen gesichert wird, daß die zunächst subjek-tiv erfaßten Tatsachen objektiv richtig sind. Die einmalige Beobachtung zu einem zufälligen Zeitpunkt genügt dabei oft nicht. Es können Beobachtungen in mehreren Jahren oder zu verschiedenen Jahreszeiten nötig sein oder auch zu bestimmten Terminen, an denen manche Erscheinungen besonders gut oder vielleicht überhaupt nur direkt wahrnehmbar sind, wie etwa die konkreten Vorgänge, die einen Marktplatz zu einem solchen machen.

Für das Erfassen mancher Tatsachen reichen lokale Einzelbeobachtungen nicht aus. Räumlich ausgedehntere Beobachtungen kann man in solchen Fällen oft durch eine flächen-hafte *Kartierung* sichern. Diese ist die beste Kontrolle der Vollständigkeit bestimmter Beob-achtungen. Zugleich ist sie das wichtigste Hilfsmittel, um unübersichtliche räumliche Struk-turen und deren Zusammenhänge wahrzunehmen und darzustellen. Um dabei auch die Vor-gänge ausreichend vollständig und genau zu erfassen, muß in vielen Fällen die Kartierung mehrmals oder zu besonderen Terminen vorgenommen werden. Luftbildaufnahmen kön-nen dabei eine wertvolle Hilfe sein (vgl. Bd. IX, LAG).

Manche Beobachtungen können nur durch instrumentelle Messungen gemacht werden. Andere müssen oder können zum mindesten teilweise durch Messungen geprüft und gesichert oder ergänzt werden. Dabei ist zu beachten, daß Daten, die maschinell verarbeitet werden können, in einer dafür geeigneten Form und in der notwendigen Vollständigkeit beobachtet oder erhoben werden. Der Beobachter muß jedoch wissen, was er messen kann und was auf eine andere Weise erfaßt werden muß.

Dieses hat HETTNER sehr drastisch betont: „Auch wenn wir einen ganzen Güterzug voll von Instrumenten mitschleppten, würden wir doch alle feineren Züge der Landschaft, die eigenartige Ausbildung ihrer Formen und Farben, ihrer Pflanzendecke, ihrer Siedlungsweise und ihres Wirtschaftslebens, nicht erfassen, weil sie sich der messenden, instrumentellen Beobachtung entziehen" (1927, S. 175).

Bei der Auswertung von Messungen muß man sich auch davor hüten, dem *Oaseneffekt* zum Opfer zu fallen, der Verfälschung der Information, weil übersehen wird, daß die Beobachtungsstellen an Orten eingerichtet sind, die über den größeren Raum keine zuverlässige Aussage erlauben. Was sagt es über das Klima der ägyptischen Wüste, wenn fast alle Meßstellen in Oasen liegen?

Die quantitative Analyse im weitesten Sinne, zu der alle sinnvoll eingesetzten Meßmethoden gehören, ist ein rationaler Vorgang der Information, mit dessen Hilfe Wahrnehmungen anderer Art partiell kontrolliert und in bezug auf bestimmte Aspekte selektiv erweitert und wesentlich ergänzt werden können. Gegenständliche Vorstellungen werden dabei auf Zahlenverhältnisse (mathematische Funktionen) reduziert. Damit werden Gesetzlichkeiten auf den Gegenstand anwendbar, die u. U. auch Voraussagen über Vorgänge ermöglichen und daher eine Hilfe bei der planenden Voraussicht sein können.

Quantifizierende Methoden haben seit eh und je ihren festen Platz in der geographischen Forschung; niemand wird ihre Notwendigkeit bestreiten. In ihrer Bedeutung können sie kaum überschätzt werden, vorausgesetzt, daß man sich der Grenzen ihrer Leistungsfähigkeit und der Tatsache bewußt bleibt, daß sie erst in Verbindung mit anderen Methoden ihren Wert bekommen. Solange nicht qualitative Beobachtung, die Wahrnehmung von Gegenständen und deren begriffliche Konzeption vorausgegangen sind, und solange nicht eine sinnvolle Frage gestellt ist, die durch quantifizierende Methoden beantwortet werden kann, bleibt jedes Zählen im Bereich der Geographie müßiges Spiel.

Wenn die heute verfügbaren maschinellen Hilfsmittel für quantitative Methoden in der Geographie bisher noch in sehr beschränktem Maße benutzt werden, so liegt das nicht daran, daß wir daraus für unser Fach keinen Gewinn ziehen könnten. Der Hauptgrund dürfte vielmehr sein, daß man sich der Voraussetzungen für die Nutzbarmachung dieser Hilfsmittel noch zu wenig bewußt ist, und daß jene Vorgänge, die notwendigerweise vorausgehen müssen, wie die qualitative Erfassung komplexer Wirkungssysteme und ihre begriffliche Ordnung, methodologisch noch weitgehend unterentwickelt sind.

Es klingt paradox, kann aber wohl kaum bezweifelt werden: Weil die nicht quantifizierenden Methoden von manchen Geographen gering geschätzt und vernachlässigt werden, können wir die Hilfe, die die Technik uns mit ihren Rechenmaschinen bietet, noch nicht voll ausnutzen. Denn die Berechnung komplizierter funktionaler Zusammenhänge setzt die qualitative Kenntnis der Struktur des betreffenden Systems voraus. Wir haben aber bisher in vielen Fällen noch zu wenig gelernt, die Gestalt der Systeme, die sich zu berechnen lohnen, wahrzunehmen. Je besser die Beobachtung von Erdraumqualitäten entwickelt, je intensiver die wahrnehmbaren Wirkungssysteme qualitativ studiert und unter Zuhilfenahme deduktiver Methoden durchdacht, und je klarer sie begrifflich gefaßt werden, um so eher werden wir die verfügbaren technischen Mittel in vollem Umfange für die Verifizierung geographischer Wahrnehmungen einsetzen können. Die unbedingt notwendige Voraussetzung für die *erfolgreiche* Verwendung statistischer Methoden ist das Verständnis jener Aspekte der Wirklichkeit, die nicht in Zahlen zu erfassen sind (H. LÜTHY, 1970).

3. Unbedingt notwendig ist es, einen Maßstab dafür zu finden, was von der Mannigfaltigkeit des Wahrgenommenen wichtig ist. Hier liegt ein Kernproblem der landschaftlichen Methode. Mit dieser Frage nach der Bedeutung des Wahrgenommenen ist zugleich das Problem einer Rangordnung der verschiedenen möglichen Beobachtungsmethoden verbunden und z. B. auch die Frage, was sich in einem bestimmten Fall zu messen oder zu kartieren lohnt oder nicht.

Die Mittel und Wege, dieses Problem zu bewältigen, können nicht aus dem, wenn auch noch so intensiv vertieften Studium einer einzigen Synergose gewonnen werden. Vielmehr sind dafür zwei gleich wichtige, jedoch ihrem Wesen nach einander entgegengesetzte Voraussetzungen entscheidend, die der Geograph von seiner Einstellung und seiner Ausbildung her mitbringen muß, wenn er Landschaft erfassen will. Er muß erstens gelernt haben, aus der unmittelbaren sinnlichen Wahrnehmung eine Landschaft *anzusprechen,* d. h. sie in ihren wesentlichen Zügen als Ganzes zu *sehen.* Andererseits muß er sowohl den analytischen als auch den geographisch-synthetischen Begriffsapparat beherrschen, mit dessen Hilfe die wahrnehmbaren Vorgänge ihrem Wesen nach erfaßt und sprachlich oder in anderen wissenschaftlichen Ausdrucksmitteln festgehalten werden können. Beide Fähigkeiten beruhen auf Erfahrung und auf Kenntnissen. Sie können, wenn eine Grundeignung für ihren Erwerb gegeben ist, durch Übung und planmäßige vergleichende Beobachtungen vervollkommnet werden. Zu der Eignung gehört die Fähigkeit, ein komplexes dynamisches System als solches aus seinem statisch erscheinenden optischen Eindruck wahrnehmen zu können.

Unsere natürlichen Sinne und Verstandeskräfte sind so beschaffen, daß wir die wahrnehmbare Umwelt im ganzen erfassen. Wir 'sehen' nicht etwa primär Maßzahlen oder Koordinaten einzelner Gegenstandskategorien, so wie wir mit unseren Augen nicht etwa Wellenlängen wahrnehmen, sondern Farben. Wie man jedoch eine besondere Farbe um so eher zu bemerken vermag, je mehr man von der möglichen Mannigfaltigkeit der Farben kennengelernt hat, so ist auch der Umfang der Erfahrung wesentlich für das Erkennen des Besonderen einer Landschaft.

Je mehr wir von der Mannigfaltigkeit an unterscheidbarer geosphärischer Beschaffenheit erlebt und verstandesmäßig erfaßt haben, um so leichter, vollständiger und schneller werden wir auffassen und auch wiedergeben können, was die Physiognomie einer bestimmten Synergose über deren Wesen aussagt. Der Erfahrene, der eine gründliche Kenntnis der verschiedenen Möglichkeiten landschaftlicher Gestaltung besitzt, sieht vieles auf den ersten Blick und vermag es auch auszudrücken, so wie ein Kenner, wenn er einen Blick auf ein Sportfeld wirft, nicht nur sofort sieht, ob dort Fußball oder Rugby gespielt wird, sondern auch die Qualität der Mannschaften, die Spieltechnik und vieles andere erkennt und dieses mit Begriffen, die ihm geläufig sind, bis in viele Einzelheiten beschreiben kann, auch wenn er dem Spiel nur wenige Minuten zugesehen hat. Ähnliches tut der geschulte Geograph, wenn er über Landschaften berichtet, die er vielleicht nur kurze Zeit aus dem Schnellzug oder vom Flugzeug aus hat beobachten können. Seine Frage ,,Was ist dort?" läuft letzten Endes ebenfalls immer auf die Frage hinaus: ,,Was spielt sich dort ab?". Er nimmt einen Komplex von Vorgängen als ein Wirkungssystem wahr.

Wenn wir eine Synergose erfassen, gehen wir in der Regel von ihrer äußeren Gestalt aus. Wir fragen uns: Was ist daran das Wesentliche? Was kommt darin zum Ausdruck von dem, was sich in der Landschaft abspielt? Dieser Ausgangspunkt ist zweckmäßig. Die Betrachtung des äußeren Erscheinungsbildes ist jedoch nicht der einzige Weg, zu einer Einsicht in das Wesen einer Synergose zu gelangen, und oft führt er allein auch nicht ganz zum Ziel.

Denn manche wesentlichen Züge und Eigenschaften der Landschaft sind aus deren äußerem Bild nicht oder nur unsicher zu erkennen. Zu der Beobachtung des unmittelbar Sichtbaren müssen deshalb andere Methoden der Untersuchung hinzutreten, insbesondere solche, die auf die räumlichen Wirkungsbeziehungen, die Dynamik und die Genese der Synergose gerichtet sind.

4. Erst wenn die Identität des zu erforschenden Gegenstandes objektiv gesichert ist, bekommen spezielle Untersuchungen und Analysen ihren Wert.

Erkannt wird eine Synergose primär aus ihrer wahrnehmbaren Gestalt. Die Kennzeichnung, die ihr Wiedererkennen, ihre Identifizierung erlauben soll, ist daher zunächst eine *morphologische* oder *formale.* Sie bezieht sich auf wahrnehmbare Formen. Welcher Art diese sind, und wie sie zu fassen sind, kann nur geklärt werden im Hinblick auf die ganze Wirklichkeit der Synergose. Die formale Betrachtung des äußeren Bildes kann einen Erlebniswert haben. Wissenschaftlich ist sie bestenfalls ein erster Ansatzpunkt. Sie bleibt wertlos, wenn ihr nicht eine Begriffsbildung folgt, die – wenn vielleicht auch nur indirekt – die vierte Dimension (Zeit) mit einschließt.

Mit Synergose meinen wir eine Wirklichkeit, so wie etwa auch die Begriffe Podsolboden oder Buchenwald eine Wirklichkeit komplizierter Gebilde kennzeichnen. Bei diesen ist die Beschaffenheit als eine Assoziation von bestimmten Gegenständen und als ein Komplex von bestimmten Vorgängen erfaßbar. So kann auch das dynamische System der Synergose als eine Assoziation bestimmter Bestandteile diagnostisch erfaßt werden. Die Formulierung derartiger Aussagen, die eine Landschaft charakterisieren, setzt aber schon die Kenntnis eines ganzen Inventars hochkomplexer sachsystematischer Begriffe der Allgemeinen Geographie voraus.

Was für die Diagnose als wesentlich zu gelten hat, bedarf einer näheren Untersuchung. Der Begriff einer bestimmten Synergose kann nicht aus zufälligen oder beliebig ausgewählten Einzelgegenständen, die darin vorkommen, gewonnen werden. Die konkrete Diagnose des Begriffs in einer mitteilbaren objektiven Form durch Worte oder eine andere Art der *Kenn-Zeichnung* erfordert als Voraussetzung die Zusammenschau auf höchster Ebene, das Erkennen der Einheit in der Mannigfaltigkeit. Wir gewinnen diese Einsicht, wenn es uns zu erfassen gelingt, was die beobachtete Mannigfaltigkeit zur Einheit macht, und was diese Einheit von anderen unterscheidet.

Das Wesen der Synergose kann prinzipiell aus der Beobachtung von Teilausschnitten des Landschaftsraumes erkannt und beschrieben werden (*pars pro toto*). In manchen Landschaften, wie z. B. in einer eintönigen Halbwüste, kann man mit verhältnismäßig wenigen 'Stichproben' die charakteristischen Züge ausreichend erfassen, um unter angemessener Hervorhebung des Wesentlichen die Synergose diagnostisch kennzeichnen zu können. Bei anderen, wie z. B. den meisten Landschaften der hochindustrialisierten Länder, kann man nur durch ein intensives Studium den Charakter einer Synergose in befriedigender Vollständigkeit kennenlernen.

In jedem Fall müssen die Probestücke, die der Diagnose zugrundegelegt werden, vom Wesen der Sache her eine bestimmte Mindestgröße haben, damit die charakteristischen Bestandteile ausreichend erfaßt werden können. Wie die Assoziation einer Biozönose nur aus einer gewissen Zahl von ausreichend großen Bestandesproben mit genügender Vollständigkeit erfaßt und diagnostisch beschrieben werden kann, so erfordert auch die Erfassung einer Synergose die Beobachtung eines bestimmten Minimalareals. Eine gute methodische Hilfe bei dessen Aufnahme kann die Kartierung sein. Sie kann eine ähnliche Bedeutung haben wie Tabellenarbeiten in der Biosoziologie. Die Größe des Minimalareals der für die Gestaltdiagnose der Synergose notwendigen Stichproben ergibt sich aus den räumlichen Dimensionen der Teilsysteme bzw. ihrer maßgebenden Hauptbestandteile. Dieses ist vor allem eine Frage des Grades und der Art und vor allem der Ausdehnung der horizontalen Verflechtung des Wirkungsgefüges bzw. der räumlichen Reichweite der dominierend wichtigen funktionalen Ordner der Teilsysteme (z. B. Betriebe, Gemeinden usw.).

4.3 Die ursächliche Betrachtung und die Stufen der Seinswirklichkeit

Für die Synergose gilt selbstverständlich das allgemeine Kausalitätsgesetz in der Form: Keine Wirkung ohne Ursache. Es gibt nichts, was nicht auf bestimmte Ursachen zurückzuführen wäre. Damit wird nur in einer anderen Form gesagt, daß alles Gegenständliche, mit dem wir es in der Landschaft zu tun haben, ein Ausdruck von Vorgängen ist, die ihrerseits auf bestimmte wirkende Ursachen zurückzuführen sind. Eine Synergose zu *erklären*, ist daher gleichzusetzen mit einer *Analyse der Ursachen des Wirkungssystems*. Das allgemeine Kausalitätsgesetz in der zitierten Form sagt aber noch nichts über die Art der Kausalität aus, d. h. über die Form der verallgemeinernden Aussagen, mit denen die unterschiedlichen Vorgänge erklärt werden können.

Ursächlichkeit bedeutet nicht nur Naturgesetzlichkeit in dem Sinne der physikalischen Kausalität. Nicht alles, was für unsere Auffassung der Synergose wesentlich ist, kann physikalisch beschrieben und erklärt werden. Für die Form eines verwitternden Felsblocks mag dieses noch gelten. Jedoch die Gestalt eines Waldes oder der City einer Großstadt und deren Bedeutung in der Synergose können auf diese Weise nicht erklärt werden. Die am Anfang des Jahrhunderts von manchen Geographen vertretene und in jüngster Zeit im Zusammenhang mit dem Bemühen um verbesserte quantitative Methoden wieder aufgelebte Tendenz, die Geographie als eine exakte Naturwissenschaft zu definieren und zu behandeln, führt in eine Sackgasse. Eine Synergose läßt sich in der Gesamtheit ihrer Eigenschaften nur begrenzt in allgemein gültigen Gesetzen erfassen und daher auch nur zu einem kleinen Teil in mathematischen Formeln beschreiben. Zweifellos sind auch die Wirkungen des Menschen im Bereich der Materie wie alle anorganischen und biotischen Vorgänge an die allgemeinen Eigenschaften der Materie gebunden. Diese können wir in allgemein gültige Gesetze fassen. Wir formulieren sie als Aussagen in der Sprache der Mathematik, die nichts anderes ist als „eine streng formale Spielart des natürlichen Denkens" (HERMANN KRINGS, 1956). Wir begreifen damit das Gemeinsame aller materiellen Wirklichkeit, den auf die allgemeinen Eigenschaften der Materie zurückführbaren Aspekt der Vorgänge. Diesen Aspekt zu erforschen ist nicht Aufgabe der Geographie, sondern der Physik. Sie drückt die in den immanenten unveränderlichen Eigenschaften der kosmischen Materie begründeten allgemein wirkenden Ursachen der materiellen Vorgänge in 'Naturgesetzen' aus, wie z. B. in den Gesetzen der Gravitation und der Entropie. Diese können nicht erklärt, sondern nur gefunden werden; man kann sie feststellen und mathematisch formulieren. Sie haben in jedem Vorgang aller Seinsbereiche Gültigkeit, auch für den Bios und das menschliche Wirken in der materiellen Welt. Sie haben keine Geschichte und keine räumliche Begrenzung ihrer Wirksamkeit. Als Gesetze gefaßt, sind sie jedoch nur Aussagen über den ungestalteten Stoff. Sie beschreiben die materielle Wirklichkeit ohne Objekte und Subjekte.

Dieses ist aber nur *eine* Art der Ursachen, die zu berücksichtgen sind, wenn Vorgänge in den Wirkungssystemen der Geosphäre erklärt werden sollen. Außer der *causa materialis* müssen wir für das Verständnis der Synergosen andere Arten der Ursächlichkeit beachten. Wir können diese als historische und strukturelle Ursachen zusammenfassen. Die gegenwärtige Inhomogenität der Geosphäre ist das Ergebnis vorausgegangener zeitlicher Abläufe. Alle unterschiedlichen Strukturen sind, wenn wir ihrer Entstehung auf den Grund gehen, auf geschichtliche Ursachen im weitesten Sinne (Kosmogenie, Erdgeschichte, Naturgeschichte, Menschheitsgeschichte, Landschaftsgeschichte) zurückzuführen. Die beschreibenden Naturwissenschaften haben sich daher nicht mit Unrecht lange Zeit als *Naturgeschichte* bezeichnet.

Die Inhomogenität der anorganischen Struktur (Lithosphäre, Hydrosphäre und Atmosphäre) ist letzlich erdgeschichtliche Ursächlichkeit, die organische Differenzierung der Biosphäre Evolutionsursächlichkeit, und die anthropogene inhomogene Struktur der Noosphäre ist das Ergebnis der Menschheitsgeschichte.

Die aktuellen landschaftlichen Vorgänge, die wir erfassen und verstehen wollen, leiten sich aus den heterogenen gegenwärtigen Strukturunterschieden der Geosphäre ab. Diese sind ihrerseits durch Vorgänge der Vergangenheit entstanden. Sie sind aus historischen Ursachen zu erkären. Die Gesamtheit dieser Vorgänge hat man als den *geosphärischen Prozeß* (vgl. I. P. GERASIMOV, YU. P. TRUSOV, YU. K. YEFREMOV, YU. K. PLETNIKOV, 1969) bezeichnet. Alle Stufen unterschiedlicher Strukturierung der geosphärischen Substanz, von der atomaren Struktur anorganischer Stoffe bis zum Menschen und den von diesem bewirkten komplexen Phänomenen, sind in diesem geosphärischen Prozeß entstanden. Die Inhomogenität der Geosphäre mit den Wesensunterschieden der Seinsbereiche und mit allen Arten gegenständlicher Differenzierung hat somit historische Ursachen. In der so entstandenen gegenwärtigen Strukturierung sind die Ursachen der aktuellen Vorgänge zu suchen (Abb. 10).

Für die Geographie ergibt sich daraus die doppelte Aufgabe, die räumlichen Strukturen aus Vorgängen der Vergangenheit und die heutigen Vorgänge aus den derzeitig vorhandenen Strukturen zu erklären. Beide Arbeitsrichtungen sind berechtigt und notwendig. Die erste führt zu der mehr rückwärts gerichteten historisch-genetischen Erforschung der Entstehung der Gegenwartsstrukturen. Die zweite macht die aktuelle Dynamik und ihre Entwicklungstendenzen verständlich, indem sie diese aus ihren strukturellen Ursachen ableitet.

In der ersten Hälfte unseres Jahrhunderts ist, vor allem in der deutschen Kulturlandschaftsforschung, vorwiegend die historisch-genetische Fragestellung methodisch entwickelt und gefördert worden. Das daraus erwachsene Unbehagen über mangelnde Aktualität und Zukunftsbezogenheit der Geographischen Wissenschaft hat in jüngster Zeit eine stärkere Zuwendung zum Studium der Gegenwartsvorgänge ausgelöst. Ein Ausgleich in dieser Richtung ist zweifellos notwendig. Doch darf dabei der Forschungsgegenstand nicht aus dem Auge verloren werden. Der bequeme Weg, ohne Rücksicht auf das räumliche Gesamtsystem nur Einzelvorgänge bestimmter Gegenstandskategorien, die sich leicht quantifizieren lassen, zu studieren, führt aus der Geographie heraus. Manche 'Sozialgeographen', die diesen Weg gehen, leisten damit nur einen Teil der Arbeit der empirischen Soziologie.

Mit der *kausalen Analyse* wollen wir die Gegenstände der geographischen Forschung nicht ins Unkenntliche auflösen, sondern wir wollen sie kenntlich machen, indem wir sie in der Bedingtheit ihrer Eigenschaften aufzeigen und als Modelle nachbilden. *Erklären* heißt

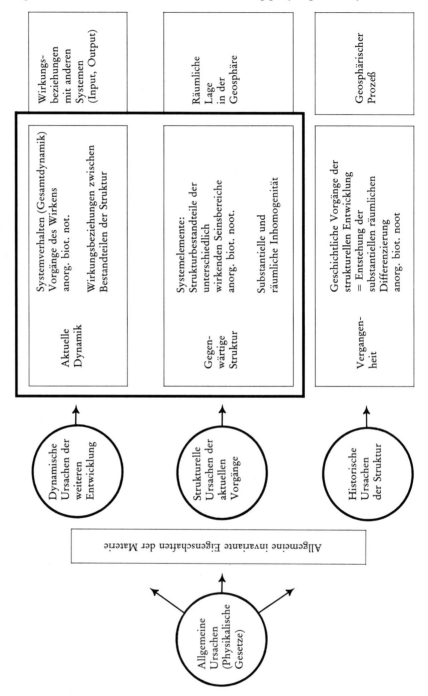

Abb. 10 Die verschiedenen Arten der Ursächlichkeit in geosphärischen Systemen

dabei nicht, alles bis auf die 'letzten' Ursachen zurückzuführen, sondern auf die unmittelbar wirksamen. Die *Vorgänge*, die wir in den wahrnehmbaren Gegenständen und ihrer räumlichen Ordnung erkennen, führen wir auf Beziehungen zwischen Wirkendem und Bewirktem und damit auf Eigenschaften der beteiligten Komponenten zurück. Um den Gegenstand, den wir erforschen, das gegenwärtige Wirkungssystem, nicht aus dem Auge zu verlieren, müssen wir zwischen dem gegenwärtigen Wirken und den Wirkungen aus der Vergangenheit klar unterscheiden. *Gegenwärtiges Wirken* ist als noch nicht abgeschlossener Vorgang teilweise auch unmittelbar einer quantifizierenden Untersuchung zugänglich.

Vorgänge der Vergangenheit, die für das gegenwärtige Wirkungssystem nur noch indirekte Ursachen sind, erfassen wir in dessen Eigenstruktur und in den Lagebeziehungen zu umgebenden Strukturen. *Nur diese Gegenwartsstrukturen sind wirkende Ursachen in den aktuellen dynamischen Systemen.* Die Analyse des Wirkens der Vergangenheit, das die Strukturen geschaffen hat, führt zu geschichtlicher Betrachtung. Sie ist nicht die primäre Aufgabe der Geographie, sondern der Erdgeschichte im weitesten Sinne, wozu man Geologie, Lebensgeschichte, Menschheitsgeschichte, Kulturgeschichte, politische Geschichte und auch Landschaftsgeschichte rechnen kann. Im Hinblick auf das Ziel, die aktuellen Wirkungssysteme zu erklären, sind aber die historischen Vorgänge und deren geschichtliche Ursachen von geringerem Interesse als die daraus entstandenen dynamischen Strukturen. Denn nur diese sind die unmittelbar wirkenden Ursachen der gegenwärtigen Vorgänge und ihrer weiteren Folgen (Abb. 11).

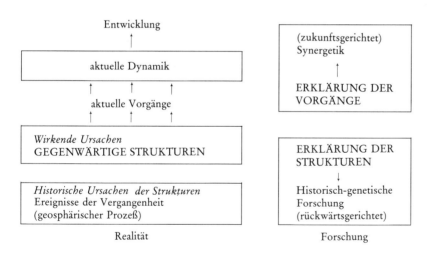

Abb. 11   Wirkende und historische Ursachen und die darauf ausgerichtete Forschung

Urheber von Wirkungen in der Landschaft können alle im gegenwärtigen Wirkungssystem der Geosphäre beteiligten Ur-Sachkategorien sein, die sich im geosphärischen Prozeß als strukturelle Differenzierung der geosphärischen Substanz gebildet haben. Diese wirkenden Ursachen (Aitionen) können Sachgruppen unterschiedlichen Komplexheitsgrades sein wie z. B. die Energieeinstrahlung der Sonne, die anorganischen Stoffe in ihren verschiedenen Aggregatstufen, Formen und komplexen räumlichen Bindungen (Atmosphäre, Gewässer, Gesteine und Relief der festen Erdkruste usw.), das pflanzliche und das tierische Leben und der nach seiner Vernunft handelnde Mensch.

Die strukturelle Inhomogenität der Geosphäre als wirkende Ursache der Gegenwartsdynamik kann in verschiedenen Dimensionsstufen erfaßt werden.
Wir erfassen sie (1) als planetarisches Bewegungssystem, das als kosmogenetisch bedingte solarbezogene Struktur vor allem für die räumliche Differenzierung des geosphärischen Energiehaushaltes maßgebend ist; (2) als erdgeschichtlich bedingte tellurische Struktur (Größe und Form der Erde, Tektonik und Relief der Kruste usw.); sowie (3) als Strukturen geosphärischen Ursprungs wie die Differenzierung der Substanz in die wesensverschiedenen Seinsbereiche mit ihren immanenten Eigenschaften und die Mannigfaltigkeit der daraus gebildeten Gegenstände oder Gestalten.

Die Wirklichkeit des geosphärischen Systems als Prozeß räumlich verknüpfter Ereignisse ist demnach ursächlich mit den strukturellen Unterschieden der Seinbereiche verknüpft. Diese gliedern wir nach dem Grad der Komplexheit und dem Grad ihrer Bedingtheit in drei Hauptstufen der Seinswirklichkeit:
1. die anorganische Wirklichkeit,
2. die biotisch-vitale Wirklichkeit (von Pflanze, Tier und Mensch),
3. die nootische Wirklichkeit (des geistig bestimmten menschlichen Handelns).

Zwischen diesen drei Seinsbereichen besteht die Beziehung einer nicht umkehrbaren Stufenfolge des Aufeinanderangewiesenseins. Jede höhere Stufe setzt in ihrer Existenz die niedere voraus und ist durch diese Bedingtheit in ihrem Wirken mitbestimmt und begrenzt.

Nur das *Anorganische* ist *allein* existenzfähig. Es ist nicht auf das Wirken des Lebens und des Geistigen als Voraussetzung angewiesen; es existierte schon lange bevor es Leben gab. Diese Unabhängigkeit von den anderen Seinsstufen zeigt sich gegenwärtig in jenen Teilen der Geosphäre, die noch anorganische Landschaften geblieben sind.

Das *organische* Leben dagegen kann nur *mit* und *in* dem Nichtlebendigen existieren. Anorganische Materie ist eine notwendige Voraussetzung für das Leben von Pflanzen und Tieren und ebenso für die physische Existenz des Menschen. Alles Leben ist auf mineralische Stoffe, auf Wasser, Luft, Licht und Energie angewiesen. Dabei besteht innerhalb des Lebendigen noch eine gestufte Abhängigkeit von Pflanze, Tier und Mensch. Pflanzliches Leben ist nicht an die Existenz des tierischen und menschlichen Lebens gebunden. Das Leben der Tiere setzt dagen die Existenz pflanzlichen Lebens voraus. Der Mensch ist von beiden abhängig. Das physische Leben von Pflanze, Tier und Mensch ist jedoch nicht auf die Existenz des Geistigen angewiesen.

Der Wirklichkeitsbereich des *Geistigen* kann aber nicht existieren ohne die beiden anderen Hauptseinsbereiche. Es ist von dem Nichtlebendigen und dem organischen Leben abhängig und auf beide angewiesen.

Die Seinsbereiche ordnen sich somit primär als Stufen einer Abhängigkeitsreihe. Die Tiere sind sowohl direkt als auch indirekt über die Pflanzen an die anorganische Welt gebunden. Der Mensch ist mittelbar über die Tiere und auch unmittelbar von der Pflanzenwelt abhängig sowie über beide indirekt und zugleich auch direkt von dem Anorganischen. Jede vorangehende Stufe ist für die folgenden eine notwendige Voraussetzung.
Dazu kommen Wirkungen in der entgegengesetzten Richtung. Der Mensch wirkt auf die Tierwelt und damit zugleich auf die Pflanzen und über diese auf das Anorganische. Er wirkt auch direkt auf die Pflanzenwelt und damit mittelbar auf das Anorganische sowie schließlich auf dieses direkt. Die Tierwelt wirkt auf die Pflanzen und, sowohl über diese als auch direkt, auf das Anorganische. Somit stehen alle Stufen durch *Wirkungsbündel wechselseitig* in Beziehung (PAUL BOMMERSHEIM, 1942).

Wie aus der dargelegten Abhängigkeitsfolge hervorgeht, sind die in der geosphärischen Substanz zusammenwirkenden Seinsbereiche wesensverschieden. Wir müssen uns daher darüber klar werden, worin dieser Unterschied besteht, welche Konsequenzen er für die geographische Betrachtung der Wirklichkeit hat, und in welcher Art und Weise die unterschiedlichen Seinsbereiche in den dynamischen Systemen der Landschaft wirksam sind. Daraus folgt, daß die noogene, die biogene und die physikalische Wirklichkeit zugleich ins Auge gefaßt werden müssen, d. h. der Geograph muß *ideengeschichtlich, biologisch und physikalisch* denken können.

Da in der Geosphäre *alle Seinsstufen* wirksam sind, muß prinzipiell auch jeder räumliche Teil unter den Aspekten aller Arten der Seinswirklichkeit untersucht werden. Denn die Seinsstufen sind in den einzelnen Teilen nur in graduell verschiedenem Maße wirksam und nicht unmittelbar erkennbar gegeneinander abgegrenzt. Sie sind auch nicht, wie es zuweilen dargestellt wurde, in leicht voneinander trennbaren 'Schichten' geordnet, sondern vielmehr in ihren Wirkungen oft engstens verflochten und schon in kleinsten Gegenständen *integriert*. Bei jeder Synergose ist daher damit zu rechnen, daß in ihrem Wirkungssystem alle Seinsbereiche beteiligt sein können. Es muß in jedem Fall geprüft und gegebenenfalls nachgewiesen werden, ob etwa das Wirken des Menschen oder sogar des gesamten organischen Lebens darin fehlt. Nur dann kann man auf die für diese Bereiche erforderlichen besonderen Betrachtungsmethoden verzichten.

Es ist evident, daß es in der Geosphäre großräumige Bereiche gibt, in deren landschaftlichen Wirkungssystemen nicht alle drei Seinsbereiche beteiligt sind. In den höheren Lagen der Hochgebirge und in polaren Breiten gibt es Landschaften, in denen weder der Mensch, noch überhaupt Leben in nennenswertem Maße wirksam sind, weil die physikalischen Bedingungen dieses nicht zulassen. Dort sind alle Vorgänge des Wirkungssystems rein physikalisch erklärbar. Ebenso kennen wir Erdräume, die pflanzliches und tierisches Leben aufweisen, in denen aber der Mensch für das Wirkungssystem keine Rolle spielt. Nach diesen durch die verschiedene Beteiligung der Seinsbereiche begründeten Wesensunterschieden unterscheidet man seit langem drei Grundkategorien oder Klassen von Landschaften: *anorganische* Landschaften, *belebte Natur*landschaften und *Kulturland*schaften (BOBEK und SCHMITHÜSEN, 1949).

Diese Unterscheidung ist sinnvoll und zweckmäßig. Denn die Landschaften der drei Klassen sind nicht nur wesensmäßig verschieden, sondern erfordern auch methodisch eine unterschiedliche Behandlung. Nach dem, was schon über die Wesensunterschiede der Seinsbereiche gesagt worden ist, bedarf dieses keiner näheren Begründung. Auch dürfte es einleuchten, daß die methodischen Schwierigkeiten der wissenschaftlichen Erforschung der Landschaften in der genannten Reihenfolge der drei Klassen zunehmen. Denn die in den drei Stufen sich erweiternde Problemstellung erfordert jeweils den Einsatz zusätzlicher anderer Methoden.

Die Methoden der *exakten Naturwissenschaften* erhellen nur eine bestimmte Seite der Wirklichkeit, nämlich das, was sich von den materiellen Vorgängen in Maß und Zahl als gesetzmäßig erfassen läßt. Alles übrige bleibt von der Fragestellung aus als irrelevant unbeachtet. Die biologische Fragestellung richtet sich auf die vitale (nicht geistige) Komponente der Wirklichkeit. Sie führt zu Methoden, um das Phänomen der mannigfaltigen Differenzierung des Lebens mit allen seinen Erscheinungsformen (Gestalt, Entwicklung und Verhalten) darzustellen. Die umfassendste Fragestellung bezieht auch die Phänomene des Geistigen mit ein und muß Methoden einsetzen, mit denen auch die Leistungen des menschlichen Geistes in ihrer ganzen geschichtlichen Mannigfaltigkeit zu erfassen und darzustellen sind. Die vom Menschen geschaffenen Gebilde sind als materielle Strukturen und Vorgänge auch im exakt-naturwissenschaftlichen Sinne begreifbar, weil sie vom Menschen nach den Gesetzen von Maß und Zahl geschaffen wurden. Als Gegenstände *verstehbar* sind sie aber unter dem Gesichtspunkt der darin verkörperten Intention (Sinn und Zweck). Zu welcher der drei Kategorien eine bestimmte Synergose zu rechnen ist, muß aber in jedem einzelnen Fall erst geklärt werden. Oft erfordert die Zuordnung zu einer dieser Klassen schon eine intensive wissenschaftliche Untersuchung.

In den Landschaften vieler Länder bedarf es mühevoller Arbeit, um eindeutig zu klären, ob sie dieser oder jener Kategorie angehören, ob z. B. ein größeres Waldgebiet noch reine Natur ist und damit allein biotisch verstanden werden kann, oder ob es auch als Folge menschlichen Handelns erklärt werden muß. Dieses Problems ist sich die Geographie erst spät bewußt geworden. Früher hatte man manches, mit dem man sich heute intensiv befaßt, noch nicht wahrgenommen, wie z. B. die Frage, ob die tropischen Grasländer natürlich oder durch den Menschen bedingt sind. Daher hatte man sie, da es sich um Pflanzendecken handelte, nur als Problematik der biotischen Kategorie betrachtet. Heute wissen wir, daß diese Grasländer zum größten Teil aus der Geschichte menschlicher Tätigkeit zu verstehen sind.

Die Menschen schaffen neuartige Formen, neuartige Strukturen, neuartige funktionale Zusammenhänge. Sie begründen damit (historische) Veränderungen der landschaftlichen Wirkungssysteme und der gesamten Geosphäre. Was die Menschheit in den Landschaften erschafft, würde es ohne sie nicht geben, nämlich Gegenstände und Vorgänge der materiellen Welt, die nach Ursprung, Wesen und Gestalt nur anthropozentrisch, d. h. nach ihrem Sinn und Zweck für menschliche Gesellschaften (oder Gruppen) verstanden werden können.

Alle Wirtschaftsformen und Betriebsstrukturen sind nur in bezug auf menschliche Subjekte zu verstehen. Sie sind realisierte Ideen, mit denen sich soziale Gruppen über ihre natürliche physische Ausstattung hinaus nach erdachten Plänen funktionierende zusätzliche 'Wirkorgane' geschaffen haben. Solche Einrichtungen bestehen jedoch nur, solange die finale Ursächlichkeit erhalten bleibt, nämlich solange Menschen sie für zweckmäßig halten und durch ihre Arbeit dafür sorgen, daß sie weiter funktionieren. Geschieht das nicht mehr, dann unterliegen die von Menschen geschaffenen Gegenstände nur noch den Gesetzen der physikalischen und, soweit es sich um lebende Objekte handelt, der biotischen Kausalität, und sie verfallen. Diese Anfälligkeit der materiellen Objekte, deren der Mensch sich bei den von ihm bewirkten finalen Gestaltungen bedient, ist ein allgemeiner Wesenszug der Kulturlandschaften. Denn weder das Anorganische noch der Bios sind in ihrem Wirken von sich aus auf die Erhaltung der nach menschlichen Ideen gestalteten Gegenstände ausgerichtet.

Die in ihrer Gesamtheit zunächst unübersehbar mannigfaltig erscheinende strukturelle Differenzierung der Menschheit selbst und der von ihr geschaffenen Einrichtungen in der Landschaft ist durch Typisierung einer generalisierenden Betrachtung zugänglich. Aus typologisch erfaßbarer Regelhaftigkeit menschlichen Verhaltens kann man versuchen, Gesetzlichkeiten abzuleiten, die für das Verständnis kulturlandschaftlicher Vorgänge nützlich sind. Dieses sind letztlich Aussagen über Prinzipien, die dem Handeln aus praktischer Vernunft und dem Verhalten der Menschen in der Gesellschaft immanent sind und in räumlicher Differenzierung wirksam werden, wie z. B. das ökonomische Denken in Technik und Wirtschaft und das Wirken suggestiver Leitbilder in Gruppen- und Massenhandlungen der Gesellschaften.

Bei den absichtlich bewirkten Vorgängen in den Landschaften handelt es sich letztlich immer um ein Wechselspiel von menschlichen Leistungen (investierte Arbeit) und den Gegenleistungen der damit erzielten Zweckdienlichkeit für menschliche Lebensbedürfnisse. Dieses ist ein Wechselspiel zwischen den in bestimmten sozialen Strukturen gebundenen, aktuell wirkenden Menschen einerseits, und Rückwirkungen aus der Landesnatur und aus den durch frühere menschliche Tätigkeit historisch gewordenen materiellen Strukturen andererseits. Aus dieser Sicht lassen sich die Aufgaben der Kulturlandschaftsforschung rationell ordnen. Dabei stellt sich die Frage, ob es zweckmäßig ist, die Ergebnisse des menschlichen Handelns der Vergangenheit nur als strukturelle 'Ur-Sachen' in den gegenwärtigen Wirkungssystemen zu erfassen, oder ob und in welchem Maße es notwendig ist, diese auch auf ihren Ursprung, auf ihre speziellen historischen Ursachen, zurückzuführen.

Eine sachgemäße Lösung dieses schwierigen Problems wird zunächst angestrebt, indem man sich bemüht, die geschichtlich gewordenen Strukturen in einer *genetischen* Typologie zu erfassen. So kann ihrer in der Vergangenheit entwickelten Differenzierung Rechnung getragen werden, ohne daß das gegenwärtige Wirkungssystem als das eigentliche Forschungsobjekt aus dem Blickfeld rückt. Diese genetisch-typologische Methode setzt allerdings entsprechende historische Vorarbeiten voraus. Diese werden derzeit zum großen Teil noch von den Geographen selbst geleistet, wie z. B. bei der Geschichte der Siedlungs- und Flurformen. Erst teilweise haben sich schon eigene geschichtliche Forschungszweige dieser Aufgaben angenommen (z. B. Agrargeschichte, Technik- und Industriegeschichte), oder sie werden von Historikern und Geographen gemeinsam angegangen wie in der ,,Geschichtlichen Landeskunde''.

Eine Besonderheit des nootischen Bereichs ist das historische Erinnerungsvermögen. Dieses beruht auf unmittelbarer Tradition oder auf objektiviert überlieferten Informationsmitteln, nach denen auch in Vergessenheit geratene Motive des Wirkens jederzeit reaktiviert werden können. Über den Geist, der sie zur Kenntnis nimmt, kann auch die Vergangenheit im aktuellen Geschehen wieder wirksam gemacht werden. In der *Natur* wirkt nur das Gegenwärtige. ,,Vergangenheit und Zukunft kennt sie nicht'' (GOETHE). Der *Geist* kann nicht nur Ideen der Vergangenheit wieder aufnehmen, sondern auch die Zukunft vorausdenken und ,,planen''.

Kulturlandschaften sind historisch geprägte Gebilde, in denen Lebensformen und Ideen früherer Gesellschaften, soweit sie Bestandteile der Gegenwartsstruktur sind, auch in der Gegenwart noch in vielfältiger Weise wirkende Realität sind. Wie der Ökologe das Schneckenhaus nicht außer Betracht lassen kann, wenn er die Lebensweise der Schnecke verstehen will, so ist eine menschliche Gesellschaft nicht zu begreifen, wenn man sie nicht auch in ihrer Landschaft sieht. Das gilt nicht nur in bezug auf die funktionalen Systeme des materiellen Daseins. Die Landschaften sind auch, neben Bibliotheken und Museen, die wichtigsten Speicher und Akkumulatoren der geistigen Errungenschaften der Menschheit. Mit einem treffenden Ausdruck hat E. EGLI (1961) die Kulturlandschaft als die *,,vermenschlichte''* Landschaft der Naturlandschaft als der *,,vormenschlichen''* gegenübergestellt. Beide unterscheiden sich nicht nur durch verschiedene Organisationshöhe voneinander. Sie sind vielmehr *wesensverschiedene Integrationsstufen mit unterschiedlicher Art von Ursächlichkeit.* Denn das Wirken des Menschen in der Landschaft ist nicht in der gleichen Art und im gleichen Umfang naturgesetzlich festgelegt und geregelt, wie es die Bestandteile und Vorgänge der vormenschlichen Landschaft sind.

4.4   Gesichtspunkte und Ordnungsprinzipien einer sinnvollen Analyse des synergetischen Systems

Um eine Landschaft zu beschreiben, kann man verschiedene Wege einschlagen, längere und kürzere. Dabei erscheint es allerdings fraglich, ob die 'langen' jemals zum Ziel führen.

Als Beispiel eines langen Weges, bei dem wenig Aussicht auf ein befriedigendes Ende besteht, erwähnen wir den Vorschlag von PASSARGE, zunächst mit großer Sorgfalt eine vollständige formale Beschreibung des dreidimensionalen Bildes der Landschaft anzufertigen. Dieses sollte in einer Sprache vorgenommen werden, die alles vermeiden müßte, was auch nur den Beigeschmack einer erklärenden Aussage haben könnte. Eine solche Beschreibung muß zwangsläufig verkrampft und unlesbar sein. Denn schon die normale Umgangssprache ist zu intelligent gebildet, um damit etwas so Sinnleeres wie eine rein formale Beschreibung des dreidimensionalen Bildes der realen Wirklichkeit machen zu können. Dieser Ansatz wäre der Anfang eines sehr langen Weges, den aber bisher niemand bis zu einem erfolgreichen Ende gegangen ist, auch PASSARGE selbst nicht. Weil kein Ende abzusehen ist, haben alle, die einen Anlauf in dieser Richtung genommen hatten, den Versuch bald aufgegeben.

Mit formal-räumlichen deskriptiven Begriffen allein können wir der geographischen Aufgabe nicht gerecht werden. Daß man dieses noch nicht klar erkannt hatte, ist ein Hauptgrund, daß die Landschaftskunde lange Zeit stagnierte. Man hatte zeitweise geglaubt, mit einer dreidimensionalen maßstäblich verkleinerten, möglichst getreuen Darstellung des gegenständlichen Inhaltes der Geosphäre die wesentlichsten Aufgaben der Geographie lösen zu können. Mit stereoskopischen Luftbildern läßt sich dieses dreidimensionale Bild jedenfalls bequemer herstellen als mit Worten. Aber was ist damit gewonnen? Wenn wir tatsächlich nur das statische Bild wiedergeben, sei es mechanisch oder mit den Mitteln der Sprache, so erfahren wir von dem Wesen der Landschaften kaum etwas, es sei denn, in die Bildbeschreibung sind trotz gegenteiliger Absicht funktionale Termini mit eingeflossen.

So erklärt sich, warum einige frühere Versuche, eine Landschaftskunde aufzubauen, scheitern mußten, obwohl diese Versuche z. T. von sehr originellen und unübertrefflich fleißigen Persönlichkeiten getragen wurden. Wir denken dabei vor allem an PASSARGE und GRANÖ. Bei beiden stand, wenn auch in unterschiedlicher methodischer Auffassung, die dreidimensionale Deskription am Anfang. PASSARGEs im wesentlichen im Alleingang sehr groß angelegter Entwurf einer Landschaftskunde, dem die moderne Geographie viele wertvolle Impulse verdankt, hat sich nicht durchsetzen können. Zum Teil lag es am Mangel an Konsequenz im logischen Aufbau seiner Lehre. Nicht zuletzt aber ist diese erstickt an der Überbetonung des „Statusteiles", dem Bemühen, in der sogenannten Beschreibenden Landschaftskunde mit „neutralen", jede Erklärung bewußt vermeidenden Ausdrücken das dreidimensionale Bild der Landschaft bildgetreu wiederzugeben. Eine solche rein formale Nachzeichnung des räumlichen Bildes kann aber nur Langeweile auslösen. Denn das statische Bild ist nicht die Landschaft, ebensowenig wie das Gipsmodell eines Menschen oder eines Gebäudes die Person oder die Fabrik ist.

Wie die Biologie Pflanzen und Tiere erst befriedigend beschreiben kann, wenn sie diese als Lebewesen und deren Teile als funktionierende Organe begreift, ebenso kann die Geographie Landschaften und Länder nur sinnvoll und verständlich darstellen, wenn sie diese als Wirkungssysteme auffaßt. Wie bei den Organen der Pflanzen und Tiere, so muß auch für die Landschaften zunächst geklärt werden, welcher Art die Vorgänge und welches die relevanten Bestandteile des Wirkungssystems sind. Nur auf dieser Grundlage kann eine Vorstellung davon gewonnen werden, was in eine Beschreibung hineingehört, und welche Rangordnung ihm darin zukommt. Nur wenn die ganze Wirklichkeit, die es zu beschreiben gilt, lebhaft im Blickfeld bleibt, kann die Gefahr vermieden werden, daß die ohne Zweifel notwendige Analyse oder „planvolle Landschaftszergliederung" (PASSARGE) zu einer alles Interesse ertötenden Zerlegung in belanglose Einzelteile wird.

Die Aufgabe jeder empirischen Wissenschaft ist es, ihren Gegenstand nicht nur zu beschreiben, sondern auch zu erklären, seine Eigenschaften auf Ursachen zurückzuführen. Dieses ist bei den verschiedenartigen Forschungsgegenständen der realen Wirklichkeit je nach deren Komplexheitsgrad bzw. ihrer Zugehörigkeit zu den Seinsstufen in unterschiedlichem Grade möglich. „In den Erfahrungswissenschaften besteht die Erkenntnis in allmählicher Annäherung an die Wahrheit" (HETTNER, 1927, S. 19). Je komplexer der Gegenstand ist, den wir erforschen und darstellen wollen, um so größere Schwierigkeiten macht die „Annäherung an die Wahrheit". Denn die wissenschaftliche Darstellung der Wahrheit besteht darin, daß wir der Wirklichkeit des zu erforschenden Gegenstandes ein *Denkmodell* gegenüberstellen, in dem der ganze dynamische Komplex der Wirklichkeit in seinen wesentlichen Teilen, in deren Beziehungen zueinander und in seiner ursächlichen Bedingtheit durchsichtig gemacht wird. Jede solche Darstellung setzt eine methodisch zweckmäßig angelegte Betrachtung des Gegenstandes voraus. Das bedeutet für unseren Fall vor allem, daß die Aufgabe, ein komplexes System zu begreifen, dabei nicht aus dem Auge verloren werden darf.

Eine Synergose ist ein offenes System, ein Zusammenspiel von Wirkungen unterschiedlicher Ursächlichkeit, die teilweise in direkter Wechselwirkung verbunden sind. Die in der Gestalt einer Kulturlandschaft vereinten räumlichen Vergesellschaftungen und Wechselwirkungskomplexe sind zugleich Ausdruck der natürlichen Ausstattung des Raumes und des nootischen Komplexes, der auf der Eigenart der menschlichen Gemeinschaften begründet ist, die darin ihre Umwelt schöpferisch gestalten oder in der Vergangenheit gestaltet haben. Nur in dieser wechselseitigen Bezogenheit der Landesnatur und des menschlichen Schaffens kann eine Kulturlandschaft verstanden werden. „Die Aufgabe der . . . Geographie . . . erfordert zu ihrer Lösung eine komplexe Erforschung des geographischen Milieus insgesamt, aller seiner Seiten, einschliesslich auch jener besonderen Komponenten, die in ihm durch jahrtausendelange menschliche Arbeit geschaffen und angesammelt worden sind" (SAUSHKIN, 1966).

Die Einheit des Systems wird durch den räumlichen Zusammenhang konstituiert. Deshalb sprechen wir auch von einem *Wirkungsgefüge* oder einem *synergischen System.* Eine Synergose zu betrachten und zu erfassen, heißt, sie als den gestaltlichen Ausdruck des Wirkungssystems, das ihr eigentliches Wesen ausmacht, wahrzunehmen, zu begreifen und in geeigneter Form darzustellen. In der Wirklichkeit des räumlichen Systems von Gegenständen und Vorgängen sind die Wirkungen der unterschiedlichen Urheber (anorganische und organische Natur und Wirken des Menschen) zu Gestaltungen verschmolzen, die wir als solche nur durch eine unbefangene Totalbetrachtung erfassen können. Nur eine auf diese Weise gewonnene Vorstellung kann eine brauchbare Grundlage für eine wirklichkeitsgetreue Beschreibung bilden. Das bedeutet aber, daß wir uns bei der speziellen Untersuchung der Synergosen vor allem auch mit den verschiedenen *Formen des Wirkens*, mit denen wir es darin zu tun haben und mit den unterschiedlichen *Arten von Ursächlichkeit*, die darin zur Geltung kommen, befassen müssen. Das heißt zugleich, daß die Methoden der ursächlichen Analyse dem komplexen Charakter des Gegenstandes gerecht werden müssen. Ziel der Analyse kann nicht die isolierende Betrachtung irgendwelcher elementarer Bestandteile sein, sondern die

Durchleuchtung des ganzen Systems. Es müssen demnach alle Gesichtspunkte einer komplexen *Systemanalyse* berücksichtigt werden.

Ein Vergleich soll nochmals zeigen, auf was es bei der diagnostischen Erfassung einer Landschaft letzten Endes ankommt. Nehmen wir an, ein wißbegieriger Zeitgenosse findet drei Steine und möchte gerne wissen, um was es sich dabei handelt. Er läßt von jedem Stück in einem Chemielaboratorium eine Probe analysieren. Als Ergebnis bekommt er drei exakt durchgeführte Vollanalysen. In jedem Stein befindet sich Kieselsäure und noch vielerlei anderes. Das alles hat er jetzt übersichtlich in einer Tabelle mit Prozentzahlen bis auf die zweite Dezimale. Aber über seine Steine weiß er damit im Grunde kaum etwas. Dann trifft er einen Freund, der etwas von Steinen versteht. Dieser nimmt die Stücke kurz in die Hand. Das erste erkennt er als Schappachgneis, der wahrscheinlich aus dem Schwarzwald stammt, und er kann vieles über dieses Gestein aussagen. Das zweite Stück ist verwitterter Buntsandstein mit Mörtelspuren, wahrscheinlich ein Stück von einer alten Mauer. Das dritte ist ein reines Produkt menschlicher Tätigkeit, nämlich Hochofenschlacke. Was die beiden damit angedeuteten Wege der Information unterscheidet, liegt auf der Hand. Es ist ähnlich wie bei dem Blick auf ein Spielfeld. Wer die Spielregeln kennt, sieht sofort, ob dort Fußball oder Rugby gespielt wird. Es kommt nur darauf an, daß man weiß, was für die Sache wesentlich ist, und daß man Begriffe kennt, mit denen das aus ausgedrückt werden kann.

Entsprechendes gilt für die Anwendung analytischer Methoden bei der Untersuchung landschaftlicher Systeme. Der beste Computer bleibt wertlos und vermag nur banale Aussagen zu produzieren, wenn er nicht mit den für die Fragestellung wichtigen Daten gespeist werden kann. Welche das im einzelnen sind, und wie sie primär gewonnen werden können, das sind Fragen, die nur von der methodologischen Durchdringung des Forschungsgegenstandes her beantwortet werden können. Um die Methode der Systemanalyse anwenden zu können, muß das zu untersuchende System zuerst als solches erkannt sein. Das schwierige Problem liegt dabei nicht bei der Datenverarbeitung als solcher, sondern bei der *sinnvollen* Datenerfassung.

Bei der ersten Charakteristik gegenwärtiger Landschaften beschränken wir uns im allgemeinen darauf, die in der Vergangenheit entstandenen Strukturen als vorgegebene Tatsachen zu nehmen. Wir beschreiben sie als gegenständliche Gestalten mit Gattungsbegriffen, die das Wesen der Struktur typologisch kennzeichnen, und führen die gegenwärtigen Vorgänge ursächlich auf diese Gegenstände zurück.

Wie weit eine quantitative Analyse einzelner elementarer Bestandteile und deren spezielle Darstellung (z. B. auf Karten) im Rahmen einer landschaftlichen Untersuchung sinnvoll ist, kann nur nach deren Bedeutung in der Gesamtstruktur der Synergose entschieden werden. Es wäre ein weiter und unnötiger Umweg, für jeden kleinsten Bestandteil der Landschaft eine monographische Darstellung seiner Existenzbedingungen, seiner Formvarianten und seiner Verbreitungsursachen anzustreben. Schon aus arbeitsökonomischen Gründen wird man dieses nur für ausgewählte, besonders wichtige Grundbestandteile der Landschaft tun können, z. B. für Bestandteile, die für das räumliche Gefüge eine dominierende Bedeutung haben wie etwa die Bodentypen, das Gewässernetz, die Verbreitung von Spät- oder Frühfrösten, die landschaftlichen Betriebe, das Verkehrsnetz. Gleiches gilt für Gegenstände, die als Kriterien für die Dynamik und deren Entwicklungstendenz besonderen Wert haben, wie bestimmte Arten von Gewerbebetrieben und Dienstleistungseinrichtungen oder die Aussiedlerhöfe auf dem Lande, und für andere, die als Relikte bestimmte Entwicklungsstadien der Vergangenheit dokumentieren, wie z. B. alte Bauernhaustypen, charakteristische Reste früherer Wirtschaftsmethoden (z. B. Hutewälder, Hecken, technische Einrichtungen) oder für traditionelle Formen in Brauchtum und Sitte als Ausdruck bestimmter Lebensformen sozialer Gruppen.

Grundsätzlich muß sich die Analyse auf die Erkenntnis der Eigenschaften des Systems selbst und auf die wirkenden Ursachen, die diese bestimmen, richten. Erste analytische Schritte tun wir schon bei der identifizierenden Kennzeichnung des Gegenstandes, wenn wir

diesen als eine charakteristische Kombination oder Assoziation bestimmter Bestandteile auffassen. Wir gehen dabei meist von dem äußeren Aspekt aus, jedoch mit dem Ziel, die erkennbaren Bestandteile bei näherer Untersuchung als Glieder in dem Beziehungsgefüge des
Systems auffassen zu können.

Die deskriptive Feststellung des Vorkommens aller gegenständlichen Elemente, die unterschieden werden können, und die Betrachtung ihrer räumlichen Verteilung allein führen
noch nicht zu der Erkenntnis des Wesens einer Synergose. Wir erfassen damit zunächst nur
das Bild einer scheinbar zufälligen Streuung von Einzelgegenständen. Mannigfaltigkeit ohne
Ordnung ist aber nur Chaos. Es gilt daher, die Ordnungsprinzipien zu finden, nach denen
eine im Hinblick auf das Ziel sinnvolle Analyse vorgenommen werden kann.

Man neigt oft noch dazu, bei der analytischen Betrachtung einer Landschaft die daran beteiligten Gegenstände zunächst nach den 'sechs Naturreichen' (Lithosphäre, Hydrosphäre, Atmosphäre, Pflan-
zen-, Tier- und Menschenwelt) zu trennen. Diese Teilung konsequent durchzuführen, ist aber methodisch unzweckmäßig. Denn mit einer Aufgliederung nach diesen Bereichen kann man nicht das erfassen, was wir in der Wirklichkeit wahrnehmen. Die uns entgegentretenden Gegenstände substantiellen
Charakters sind geformter Stoff, in dem wir keineswegs immer von vornherein unterscheiden können,
welche der genannten Kategorien tatsächlich darin enthalten sind.

Das *Gegenständliche* in der Landschaft ist nicht nur ein Nebeneinander, sondern ein intensives In- und Miteinander der Seinsbereiche. Das gilt sowohl für die einzelnen gegenständlichen Bestandteile, als auch für deren räumliches Gefüge. Die *Wirkungsverflechtun-
gen* können darin sehr kompliziert sein. Die unterschiedlichen Urheber wie die aus erdge-
schichtlichen Ursachen entstandenen Strukturen der festen Erdkruste, die von der solaren
Energiezufuhr gesteuerten Vorgänge der Atmosphäre und der Hydrosphäre, die biotischen
Ursachen und das Wirken des Menschen sind in der Wirklichkeit der Synergose *substantiell
und räumlich integriert.* Selbst sehr einfach erscheinende Gebilde, die wichtig sind, weil sie
wesentliche Eigenschaften einer Örtlichkeit ausmachen, sind oft hochkomplexe Phänomene, die nicht in eine einzelne Sachwissenschaft hineinpassen und nicht von einer solchen in
ihrem vollen Umfang erfaßt werden können.

Mit Ausnahme des Großreliefs, des tieferen Gesteinsuntergrundes und des Großklimas
sind die meisten Gegenstände in den Landschaften von Menschen mit gestaltet. Jeder Acker,
jede Wiese, fast jeder Wald, selbstverständlich alle Bauwerke, aber auch die meisten Böden,
die örtlichen Oberflächenformen, viele Gewässer und deren Flußbett, ihr Chemismus und
das Leben in ihnen sind in ihrer realen Gegenständlichkeit vom Menschen beeinflußt, umgestaltet oder geschaffen. Selbst die meisten 'Naturschutzgebiete' im Bereich unserer Kulturlandschaften sind künstliche oder durch den Menschen veränderte Gebilde.

Nehmen wir als Beispiel den Boden, den obersten Teil des Untergrundes, auf dem wir im
Gelände stehen. Wir wissen, daß er aus den verschiedensten Stoffen zusammengesetzt ist,
die wir mit den Methoden der Chemie erfassen und definieren können. Als Substanzen finden wir z. B. Sandkörner und Tonmineralien, jedoch auch Lebewesen, die an den stofflichen Vorgängen entscheidend mitwirken. Wir finden darin auch Luft und Wasser und möglicherweise Gegenstände, die der Mensch hergestellt hat wie vorgeschichtliche Holzkohle
und Gefäßscherben oder Drainageröhren aus Kunststoff. Der Boden, den wir als ein Gebilde wahrnehmen, das eine eigene Gestalt hat und Träger wichtiger Funktionen in der Synergose ist, würde in seiner Bedeutung nicht erfaßt, wenn wir ihn nur nach den Sachkategorien zerlegen würden. Primär wichtig ist sein *Gesamtgefüge.* Dieses lediglich in seine Bestandteile aufzulösen, brächte für das Verständnis der Synergose kaum einen Gewinn. Glei-

ches gilt für andere Gegenstände, Qualitäten oder Vorgänge, mit denen wir es in der Synergose zu tun haben.

Eine Wiese besteht zwar vorwiegend aus Pflanzen. Sie ist jedoch auch der Ausdruck einer menschlichen Tätigkeit. Sie bestünde an dieser Stelle nicht, wenn der Pflanzenbestand nicht gemäht würde. Der Gegenstand Wiese gehört daher sowohl dem pflanzlichen als auch dem menschlichen Bereich an. Zu ihm gehört aber auch der Boden, in dem die Wiesenpflanzen wurzeln. Dessen Stoffumsatz beeinflußt die Zusammensetzung der Pflanzengesellschaft und damit auch den Futterwert des Heus. Die Wiese dient einem wirtschaftlichen Zweck. Deshalb wird sie mit einem bestimmten Arbeitsaufwand durch den Menschen erhalten und mit gestaltet. Sie ist ein komplexes Gebilde aus Komponenten aller Bereiche (Mineralien, Wasser, Luft, Pflanzen, Tiere, menschliche Tätigkeit) und kann keinem von diesen allein zugeordnet oder durch eine vollständige Zerlegung auf diese verteilt werden. Damit würde der Begriff der Wiese, obwohl wir ihn offenbar notwendig brauchen, aufgelöst. Ähnliches gilt für einen Bach, der zwar formal als fließendes Wasser definiert werden könnte, der aber auch Geröll und Lehm enthält, in dem Tiere und Pflanzen leben, und dessen Wasserführung und Verlauf im Gelände auch vom Menschen mit beeinflußt sein kann.

Wir müssen somit feststellen, daß selbst bei kleinsten Wahrnehmungseinheiten, in denen die geosphärische Substanz sich präsentiert, eine analytische Aufteilung nach den Kategorien der Seinsbereiche nicht am Anfang stehen kann, denn die Gegenstände, die wir als Bestandteile des synergotischen Systems erfassen wollen, würden damit zum mindesten teilweise verschwinden.

Was als landschaftliche Realität unmittelbar greifbar wird, ist ein System von miteinander in ambivalenten Wirkungsbeziehungen verbundenen Gebilden. Diese können wir zwar gegenständlich benennen und beschreiben. Doch ist ohne spezielle Untersuchung oft kaum erkennbar, von welchen Urheberkategorien her (anorganisch, organisch, anthropisch) ihr Charakter am stärksten bestimmt ist. Hier ist der wichtigste Punkt, an dem man gegenüber der Wissenschaft vom Anfang dieses Jahrhunderts hat umdenken müssen. Die primäre Wirklichkeit ist nicht das, was der analytische Partialbetrachter durch die einfarbige Brille seines spezifischen Betrachtungsfilters zu sehen vermag.

Bestandteile von Landschaften (Synergonten) begreifen wir etwa als Hügel, Schlucht, Erosionsrinne, Wasserlauf, Düne, nackter Fels, Podsolboden, Wald oder Gebüsch, auch wenn wir noch nicht wissen und vielleicht auch nie erfahren, welche Kräfte (Aitionen) diese Gegenstände gebildet haben. Die Formen der anorganischen Materie bei den eben erwähnten Beispielen können alle durch den Menschen bewirkt sein. Sie können absichtlich zu einem bestimmten Zweck geschaffen worden sein, wie der Hügel im andinen Hochland, der einmal Fundament eines Inkatempels war, oder die Hangterrassen in unseren Wäldern, die als Wohnpodien vorgeschichtlicher Häuser angelegt worden sind. Sie können auch unbeabsichtigt als Folge menschlichen Wirkens entstanden sein wie in vielen mediterranen Ländern der nackte Fels, die Erosionsrinnen, Schluchten, Schwemmböden und Dünen. Alle diese Gegenstände sind da, ob wir nun wissen, wie sie entstanden sind oder nicht. Sie wirken in dem Gesamtsystem der Landschaft, wenn sie z. B. deren Wasserhaushalt mit bestimmen, wenn die Bevölkerung die Verteilung der Nutzflächen und die zeitliche Ordnung des Betriebssystems danach einrichtet, sich bei der Anlage der Siedlungen oder des Wegenetzes davon beeinflussen läßt oder auch bei der Festlegung des Verlaufs von Verwaltungsgrenzen, die ihrerseits wiederum auf andere Züge der landschaftlichen Struktur wirken. Solcher Art sind die Wechselbeziehungen und Strukturprobleme, mit denen wir es bei dem Studium einer Landschaft zu tun haben.

Die Erklärung der Wirkungszusammenhänge setzt voraus, daß alle möglicherweise beteiligten Arten des Wirkens bei der Untersuchung berücksichtigt werden. Demnach bedarf es, den drei unterschiedlichen Wirkungsarten entsprechend, sowohl der physikalischen als auch der biotischen und der nootischen Analyse.

Was wir als Synergose wahrnehmen, ist zunächst ein komplexes Gebilde. Wir wissen, daß es ein dynamisches System ist, an dem alle drei Seinsbereiche beteiligt sein können. Die Forschung hat die Aufgabe, herauszufinden, wie diese darin zusammenwirken. Für sie stellt sich daher das methodische Problem, wie man das zu untersuchende Gefüge überschaubar machen kann, und wie man dazu gelangt, alle wichtigen Teile in ihren wechselseitigen ursächlichen Beziehungen als Glieder des Gesamtsystems zu erfassen. Die Analyse einer Synergose muß demnach in jedem Fall 'auf breiter Front' angelegt werden. Sie kann nicht von den kleinsten Elementen ausgehen. Sie muß vielmehr aus der Sicht auf das ganze System über die Betrachtung von größeren Teilsystemen stufenweise zu den für den Gesamtzusammenhang wichtigen Detailanalysen vordringen.

Der Vorgang der Erforschung und Darstellung einer Landschaft hat in einem gewissen Sinne Ähnlichkeit mit der Tätigkeit eines Malers, der an seinem Bild gleichzeitig auf der ganzen Fläche arbeitet und bei den Details, die er nach und nach anbringt, stets das Ganze, das er darstellen will, im Auge behalten muß.

Prinzipiell können wir das System einer Synergose, wie jeden anderen als Wahrnehmungseinheit begriffenen realen Gegenstand unter vier Denkaspekten analytisch betrachten und erforschen:
1. historisch nach den Ursachen der Entstehung der gegenwärtigen Struktur,
2. strukturell nach dem räumlichen Gefüge der substanziellen Differenzierung,
3. funktional nach den aktuellen Wirkungsbeziehungen (Vorgängen),
4. dynamisch nach dem Gesamtverhalten und der aktuellen Entwicklung des Systems.
Die Anwendung dieser Betrachtungskategorien ist eine analytische Abstraktion, ausgerichtet nach den Denkmöglichkeiten des Verstandes. Wir erfassen damit einunddieselbe Wirklichkeit unter verschiedenen Aspekten. Sie alle zusammen, sinngemäß aufeinander bezogen, ergeben erst das vollständige Denkmodell und damit den Begriff der wahrnehmbaren Wirklichkeit des untersuchten Gegenstandes.

Der Weg, auf dem wir das Material für den Aufbau des Denkmodells gewinnen, ist die Analyse nach den erwähnten Gesichtspunkten. Diese darf dabei in den einzelnen Denkrichtungen nicht als Selbstzweck betrieben werden. Sonst würde sie den Gegenstand, den wir darstellen wollen, auflösen. Die Analyse nach einem der vier Aspekte allein ohne Bezug auf die anderen würde aus der Geographie herausführen. Strukturelle Analyse um ihrer selbst willen führt z. B. zu Chemie, Petrographie, Biologie, Anthropologie und allgemeiner Kulturwissenschaft oder nur zu einer rein formalen Deskription (Topographie, Statistik, Geometrie). Funktionale Analyse allein führt zu Physik, Ökologie oder Soziologie.

Bei jedem analytischen Schritt muß berücksichtigt werden, was er für die Synthese des Denkmodells unseres Forschungsgegenstandes einbringt. Dazu ist es aber notwendig, daß die Analyse nach jedem der vier Hauptaspekte stets auch im Hinblick auf dessen Bedeutung für die anderen Aspekte erfolgt.
Dieses Denkschema ist die logische Basis der *Komplexanalyse.* Es gibt die Kriterien für die Relevanz der einzelnen Analysenschritte, sowie auch die notwendigen Gesichtspunkte für die Synthese der Analysenergebnisse. Damit ist der Rahmen gesetzt für die Grundaspekte

der Analyse, die im Hinblick auf die Erfassung des Gesamtsystems sinnvoll sind. Damit ist zugleich ein paradigmatisches Gliederungsschema gegeben, das der Komplexanalyse und der charakterisierenden Diagnose der Landschaften zugrunde gelegt werden kann.

Wenn eine Synergose diagnostisch gekennzeichnet werden soll, so wird es darauf ankommen, in abgewogener Form das Wichtigste herauszustellen. Die oben dargestellten Gesichtspunkte können dazu als Hinweise dienen. Sie sollten jedoch nicht als ein schematisches Rezept aufgefaßt werden. Bei der zunächst noch kaum übersehbaren Mannigfaltigkeit in der Gestaltung der Synergosen wird man im speziellen Fall die Diagnose individuell konzipieren müssen. Ein Schema kann immer leicht dazu verführen, bestimmte Kriterien einseitig in den Vordergrund zu rücken und in ihrer Bedeutung falsch einzuschätzen. Deshalb erscheint es zumindest vorläufig nicht angebracht, strenge Regeln, wie es sie in manchen anderen vergleichenden Wissenschaften gibt, aufstellen zu wollen.

Man denke etwa an die Pflanzensoziologie, bei der die Gesellschaften nach festen Regeln bestimmt und diagnostisch charakterisiert werden. Für die Landschaftskunde dürfte das nicht sehr zweckmäßig sein, weil die darzustellenden Objekte viel komplizierter sind als etwa Biozönosen. Denn sie können ja noch die Stufe des geistigen Gehaltes umfassen, der man nach einem Schema kaum gerecht werden kann.

In der Landschaftskunde dürfte es zunächst darauf ankommen, die grundsätzlichen Gesichtspunkte klar zu erkennen, im Umgang mit den einzelnen Objekten aber beweglich zu bleiben. Wir müssen zu erkennen versuchen, was wesentlich ist, und die Diagnose dementsprechend gestalten.

5. Kapitel: Die historischen Ursachen synergetischer Strukturen

5.1 Allgemeines

ALBERT EINSTEIN (1879–1955) soll einmal auf die Frage, was Relativitäts-Theorie sei, gesagt haben: früher sei, wenn man die Dinge weggenommen habe, ein leerer Raum und eine leere Zeit übriggeblieben; nach der Relativitäts-Theorie würden auch Raum und Zeit mit den Dingen verschwinden. Aus der Umkehrung dieses Satzes ergibt sich, daß Raum und Zeit sich in den Dingen manifestieren.

Die Zeit ist in dem Ding, das wir Synergose nennen, auf zweierlei Art evident, einerseits als historische Dimension in den durch Ereignisse und abgeschlossene Vorgänge der Vergangenheit entstandenen Strukturen der substantiellen und räumlichen Differenzierung, und zum anderen in der aktuellen Dynamik. Die *gegenwärtige* Landschaft ist immer ein dynamisches räumliches System. Die strukturellen Ursachen der aktuellen Vorgänge sind aber letztlich nur aus geschichtlichen Ereignissen erklärbar. Die Struktur eines geosynergetischen Systems ist zu jedem Zeitpunkt das Ergebnis früherer Vorgänge. Kein Teil ihrer substantiellen und räumlichen Differenzierung ist ohne Kenntnis von Vergangenem zu verstehen. Es darf hier erinnert werden an das, was bereits über den geosphärischen Prozeß gesagt worden ist (4.3). Die substantielle Differenzierung in die anorganische, die organisch-vitale und die nootische Wirklichkeit ist in dem geosphärischen Prozeß entstanden. Ihre Bildung wie auch ihre räumlich-strukturelle Ordnung und ihre Integration im Gegenständlichen ist die Folge von Ereignissen und Vorgängen der Vergangenheit.

Die Geschichte der anorganischen Strukturen, die Geschichte des Lebens und die Geistesgeschichte verlaufen in unterschiedlichen Skalen der zeitlichen Dimension. Die Entstehung der anorganischen Stoffsysteme und ihrer erdgeschichtlich bedingten räumlichen Struktur ist der Differenzierung und Ausbreitung der Biota, und diese der Menschheitsgeschichte teilweise lange vorausgegangen.

Diese Vorgänge werden von zahlreichen anderen Wissenschaften (z. B. Chemie, Petrographie, Geologie, Biologie, Kulturgeschichte) und von verschiedenen Sachzweigen der Allgemeinen Geographie (z. B. Geomorphologie, Klimatologie, Biogeographie, Siedlungs- und Wirtschaftsgeographie) untersucht und dargestellt. Es muß daher hier nicht näher darauf eingegangen werden.

5.2 Der historische Aspekt im anorganischen Bereich

In einer anorganischen Naturlandschaft sind alle Wirkungen, die in der Vergangenheit zu der Entstehung der gegenwärtigen Strukturen geführt haben, grundsätzlich als physikalisch-chemische Vorgänge zu erklären und letztlich auf die allgemeinen Naturgesetze zurückzuführen.

In höherem Maße räumlich komplexe anorganische Strukturen, wie z. B. ein Gesteinspaket der Erdkruste oder die individuelle Gestalt einer Küste können aber praktisch nur aus dem geschichtlichen Ablauf ihrer Entstehung gedeutet und beschrieben werden. Die Geologie als die Wissenschaft von den Strukturen der Erdkruste nennt sich deshalb auch Erdgeschichte. Die großräumigen Strukturen wie der Gesteinsaufbau und das Relief der festen Erdkruste, die Gestalt der Ozeane usw. sind Ergebnisse des geosphärischen Prozesses. Sie können, wenn wir sie für die Gegenwart nicht als gegebene und nur formal zu beschreibende Tatsachen hinnehmen wollen, nur historisch verstanden werden. Theoretisch sind zwar alle Vorgänge, die dabei mitgewirkt haben, durch eine mittelbare Rekonstruktion auch quantifizierbar und physikalisch zu erklären. Doch würde eine solche Rückrechnung des Entstehungsvorganges allein für einen einzelnen Findlingsblock ein unendliches Unterfangen sein. Dem Geographen ist es nur in einem sehr begrenzten Umfang für die jüngste erdgeschichtliche Vergangenheit (z. B. Quartärforschung) möglich, bei der Rekonstruktion dieser Vorgänge der Vergangenheit mitzuwirken, soweit nicht mit Analogieschlüssen von der Gegenwartsdynamik her Hinweise für die Erklärung von Vorgängen der Vergangenheit gewonnen werden können.

Die Formen einer Küste, eines Berges, eines Gletschers sind, abgesehen von den allgemeinen Eigenschaften der Materie, nur durch Wirkungen von außen bestimmt worden. Die strukturelle Differenzierung, wie z. B. die unterschiedliche Härte der Gesteine, die bei der Formenbildung mit wirksam sein kann, ist ihrerseits nur das Ergebnis eines solchen Kräftespiels aus der Vergangenheit.

Wenn wir bei Gegenständen im rein anorganischen Bereich von deren *Gestalt* sprechen, wie etwa von der Gestalt einer Küste, eines Berggipfels, eines Gletschers oder eines Sees, so sind wir uns bewußt, daß das Wort Gestalt dabei in einer anderen Bedeutung verwendet wird als in der Psychologie, in der Kunst oder in der Biologie. Es meint in diesem Fall nur die wahrnehmbare räumliche Form. Es handelt sich dabei nicht um Gegenstände, die sich nach einem inneren Plan selbst gestalten wie Pflanzen oder Tiere, oder die aus einer Idee geplant sind wie ein menschliches Bauwerk.

Hier weicht aber auch schon im Bereich des rein Anorganischen die Methode des Geographen von der des Physikers ab. Wir interpretieren die wahrnehmbaren Fakten mit strukturgenetischen Gattungsbegriffen als *Gegenstände,* wie sie in der Sprache des Physikers nicht existieren. Zwar kann sich auch diese empirische Deskription teilweise quantifizierender Methoden auf Grund direkter Messungen bedienen wie bei der Darstellung des Reliefs oder der qualitativen Unterschiede (Härte, Durchlässigkeit) und der Lagerung von Gesteinsschichten. Die totale Kausalanalyse dieser einzelnen Gegenstände würde jedoch aus der Geographie hinausführen. Für diese ist die Konzeption von Gegenstandsgattungen, die als strukturelle Ursachen im gegenwärtigen Wirkungssystem aufgefaßt werden können, die primär wichtige Aufgabe.

Wenn wir z. B. im jungvulkanischen Gebiet des südlichen Lanzarote geradlinig angeordnete Reihen von Kraterbergen feststellen, so ist mit dieser Charakterisierung der Struktur zugleich einiges über die Ursache der Entstehung dieses Berglandes angedeutet. Als Ursache gegenwärtiger Vorgänge von Verwitterung, Abtragung, Wasserhaushalt usw. ist aber nicht der historische Entstehungsvorgang wichtig, sondern die daraus entstandene *Struktur,* die Höhe und die Form der einzelnen Berge und deren Aufbau aus verschiedenartigem vulkanischem Material. Bei der Beschreibung von dessen Art und Lagerung bedienen wir uns mit Vorteil genetischer Gattungsbegriffe (Aschen, Schlacken, Lavaströme). Dieses geschieht jedoch nicht, um damit zu der kausalen Erklärung dieser Gegenstände im einzelnen anzusetzen, sondern weil die Kennzeichnung nach dem Entstehungstypus eine praktische Form der Deskription der charakteristischen stofflich-strukturellen Beschaffenheit dieser Gegenstände ist.

Die Untersuchung der letzten Ursachen dieser Beschaffenheit überlassen wir dem Geologen, dem Petrographen und dem Geophysiker. Für den Geographen sind die aktuellen Beziehungen zu anderen Bestandteilen des räumlichen Wirkungssystems wichtiger, wie z. B. zum Klima. Dieses seinerseits fassen wir ebenfalls für diesen Raum nur als genetisch-strukturellen Typus auf und untersuchen es nicht bis zu seinen letzten historischen Ursachen.

5.3   Der historische Aspekt im biotischen Bereich

Die Besonderheit des Lebens ist in dem Prozeß begründet, den wir *Evolution* nennen. Dieser ist ein Teil des kosmisch-geosphärischen Prozesses, wenn auch bisher nur aus der Geosphäre bekannt. Wir können ihn nicht erklären, sondern nur feststellen und beschreiben. Es ist ein einseitig gerichteter, nicht umkehrbarer Prozeß. In diesem hat sich mit dem geschichtlichen Ablauf des Wechsels der Generationen von Einzelorganismen die Mannigfaltigkeit der Formen und der Vorgänge des Lebens zunehmend differenziert. Dabei sind durch den Vorgang der Evolution in den Genbeständen der Taxa (Arten der Lebewesen) spezifische komplexe Strukturen entstanden. Diese befähigen die Lebewesen, als *Subjekte* zu wirken und sich selbst zu gestalten nach den in den Genomen ererbten Informationsplänen. Die Mannigfaltigkeit aller lebenden Arten ist als gegenwärtig wirksame organische Welt eine besondere Form der Inhomogenität der Geosphäre. Diese aus der Evolution geschichtlich zu erklären, ist die Aufgabe der phylogenetischen Biologie.

Die Ausstattung einer Landschaft mit Pflanzen und Tieren ist und war zu jedem Zeitpunkt der Vergangenheit immer von der historischen Entwicklung der Sippen und den von der Erd- und Klimageschichte mit beeinflußten Vorgängen ihrer räumlichen Ausbreitung her bestimmt. Klimaänderungen haben z. B. in den Kaltzeiten des Pleistozäns die frühere Vegetation mit ihrer Tierwelt in großen Gebieten zerstört oder verdrängt und später neue Einwanderungen von Biota ausgelöst. Von der Lage der möglichen Herkunftsgebiete, der Ausbreitungsfähigkeit und der Wandergeschwindigkeit der Taxa hing es jeweils ab, welche Neueinwanderer in einem Raum zu einem bestimmten Zeitpunkt als Ansiedler miteinander in Konkurrenz treten und an den verschiedenen Standorten Lebensgemeinschaften bilden konnten. Je nach Dauer der verfügbaren Zeit konnten die Sukzessionen der Gesellschaftsentwicklung und der Bodenbildung und damit auch die Entwicklung der biotischen Produktivität der Standorte unterschiedlich weit fortschreiten.

Die Produktivität, die sich in der Struktur und der organischen Stoffmasse einer Pflanzenformation und ihres Bodens ausdrückt, ist vor allem bei den höher organisierten Biozönosen ebenfalls das Ergebnis eines langen geschichtlichen Ablaufs. In Anpassung an die durch das Gestein, das Relief und das Klima gegebenen abiotischen Voraussetzungen entwickeln sich Pflanzen- und Tierbestände mit den Böden gemeinsam.

Auch durch vulkanische Ereignisse kann die Vegetation auf großen Flächen zerstört werden. Wie sehr der dann einsetzende Vorgang der Wiederbesiedlung und der Neubildung des Bodens von den klimatischen Bedingungen abhängig ist, kann man z. B. sehen, wenn man in verschiedenen Ländern die Vegetation auf gleichaltrigen Lavaströmen vergleicht. Auf Lanzarote, Island und der Nordinsel von Neuseeland gibt es Lavaströme aus dem vierten Jahrzehnt des 18. Jh. Im Trockenklima von Lanzarote findet sich bis jetzt nur auf den Nordseiten der Lavakrotzen ein spärlicher Ansatz von lockerem Flechtenbewuchs. Auf Island hat sich in derselben Zeit eine dichte, 40 bis 50 cm hohe Moos- und Flechtenvegetation eingestellt, die das Gestein fast geschlossen bedeckt, und in Neuseeland konnte sich der immergrüne subtropische Feuchtwald regenerieren.

5.4   Der historische Aspekt in den Kulturlandschaften

Als ihr historischer Vorgänger wird der Kulturlandschaft die Urlandschaft gegenübergestellt als besonderer Begriff für die Naturlandschaft, von der die Entwicklung der Kulturlandschaft ihren Ausgang genommen hat (Abb. 12).

Erdgeschichtliche Vergangenheit		Gegenwart	
Ehemalige Naturlandschaft zu den verschiedenen Zeiten		Gegenwärtige Naturlandschaft	Reale Landschaft
Urlandschaft (Letzter Zustand der Naturlandschaft vor ihrer Umwandlung in Kulturlandschaft)	Frühere Kulturlandschaft (prähistorische, historische)	Gegenwärtige Kulturlandschaft	
	Frühere	Gegenwärtige	Imaginäre (theoretisch mögliche) Naturlandschaft für de Bereich realer Kulturlandschaft
	Potentielle Naturlandschaft (Theoretische Naturlandschaft für einen bestimmten Zeitpunkt der Vergangenheit oder für die Gegenwart)		

Abb. 12 Übersicht über Grundbegriffe der Landschaftsklassifikation unter historischem Aspekt (nach SCHMITHÜSEN 1959)

Jede *Kultur*landschaft ist das Ergebnis einer historischen Auseinandersetzung menschlichen Geistes mit der Natur und mit ererbten anthropogenen Strukturen; sie ist zeitlich und räumlich immer in eine bestimmte Phase der Menschheitsgeschichte eingebettet. Das Vermögen, aus der Transzendenz der Vernunft zu wirken und Erdachtes zielstrebig in seiner Lebensumwelt zu objektivieren und damit im Bereich des Materiellen den Anfang neuer Kausalreihen zu begründen, ist eine nur in der Gattung Mensch verwirklichte Stufe der Evolution. Auf dieser Stufe wurde es möglich, daß – im Gegensatz zu allen anderen Bereichen des Bios – die einzig lebende Menschenart (Homo sapiens) sich durch eigenes Handeln nach Lebensansprüchen und -fähigkeiten vielfältig selbst differenzierte. Die in einer Synergose konkret wirkenden Menschen sind nach ihrer Gesellschaftsstruktur, nach ihren Lebensformen, ihren geistigen Fähigkeiten und in ihren Verhaltensweisen von historischen Prozessen geprägt worden.

Allem menschlichen Wirken und Gestalten in der Landschaft, auch bei den Objekten, die materiellen Funktionen dienen, gehen geistige Leistungen voraus. Verstandesarbeit, schöpferische Phantasie und zielgerichtetes Wollen von Gesellschaften vergangener Zeiten haben die Grundlagen geschaffen für die landschaftsgestaltende Tätigkeit gegenwärtig wirkender gesellschaftlicher Gruppen. Mit der Sprache wird Erfahrungsvorrat der Gesellschaft übertragen. Auch das von der praktischen Vernunft beratene aktuelle Begehren als Beweggrund zielstrebigen Handelns entspringt zum mindesten teilweise der Tradition gesellschaftlicher Erfahrungen. Es bedient sich, um das Gewollte zu erreichen, der in Gemeinschaften geschaffenen Mittel. Dazu gehören Sprache, Arbeitsverfahren, Technik, Werturteile usw. Auch das Können und das Wollen der einzelnen Personen wurzeln in dem Erbe historischer Vorleistungen vieler Generationen von Vorfahren.

Arbeit als zielstrebiges Handeln setzt in Kommunikationsmedien objektivierte Erkenntnisse (Erfahrungen, Entdeckungen, Erfindungen) voraus. Jedem Arbeitsvorgang liegt eine Idee zugrunde und die Einsicht oder die Vorstellung, daß der erwünschte Zweck auf diese Weise erreicht werden kann. Die Idee kann aus der Erfahrung geboren oder auf theoretischer Grundlage gewonnen sein. Dabei gibt es viele Varianten. Jedes Gerät, das eingesetzt, und jede Technik, die angewendet wird, beruht auf Funktionsideen, die zuerst gefunden worden sein müssen. Darauf begründet sich die Kulturgeschichte und damit auch die Geschichte der Kulturlandschaften. In früheren Phasen der Entwicklung, als bestimmte Ideen noch unbekannt waren, gab es Kulturlandschaften, die von einem anderen Ideenbestand her gestaltet waren als die gegenwärtigen. Immerzu werden neue Ideen dem menschlichen Wirken zugrundegelegt, und die Kulturlandschaften werden damit in wesentlichen Zügen verändert.

Was das historische Wirken des Menschen in der Landschaft von dem der übrigen Lebewesen grundlegend unterscheidet, ist dessen Vermögen, Mittel zu erfinden, die geeignet sind, nicht nur die eigene materielle Lebensumwelt, sondern auch die Menschheit selbst in ihren Lebensansprüchen und Fähigkeiten sowie in ihrer gesellschaftlichen Struktur zu verändern und zu differenzieren. Diese selbst geschaffene 'Welt der Mittel' ist ein – zweckdienlich für den Menschen – final gestalteter besonderer Teil der realen Wirklichkeit. Wir können dabei zwei Hauptgruppen von 'Mitteln' unterscheiden: die nichtmateriellen und die materiellen. Beide sind historische Erzeugnisse des Menschengeistes.

Zu den nichtmateriellen Mitteln gehören die verschiedenen Sprachen der Völker und die Mathematik als Mittel des begrifflichen Denkens und der Kommunikation. Sie sind nicht nur Mittel, sondern zugleich auch ein wichtiger Bestandteil der selbstgeschaffenen Eigenwelt menschlicher Gesellschaften, die wir als deren *Kultur* bezeichnen. Dazu gehören Ideen von Verfahrensweisen und Arbeitsmethoden, die in materiellen Gegenständen ihren Ausdruck finden, sowie im weitesten Sinne auch alle geistig bestimmten Schemata von Verhaltensweisen, die in mannigfaltiger Form in den gesellschaftlichen Gruppen und Gemeinschaften wirksam sind und zum großen Teil nach überlieferten Vorbildern weitergelebt werden.

Voraussetzung für Erfindungen sind nicht nur rationale Leistungen wie spekulatives und konstruktives Denken, sondern auch seelische Qualitäten wie Beobachtungsgabe, schöpferische Phantasie und Leistungswille. Die Ziele des Wirkens können verschieden sein. Sie können auf die Erfüllung praktischer Zwecke der materiellen Lebensbedürfnisse gerichtet sein oder z. B. auch auf die Befriedigung des Gestaltungs- und Spieltriebs. Ebenso können dabei auch sittliche und soziale Motive wirksam sein wie bei vielen Einrichtungen, die dem religiösen Kult oder zur Demonstration der Macht oder des gesellschaftlichen Prestiges dienen.

Mit Kultur meinen wir den gesamten Komplex schöpferischer Leistungen und Ausdrucksformen der Selbstverwirklichung der Menschheit, mit seiner mannigfaltigen, historisch gewordenen *Differenzierung* nach Ländern und Gesellschaften. Das Wort Kultur leitet sich von der Arbeit am Boden und dem Anbau und der Pflege der Pflanzen ab. Es bedeutet menschliche Arbeit und ist in immer stärkerem Maße der Ausdruck für die hochentwickelte und differenzierte Leistung geworden, in der geistige und künstlerische Arbeit einer Menschengemeinschaft repräsentativ zum Ausdruck kommt. In diesem Sinne sprechen wir von verschiedenen Kulturen als charakteristischen Gestalten. Darin stellen sich Gemeinschaftsleistungen bestimmter Menschengruppen oder auch der Bevölkerung ganzer Länder dar.

Kultur steht in einem engen Bezug zu Lebensform, Lebensgefühl, Sitte und Tradition. Sowohl die differenzierten Erscheinungsformen der einzelnen Kulturen, als auch das darin zum Ausdruck kommende Gemeinsame aller Kulturen sind objektivierter Geist.

Kultur erwächst aus vielen einzelnen schöpferischen Einfällen der Individuen. Doch erst indem die ursprünglichen Ideen von einer sozialen Gruppe oder einer Gesellschaft aufgenommen, weitergetragen und wirksam gemacht und damit zu einem sich fortentwickelnden Besitz der Gemeinschaft geworden sind, entsteht das, was wir Kultur nennen. Aus den Bedürfnissen der Gesellschaft stammen ihre treibenden und erhaltenden Kräfte; in der Gesellschaft liegen ihre Leistungsreserven und gegebenenfalls auch die Ursachen für ihren Niedergang oder ihr Absterben. Die von einer bestimmten Kultur gestaltete Umwelt repräsentiert daher zugleich das Wesen und den Stand der Entwicklung einer sozialen Gemeinschaft.

Unter *Zivilisation* versteht man heute im allgemeinen, wenigstens in der deutschen Sprache, nur einen bestimmten Teil der Kultur, nämlich die materiellen und sozialorganisatorischen Errungenschaften, die sich auf der fortschreitenden Entwicklung von Technik und Wissenschaft begründen. Die Anwendung von Erkenntnissen der Naturwissenschaft für die materielle Lebensgestaltung gewinnt in den meisten Kulturen der Erde in zunehmendem Maße an Bedeutung. Aus ihrem Wesen heraus wirkt die moderne Technik vereinheitlichend auf die Lebensformen. Sie wird deshalb oft in einem Gegensatz zu den übrigen kulturellen Lebensäußerungen gesehen. Diese stellt man daher oft als 'Kultur' in einem eingeschränkten Sinne dem Begriff der technischen Zivilisation gegenüber. Das läuft darauf hinaus, daß mit Kultur das gesellschaftlich differenzierend Wirkende und mit Zivilisation das aus der Technik erwachsende Vereinheitlichende gemeint ist.

Nach dem derzeitig üblichen deutschen Sprachgebrauch gibt es viele Kulturen, während das Wort Zivilisation meistens nur in der Einzahl erscheint. Es darf jedoch nicht übersehen werden, daß es niemals eine Kultur ohne Technik (im weitesten Sinne) gegeben hat, geht doch auch der Begriff der Kultur selbst auf die Technik des Ackerbaus zurück. Zudem bedienen sich die verschiedenen Zweige des übrigen kulturellen Schaffens wie die Bildenden Künste, die Literatur, das Erziehungs- und Bildungswesen, Sitte und Brauchtum, Freizeitgestaltung usw. ebenfalls in vielfältiger Weise der Technik. Diese ist somit eine der Voraussetzungen der Kultur, und der Grad der technischen Zivilisation ist ein bestimmter Aspekt, unter dem man die Kulturen betrachten kann.

Nicht zu verkennen ist die Tatsache, daß die technische Zivilisation in Verbindung mit einer von Wissenschaft und Technik geförderten Sozialethik dahin tendiert, die ursprünglich in räumlich getrennten Verkehrs- und Sprachgemeinschaften begründeten Unterschiede der Kultur zu nivellieren. Ein wesentlicher Gegensatz zwischen der Kultur im engeren Sinne und der Zivilisation besteht darin, daß das Differenzierende der Kulturen größtenteils in den davon geprägten sozialen Einheiten selbst entstanden ist und von diesen getragen und erhalten wird. Der zivilisatorischen Errungenschaften kann man sich dagegen bedienen, ohne selbst einen direkten Bezug zu den Grundlagen zu haben, die diese ermöglichen.

Für die Betrachtung des menschlichen Wirkens in der Synergose ist es wichtig, beide Aspekte im Auge zu behalten. Wir dürfen uns nicht darauf beschränken, allein den Grad der zivilisatorischen Entwicklung in den Landschaften zu untersuchen, wenn auch die Versuchung dazu groß ist, weil sich deren Kriterien verhältnismäßig leicht quantifizieren lassen. Wir dürfen aber ebensowenig in den alten Fehler verfallen und den zivilisatorischen Aspekt bagatellisieren, wie es vor wenigen Jahrzehnten noch häufig geschah. Manche Geographen glaubten damals, die industrielle Technik und die modernen Großstädte mit dem Hinweis auf ihren weltweit uniformen Charakter als geographisch uninteressant abtun zu können.

Nur wenn man beide Aspekte ihrer Bedeutung entsprechend gleichrangig berücksichtigt, kann man auch erfassen, wie sich die historisch gewachsenen Kulturräume und -erdteile mit dem für sie alle heute unvermeidlichen Problem der zivilisatorischen Weiterentwicklung auseinandersetzen. Nur dann kann man auch erkennen, wie diese beiden Bereiche in Verbindung miteinander wirken und wie daraus teilweise auch wieder neue Ausdrucksformen gesellschaftlicher und regionaler, und damit landschaftlicher Besonderheit hervorgehen.

Die materiellen Mittel umfassen alles, was als *Technik* im weitesten Sinne oder was in der materiellen Umwelt des Menschen auch als *künstlich* im Gegensatz zu *natürlich* bezeichnet wird. Dazu gehören alle von Menschen erdachten Verfahren und Verhaltensweisen, die als 'wiederholbarer Weg' dem Umgang mit der materiellen Außenwelt dienen, sowie alle gegenständlichen Einrichtungen, die zu diesem Zweck erfunden worden sind und benutzt werden. Aller Technik oder Kunst in diesem weitesten ursprünglichen Sinne (z. B. 'Kunst' des Feuermachens oder 'Technik' des Jagens oder der Höhlenmalerei) gehen geistige Leistungen voraus. Denn die Beziehung in dem Begriffspaar *Mittel – Zweck*, dem grundlegenden Denkschema aller Technik, ,,ist die ins Praktische transponierte Relation 'Ursache – Wirkung'" (LITT, 1952, S. 33). Technik ,,ist die praktische Anwendung der theoretischen Beherrschung der Natur" (ALFRED WENZEL, 1946). Wird Technik so weit aufgefaßt, dann gehört dazu auch das Versenken eines Samenkorns in den Boden, wenn der Mensch aus Erfahrung weiß und deshalb erwartet, daß daraus eine Pflanze aufwächst, die ihm eines Tages Früchte bringen wird.

Das Wort Technik wird jedoch im Sprachgebrauch vor allem von denen, die sich selbst als Techniker bezeichnen, meistens in einem engeren Sinne, wenn auch keineswegs einheitlich verwendet. Für manche fängt die Technik bei der Realisierung einer 'Werkidee' mit der Herstellung und Verwendung von Werkzeugen wie z. B. den vorgeschichtlichen Faustkeilen an. Technische Entwicklung ist dann ganz allgemein die Entwicklung von Arbeitsmitteln. Für andere beginnt Technik mit der Erfindung von Geräten, mit deren Hilfe die Menschen andere Energieträger als ihre eigene Körperkraft zu Arbeitsleistungen für ihre Zwecke benutzen. Sie ist die auf Erkenntnis und Phantasie begründete Idee eines Arbeitsverfahrens, bei dem Fremdenergie der niederen Seinsstufen in den Dienst von für den Menschen sinnvollen Leistungen gestellt wird. Für wieder andere ist die mathematische Vorausberechnung der Wirksamkeit eines Gegenstandes das Kriterium für ,,technisches Schaffen" (Technik als Methode), dem die materielle Verwirklichung der technischen Idee als ,,Realtechnik" gegenübergestellt wird (MANFRED SCHRÖTER, 1934).

Die Begabung für technische Leistungen ist in den verschiedenen Gruppen und Gesellschaften der Menschheit unterschiedlich entwickelt. Dies beruht teils auf den Unterschieden des Intellekts, von der bloßen Fähigkeit zur Nachahmung und Benutzung über die Fähigkeit zu Erkenntnisleistungen aufgrund eigener Erfahrung bis zur Leistungsfähigkeit in planmäßiger wissenschaftlicher Forschung, teils auf Unterschieden der Phantasie oder der Willensstärke und auf dem Fehlen oder Vorhandensein stimulierender Motive. Wenn in bezug auf die Gestaltung von Kulturlandschaften oft von primitiven Völkern auf der einen und hochzivilisierten Gesellschaften auf der anderen Seite die Rede ist, so bezieht sich diese Unterscheidung in erster Linie auf die in einem verschiedenen Grad technischen Könnens begründete unterschiedliche Art des Wirkens in der Landschaft. Die Kenntnis der verschiedenen Stufen des Könnens, die dabei möglich sind, ist für das Verständnis des menschlichen Wirkens in der Landschaft wichtig. Diese zu untersuchen, wäre, wie auch die Klärung der entsprechenden Grundbegriffe, die Aufgabe einer allgemeinen vergleichenden Kulturwissenschaft. Doch ist diese infolge der unglücklichen Aufspaltung der Wissenschaft in Natur- und Geisteswissenschaften bisher nur in bescheidensten Anfängen entwickelt. Daher hat auch hier, wie in vielen anderen Fällen, die Geographie zunächst zur Selbsthilfe greifen müssen, wozu insbesondere MAXIMILIEN SORRE einen bemerkenswerten Ansatz machte (Les fondements de la Géographie humaine, 1943 ff.).

Daß dieser allgemeine Aspekt der kulturlandschaftlichen Problematik bisher wenig beachtet und gefördert wurde, erklärt sich teilweise auch aus der geschichtlichen Entwicklung der Geographie. Die kulturgeographischen Zweige der allgemeinen Geographie sind ursprünglich aus der Betrachtung von Gegenstandskategorien entstanden, die nur nach dem Nutzzweck der Gegenstände gegliedert und zunächst vorwiegend in ihrer Abhängigkeit von der Landesnatur gesehen und untersucht wurden. Als dann auch „der Mensch als Gestalter der Erde" (EDWIN FELS, 1935) und die Kulturlandschaft selbst als komplexes Phänomen in den Vordergrund der Betrachtung gerückt wurden, waren die systematisch nach den Zwecken der Gegenstände geordneten Sachzweige (Agrargeographie, Siedlungsgeographie, Verkehrsgeographie usw.) schon so verfestigt, daß der Brückenschlag zwischen ihnen im Hinblick auf das Allgemeine des menschlichen Wirkens erschwert war. Andererseits war man aber auch in manchen systematischen Zweigen der allgemeinen Geographie selbst schon zu der Einsicht gelangt, daß sie mit der isolierenden Betrachtung ihrer Gegenstände in Sackgassen und in die Gefahr gerieten, die räumliche Wirklichkeit aus dem Auge zu verlieren.

Geschichtliche Ursachen der Entwicklung der Kulturlandschaften sind die technischen Ideen, die den Aufbau der *Welt der Mittel* ermöglichten. Mit den Gegenständen, die wir Geräte und Maschinen nennen, hat sich der Mensch zusätzliche 'Organe' geschaffen, mit deren Hilfe er in seiner Umwelt besser leben kann. Voraussetzungen dafür sind die Ideen, nach denen er das tun kann. Diese müssen irgendjemandem einmal eingefallen sein. Jede neue Idee ist ein historisches Ereignis. Nachdem sie irgendwo zu einem bestimmten Zeitpunkt aufgekommen ist, kann sie sich ausbreiten. Daher sind alle Kulturlandschaften zu jedem Zeitpunkt historisch und räumlich eingeordnet in die Ausbreitungsgeschichte der unterschiedlich entwickelten Ideen der Arbeit und der Technik. Jede Kulturlandschaft repräsentiert eine bestimmte historische Stufe, in der manche Techniken bekannt, andere dagegen noch unbekannt sind. So können wir z. B. für bestimmte Zeitpunkte kulturlandschaftliche Erdräume feststellen, in denen es zwar schon den Pflug gab, jedoch noch keine landwirtschaftlichen Maschinen, die erst später erfunden und verbreitet wurden.

In der Geographie wurden die technischen Leistungen oft nur im Zusammenhang mit ihren Anwendungszwecken gesehen. Im Hinblick auf den unterschiedlichen Intensitätsgrad ihres Wirkens in der Landschaft ist es jedoch zweckmäßig, die Technik im weiteren Sinne auch ohne Rücksicht auf ihren speziellen Verwendungszweck in den wichtigsten Stufen ihrer Entwicklung zu betrachten und zu gliedern. Wir erfassen damit Stufen der geistigen und zivilisatorischen Entwicklung der Menschheit und zugleich Stufen verschiedener Wirtschaftsform und gesellschaftlicher Organisation. Solche wurden teils nacheinander, teils gleichzeitig in räumlicher Differenzierung nebeneinander wirksam. Maßgebend für die Unterscheidung der historischen Stufen sind nicht die verschiedenen Zwecke des technischen Wirkens. Da es das allgemeine Ziel der Technik ist, Arbeit zu leisten, ergeben sich die Kriterien der Stufen aus dem Vergleich unter einem energetischen Gesichtspunkt. Wir unterscheiden sie nach dem Umgang mit den verschiedenen Energieträgern, die von den Menschen für zweckgerichtete Arbeitsleistungen nutzbar gemacht werden. Wir können, wenn auch für die frühen Stadien nur ungenau, folgende Stufen des historischen Fortschreitens der technischen Entwicklung unterscheiden, die im allgemeinen zugleich mit einer Zunahme der Arbeitsteilung, der Bevölkerungsdichte und der Differenzierung gesellschaftlicher Organisationsformen verbunden sind.

1. Die ältesten Menschen lebten vorwiegend in Anpassung an die vorgefundene natürliche Umwelt als Sammler, Jäger und Fischer. Mit eigener Körperkraft wurden zunächst nur vorgefundene natürliche, dann bearbeitete oder selbst hergestellte Werkzeuge benutzt. Als Fremdkraft wurde nur die Verbrennungswärme organischer Stoffe vorwiegend für die Nahrungszubereitung, dann auch bei der Jagd zum Treiben der Tiere verwendet.

Die Benutzung des Feuers ist eine der frühesten Erfindungen der Menschheit. Als ältester Nachweis für dessen Gebrauch galt lange Zeit der Sinanthropus-Fundort in den Höhlen von Chou-Kou-Tien bei Peking mit einem absoluten Alter von 300 000 Jahren. Im Jahre 1964 sind jedoch im Komitat Komarom in Ungarn Feuerstellen mit Steingeräten und Tierknochen (Rhinoceros etruscus, Machairodus, Throgontherium) ausgegraben worden, die noch um 50 000 bis 100 000 Jahre älter sind sollen als die Funde von Peking. Andererseits sind aus dem Bereich des ostafrikanischen Grabens in Tansania paläolithische Kulturen der Acheul-Stufe mit Tausenden von Faustkeilen bekannt, für die keine Feuerbenutzung nachweisbar ist. Sie werden als Kanjesa-Pluvial (Rißzeit) datiert mit einem absoluten Alter von 150 000 bis 200 000 Jahren. Die früher oft vertretene Meinung, daß die Menschwerdung mit der Verwendung des Feuers begann, scheint demnach nicht zuzutreffen.

2. Eine andere Stufe begann mit der Idee einer räumlichen Steuerung der natürlichen biotischen Stoffproduktion durch Nutzpflanzenanbau und Tierhaltung. Neue, aber ebenfalls nur mit eigener Körperkraft eingesetzte Werkzeuge (Pflanzstock, Grabstock und Hacke) wurden dazu erfunden. Dieses waren die Grundlagen der Wirtschaftsform des Hackbaus. Er ermöglichte eine seßhafte Lebensweise und regte damit die Erfindung und Herstellung von vielerlei weiteren Werkzeugen und 'Haushalts'-Geräten sowie Konstruktionsideen für den Hausbau an.

3. Die nächste Stufe mit den Wirtschaftsformen des primitiven Pflugbaus und der nomadischen Viehwirtschaft war bestimmt durch die Erfindung des Einsatzes von körperfremder Nutz- und Arbeitsenergie. Organische Träger von Fremdenergie wie Tiere zum Reiten, Tragen und Pflügen und anorganische Energieträger wie Wind, strömendes Wasser und Gravitation wurden in Verbindung mit Werkzeugen (z. B. Pflug, Korb zum Worfeln des Getreides) benutzt.

4. Brennstoffe als Energieträger wurden für technische Prozesse, z. B. für die Herstellung von Ziegeln und in Verbindung mit dem Metallbergbau für die Kupferverarbeitung und den Bronzeguß verwendet. Damit konnten wirksamere Werkzeuge hergestellt werden. Dazu kam die Erfindung von mechanischen Arbeitsgeräten auf handwerklicher Stufe (Spindel, Webstuhl, Handmühle, Töpferscheibe) und schließlich auch die Benutzung von organischen und anorganischen Energieträgern als Arbeitsenergie in Verbindung mit Kraftüber-

tragungsmechanismen wie von Tieren getriebene Göpelwerke zum Wasserheben (Oasen-kultur), Wasserrad- und Windradmühlen, Hammerwerke mit Wasserkraft u. a. Zugleich bahnte sich eine Spezialisierung der handwerklichen Gewerbe an (z. B. Metallhandwerker in den frühesten Städten um 3000 v. Chr., Eisenschmiedetechnik seit 2000 v. Chr. im östlichen Mittelmeerraum). Dieses führte zu verstärktem Warenaustausch (in Mesopotamien mit Räderfahrzeugen), zur Geldwirtschaft, Kapitalbildung und zu differenzierter Arbeitsteilung in den Stadtkulturen. Damit wurden auch die Anfänge der Wissenschaft möglich. Zu ihrer ersten Entfaltung kam diese in der griechischen Polis.

Die römische Stadtkultur förderte vor allem die Bautechnik mit gewölbtem Dach, Heizungs- und Wasserleitungssystemen, Straßen- und Schiffsbau, das christliche Abendland in der mittelalterlichen Stadt die handwerklichen Techniken (Handwerker als Freie) und ihre Spezialisierung (Zünfte). Dazu kamen neue Erfindungen von mechanischem Arbeitsgerät (Trittwebstuhl, Drehbank), von chemisch-technischen Verfahren (Eisenguß, Hochofen, Schießpulver) usw., eine verstärkte Benutzung von Fremdenergie als Arbeitskraft (Zugtiere, Wasser, Wind), sowie als eine wichtige Erfindung für die Ausbreitung wissenschaftlicher und technischer Erkenntnisse die Buchdruckerei.

Mit dem Beginn der planmäßigen Entwicklung einer Ingenieurtechnik seit der Renaissance (LEONARDO DA VINCI) entstand die feinmechanische Apparate- und Instrumententechnik. Damit wurden Mittel erfunden, die nicht der Leistung von mechanischer Arbeit dienten, sondern Wahrnehmungs- und Informationsleistungen der Sinnesorgane verbesserten wie optische Geräte, Meßwerkzeuge (Wasserwaage), mechanische Meßgeräte (Uhrwerk, Kompaß). Diese förderten die weitere Entwicklung der Wissenschaft, insbesondere die empirische Physik des 17. und 18. Jh. Auch die chemische Technologie, die Brennstoffe als Energieträger benutzte, machte mit der Entwicklung technischer Geräte (Öfen) große Fortschritte auf wissenschaftlicher Grundlage. Das Chemielehrbuch aus dem 17. Jh. von JOHANN RUDOLF GLAUBER (1604–1670) ist nach Ofentypen gegliedert. Brennstoffe wurden jetzt ein wichtiges Handelsgut. Gefördert wurde die Herstellung von Glas, Säuren und anderen Stoffen, besonders aber Metallen. Der Kokshochofen (England 1735) und die Erzeugung von Gußstahl (1747) waren Voraussetzungen für den Beginn des Industriezeitalters.

5. Entscheidend für die nächste Stufe der Entwicklung waren Erfindungen, die es ermöglichten, aus Brennstoffen mechanische Arbeitsenergie zu gewinnen. Die Erfindung der Dampfmaschine (1765) durch JAMES WATT (1736–1819), die 1782–84 funktionsfähig entwickelt wurde, war der Beginn der industriellen Maschinentechnik. Sie brachte die volle Mechanisierung der gewerblichen Produktion (Industriekapitalismus) und des Transportwesens mit Eisenbahn und Dampfschiff. Dazu kam Ende des 18. Jh. die Erfindung der Gasbeleuchtung, die in der industriellen Produktion auch die Arbeit in der dunklen Zeit des Winters ermöglichte.

6. Die nächste Stufe kann durch Motorisierung und Elektrifizierung gekennzeichnet werden. Zu ihren Grundlagen gehören die Erfindungen des Morsetelegraphen (1837), des Dynamo (1866), des Otto-Motors (1876), des Benzinmotors (1883) und des Dieselmotors (1893/97). Voraussetzung für den Explosionsmotor war die elektrische Zündung. Seine Folgen waren das Automobil, das Motorschiff, die Elektrolokomotive und der Beginn des Motorflugs. Den Ferntransport elektrischer Energie ermöglichte die Erfindung der Strömungskraftmaschinen (Turbinen) und der stromverwertenden Maschinen (Elektromotor) und Ge-

räte (Glühlampe, Elektroöfen). Mit den Turbinen konnte elektrische Energie über den aus
der Verbrennungswärme von Kohle oder Öl erzeugten Dampfdruck (Dampfturbine) oder
aus der mechanischen Energie von strömendem Wasser (oder Wind) gewonnen werden.
Dazu kamen, ebenfalls seit der 2. Hälfte des 19. Jh., die Entwicklung der modernen Chemieindustrie mit Soda, Schwefel, Teerfarbstoffen, Ammoniaksynthese (1913), Buna (1927)
und Chemiefaser (1940) sowie neue Erfindungen im Kommunikationswesen wie Rotations-
druck (1863), Setzmaschine, Telephon und drahtlose Telegraphie, ferner der Hochhausbau
(Stahlbeton 1867), die Citybildung in den Großstädten und im 20. Jh. der Spannbetonbau.

7. Die letzte Stufe, an deren Beginn wir noch stehen, kann charakterisiert werden durch
die Stichworte Funk, Fernsehen, Reglertechnik, Kybernetik, Düsenflug, Erschließung der
Kernenergie (Umwandlung von Masse in Energie), Molekulargenetik, Besuch des Mondes
und Erkundung der Nachbarplaneten mit allen weiteren noch nicht absehbaren Folgen.

Spezifisch menschlich sind nicht nur die technischen Ideen und Erfindungen, sondern
auch die Fähigkeit, Erfahrungen in objektivierter Form von Generation zu Generation wei-
tergeben zu können. Jede lebende Generation kann das ererbte geistige Gut mit neuen Ideen
bereichern und an ihre eigenen Vorstellungen anpassen und damit ihre Lebensbedingungen
verändern. In den von Menschen geschaffenen landschaftlichen Gegenständen kann es daher
oft schwer sein, das historische Erbe nach seiner Entstehung im einzelnen zu analysieren. In
vielen der einfachsten Bestandteile der Kulturlandschaften sind Natur- und Kulturvorgänge
von Grund auf fast untrennbar verbunden. In einem Acker ist der Boden sowohl von natürlichen Gegebenheiten als auch durch jahrhundertelange menschliche Arbeit gebildet. Die
darauf wachsenden Pflanzen sind zwar Naturgegenstände und von den natürlichen Wachstumsbedingungen abhängig. Sie sind aber auch von Menschen gepflegt und durch Züchtung
verändert.
    Wer will z. B. in der Landschaft am Laacher See bei dem Dreiklang von See und Wald und
Baukunst auf Anhieb sagen können, wo die Natur aufhört und die kulturelle Gestaltung beginnt? Man könnte annehmen, das sei einfach, der See und der Wald seien Natur, die Bauten
aber reine Kunst. Sieht man aber näher hin, so kann man sich davon überzeugen, daß der
Mensch den Wasserspiegel künstlich verändert und seit Jahrhunderten in dem See gefischt
hat, und daß er fremde Fischarten und anderes Getier eingesetzt und ursprünglich nicht ein-
heimische Pflanzen eingeschleppt hat. Mit solchen, teils absichtlichen, teils unbewußten
Eingriffen sind die Lebensbedingungen des Sees und dessen Lebensgemeinschaften grundlegend verändert worden. Der See ist daher ebensowenig reine Natur wie das Haferfeld an seinem Rande. Für den Buchenwald auf den Hängen gilt das gleiche. Daß er kaum noch Ähnlichkeit mit einem Urwald hat, wird auch jedem forstlichen Laien einleuchten. Die Bauten
andererseits sind zweifellos Schöpfungen des Menschen. Sie sind in Stein geformter Ausdruck des Geistes. Wir wissen, daß romanische und barocke Architektur historisch geprägte
Zeitstile sind. Ihre hier sichtbare besondere Form ist im rheinischen Raum erwachsen. Wer
will aber bei dem für solche Fragen noch unentwickelten Stand der Forschung entscheiden
können, ob und wie weit nicht auch Anregungen aus der Natur des Landes die Gestalt dieser
an Zeit und Raum gebundenen Formen mit beeinflußt haben?
    Ähnliches gilt für viele andere vom Menschen geschaffene Gegenstände. Auch die Bau-
ernhäuser in ihrer mannigfaltigen Gestalt sind historisch gewordene Gebilde. Sie sind geprägt von einer langen geschichtlichen Folge von Erfindungen (Funktions-, Konstruktions-

und Formgestaltungsideen) unterschiedlicher Art. Die Entwicklung ihrer Gesamtgestalt zu erfassen, ist eine komplexe, schwierige Aufgabe. Denn die Haustypen sind in der Regel nicht nur aus Vorgängen desselben Raumes im Zusammenhang mit zeitlich wechselnden Funktions- und Formansprüchen entstanden. Meist sind sie aus der Verbindung von Ideen, die von außen übernommen wurden, erwachsen und bilden in ihrer Gestalt Kontaminationsformen von Vorbildern und Anregungen unterschiedlicher Herkunft. In einem Formenkomplex, wie ihn der Typus eines Bauernhauses präsentiert, haben historische Vorgänge der Ausbreitung und des Zusammentreffens von Bauideen und damit ein gutes Stück Landesgeschichte ihren Niederschlag gefunden.

Gleiches gilt in noch höherem Maße für die Architektur der Dorfkirchen und für die Bauten der hohen Kunst. Sie alle sind auf einer Vielfalt von Ideen begründet, die einmal irgendwo entstanden und dann tradiert und verbreitet und in vielfältiger Weise kombiniert worden sind. Sie wurden dabei angepaßt an die Funktionssysteme, in die sie einzufügen waren. Der Bau eines Domes erfordert nicht nur statisches Können und geeignetes Baumaterial, sondern auch die wirtschaftliche Kraft der Gesellschaft, einen solchen Plan ausführen zu können. Bei dem Kölner Dom, der aus Westerwälder Basalt, Andesit der Wolkenburg und Trachyt des Drachenfels errichtet wurde, waren Jahrhunderte nötig, den Bau fertigzustellen. Die Kontinuität, mit der in dieser langen Zeit die Bauidee beibehalten wurde, ist bemerkenswert. Der gotische Stil, der darin zur Geltung gebracht wurde, war in Nordfrankreich entstanden. Aber eine lange Entwicklung war dem schon vorausgegangen. Zahlreiche einzelne Bauideen, die vorher in Südfrankreich aus dem Bestreben, die Kirchenräume größer und weiter zu machen, erfunden worden waren, sind in dem Formenkomplex, der die Gotik ausmacht, zusammengefaßt und verschmolzen worden.

Wie in der Geschichte der Architektur mit ihren Abwandlungen in den verschiedenen Kulturen können wir auch in der Entwicklung einzelner Gegenstände der Technik historische Reihen von Funktions- und Konstruktionsideen sehen. Ein Beispiel ist die Folge unterschiedlicher technischer Ideen der Raumheizung, wie sie etwa in der Eifel bis vor kurzem noch nebeneinander vorkommend beobachtet werden konnte: von dem offenen Feuer mit der zur Erwärmung des Nachbarraumes dienenden Takenplatte über den Kanonenofen und den Zirkulationsofen bis zu dem aus dem niederländischen Bereich eingeführten Steinkohleofen und vielen weiteren modernen Heizungseinrichtungen schwer feststellbarer Herkunft.

Ähnliche Beispiele kann man in beliebiger Zahl anführen. Wir beschränken uns darauf, noch auf die im Laufe der Zeit erfundenen Geräte zum Mahlen von Getreide hinzuweisen, beginnend mit dem auf einer Steinplatte von Hand bewegten Stein, über den Mörser mit Stößel, den Mörser mit Rollstein, die Handmühle mit Handkurbel, die Mühle mit Tretmechanik, die Roßmühle mit Göpel, die Wind- und Wasserradmühle bis zur modernen elektrischen Mühle. Die meisten dieser Typen lassen sich in viele Varianten untergliedern. Bei den Windmühlen im niederländisch-niederrheinischen Raum gab es z. B. als älteste, wahrscheinlich im 14. oder 15. Jh. aus dem Vorderen Orient eingeführte Form, die Mühle mit feststehender Radachse, wie sie heute in den Mittelmeerländern noch stellenweise zu finden ist; daneben die deutsche Bockmühle mit drehbarem Haus auf Schleifscheibe; die niederländische Kappenmühle, zunächst ohne, dann mit Rollenkranz unter der Kappe und schließlich die fünf- oder mehrgeschossige Große Holländermühle, wie sie als Handelsmühle nach der napoleonischen Gewerbefreiheit Verbreitung fand.

Viele derartige Gegenstände, die inzwischen ihre ursprüngliche Funktion verloren haben, stehen heute noch als historische Relikte in der Landschaft. Manche haben neue Funktionen bekommen. Die noch übriggebliebenen Windmühlen sind oft als Attraktion für den Fremdenverkehr zugleich potentielle Produktionseinheiten der Fotoindustrie.

Auch sehr viel komplexere Objekte der Landschaften gehen auf historische 'Urmodelle' zurück, die aus längst nicht mehr gültigen Voraussetzungen und Motiven entstanden waren. Das Urmodell der mesopotamischen Stadt war durch die Idee der Einheit von Religion und Herrschaft geprägt mit Tempel und Königspalast als Mittelpunkt von Verwaltung und Wirtschaft in einem von bäuerlicher Bevölkerung geprägten Raum. Aus einer anderen Situation war das Urmodell der mitteleuropäischen Burgstadt entstanden mit dem an einen Herrschaftssitz angeschlossenen Handelsmarkt der 'Bürger'. Daraus hatte sich die mit Wehrmauern und Türmen befestigte Stadt entwickelt, deren Reste in vielen Großstädten noch wirksame Bestandteile geblieben sind. Andere mittelalterliche Städte, deren Mauern und Türme teilweise noch stehen, haben ihre städtische Funktion verloren und sind nur noch in eine alte städtische Hülle gekleidete Dörfer. Als Fremdenverkehrsorte haben manche in jüngster Zeit eine neue besondere Funktion bekommen.

Kulturlandschaften zeigen nicht nur in einzelnen Gegenständen, sondern auch in ihrer gesamten räumlichen Ordnung einen historischen Querschnitt durch viele Perioden ihrer Geschichte. In Mitteleuropa hatte sich das offene Kulturland zuerst auf Kosten der Waldgebiete ausgebreitet und war in diese hineingewachsen. Seit dem Mittelalter gab es lange Zeit keine scharfen Grenzen zwischen Wald und offenem Land. Große Teile des Waldes waren ein integrierender Bestandteil der landwirtschaftlichen Nutzung mit der Waldweide und den verschiedenen Formen der Außenfeld- und Wald-Feld-Wechselwirtschaft. Nach den landwirtschaftlichen Reformen des 18. Jh. und vorwiegend erst seit dem Beginn der modernen Forstwirtschaft im 19. Jh. sind die meisten Waldkomplexe wieder aus ihrer Verbindung mit der bäuerlichen Wirtschaft herausgelöst worden. Forst- und Landwirtschaftsflächen sind voneinander abgesondert und unabhängig gemacht worden. Die Entwicklung der forstwirtschaftlichen Flächen und ihrer heutigen Bestandesstruktur ist daher zu einem wesentlichen Teil nur im Zusammenhang mit der Landwirtschaftsgeschichte zu verstehen (TICHY, 1958).

Viele andere Züge in der Kulturlandschaft sind ebenfalls nur aus geschichtlichen Ereignissen und Vorgängen zu erklären, so etwa die Lage vieler Siedlungen oder der Verlauf von Verkehrswegen (z. B. napoleonische und römerzeitliche Straßen), für deren Anlage andere als die heutigen Voraussetzungen maßgebend gewesen waren. Das gilt auch für die räumliche Gliederung des Landbesitzes in seinen verschiedenen Formen, die Parzellenstruktur der landwirtschaftlichen Nutzflächen, die Lage von Märkten und manches andere.

Mannigfaltig können sekundäre Folgen sein, die von längst verschwundenen und nur noch aus historischen Zeugnissen bekannten Einrichtungen der Vergangenheit hervorgerufen worden sind. Wir denken dabei an ehemalige Rechtsverhältnisse, etwa der Grundherrschaft oder der Territorialgeschichte, an frühere Grenzen jeglicher Art, an längst aufgegebene Straßen oder Kanäle, an Organisationsformen der Gesellschaften, an ehemalige Märkte, Richtstätten, Kirchen, Klöster und Wallfahrtsorte und vieles andere mehr. Wenn auch die unmittelbar wirksamen Kräfte solcher historischen Einrichtungen inzwischen erloschen sein können, so hatten sie doch oft in der Vergangenheit mannigfaltige Arten von strukturellen Raumbeziehungen geschaffen, deren Folgen oft noch heute wirksam sind. Wir verweisen nochmals auf das Beispiel der holländischen Windmühlen: Nachdem die nach allen Richtungen drehbare Windmühle eingeführt worden war, entstand ein 'Windrecht' mit der Einspruchsmöglichkeit gegen Baumpflanzungen, die den Wind hätten beeinträchtigen können. Dieses wirkt sich in der räumlichen Ordnung niederländischer Kulturlandschaften heute noch aus.

Als ein Beispiel für kompliziertere und weiträumigere historische Zusammenhänge, die zu noch jetzt nachwirkenden Ereignissen geführt haben, sei die Ansiedlung von Hugenotten und Waldensern im Oberrheinischen Raum erwähnt. Die geschichtliche Situation, die dazu geführt hatte, war unter anderem durch folgende Faktoren bestimmt: Es gab dort durch Kriege entvölkerte und abgebrannte Ortschaften, und es gab Fürsten, die ihre Städte und Dörfer wieder zur Blüte bringen wollten, während in anderen Ländern aus religiösen Gründen Menschen vertrieben worden waren, die eine neue Heimat suchten.

Ein anderes Beispiel können wir aus der Technik nehmen. Ein Schornstein einer Eisenhütte in der vor dem Zweiten Weltkrieg üblichen Bauart beförderte ohne besondere Reinigungsanlagen täglich 3 t Staub und 20 t Schwefel in die Luft. Bei Neubauten wird eine Reinigungsvorrichtung mitgeplant und eingerichtet, die dieses verhindert. Bei alten Anlagen konnte diese wegen der Kosten meistens nicht nachträglich angebracht werden. Da im Ruhrgebiet die alten Hütten nach dem Zweiten Weltkrieg zumeist demontiert und daher später neu gebaut worden, wurde dort um 1960 die Luft von Emissionen der Hütten weniger belastet als im Saarland, wo wegen der politischen Sonderstellung des Gebietes nach dem Kriege keine Demontagen stattgefunden hatten. Es kam aber im Saarland wegen der noch ungeklärten politischen Zugehörigkeit auch kaum zu Investitionen, so daß vor 1956 weder Neubauten errichtet, noch wesentliche Verbesserungen der alten Anlagen vorgenommen wurden.

„Die geschichtliche wie zum Teil auch die vorgeschichtliche Entwicklung beruht in der Hauptsache darauf, daß der Mensch, indem sich seine Kultur durch die Summierung oder gelegentlich auch den Verlust von Erfindungen und Entdeckungen ändert, in jedem Augenblicke der Natur gegenüber eine andere Stellung einnimmt, sich ihren Einwirkungen gegenüber anders verhält, ihren Schaden abzuwehren, ihre Vorteile auszunützen lernt" (HETTNER, 1927, S. 270).

Ein Beispiel für historische Wechselwirkungen zwischen menschlichen Maßnahmen und Vorgängen der Landesnatur entnehmen wir dem Werk von ADOLF LUDIN (1938). Der Osten des Oberitalienischen Tieflandes war vor 1000 Jahren eine der Kornkammern Italiens. Ihr Verfall war teils durch die Folgen einer allmählichen Senkung des Landes, teils durch die Abholzung des Apennin bedingt. Die Landsenkung, die im Mittel je 100 Jahren etwa 15 cm betrug, hatte eine Auflandung der Flüsse Po und Etsch zur Folge. Die Deiche wurden ständig erhöht, die Hochwässer gefährlicher. Südlich des Po wurden die Verhältnisse noch erschwert, als der Fluß im Jahre 1152 sein Bett verlegte, wodurch der Reno selbständig wurde. Nach der Abholzung des Apennin im ausgehenden Mittelalter kam die Hochwasserwelle, die sonst 1 1/2 bis 2 Tage gebraucht hatte, jetzt in wenigen Stunden. Dammbrüche und Überschwemmungen waren die Folgen. Da man die Ursachen nicht beseitigen konnte und ein gemeinsames Vorgehen an den damaligen Besitzverhältnissen scheiterte, mußte das Land trotz der teilweise großartigen örtlichen Entwässerungsmaßnahmen langsam versumpfen. Erst nachdem seit dem Ende des 19. Jh. staatspolitisch und organisatorisch dafür neue Voraussetzungen entstanden waren, konnte durch neue Kanalbauten und andere Maßnahmen Abhilfe geschaffen werden.

Technik ist angewandte Naturerkenntnis. Einen der seltenen Fälle, bei denen die durch ein historisches Naturereignis angeregte Entstehung neuer Wirkideen exakt zu fassen ist, kennen wir von der Insel Lanzarote. Vor den großen Vulkanausbrüchen der Jahre 1730 bis 1736 war dort Trockenfeldbau auf Terrassen üblich gewesen. Nachdem man, was historisch belegt ist, die Erfahrung gemacht hatte, daß auf manchen der von Vulkanasche überschütteten Flächen Rebstöcke und andere Anbaupflanzen höhere Erträge brachten als vorher, entstanden hier als autochthone Entwicklung die drei heute noch üblichen technischen Anbausysteme des *Enarenado natural,* (= natürlich übersandet), des *Enarenado artificial* (= künstlich übersandet) und des *Jable* (= Sand).

Das *Enarenado natural* – Verfahren wird auf Flächen mit einer mächtigen natürlichen Aschendecke angewandt. Man gräbt kreisrunde tiefe Gruben und pflanzt in ihnen Feigenbäume an, die hier ohne diese Umgestaltung des Geländes nicht wachsen könnten. Zusätzlich legt man an den Grubenrändern Aschenwälle oder oft noch eine schildförmige Steinmauer als Windschutz. Ähnlich werden in langgestreckten, ein bis zwei Meter tief in die Aschenschicht eingearbeiteten Gräben Reben gezogen.

Bei dem Verfahren des *Enarenado artificial* werden die Böden künstlich mit einer 5–10 cm mächtigen schwarzen Aschenschicht bedeckt. Damit erzielt man bei den darauf angebauten Pflanzen (Getreide, Kichererbsen, Tomaten, Zwiebeln u. a.) um ein Mehrfaches höhere Erträge als auf Böden ohne

Aschenbedeckung. Denn durch mikroklimatische Wirkung von Struktur und schwarzer Farbe der aufgelegten dünnen Aschenschicht wird die Wasserversorgung der Pflanzen erheblich verbessert. In Abständen von 10 bis 20 Jahren wird die Aschendecke erneuert, da sie im Laufe der Zeit infolge der allmählichen Durchmischung mit dem Unterboden ihre Wirkung verliert. Diese Methode ist inzwischen über große Teile der Insel ausgebreitet worden und hat den alten Terrassentrockenfeldbau zum größten Teil verdrängt. Die Asche muß in vielen Fällen weit hergeholt werden, was bis vor kurzem (1954) noch fast ausschließlich in Tragkörben auf dem Rücken von Kamelen geschah, jetzt auf neu angelegten Straßen mit Motorfahrzeugen, wobei die Transportkosten zu 70 % staatlich subventioniert werden (1973).

Die dritte Methode (*Jable*) ist speziell für ein kleines Gebiet im mittleren Teil der Insel entwickelt worden, wo wegen des Reliefs und der Lage zum Meer der Wind Flugsand quer über das Land weht. Die Ablagerung des Flugsandes wird mit langen Reihen niedriger, in den Boden gesetzter Strohzäune künstlich reguliert. Auch hier ist der Effekt eine wesentlich erhöhte Ertragsleistung der Äcker. Das Verfahren wird aber anscheinend wegen des besonders hohen Arbeitsaufwands für den Getreideanbau nicht mehr als rentabel angesehen (vergleichsweise zu der neu entstandenen Beschäftigungsmöglichkeit im Bau- und Fremdenverkehrsgewerbe). Es werden jetzt (1973) fast nur noch Melonen auf Jablefeldern angebaut, während der größte Teil der Flächen, der früher vorwiegend mit Getreide bestellt worden war, ungenutzt bleibt.

Von diesen agrartechnischen Verfahren sind *Enarenado artificial* und *Jable* z. T. in abgewandelter Form auch auf andere Kanaren-Inseln und auf dem Südwestteil der Iberischen Halbinsel übernommen worden. Auf der Südseite von Tenerife werden sie z. T., ähnlich wie auf Lanzarote, mit modernen technischen Mitteln großzügig weiter entwickelt.

6. Kapitel: Der strukturelle Aspekt

6.1 Allgemeines

Die Struktur der Synergose ergibt sich aus Qualitätsunterschieden der Substanz und deren räumlicher Ordnung. Sie ist aus historischen Vorgängen zu erklären. Wirkungsbeziehungen zwischen ihren Bestandteilen sind die Ursachen der gegenwärtigen Vorgänge und damit des dynamischen Verhaltens des Systems.

Qualitätsunterschiede der Substanz sind die Gegenstände jeder Art und Größenordnung. Nach der unterschiedlichen Gesetzlichkeit ihres Wirkens haben wir sie bereits in die Gruppen der Hauptseinsbereiche gegliedert (vgl. 4.3). Die Qualitäten der wirkenden Komponenten in ihrer räumlichen Anordnung bestimmen die einzelnen Wirkungsvorgänge und damit auch die Gesamtgestalt der synergetischen Dynamik.

Die Frage, welche substantiellen und räumlich-formalen Bestandteile für die synergetischen Strukturen als relevant anzusehen sind, kann von der physiognomischen Betrachtung her allein nicht entschieden werden, sondern nur unter dem Aspekt der Bedeutung für das Wirkungssystem. Dessen Gesamtcharakter gibt den Maßstab für den Wichtigkeitsgrad der strukturellen Bestandteile.

Schon HETTNER hatte die Ansicht vertreten, daß für die geographische Relevanz eines Gegenstandes nicht dessen Zugehörigkeit zum Bild, sondern zum Wesen der Landschaft ausschlaggebend sei. Damit ist zugleich gesagt, daß nicht nur unmittelbar sinnlich Wahrnehmbares zu beachten ist, sondern alles, was nicht wegzudenken ist, ohne daß der Charakter der Synergose dadurch verändert würde.

Es geht demnach nicht um die Frage, welche unterscheidbaren Gegenstände in der Landschaft vorkommen, sondern darum, welche dieser Gegenstände als Glieder des Systems, das wir Synergose nennen, wichtig sind. 'Glieder' meinen wir hier nicht in einem organismischen Sinne, sondern etwa in der gleichen Bedeutung, wie man bei den Bestandteilen eines Industriewerkes von den verschiedenen Gliedern der ganzen Produktionsanlage sprechen kann. Kriterien für die Bedeutung können nur aus der Untersuchung der konkreten Landschaften gewonnen werden, aber nicht allein aus deren äußerem Bild.

Zur Landschaft des Kraichgaus gehören sowohl dessen Klima und der besondere Charakter des löß-verkleideten Hügellandes mit seinem eigentümlich asymmetrischen Talnetz und den teils durch die Gesteine des Keupers und des Muschelkalks, teils durch den Löß oder durch Auelehme bestimmten Böden, als auch die charakteristischen Laubmischwälder; dazu gehören aber ebenso die Dörfer mit ihrer gewerblichen Tätigkeit und den von ihnen bewirtschafteten Feldfluren, die Wiesen, Obstbäume und Weinberge, die nach den Besitzverhältnissen verschiedenen Formen der Waldbewirtschaftung, das Netz der Straßen und Bahnen mit ihrem Verkehr und den davon erfüllten Funktionen, sowie nicht zuletzt die in der Landschaft lebende und arbeitende Bevölkerung in ihrer gesellschaftlichen Organisation mit allen ihren Lebensäußerungen und der historisch bedingten kulturellen Ausstattung des gesamten Raumes.

Die Feststellung des statischen Raumbildes ergibt zunächst nur ein zusammenhangloses Mosaik. Die Abgrenzung räumlicher Bestandteile bliebe der Willkür überlassen, wenn sie nicht auf Beziehungen zwischen den verschiedenen Erscheinungen begründet werden könnte. Erst aus der Sicht auf die gegenseitigen Wirkungen der gegenständlichen Komponenten gewinnt das formale Bild der Ansammlung von Einzelphänomenen Gestalt, indem wir es z. B. nicht als Zufall ansehen, daß in einer bestimmten Landschaft die chemische Verwitterung die physikalische überwiegt, daß zu bestimmten Zeiten mehr oder weniger regelmäßig Schnee fällt und dieser eine Weile liegen bleibt, und daß dort ausgedehnte Wälder wachsen, die von Inseln offenen Landes mit Äckern, Weiden und menschlichen Siedlungen durchsetzt sind.

Isomorphie der Synergose bedeutet nicht Homogenität oder Einförmigkeit, sondern Gleichartigkeit der Merkmalskombination und der funktionalen Zusammengehörigkeit innerhalb eines charakteristischen Wirkungssystems. Die in der Synergose durch gemeinsame Wirkungsbeziehungen assoziierten Örtlichkeiten können als solche unterschiedlich und sogar gegensätzlich sein wie z. B. Dörfer in Quellmulden, beackerte Hochfläche und tiefeingerissene bewaldete Täler. Ihre räumliche Ordnung macht ebenso einen Teil der Gestalt der Synergose aus wie die Art ihrer charakteristischen Bestandteile und der die Dynamik bewirkenden Kräfte.

Wir könnten fragen, in welcher Größenordnung von Gegenständen wir die 'Bestandteile' einer Landschaft zu suchen hätten. Gibt es von dem Wesen der Landschaft her eine irgendwie ausgezeichnete Dimension von Landschaftsteilen, die in den Vordergrund der Betrachtung zu rücken wäre?

Oder an einem konkreten Beispiel gefragt: Was sollten oder wollen wir als Hauptbestandteile einer Synergose ansehen, das Herdfeuer in der Bauernküche oder deren ganze Einrichtung, dazu auch den Wohnteil, den Stall und die Scheune, also das ganze Haus, dieses nur als Gebäude oder zusammen mit dem Hof und dem Schuppen, oder vielleicht noch mit dem Gemüsegarten und der Sitzbank neben der Haustür? Oder soll es eine Straße sein mit ihren Häusern und den dazwischenliegenden Baumgärten und den Weiden für das Melkvieh, oder das ganze Dorf mit seinen Bauernhöfen und ein paar Läden, mit Kirche, Wirtshaus, Feuerwehrturm und vielleicht noch einem Gemeindebackhaus? Oder nehmen wir dazu außer den Gärten und hausnahen Weiden auch noch die Äcker mit ihren Wegen und die Hecken und Feldraine, oder vielleicht die ganze Wirtschaftsfläche, also auch noch die Wiesen unten im Tal und die Waldstücke auf den Hängen, die von diesem Dorf aus genutzt werden, oder schließlich die ganze Gemarkung oder etwas anderes, was darüber noch hinausgeht? Welche Gründe kann es geben, in dieser gleitenden Reihe irgendwo einen Strich zu ziehen und von einem *Hauptbestandteil* zu sprechen?

Dieselbe Frage können wir beliebig abwandeln, indem wir von anderen Gegenständen ausgehen. Meinen wir mit einem Hauptbestandteil etwa eine Roggenpflanze auf dem Acker oder das ganze Roggenfeld, mehrere aneinandergrenzende Getreidefelder oder auch die Felder mit Rüben, Kartoffeln, Klee und alle übrigen Felder eines Gewannes oder alle Gewanne auf einem Riedel oder dazu weitere Bereiche mit anderen Nutzflächen wie die Wiesenmulden und das Dorf und die Täler, auf deren Hängen Fichtenforsten und Niederwald stehen?

Nach Erfahrungen, die wir bei dem Vergleich vieler Landschaften gesammelt haben, können wir versuchen, die Bedeutung der verschiedenartigen Gegenstände für das Wesen der Vorgänge und für die Struktur des Wirkungssystems zu ermessen. Wir bauen damit zugleich einen Begriffsapparat auf, der es ermöglicht, das im Einzelfall Beobachtete sachgemäß zu erfassen und sprachlich auszudrücken. Einen beträchtlichen Vorrat an derartigen übertragbaren Erfahrungen stellen uns die aitiontischen Zweige der Allgemeinen Geographie zur Verfügung.

So macht es uns z. B. die Geomorphologie mit den von ihr geprägten Begriffen möglich, die wüstenhafte Landschaft der Montaña del Fuego im Süden von Lanzarote als ein jungvulkanisches Hügelland zu beschreiben mit Kraterbergen und mit Lavaströmen, Aschen- und Schlackenschichten, aus deren struktureller Lagerung wir die zeitliche Folge ihrer Bildung ablesen können. Die lineare Anordnung der Krater läßt uns auf tektonische Spalten im Untergrund schließen, und die gleichgerichtete Asymmetrie ihrer Formen verleitet uns dazu, eine bestimmte vorherrschende Windrichtung zur Zeit der Ausbrüche zu vermuten.

In der Struktur, die wir wahrnehmen, vermögen wir also mit den aus der Erfahrung vorgeprägten Begriffen nicht nur substantielle Unterschiede (Aschen, Schlacken, Lavagestein usw.) und deren räumliche Ordnung zu erfassen, sondern auch die Genese ihrer Formgestaltung und einen Teil der Ursachen der historischen Vorgänge, die deren Entstehung bewirkt haben. Außerdem wissen wir in diesem speziellen Fall aus historischen Quellen, daß sich die wesentlichen Ereignisse, die heute noch die Struktur dieser Landschaft vorwiegend bestimmen, in den Jahren 1730–1736 abgespielt haben.

Die aktuellen Vorgänge der Landschaft haben wir dabei zunächst noch außer acht gelassen. Dazu würden z. B. die dort zwar nur schwachen, aber auf den verschiedenen Gesteinen unterschiedlich wirkenden Verwitterungs- und Abtragungsvorgänge gehören. Sie haben in diesem Fall noch nicht genügend Zeit gehabt, die ursprünglichen Formen wesentlich zu verändern.

Bestandteile der aktuellen Dynamik sind außerdem die an anderen Stellen (5.3 und 5.4) schon erwähnten Tatsachen, daß auf der Oberfläche der Lavaströme eine spärliche Flechtenvegetation lebt, und daß die Bevölkerung benachbarter Dörfer auf den Aschenhängen *Enarenado natural* betreibt. Wirkende Kräfte sind also dabei auch Pflanzen und Menschen. Wirksam ist jedoch ebenso die anorganische Struktur; denn die räumliche Ordnung der von Klima, Pflanzen und Menschen bewirkten Vorgänge richtet sich auch nach den Formen des Geländes und der räumlichen Ordnung seiner verschiedenen Substanzen.

Das Klima wirkt nicht von sich aus selektiv, sondern die verschiedenen Reliefteile und Gesteine wandeln es lokal ab und reagieren auf seine Einwirkungen unterschiedlich. Die Pflanzen dagegen sind auf ihre Ansprüche an bestimmte Lebensbedingungen genetisch festgelegt. Sie können nur wachsen, wo die für ihr Leben erforderlichen Bedingungen durch das Zusammenwirken von Klima, Boden und Relief oder gegebenenfalls auch durch Mitwirkung des Menschen erfüllt sind. Menschen gestalten die Aschenfelder um, nachdem ihre Vorfahren vor etwa 230 Jahren ein zweckmäßiges Arbeitsverfahren erprobt haben, mit dem auf diesen Flächen lohnende Erträge von Anbaufrüchten gewonnen werden können.

So gesehen sind Gesteine, Relief, Klima, Pflanzen und Menschen in der Landschaft auf verschiedene Art *wirkende* Strukturen höherer Ordnung. Es ist daher zweckmäßig, diese unterschiedlich wirkenden Bestandteile der substantiellen Differenzierung zunächst auch unabhängig von der Frage nach den wahrnehmbaren räumlichen Gliedern des landschaftlichen Aufbaus zu betrachten.

6.2   Die Bestandteile der substantiellen Differenzierung

Als *Landschaftselemente* hat man von jeher – nicht nur in der deutschen Geographie – sehr verschiedenes bezeichnet. Man meinte damit z. B. stoffliche Bestandteile wie Gesteine,

Wasser oder Luft, die wirkenden Kräfte der einzelnen Naturreiche (die „Landschaftsbildner" im Sinne PASSARGES) oder Gegenstandsgattungen wie Häuser, Straßen oder Bäume
oder aber räumliche Einheiten wie Siedlungen, Feldfluren oder natürliche Ökotope. Die
Schwierigkeit der zunächst einfach klingenden Frage, was die Grundbestandteile einer
Landschaft sein könnten, hat man oft unterschätzt. Nicht selten hat man sich die Beantwor-
tung allzu leicht gemacht, indem man eine Landschaft nur als ein Agglomerat von Gegenständen verschiedener Sachkategorien angesehen hat. Die totale Zerlegung der Landschaft in
elementare Komponenten kann aber nicht sinnvoll sein.

Wir charakterisieren ja auch ein Gestein nicht durch eine Pauschalanalyse nach dem Anteil der chemischen Elemente. Wir kennzeichnen es vielmehr nach seinem Aufbau aus Mineralkomponenten, also
durch eine komplexere Stufe von Bestandteilen, aus denen es sich zusammensetzt, und durch seine auf
dieser Zusammensetzung begründeten speziellen Eigenschaften. Ebenso kennzeichnet man den substantiellen Aufbau einer Maschine nicht durch die Gewichtprozente von Gußeisen, Spezialstählen und
anderen Stoffen, sondern durch ihre Konstruktionsbestandteile und deren Funktionsfähigkeit. Dementsprechend werden wir die 'Substanz' einer Synergose nicht nur in chemischen Elementen, Mineralien, Pflanzenorganen, Maschinen- oder Architekturelementen suchen, obwohl dieses alles darin enthalten und wichtig sein kann, und dann oft auch in die Betrachtung einbezogen werden muß.

Mit der Aufzählung einzelner Sachgegenstände als Stoff- und Formelemente ist über ein so
komplexes Gebilde wie die Synergose noch ebensowenig ausgesagt wie über einen Gneis mit
der Pauschalanalyse nach den chemischen Elementen oder über eine Kathedrale mit der Aufzählung der daran verwendeten Bausteine nach Form, Größe oder Gesteinsart. Wenn nicht
Maßstäbe der *Bedeutung* gesetzt werden können, führt die konsequente Elementaranalyse
nur in ein uferloses Chaos. Denn jeder Gegenstand läßt sich nach Stoff und Form kontinuierlich in Teile immer kleinerer Größenordnungen zu erlegen.

Ein Dorf besteht aus Straßen, Häusern und Menschen und mancherlei anderen Teilen, das einzelne
Haus aus den Mauern, dem Dach usw., die Mauern aus Steinen, diese, wenn es z. B. Sandsteine sind,
aus Quarzkörnern. Mit einer solchen Betrachtungsweise atomisieren wir schließlich die Wirklichkeit
und verlieren das Wesentliche aus dem Blickfeld. Wichtig ist dagegen, daß die in dem Dorf vereinigten,
aus Buntsandstein errichteten Häuser mit ihren Räumen für menschliche Zwecke benutzt werden, als
Wohnungen für die Bevölkerung und zur Unterbringung des Viehs und der Getreideernte, und daß die
Gesamtheit der Häuser durch andere Einrichtungen, die allen Bewohnern gemeinsam dienen, zweckmäßig ergänzt wird. Das komplexe Gebilde Dorf in seiner Gesamtgestalt und in seinen Funktionen zu
erfassen, ist demnach wichtiger als die Analyse der Mauersteine.
Wollen wir das Dorf ursächlich erklären, so müssen wir uns nicht mit den allgemeinen Naturgesetzen, die in die Statik der Bauten mit eingehen, beschäftigen, sondern mit der Natur des Geländes, in der
das Dorf errichtet ist, und mit den Fähigkeiten und der Lebensweise der Bevölkerung, die darin wohnt
und arbeitet, sowie möglicherweise auch mit Erfahrungen und Taten von deren Vorfahren, die das Dorf
einst angelegt und die Grundlagen seiner Struktur geschaffen haben. Wir sehen darin somit nicht nur
eine Komposition von Bestandteilen, sondern auch die Kräfte und die Vorgänge, die zu der Gestaltung
des Ganzen beigetragen haben. Gleiches gilt prinzipiell ebenso für die Landschaft in ihrer Gesamtheit.

Die in allen Stufen der Strukturierung gleichbleibenden Eigenschaften der Materie lassen
sich in den allgemeinen Naturgesetzen der Physik erfassen. Auch komplexere Strukturen,
jedenfalls solche der niederen Stufen wie die Stoffe der Mineralien und Gesteine, sind noch
mit der Mehrzahl ihrer Eigenschaften als streng gesetzmäßig gestaltet mit mathematischen
Formeln zu beschreiben. Die Stoffe (chemische Elemente und Verbindungen) oder Stoffag-
gregate (Mineralien und Gesteine) sind nach ihren Wirkungen in der anorganischen Welt
prinzipiell von gleichem Rang. Doch haben sie nach dem Ausmaß ihrer Wirksamkeit in der
Landschaft sehr unterschiedliche Bedeutung.

Was im landschaftlichen Geschehen die Rolle von *anorganischen Faktoren* spielt, sind zwar teils im chemischen Sinne elementare, zum großen Teil aber auch schon mehr oder weniger zusammengesetzte Stoff-Kraft-Systeme wie die Gesteinsarten, die Luft und das Wasser in seinen verschiedenen Aggregatzuständen und Erscheinungsformen.

Die sogenannte *Wasserhülle* (Hydrosphäre) der Erde, die den geosphärischen 'Kreislauf' des Stoffes H_2O umfaßt, setzt sich aus vielen Komponenten zusammen. Dazu gehören das Wasser der Ozeane, das stehende und fließende Süßwasser auf dem Lande, die Bodenfeuchte, Kluft- und Sickerwasser, Grundwasser, Bodeneis, Gletschereis, Firn, Rauhreif, Schnee, Hagel, Regen, Nebel, Wolken, Luftfeuchtigkeit und auch das Wasser in den Körpern der Lebewelt. In fast allen diesen Fällen kommt das Wasser nicht in chemisch reiner Form vor. Viele andere Stoffe sind darin gelöst oder damit vermischt. Es kann daher in der Reaktion mit anderen Stoffen, z. B. als Sickerwasser im Boden, sehr verschieden wirken. Je nachdem, ob das von der Gravitation bewegte Wasser als Regen, Hagel oder Schnee fällt oder als Flußwasser oder Eis strömt, wirkt es auf die Bodenoberfläche ganz unterschiedlich.

Für die Wirkkomponente, die wir mit dem einfachen Namen *Luft* bezeichnen, gilt ähnliches. Sie ist immer ein Gemisch von verschiedenen Stoffen, von denen jeder seine spezifischen Wirkungen (z. B. auf das Leben) ausüben kann. Trotzdem wird nicht nur in der Alltagsprache, sondern auch im wissenschaftlichen Gebrauch der Meteorologie und der Geographie die ,,Luft" als eine komplexe Einheit aufgefaßt. Deren dynamische Vorgänge werden im einzelnen als *Wetter* oder *Witterung* charakterisiert. In ihrer Gesamtheit über längere Zeit werden sie, bezogen auf einen bestimmten Raum, als dessen *Klima* zusammengefaßt.

Streng genommen wirken aber weder das Wetter noch das Klima, sondern die in der Luft gemischten Stoffe als Energieträger in ihrer durch das Gesamtsystem der Geosphäre gesteuerten räumlichen Dynamik. Für die Klärung der Wirkungen müssen diese Komplexe nach den elementar wirkenden Ursachen analysiert werden. Eine Grundlage dafür, die es erleichtert, das dabei Wesentliche herauszufinden, ist die Gliederung des *Klimas* in verschiedene Dimensionsstufen je nach der Größenordnung des Raumes, für den die Wirkungen untersucht und dargestellt werden sollen (Makro-, Meso- und Mikroklima, Bodenklima, Stadtklima usw.).

Von den aus anorganischen Wirkungen hervorgegangenen Strukturen, die wir nach Form, Aufbau und Dynamik oder auch nach ihrer Entstehungsart typologisch benennen und gattungsbegrifflich als *Gegenstände* klassifizieren wie Berge, Flüsse, Gletscher, Dünen, Kare oder Dolinen, gehen keine eigenen Kräfte aus. Sie wurden und werden geformt durch äußere Einwirkungen. Weder der Felsblock noch der Gletscher oder der See haben selbst Einfluß auf ihre *Gestalt*. Dem See fließt nach dem Gesetz der Gravitation Wasser zu, das aus den nach physikalischen Gesetzen aus der Atmosphäre ausgeschiedenen Niederschlägen stammt. Außerdem werden dem See andere Stoffe von außen zugeführt, die in dem Einzugsgebiet seiner Zuflüsse durch chemische Verwitterung oder mechanische Abtragung entfernt worden sind. Der See führt sich nicht selbst die Stoffe zu und gestaltet sich nicht selbst, wie es die Pflanzen tun. Die Formen und sonstigen Eigenschaften anorganischer Gegenstände sind somit durch äußere Einwirkungen entstanden und werden nur von diesen erhalten oder verändert.

Flüsse und Gletscher werden gebildet und bewegt durch klimatische Vorgänge, deren Energiequelle in Verbindung mit den Wirkungen der Gravitation die Sonneneinstrahlung ist. Trotzdem sprechen wir auch von dem *Wirken* des Flusses und des Gletschers. Denn deren durch äußere Kräfte in Gang gesetztes dynamisches System ist als strömende Masse Energieträger und kann z. B. durch den Transport von anderem Material und durch seine 'erodierende Kraft' mechanische Arbeit leisten. So wirken die Ströme auf ihre Unterlage, über die sie durch die Gravitationswirkung bewegt werden.

Bei einem Berg sprechen wir von dessen *Wirkung,* wenn er z. B. den Wind zum Aufsteigen und damit die Luft zum Abregnen bringt, und wenn infolgedessen das Klima auf seiner Luvseite anders ist als im Lee. Aber der Berg leistet dabei keine Arbeit. Er *bewirkt* nur durch seine Existenz an dieser Stelle einen unterschiedlichen Ablauf der klimatischen Vorgänge zu beiden Seiten. Er *wirkt* durch seine Form, indem diese die Grenzfläche des festen Landes gegen die Luft und damit die räumlichen Voraussetzungen für deren Dynamik mit bestimmt. Auch der erloschene Vulkan ist nur in dem gleichen Sinne ein wirkender Bestandteil in der Landschaft. Der 'aktive' Vulkan dagegen mit seiner von endogenen Kräften gesteuerten Dynamik kann mit dem dabei geförderten Material, ähnlich wie der Fluß oder der Gletscher, Arbeit leisten und damit seine Umgebung verändern.

Aus dem bisher Gesagten ergibt sich, daß nach unserem allgemeinen Sprachgebrauch unter dem Begriff des *Wirkens* keineswegs immer dasselbe verstanden wird. Sonneneinstrahlung, Gravitation und die atomaren Strukturen sind primär wirkende Kräfte. Flüsse, Gletscher, tätige Vulkane und die Luft sind von solchen Kräften bewirkte dynamische Systeme, die ihrerseits Arbeit leisten und damit Wirkungen ausüben können. Die Form der anorganischen Strukturen wirkt dagegen nur als bedingender Faktor, der durch seine Existenz den räumlichen Ablauf der Dynamik beeinflußt und daher mit bestimmt.

Im Hinblick auf die Bedeutung des organischen Lebens für die aktuellen geosphärischen Wirkungssysteme nehmen wir die in der Evolution entstandene Mannigfaltigkeit des Bios und damit die Eigenschaften der typologisch erfaßbaren unterschiedlichen Taxa als eine gegebene Tatsache. Die Existenz dieser Inhomogenität und die besondere Art ihres Wirkens ist für die Erklärung der landschaftlichen Systeme eine strukturelle Ursache, ähnlich wie die Existenz der verschiedenen Gesteinsarten oder der chemischen Zusammensetzung der Atmosphäre.

Das *Leben* ist eine primäre Wirkkraft (Aition) im Gesamtsystem der Geosphäre. Durch seine Wirkung auf den Stoffhaushalt, insbesondere auf die qualitative Zusammensetzung der Luft und deren Dynamik, wirkt es indirekt in allen Landschaften mit, auch in solchen, in denen keine lebenden Organismen anzutreffen sind.

Im Hinblick auf den Energiehaushalt der Geosphäre sei daran erinnert, daß die von den Lebewesen aufgebaute organische Substanz auch nach dem Absterben als toter Stoff in vielerlei Wirkungszusammenhänge (Boden, Wasser, Luft) eingeht und als Träger gespeicherter Energie (Torf, Kohle, Erdöl) zu einem Bestandteil der geosphärischen Struktur werden kann.

In der Gesamtheit der lebenden Organismen gibt es ein ursächlich auf die Evolution zurückführbares strukturelles Ordnungssystem. Als biotische Inhomogenität ist dieses in der gegenwärtigen Geosphäre wirksam. In der Mannigfaltigkeit der Lebensformen der Organismen gibt es viele Abstufungen der 'Fähigkeit', sich mit der Umwelt auseinanderzusetzen. Auf Grund ihrer genetischen Struktur stellen die Arten unterschiedliche Ansprüche an ihre Umwelt, um existieren zu können. Sie sind, wie wir sagen, in verschiedener Weise und in unterschiedlichem Grad an bestimmte mögliche Bedingungen der Außenwelt angepaßt (ökologische Valenz). Dieses gilt für die gesamte Lebewelt. Zwischen Pflanzen, Tieren und Menschen bestehen aber auch gewichtige strukturelle Unterschiede.

Unmittelbar wirkt das Leben der einzelnen Individuen, die in ihrer Umwelt als Subjekte agieren. Nach den unterschiedlichen biogenetisch fixierten Plänen ihrer Wirksamkeit gliedern wir die Organismen typologisch in die taxonomischen Grundeinheiten der Pflanzen- und Tierarten. Diese wirken durch den Ablauf ihres Lebensprozesses auf den Stoff- und Energiehaushalt ihrer Umgebung. Bis zu einem gewissen Grade sind sie anpassungsfähig an äußere Bedingungen und können sich dementsprechend verschieden gestalten. Als potentielle Bedingungen der Art ihres Wirkens funktionieren nicht nur die lokalen abiotischen Komplexe der Standortsfaktoren, sondern auch die Konkurrenz oder auch fördernde Einwirkungen anderer, im gleichen Raum lebender Organismen.

Man kann daher Pflanzen- oder Tierarten mit ähnlichen Umweltansprüchen als *„ökologische Gruppen"* oder auch nach ihrer ausbreitungsgeschichtlich bedingten räumlichen Herkunft (z. B. *„nordische"* oder *„pontische"* Pflanzen und Tiere in Mitteleuropa) als wirkende Bestandteile in Flora und Fauna typologisch zusammenfassen.

Aus dem Zusammenwirken der Gesamtheit aller am gleichen Ort lebenden Organismen ergeben sich *biotische Einheiten höherer Ordnung.* Diese erfassen wir als Pflanzen- und Tiergesellschaften (Biozönosen). Eine *Biozönose* ist keine Ganzheit wie der Organismus, in dessen Keim der Plan aller seiner Teile schon vorgebildet ist, sondern sie ist *merogen* zusammengefügt. Sie kommt zustande durch gemeinsame Einpassung verschiedener Pflanzen- und Tierarten in gleichartige anorganische Bedingungen, durch Wechselwirkungen zwischen den beteiligten Organismen, durch deren gemeinsame Wirkung auf ihre unmittelbare Umwelt (Bestandesklima und Bodenbildung) und durch eine biotisch bedingte dynamische Entwicklung des Gesamtgefüges der Gesellschaft

Ein Wald ist nur lebensfähig unter bestimmten Bedingungen der Temperatur, der Niederschlagsmenge, der Luft- und Bodenfeuchtigkeit, des Nährstoffgehaltes der Böden, der Hangneigung usw. Sind die für seine Existenz notwendigen Voraussetzungen erfüllt, dann schafft er sich in seinem Innern ein eigenes Bestandesklima.

In Mitteleuropa ist dieses gegenüber dem Außenklima in der Regel nach der ozeanischen Seite des Klimacharakters verschoben mit geringeren Temperaturextremen und gleichmäßigerer Feuchtigkeit. Für die meisten Waldpflanzen und -tiere entstehen damit erst die für sie günstigen Lebensbedingungen. Viele empfindliche Pflanzen, die im offenen Land nicht leben könnten und besonders auch die Keimlinge der Bäume bekommen damit die Möglichkeit, sich anzusiedeln und aufzuwachsen. Auch der Boden wird von dem Bestandesklima und von dem gesamten Leben des Waldes beeinflußt und umgebildet. Er enthält damit seine besondere Form, die wiederum vielen Gliedern der Lebensgemeinschaft die Existenz an diesem Standort erst möglich macht. Waldboden unterscheidet sich daher nicht nur in seiner Struktur, sondern auch in seiner Produktivität und Leistungsfähigkeit von dem Boden des offenen Landes.

Durch ihre Wechselwirkungen mit dem abiotischen Faktorenkomplex des Geländes bildet die *Biozönose* in Verbindung mit dem teilweise von ihr selbst geschaffenen Standort ein dynamisches System aus organischen und anorganischen Bestandteilen. Dieses kann als eine merogen integrierte, in der Landschaft wirksame strukturelle Einheit aufgefaßt werden. Einheiten wie Wälder oder Moore mit ihren Standorten hat KARL FRIEDERICHS (1937) „Holozön" oder „Zön" genannt. W. N. SUKATSCHEW (1950) nennt sie „Biogeozönosen". In einem ähnlichen Sinn, nämlich für konkrete Wirkungsgefüge von Lebensgemeinschaften mit ihrer standörtlichen Umwelt wird in jüngerer Zeit meistens der von A. G. TANSLEY (1935) geprägte Ausdruck „Ökosystem" (Ecosystem nach TANSLEY: „interaction system comprising living things and their non-living environment") verwendet. Es darf aber nicht übersehen werden, daß der Sinn von Ökosystem weiter ist als der von Biogeozönose. Denn es gibt vielerlei Ökosysteme, die nach ihrer Dimension nicht als unmittelbare Landschaftsteile angesehen werden können wie die Biogeozönosen. Wir werden darauf später noch zurückkommen (11.2).

Auch der *Mensch* als geistbegabtes Wesen ist eine strukturell bedingte primäre Wirkkraft, ein Aition, in der Landschaft. Er kann aus eigener Kraft die substantielle Differenzierung und die räumliche Ordnung in der Landschaft und damit auch deren dynamisches System verändern und umgestalten.

Neben der speziellen Ausbildung des Cerebralsystems als der evolutionär bedingten strukturellen Grundlage der Gattung Mensch findet man gelegentlich das frei umherschweifende Auge, die Hand als Tast- und Greiforgan und den freien aufrechten Gang als wesentliche Merkmale genannt. Damit werden symbolisch einige der Fähigkeiten angedeutet, die den Menschen vom Tier unterscheiden: das mit persönlichen Empfindungen verbundene bewußte Wahrnehmen der Umwelt, das begriffliche Denken und das auf Urteilen und Willensentscheidungen begründete Handeln.

Wenn wir für das Spezifische, was den Menschen in seinem Wirken von dem übrigen Bios unterscheidet, *Geist* sagen und andere dafür das Wort Gesellschaft bevorzugen, so braucht man sich über diese unterschiedliche Benennung kaum zu streiten. Denn das, was wir unter „Geist" verstehen, kann nur durch Gesellschaften und in diesen objektive Wirklichkeit werden. Umgekehrt hat alles 'Soziale', soweit es spezifisch menschlich ist, seinen Ursprung in Leistungen der Vernunft, im Denken, Wollen, Empfinden und in der Phantasie (Vorstellungsvermögen). Dazu muß die zwischenmenschliche Kommunikation treten. Ohne diese können geistige Leistungen nicht wirksam werden. Geistig lebt der Mensch aus der Gesellschaft. Die geistigen Eigenschaften und Fähigkeiten 'der Menschheit' sind ebenso wie deren mannigfaltige Differenzierung in der gesellschaftlichen Kommunikation entstanden. Auch die persönliche Erfahrung des Einzelnen, sein Erkenntnisvermögen und seine Leistungsfähigkeit werden aus der Gesellschaft mit geprägt. Alles menschliche Wirken hat seinen Ursprung in den denkenden Individuen. Deren Ideen werden von gesellschaftlichen Gruppen aufgenommen und in der Landschaft zu realer Wirkung gebracht.

Voraussetzung zweckmäßigen gemeinsamen Wirkens ist eine begrifflich artikulierte Sprache, die nicht nur unter Menschen, die sich gleichzeitig mit ihrer Umwelt auseinanderzusetzen haben, sondern auch von Generation zu Generation verstanden wird. Das diskursive Denken, die Fähigkeit des Verstandes, sinnlich Wahrgenommenes als Wissen zu begreifen, aus Urteilen Schlüsse zu ziehen, zu logisch begründeten Einsichten und zu einer freien Erwägung zweckmäßigen Verhaltens zu gelangen, manifestiert sich in den Medien der Kommunikation. Diese sind von ihrem Ursprung her und in ihrer zweckmäßig differenzierten Entfaltung immer Leistungen von Gemeinschaften. Eine spezielle Leistung der individuellen Phantasie, ein neuer Gedanke oder eine Erfindung, werden nur *wirklich,* wenn sie in einem sozialen Verständigungsmedium mitteilbar sind.

Für die räumliche Analyse geistiger Wirkungen in der Landschaft ist bisher noch keine klare und ausreichend vollständige Methode entwickelt worden. Die Geschichtswissenschaft hat es leichter. Sie betrachtet das Aufkommen neuer Ideen und deren Wirksamwerden in zeitlicher Folge. Die geographische Landschaftsforschung muß notwendigerweise vom Gegenwärtigen ausgehen und den Gesamtkomplex des historisch Gewordenen zugleich ins Auge fassen. Sie kann daher nach verschiedenen Gesichtspunkten versuchen, das Wirken des Menschen in der Landschaft überschaubar zu machen. Sie kann es nach den von den Menschen beabsichtigten Zwecken gliedern oder nach der Art der Arbeitsvorgänge und der dabei verwendeten Mittel oder nach der Kategorie der Gegenstände, auf die gewirkt wird (z. B. Relief oder Vegetation), nach den wirkenden Subjekten (z. B. bestimmte soziale Gruppen, Lebensformen oder Völker) oder schließlich auch nach historischen Zusammenhängen (z. B. Entwicklungsstufen der Technik).

Wollten wir alle strukturellen Unterschiede gesellschaftlichen Wirkens aus ihren historischen Ursachen erklären, so müßten wir sie auf die ihnen zugrundeliegenden ursprünglichen Ideen zurückführen. Dieses ist eine Aufgabe der Kultur- oder Sozialgeschichte. Die Geosynergetik muß für ihre Zwecke Wege suchen, die gegenwärtig wirkenden Strukturen als solche zu begreifen. Dazu ist es allerdings auch nötig, wenigstens die wichtigsten darin realisierten Grundideen zu kennen. Denn nur aus diesen lassen sich Ordnungssysteme ableiten, in denen die Strukturen nach ihrer Bedeutung für die Wirkungssysteme begriffen und gewertet werden können.

Allgemeine Ideen, die den menschlich organisierten Strukturen in den Landschaften zugrundeliegen, sind z. B.:

1. die Idee, durch planmäßige Arbeit Stoffe für die verschiedensten Bedürfnisse (Nahrung, Kleidung, Wohnungsbau, Schmuck usw.) zu gewinnen und zu produzieren,

2. die Idee, Vorräte anzulegen,

3. die Idee, Arbeit zu rationalisieren

a) durch technische Mittel: Werkzeuge, Einsatz nicht körpereigener Energien (Feuer, Wind, Wasser), mit Arbeitsmaschinen, Kraftmaschinen, Energietransport,

b) durch Arbeitsteilung in Verbindung mit Warenaustausch und Transport,

c) durch die unterschiedliche Verhaltensweise von Gruppen bestimmter wirtschaftlicher Lebensformen,

4. die Idee des Geldes und der Kapitalbildung,

5. die Idee der planmäßig betriebenen Wissenschaft und ihrer Anwendung.

Aus dieser Liste einiger für das Wirken des Menschen in der Landschaft wesentlicher Ideen und Erfindungen wird schon sichtbar, daß diese in der Wirklichkeit meistens nicht isoliert, sondern eng miteinander verquickt zur Geltung kommen. Doch lassen sich sowohl in der Kulturgeschichte, als auch in den Lebensformen gegenwärtiger Gesellschaften unterschiedliche Stufen struktureller Differenzierung erkennen. Deren Charakter wird weitgehend davon bestimmt, welche Ideen darin wirksam oder aber noch unbekannt sind.

Ideen prägen auch die Menschen selbst und ihre sozialen Organisationsformen und damit zugleich Gruppen- oder Massenhandlungen und deren objektive Auswirkungen in den materiellen Gegenständen der Landschaften. Mit dem rational begründeten zweckdienlichen Handeln werden dabei auch irrationale Motive und metaphysische Ideen (ethisches, religiöses und künstlerisches Wollen) als Ursachen des Handelns und als Ziele von Zweckhandlungen wirksam. Auch diese finden als objektivierter Geist in gegenständlich gestalteter Materie ihren Ausdruck und werden zu sinnerfüllten und weiterwirkenden Bestandteilen der landschaftlichen Struktur. Man denke z. B. an Gerichts- und Kultstätten, Wallfahrtsorte und historische Kulturdenkmäler.

Die gegenständliche Formung der Umwelt kann neben ihrer Materialabhängigkeit und ihrer funktionalen Zweckgebundenheit auch Ausdruck des freien Gestaltungstriebs, des autonomen Geistes von sozialen Gruppen oder Gesellschaften sein. Allgemeiner Formen- und Ordnungssinn, ästhetische Vorstellungen und Ansprüche, Fleiß, Ausdauer, Anpassungsfähigkeit, Naturgefühl und andere emotionale oder intellektuelle Charakterzüge der Gruppenpsyche können sich darin ausprägen. Damit werden Wesensunterschiede der gegenwärtigen und teilweise auch der historischen gesellschaftlichen Differenzierung der Menschheit in den heutigen Kulturlandschaften wirksam.

Alle gegenständlichen Einrichtungen, die sich die Menschen in den Kulturlandschaften für ihre Zwecke schaffen, sind selbstverständlich abhängig von den allgemeinen Eigenschaften der Materie und des Lebens. Darin findet die Freiheit der menschlichen Gestaltung unüberschreitbare Grenzen. Jedes technische Bauwerk unterliegt den Gesetzen der Statik und jeder Arbeitsvorgang den Energiegesetzen. Menschliche Eingriffe in den biotischen Bereich sind an dessen Gesetzlichkeit gebunden. Pflanzenzüchtung z. B. kann nicht mehr erreichen als das, was an Möglichkeiten in dem Züchtungsmaterial, biogenetisch festgelegt, schon vorhanden ist. Für die dem Menschen mögliche Änderung seiner eigenen Eigenschaften gilt das gleiche. Auch olympische Sportleistungen oder die medizinische Lebensverlängerung haben ihre natürlichen Grenzen.

Andererseits ist aber die von den Menschen verursachte gegenständliche Wirklichkeit in den Landschaften nicht zu verstehen, wenn man sie *nur* physikalisch und biotisch betrachtet. Was an einem Olympia-Stadion wichtig ist, können wir nicht physikalisch, was das Wesen eines landwirtschaftlichen Betriebes ausmacht, nicht biotisch erklären. In beiden Beispielen können wir das Gegenständliche nach Form, Funktion und Entstehung nur begreifen, wenn wir darin die auf den Menschen oder genauer die auf das Leben einer sozialen Gruppe oder Gesellschaft ausgerichtete Organisationsidee erkennen.

Hinter fast allen Funktions- und Bauplänen, nach denen die Menschen Landschaften gestalten, stehen Zweckideen. Von der Bedeutung des Zweckes ist es z. B. auch abhängig, ob ein Eingreifen in eine bestimmte Landschaft der Anökumene überhaupt lohnend erscheint.

Seit man begonnen hat, anthropogene Einrichtungen in der Landschaft stärker zu beachten, hat man sie zumeist nach den Zwecken, denen sie dienen, eingeteilt. Die Zwecke können materielle oder auch ideelle Lebensbedürfnisse von Gruppen oder Gesellschaften sein. Man spricht von Hauptdaseinsfunktionen wie z. B. der Funktion des Wohnens, den verschiedenen Arten der Versorgung mit Nahrungsmitteln und sonstigen Bedarfsgütern, des Verkehrs, der Erholung usw.

Nach ihrer Zweckbestimmtheit sind die meisten anthropogenen Gegenstände, Strukturen und Vorgänge der Kulturlandschaft in erster Linie gestaltet. Dementsprechend gliederte sich die systematische Allgemeine Anthropogeographie in ihre verschiedenen Zweige wie Siedlungsgeographie, Landwirtschaftsgeographie, Industriegeographie, Handels- und Verkehrsgeographie, politische Geographie usw.

Es fragt sich allerdings, ob man mit einer ausschließlich auf die Zwecke ausgerichteten Betrachtung dem Wirken in der Landschaft voll gerecht werden kann. Eine strenge Sonderung der Zwecke läßt sich ohnehin nicht durchführen; manche können oft eng miteinander verbunden sein. Der Schalldämpfer im Industriebetrieb hat einen 'sozialen' und keinen technischen Zweck. Für die Funktion des wirtschaftlichen Betriebes ist er gleichgültig. Die Zwecke können sich auch wandeln. Viele Objekte haben in der gegenwärtigen Kulturlandschaft eine andere Funktion als die, für die sie ursprünglich geschaffen worden sind. So geht z. B. die Bauform spanischer Friedhöfe auf das Vorbild arabischer Wohn- und Speicherbauten zurück.

Hemmend für eine der Realität gerecht werdende Übersicht über die anthropogenen geophärischen Gegenstände war die Spaltung der wissenschaftlichen Tätigkeit in *Natur- und Geisteswissenschaften* am Anfang dieses Jahrhunderts, die auch die Geographie beeinflußt hat. Dem Wesen der landschaftlichen Gegenstände, die aus dem Wirken des Menschen hervorgehen, kann weder eine nur naturwissenschaftliche, noch eine rein geisteswissenschaftliche Betrachtung voll gerecht werden.

Die Naturwissenschaften erfassen nicht den geistigen Ursprung. Von der reinen Geisteswissenschaft wird die materielle Objektivierung der geistigen Leistungen kaum in Betracht gezogen. In der Kulturlandschaft sind aber gerade die Gegenstände wichtig, in denen die unterschiedlichen Seinsbereiche zusammenwirken und verschmolzen sind. Schon in elementaren räumlichen Gegenständen wie in einem Kartoffelfeld, einer forstlichen Nutzfläche oder in den Häusern eines Dorfes sind Natur und Kultur untrennbar integriert. Nur aus dem Zusammenspiel der heterogenen Wirkungsfelder der beteiligten Seinsbereiche können sie verstanden werden.

Die einzelnen anthropogenen Bestandteile der Kulturlandschaft sind alle nur aus Wirkungsbeziehungen zu anderen Objekten zu begreifen. Eine Steinbrücke wird z. B. nicht als Material und Form, auch nicht durch ihre Baugeschichte, sondern erst durch ihre Bedeutung als potentieller oder realer Verkehrsträger in ihrer für die Synergose wichtigsten Eigenschaft erfaßt und charakterisiert. Zu jeder Nutzfläche gehören die Menschen, die darauf wirtschaften und damit dieser Fläche ihre Gestalt und ihre Funktion geben. Zu der Flur gehört der Nahrungsbedarf einer Gesellschaft, zu einer Industrie die dazu notwendigen Arbeitskräfte und der Verkehrsanschluß für den Transport der zu verarbeitenden Rohstoffe und der fertigen Erzeugnisse. Zu jeder Siedlung gehört ein Umland mit bestimmten Funktionen. Dazu kommen viele Arten indirekter Wirkungsbeziehungen. So werden manche Flächen auf bestimmten Bodenarten nur deshalb als Forsten genutzt, weil in dem umgebenden Gelände genügend andere Böden vorkommen, die sich für den Ackerbau besser eignen.

Das menschliche Wirken erscheint in der Landschaft in den Arbeitsvorgängen mit allen dazu erfundenen technischen Mitteln und in mannigfaltigen anderen Gegenständen wie Bauten, Straßen, Fahrzeugen, Märkten und landwirtschaftlichen Nutzflächen. Deren konkrete Gestalt ist geprägt von Zweck- und Funktionsideen, vom Stand des technischen Könnens, aber z. B. auch von ästhetischen Ansprüchen der gesellschaftlichen Gruppen. Sie ist aber außerdem mit bestimmt von dem vorgegebenen Anorganischen und Organischen, auf das gewirkt wird, von dem benutzten Material im weitesten Sinne, wozu auch Eigenschaften von Organismen gehören können, und von anthropogenen Gegenständen, die in der Vergangenheit geschaffen wurden. In den Formen und den räumlichen Plänen der Kulturlandschaft kommen daher geistige Eigenschaften und Leistungen der Gesellschaften mit zum Ausdruck. In räumlichen Gestalten präsentieren sich damit auch unräumliche Gehalte, die wir aber ebenfalls als wesentliche Bestandteile der substantiellen Differenzierung der Geophäre ansehen müssen.

Nicht alles Menschenwerk ist geistbestimmt. Im einzelnen kann es oft schwer sein, zu erkennen, ob eine Erscheinung unberührte Natur ist oder durch den Menschen verändert wurde. Zwar gibt es Erscheinungen, die nach Stoff, Form und Dynamik zweifellos reine Natur sind. Auch finden wir Bestandteile, die ebenso offensichtlich geistigen Ursprungs sind. Aber es gibt viele Zwischenstufen, die vor allem wegen der mittelbaren Wirkungszusammenhänge von schwer überschaubarer Mannigfaltigkeit sind.

Ein Beispiel ist der Wald. Von dem unberührten Urwald über den gelegentlich benutzten Naturwald, den stark veränderten Wirtschaftswald und den künstlich angelegten Forst bis zu dem nach einem bestimmten Zeitstil geschaffenen Park kann er in sehr verschiedenem Grade geistbestimmt gestaltet sein.

Das Wirken, das die Formen schafft, kann unterschiedlichen Motiven entspringen, etwa einer rein vitalen Funktion wie bei der Entstehung eines Trampelpfades, einer planmäßigen

Bewirtschaftung nach rationalen Ideen oder z. B. auch emotionalen Erlebniswerten (Furcht, Tabu) und metaphysischen Vorstellungen wie bei der Idee der Heiligkeit eines Berges oder eines Waldes als Göttersitz oder dergleichen.

Vieles, was unter einer Zweckidee in die Landschaft gebracht wird, ist nach seinem materiellen Bestand nur Natur, wie etwa der als Denkmal auf einen besonderen Punkt des Geländes verlagerte Findlingsstein oder der dort angepflanzte Baum. Doch die Wahl des Ortes kann dabei eine geistige Leistung sein. Diese geht als Idee und als Erlebniswert in die Landschaft ein. Anderes, was als reine Natur erscheint, kann bis in den Kern seiner Substanz vom Menschen mit gestaltet sein wie das Wild unserer Forsten, dessen Erblinien durch Jagd und Hege ebenso eine bewußte Selektion sein können wie bei den gezüchteten Nutzpflanzen. Auf solche Weise werden neue Formen von Naturobjekten hervorgebracht, und die Standortsansprüche, die Vitalität und die Konkurrenzkraft mancher Pflanzen- und Tierarten können planmäßig oder auch unbeabsichtigt künstlich verändert werden.

Um zu einem gewissen Überblick über die Auswirkung der menschlichen Tätigkeit in der substantiellen Differenzierung der geosphärischen Gegenstände zu gelangen, versuchen wir, diese nach dem Grad ihrer nootischen Gestaltung zu gliedern. Die dazu gewählte Einteilung ist ohne Zweifel verbesserungsfähig. Manche der unterschiedenen Stufen dürften leicht nach anderen Gesichtspunkten noch spezieller gegliedert werden können. Hier soll nur prinzipiell gezeigt werden, welcher Art die Abstufung von unberührten Naturgegenständen bis zu rein geistig bestimmten Bestandteilen der geosphärischen Substanz sein kann. Die dabei unterschiedenen Grade geistbestimmter Gestaltung sind nur als Markierungspunkte in einer gleitenden Reihe aufzufassen. Wir unterscheiden folgende acht Stufen:

1. Vom Menschen nicht benutzte und nicht nennenswert beeinflußte Naturgegenstände,
2. unbenutzte, aber durch mittelbare Einwirkungen beeinflußte Naturgegenstände,
3. benutzte Naturgegenstände,
4. zweckbestimmt vom Menschen geschaffene Gegenstände ohne geistbestimmte Form,
5. zweckbestimmt geschaffene Gegenstände mit von der Zweckidee her funktional oder technisch bestimmter Form,
6. zweckbestimmte Gegenstände mit über das technisch Notwendige hinausgehend geistgeprägter Form,
7. Gegenstände mit geistbestimmter Form und in der Landschaft wirksamem Sinngehalt,
8. geistige Inhalte der Landschaft ohne eine materielle Form.

Jede dieser Stufen wird im folgenden kurz erläutert.

1. *Unbenutzte Naturgegenstände* sind Teile der Landesnatur, die in ihrer ursprünglichen Form unverändert erhalten und keinem menschlichen Zweck dienstbar gemacht worden sind. Solche können als Reste auch in einer sonst intensiv vom Menschen umgestalteten Landschaft vorkommen, wenn z. B. bestimmte Teile unerreichbar sind wie etwa ein unbesteigbarer Berggipfel. Nicht erreichbar ist im allgemeinen der größte Teil des tieferen Untergrundes. Dieser ist aber strukturell für das Wirkungsgefüge der Landschaft von großer Bedeutung. Die Menschen können nur sehr begrenzt darin eindringen und darauf einwirken. Auch das Makroklima konnte – jedenfalls bisher – durch den Menschen nicht wesentlich verändert werden. Schließlich gehören dazu Objekte, die für den Menschen bisher uninteressant geblieben sind wie z. B. schwer betretbare Sümpfe, die man zwar mit modernen technischen Mitteln durchaus verändern könnte, die aber im Verhältnis zu dem, was sie an Nutzwert bieten, nicht genügend attraktiv waren und deshalb unberührt blieben.

2. In der zweiten Gruppe fassen wir Objekte zusammen, die vom Menschen *nicht benutzt* werden und auf die er daher auch nicht unmittelbar einwirkt, die aber durch anthropogene Vorgänge *indirekt* beeinflußt und umgestaltet worden sind. Ein Beispiel sind mittelbare Auswirkungen menschlicher Tätigkeit auf das Grundwasser. Ein lokaler Eingriff in das Gelände zu dem Zweck, das Wasser zu nutzen oder einen Kanal oder eine Straße zu bauen, führt oft zu einer weitreichenden Senkung des Grundwasserspiegels. Diese kann in großen Teilen der Landschaft sekundäre Folgen nach sich ziehen. Sie kann unter Umständen die Landesnatur auf große Strecken hin wesentlich verändern, auch auf Flächen, die vom Menschen noch nie betreten worden sind. Die Umgestaltung geschieht in solchen Fällen nicht nach menschlichen Plänen oder Absichten, sondern durch natürliche Reaktionen auf jene mittelbaren Wirkungen. So kann z. B. die natürliche Vegetation grundlegend verändert werden. Der ursprüngliche Wald kann durch Steppe oder Savanne ersetzt werden. Durch oberflächliche Austrocknung kann auf einer vorher ruhigen Landoberfläche eine kräftige Bodenerosion ausgelöst werden. Umgekehrt kann der künstliche Stau eines Vorfluters eine Hebung des Grundwasserspiegels bewirken und dadurch mittelbar die natürliche Abtragung hemmen oder verhindern. Indirekte Wirkungen dieser Art sind nicht immer leicht zu erkennen. Sie sind viel weiter verbreitet, als man oft annimmt. Auch die Veränderung der Konkurrenz in den Biozönosen durch die vom Menschen aus fremden Ländern eingeschleppten Pflanzen und Tiere kann weiträumig wirksame Folgen haben.

Ein instruktives Beispiel sind die ausgedehnten 'Urwälder' in den Nationalparks Neuseelands. Obwohl diese in manchen Teilen von Menschen nie betreten wurden, sind sie durch die spontane Ausbreitung der aus anderen Erdteilen eingeführten Tiere in ihrem Pflanzen- und Tierbestand stark beeinflußt und gegenüber dem natürlichen Urzustand erheblich verändert worden.

3. Bei der Gruppe der *benutzten* Naturgegenstände denken wir etwa an die von primitiven Sammlern und Jägern abgeernteten wildwachsenden Fruchtbäume des natürlichen Waldes, an das Jagdwild und an die Bäche, in denen gefischt wird. Es sind Gegenstände, die zwar vom Menschen her einer Zweckidee dienstbar gemacht werden, dabei aber nach Stoff und Form ihren natürlichen Charakter noch fast ganz bewahrt haben. Es leuchtet ein, daß es dabei fließende Übergänge gibt von einer Nutzung, die den Naturzustand praktisch unverändert läßt, bis zu durchaus merkbaren, wenn auch noch nicht sehr wesentlichen Auswirkungen auf die Pflanzen- und Tierbestände.

Zu dieser Gruppe können wir als eine besondere Unterabteilung auch jene Naturgegenstände rechnen, die nur geistig 'benutzt' werden, indem man ihnen eine bestimmte Bedeutung verleiht, ohne sie jedoch materiell anzutasten. So kann einem Berggipfel, der nie betreten wurde, oder einem Findlingsstein ein mythologischer Sinn verliehen sein, der zwar die Gegenstände nicht verändert, sie aber andererseits doch zu wirkungsvollen Bestandteilen der Kulturlandschaft macht.

Solche Gegenstände, die dazu 'benutzt' werden, die Idee eines Erlebniswertes im Gelände zu verankern, sind potentielle Faktoren, die für die Umgestaltung der räumlichen Ordnung in der Kulturlandschaft wirksam werden können. Sie können z. B. zum Anlaß für die Entstehung von Verkehrszentren werden wie etwa Wallfahrtsorte. Oder sie können, z. B. in Verbindung mit Tabu-Vorstellungen, die Ursache dafür sein, daß die Natur in diesem Bereich unangetastet bleibt.

4. Eine weitere Gruppe umfaßt die durch Vorgänge einer Nutzung zweckbestimmt gestalteten Gegenstände, denen aber *keine* spezifisch geistgeprägte Form gegeben wurde. Sie

können durch vitale Vorgänge entstehen, bei denen keine bestimmte Gestaltungsidee zur Geltung kommt.

Ein Beispiel sind Trampelpfade der primitiven Sammler und Jäger im Urwald. Solche menschlichen Pfade unterscheiden sich manchmal kaum von jenen der wilden Tiere. Nur ist ihr Verlauf von den Bedürfnissen und Fähigkeiten der Menschen bestimmt, denen sie zum Aufsuchen von Fruchtbäumen dienen oder von Plätzen, die sich für die Jagd oder den Fischfang eignen. Hindernisse, wie gestürzte Bäume, werden dabei umgangen, so daß der bekannte Zickzack-Kurs der Urwaldpfade entsteht. Ihr Verlauf ist demnach funktional bestimmt. Aber ihre Anlage ist nicht von einer bestimmten Formidee geprägt.

Ähnliches gilt für viele Nutzflächen in primitiven Wirtschaftsformen, wie etwa für die Form mancher Brandrodungsfelder, für die durch Übernutzung veränderte Zusammensetzung der Vegetation, für unbeabsichtigt erzielte züchterische Auswirkungen bei dem Anbau von Pflanzen oder für den Einfluß der Jagd auf den Wildbestand. Dabei können natürliche Pflanzen- oder Tierbestände nicht nur quantitativ, sondern auch in den Lebensansprüchen und in der Vitalität und der Konkurrenzkraft der einzelnen Arten verändert werden, und dieses kann sich mittelbar auf den Charakter ganzer Lebensgemeinschaften auswirken. Auch hier liegen in den Extremfällen die Verhältnisse klar. Doch wird man kaum eine scharfe Grenze ziehen können zwischen den Wirkungen der Jagd eines primitiven Volkes in der Wildnis und den Folgen der jagdgesetzlich geregelten Wildhege in einem hochzivilisierten Land.

5. In der nächsten Gruppe sehen wir Gegenstände, die lediglich von der zweckgebundenen Technik her *geistgeprägt* gestaltet sind. Die landschaftlichen Formen sind dabei von Zweck, Funktionsplan und den der Technik zugrunde liegenden Gesetzen bestimmt. Dazu gehören Arbeitsverfahren, Geräte und Maschinen, aber auch Bauten wie Bahndämme, Kanäle und Häuser, soweit diese nicht eine besondere Stilprägung tragen. Sie verkörpern eine technische Idee und müssen deren Anforderungen entsprechen. Daraus und aus dem Zweck ihres Funktionsplans sowie aus der Art des benutzten Materials ergibt sich ihre Form. Ein technischer Gegenstand hat vollendete Form, wenn er dem Zweck entsprechend funktional richtig und materialgerecht konstruiert ist. Darin liegt sein geistiger Gehalt.

6. Als zweckbestimmt mit über das technisch Notwendige hinausgehend geistgeprägter Form betrachten wir Gegenstände, deren Formen zusätzlich von Geistigem, das *keine unmittelbare Beziehungen* zu dem Zweck und der technischen Funktion hat, geprägt sind. Bauwerke wie das Haus, das zum Wohnen dient, oder die Kirche als Versammlungsraum für kultische Handlungen können über die für diese praktischen Zwecke nötige Einrichtung hinaus von anderen Motiven her (z. B. künstlerischen Ideen) formal gestaltet sein. Ihr Stil kann autochthon gewachsen und tradiert sein und das Lebensgefühl der Gesellschaft oder deren Raum- und Formvorstellungen repräsentieren, oder auch als modischer Zeitstil von außen übernommen sein. Wir denken dabei nicht nur an Gegenstände der Architektur, sondern an Zweckanlagen aller Art wie Verkehrsnetze, Bewässerungssysteme, Park- und Gartenanlagen. Ihre Form kann von dem Geschmack einer Person oder einer sozialen Gruppe oder auch von historisch akkumulierten Gestaltungsideen geprägt sein. Als Form kann dabei auch die Ortswahl, die räumliche Anordnung und die Art der Einfügung in die vorgegebenen äußeren Bedingungen angesehen werden.

Die spezifische Kombination der Pflanzen in bäuerlichen Hausgärten kann in dem gleichen Sinne eine geistig geprägte Form sein. An der traditionellen Artenkombination der Pflanzen chilenischer Bauerngärten ist, wie der Verfasser nach eigenen Studien in Südchile belegen kann, nach drei Generationen noch zu erkennen, ob die Ansiedler aus der Lüneburger Heide oder aus Süddeutschland gekommen waren.

7. Gegenstände mit geistbestimmter Form und in der Landschaft wirksamem Sinngehalt sind materielle Objekte, deren Zweck *geistige Funktionen* sind, wie Kultstätten, Denkmäler, Grenzsteine, Marktsäulen usw. Die Funktion liegt in diesen Fällen in dem Sinngehalt der Gegenstände. Dieser kann z. B. religiös oder juristisch motiviert sein. Die Form kann im Rahmen der von Material und Technik begrenzten Möglichkeiten rein geistig geprägt oder aber auch von einem praktischen Zweck (z. B. Versammlungsort) mit bestimmt sein. Die Form kann willkürlich sein ohne erkennbaren Bezug zu dem Sinn. Sie kann aber diesen auch symbolisch oder als konkrete Abbildung (Denkmal, Bildstock) darstellen und darüber hinaus vielleicht dazu noch eine praktische Funktion repräsentieren wie etwa ein römischer Triumpfbogen als Straßentor. Die Gestaltung kann, wie auch der konkrete Sinngehalt, geistig-seelische Qualitäten der Bevölkerung, einen Zeitstil der Vergangenheit oder auch den Geist einer bestimmten Persönlichkeit zum Ausdruck bringen. Der Gegenstand kann auch nur den Sinn haben, das Gestaltungs- oder das Schmuckbedürfnis zu befriedigen (Bildende Kunst).

8. Als letzte Gruppe nennen wir geistig konkrete Inhalte der Landschaft *ohne materielle Form.* Dazu sind z. B. topographische Namen, Flurnamen und andere Geländebezeichnungen zu rechnen. Auch diese, durch ihre Lokalisierung in der Landschaft objektivierten geistigen Leistungen können zu aktiver Wirkung gelangen, unter Umständen auch dann, wenn der ursprüngliche Sinn der Namen nicht mehr bekannt ist. Aufgrund ihrer Auslegung, selbst wenn es Fehlinterpretationen nicht mehr verständlicher Namen sind, können Geländeteile mit einem positiven oder negativen Werturteil versehen werden. Dieses macht sich z. B. die Werbung für moderne Siedlungsunternehmen zunutze, wenn sie neu angebotenes Baugelände so benennt, wie es erfahrungsgemäß den Wunschvorstellungen der potentiellen Kunden entspricht. In entgegengesetztem Sinn wirken in manchen Kulturen Geländenamen, die mit Tabu-Vorstellungen verbunden sind.

Soweit sie in Materie realisiert sind, unterliegen alle geistbestimmten Gegenstände dem physischen Verfall, wenn sie nicht gepflegt, durch Benutzung erhalten oder wie die japanischen Tempeltorii in bestimmten Zeitabständen erneuert werden. Die Form vermag aber oft auch aus Trümmern oder geringen Resten noch zu sprechen, selbst wenn die Gegenwart zu dem Sinn kaum noch einen direkten Bezug kennt. Ehemals funktionale Gegenstände sind dann zu historischen Zeugnissen geworden. Als objektivierter Geist der Vergangenheit können sie als schwer verständliche Fremdkörper relikthaft in der Landschaft stehen. Sie können darin aber auch neue Funktionen übernehmen, wenn ihr Sinn – sei es auch nur als geschichtliche Reminiszenz – noch erkennbar ist und ein Interesse dafür wieder auflebt (Nationaldenkmäler, Wallfahrtsorte, Touristenzentren).

Der Geist einer vergangenen Zeit vermag, auch wenn seine Urheber längst vergessen sind, im formal gestalteten Stoff weiter zu existieren. Er kann in der Landschaft als lebendiger Bestandteil weiter wirken. Er kann auch unbekannt latent vorhanden sein, bis er eines Tages entdeckt und wieder zur Geltung gebracht wird, sei es mit Verständnis für seine historische Bedeutung oder mit einer neuen Funktion. Dafür gibt es viele Beispiele. Man denke an christliche Märtyrergräber, die Jahrhunderte lang unbekannt waren und dann zum Standort einer Kirche, eines Bischofssitzes und schließlich einer Großstadt wurden. Oft gibt es auch kaum noch identifizierbare Reste früherer menschlicher Tätigkeit, die eine neue Bedeutung bekommen, wenn sie von neugierigen Menschen entdeckt und studiert werden und dann vielleicht auch Touristen anlocken.

6.3   Die räumlichen Bestandteile der Struktur

Die Frage, was strukturelle räumliche Bestandteile einer Synergose sind, könnten wir pragmatisch beantworten, indem wir uns bewußt machen, wie man üblicherweise eine Landschaft, wenn sie aus der Anschauung als Einheit erfaßt worden ist, kennzeichnet oder beschreibt. Wir erinnern uns dabei an Charakteristiken wie die über die Rumpfflächen des Hunsrück sich erhebenden ,,bewaldeten Quarzithärtlingsrücken'', die ,,beackerten Hochflächenriedel mit mittelgroßen Bauerndörfern in Quellmuldenlage'' und die ,,tiefeingeschnittenen Waldtäler mit Wiesen im Grund'' oder ähnliche, oft stereotyp wiederkehrende Formulierungen, mit denen eine Vorstellung von Teilen bestimmter Landschaften vermittelt wird. Wir erinnern uns aber auch an Angaben über einzelne Details, wie die für Landschaften im Hunsrück charakteristischen ,,einseitig bis zum Boden mit Schiefer verkleideten Quereinheitshäuser mit Vordächern und geknicktem Walmdach'' oder die ,,umgelegten Fluren mit Resten gewohnheitlich weitergeführter Zelgenwirtschaft''. Wir sehen darin teils räumlich, teils andersartig aufgefaßte Komponenten wie tradierte Bauformen oder wirtschaftliche Gewohnheiten. Dabei stellt sich die Frage, ob solche Komponenten willkürlich gewählt sind, oder ob es aus dem Wesen der Synergose heraus bestimmte Kategorien von ,,Bestandteilen'' gibt, etwa wie die Mineralien im Gestein, die Organe eines Lebewesens oder die funktionalen Glieder eines Hüttenwerkes.

O. SCHLÜTER, den wir als einen Mitbegründer der modernen Landschaftskunde ansehen, war bei seinen Untersuchungen ursprünglich von der Physiognomie der Landschaft, von deren äußerer Gestalt ausgegangen. Mit Bezug auf die geographische Beschreibung sagte er: ,,Was erfaßt wird, ist das Bild der Landschaft. Die Elemente der Beschreibung sind Begriffe von Stücken der Erdoberfläche'' (1920, S. 148). Er transponierte also Wahrnehmungseinheiten in räumliche Bestandteile. Mit der Idee von ,,Gliedern'' einer Landschaft in diesem Sinne verbindet sich die Vorstellung von deutlich unterscheidbaren Teilen mit einer relativen Selbständigkeit in deren Aufbau. Diese ,,Gegenstände der Geographie sind nicht gegeben, sie müssen durch Geistestätigkeit erst gebildet werden'' (SCHLÜTER, 1919, S. 32). Zum großen Teil handelt es sich dabei um Begriffe, die das in der Zeit sich Verändernde der Erscheinungen zusammenfassen. SCHLÜTER hat dieses am Beispiel des Begriffes ,,Fluß'' erläutert. Die Wissenschaft ,,begnügt sich nicht mit dem Bilde des Flusses, wie ihn der Beobachter in einem Augenblick gesehen hat. Sie verfolgt seine zwischen Hoch- und Niedrigwasser wechselnden Zustände und faßt sie alle in einer abstrakten Vorstellung dieses Flusses zusammen'' (ebd., S. 17). Der Geograph hat es also ,,mit Gegenständen zu tun, die durch räumlich-zeitliche Zusammenfassungen unter dem Gesichtspunkt der Landschaft gebildet sind'' (ebd., S. 27). Die ,,räumlich-zeitliche Zusammenfassung'' kann sich auf abgeschlossene historische Vorgänge beziehen. Dann erfassen wir gewordene Strukturen. Oder aber sie betrifft aktuelle Dynamik wie bei dem ,,Lokalklima'', den ,,Lebensgemeinschaften'' oder der ,,wirtschaftlichen Nutzung'' einer Gegend. Dieses gilt, wie mit den Beispielen schon angedeutet wurde, in gleicher Weise für anorganische, organische und anthropogene Bestandteile der Landschaften.

Auch in der *rein anorganischen* Naturlandschaft erfassen wir sowohl die Strukturen als auch die Gegenwartsdynamik mit raum-zeitlichen Begriffen, die es für den Physiker nicht gibt. *Strukturbegriffe* sind z. B.: Berg, Hügel, Tal, Lavaplateau, Schichtstufe, Zeugenberg, Blockhalde, Abrasionsplatte, Kliff, Brandungshöhle, Tropfsteinhöhle, Sand, Ton, Laterit, Ortstein, Salzkruste, Kar, Doline, Drumlin, Grundmoräne, Endmoräne, Flußterrasse usw. Eine 'Endmoräne' ist nicht nur abgelagertes Material und aus Vorgängen der Vergangenheit entstandene Form, sondern zugleich eine räumliche Zuordnung dieser materiellen Struktur zu den vorzeitlichen Bewegungen des Gletschers, der sie abgelagert, geformt und an ihrem gegenwärtigen Platz hinterlassen hat. 'Flußterrassen' sind nicht nur Geländeformen, sondern auch erdgeschichtliche Dokumente der Vorgänge, bei denen Flüsse diese Formen geschaffen haben. Begriffe der *aktuellen Dynamik* sind z. B. Klima, Witterung, Sommer, Frost, Büßerschnee, Verwitterung, Erosion, Denudation, Abrasion, Wasserhaushalt, Verkarstung, Wanderdüne, Sickerwasser, Geysir, Quelle, Bach, Gletscher, Fluß usw. Mit 'Fluß' z. B. meinen wir das dynamische Gesamtphänomen, das die Hoch- und Niedrigwässer, Überschwemmungen und alle tages- und jahreszeitlichen Veränderungen in sich schließt, und als 'Klima' eines Ortes oder einer Gegend erfassen wir die Gesamtheit der Witterungsabläufe mit allen ihren einzelnen Erscheinungen und Vorgängen. In allen diesen Fällen werden die Begriffe der strukturellen Deskription im Hinblick auf reale dynamische Systemzusammenhänge begründet.

Auch im *organischen* Bereich arbeitet die Geographie zum großen Teil mit Begriffen, die für den Biologen (im engeren Sinne) nicht oder nur am Rande von Interesse sind. Dabei handelt es sich teils um strukturelle Begriffe wie Floren- und Faunenbestand, Floren- und Faunenelement, Arealtypus, Endemismus, Reliktstandort, Wald, Steppe, Heide, Caatinga, Paramo, Flachmoor, Wüste, teils um dynamische Begriffe wie Ausbreitung, Erstbesiedlung, Sukzession, Bodenbildung, Verlandung, Verschleppung usw. Für den *anthropischen* Bereich greifen wir aus der großen Fülle nur wenige Beispiele heraus. *Strukturelle* Begriffe sind: Waldhufendorf, Römerstraße, Volk, Ackerterrasse, Flurform, Zelge, Noria, Einödhof und Gemarkung. Begriffe der *aktuellen Dynamik* sind: Soziale Gruppe, Lebensform, Betrieb, Weinbau, Markt, Einzugsbereich, Acker, Saline, Kraftwerk, Dorf, City, Elektrozaun, Verkehr, Jagd, Feldgraswirtschaft, Feldbewässerung usw.

> Die nach den Sachkategorien zu unterscheidenden Einzelgegenstände und Formelemente sind zumeist nicht unmittelbar die räumlichen Grundeinheiten, aus denen sich die Landschaft aufbaut. Sie können es in manchen Fällen sein, wie z. B. nackte Sanddünen oder einzelne große Bauten von besonderer Bedeutung.

Die strukturelle Beschreibung einer Landschaft muß, wie O. SCHLÜTER schon festgestellt hatte, mit Teilen arbeiten, die unter dem Aspekt einer vollständigen gegenständlichen Analyse schon sehr komplexe Gebilde sein können. ,,Den einzelnen gegenständlichen Elementen kommt eine gewisse flächenhafte Ausdehnung zu. Oft vereinigen sie in sich eine Menge von kleineren Gegenständen, die von anderen Gesichtspunkten aus wieder als Ziele besonderer Forschung erscheinen" (1920, S. 148) zu einem für die Landschaft wesentlichen ,,Stück der Erdoberfläche".

Die ,,kleineren Gegenstände" sind oft im Hinblick auf das ,,Stück der Erdoberfläche" unselbständige Elemente. Zum zertalten Gelände gehören die Wasserläufe und ihre Ufer, der

Talboden, die Hänge von verschiedener Form, Neigung und Exposition, Schluchten, Schutt-
halden, Felsrippen, Bergrücken usw. Ein Tal ist demnach eine Komposition aus vielen kleineren Teilen, ebenso seine Vegetation, die etwa aus Wiesen im Grund, Getreideäckern auf
lehmigen Flußterrassen und Wald auf den Hängen bestehen kann. Der Wald seinerseits besteht aus Pflanzen und Tieren und aus dem Boden mit seiner eigenen Lebewelt. Ein Dorf, das
am Talausgang auf einem Schwemmfächer liegen kann, besteht aus diesem Ausschnitt des
Geländes, sowie aus Häusern mit einer gewissen Formenmannigfaltigkeit, aus Gärten oder
Hausweiden mit Hecken oder Zäunen und manchen anderen Einrichtungen wie Kirche,
Gasthaus, Schule, Molkerei und Sportplatz. Vor allem aber gehört dazu die Bevölkerung,
die dort lebt und sich in mannigfaltiger Weise in ihrer Landschaft betätigt. Dieses alles steht
in Beziehung zueinander und ist in der aktuellen Dynamik zu einer räumlichen Gestalt verbunden.

In vielen der allgemein üblichen Begriffe für räumliche Teile der Landschaften sind strukturelle und dynamische Vorstellungen zu einer Einheit verbunden, wie etwa bei der beacker-
ten Lehmhochfläche oder dem Quarzitrücken mit Fichtenforsten. Oft wird sogar mit einem
einzigen Wort beides umfaßt, wie bei *badlands* (Formen und Vorgänge), Wiesenaue, Vogel-
insel, Weinberg oder Weg.

PASSARGE hatte für die Baubestandteile der Landschaft den Begriff der *Landschaftsteile* eingeführt.
Da er sich in seiner ,,beschreibenden Landschaftskunde" auf die rein formale Deskription beschränken
wollte, versuchte er, die Landschaftsteile mit einer Kombination von Wörtern, die möglichst alle wesentlichen elementaren Gegenstandskomponenten umfassen sollten, zu benennen. Er kam dabei zum
großen Teil zu praktisch unbrauchbaren Wortungetümen. GRANÖ hat ähnliches mit Formeln in Analogie zu der Sprache der Chemie versucht, um die räumlichen Bestandteile der Landschaft nach allen daran
beteiligten Sachbereichen diagnostisch zu kennzeichnen. Beide Wege konnten kaum erfolgreich sein,
weil dabei ein formales Ordnungssystem angestrebt wurde, das dem Wesen der Landschaft nicht gerecht werden kann.

Die Darstellung der räumlichen Teile muß auf einer sinnvollen Generalisierung begründet
werden. Eine vollanalytische Deskription nach dem Vorkommen der Elemente, wie sie mit
den sachsystematischen Sammelbegriffen für die verschiedenartigen Gegenstandskategorien
erfaßt werden, führt auch hier nicht zum Ziel. Eine Lösung kann nur gefunden werden,
wenn man versucht, die einzelnen Gegenstände als Partner oder Glieder von Wirkungszusammenhängen zu erkennen, sei es aus abgeschlossenen Vorgängen der Vergangenheit (genetische Strukturzusammenhänge) oder aus der gegenwärtigen Dynamik.

So fassen wir den Schuttfuß vor einem Felshang als diesem zugehörig auf und sehen den Triftweg und
das daran anschließende Weideland als funktional miteinander verbunden an. Die einzelnen räumlichen
Bestandteile des strukturellen Gefüges können in sehr verschiedener Art in Beziehung zueinander stehen, z. B. durch Stofftransport, oder aufgrund der graduellen Abstufung von auf sie wirkenden Faktoren (Catena), oder als unterschiedliche Stadien von aktuellen (z. B. Feldbaurotation) oder historischen
Vorgängen (Sukzession).

Um zu brauchbaren Einheiten für die Deskription der Landschaftsteile zu kommen, ist es
zweckmäßig, nicht von der Betrachtung in der kleinsten Dimension auszugehen, sondern
zuerst *größere Komplexe* zusammengehöriger Phänomene aufzufassen. Dabei machen wir
uns die intensiven Vorarbeiten der systematischen Zweige der Allgemeinen Geographie zunutze. Wir begreifen z. B. ein Gelände genetisch als ein vulkanisches Hügelland. Damit haben wir sogleich von der Geomorphologie her eine Reihe genetischer Gattungsbegriffe wie
Krater, Lavastrom, Schlackenwall, Aschenfelder zur Verfügung, mit denen wir substantiell

unterschiedliche Teile des Geländes qualitativ und in ihrer räumlichen Ordnung beschreiben können. Oder wir erkennen ein glazial überformtes Tal an einigen charakteristischen Kriterien und gewinnen über diese genetische Deutung ein Verständnis für die Teile und deren räumliche Ordnung. Viele genetische Begriffe wie Jungmoräne, Geest oder Sander kennzeichnen zugleich auch qualitativ den Charakter der Geländeteile. Man darf sich nur nicht mit den hypothetischen Annahmen begnügen, sondern muß mit differenzierten Analysen die realen Qualitäten verifizieren. Auch wenn wir nicht darauf aus sind, die früheren Vorgänge des Gletschervorstoßes und seines Rückgangs zu rekonstruieren und die gegenwärtige Struktur des Geländes historisch zu erklären, ist es für das Erfassen der räumlichen Glieder der Landschaft eine wesentliche Hilfe, wenn wir den physiognomisch erkennbaren Wall aus lose aufgehäuften Steinen als Seitenmoräne oder die sandige Ebene als Sander wahrnehmen können.

Mit diesen Beispielen soll nur angedeutet werden, was wir als geschulte, mit dem genetisch-strukturellen Begriffssystem der allgemeinen Zweige des Faches vertraute Geographen oft unbewußt tun, wenn wir aus der Anschauung einer Erdgegend diese als gegenständlich gegliedert wahrnehmen und charakterisieren. Wir gewinnen eine komplexe Vorstellung in der Art eines Modells, das sich aus Bestandteilen zusammensetzt, die wir nach Stoff, Form und Aufbau kennzeichnen und zugleich in ihrer Struktur aus Vorgängen der Vergangenheit verstehen können. Zur vollständigen Erklärung müßte allerdings häufig der Betrachtungsbereich wesentlich erweitert werden. Denn aus einem engen Ausschnitt allein kann manche Annahme, zu der wir mit guten Gründen aus Teilstrukturen (z. B. Moränenaufschlüssen) gelangen, im strengen Sinne nicht vollständig verifiziert werden.

Wenn man eine Kuh an ihrer Gestalt und ihrem Verhalten als solche erkennt, wird man nicht verlangen, daß die Richtigkeit dieser Ansprache durch eine anatomische Sektion bewiesen wird. Ebensowenig müssen wir eine Seitenmoräne in jedem einzelnen Fall mit den Händen auseinandernehmen und nach Gletscherschliffen suchen, um sie richtig ansprechen zu können. Wir müssen auch nicht den Eisstrom in allen seinen Teilen bis zum Firnfeld ablaufen, um feststellen zu können, daß wir an dem Eistor, aus dem der Bach herausfließt, am unteren Ende eines Gletschers stehen. Wir können mit Gestaltkriterien mit demselben Recht arbeiten wie der Mineraloge, der ein Mineral an Form und Farbe oder Glanz erkennt und dann auch einiges über seine Entstehung oder über seine Reaktion bei bestimmten Temperaturen sagen kann, oder wie der Chemiker, der an einer tausendfältig erprobten Farbreaktion im Analysengang die Anwesenheit eines Stoffes feststellt, ohne diesen vielleicht jemals direkt gesehen zu haben.

Weil es die Geographen seit einem Jahrhundert gründlich erforscht haben, wissen wir, wie ein Gletscher entsteht und mechanisch funktioniert und welche Art von Wirkungen er auszuüben vermag. Bei der Betrachtung eines Ausschnittes aus einem landschaftlichen System können wir daher auch Vorgänge erfassen, die sehr viel weiträumigeren Zusammenhängen angehören, und aus den beobachteten Strukturen können wir auf früher abgelaufene Prozesse schließen, deren historische Ursachen in ferner Vergangenheit zu suchen sind.

Um räumliche Bestandteile der Landschaft genauer zu verstehen, können wir sie in charakteristischen Fällen exemplarisch im Detail studieren, um dann den gleichen Typus an anderer Stelle in ähnlicher Weise deuten zu können. Auch dieses ist eine in allen empirischen Wissenschaften allgemein übliche und anerkannte Methode. Wir arbeiten dabei teils mit spezifisch geographischen Typenbegriffen, die aus dem Vergleich von Einzelfällen erfaßt sind, wie etwa Marsch, Geest, Geysir, Mangrove, Paramo, Noria und Enarenado artificial, teils mit deduktiv aus einer Klassifikation abgeleiteten Sammelbegriffen wie Seitenmoräne, Zwischenmoor, Mittelstadt und Bundesstraße, oder auch mit allgemeinen Gattungsbegriffen der normalen Sprache wie Gebirge, Wald und Dorf.

Eine besondere Schwierigkeit ergibt sich aus der Sache heraus durch die räumliche Integration der Seinsbereiche. Dabei differenziert sich das Problem nach den drei verschiedenen Landschaftsklassen:

In der anorganischen Naturlandschaft wirken die klimatischen Faktoren und gegebenenfalls (geo-)endogen bedingte Bewegungen auf die örtlichen Strukturen. Die Vorgänge, die dabei die Strukturen verändern, vollziehen sich ausschließlich nach den allgemeinen Naturgesetzen, die daher zur ursächlichen Erklärung der neu entstehenden Formen und ihrer räumlichen Ordnung ausreichen.

In der belebten Naturlandschaft tritt mit deren biotischen Bestandteilen innerhalb der einzelnen räumlichen Teile des Geländes eine andersartige Wirkungsbeziehung auf, die wir mit der *ökologischen* Betrachtungsweise erfassen können. Nach der in der Evolution entstandenen Struktur ihrer Lebensansprüche sind Pflanzen und Tiere auf bestimmte Umweltbedingungen angewiesen. Deren für die Lebewesen direkt wirksame Faktoren ergeben sich aus dem Zusammenwirken der örtlichen Geländeeigenschaften. Für das Pflanzenleben sind z. B. Gestein, Hangneigung oder örtliche Niederschlagsmenge nicht unmittelbar maßgebend, sondern der aus dem Zusammenspiel im ,,abiotischen Gesamtkomplex'' an Ort und Stelle als ,,Mikroklima'' entstehende Jahresablauf von Temperatur und Hydratur, die Löslichkeit der erforderlichen Nährstoffe usw. (vgl. dazu Band IV LAG, 3. Aufl., S. 81–121).

Von den genetisch fixierten Ansprüchen der Lebewesen an die Lebensbedingungen her betrachtet, sind die örtlichen abiotischen Vorgänge in ihrem komplexen Zusammenwirken zu einem ,,Einheitsfaktor'' (FRIEDERICHS) verbunden: der biotopischen Qualität. Die örtlichen abiotischen Gesamtkomplexe sind im Hinblick auf die Lebensmöglichkeiten Standortsqualitäten. Der Begriff *Standort* faßt örtliche materielle Strukturen nach ihrer potentiellen Bedeutung für die Lebewelt zu einer Einheit zusammen. In der Realität der anorganischen Landschaft gibt es dazu keine Parallele. Dort sprechen wir deshalb nur von Physiotopen als den kleinsten strukturellen Einheiten wie Seitenmoräne oder Felshang. Demgegenüber sind die Standorte der belebten Landschaft eine andere Art der Qualifikation des Geländes.

Die nach ihrer Bedeutung für das Pflanzenleben gleichwertigen Standorte bilden als Bereiche gleichen Wuchspotentials räumliche Einheiten, begründet auf der biotischen Bewertung der Gesamtheit aller ihren Charakter mit bestimmenden anorganischen Faktoren (Untergrundstruktur, Gestein, Oberflächenform, Exposition, Klima, Abfluß-, Grundwasser- und Bodenverhältnisse usw.). Die kleinsten, aufgrund ihrer anorganischen Ausstattung nach der Qualität ihres Wuchspotentials annähernd homogenen, konkret begrenzten räumlichen Geländeteile der topographischen Dimension nennen wir *Fliesen* (SCHMITHÜSEN, 1948b). Eine Fliese ist ein topographischer Bereich, mit bestimmten Geländeeigenschaften, also z. B. ein Hang von bestimmter Neigung und Exposition mit einem bestimmten Gesteinsuntergrund und unter einem bestimmten Klima.

Im englischen Sprachgebrauch gab es dafür schon länger den Ausdruck *site* (RAY BOURNE, 1931). Dieser ist aber wegen seiner sprachlichen Form im Deutschen (besonders in Wortverbindungen) nicht gut verwendbar. Zudem ist er nicht eindeutig, da *site* im Englischen auch in seiner ursprünglichen Bedeutung für *Lage* verwendet wird. Einige andere Bezeichnungen, die im Prinzip das gleiche meinen, sind wegen ihrer umständlichen Form zum allgemeinen Gebrauch nicht geeignet. Das gilt z. B. für die ,,ökologischen Standortseinheiten'' der forstlichen Vegetationskunde, für ,,gleichartige oder einheitliche (kleinste) Naturgebiete'' (ROBERT SIEGER, 1923), sowie auch für ,,kleinste naturräumliche Einheiten''. Doch kann man diese Ausdrücke unbedenklich als synonym verwenden. Dagegen muß der von A. v. KRUEDENER in dem gleichen Sinne verwendete Ausdruck ,,Mikrolandschaften'' abgelehnt werden, weil Fliesen keine Landschaften sind.

Fliesen gleicher oder ähnlicher Qualität können typologisch zusammengefaßt werden (Fliesentypus) als gleichwertige potentielle Pflanzenstandorte. Sie sind die Grundeinheiten der naturräumlichen Gliederung. In der russischen Literatur werden diese als *Epifacies* bezeichnet.

> „Die Fliesen ordnen sich mosaikartig zu mehr oder weniger komplexen Mustern an. Den Fliesenbestand in seiner charakteristischen räumlichen Anordnung möchte ich als das 'Fliesengefüge' bezeichnen. Einfache Fliesengruppen, gewissermaßen Teilfiguren jener Muster, sind naturräumliche Einheiten niederer Ordnung" (SCHMITHÜSEN, 1948b, S. 81/82).

Die abiotische Ausstattung der Landschaft wird damit unter dem ökologischen Aspekt nach ihrem Wuchspotential gegliedert. Die Bedeutung der Fliesentypen und der Fliesengefüge liegt darin, daß sie die räumliche Grundlage für charakteristische Landschaftsteile bilden können. Dabei sind die funktionalen Zusammenhänge in der biotischen Naturlandschaft und in der Kulturlandschaft von unterschiedlicher Art.

In einer *Naturlandschaft* ist die Anordnung der Biozönosen durch das Fliesengefüge streng räumlich determiniert. Denn die Lebensgemeinschaften formieren sich gesetzmäßig nach den Qualitäten der Standorte. Dadurch, daß sie zugleich auf diese wirken und z. B. auch die Vorgänge der Bodenbildung beeinflussen, wird der „ökologische Einheitsfaktor" (FRIEDERICHS) in der Landschaft zu einer konkreten Realität. Die Fliesentypen werden zu räumlichen Bereichen bestimmter Lebensgemeinschaften. Diese bilden mit ihrem Standort zusammen *Ökosysteme* der topischen Dimension.

> Für die entsprechenden räumlichen Einheiten ist auf Anregung von WILLI CZAJKA der Name *Ökotop* eingeführt worden, definiert als „ein räumlich festumgrenzter, in seinem inneren ökologischen Wirkungsgefüge einheitlicher Landschaftsteil, wobei unter ökologischem Wirkungsgefüge der örtliche Zusammenklang aller, d. h. für die Kulturlandschaft auch der anthropogenen Landschaftsbildner zu verstehen ist" (SCHMITHÜSEN, 1948b, S. 82/83). Von anderen Autoren wird das Wort Ökotop als Synonym für Fliese oder Fliesentypus verwendet.

In der *Kulturlandschaft* kommt ein weiterer, ganz andersartiger Einheitsfaktor hinzu. Dieser resultiert aus der geschichtlichen Integration menschlicher Intentionen und Fähigkeiten. Seine wirkenden Träger sind räumlich differenzierte gesellschaftliche Gruppen, die als Bevölkerung von Siedlungseinheiten (Dörfer, Städte) wirkende Bestandteile und zugleich räumliche Ordner der Landschaft sind.

Von dem Fliesengefüge der Landesnatur her besteht in der Kulturlandschaft keine zwingende räumliche Determination. Die Menschen können natürliche Ökosysteme unberührt lassen, wie etwa Moore oder Berggipfel. Mit ihren Eingriffen können sie sich an die Qualität des Wuchspotentials der Fliesen anpassen, indem sie die Art der Nutzung nach ökologischen Erfahrungen ausrichten. Auf diese Weise kann die naturräumliche Gliederung auch in der Kulturlandschaft wirksam bleiben. Andererseits können sich die Menschen auch davon unabhängig machen. Sie können das Land willkürlich umgestalten und – wie es bei großen Stadtagglomerationen oft der Fall ist – die abiotischen Grundlagen irreversibel verändern. In den meisten Fällen bleiben jedoch auch in der Kulturlandschaft die Fliesen bis zu einem gewissen Grade räumlich ordnende Bestandteile. Landwirtschaftliche Nutzflächen werden sogar oft nach vorheriger Standortskartierung planmäßig so angelegt, daß die natürlichen räumlichen Einheiten des Wuchspotentials möglichst optimal genutzt werden. Diese wirken daher auch in der Struktur der Kulturlandschaft als räumliche Ordner.

Die ursprünglichen natürlichen Ökotope sind dagegen in den Kulturlandschaften oft zum größten Teil zerstört oder zumindest stark verändert. Menschlich bedingte Ökotope, deren Grenzen oft nicht mehr mit den Fliesen übereinstimmen, sind an ihre Stelle getreten. Im Bereich einer einzigen Fliese können in einer Kulturlandschaft viele anthropogene Klein-Ökotope entstanden sein, wie z. B. langjährig bearbeitete Nutzflächen oder überbaute Landstücke. Die realen topischen Einheiten des räumlichen Gefüges in der Kulturlandschaft können somit in ihrer Abgrenzung teils durch das natürliche Fliesengefüge, teils durch anthropogene Eingriffe bestimmt sein. Sie sind konkrete Bauelemente oder Glieder des synergotischen Systems. Die Synergose können wir als eine räumliche Vergesellschaftung solcher kleinsten Landschaftsteile auffassen.

Die kleinste typologische Einheit dieser Art wird in der russischen Literatur als ,,facie'' bezeichnet (SOCHAVA, 1971 mit Hinweis auf SOLUCEV, 1949). In bezug auf den Grad der anthropogenen Einwirkung werden ursprüngliche (= natürliche) und anthropogen modifizierte Facies unterschieden. Die letzteren können entweder Stadien (,,serial facies'') einer dynamischen Entwicklung sein, die zu Facies-Serien einer Sukzessionsfolge zusammengefaßt werden können, oder mehr oder weniger stabil erhaltene Dauerstadien, die als quasinatürliche Facies bezeichnet werden.

Der gesamte Komplex der dynamisch oder durch äußere Einwirkungen bedingten Facie-Varianten (natürliche, quasinatürliche und serial facies) im Bereich gleicher invarianter naturräumlicher Struktur wird als ,,epifacie'' bezeichnet. Diese entspricht demnach in etwa einem auf dem Zusammenhang des Gesellschaftsrings (vgl. Bd. IV LAG) begründeten ,,Klimax-Komplex'' dynamisch zusammengehörender Ökosysteme, und ihr Areal ist in unserem Sinne eine naturräumliche Einheit.

A. PENCK hatte für kleinste räumliche Bestandteile der Landschaft, für ,,Flächen mit gleicher Form und gleicher Funktion . . ., die man nicht weiter aufteilen kann, ohne den Begriff der Landschaft aufzugeben'' (1928, S. 41) den Namen ,,Choren'' verwandt. Dieser ist jedoch nicht brauchbar, da er von JOHANNES SÖLCH (1883–1951) ursprünglich in einer anderen Bedeutung in die Geographie eingeführt worden ist (1924). PASSARGE hat gelegentlich die kleinsten räumlichen Einheiten der Landschaft mit den Zellen eines lebenden Organismus verglichen. Dieser Vergleich ist jedoch sachlich nicht begründet und daher irreführend. Schon 1939 hat WALTER SCHOENICHEN den Vergleich der Landschaft mit einem Organismus, indem er ihn konsequent durchführte, eindeutig *ad absurdum* geführt. Dennoch hat KARL-HEINZ PAFFEN (1953) diesen Vergleich erneut propagiert.

6.4 Die strukturelle räumliche Ordnung

In ihrer individuellen Gestalt erfassen wir eine Landschaft aus der Beobachtung als ein wahrnehmbares räumliches Gefüge von Körpern und Erscheinungen, als einen Komplex von Bestandteilen. Diese sind nicht willkürlich oder zufällig verteilt. Sie sind zum großen Teil in ihrer Verbreitung erkennbar geordnet und fügen sich oft zu deutlich gegeneinander abgegrenzten komplexen Gebilden verschiedener Art und höherer Größenordnung zusammen. Die ursächliche Erklärung dieser inneren Ordnung ist der Schlüssel zum Verständnis der Struktur einer Landschaft. Dazu ist eine Einsicht in die wechselseitigen Beziehungen zwischen den Bestandteilen erforderlich. Die räumliche Ordnung des gesamten landschaftlichen Gefüges wird nach Aufbau und Form sinnvoll erfaßt, wenn wir sie einerseits als Ergebnis der historischen Entwicklung und andererseits als einen Komplex von Ursachen gegenwärtiger Vorgänge verständlich machen können.

Vor der formalen Analyse der räumlichen Strukturen ist es zweckmäßig, sich über deren Kategorien sowie über die Relevanz und die Rangordnung der Teilstrukturen im Hinblick auf deren Bedeutung für die Gesamtsynergose klar zu werden. Die dazu notwendigen Überlegungen erfordern wiederum eine getrennte Betrachtung von Natur- und Kulturlandschaften. Bei den letzteren sind auch hier wieder die Probleme schwieriger und müssen ausführlicher behandelt werden.

Anorganische Landschaften in ihrer strukturellen Gliederung zu erforschen, ist vor allem eine Aufgabe der Klimatologie und der Geomorphologie. Diese haben sich ohnehin zu diesem Zweck mit Glaziologie, Geologie und anderen verwandten Disziplinen zusammengefunden in der Quartärforschung, wenn auch deren Tätigkeit sich nicht nur auf anorganische Landschaften beschränkt.

In den *anorganischen* Landschaften gibt es im Gegensatz zu den belebten nur ein einziges Bezugssystem der räumlichen Ordnung. Das sind die geschichtlich gewordenen Strukturen in ihrem physiotopischen Aufbau und die darin durch aktuelle endogene und exogene Kräfte bewirkten stofflichen Veränderungen, sowie die Verlagerung von physikalisch oder chemisch aufbereitetem Material durch die Transportsysteme von Wind, Wasser, Eis, plutonischen Eruptionen und Gravitation. Räumliche Ordner sind dabei in erster Linie die geologische Struktur, das aus Vorgängen der Vergangenheit entstandene Relief, die regionale und lokale Differenzierung des Klimas und die aus den Stoffverlagerungen resultierenden räumlichen Beziehungen von Abtragungs- und Ablagerungsbereichen (Abb. 13). Auf Einzelheiten können wir hier verzichten und auf die Bände I und II dieses Lehrbuchs verweisen.

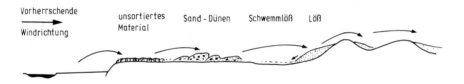

Abb. 13 Räumliche Ordnung durch mechanische Selektion beim Stofftransport

In der *belebten* Naturlandschaft beruht die räumliche Gliederung ebenfalls primär auf der anorganischen Struktur. Diese stellt als Unterbau (Gesteinsverbreitung und Relief) und als eine der Ursachen der regionalen klimatischen Differenzierung ein grundlegendes räumliches Ordnungssystem dar. Für dessen Bestandteile gilt sinngemäß das gleiche, was für die anorganische Landschaft gesagt wurde. Dazu kommen aber, wenn Biota beteiligt sind, andere räumliche Bezugssysteme, deren Struktur auf die biogenetische Differenzierung der Lebewelt und deren Ausbreitungsgeschichte im Zusammenhang mit erd- und klimageschichtlichen Ereignissen zurückzuführen ist. Aufgrund der spezifischen Ansprüche der Taxa an ihre Umwelt erhält dabei die räumliche Gliederung des schon im vorigen Abschnitt behandelten Wuchspotentials der Fliesengefüge eine dominierende Bedeutung für die räumliche Ordnung.

Die biozönotische Ausstattung einer Landschaft hängt von der Qualität der Fliesen und von deren Anordnung ab. Das Fliesengefüge kann z. B. weiträumig und eintönig oder kleingegliedert und mannigfaltig sein. Es kann symmetrisch oder einseitig gegliedert, oder auch fast regellos angeordnet sein. Für das organische Leben optimale und mäßig qualifizierte oder auch pessimale Standorte können mehr oder weniger regelmäßig miteinander wechseln wie etwa bei Talauen und steilen Felswänden. Oder es können Fliesen mit besonderen Qualitäten (wie z. B. Schwermetall- oder Salzgehalt des Bodens) sporadisch isoliert in einem regional vorherrschenden Gefüge auftreten. Unterschiedliche Fliesentypen können ohne direkte gegenseitige Beziehung nebeneinander liegen wie bei örtlichem Gesteinswechsel, oder sie können nach der Abstufung eines bestimmten Geländefaktors (z. B. Grundwassertiefe, Höhenstufen am Hang, Wechsel von Hangneigung oder Exposition usw.) Glieder einer Catena sein.

Nach ihren Standortsansprüchen ordnen sich die als Ansiedler konkurrierenden Biota gesetzmäßig in das Fliesengefüge ein. Auf jedem Fliesentypus bilden sie bestimmte, an die Standortsqualität angepaßte Biozönosen. Diese sind daher in der belebten Naturlandschaft auch die besten Kriterien, um die räumliche Ordnung der Synergose aus der Anschauung zu erfassen. Die Anordnung der Ökosysteme ist dort im allgemeinen identisch mit der naturräumlichen Gliederung. Ausnahmen können durch den Zeitfaktor bedingt sein. Denn der natürliche Ausgleich in der Verteilung der Biota nach dem Wuchspotential ist das Ergebnis eines historischen Vorgangs, der in manchen Fällen noch nicht bis zu seinem natürlichen Ende abgelaufen ist.

Nach Ereignissen, welche die Standortsqualitäten verändern, wie z. B. Klimaänderung, Flußverlagerung, Bergrutsch, Vulkanausbruch, Brand durch klimatisch bedingte Selbstentzündung usw., benötigen die Vorgänge der Wiederbesiedlung oder der Neuanpassung eine bestimmte Zeit, bis eine ausgeglichene Verteilung nach der Qualität der Standorte wieder erreicht ist. Neubesiedlung, z. B. nach Bergrutsch oder Vulkanausbruch, bedarf oft langer Zeit, um über vielerlei Zwischenstadien der Sukzession zugleich mit der allmählichen Neubildung des Bodens das ausgeglichene Endstadium des Klimax-Ökosystems zu erreichen. In solchen Fällen ist demnach auch die historisch bedingte räumliche Gliederung zu beachten, die durch die Ausbreitungs- und Ansiedlungsgeschwindigkeit der Arten und den Entwicklungsstand des Sukzessionsvorganges bedingt ist. Diese Phänomene können, da auch sie gesetzmäßig ablaufen, dazu dienen, aus der räumlichen Ordnung unterschiedlicher Entwicklungsstadien der Biozönosen historische Vorgänge der anorganischen Landesnatur wie z. B. Klimaänderungen, Gletscherrückgänge, Bergstürze usw. zu rekonstruieren und zu datieren.

In der *Kulturlandschaft* sind die Probleme komplizierter und schwieriger. Auch hier ist das räumliche Grundgerüst von der anorganischen Struktur her gegeben (geologischer Untergrund, Gesteinsverbreitung, Relief, Regionalklima). Die räumliche Differenzierung des Wuchspotentials behält ebenfalls, wenn auch in abgewandelter Form, ihre Bedeutung. Dazu kommt jedoch eine neue Bezugseinheit, das Wirken des Menschen als Urheber (Aition) ganz andersartiger räumlicher Ordnungssysteme. Diese sind auf die Lebensbedürfnisse menschlicher Gesellschaften hin ausgerichtet. Sie werden teils in aktuellen Vorgängen aktiv gestaltet, teils sind es weiterwirkende Strukturen, die in geschichtlicher Vergangenheit entstanden sind. Bestandteile der ursprünglichen Landesnatur sind darin teilweise verändert oder zerstört (wie etwa die natürliche Vegetation), oder sie sind in einer neuartigen räumlichen Ordnung funktional miteinander verbunden, wie z. B. in den landwirtschaftlichen Nutzungssystemen.

Die Motive dieser Ordnungssysteme können so mannigfaltig sein wie das Leben der Menschen selbst. Daher kann auch die Art der Beziehungen zwischen den räumlichen Bestandteilen einer Kulturlandschaft sehr unterschiedlich sein. Die Teile können nicht nur in verschiedener Art, sondern auch in ganz unterschiedlichem Grade miteinander verbunden sein. Sie können auch zu mehreren, funktional nicht unmittelbar verbundenen aktuellen Wirkungssystemen gehören, die einander räumlich durchdringen. Schließlich können sie aber

auch in einem historisch bedingten zufälligen Nebeneinander vergesellschaftet sein, wie
etwa ehemalige Bauernhäuser einer früheren Agrarlandschaft mit modernen Siedlungshäu-
sern im Randgebiet einer Großstadt.

Eine Übersicht über die räumliche Ordnung kann daher kaum aus einer nur formalen analytischen Betrachtung der Verbreitung elementarer Bestandteile gewonnen werden. Vielmehr ist es notwendig, die Zuordnung der Bestandteile zu den Ordnungssystemen zu erkennen, in deren Wirkungszusammenhang sie gehören oder bei ihrer Entstehung gehört haben. Daher muß man die anthropogene Ordnung und diejenige der Landesnatur einerseits
getrennt voneinander erfassen, zum anderen aber auch beide zusammen in ihren wechselseitigen Beziehungen sehen.

Die *anthropogene Ordnung* wird bestimmt von den Bedürfnissen der Gesellschaft und ihrer sozialen Gruppen und von den Funktionsplänen, nach denen diese in der Synergose wirken. Sie richtet sich aber auch nach der Bedeutung, die die Menschen den Bestandteilen der
Landesnatur beimessen, um diese sinnvoll in ihre Wirkpläne einzubeziehen. Grundlage der
anthropogenen Organisation in der Landschaft sind die wirkenden Einheiten und ihre räumliche Ordnung. Diese ergibt sich aus der Differenzierung des Gesellschaftsgefüges. Dessen
komplizierte Struktur bedingt, zumindest in sehr vielen Landschaften, ein Ineinandergreifen
von Organisationssystemen unterschiedlicher Art und oft auch sehr verschiedener räumlicher Dimension (Gemeinde, Stammesgebiet, funktionale Wirtschaftszentren, Staat usw.).
Aus deren Zusammenspiel entsteht die innere räumliche Ordnung des menschlichen Wirkens in einer Synergose, meist in Verbindung mit überkommenen historischen Strukturen,
die ebenfalls darin eingehen und ihrerseits auf gleiche Art entstanden sind. Oft sind darin die
erfolgreichen Versuche früherer Generationen, aber auch deren Mißgriffe und Enttäuschungen als gesammelte Erfahrung objektiviert.

Insgesamt läßt sich die räumliche Ordnung einer Kulturlandschaft nur dann erklären,
wenn wir sie nicht planlos elementar auflösen, sondern die Analyse nach den drei wesentlichen Hauptkategorien ausrichten: den aktuellen gesellschaftlichen Wirkplänen, der Bedeutung der Landesnatur und den ererbten historischen Strukturen. Nur auf diese Weise können wir die Bedeutung von Art und Menge der beteiligten Bestandteile und deren räumliche
Gruppierung im einzelnen verstehen und in den verschiedenen Dimensionsstufen des räumlichen Aufbaus die konstituierenden, dominanten oder charakteristischen Glieder des Gefüges und die Erkennungsmerkmale der geschichtlichen und der aktuellen Dynamik sinnvoll
erfassen.

Aus diesen Zusammenhängen ergeben sich die wichtigsten Gesichtspunkte für die speziellen Geländebeobachtungen, für die Auswertung von Luftbildern, für Kartierungen, statistische Erhebungen und Befragungen und für jede andere Art von Erkundung der räumlichen
Struktur der Landschaft. Die anthropischen räumlichen Gestaltpläne in der Landschaft sind
primär von den *Hauptdaseinsfunktionen* der Gesellschaften und ihrer sozialen Gruppen her
bestimmt, von deren Bedürfnissen der Nutzung des Geländes für Wohnung, Wirtschaft und
Verkehr. In allem müssen sich die Menschen dabei nach den von der Landesnatur her gegebenen Möglichkeiten richten. Die oft reich gegliederte Landesnatur bietet dem Menschen
nicht überall die gleichen Chancen für sein Bemühen, Speise und Trank oder andere Bedarfs-
güter zu gewinnen. Was die Natur zuläßt, muß man erst herausfinden. So hartnäckig der
Mensch auch versucht, das Vorgegebene seinen Wünschen gemäß umzugestalten, indem er
z. B. Bodenformen durch die Anlage von Terrassen verändert oder Weinberge künstlich

heizt, die Landesnatur setzt doch Grenzen, die nicht zu überschreiten sind. Die Verbreitung der Bodennutzungsarten und Wirtschaftssysteme „ist sozusagen das Gegenwartsstadium eines allmählichen Anpassungsprozesses der menschlichen Wirtschaft an die Bedingungen der Landesnatur" (GAUSS, 1926). Die Willkür findet ihre Grenzen an der naturgesetzlich-ökologischen Bindung des Pflanzenwuchses.

Das aktuelle strukturelle Gefüge der Nutzflächen kann nur als eine anthropozentrische räumliche Ordnung überschaubar erfaßt werden, wobei die ursächliche Erklärung teils in gegenwärtigen, teils in gesellschaftlichen Strukturen der Vergangenheit zu suchen ist.

Manches andere ergibt sich mehr oder weniger gesetzmäßig aus allgemeinen Qualitäten der Gesellschaft, aus der technischen Konsequenz der Funktionspläne und aus den Folgen übernommener historischer „Ordnungsstrukturen aus geistiger Wurzel" (KRAUS). Solche sind z. B. die durch Erb- und Besitzrecht festgelegte Fluraufteilung oder auch materielle Anlagen wie die Kanalisation und andere Leitungssysteme im Untergrund der Städte, die oft die Beibehaltung des alten Straßennetzes verursachen. Bei vielem, was in seiner Anordnung zunächst als willkürlich erscheint, läßt sich, wenn der Blick vom Einzelfall auf die Summe der Fälle in der ganzen Landschaft gerichtet wird, oft mehr Regelhaftigkeit erkennen, als man zunächst annehmen möchte. Die Gründe dafür sind teils betriebstechnische oder rein ökonomische, teils auch sozialpsychische, die im Charakter der betreffenden Bevölkerung ihre Wurzel haben. KRAUS hat von der „räumlichen Ordnung als Ergebnis geistiger Kräfte" (1948) gesprochen.

„Der Anthropogeograph trachtet zwar mit Erfolg, Formen und Vorgänge zu typisieren und zu systematisieren, und muß sich doch darüber klar bleiben, daß es zwar zweckmäßige oder gar unentbehrliche, aber nicht im naturwissenschaftlichen Sinne zwingende Begriffe erarbeitet. Die regionale, strukturelle Kulturgeographie gleicht pragmatischer Geschichtsbetrachtung; sie bietet in räumlicher Sicht, was diese in zeitlicher Verkettung darstellt... In dieser Lage... verdienen alle Versuche Beachtung, aus dem geistigen Verhalten des Menschen Ordnungsprinzipien abzuleiten, die eine bestimmte Verteilung im Raume, eine räumliche Ordnung bewirken können" (KRAUS, 1948, S. 151/152). An Beispielen verschiedener Städte hat KRAUS (1957) regelhafte „Lokalisationsphänomene" aufgezeigt, um „nachzuweisen, in welcher Art sich räumliche Ordnungsstrukturen ohne lenkenden Eingriff ergeben".

Gesetzmäßigkeiten der räumlichen Ordnung, begründet auf der Rationalität von Wirtschaft und Verkehr, sind zum Teil schon lange erkannt worden. Man denke nur an das THÜNENsche Prinzip oder an die von WALTER CHRISTALLER (1893–1970) nachgewiesenen Gesetzlichkeiten der zentralen Orte. Andere sind, wenn auch meistens noch ohne eine formulierte Abstraktion in der deskriptiven Typologie von Wirtschafts- und Betriebssystemen oder den sog. Gemeindetypen in manchen Ansätzen erkannt. Neuerdings hat man sich in der sozialgeographischen Forschung in verstärktem Maße der Aufgabe zugewandt, solche Gesetzlichkeiten, die ihre Wurzeln im gesellschaftlichen Bereich haben, aufzuspüren.

Wichtigste räumliche Ordner der kleinräumigen Dimension sind die einzelnen Betriebe und deren Agglomerationen in den Wohnplätzen. Dieses hatte schon SCHLÜTER erkannt, als er auf die Bedeutung der Betriebe und ihrer Wirtschaftsformen hinwies als den „zugleich sinnlich konkreten und zusammenfassend abstrakten Begriffen von Landschaftselementen" (SCHLÜTER, 1919). In noch kleineren Ausschnitten kann der räumliche Funktionsplan, der eine Agrarlandschaft prägt, nicht mehr erfaßt werden. So wie man das räumliche Modell eines Moleküls nicht erfassen kann, wenn man nur einige Atome daraus isoliert betrachtet, kann man einzelne Äcker oder Wiesen nicht sinnvoll einordnen, wenn man sie nicht im Zusammenhang mit den übrigen Nutzflächen des Betriebes sieht und mit der Siedlung, aus der das räumliche System der Bewirtschaftung gesteuert wird.

Das Grundprinzip aller Bodenbewirtschaftung ist das Erzielen einer Gegenleistung für die mit dem Wirken in der Landschaft aufgewendete Arbeit. Die aus der Erfahrung gewonnene Kenntnis der Leistungsfähigkeit der Geländeteile oder zum mindesten die Vermutung einer solchen und ein für den Wirtschaftsvorgang ausgedachter Funktionsplan gehen im allgemeinen der Benutzung des Geländes voraus. Auf diese Weise sind unterschiedliche Geländequalitäten oft schon von Anfang an in dem Wirkplan der wirtschaftenden Menschen berücksichtigt. Nach Mißerfolgen werden die daraus gewonnenen Erfahrungen oft zum Anlaß, die Anpassung des menschlichen Handelns an die von den Unterschieden der Landesnatur her gegebenen Voraussetzungen zu verbessern.

Die räumliche Gliederung des natürlichen Eignungspotentials in der Landschaft ist daher, wenn auch in anderer Weise als bei den natürlichen Biozönosen, für das Wirken des Menschen ebenfalls von großer Bedeutung. Das gilt zumindest überall dort, wo die Gegenleistung des Wirkens eine biotische Produktion (Ackerbau, Viehzucht, Forst usw.) sein soll. Zur Wirkung kommt dabei die reale gegenwärtige Landesnatur, also das natürliche Fliesengefüge mit Einschluß der vom Menschen bewirkten irreversiblen Veränderungen (etwa durch Bodenabtragung oder Grundwassersenkung). Von den durch den Menschen nicht oder kaum veränderbaren anorganischen Grundlagen her (Gesteinsaufbau, Großrelief, Regionalklima) bleibt dabei immer das räumliche Grundgerüst gegeben. Diese haben daher auch in der Kulturlandschaft hohe ordnende Kraft für das Gesamtgefüge.

Andere Bestandteile der Landesnatur wie die Ausstattung mit Lebensgemeinschaften und das davon abhängige Mikroklima sind in Existenz und Ausbildungsform labiler und können oft leicht verändert oder zerstört werden. Wenn die ursprüngliche Vegetation entfernt und damit das natürliche Ökosystem zerstört wird, bleibt schließlich nur noch das Potential der abiotischen örtlichen Faktorenkomplexe. Die räumliche Ordnung der Fliesengefüge ist deshalb für die Beurteilung und auch für die Planung von Kulturlandschaften besonders wichtig. Die Methode der naturräumlichen Gliederung ist daher auch nicht im Zusammenhang mit dem Studium von Naturlandschaften, sondern für die Kulturlandschaftsforschung erfunden und vor allem im Hinblick auf die Bedürfnisse der Landesplanung und Landschaftspflege weiter entwickelt worden (vgl. 3.4).

Menschliche Nutzung des Geländes beschränkt sich nicht auf biotische Produktion. Sie dient auch vielen anderen Zwecken, wie z. B. der Errichtung von Bauten aller Art. Deshalb kommt es bei der Bewertung der naturräumlichen Einheiten nicht allein auf das biotische Produktionspotential an, sondern auch auf die Eignung für verschiedene andere Zwecke, z. B. auch für die Trinkwassergewinnung. Wir sprechen daher in bezug auf die Kulturlandschaft besser von dem allgemeinen *Eignungspotential* der Fliesen oder ihrer Gefüge als von dem Wuchspotential, das nur einen Teil davon ausmacht. Von dem 'ökologischen' Potential zu sprechen ist weniger zweckmäßig, weil unklar bleibt, ob auf die Ökologie der Ackerpflanzen oder die Ökologie des Menschen Bezug genommen werden soll.

Landesnatur ist in der räumlichen Ordnung der Kulturlandschaft nur ein durch Abstraktion isolierter Teil der Realität, nämlich der darin enthaltene *Naturplan*. Diesem können wir den menschlichen *Organisations- oder Leistungsplan* als einen ebenso gedanklich abstrahierten Teil gegenüberstellen. Beide, zusammen mit den ererbten Strukturen früherer Leistungspläne, machen die reale räumliche Struktur aus, die wir im Gelände wahrnehmen. Der Naturplan ist für den Menschen eine räumliche Anordnung von Leistungs- und Entwicklungsmöglichkeiten. Wie diese genutzt werden, und was dann daraus in der Landschaft entsteht, wird von den Fähigkeiten, den Ideen und dem praktischen Wirken der Gesellschaften bestimmt.

Ob und wie weit sich die anthropogenen realen Gegenstände an den *Naturplan* anpassen oder sich unabhängig davon verhalten, kann nur beurteilt werden, wenn es möglich ist, den räumlichen Anordnungsplan der Landesnatur aus dem Gesamtgefüge zu isolieren und getrennt darzustellen. Diesem Zweck dient die Kartierung der *Naturräumlichen Gliederung*. Sie ist vor allem auch für die Landesplanung nützlich. Denn sie macht es möglich, die Eignung der Landschaftsteile für die verschiedenen Zwecke der Nutzung in ihrer räumlichen Ordnung zusammenhängend zu überblicken.

Die Möglichkeit, die Struktur der Landesnatur (als einen abstrahierten Teil aus der Gesamtstruktur der Kulturlandschaft) zu erfassen, verdanken wir, soweit es das biotische Produktionspotential betrifft, der Idee der *potentiellen Naturlandschaft*. Damit ist die theoretisch vorstellbare Naturlandschaft gemeint, die – wenn der Mensch nicht mehr darin wirken würde – die Stelle der gegenwärtigen Kulturlandschaft einnähme. Die potentielle Naturlandschaft kann auf einem konstruktiven Wege kartiert werden. Es wird dabei aber ein realer Sachverhalt objektiv dargestellt. Denn nach der von Pflanzensoziologen und Geographen gemeinsam entwickelten Methode kann von den gegenwärtig vorhandenen realen Pflanzengesellschaften (*Ersatzgesellschaften*) auf das Wuchspotential der Standorte geschlossen werden.
Infolge der räumlichen Determination der spontanen Lebensgemeinschaften (z. B. Unkrautgesellschaften) gibt uns die ökologische Erforschung der Beziehungen zwischen den Biozönosen und ihren Standorten in Verbindung mit der Sukzessionsforschung die Möglichkeit, in der Kulturlandschaft die potentielle Vegetation der Fliesentypen und damit die räumliche Gliederung des Wuchspotentials zu konstruieren. Eine Karte, deren Maßstab es erlaubt, noch die einzelnen Fliesen darzustellen, muß für dasselbe Gebiet zu dem gleichen Gliederungsbild führen, auch wenn sie von verschiedenen Forschern aufgenommen wird. Es kann dabei kaum grundsätzliche Auffassungsunterschiede geben. Die Güte der Karte hängt lediglich von der Vollständigkeit und der Genauigkeit der Beobachtung ab. Anders ist es bei kleinerem Maßstab, wenn auf der Karte nicht mehr die einzelnen Grundeinheiten, sondern nur noch deren räumliche Gefügetypen als Grundlage für die Abgrenzung der räumlichen Einheiten dienen können. Die dabei notwendige Generalisierung ist nicht mehr in dem gleichen Maße objektiv eindeutig wie bei der großmaßstäblichen Kartierung.

Konstituierende Bestandteile jeder Kulturlandschaft sind einerseits die räumlichen Einheiten der Landesnatur. Zum anderen sind es die Menschen in ihren Wohnplätzen. Von diesen gehen die Organisationspläne aus, die einen Teil der räumlichen Bestandteile zu funktionalen Einheiten (Betriebe, Gemeinden u. a.) miteinander verbinden. Aus dieser funktionalen Bindung ergibt sich der Bedeutungsgrad der einzelnen anthropogenen Gegenstände in der räumlichen Ordnung. Man denke etwa an die zusammengehörenden Bestandteile einer Saline oder eines landwirtschaftlichen Bewässerungssystems oder des auf einen zentralen Ort ausgerichtete Verkehrsnetzes usw.
Mit der auf Erfahrung beruhenden, meist schon historisch begründeten oder in der Gegenwart oft planmäßigen Anpassung an die Qualitätsunterschiede der Landesnatur können bestimmte Fliesentypen in der Kulturlandschaft durch besondere gegenständliche Einrichtungen (z. B. eingehegte Wiesen und Weiden in der Talaue, terrassierte Weinberghänge, Sport- und Erholungsanlagen auf landwirtschaftlich wertlosem Gelände usw.) als räumliche Einheiten der Landschaft betont in Erscheinung treten. Zum Teil können sie als lokale Ökosysteme, in denen bestimmte Funktionen der Gesellschaft wirksam sind, aufgefaßt werden.

Physiognomisch können Grenzen natürlicher Standortseinheiten in der Kulturlandschaft auffälliger sein als in der ursprünglichen Vegetation. So hebt sich in der Naturlandschaft Bruchwald, der an eine bodentrockene Waldgesellschaft grenzt, von dieser nicht so markant ab wie die Wiesen, die in der Kulturlandschaft die Stelle des Bruchwaldes einnehmen, von dem Wald, der auf dem trockenen Standort erhalten blieb. Auch der Gegensatz von Acker und Grünland an einer solchen Standsortsgrenze springt mehr in die Augen als der Unterschied der beiden Waldgesellschaften, die dort unter natürlichen Verhältnissen aneinandergrenzen.

Als Folge verschiedener Eignung der Standorte für die Zwecke des Menschen werden in der Kulturlandschaft oft einige der ursprünglichen Vegetationseinheiten stark oder auch ganz durch Wirtschaftsformationen verdrängt, während andere erhalten bleiben oder nur wenig beeinflußt werden. So stellen in großen Teilen Mitteleuropas die ursprünglich von typischen Eichen-Hainbuchenwäldern eingenommenen Standorte einen Hauptteil des Ackerlandes der alten Besiedlung. An vielen Stellen reicht das offene Land heute fast genau bis an die äußere Grenze dieser Eichen-Hainbuchenwald-Standorte.

Der Grad der Anpassung anthropischen Wirkens an die Landesnatur wird in der Koinzidenz der Verbreitung anthropogener Bestandteile mit der naturräumlichen Gliederung erkennbar. Solche Koinzidenzen können für aktuelle Vorgänge der Gegenwart festgestellt werden. Sie sind aber auch in historisch gewordenen Strukturen oft schon seit langer Zeit vorhanden.

Wir verweisen auf das Beispiel eines von HERMANN HAMBLOCH (1960) untersuchten Kulturlandschaftsausschnittes. Dieser setzt sich naturräumlich aus sechs Fliesentypen zusammen. Bei den geringen Reliefunterschieden sind diese hauptsächlich durch verschiedene Grundwassertiefe und Unterschiede der Bodenarten bedingt. Von den neun alten Höfen liegen vier in der ,,mäßig feuchten Niederung'', die übrigen fünf auf der ,,mäßig feuchten bis mäßig trockenen'' Ebene. Die feuchten Niederungen sind zumeist Wiesen- und Weideland mit etwas Bruchwald. Der Fliesentyp ,,trockene Flachwelle'' ist vollständig von Ackerland eingenommen, das in schmale Langstreifen parzelliert ist. Dieses steht in einem scharfen Gegensatz zu den angrenzenden Fliesen, wo die Höfe liegen; auf Blockparzellen von teilweise erheblicher Größe wechseln dort Äcker und Waldstücke unregelmäßig miteinander. In weiterer Entfernung schließt sich Heide und Wechselland an. Die Gesamtanordnung ergibt sich als eine räumliche Integration aus der wirtschaftlich-funktionalen räumlichen Struktur der einzelnen Hofbetriebe, die alle an den verschiedenen naturräumlichen Bereichen Anteil haben. Zu jedem Betrieb gehören in Hofnähe Blöcke von Äckern, Wald und Wiesen, dazu Äcker in den Langstreifen sowie ein Anteil an der Nutzung des Wechsellandes der äußeren Mark.
Ein anderes Beispiel für das komplexe Zusammenspiel von naturräumlicher Gliederung, historischer Struktur und gegenwärtiger räumlicher Ordnung der wirtschaftlichen Nutzung entnehmen wir der Arbeit von ANNELIESE STURM (1959) über die Waldwirtschaft in den Gebieten von Otterberg, Ramsen und Donnersberg. Die heutige Verteilung von Nadel- und Laubholz in den einzelnen Teilen der drei Waldgebiete ist vorwiegend aus wirtschafts- und rechtsgeschichtlichen Ursachen zu erklären. Ausschlaggebend sind vor allem historisch begründete Besitz- und Nutzrechte. Dazu kommt, daß die Wälder im 18. und 19. Jh. teilweise durch Übernutzung stark devastiert worden sind, oder daß sie wie der Eichenschälwald durch eine hochrentable Sondernutzung der Umwandlung in eine andere Nutzungsform entzogen waren.

Mit der genetischen Deutung räumlicher Gefüge der Kulturlandschaft hat sich seit langem besonders die europäische Siedlungsforschung befaßt. Sie versucht, die Entstehung der räumlichen Ordnung nicht nur mit historischen Methoden durch Auswerten des urkundlichen Quellenmaterials zu erfassen. Sie benutzt in jüngster Zeit auch ökologische Methoden, mit denen für die historisch erfaßbaren Entwicklungsstufen funktionale Beziehungen zwischen den wirkenden Bestandteilen untersucht werden können. Darüber hinaus bedient sie sich chorographisch-statistischer Methoden, um die erkannten Zusammenhänge mit den Naturräumen auch quantitativ auszuwerten. Die Naturräume müssen dabei für die betreffende Zeit gegebenenfalls rekonstruiert werden (vgl. WILHELM MÜLLER-WILLE, 1956 und 1958).

Ein Beispiel dieser Forschungsrichtung ist die schon zitierte Arbeit von HAMBLOCH (1960). Darin wird die Entwicklung der Bauernschaft Ostquenhorn aus einer Einödgruppe von drei Höfen (um 600 n. Chr.) zu einem Ringdrubbel aus neun Höfen (um 1500), der dann bis 1820 erhalten bleibt, nachgewiesen.

Tiefgründige Untersuchungen dieser Art müssen, zumindest in alten Kulturlandschaften, oft sehr weit in die Geschichte zurückgehen. Aus Mangel an historischen Quellen oder anderen Informationsmöglichkeiten über die früheren Zustände und Ereignisse ist man dennoch oft nicht in der Lage, die Entwicklung restlos aufzuklären. Nicht selten bleibt dann nur die Möglichkeit, nach den aus besser dokumentierten Fällen ähnlicher Art gewonnenen Erkenntnissen Analogieschlüsse zu ziehen oder sich auf hypothetische Annahmen zu beschränken.

Neben den ortsfesten Grundlagen der naturräumlichen Gliederung und der örtlichen anthropogenen, historisch überlieferten Strukturen sind außerdem andere, nicht ortsgebundene Grundlagen als Bedingungen für die räumliche Ordnung in den Kulturlandschaften mit wirksam, wie z. B. die veränderliche Reichweite geistiger Einflußbereiche und das ebenso veränderliche wirtschaftliche Gefüge der weiteren Umgebung, mit der die Landschaft durch funktionale Beziehungen verbunden ist.

Methodische Hilfsmittel, um die strukturelle räumliche Ordnung der Landschaft zu erfassen und übersichtlich darzustellen, sind Karten, Strukturprofile und exemplarische Schemata der räumlichen Gliederung und der Anordnungssysteme typischer Landschaftsteile. Hier kann das gesamte Instrumentarium der topographischen und thematischen Kartographie und der topologischen Erkundung der naturräumlichen und der sozialräumlichen Gliederung eingesetzt werden, um alle wichtigen Komponenten der Landschaftsstruktur einschließlich des anthropogenen historischen Erbes anschaulich zu demonstrieren. Darstellungen dieser Art, in denen die Ergebnisse der Beobachtung und Erkundung ihren Niederschlag finden und überschaubar gemacht werden, sind zugleich Hilfsmittel für die Erforschung der funktionalen Zusammenhänge in dem landschaftlichen Wirkungssystem.

Speziell mit der großmaßstäblichen Untersuchung der strukturellen räumlichen Ordnung landschaftlicher Systeme beschäftigt sich die „Geosystem-Topologie" (SOCHAVA, 1971). Natürliche und anthropogene kleinste Bauelemente der räumlichen Struktur können aus lokalem Interesse individuell betrachtet und untersucht werden. Sie können aber vor allem auf der Grundlage des Vergleichs typologisch zusammengefaßt, als Typen systematisch geordnet und mit Hilfe planmäßiger Geländeerkundung in ihrer räumlichen Vergesellschaftung kartiert werden. Mit der typologischen Generalisierung der topischen Einheiten werden diese im Systemmodell der Landschaft als strukturelle Systemelemente erfaßbar. Die topologische Betrachtungsweise und ihre Untersuchungsmethoden können einerseits auf die räumlichen Bestandteile der realen Landschaft, zum anderen aber auch auf deren naturräumliche Gliederung angewandt werden.

HAASE und Mitarbeiter kennzeichnen die „Geotopologie" als den „Aufgabenbereich der Landschafts- bzw. Naturraumanalyse, in dem die Ermittlung und Kennzeichnung des Geokomplexes/Geosystems in seinem gesamten (oder in seinem wesensbestimmenden) Wirkungszusammenhang und Erscheinungsbild im Rahmen der topischen Dimension, also unter Betonung der vertikalen, an Meß- und Aufnahmepunkten realisierten Kausalverflechtungen zwischen den Geokomponenten und Geoelementen und deren horizontalen Gültigkeitsgrenzen (Homogenitätsbestimmung) vorgenommen wird" (HAASE et all., 1973).

Geotopologische Forschungsmethoden sind bisher vorwiegend unter physiogeographischen Aspekten, und zwar vor allem im Hinblick auf die ökologische Landschaftsforschung entwickelt worden (Methoden der großmaßstäblichen Kartierung der naturräumlichen Gliederung). Nach SOCHAVA (XXI Congrès International de Géographie, New Deli 1968) kann man das so ausgerichtete Studium der Geosysteme der topologischen Dimension auch mit einem schon von L. G. RAMENSKI (1938) verwendeten Wort als „Ökotopologie" bezeichnen.

In bezug auf die Topologie der anthropogenen Bestandteile der landschaftlichen Raumstruktur gibt es zwar eine Unzahl spezieller analytischer Untersuchungen von Einzelbeispielen. Es fehlt aber bisher eine umfassende theoretische Durchleuchtung der Gesamtproblematik. Einen ersten Ansatz dazu bieten am ehesten noch die Arbeiten über Wirtschaftsformationen, manche neuere stadtgeographische Untersuchungen und einige Versuche der Landschaftsplaner, ihre notwendigen Planungsunterlagen unter systemtheoretischen Gesichtspunkten aufbereitbar zu machen (z. B. Arbeiten von H. LANGER, R. THOSS u. a.).

Die primäre Aufgabe der topologischen Methode ist die Identifizierung und typologische Klassifizierung der kleinsten räumlichen Bestandteile und die Erkundung, Beschreibung und Deutung ihrer räumlichen Ordnung in der Struktur des landschaftlichen Wirkungsgefüges. Dabei geht es nicht nur um Methoden der formalen Beschreibung der Qualitäten, Größenordnungen und Anordnungsmuster, sondern zugleich auch um die Erfassung der Lagebeziehungen der Bestandteile zueinander und deren funktionale Zusammenhänge und die ursächliche Begründung regelhafter Strukturen des topischen räumlichen Gefüges. Die Systeme der anthropozentrischen strukturellen räumlichen Ordnung werden in ihrem funktionalen Zusammenhang als Wirtschafts- oder Nutzungsformationen erfaßt.

WAIBEL kam von seiner *physiologischen* Auffassung der Landschaft dazu, die Bewirtschaftung des Landes aus ihren in der Landschaft wahrnehmbaren Bestandteilen als ein innerlich zusammenhängendes Gesamtphänomen zu begreifen. Um dieses als ein nach Organisationsplänen des wirtschaftenden Menschen Geschaffenes erfassen und deuten zu können, übernahm er von den praktischen Landwirten die Begriffe *Betrieb* und *Nutzungssystem* und von der Völkerkunde den Begriff der „Wirtschaftsform", die er mit den *genres de vie* von JEAN BRUNHES (1869–1930) in einen logischen Zusammenhang brachte. So kam er zu der methodischen Konzeption, die in dem Begriff der *Wirtschaftsformation* gipfelt.

Mit dieser Betrachtung der wirtschaftlich bedingten Erscheinungen in der Landschaft unter den Aspekten von Wirtschaftsform (im Sinne von HAHN), von Nutzungssystem und Betrieb war eine brauchbare Bezugsbasis gefunden. Denn damit wurde es möglich, die Bestandteile nicht mehr nur isoliert, sondern in ihrem auf den wirtschaftenden Menschen bezogenen funktionalen Zusammenhang zu sehen und in ihrer Gesamtheit als ein anthropogenes Teilsystem der Synergose zu begreifen. Dieses war ein geeigneter Ausgangspunkt, um, wenn auch zunächst nur für eine von der Landwirtschaft geprägte Kulturlandschaft, den anthropogenen Teil der Struktur in seiner anthropozentrischen Ordnung als Wirkungszusammenhang zu erfassen, der bei der Analyse sinnvoll in sachgerechte Teilkomplexe zerlegt werden kann. Die Schlüsselidee ist dabei die funktionale Zuordnung der wirtschaftlichen

Gegenstände und Vorgänge zu der Lebensform der wirtschaftenden Menschengemeinschaft. Für die Gesamtheit der in einem solchen System funktional verbundenen landschaftlichen Gegenstände, die Betriebe und ihre Einrichtungen, das Nutzungssystem mit allen dazu gehörenden akzessorischen Bestandteilen (Wege, Verarbeitungs- und Transportanlagen usw.) in ihrer räumlichen Ordnung und Erscheinungsweise hat WAIBEL den Begriff der *Wirtschaftsformation* geprägt (1927). Er wollte damit die *landschaftliche Erscheinungsweise* einer Wirtschaftsform erfassen.

Damit hatte er, ob bewußt oder unbewußt, ist dem Verfasser nicht bekannt, an einen Terminus angeknüpft, den L. C. BECK 40 Jahre vorher geprägt hatte, als er die „menschlichen, die Erdoberfläche verändernden Massenwirkungen" als „Kulturformationen" bezeichnete (HERMANN WAGNER, 1885, S. 593).

WAIBELs Versuche, den Begriff der Wirtschaftsformation zu formulieren, waren am Anfang unsicher. Dieses ist daraus zu verstehen, daß auch der Landschaftsbegriff zu dieser Zeit noch nicht ausreichend geklärt war. Manche Äußerungen WAIBELs sind daher nicht eindeutig. Infolgedessen sind seine Absichten anfänglich oft mißverstanden worden. Das hat dazu geführt, daß diese für die synergetische Auffassung der Kulturlandschaft wichtige Konzeption nur mit Verzögerung aufgenommen und weiter fruchtbar gemacht worden ist. Aus den von WAIBEL selbst untersuchten Beispielen (vor allem 1933c) geht aber eindeutig hervor, daß Wirtschaftsformation von ihm von Anfang an in dem Sinne der obigen Interpretation gemeint war und daß er selbst die methodische Bedeutung dieses Begriffs schon erkannt hatte.

Der Konzeption in sicherer Form waren langjährige Vorstufen vorausgegangen, in denen die Idee als noch unbenannter, schwebender Begriff sich allmählich klärte und festigte. Diese lassen sich bis in die frühesten Arbeiten WAIBELs zurückverfolgen. Von der ökologisch-physiologischen Betrachtung der Tierformen (1912, 1913) kam er zu den menschlichen Lebensformen (1914, 1920, 1921), zu der ökologischen Bedingtheit der Wirtschaft (1922) und deren landschaftlicher Ausprägung (1927). Erst dann erschien der Begriff der *Wirtschaftsformation* in diesem Namen verkörpert. Doch machte seine Definition zunächst noch Schwierigkeiten, so daß er noch nicht unmittelbar eine „allen sichtbare, hinauswirkende und beharrende Macht" (EUCKEN, 1879, S. 181) werden konnte. Dieses ist er aber inzwischen geworden (vgl. PFEIFER, 1958, 1971 und Vorträge bei dem WAIBEL-Kolloquium 1968 in Heidelberg).

Wenn HANS-JÜRGEN NITZ in einem durch instruktive Beispiele ausgezeichnet informierenden Aufsatz über *Agrarlandschaft und Landwirtschaftsformation* (1970) in einem Abschnitt, der „Allgemeine Fassung des Begriffs" überschrieben ist, formuliert: „Alle Betriebe gleicher Landwirtschaftsform fassen wir in ihrer räumlichen Realität als einer Landwirtschaftsformation zugehörig zusammen, sie bilden eine Landwirtschaftsformation" (S. 81/82), so ist dieser Satz zwar inhaltlich nicht falsch, aber als Definition unvollständig und daher irreführend. Man müßte ihn ergänzend interpretieren durch einen schon 35 Jahre älteren Satz von PFEIFER: „Der Habitus einer solchen Formation wird bestimmt durch den eigentümlichen Charakter der Produktionseinheiten, die sich regional zusammenordnen, sowie die sekundären Organe, die im Leben der Formation eine Funktion zu erfüllen haben, die weniger den einzelnen Betrieben, als dem gesamten Gebiet der Formation dienen" (PFEIFER, 1936).

Nicht der Typus der Betriebe allein macht das Wesen der Formation aus. Wenn der Begriff mit 'Betriebstypen' identisch wäre, wie die Formulierung von NITZ („Betriebe gleicher Landwirtschaftsform") anzudeuten scheint, dann würde man das neue Wort *Wirtschaftsformation* gar nicht brauchen.

WAIBEL meinte mit dem Begriff die Vergesellschaftung aller auf eine bestimmte Wirtschaftsform bezogenen landschaftlichen Phänomene. Die Betriebe als solche müssen dabei keineswegs einheitlich sein und sind es auch nur selten. WAIBEL wollte aber damit nicht nur die Betriebe allein erfassen, sondern diese mit allem, was von der durch die Wirtschaftsform bestimmten Lebensweise der Gesellschaft an weiteren funktionalen Bestandteilen, die z. T.

weit über der Dimension der Betriebe liegen können, dazu kommt, wie z. B. das Wegenetz und andere Einrichtungen der Infrastruktur.

> Dazu gehören z. B. der staatliche Verladebahnhof, die Genossenschaftsmolkerei, die Winzergenossenschaft, Marktplätze, Reparaturwerkstätten, Versorgungsgeschäfte, Schulen, Kirchen, Gastwirtschaften, Wohnhäuser und vieles andere mehr.

Nur wenn, wie es WAIBELS Intention war, der Begriff auf die wirtschaftliche Lebensform der Gesellschaft bezogen wird, kann er die ihm zugedachte Funktion erfüllen, die anthropogene Organisation einer Wirtschaftslandschaft in ihren Zusammenhängen zu erfassen und durchschaubar zu machen. Zu der gleichen wirtschaftlichen Lebensform einer Gesellschaft gehört, das sei, um Mißverständnisse zu vermeiden, noch einmal betont, nicht notwendigerweise die Gleichheit der Betriebe; Eigentums- und Pacht- oder Zupachtbetriebe können z. B. durchaus nach dem gleichen Nutzungssystem wirtschaften. Ebenso wenig gehört dazu die Gleichheit des Lebensstils und des Einkommens der beteiligten Personen oder Familien.

> So umfaßt z. B. eine Wirtschaftsformation mit Zuckerrohrplantagen sowohl die Manager und Ingenieure als auch die Landarbeiter. Zu einer industriellen Wirtschaftsformation gehören Direktoren und führende Spezialisten ebenso wie Arbeiter, Kantinenköche und Sekretärinnen. Die Wirtschaftsformation einer Großstadt umfaßt das ganze breite Spektrum der Inhaber und Mitarbeiter von produzierenden Gewerben, aber außerdem auch die Angehörigen von Dienstleistungsberufen und die Freischaffenden, die sich dort in der großstädtischen Lebensform zusammengefunden haben.
> Daß der Begriff der Wirtschaftsformation auch auf die industrielle Wirtschaft anzuwenden ist, wurde durch zwei vom Verfasser angeregte Untersuchungen (HERBERT JAEGER, 1968 [vgl. dazu die Besprechung von ERNST PLEWE, 1969] und HEINZ QUASTEN, 1970) gezeigt. Für die Betrachtung von Städten unter dem gleichen Aspekt liegen in wirtschaftsgeographischen und stadtgeographischen Arbeiten Ansätze vor (z. B. JOACHIM PAULY, 1975). Doch fehlt es noch an Versuchen, den Begriff der Wirtschaftsformation in aller Konsequenz auch auf Großstädte der Industriegesellschaft anzuwenden.
> Für die synergetische landeskundliche Forschung kann der Begriff der Wirtschaftsformation in den Bereichen aller Lebensformen der Gesellschaft eine wesentliche Hilfe sein. Man sollte ihn deshalb nicht inhaltlich einengen oder verwässern. Gegen den Mißbrauch des Terminus lediglich als Ersatzwort für andere Begriffe wie Wald, Forst, Nutzflächen, Waldwirtschaft wie bei STURM (1959) wurde schon an anderer Stelle Stellung genommen (SCHMITHÜSEN, 1965).

Die räumlich-funktionale Ordnung einer Wirtschaftsformation und deren materielle Gestalt begründen sich auf den technischen Fähigkeiten der Gesellschaft und auf der Anpassung der Wirkpläne an technische und ökonomische Gesetzmäßigkeiten, an Bedingungen, die sich als Wirkungsbeziehungen zu der Außenwelt aus der räumlichen Lage der Landschaft ergeben, und an die sich aus der Landesnatur und dem anthropogenen historischen Erbe vorgegebenen strukturellen Eigenschaften der Landschaft.

Die Wirtschaftsformation ist das Ergebnis einer Auseinandersetzung der wirtschaftenden Gesellschaft mit den in der Landschaft konkret gegebenen strukturellen Voraussetzungen. Deren Bewertung durch die Gesellschaft ist dafür maßgebend, welche Teile der Landschaft und wie diese in den Wirkplan einbezogen werden. Dieses wird z. B. in der räumlichen Ordnung der Siedlungen, im wirtschaftlichen Nutzungssystem und in der Betriebsform, sowie auch in der räumlichen Ordnung und der formalen Gestaltung aller übrigen Einrichtungen, die dem funktionalen System der Formation angehören, wirksam. Dabei besteht jedoch keine Zwangsläufigkeit. Denn die Gesellschaft hat die Wahl zwischen vielen Möglichkeiten und kann außerdem jederzeit neue erfinden und realisieren.

Prinzipielle und gewichtige Unterschiede in den Wirkplänen ergeben sich, wie WAIBEL von Anfang an erkannt hatte, aus den Wirtschaftsformen. Diese sind ihrerseits, wie schon an anderer Stelle (5.4) dargestellt wurde, auf den unterschiedlichen Stufen der Technik begründet.

Man vergleiche unter diesem Gesichtspunkt etwa die Wirtschaftsformationen der primitiven Sammler, Jäger und Fischer (z. B. Semang, Buschmänner, Nootka), der Völker auf der Stufe des Hackbaus (mit Pflanzstock im Amazonischen Regenwald, mit Grabstock in Südostasien oder mit Hacke in Afrika), des primitiven Pflugbaus im Vorderen Orient, der Hirtennomaden (mit Rindern, Kamelen, Pferden, Schafen oder Rentieren) im Ostafrikanischen Hochland, in Arabien, Zentralasien und Nordostsibirien, des alten 'europäischen Pflugbaus' mit verbesserten Pflügen, Düngung und hochentwickelter handwerklicher Technik, der mechanisierten modernen Landwirtschaft, der Industrie und der großstädtischen Gesellschaften.

7. Kapitel: Der funktionale Aspekt

7.1 Allgemeines

Die Urheber (Aitionen) der aktuellen Vorgänge lassen sich einerseits als allgemeine Eigenschaften der Materie (allgemeine Naturgesetze), zum anderen als unterschiedliche Wirkqualitäten der substantiellen Strukturen in den verschiedenen Seinsbereichen erfassen. Das heißt, primär wirkende Kräfte sind Masse und Energie und die strukturelle Differenzierung der stofflichen Energieträger. Dazu gehören die Gravitation, die aus der Struktur des Bewegungssystems der Erde resultierende Dynamik der solaren Energieeinstrahlung, die lebenden Organismen in ihrer genetisch gewordenen Mannigfaltigkeit und die Menschheit mit ihren individuell und gesellschaftlich differenzierten nootischen Kräften und Fähigkeiten. *Von der Struktur ihres gegenständlichen Gefüges aus ist daher die Synergose ein räumliches System von aktuellen und latenten Kräften, Eignungen und Entwicklungstendenzen.* Dessen Dynamik setzt sich aus einer Vielfalt von einzelnen Vorgängen zusammen. Ziel seiner Erforschung ist nicht in erster Linie, die Physiognomie der Gegenstände bis in die letzten Einzelheiten zu erklären, sondern den inneren Zusammenhang des dynamischen Gefüges verständlich zu machen. Bis zu einem gewissen Grade ermöglicht aber die physiognomische Betrachtung dazu einen ersten Zugang. Sie hilft insofern, als wir die Gestalt der Gegenstände als Ausdruck von Wirkungen auffassen können. Aus den auf diese Weise wahrnehmbaren Vorgängen erkennen wir Beziehungen zwischen den Bestandteilen der räumlichen Struktur und damit die Ursachen der aktuellen Wirkungszusammenhänge in der Synergose.

Zugleich erfassen wir diese als einen Teil des gesamten geosphärischen Systems. Denn die Vorgänge haben nur teilweise autochthone Ursachen, die sich aus den Beziehungen der Synergose zu anderen Wirkungssystemen ergeben. Landschaftlich *endogene* Faktoren sind die Wirkungsbeziehungen zwischen den räumlichen Bestandteilen der anorganischen, biotischen und nootischen Strukturen in der Landschaft selbst. Wesentlich ist dabei außer der Art der Bestandteile auch die Form ihrer räumlichen Vergesellschaftung. *Exogene* Faktoren sind Wirkkräfte aus der äußeren Umgebung der Landschaft, die ebenfalls nach der Art ihres Wirkens in anorganische, biotische oder nootische Kräfte gegliedert werden können.

Vorgänge sind Veränderungen in der Zeit. Sie können einseitig gerichtet sein und in der Landschaft irreversible Folgen haben, wie etwa die Erosion und die Denudation oder der Materialtransport eines Gletschers. Sie können aber auch in periodischem Wechsel ablaufen wie Tag und Nacht, ohne im Zeitmaßstab der *Gegenwart* dauerhafte Veränderungen der Landschaft zu bewirken.

Bei den durch die Bewegung der Erde im Solarsystem bedingten *periodischen* Vorgängen des Wechsels der Tages- und Jahreszeiten ist der durch die geosphärische Lage bestimmte Unterschied des Ablaufs von Ort zu Ort ausschlaggebend für räumliche Unterschiede (Tageszeiten- und Jahreszeitenklimate, klimazonale Unterschiede der Landschaften) in den einzelnen Teilen der Geosphäre.

Wenn wir *komplexe Vorgänge* wie das Klima eines Ortes als *Zustände* auffassen oder Lebewesen wie Pflanzen und Tiere oder auch Nutzflächen (wie z. B. einen Kartoffelacker) als *Gegenstände* ansehen, dann messen wir dabei implicite der *Gegenwart* eine beträchtliche Zeitdauer zu. Dieses ist offenbar notwendig. Ein bestimmtes Klima z. B. kann nur im *langjährigen Mittel* erfaßt werden. Ebenso brauchen viele andere Vorgänge mehrere Jahre, um in dem Sinne der Begriffe, mit denen wir sie charakterisieren, existent zu sein. Bei der Dreifelderwirtschaft sind es mindestens drei Jahre und bei manchen anderen Nutzungssystemen noch längere Zeitspannen. Dem steht aber gegenüber, daß wir, um bestimmte Vorgänge der modernen Kulturlandschaften in ihren schnell wechselnden Folgen zu erfassen, zugleich auch in einer viel kürzeren Gegenwartsvorstellung denken müssen, nämlich in dem Sinne von *heute* im Gegensatz zu *gestern*.

Allgemein ist festzustellen, daß die Gegenwartsvorgänge, mit denen wir es in den Landschaften zu tun haben, in unterschiedlichen Zeitdimensionen ablaufen. Die anorganischen Vorgänge der *geologischen Gegenwart*, wie die Bildung von Reliefformen oder das Fließen eines Gletschers, benötigen zumeist längere Zeitspannen als viele biotische Vorgänge, wie etwa die Besiedlung des bei einem Gletscherrückgang freigewordenen Vorlandes. Noch schneller laufen manche anthropogenen Vorgänge ab wie die Rodung eines Waldes oder der Bau eines Hafens oder eines Hochhauses. Insbesondere seit der Entwicklung der modernen Technik sehen wir uns bei der Betrachtung von Kulturlandschaften gezwungen, den Begriff der *Gegenwart* in zunehmendem Maße auf kürzere Zeitspannen einzuengen.

Prinzipiell können wir alle Vorgänge nach der Differentialmethode in Komponenten kleinster Zeiteinheiten zerlegen. Oft müssen wir dieses tun, wenn wir ihren Ablauf, um ihn erklären zu können, analytisch untersuchen. Damit kann aber das, was wir zunächst als Einheit der Vorgänge begriffen hatten, in verschiedene isolierte Teile aufgelöst werden: ein Schneekristall fällt auf den Gletscher, ein Samenkorn keimt auf der erstarrten Lavaoberfläche, ein Bauer schwingt in dem reifen Kornfeld seine Sense. Auch jeder dieser Teilvorgänge läßt sich bei näherer Betrachtung weiter zerlegen. Wenn ein Gesteinsbrocken auf den Rand des Gletschers fällt, dann sind zahlreiche Vorgänge vorausgegangen, die ihn aus dem Verband der Felswand gelöst haben. Nächtliche Abkühlung bewirkte das Gefrieren von Wasser in den Felsspalten; der Eisdruck bewegte den Felsblock. Andere Vorgänge konnten dabei mit beteiligt sein wie der Druck wachsender Pflanzenwurzeln oder die Lösung von Stoffen in durchsickerndem Wasser, wobei möglicherweise auch die von Pflanzenwurzeln abgesonderten Stoffe mit wirksam waren. Auch ein Mensch kann vorübergegangen sein und durch seinen Schritt den schon gelockerten Block erschüttert haben.

Wir sehen an der mit diesem Beispiel angedeuteten Analyse, die keineswegs bis zur letzten Konsequenz durchgeführt ist, daß die Betrachtung der Vorgänge der Dimension der Landschaft angemessen sein muß, wenn wir uns nicht in uferlose Details verlieren wollen. Die letzte Erklärung der Vorgänge im einzelnen müssen wir den aitiontischen Zweigen der Allgemeinen Geographie, sowie der Physik, der Chemie, der Biologie und der Anthropologie überlassen.

Bei Abläufen, die quantitativ erfaßt werden können, begnügen wir uns oft mit *Mittel- oder Pauschalwerten* für größere Komplexe von Vorgängen, die an der landschaftlichen Relevanz orientiert sind. Wir untersuchen nicht die Verschiebung jedes einzelnen Steines, sondern die Bewegung der Blockhalden, der Seitenmoräne oder des Lavastroms, nicht die Temperaturveränderung an jedem Ort von Sekunde zu Sekunde, sondern den mittleren Tages- und Jahreszeitenverlauf der Wärme auf einem bestimmten Teil des Geländes. Wir interessieren uns nicht für den Ablauf des Wachstums einzelner Pflanzenindividuen, sondern eventuell noch für die Wuchsleistung einer Art, oder aber nur für die Stoffproduktion eines Waldes oder einer Steppe in einer bestimmten Zeit, und für die Menge des Wassers oder der Nährstoffe, die dem Boden entnommen werden. Wir zählen nicht die Kartoffeln, die eine Hausfrau an einem bestimmten Tag auf den Tisch bringt, sondern ermitteln vielleicht den durchschnittlichen Kartoffelverbrauch eines Dorfes oder einer Stadt für eine bestimmte Zeitspanne. Wir zählen auch nicht die Schritte der verschiedenen Personen, die sich zum Einkaufen auf einen Markt begeben, sondern stellen vielleicht die mittlere Häufigkeit des Marktbesuches und die durchschnittliche Entfernung, die dabei zurückgelegt wird, für einen größeren Personenkreis fest. Andererseits brauchen wir uns bei der Anwendung statistischer Methoden nicht nur auf die Daten von unmittelbar wahrnehmbaren konkreten Vorgängen zu beschränken. Wir können auch mit abstrakten, logisch konstruierten komplexen Begriffen verschiedene Daten der empirisch-statistischen Analyse miteinander in Beziehung setzen und auf diese Weise auf mathematischem Wege zu indirekten Wahrnehmungen sehr komplexer Tatsachen gelangen (z. B. über die Jahresbilanz landwirtschaftlicher Betriebe).

7.2 Die Vorgänge des Wirkens in der anorganischen Stufe

Die Erforschung von Naturlandschaften aus rein anorganischen Komponenten bietet am wenigsten grundsätzliche methodische Schwierigkeiten. Daher ist dieser Teil der Landschaftsforschung am weitesten entwickelt. Eine unbelebte Naturlandschaft kann in ihrer aktuellen Dynamik als ein physikalisch-chemisches Reaktionsfeld aufgefaßt werden.

Abiotische Ursachen der gegenwärtigen Vorgänge sind

1. die allgemeinen Eigenschaften der Materie,

2. tellurische materielle Strukturen, die aus der Entwicklung der Vergangenheit hervorgegangen sind, wie z. B. der tektonische Bau, die stoffliche Gesteinsbeschaffenheit, das Relief der festen Erdkruste und die Verteilung von Wasser und Land in ihrer gegenwärtig gegebenen räumlichen Differenzierung,

3. kosmische Strukturen, insbesondere das Bewegungssystem Erde-Sonne-Mond, das außerirdische Einwirkungen wie die Quantität und die räumliche und zeitliche Verteilung der solaren Energiezufuhr und die Gezeitenbewegung der Meere reguliert.

Zum mindesten theoretisch kann die Gesamtheit der abiotischen Vorgänge in dem Ordnungssystem des mathematisch-physikalischen Denkens erfaßt werden. Die gegenwärtigen Vorgänge sind teilweise auf Grund direkter Messungen quantifizierbar.

Die letzte Erklärung der dabei entstehenden Formen ist daher nichts anderes als Physik (und Chemie) der Erdoberfläche. Voraussetzung ist nur die Entwicklung entsprechender Beobachtungsmethoden. Neben der einfachen Autopsie, der direkten Anschauung, und den mannigfaltigen Formen indirekter Schlußfolgerungen bedient sich der Geograph in diesem Bereich vor allem auch technischer Meßmethoden. Oder er benutzt die von anderen Wissenschaften mit solchen Methoden gewonnenen Ergebnisse als Grundlagen für seine Schlüsse, Erklärungen und Beschreibungen.

Durch das Wirken sind die gegenständlichen Erscheinungen im Bereich des Wirklichen miteinander verbunden und als Vorgänge erklärbar.

Ein einfaches Beispiel bringen wir in Anlehnung an E. Markus (1936). Im Chibina-Gebirge auf der Halbinsel Kola schwankt die Lufttemperatur oft um Null Grad. In die Spalten des Syenit-Gesteins dringt Wasser ein. Wird die Frosttemperatur erreicht, so bildet sich Eis. Nach der Eisbildung zerfällt das Gestein in einzelne Felsblöcke. Dieses ist ein in der Zeit verlaufende Beziehung zwischen dem Frost, der Eisbildung und dem Gesteinszerfall. Es ist aber nicht nur eine zeitliche Beziehung. Denn die Eisbildung geht nicht nur *nach* dem Frost vor sich, sondern *infolge* des Frostes, und der Zerfall des Gesteins geschieht *infolge* der Eisbildung. Der Frost *bewirkt* die Eisbildung, und diese *bewirkt* den Gesteinszerfall. Das Vorangehende ist das Wirkende, das Nachfolgende die Wirkung.

Die Wirkung ist abhängig von dem Wirkenden. Der Zerfall des Gesteins ist abhängig von der Eisbildung, und diese ihrerseits von der Frosttemperatur. Indirekt ist damit der Gesteinszerfall eine *Wirkung* des Frostes. Man muß einmal einen solchen Vorgang in seine einzelnen Schritte auflösen, um die Zusammenhänge klar zu erkennen.

Damit wird einsichtig, wohin es führen würde, wenn wir die Existenz des Gebirges nicht als eine gegebene strukturelle Tatsache nehmen, sondern dieses auch in allen individuellen örtlichen Einzelheiten seiner Struktur aus Wirkungsbeziehungen der Vergangenheit erklären wollten. Wir begnügen uns daher im allgemeinen damit, den Gegenstand (z. B. das Gebirge) mit einem allgemeinen Gattungsbegriff als einen nach Möglichkeit genetisch gefaßten Strukturtypus zu kennzeichnen.

Wir erforschen nicht die physikalischen Ursachen der Meeresbrandung, sondern deren Wirkungen auf die Küste. Bei der Erklärung der Brandung beschränken wir uns darauf, sie auf die nächstliegenden *strukturellen Ursachen* zurückzuführen, auf die Formen des Meeresbodens und der Küste, auf den Wellengang und das in diesem Gebiet herrschende Windsystem (Stärke, Dauer und Richtung der Winde). Bei der Erklärung der Brandungswirkung ziehen wir den Bau und das Material der Küste gleichfalls nur als vorgegebene Struktur in Betracht, ohne diese auf ihre nur erdgeschichtlich erfaßbaren Ursachen zu untersuchen. Unser Blick konzentriert sich in umgekehrter Richtung auf die unter der Wechselwirkung der Strukturbestandteile entstehenden neuen Formen und die Änderungen der Gesamtstruktur, z. B. auf die Bildung einer Abrasionsebene oder eines Kliffs mit Brandungshöhlen, Felsstürzen usw.

Die meisten Begriffe, die wir bei der Erklärung solcher Vorgänge gebrauchen, sind keine physikalischen Begriffe. Es sind spezifisch geographische Gattungsbegriffe für formal, genetisch oder strukturell definierbare Gegenstände. Wollten wir diese in rein mathematischer Deskription erfassen, dann würde sich das, was daran geographisch wichtig ist, unseren Blicken und dem wissenschaftlichen Zugriff entziehen.

Die grundlegend wichtige Tatsache, daß wir selbst im rein anorganischen Bereich das geographisch Wesentliche oft nicht mit quantifizierenden Methoden allein erfassen können, wird zuweilen übersehen. Wir können zwar komplexe Vorgänge der Gegenwart in zunehmendem Umfange auch mathematisch beschreiben und damit die quantitative Erforschung aktueller Wirkungssysteme fördern. Doch werden damit auch in rein anorganischen Naturlandschaften die gegenständlichen Grundbegriffe für die Erklärung keineswegs entbehrlich. Der Begriff der *Abrasionsküste* läßt sich jedenfalls in einer mathematischen Formel nicht prägnanter fassen als in diesem deskriptiv-genetischen Gattungsbegriff der normalen Sprache.

7.3   Die Vorgänge des Wirkens in der biotischen Stufe

Das organische Leben setzt die anorganische Stufe voraus. Es spielt sich in der Materie ab. Deren allgemeine Eigenschaften sind daher auch Eigenschaften des lebenden Stoffes. Auch für die Organismen gelten die physikalischen Naturgesetze. Die Halme der im Winde wogenden Steppengräser biegen und strecken sich nach denselben mechanischen Gesetzen wie jeder andere elastische Körper, und die chemischen Reaktionen der Stoffe gehen in den Pflanzen nach denselben Gesetzen vor sich wie in der anorganischen Natur. Das Besondere des Wirkens der Lebewesen besteht darin, daß sie nicht nur *re*agieren wie die Gegenstände (Stoffe und Strukturen) der anorganischen Welt, sondern auch *ag*ieren. Pflanzen und Tiere und auch der Mensch als biotisches Wesen wachsen, ernähren sich, gestalten sich selbst und pflanzen sich fort. Dieses geschieht *planmäßig*, nicht in dem Sinne eines frei erdachten Plans, sondern nach einem jeder Art von Lebewesen immanenten, in den Genomen strukturell festgelegten, spezifischen Informationsschema, dessen Ursache die Evolution ist.

Für die *Eigengesetzlichkeit* der Gestaltung des Formenreichtums der Lebewelt und der im Genbestand fixierten Variationsbreite der Funktionsfähigkeit der einzelnen Arten (*ökologische Valenz*) hat die Evolution das „Gesetzbuch" geschrieben. In dem Wirken der lebenden Substanz herrscht eine genetisch fixierte Finalität. Dieses besondere, von der organismischen Ganzheit der in der Evolution entstandenen mannigfaltig strukturierten Lebenseinheiten bestimmte Ursächlichkeit, zu der es in der anorganischen Materie keine Parallele gibt, nennen wir *biotische Kausalität, vitale Gesetzlichkeit* oder auch *Evolutionsursächlichkeit*.

Die Gestalt der einzelnen Lebewesen und ihre in der Geosphäre wirksamen artspezifisch verschiedenen Lebensvorgänge können nicht als eine direkte Folge des Wirkens der anorganischen Außenwelt verstanden werden wie die Form des Felsblocks in der Wüste. Die Gestalt einer Eiche oder eines Mauerseglers und die Möglichkeiten ihrer Verhaltensweise gegenüber der äußeren Umwelt sind schon in den Genen der befruchteten Eizelle angelegt. Zwar ist die Entwicklung jedes lebenden Individiums (Ontogenese) auch von Bedingungen der äußeren Umwelt abhängig. Diese Abhängigkeit ist aber von ganz anderer Art als bei dem Stein in der Wüste.

Das Lebewesen setzt sich (als Subjekt) von sich aus in bestimmte Beziehungen zu der Außenwelt. Es nutzt deren stofflichen Bestand und stiftet eine Einheit in der Mannigfaltigkeit der Substanzen, indem es die der Außenwelt entnommenen Stoffe nach dem in seinem Genom ererbten Plan für sich in einen einheitlichen Wirkungszusammenhang bringt. Darin liegt das Besondere, mit dem sich biotisches Wirken in der Landschaft von den Vorgängen im rein anorganischen Bereich unterscheidet. Die grünen Pflanzen können in dem Vorgang der Assimilation mit Hilfe der eingestrahlten Sonnenenergie aus den dem Boden und der Luft entnommenen Stoffen organische Substanzen aufbauen. Das Leben der Tiere und Menschen ist dagegen auf schon bestehende organische Substanz angewiesen. Außerdem ist ein großer Teil der Tiere, ebenso wie der Mensch, zu selbständigem Ortswechsel und damit zur aktiven Nahrungssuche oder auch zum Ausweichen vor ungünstigen äußeren Einflüssen befähigt.

Zu der Möglichkeit, durch Fortbewegung die äußere Umwelt zu wechseln, kommt bei manchen Tieren auch die Fähigkeit, sich bis zu einem gewissen Grade ihre materielle Lebensumwelt selbst zu gestalten (z. B. Höhlenbau der Grabtiere, Nestbau, Bauten von Ameisen und Termiten, Spinnennetz als Fanggerät, Spinnfäden als Transportmittel, Anlage von Nahrungsvorräten). Im allgemeinen handelt es sich dabei um ein Wirken mit eigenen Körperorganen. Doch kommt in der Tierwelt auch schon die Benutzung anderer Gegenstände als 'Werkzeug' vor.

Beispiele von Werkzeuggebrauch finden sich, wenn auch nicht zahlreich, bei verschiedenen Tiergruppen. Wir erinnern an den Schimpansen, der Kisten aufeinanderstellen und Stöcke zusammenstecken kann, um sich eine Frucht zu beschaffen, an den Seeotter, der einen Stein benutzt, um die Schalen der Napfschnecken zu zerschlagen, und den Stein zu diesem Zweck beim Tauchen mit sich nimmt, und an den Spechtfinken der Galapagos-Inseln, der mit einem Kakteenstachel seine Beutetiere aus ihren Bohrlöchern unter der Baumrinde heraustreibt oder mit einem Hölzchen als Hebel die Rindenstücke von den Ästen löst. Einige Arten von Laubenvögeln bemalen die Wände ihrer Lauben mit gefärbtem Speichel und bedienen sich dabei eines 'Pinsels', den sie aus Blatt- oder Rindenstückchen zurechtkauen. Sandwespenarten benutzen Steinchen als Stößel, um damit die Eingänge ihrer Vorratskammern zu befestigen (IRENÄUS EIBL-EIBESFELD, 1963). Bestimmte Arten von Weberameisen verkleben beim Nestbau Blattränder mit den Spinnfäden, die ihre Larven erzeugen, wobei sie die Larven mit ihren Kiefern halten und zwischen den von anderen Ameisen gehaltenen Blatträndern hin und her führen.

Solche 'Intelligenzleistungen' sind zum mindesten bei allen niederen Tieren angeborene Fähigkeiten der Art. Bei einigen Arten der höheren Tiere kann man aber auch schon individuelle Lernfähigkeit erkennen. Im Werkzeuggebrauch liegt jedenfalls nicht der Unterschied von Mensch und Tier.

Aus den artspezifisch festgelegten Lebensbedürfnissen der Organismen ergibt sich eine in der anorganischen Welt nicht vorhandene neue Art von Wechselwirkungen, deren Erforschung das besondere Arbeitsfeld der *Ökologie* ist. Diese untersucht die Beziehungen von Organismen zu ihrer Umwelt und damit eine der Grundlagen für das Verständnis der räumlichen Verbreitung der Biota in den Landschaften. Unter *Umwelt* verstehen wir die Gesamtheit der für einen Organismus oder eine Lebensgemeinschaft wirksamen äußeren Faktoren. Zu der Umwelt des einzelnen Individuums gehören demnach nicht nur die anorganischen Gegebenheiten, sondern auch alle am gleichen Lebensort konkurrierenden Lebewesen und deren gemeinsame Wirkungen. Neben der Ökologie der einzelnen Pflanzen und Tiere (*Autökologie*) ist daher die *Synökologie* wichtig. Sie untersucht die Wirkungsbeziehungen zwischen den in einer Lebensgemeinschaft räumlich vereinten Pflanzen und Tieren und die Beziehungen zwischen der Lebensgemeinschaft und den Eigenschaften des gemeinsamen *Standorts*. Dabei handelt es sich um vielseitig verflochtene komplizierte Wechselwirkungen. Diese zu begreifen, dient die Konzeption neuer Arten von Forschungsgegenständen. Solche sind z. B. *Biozönosen, Böden* und *Ökosysteme*. Die Biozönosen sind im Gegensatz zu den Organismen keine echten, sich selbst gestaltenden Ganzheiten. Die Böden als Typen belebter Gefügestruktur sind ebenfalls merogen gebildet.

Als *Ökosysteme* begreifen wir Einheiten hohen Komplexheitsgrades. Das Ökosystem wird definiert als ein zur Selbstregulierung befähigtes räumliches Wirkungsgefüge aus biotischen und abiotischen Komponenten. In solchen Einheiten sind nicht nur die in der anorganischen Landesnatur vorgegebenen Bedingungen wirksam, sondern auch solche, die erst aus dem Zusammenwirken der lebenden und der anorganischen Bestandteile entstanden sind oder neu entstehen. Daraus ergibt sich eine Eigendynamik in jedem dieser Systeme mit einem gewissen Grad von Selbstregulierung und mit bestimmten Tendenzen der weiteren Entwicklung. Wir müssen demnach Landschaften, in denen das Leben mitwirkt, unbedingt auch unter dem Gesichtspunkt der Besonderheit des biotischen Wirkens betrachten, wenn wir sie verstehen und erklären wollen.

7.4   Die Vorgänge des Wirkens in der nootischen Stufe

Das Leben und Wirken des Menschen unterliegt wie das der Pflanzen und Tiere den Gesetzen der physikalischen Kausalität und der biotischen Ursächlichkeit. Wie die übrigen Lebewesen gehört der Mensch der vitalen Welt an und teilt deren Wesenszüge. Sein physisches Leben funktioniert wie bei den anderen Organismen im Sinne einer genetisch programmierten Finalität. Jedoch dank der Struktur seines Verstandes vermag er außerdem aus der Transzendenz seines Denkens im Sinne frei erfundener Finalität zu wirken. Das heißt, daß er befähigt ist, nach von seinem Verstand gesetzten Ideen in der materiell-gegenständlichen Welt zielbewußt neue Wirkungszusammenhänge zu schaffen.

In den spezifisch menschbezogenen Bereichen der landschaftlichen Wirklichkeit haben wir es daher mit Vorgängen zu tun, die in der Transzendenz des Denkens ihren Ursprung haben. Diese nennen wir deshalb *geistbestimmt* oder *nootisch.* Mit der Sinn- oder Zweckbezogenheit der in der Materie gegenständlich verwirklichten Ideen denkender Subjekte wird Menschengeist in der Landschaft objektiviert. Wir sprechen daher mit MARTIN SCHWIND (1951) auch von dem ,,objektivierten Geist" in der Kulturlandschaft. Das in der spezifischen Strukturierung der Seinsstufe des Menschen begründete Wirken begreifen wir als *nootische Ursächlichkeit.* Das Besondere dieses Wirkens entspringt der Vernunft. Ihr verdankt der Mensch einen höheren Grad von Autonomie gegenüber seiner Umwelt, als sie die übrigen Organismen besitzen. An die Stelle der biotischen Einpassung in die naturgegebenen Lebensstätten tritt bei ihm ein weiterer Lebensspielraum mit der Möglichkeit, sich der von der Natur gebotenen Möglichkeiten nach eigener Entscheidung zu bedienen. Die Vernunft ermöglicht es dem Menschen, seine Umwelt zielstrebig zu verändern und damit weitgehend selbst zu gestalten.

Zielgerichtetes menschliches Wirken in der Landschaft begründet sich auf der Erkenntnis regelhafter Zusammenhänge in den Bereichen des Anorganischen, des Biotischen und der menschlichen Gesellschaften. Schöpferischen Ideen, Erfindungen und Verhaltensplänen gehen Erfahrungen voraus. Jede Art von Technik im weitesten Sinne, von der einfachsten Bauidee, der Verwendung von Werkzeugen und der Pflege von Nutzpflanzen oder -tieren bis zu dem Einsatz von Kraftmaschinen, bedient sich unbewußt oder bewußt der Einsicht in den Zusammenhang von Ursache und Wirkung.

In der 'Welt der *Mittel',* die sich die Menschen auf Grund dieser Einsicht geschaffen haben, können wir mindestens vier Hauptgruppen unterscheiden:

1. Mittel, die dazu verhelfen, die eigenen Intelligenzleistungen der menschlichen Gruppen oder Gesellschaften zu steigern (Denkwerkzeuge, Kommunikationsmittel, Informationsspeicher) wie Sprachen, Schrift, Schulen, Buchdruck, Bibliotheken.

2. Mittel, mit denen die eigene physische Leistungsfähigkeit (ohne Nutzbarmachung anderer Energieträger) erweitert und verbessert wird, wie Hand- oder Fußwerkzeuge und sonstige von Menschen selbst bediente und handwerklich erzeugte Geräte (Apparate) sowie die organisierte Zusammenarbeit, z. B. bei der Errichtung von Bauten, bei der Jagd, im Ruderboot oder bei Feldbestellung und Ernte.

3. Mittel (Maschinen), die es ermöglichen, mit Hilfe anderer Energieträger als der eigenen Körperkraft Arbeit zu leisten.

4. Mittel, die mit Hilfe anderer Energieträger selbsttätig Intelligenzleistungen vollbringen (Reglertechnik und Denkautomaten).

Mit Hilfe dieser selbstgeschaffenen Mittel gestalten die Menschen nicht nur ihre materielle Umwelt zweckdienlich um, sondern auch sich selbst und ihre eigenen Lebensansprüche. Ideen haben formende Kraft, sie prägen auch die Menschen. Man denke an die Ideen der verschiedenen wirtschaftlichen Lebensformen oder an alle einzelnen Bestandteile dessen, was wir Kulturen nennen. Ideen bestimmen Lebensgewohnheiten und das Verhalten von Stämmen, Völkern, Religionsgemeinschaften oder politischen Verbänden. Aus Ideen entstehen Gruppen- oder Massenhandlungen der Gesellschaft, die in der Landschaft wirken. Auf Grund von Ideen können die Menschen auch ihre eigenen Fähigkeiten und Lebensansprüche verändern.

In ihren sozialen Lebensformen schaffen sie sich geeignete Organisationen für zielstrebiges Handeln nach selbsterfundenen Plänen, zweckmäßig gestaltete gesellschaftliche 'Organe' des Wirkens. Nur wenn wir diese als solche begreifen, können wir Kulturlandschaften verstehen. Die historisch gewordenen Strukturen gesellschaftlicher Organisation im weitesten Sinne sind *Ur-Sachen* der Dynamik der gegenwärtigen Wirkungssysteme.

Die Gesellschaft steht zwar ihrer räumlichen Umwelt in einem gewissen Maße autonom gegenüber. Doch ist sie auch von dieser beeinflußt. Es handelt sich aber nicht nur um eine passive Abhängigkeit wie etwa von den physischen Wirkungen des Klimas. Zum Teil sind es aktive Anpassungen wie bei der Organisation und Ausgestaltung der eigenen Lebensform, insbesondere im Zusammenhang mit solchen Funktionen, die an Raumqualitäten der Landesnatur bestimmte Ansprüche stellen.

Am Anfang unseres Jahrhunderts hatte man die Strenge dieser Beziehungen oft überschätzt und darin einen deterministischen Zwang gesehen. Zwar hatten sich schon VIDAL DE LA BLACHE und SCHLÜTER gegen eine deterministische Auffassung, wie sie z. B. RATZEL vertreten hatte, gewandt. Dennoch hat diese z. B. im amerikanischen *Environmentalismus* noch lange nachgewirkt. Selbst ALBRECHT PENCK sah noch in der Abhängigkeit des menschlichen Wirkens von der Natur das einzige, was der Forschung zugänglich sei: ,,Diese Abhängigkeit von der Scholle Land für Land klarzulegen, erscheint mir als die wahre Anthropogeographie" (1907). WAIBEL hat diese Frage zu einem grundsätzlichen Forschungsproblem erhoben und damit die Bahn gebrochen für eine weitere Entwicklung, die schließlich zu unserer heutigen Auffassung geführt hat. In einer seiner frühesten Arbeiten (*Der Mensch im Wald und Grasland von Kamerun*, 1914) stellte WAIBEL die Verhaltensweisen der Menschen im Wald und im Grasland von Kamerun einander gegenüber, um zu untersuchen, wie der Wald und das Grasland den Menschen und seine Kultur beeinflußt haben. Er fand es schwer zu entscheiden, was dabei direkte Anpassung und was historisch bedingt ist, weil die Geschichte der Neger zu wenig bekannt war.

WAIBEL betrachtete in dieser Arbeit die äußeren Lebensbedingungen, den Körperbau, die Lebensweise, die gesundheitlichen Verhältnisse und die Dichte der Bevölkerung, die Siedlungen, den Hausbau und die Wege sowie die staatlichen und sozialen Verhältnisse, Handel und Verkehr und den geistigen und materiellen Kulturbesitz. Er kam dabei zu der Auffassung, daß die Unterschiede der Kulturkomplexe im Grasland und im Wald nicht eine unmittelbare Folge der Landesnatur seien, daß aber ihre räumliche Verbreitung Beziehungen zu der Landesnatur erkennen läßt.

In seinen späteren Arbeiten über das südafrikanische Grasland hat WAIBEL den Begriff der Lebensweise wieder aufgenommen. Den Charakter der Buren erklärte er aus dem Zusammenwirken von mitgebrachtem Erbe, Geschichte und Landesnatur, und am Beispiel der Treckburen untersuchte er die Wandlungen einer Lebensform nach der Einwanderung in eine andere Umwelt.

Daß bestimmte Vorgänge der Landesnatur in vielen Fällen ein unmittelbares Stimulans für die Verhaltensweise der Bevölkerung sind, liegt oft klar auf der Hand. Das gilt z. B. für die Viehzucht-Nomaden, die ihre Wanderungen nach den jahreszeitlich wechselnden Weidebedingungen richten. Andere Beispiele sind die *Frontier*-Lebensform bei der nordamerikanischen Westwanderung (GOTTFRIED PFEIFER, 1935), oder auch die besondere Aufgeschlossenheit und Beweglichkeit der Bevölkerung in einem Weinbauklima in Westdeutschland (SCHMITHÜSEN, 1941). Aber die Formen der menschlichen Anpassung an die Unterschiede der Landschaft sind nicht zwangsläufig determiniert. Sie beruhen vielmehr darauf, daß die Menschen mannigfaltige Mittel und Wege erfinden, um die verschiedenen Eignungen des Geländes für sich nutzbar zu machen. Die Variabilität der Möglichkeiten kann dabei sehr groß sein.

Ein Beispiel für den wechselseitigen Zusammenhang von natürlicher Umwelt und sozialer Lebensform hat ALBERT SCHWEITZER (1875–1965) 1921 aus dem afrikanischen Regenwaldgebiet geschildert: Weil es dort die Tsetsefliege gibt, können keine Kühe gehalten werden. Daher fehlt die Milch für Säuglinge. Eine Frau, die Mutter wird, geht deshalb, um ihr Kind aufzuziehen, für drei bis fünf Jahre in das Haus ihrer Eltern zurück. Der Mann braucht eine andere Frau als Arbeitskraft für die Pflanzung. SCHWEITZER sah darin den Grund dafür, daß dort die kirchlichen Missionen der Vielehe machtlos gegenüberstanden. Ein Faktum der Landesnatur, nämlich das Vorkommen der Tsetsefliege, hatte demnach weitgehende Folgen für Lebensform, Rechtsleben und Ethik.

Wie bestimmte Naturereignisse im Einzelfall neue Ideen auslösen können, wurde schon am Beispiel von *Enarenado artificial* gezeigt (5.4). Wie umgekehrt auch unter veränderten Verhältnissen die Psyche einer Gesellschaft traditionell weiterwirken kann, zeigt in den 'modernen' politischen Systemen z. B. ,,die besondere Gewalttätigkeit, mit der sich der politische Zwist im südlichen Waldland von Kamerun austobt . . . Hier herrschten in voreuropäischer Zeit terroristische Geheimbünde, deren Tradition natürlich nicht in zwei, drei Generationen erlischt, sondern in der einen oder anderen Form in den modernen Parteienstreit hinübergreift'' (M. SCHUSTER, 1961, S. 703).

Nach KONRAD LORENZ ,,ist das Wirkungsgefüge der triebmäßigen und der kulturell erworbenen Verhaltensweisen, die das Gesellschaftsleben des Menschen ausmachen, so ziemlich das komplizierteste System, das wir auf dieser Erde kennen'' (1963, S. XI).

Das Menschenwerk in der Landschaft, die Gesamtheit der durch menschliche Tätigkeit geschaffenen und umgestalteten Bestandteile, beruht immer auf *Gemeinschafts*leistungen. Schöpferisches Subjekt ist die Gesellschaft. Nur von deren Lebenserscheinungen her kann die Umformung und Gestaltung des Raumes verstanden werden.

Wir können uns nicht damit begnügen, die zweckbestimmten Erscheinungen in der Kulturlandschaft nur einzelgegenständlich zu betrachten; wir müssen sie in ihren Beziehungen zu den Trägern der Lebensfunktionen erfassen. Die Frage, wessen Geist eine Landschaft gestaltet oder deren anthropogene Struktur in der Vergangenheit gestaltet hat, führt zu einer Kulturlandschafts*forschung,* die mehr ist als nur ein Haufwerk von Objektstudien. Die Bevölkerung ist dabei nicht nur allgemein nach Anzahl, Dichte, Altersaufbau, Vermehrung, Fruchtbarkeit, Gesundheit, Widerstandsfähigkeit, Anpassungsfähigkeit, Anfälligkeit, körperlicher und geistiger Leistungsfähigkeit usw. zu betrachten, sondern auch in ihrer sozialen Gliederung nach örtlichen und übergeordneten gesellschaftlichen Gruppen und Gemeinschaften. Schon RIEHL (*Die Volkskunde als Wissenschaft,* 1859) hatte das ,,Gruppen- und Schichtensystem der Gesellschaft'', auch in seiner Bedeutung für die Landschaft, besonders hervorgehoben.

Die Kulturlandschaft ist die Umwelt der Gesellschaft. Die Landesnatur ist darin für das Leben der gesellschaftlichen Gruppen nur teilweise und in sehr verschiedenem Grade unmittelbar relevant. Denn ein großer Teil des Lebens spielt sich vorwiegend in der Eigenwelt der schon von den Vorfahren oder von der gegenwärtigen Gesellschaft selbst mit den technischen Mitteln geschaffenen Strukturen ab.

Diese *Eigenwelt* ist, wie man an beliebig vielen Beispielen von der ganzen Erde zeigen könnte, keineswegs überall gleich oder auch nur ähnlich gestaltet. Sie kann vielmehr in den einzelnen Erdteilen und bei verschiedenen Völkern grundlegend verschieden sein. Großräumige Unterschiede dieser Art werden z. T. mit dem von ALBERT KOLB geprägten Begriff der *Kulturerdteile* erfaßt. Die Mannigfaltigkeit kann aber auch auf kleinstem Raum in derselben Landschaft schon sehr groß sein. Denn die Probleme des Umgangs mit der Natur und der von den Vorfahren hinterlassenen Wohnwelt können von verschiedenen gesellschaftlichen Gruppen auch bei gleichen natürlichen Voraussetzungen auf unterschiedliche Weise gelöst werden. Man denke nur an die Vorgänge der Erschließung von noch wenig entwickelten Ländern, z. B. an Gebiete der tropischen Regenwälder, wo neben modernen Plantagen- oder Industriesiedlungen andere Teile der Bevölkerung noch auf sehr viel niedrigeren Kulturstufen leben können. Im gleichen Naturraum kann es dort nebeneinander ganz verschiedene Kulturlandschaften geben.

Manche Vorgänge in der Landschaft, die der Mensch bewirkt, laufen, wenn sie einmal ausgelöst sind, zwangsläufig ab. So besteht in stark brandgefährdeten Wäldern kein grundsätzlicher Unterschied zwischen dem Großbrand, der auf natürliche Weise von selbst entsteht, und dem, der von dem Funken des Lagerfeuers eines Pelztierjägers ausgelöst wird. Der Wald regeneriert sich danach, wenn der Mensch nicht nochmals eingreift, auf die gleiche Weise, wie es nach dem durch Blitzzündung hervorgerufenen Brand geschehen würde.

Meistens werden jedoch die Vorgänge, die der Mensch einleitet, von ihm in einer Art von Regelkreissystem so lange gezielt gesteuert, bis der erstrebte Zweck erreicht ist. Der Zweck ist eine der Gesellschaft oder einer ihrer Gruppen dienliche Gegenleistung des Bewirkten, wie z. B. die Entstehung von Gegenständen, Einrichtungen oder bestimmten räumlichen Relationen. Die Vorgänge laufen dabei nach Funktionsideen ab, die unter Einsatz von Arbeitskraft und mit Hilfe der zur Verfügung stehenden technischen Mittel mehr oder weniger planmäßig realisiert werden. Oft sind in einem komplexen Plan viele Einzelvorgänge vereint. Auch natürliche energetische Vorgänge wie Brand, Pflanzenwachstum, Wind oder fließendes Wasser als Energieträger usw. können in solche *Wirkpläne* mit einbezogen sein.

Da alle materiellen Vorgänge an die allgemeinen Eigenschaften der Materie gebunden sind, kann menschliches Wirken immer nur im Rahmen des physikalisch Möglichen funktionieren. Das Wirken des Vorgegebenen setzt dem menschlichen Wirken Grenzen. Um realisierbare Pläne machen zu können, muß der Mensch die Naturgesetze kennen, sei es aus praktischer Erfahrung oder auf wissenschaftlicher Grundlage. Denn er kann in der Landschaft nur tun, was die Natur zuläßt. ,,Man gehorcht ihren Gesetzen, auch wenn man ihnen widerstrebt, man wirkt mit ihr, auch wenn man gegen sie wirken will" (GOETHE, *Fragmente über die Natur*). Eine dem erstrebten Zweck dienliche Gegenleistung des durch menschliche Arbeit Bewirkten kann nicht erreicht werden, wenn z. B. der Plan einer Mauer oder eines Hauses nicht den Gesetzen der Statik entspricht, oder wenn Pflanzen an einem Platz ausgesät werden, wo sie nach den Gesetzen der Ökologie nicht wachsen können. Eine allgemeingültige Zwangsläufigkeit besteht also insofern, als zwar viele Möglichkeiten, über die der

Mensch je nach seinen Mitteln frei entscheiden kann, offen sind, andere aber absolut ausgeschlossen bleiben. Ein Kanalsystem kann nur funktionieren, wenn das Gelände so benutzt wird, daß das nötige Gefälle entsteht. Will man ein Leitungssystem ohne Rücksicht auf das Relief anlegen, dann müssen zusätzlich technische Ideen erfunden und verwirklicht werden wie etwa Aquäduktbauten oder Pumpanlagen. Bevor ein Wirkplan in der Landschaft real Gestalt annimmt, geht ihm immer schon eine Auseinandersetzung des Menschen mit den durch das schon Bestehende vorgegebenen Bedingungen voraus, und die Form des Bewirkten wird davon mit bestimmt.

Meistens kann der gleiche Zweck auf viele verschiedene Weisen erreicht werden. Auch auf der gleichen technischen Stufe können mehrere Ideen miteinander konkurrieren. Vor allem aber auf unterschiedlichen Stufen der technischen Fähigkeiten werden ähnliche Ziele (z. B. einen Fluß zu überqueren) oft mit ganz verschiedenen Mitteln verwirklicht.

Einfache und 'naturnahe' Vorgänge sind jene, die vom Menschen ohne besondere, von ihm selbst geschaffene Hilfsmittel bewirkt werden. Die Benutzung von Pflanzen, z. B. durch Pflücken von Früchten oder Blumen kann deren lokale Ausrottung zur Folge haben oder aber auch ihre Ausbreitung fördern, indem sie auf geeignete neue Wohnplätze verschleppt werden, wo sie vorher nicht wuchsen.

Durch häufiges Begehen des Geländes entsteht ein Fußpfad nicht nur bei primitiven Völkern des Tropischen Regenwaldes, sondern auch auf dem Rasen eines Universitätsgeländes oder, wie es nach dem Zweiten Weltkrieg zu sehen war, in den Trümmerfeldern der von Bomben zerstörten Städte. Das Motiv des Wirkens ist das Verkehrsbedürfnis zwischen bestimmten Zielen. In der Gestalt des entstehenden Wegenetzes kann die Umgehung von Hindernissen und der unterschiedliche Grad der Benutzung der einzelnen Pfade je nach der Bedeutung der verschiedenen Verkehrsziele wirksam werden.

Mit ihren Werkzeugen haben sich die Menschen die Möglichkeit geschaffen, bei den einfachsten Arbeitsvorgängen (Stoßen, Schlagen, Werfen, Ziehen) die eigene Körperkraft wirksamer einzusetzen. Eine größere Leistungssteigerung erlauben die Geräte mit mechanischer Kraftübertragung (Hebel, Rolle, Rad, Spindel, Walze, Winde, Bogen mit elastischer Spannung). Diese erleichtern z. B. beim Bauen die Bewegung von schweren Teilen (Blöcke, Baumstämme), in der Landbewirtschaftung die Bearbeitung des Bodens (Pflanzstock, Grabstock, Hacke), und sie ermöglichen mancherlei Verarbeitungs-, Herstellungs- oder Transportverfahren (Handmühle, Tretmühle, Töpferscheibe, Göpel, Flaschenzug, Ruderboot, Fahrrad usw.).

Den mit solchen Mitteln bewirkten Vorgängen stehen als etwas grundlegend anderes jene gegenüber, bei denen Menschen sich nicht nur ihrer eigenen Körperkraft in Verbindung mit arbeitserleichternden Geräten bedienen, sondern die *Nutzung fremder Energieträger* (Brennstoffe, Tiere, strömende anorganische Medien) für ihre eigenen Zwecke einsetzen. Dieses kann ohne oder mit Geräten geschehen.

In vielfältiger Weise nutzbar ist die in organischen Stoffen biochemisch gespeicherte Energie, die in einem nach der Entzündung selbständig ablaufenden chemischen Prozeß freigesetzt wird. Voraussetzung ihrer Verwendung für menschliche Zwecke waren die Ideen der Bewahrung des Feuers und die zum Neuanzünden erfundenen Techniken des Feuermachens durch Schlagen oder Reiben. Die Brennvorgänge werden teils unmittelbar, teils in Verbindung mit einfachen Geräten benutzt, z. B. zur Beleuchtung oder Heizung, für die Zubereitung von Speisen sowie zur Herstellung von Gebrauchsstoffen und -gegenständen durch Schmelzen oder mit durch Stoffmischung und Erhitzung bewirkten chemischen Reaktionen (Metallherstellung, Kalkbrennen, Töpferei, Keramik-, Glasherstellung u. a.). Vorgänge mit direkter Nutzung organischer Energie sind Reiten, Hufdreschen und die Benutzung von Tieren als Lastträger (Pferd, Esel, Maultier, Lama, Kamel). Die Tiere leisten dabei dem Menschen dienliche Arbeit ohne Werkzeuge oder mechanische Arbeitsgeräte.

Der von einem Tier gezogene primitivste Pflug ist demgegenüber ebenso wie der Dreschschlitten ein Werkzeug, mit dem das vom Menschen angespornte und geleitete Tier mechanische Arbeit leistet. Eine höhere technische Stufe ist die Verwendung von Tieren zur Arbeit mit mechanischen Geräten wie z. B. zum Wasserschöpfen oder zum Anlandziehen von Schiffen mit Hilfe von Seilwinden durch Pferde oder Esel, wie man es vor wenigen Jahren noch in Ibiza sehen konnte.

Die nächste Stufe ist die Verwendung einfacher Maschinen. Diese sind von Fremdkraft betriebene Arbeitsgeräte mit einem Kraftübertragungsmechanismus zwischen einem Triebwerk (Göpel) und dem Arbeitswerk, das die mechanische Arbeit leistet (z. B. Mahlwerk der Roßmühle).

Als Fremdenergieträger können zum Antrieb außer Tieren auch strömendes Wasser oder der Wind verwendet werden. Dabei hält die Energie des strömenden Mediums den Mechanismus (Wasserrad, Windrad) in Gang und liefert damit die Nutzkraft, die nach der mechanischen Übertragung auf das Mahl-, Hammer- oder Hebewerk mechanische Arbeit leistet.

Eine Kombination mit gleichzeitiger direkter Nutzung der eingestrahlten Sonnenenergie und der Gravitation ist die Funktionsidee des Salinenbetriebes. Das mit Windrad betriebene Hebewerk befördert Meerwasser in das höchste Becken. Das Wasser fließt durch die eigene Schwerkraft stufenweise durch die in einer entsprechenden räumlichen Ordnung angelegten Becken. Es verdunstet allmählich durch die direkte Wirkung der Sonnenwärme. Dabei fällt nach den Gesetzen der Löslichkeit das Salz aus. Dieses kann dann schließlich durch menschliche Körperkraft mit Hilfe von Handwerkszeugen (Rechen und Schaufel) herausgeschafft werden. Wegen seiner Übersichtlichkeit ist dieses ein besonders schönes Beispiel für die komplexe Planidee eines noch relativ einfachen, vom Menschen bewirkten Vorganges. Nur von diesem Gesamtkomplex der miteinander verbundenen Funktionsideen ist die Struktur des Landschaftsbestandteils Saline zu verstehen.

Im Zusammenhang mit der Verwendung der Energie des strömenden Wassers wird oft auch, sei es durch Kanalbau oder durch Rohrleitungen, eine räumliche Verlagerung der Energiequelle vorgenommen, deren Ausmaß sich jedoch, wie etwa bei den meisten Mühlbächen, im allgemeinen in bescheidenen Grenzen hält.

Eine weitere Stufe in der energetischen Typologie anthropogener Arbeitsvorgänge kann durch die Vakuumpumpe von THOMAS NEWCOMEN (1663–1729) und die Dampfmaschine von JAMES WATT gekennzeichnet werden. Beide Erfindungen werden als Dampfmaschinen bezeichnet, obwohl es sich energetisch um verschiedenartige Arbeitsvorgänge handelt.

Die Maschine von NEWCOMEN, der der Nachweis des Luftdrucks (1643) durch EVANGELISTA TORRICELLI (1608–1647) und die Erfindung der atmosphärischen Dampfmaschine (1690) durch DENIS PAPIN (1647–1712) vorausgegangen war, wurde seit 1712 in englischen Bergwerken zum Heben von Grubenwasser eingesetzt. Der mit Hilfe von Verbrennungswärme gewonnene Dampf wird dabei als Vakuumerzeuger benutzt, um mit dem äußeren Atmosphärendruck mechanische Arbeit zu leisten. Der Nutzeffekt war, gemessen am Energieverbrauch, gering. Mit WATTs Maschine wird in Brennstoffen gespeicherte Energie in Verbrennungswärme und diese in Dampfdruck umgesetzt. Dieser kann als Nutzenergie zur kontinuierlichen Leistung mechanischer Arbeit verwendet werden. Darauf beruhen vollmechanisch arbeitende Vorgänge der industriellen Produktion (Textilfabrik, Dampfsägewerk) und leistungsfähige Transportmittel, wie Eisenbahn und Dampfschiff.

Die letzteren ermöglichten den Massentransport der Energieträger (Holz, Kohle). Die Arbeitsstätten wurden damit in ihrer Lage von dem Fundort der Energieträger unabhängig und konnten sich stärker an die Städte als Wohnsitz der Arbeitskräfte und der Verbraucher anschließen. Dieses waren die Grundlagen der Umgestaltung von Kulturlandschaften durch die sog. industrielle Revolution. Dabei wurden die handwerklichen Vorgänge durch mit Brennstoffenergie arbeitende industrielle Vorgänge mehr und mehr in den Hintergrund gedrängt. Seitdem ist ein großer Teil der Geosphäre durch das Wirken des Menschen stärker verändert worden als je zuvor.

Beim Verbrennungsmotor (Ottomotor 1876, Dieselmotor 1893/97) wird aus fossil-organischen Energieträgern (Treibstoffe aus Erdöl) mechanische Kraft gewonnen, indem mit Hilfe der elektrischen Zündung durch Explosion die Bindungsenergie der Moleküle als Nutzenergie freigesetzt wird. Mit dieser Erfindung wurde die Entwicklung des Automobils als Mittel der modernen Fortbewegung ermöglicht. Gegenüber der Dampfmaschine konnten damit nicht nur größere Fahrtgeschwindigkeiten erreicht werden, sondern auch die Unabhängigkeit des Landverkehrs von festen Bahnen und damit der flächenhaft wirksame Verkehr mit kleinen automatischen Fahreinheiten. Außerdem entstand auf dieser Grundlage der motorisierte Schiffs- und Luftverkehr.

Eine noch stärkere Loslösung der industriellen Vorgänge von ihrer standörtlichen Bindung an die Lagerstätten der Energieträger oder an die mit diesen verbundenen Eisenbahnlinien ergab sich aus dem mit der Elektrifizierung möglich gewordenen Ferntransport der Energie. Voraussetzungen dafür waren die Erfindungen 1. der Strömungskraftmaschinen (Turbinen), die die mechanische Energie des Dampfdrucks (aus der Verbrennungswärme von Kohle und Öl) oder des strömenden Wassers (Fluß- oder Gezeitenströmung) oder des Windes in Elektroenergie verwandeln, 2. des Elektromotors und des Elektromagneten (als Transportgerät), die den elektrischen Strom in mechanische Nutzenergie umsetzen, sowie 3. der Umspannung und der Hochspannungsleitungen, die den Transport großer Mengen von Elektroenergie über weite Entfernungen erlauben. Diese Vorgänge sind die Grundlagen der modernen Energiewirtschaft. Sie ermöglichen bei der Industrialisierung eine freie Standortwahl und eine stärkere Rationalisierung der Arbeit in den Betrieben (Fließband), außerdem die räumliche Konzentration und damit zugleich bei vielen Industrien eine höhere Spezialisierung durch Arbeitsteilung (z. B. chemische Großindustrie), sowie schließlich auch die Großstadtagglomerationen und die Technisierung der Haushalte.

Dazu kommt in jüngster Zeit die Elektronik, die durch Automatisierung der Produktionsvorgänge mit Reglertechnik dem Menschen nicht nur körperliche Arbeit, sondern mit der Kybernetik auch einen Teil der geistigen Routinearbeit abnimmt und wesentlich beschleunigt. Das Zeitalter der modernsten Technik zielt auf Vollautomatisierung. ,,Die Maschine tut das Monotone, das Wiederholbare; dem Menschen bleibt das Unwiederholbare; Erkennen, Gestalten und Lieben bleiben dem Menschen vorbehalten" (OTTO KRAEMER, mdl). Mit der zunehmenden Rationalisierung der Arbeit ist zugleich die Entwicklung neuer Vorgänge, die auf die Landschaften einwirken (Freizeitgestaltung, Massentourismus), ursächlich verbunden.

Eine neue Energiequelle ist in der Atomenergie erschlossen worden. Bei der Kernspaltung wird Masse in Nutzenergie umgewandelt. Die Auswirkungen dieser Erfindung sind noch nicht abzusehen.

Die in den vorausgehenden Abschnitten in geosphärischer Sicht nach energetischen Stufen gekennzeichneten Typen von Arbeitsvorgängen sind in den einzelnen Landschaften in unterschiedlicher Verteilung wirksam. Sie entstammen einer historischen Entwicklungsreihe. Ihre Aufnahme und Anwendung ist von der historisch gewordenen Struktur der in den einzelnen Landschaften wirkenden Subjekte (gesellschaftliche Gruppen) abhängig. Die verschiedenen Typen von Arbeitsvorgängen haben sich daher in sehr differenzierter Form regional ausgebreitet und können in unterschiedlicher Kombination nebeneinander wirksam werden.

Niedere Stufen des menschlichen Umgangs mit der Arbeitsenergie sind bei Völkern, die mit der Entwicklung der 'höheren' Zivilisation kaum in Berührung gekommen sind, oft noch in fast reiner Form zu finden. Die von höheren Stufen bestimmten Landschaften schließen dagegen immer auch alle niederen mit ein. Neben dem Atomkraftwerk können Trampelpfade auf dieselbe Weise wie im Urwald entstehen, und in der Wohnung des Direktors wird mit den einfachsten Handwerkzeugen der Nagel in die Wand geschlagen und das Beet im Garten umgegraben.

Neben der Verwendung von Traktor und Mähdrescher werden noch Felder mit dem von Tieren gezogenen Pflug bestellt und Weinbergsböden mit der Hacke bearbeitet. Mit zunehmender Höhe der Entwicklung dieser Stufen ist nicht nur die 'Welt der Mittel' komplizierter geworden, vom Spaten bis zum Atomkraftwerk und zum Computer. Auch das Ausmaß und die räumliche Reichweite der Wirkungen ist größer geworden. Mit der Ausbreitung der Kenntnis der durch die Erfindungen geschaffenen neuen Möglichkeiten wird aber das Weiterbestehen alter Arbeitsvorgänge zunehmend labiler. Änderungen treten in immer schnellerer Folge auf. Daraus ergibt sich, gefördert durch die Massenkommunikationsmittel, zugleich eine Tendenz zur Vereinheitlichung von Landschaften, die sich vorher durch differenzierte, historisch tradierte Arbeitsformen unterschieden. Durch die größere Fernwirkung der modernen 'Welt der Mittel' kommen auch bisher davon noch unberührte Landschaften immer schneller und oft sehr plötzlich in deren Einflußbereich. Die Anlage eines Flugplatzes kann z. B., wenn noch einige andere Voraussetzungen gegeben sind, sozusagen von heute auf morgen, einen intensiven Anbau von Blumen und Gemüse hervorrufen, wo vorher wegen Marktferne nach dem THÜNENschen Gesetz an Derartiges nicht zu denken war.

Schon technische Großbauwerke der vorletzten technischen Stufe wie der Suez- oder der Panamakanal haben die Lagebeziehungen vieler Länder grundlegend verändert und damit große landschaftliche Wandlungen bewirkt. Aber auch die Erfindung von sehr einfachen neuen technischen Hilfsmitteln hat in manchen Landschaften gründliche Änderungen bewirkt, wie etwa in vielen Weidewirtschaftsgebieten zuerst die Einführung des Stacheldrahts und dann des Elektrozauns.

Nicht mehr zu vernachlässigen sind in vielen Landschaften auch zahlreiche sekundäre Nah- und Fernwirkungen der technisch-industriellen und großstädtischen Entwicklung. Unmittelbare Nachbarschaftswirkungen entstehen z. B. infolge der SO_2-Anreicherung der Luft durch Metallhüttenwerke und Müllverbrennungsanlagen oder durch die Bleiemission von Motorfahrzeugen auf den Straßen. Schwerwiegende Fernwirkungen werden durch von der chemischen Industrie erzeugte künstliche Stoffe hervorgerufen, die nicht mehr in den natürlichen geosphärischen Stoffkreislauf zurückgeführt werden können oder sich in Organismen in lebensgefährdender Menge anreichern. Pflanzenschutzmittel, die von der Industrie produziert und weit über die Industrieländer hinaus in vielen Landschaften verwendet werden, wirken sich über die durch das Weltmeer verbundenen Nahrungsketten der Organismen bereits bis in die fernstgelegenen, vom Menschen unmittelbar noch nicht berührten Naturlandschaften aus, wie der Nachweis von DDT in den Körpern der Pinguine der Antarktis zeigt.

Von denVorgängen, welche die Menschheit seit dem Beginn ihrer Existenz in den Landschaften bewirkt hat und in der Gegenwart in zunehmendem Maße in Gang setzt, wird das organische Leben am stärksten betroffen. Schon auf der handwerklichen Stufe kann der Mensch mit der eigenen Körperkraft unter Zuhilfenahme von Werkzeugen und vor allem mit Hilfe des Feuers die Vegetation gegenüber dem natürlichen Zustand grundlegend verändern. Selbst in den feuchten Tropen mit ihren vom Klima her optimalen Wachstumsbedingungen ist mit der Wirtschaftsform des Hackbaus der ursprüngliche Wald in vielen Landschaften weithin durch offenes Land aufgelockert und durch Sekundärbusch oder Savannen ersetzt worden. Radikaler wirkte der Pflugbau mit Zugtieren, der in manchen Landschaften von der ursprünglichen oder auch nur einer naturnahen Vegetation oft kaum noch etwas übrigließ. Diese Wirkungen wurden noch verstärkt, als mit der Erfindung des Kunstdüngers auch ungünstige Böden in Ackernutzung genommen werden konnten, und als die Einführung der Maschinenarbeit große zusammenhängende Flächen erforderte, auf denen selbst einzelne Bäume, Hecken oder Gebüsch als störend empfunden und entfernt wurden.

Natürliche Biozönosen werden durch künstlich angelegte Pflanzenbestände (Äcker, Wiesen, Weiden, Weinberge, Forsten usw.) ersetzt. Aber auch in die Organismen selbst greifen wirtschaftliche Vorgänge ein, indem sie diese durch Züchtung verändern. Teils unbewußt, teils planmäßig und auf wissenschaftlicher Grundlage werden auch biogenetische Vorgänge durch den Menschen manipuliert.

Die abiotischen Grundlagen unterliegen zumindest in ihren Haupteigenschaften weniger leicht der menschlichen Veränderung. Doch können auch diese, wie schon an anderer Stelle ausgeführt, erheblich umgestaltet werden. Sogar das Wuchspotential der naturräumlichen Einheiten kann auf diese Weise verändert werden. In den Wirkungen können sich die Vorgänge von Jahrhunderten summieren, wie etwa am Beispiel der Entwaldung und der Bodenabtragung in mediterranen Landschaften seit langem bekannt ist.

Die Änderung der potentiellen natürlichen Vegetation als Folge menschlich bewirkter Vorgänge (Grundwassersenkung) zeigen zwei Karten von GERHARD HÜGIN (1963), in denen für eine Landschaft am Oberrhein die potentielle natürliche Vegetation von 1800 und 1956 gegenübergestellt wird.

Manche Vorgänge menschlicher Tätigkeit werden nur auf engstem Raum wirksam wie das Abschlagen oder das Pflanzen eines einzelnen Baumes oder die Benutzung eines Steinbruchs für den örtlichen Bedarf.

Ein Beispiel für eine beabsichtigte indirekte Wirkung auf scharf umgrenztem engen Raum ist die wegen der natürlichen Vertiefung der Rheinrinne notwendig gewordene, vor etwa einem Jahrzehnt planmäßig durchgeführte Senkung der Duisburger Rheinhäfen durch den Abbau von etwa 12 Millionen t Kohle im Untergrund.

Andere Vorgänge wirken beabsichtigt oder unbeabsichtigt, teils direkt, teils indirekt auf eine weitere Umgebung oder z. T. auch auf große oder sogar weltweite Entfernung.

Als Beispiel für *unbeabsichtigte* weltweite indirekte Wirkungen wurde schon das DDT in den Pinguinen der Antarktis erwähnt. Ein anderes Beispiel ist die Auswirkung der Gesamtheit aller Vegetationsveränderungen auf den CO_2-Gehalt der Atmosphäre, die durch die zur Zeit immer stärker zunehmende Entwaldung der feuchten Tropen ein bedrohliches Ausmaß erreichen kann. Aus dem Ausbau des Fernverkehrsnetzes mit Bahnen, Straßen und Fluglinien ergeben sich ebenfalls sehr weiträumige Wirkungen für alle darin einbezogenen Landschaften.

Beabsichtigte direkte Wirkungen auf die Umgebung werden z. B. durch die Anlage von Bewässerungsanlagen erzielt. Ein durch einen Hangkanal künstlich bewässertes Tal in einem Trockengebiet läßt mit einem Blick erkennen, wie ein Arbeitsvorgang (Bau des Kanals) mit der Änderung einer einzigen Qualität des Geländes, nämlich der Bodenfeuchtigkeit, die Existenz einer großen Mannigfaltigkeit neuer Gegenstände begründen kann, wenn dabei ein bisher nach dem Gesetz des Minimums hemmend wirkender Mangelfaktor als solcher aufgehoben wird. Ohne die mit dem Hangkanal ermöglichte Bewässerung würde die intensive Anbauwirtschaft, die diese Landschaft heute auszeichnet, nicht existieren. Ihre Grundlage ist eine planmäßig geschaffene und ständig unter Kontrolle gehaltene anthropogene Veränderung des Wuchspotentials. Eine notwendige Voraussetzung dafür ist allerdings die von der Landesnatur der benachbarten Landschaft her gegebene Möglichkeit, das erforderliche Wasser herbeizuführen.

Den räumlichen Einsatz der Arbeitsvorgänge bestimmen menschliche Willensentscheidungen. Diesen gehen Spekulationen über Möglichkeiten, Erfolgsaussichten, Rentabilität usw. und zumeist auch praktische Erfahrungen – seien es eigene oder solche der Vorfahren – voraus. Auf diese Weise werden, wo organische Produktion das angestrebte Ziel ist, wirtschaftliche Vorgänge meistens so gut wie möglich den Qualitäten der Landesnatur und deren räumlicher Gliederung (Fliesengefüge) angepaßt. Daher sind z. B. in der mitteleuropäischen Kulturlandschaft die Naturräume nicht nur potentielle Wuchsgebiete bestimmter Waldgesellschaften, sondern bis zu einem gewissen Grade zugleich auch reale Verbreitungsgebiete bestimmter wirtschaftlicher Methoden (z. B. Fruchtfolgen im Ackerbau). Selbst in der räumlichen Gliederung der Zuchtgebiete von verschiedenen Getreidesorten spiegelt sich die naturräumliche Gliederung der Landschaften wider (Walter H. Fuchs). Bei der bodengebundenen Wirtschaft sind jedoch nicht allein die durch die Landesnatur gegebenen Einrichtungen (Stoffvorkommen, Wuchspotential, erreichbare Lage usw.) wichtig. Dazu kommen auch historische Strukturen und zahlreiche von außen einwirkende Faktoren, deren aktuelle oder auch nur potentielle Wirksamkeit von der räumlichen Lage abhängt.

Die Vorgänge, mit denen Menschen aktiv in das Geschehen der Landschaft eingreifen, sind zumeist von Zweckideen motiviert. Ihr Ablauf im einzelnen und die dabei entstehenden gegenständlichen Formen sind aber auch abhängig von der Eignung und der Art des in den Vorgang einbezogenen Materials (Landesnatur und geschichtliche Strukturen). Den mit den menschlichen Eingriffen unbeabsichtigt entstehenden natürlichen Gegenwirkungen müssen die funktionalen räumlichen Pläne des Wirkens angepaßt werden. Die Gestaltung der Arbeitsvorgänge in der Landbewirtschaftung richtet sich daher mehr oder weniger zwangsläufig sowohl nach historisch begründeten Besitzstrukturen und ähnlichen Faktoren als auch nach der naturbedingten Eignung des Geländes. In der gegenständlichen Form einzelner Bestandteile des Funktionssystems werden dabei zugleich Anpassungen an viele andere, dem Zweck der Einrichtungen möglicherweise entgegenwirkende Faktoren erkennbar.

Ein Beispiel ist die spezielle Form der indonesischen Reisscheune auf Pfählen mit Kapitellen aus abgerundeten Holzscheiben, die das Eindringen von Ratten und Mäusen verhindern. Das gleiche Prinzip, aber mit mannigfaltig abgewandelten Formen, finden wir bei Getreidespeichern des Orients und des mediterranen Raumes. Wir sehen darin auch das formale Vorbild der ionischen Säule.

Nicht allen, den Zweckplan möglicherweise beeinträchtigenden Gegenwirkungen kann man sich vorausschauend anpassen. Das gilt insbesondere für Faktoren, deren Ursachen nicht in der Landschaft selbst, sondern in Wirkungszusammenhängen ihrer weiteren Umgebung zu suchen sind, beispielsweise für Pflanzenkrankheiten, deren Ausbreitung an weiträumig ablaufende klimatische Vorgänge gebunden sein kann. Die Zusammenhänge bleiben oft unbekannt oder können erst durch langjährige wissenschaftliche Untersuchungen geklärt werden.

Über den Schwarzrost des Weizens in Nordamerika liegen z. B. etwa vierzigjährige Beobachtungsreihen vor. Für sein örtliches Auftreten sind Temperatur und Feuchtigkeit zu bestimmten Jahreszeiten entscheidend. An seiner gelegentlich sehr weiträumigen Ausbreitung sind Windströmungen beteiligt. Dieses führt zu katastrophalen Folgen, wenn die Winde zu dem kritischen Zeitpunkt von den Früh- zu den Spätanbaugebieten des Weizens wehen. Ähnliche Bindungen an bestimmte Großwetterlagen können auch bei anderen Schädlingskatastrophen eine Rolle spielen. Dieses sind typische Beispiele für nicht unmittelbar standortsgebundene ökologische Zusammenhänge in der räumlichen Ordnung landschaftlicher Vorgänge. In der Praxis kann man ihnen durch die räumliche Planung der Wirtschaft bis zu einem gewissen Grade begegnen, wenn die Zusammenhänge mit genügender Sicherheit bekannt sind.

Wir haben bisher möglichst einfache Beispiele gewählt, um landschaftliche Vorgänge zu charakterisieren. In Wirklichkeit sind die örtlichen Wirkungsbeziehungen meistens viel komplexer, weil verschiedenartige Vorgänge ineinandergreifen und sich gegenseitig beeinflussen. Selbst scheinbar einfache Gebilde, die wir gegenständlich mit einem geläufigen Gattungsbegriff benennen, sind im allgemeinen schon eine komplizierte Vereinigung von mannigfaltigen Vorgängen und Wechselwirkungen.

Nehmen wir als Beispiel nochmals den *Acker*. Wirtschaftlich gesehen, ist er eine Nutzfläche, die der Produktion von Pflanzen dient. Zugleich ist er ein Stück Land mit bestimmten realen und potentiellen Qualitäten. Diese sind teils durch die örtliche Struktur des Bodens, teils durch weiträumig zusammenhängende klimatische Vorgänge bedingt. Wie oft es auf dem Acker regnet, und wieviel Wasser dort zu jedem Zeitpunkt für das Wachstum der Pflanzen verfügbar ist, hängt von dynamischen Vorgängen in der weiteren Umgebung ab. Zum Acker wird dieses Stück Land aber erst durch menschliche Leistungen. In vielerlei Vorgängen wird Arbeit darin investiert. Die Eigenschaften des Bodens sind nur teilweise aus natürlichen Voraussetzungen (Qualität des Ausgangsgesteins und klimatische Einwirkungen) zu erklären. Zu einem wesentlichen Teil sind sie die Folgen der Tätigkeit des Menschen, der mit seiner Arbeit in den Komplex der natürlichen Vorgänge eingreift und diese mehr oder weniger bewußt und zielstrebig beeinflußt und verändert.

Im Rahmen dessen, was die Natur zuläßt, kann der Mensch, je nach seinen Fähigkeiten, Kenntnissen und technischen Mitteln und nach persönlichen Entscheidungen seine Arbeiten nach unterschiedlichen Zielen und Funktionsplänen einrichten. In diesen Plänen ist aber der einzelne Acker normalerweise nicht isoliert, sondern steht mit anderen Vorgängen und Gegenständen in Beziehung. Dazu gehört seine besitzrechtliche Zuordnung zu dem Funktionssystem eines landwirtschaftlichen Betriebes.

Die Vorgänge, die sich auf dem Acker abspielen, richten sich daher nicht nur nach dessen Standortsqualität. Sie hängen vielmehr unter anderem davon ab, wieviel andere Äcker der Betrieb besitzt, wo diese liegen, und nach welchem Plan der Leiter des Betriebes diese Landstücke untereinander in Beziehung setzt, wenn er auf seinem Besitz eine ihm vernünftig und rationell erscheinende Wirtschaft betreiben will. Die Entfernung eines Ackers von der Hofstätte des Betriebes kann dabei für die Art der Bewirtschaftung wichtiger werden als die Bodenqualität (MÜLLER-WILLE, 1936).

Die Vorgänge auf dem einzelnen Acker sind abhängig von der Gesamtwirtschaftsfläche des Betriebes, von der Art und der Zahl der Arbeitskräfte, über die dieser verfügt, von der Lage des einzelnen Ackers zu dem Sitz des Betriebes und zu dessen übrigen Nutzflächen, aber indirekt auch von der Lage des Betriebes zu den möglichen Absatzmärkten für die erzeugten Produkte usw. Was auf dem einzelnen Acker vor sich geht, hängt auch davon ab, was die Menschen, die in dem Betrieb mitwirken, wissen, und zwar nicht nur über die Vorgänge, die sich auf dem Acker abspielen (etwa über den Zusammenhang von Pflanzenproduktion und Düngung), sondern auch z. B. über andere soziale Lebensformen. Denn von solchen Kenntnissen können nicht nur ihre eigenen Lebensansprüche mitbestimmt werden, sondern auch die Qualität und die Intensität ihrer Arbeit.

Das nach seiner räumlichen Ausdehnung verhältnismäßig kleine funktionale System, in dem die Vorgänge eines Ackers unmittelbar eingefügt sind, hängt seinerseits von weit größeren räumlichen Systemen ab, wie etwa von der Gesamtwirtschaft des Staates, in dem der Betrieb arbeitet. So kann z. B. die Zollpolitik der Regierung indirekt die Produktionsziele und die Arbeitsweise des Betriebes und damit auch die Vorgänge auf jeder einzelnen Nutzfläche entscheidend mit beeinflussen.

Wir können, um noch ein anderes Beispiel wenigstens anzudeuten, in ähnlicher Weise das *Haus,* in dem der Sitz des Betriebes ist, der den Acker bewirtschaftet, betrachten. Es wird bewohnt und dient zugleich der Wirtschaft. Es ist damit ein funktionales Äquivalent zu vielen verschiedenen zweckbestimmten Einzelvorgängen. In seiner Gestalt ist es von der Wirtschaftsweise mit geprägt. Oft sieht man ihm schon von außen an, wie die Struktur des Betriebes ist, z. B. ob das Vieh im Stall steht oder auf der Weide bleibt, welcher Art die Ernten sind, und wie diese gelagert und eventuell verarbeitet werden (vgl. dazu ELLENBERG, 1937 und MÜLLER-WILLE, 1936).

In seiner Gestalt ist aber das Haus nicht nur mit den Vorgängen des aktuellen landwirtschaftlichen Wirkens verknüpft. Es kann in seiner Struktur außerdem von Eigenschaften der Landesnatur und von historischen Ursachen her mitgeprägt sein. Die Bauart des in einer Gegend vorherrschenden Haustypus ist z. B. oft an besondere Eigenschaften des Klimas der Landschaft angepaßt oder auch von der besonderen Art des dort verfügbaren Baumaterials beeinflußt. Zugleich kann aber seine Form auch von den Lebensbedürfnissen früherer Bewohner, die anders gewirtschaftet haben als die heutigen, mitbestimmt sein. Dieses alles kann wiederum in gegenwärtigen Vorgängen wirksam werden, wenn man sich etwa veranlaßt sieht, das Haus nach dem Bedarf der heutigen Wirtschaftsweise umzubauen. Oft werden aber auch umgekehrt manche Arbeitsvorgänge an die ererbte Struktur des Hauses angepaßt, was dann wiederum bestimmte Folgen für die Vorgänge auf den zu dem Betrieb gehörenden Nutzflächen haben kann.

Auch unabhängig von ihrer funktionalen Gliederung können Haustypen, die sich in einer Landschaft seit Jahrhunderten entwickelt haben, von ihrer formalen Struktur her in der Gegenwart weiter wirksam sein. Neue Bauten werden oft, auch wenn ihre funktionale Gliederung veränderten Bedürfnissen angepaßt wird, nach dem Vorbild der alten Häuser errichtet, weil sie in dieser Form den Leuten gefallen. Denn bei dem Vorgang des Hausbaus spielen neben materiellen auch emotionale Motive eine Rolle. Diese können tief in der Tradition verwurzelt sein. In der Kontinuität von Hausformen können Charakterzüge der Gesellschaft oder sozialer Gruppen zum Ausdruck kommen. PETER ROSEGGER (1843–1918) hatte dieses im Stil seiner Zeit in die Formel gefaßt: ,,Das Haus ist die getreueste Verkörperung der Volksseele''.

Ähnliches gilt für viele andere Vorgänge in der Kulturlandschaft. Die Art, wie man bei einer Fl5aufteilung die natürlichen Geländeverhältnisse berücksichtigt, oder die Art des Umgangs mit der Vegetation, lassen manches erkennen, was nicht an den praktischen Zweck gebunden oder funktional notwendig ist, was aber dennoch in dem landschaftlichen System wirksam wird.

Es gibt Landschaften, in denen die dort wirtschaftende Bevölkerung auch die letzten Reste der spontanen Vegetation entfernt, soweit sie nicht irgendwie nutzbar sind. In anderen Fällen dagegen bezieht man hier und dort einen Teil davon in die sonst von Nutzflächen geprägte Kulturlandschaft mit ein. Dieser Gegensatz kann bei gleichartigen Bedingungen der Landesnatur beobachtet werden. Psychische Motive eines meist unbewußten Naturgefühls oder auch ästhetische Ansprüche der dort wirkenden Gesellschaft sind dafür maßgebend. Deren Auswirkungen können im einzelnen unterschiedliche Formen annehmen.

Wenn z. B. das Bedürfnis besteht, in der Landschaft auch Bäume zu haben, so können diese in dem einen Fall nach einem willkürlichen Schema gepflanzt werden, in einem anderen mit einem feinen Gefühl für den Charakter der Landesnatur in deren Gliederung eingepaßt werden.

Viele Vorgänge anthropischen Ursprungs sind nicht oder nur sehr begrenzt quantitativ erfaßbar. Man denke z. B. an die Vorgänge bei der Errichtung eines Gebäudes. Man kann zwar die Menge des verbrauchten Materials und die Dauer des Bauvorgangs messen. Aber von dem Wesentlichen des Vorgangs wird damit nur wenig erfaßt. Man kann z. B. durch noch so viele Messungen nicht erfahren, warum bei dem Ablauf der Bautätigkeit in dem einen Fall ein Niedersachsenhaus, in einem anderen ein Schwarzwälder Bauernhaus oder im dritten und vierten ein Sportstadion oder eine moderne Kirche entsteht. Denn diese Vorgänge werden gesteuert von Ideen und Plänen, die einer quantitativen Analyse nicht zugänglich sind.

Das Schwarzwaldhaus und die moderne Kirche sind funktionale Äquivalente zu bestimmten Lebensansprüchen sozialer Gruppen. Das gleiche gilt für Äcker und Wiesen und für einen Fischerhafen, eine Saline oder einen Vergnügungspark. Quantitativ erfaßbar ist nur ein Teil von dem, was daran wesentlich ist. Sinnvollerweise meßbar ist insbesondere das, was direkt materiellen Zwecken dienen soll, wie etwa die Menge der Kartoffelernte, der Salzproduktion oder der Fischanladung. Quantitativ zu erfassen ist auch die Zahl der Spaziergänger und der Sportplatzbesucher. Nicht meßbar ist dagegen der Unterschied von Schwarzwald- und Niedersachsenhaus, der Sinn der Sportausübung oder des Kirchgangs und der Gestaltplan eines Parks. Ebensowenig sind mit einer quantitativen Untersuchung so einfache Fragen zu beantworten wie die, warum der Bauer auf seinem Land gerade an dieser Stelle einen Baum oder einen Strauch stehen läßt oder in seinem Garten eine bestimmte Auswahl von Blumenarten pflanzt, oder warum, wie es GEORGES DUHAMEL anschaulich dargestellt hat, die Ingenieure verschiedener Nationalität bei ihren Straßenbauten die Kurven auf unterschiedliche Weise anlegen.

8. Kapitel: Dynamik des Systems und aktuelle Entwicklung

Die Dynamik einer Synergose kommt durch eine Fülle von unterschiedlichen Verknüpfungsarten, Ordnungsprinzipien und Motiven in einem mannigfaltig verwobenen Wechselspiel zustande. Eine auch nur annähernd vollständige Erforschung dieser Zusammenhänge erfordert vielseitige Detailstudien der Beziehungen zwischen den Bestandteilen, und des daraus resultierenden Zusammenspiels der Vorgänge im Raum. Das Hauptbestreben ist, soweit wie möglich regelhafte Korrelationen und Gesetzmäßigkeiten zu erfassen, um die komplexen Wirkungszusammenhänge rationell und übersichtlich darstellen zu können. Für die Lösung bestimmter Fragen müssen z. T. spezielle Methoden entwickelt oder Hilfswissenschaften zur Unterstützung in Anspruch genommen werden.

Als Teil der Geosphäre ist jede Synergose ein offenes System. In dessen Dynamik sind Vorgänge endogener und exogener Herkunft räumlich integriert. Von wesentlicher Bedeutung ist daher auch ihre Lage in größeren räumlichen Gefügezusammenhängen und Funktionssystemen. Um dieses komplexe System in einem überschaubaren Modell zu erfassen, gliedern wir es zweckmäßigerweise in einige größere Teilsysteme. Wir gehen vorzugsweise von wahrnehmbaren Strukturen und den in der Landschaft unmittelbar erkennbaren Zusammenhängen der Vorgänge aus. Exogene Faktoren erfassen wir dabei in den von ihnen in der Landschaft bewirkten Vorgängen, so z. B. als Klima der einzelnen Geländeteile oder als Auswirkungen der ,,wirtschaftsgeographischen Situation" (PFEIFFER, 1936).

Bei der Betrachtung der Gesamtdynamik unterscheiden wir zunächst die folgenden Teilsysteme:

1. die anorganisch bedingte Dynamik in der Landesnatur,

2. die Biota in ihren Abhängigkeitsbeziehungen zu der Landesnatur und dem Wirken des Menschen,

3. den räumlichen Komplex der Funktionspläne menschlichen Wirkens in seinen Beziehungen zu gesellschaftlichen Einheiten als wirkenden Subjekten, zu der Landesnatur, zu historisch entstandenen anthropogenen Strukturen und zu der Weltlage der Synergose.

Anschließend daran behandeln wir

4. das Verhalten des gesamten Systems in seiner dynamischen Entwicklung.

1. Das Teilsystem der durch anorganische Faktoren bedingten Vorgänge der Landesnatur erfassen wir in seinen strukturellen Ursachen mit den klassischen Methoden der aitionischen Länderkunde als Untergrundstruktur und Gesteinsaufbau, als Relief, Klima, Gewässer, die aktuellen Vorgänge selbst z. B. als Verwitterung, Abtragung, Bodenbildung usw. In der räumlichen Ordnung ihres Zusammenwirkens begreifen wir sie mit den Methoden der naturräumlichen Gliederung in Verbindung mit speziellen lokalen Untersuchungen der 'vertikalen' Vorgänge des Stoff- und Energiehaushaltes in den einzelnen Physiotopen. Zu der drit-

ten methodischen Stufe, die dazu führt, das räumliche Zusammenwirken dieser Glieder in ihrer Gesamtdynamik zu erfassen, sind bisher zwar theoretische, aber noch wenig praktische Ansätze gemacht worden.

2. In der belebten Naturlandschaft führt die ökologische Betrachtung der gesetzmäßigen Vergesellschaftung der Sippen zu konkreten räumlichen Einheiten. Deren materielle Dynamik (Stoffumsatz, Bodenbildung, Wasser- und Energiehaushalt) wird mit der Ökosystem-Forschung der Biologen in vielen Landschaften schon intensiv untersucht, zum Teil im Rahmen internationaler Programme.

Das Studium der 'horizontalen' dynamischen Beziehungen zwischen den verschiedenen Ökosystemeinheiten des räumlichen Gefüges ist in den Anfängen durch die Hydrobiologie (THIENEMANN), in jüngerer Zeit aber auch durch Fortschritte in der Kartierung der Landvegetation eingeleitet und in vielen Ansätzen, wie z. B. mit der Erforschung von Standortsreihen und Vegetationskomplexen mit Erfolg begonnen worden. Auch dabei haben internationale Forschungsprojekte, die zumindest teilweise darauf zielen, die Rolle der Vegetation in dem gesamten Stoff- und Energiehaushalt der Geosphäre zu erforschen, anregend gewirkt. Denn die Kenntnis dieser Vorgänge in typischen Beispielen aus einzelnen Landschaften ist die wichtigste Voraussetzung für jede Art von Spekulation über die Vorgänge in der geophärischen Dimension.

Relativ weit fortgeschritten sind sowohl die Forschungsmethoden als auch die sachlichen Erkenntnisse für Vorgänge im Bereich der Beziehungen der Biota zum Wirken des Menschen. Denn hier haben oft unmittelbare vitale Interessen der Gesellschaft die Entwicklung der Forschung angeregt. Daher konnten solche Untersuchungen seit mehr als einem halben Jahrhundert zuerst in Mitteleuropa, dann auch in anderen Teilen der Erde schon intensiv gefördert werden.

Erste Anregungen kamen auch hier aus der Hydrobiologie, der jedoch bald weitere aus der Agrarentomologie (FRIEDERICHS), der Waldbauwissenschaft, der Agrarmeteorologie, sowie aus Pflanzenzüchtung und -pathologie u. a. folgten. Auch in der Landwirtschaftsgeographie wurde von Anfang an dieser Aspekt gesehen und berücksichtigt.

Vor allem die Pflanzensoziologie hat seit dem Beginn der 30er Jahre unter der Führung von REINHOLD TÜXEN wichtige Grundlagen geschaffen. Diese haben es methodisch ermöglicht, die Beziehungen zwischen der Vegetation, dem Standort und dem menschlichen Wirken in den verschiedenen räumlichen Dimensionsstufen planmäßig und exakt unter ökologischen Gesichtspunkten zu erforschen (vgl. SCHMITHÜSEN 1942, 1951, 1968).

Die aus der Sukzessionsforschung hervorgegangene Idee der *potentiell natürlichen Vegetation* und die damit begründete Möglichkeit, mit Hilfe der pflanzensoziologischen Analyse anthropogene Vegetationseinheiten als *Ersatzgesellschaften* bestimmter potentiell natürlicher Gesellschaften zu erkennen, war dabei ein wichtiger methodischer Fortschritt. Damit wurde die Konstruktion von Karten der potentiell natürlichen Vegetation möglich. Dieses ist die Voraussetzung, um ermitteln zu können, wie sich jedes einzelne anthropogene Ökosystem von dem auf der gleichen Fliese potentiell natürlichen in seiner organischen Produktion und in seinem Nährstoff-, Wasser- und Energiehaushalt unterscheidet. Erst auf dieser Grundlage kann man die materielle Gesamtwirkung des Menschen in einer Landschaft im Vergleich zu den Vorgängen in der potentiell natürlichen Landschaft abgrenzen und sowohl qualitativ als auch quantitativ erfassen. Damit eröffnet sich zugleich ein Weg, um das energetische System einer Kulturlandschaft in seiner räumlichen Differenzierung auch unter dem

Aspekt der Entropie zu untersuchen und damit auch zur Erkenntnis von Gesetzmäßigkeiten der Entwicklung vorzudringen.

3. Die Vorgänge des menschlichen Wirkens in einer Landschaft sind primär auf die Bedürfnisse der Gesellschaft und ihrer sozialen Gruppen ausgerichtet. Von diesen werden die mit dem aufgewandten Arbeitseinsatz angestrebten Ziele bestimmt. Zugleich paßt sich die räumliche Ordnung dieser Vorgänge an vorgegebene natürliche und anthropogene Strukturen an. Zudem ist sie von aktuellen Vorgängen der Außenwelt (bis zu solchen von weltweitem Ausmaß) abhängig.

Mehrere Organisationspläne und verschiedenartige Bedürfnisse der Gesellschaft oder ihrer Gruppen können miteinander in Konkurrenz treten und sich gegenseitig beeinflussen. Dieser komplizierten Problematik hat die Geographie lange Zeit ziemlich hilflos gegenübergestanden. Ein Schlüssel zur Lösung eines Teiles dieser schwierigen Aufgaben ist im Zusammenhang mit der Begründung der modernen Landwirtschaftsgeographie durch WAIBEL gefunden und methodisch entwickelt worden. Vorher hatte man anthropogene Vorgänge in der Landschaft, soweit man sich in der Geographie überhaupt damit befaßte, meistens nur isoliert betrachtet.

Abgesehen von wenigen Vorläufern wie RITTER, JOHANN HEINRICH VON THÜNEN (1783–1850), JOHANN GEORG KOHL (1808–1878), RIEHL u. a. hat SCHLÜTER als einer der ersten darauf bestanden, daß anthropogene Bestandteile der Landschaft methodisch auch unter dem Gesichtspunkt ihrer vom Menschen her bestimmten Gestaltung zu betrachten seien. Er selbst tat dieses, indem er Siedlungen als historisch-genetische Typen erfaßte. WAIBEL verlagerte demgegenüber mit seinem Begriff der Wirtschaftsformation das Schwergewicht der Betrachtung auf die aktuellen Arbeitsvorgänge der in den Siedlungen lebenden Bevölkerung und hat damit einen Weg angebahnt, auch in der „Physiologie" der Kulturlandschaft zur Erkenntnis von Gesetzmäßigkeiten vorzudringen.

In den unterschiedlichen wirtschaftlichen Lebensformen sind je nach dem Grad der Beherrschung bestimmter technischer Errungenschaften die Möglichkeiten der Gestaltung in jedem Fall begrenzt. Aber in allen Stufen herrschen technische und ökonomische Gesetzmäßigkeiten. Allgemein gültig ist das *Entropiegesetz*.

Die Leistungen aller Vorgänge der Wirtschaftsformation sind abhängig von der verfügbaren Nutzenergie. Die daraus resultierenden Probleme der Arbeitsvorgänge können aber z. B. mit der Verteilung von Hand- oder Maschinenarbeit für den gleichen Zweck auf verschiedene Weise gelöst werden. In Hamburg hat man demonstriert, daß mit industrieller Vorfertigung und maschineller Bauarbeit ein Hochhaus in einer Woche errichtet werden kann. In Indien baut man ähnliche moderne Gebäude, indem Hunderte von Menschen monatelang ausgeschachtete Erde und Baumaterial in kleinen Körben auf ihren Köpfen tragen.

Allgemein gültig ist auch das *Gesetz des Minimums*. Vor allem bei hochentwickelten Wirtschaftsformen können die Ursachen der begrenzenden Faktoren weit außerhalb der Landschaft liegen, in der diese wirksam werden.

So ist z. B. die maximale Größe der Stahlgußstücke, die in Hüttenwerken des Ruhrgebietes hergestellt werden, begrenzt durch die Transportmöglichkeit auf dem Wege zum Abnehmer. Das größte Stück, das bis Ende der 60er Jahre im Bochumer Verein hergestellt wurde, war in seiner Dimension begrenzt durch die Kapazität einer Brücke in Süddeutschland auf dem Wege zu dem Grobblechwalzwerk in Linz, für das es bestimmt war.

Ebenfalls allgemein gültig ist das THÜNENsche *Gesetz*, nach dem die Intensität der Landnutzung von der Verkehrsentfernung zum Markt abhängig ist. Dieses wird bei verschiedenen Wirtschaftsformen in unterschiedlichen räumlichen Dimensionen wirksam. In wirtschaftlich autark lebenden Gesellschaften wirkt es sich nur im engeren eigenen Lebensraum aus, indem die von der Wohnplätzen entfernteren Flächen weniger intensiv genutzt werden als die nahegelegenen. Es kann auch zur Folge haben, daß die Wohnplätze ab und zu verlegt werden, weil die Flächen in der Nähe des alten Platzes übergenutzt und in ihrer Ertragsfähigkeit vermindert wurden. In marktorientiert wirtschaftenden Gesellschaften wird dagegen auch die Lage zur Außenwelt im Sinne des THÜNENschen Prinzips wirksam; die wirtschaftenden Gruppen müssen auf den Marktdistanzfaktor in irgendeiner Weise reagieren und die räumliche Gestaltung ihrer Wirtschaftsformation, selbstverständlich unter Berücksichtigung ihrer sonstigen Existenzbedingungen, darauf einstellen.

Neuen Anforderungen an die Leistung der Wirtschaftsformation durch veränderte Lebensansprüche der wirtschaftenden Gesellschaft selbst kann man bis zu einem gewissen Grade durch die Abwandlung der Funktionsidee und neue Erfindungen, oder auch durch von außen übernommene neue Techniken gerecht werden. Es kann damit aber auch eine grundsätzliche Änderung der Wirtschaftsformation hervorgerufen werden oder deren Aufgliederung in mehrere verschiedene, die dann in demselben Raum nebeneinander existieren oder einander räumlich durchdringen.

Bei jeder Änderungstendenz – sei sie aus eigener Initiative der Gesellschaft erwachsen oder durch veränderte äußere Bedingungen angeregt oder erzwungen – wirkt die bisher übliche Wirtschaftsformation als vorgegebene historische Struktur, mit der man sich bei der praktischen Erprobung oder der theoretischen Planung neuer Funktionsformen auseinandersetzen muß. Ebenso bleibt das ältere historische Erbe wirksam, soweit es in landschaftlichen Strukturen erhalten geblieben ist.

Als ein einfaches Beispiel können wir nochmals die durch das Nutzungssystem des *Enarenado artificial* charakterisierte Wirtschaftsformation von Lanzarote nennen. Die künstlichen Hangterrassen des alten Trockenfeldbaus sind zwischen den bewirtschafteten Flächen zum großen Teil noch vorhanden. Sie sind aber als Nutzflächen zum großen Teil aufgegeben, weil sie vom Ertrag her weniger rentabel sind. Das System des *Enarenado artificial* erfordert für den Transport und die Ausbreitung des Aschenmaterials zwar einen großen Einsatz von Arbeitskräften, macht dafür aber auch die zusätzliche Nutzung von Flächen möglich, die mit dem alten System noch nicht genutzt werden konnten.

In vielen Kulturlandschaften sind alte Strukturen wie das Wegenetz, die besitzrechtliche Gliederung des Landes, ein Teil der Flurverfassung sowie alte Bauten der Ortschaften in den Funktionsplan der aktuellen Wirtschaftsformation mit einbezogen. Diese ist dementsprechend in ihrer Gestalt beeinflußt von Einrichtungen, die aus dem geschichtlichen Erbe, wenn auch oft mit veränderter Funktion, übernommen worden sind. In dem gegenwärtigen Organisationsplan spiegelt sich daher oft auch ein gutes Stück Vergangenheit wider. Viele Dörfer mitteleuropäischer Agrarlandschaften sind dafür instruktive Beispiele.

OTTO GRUBER (1961) hat die Bauernhäuser am Bodensee nach dem formalen und funktionalen Charakter ihrer Gestalt untersucht. Er hat dabei auch die Differenzierung des *Bauprogramms* der verschiedenen Bestandteile, die ein Dorf zusammensetzen, analysiert. Die z. T. mit vielen Veränderungen noch jetzt benutzten alten Bauten leiten sich zu einem wesentlichen Teil von dem Bauprogramm der mittelalterlichen und frühneuzeitlichen Sozialstruktur her mit Bauten der Kornbauern, der Kleinbauern, Fischer, Handwerker, mit Pflegehöfen, Mühlen, Metzigen, ehemaligen grundherrschaftlichen Torkeln (Kelterhäuser mit Balkentrotter) und mit Gehöftanlagen ehemaliger Klosterhöfe.

Entsprechendes gilt in noch höherem Maße für die meisten alten Städte. Denn deren wesentlichste Züge sind ja in erster Linie von der gesellschaftlichen Arbeitsteilung geprägt worden. Dieses kommt auch in dem inneren räumlichen Aufbau als funktionale Arbeitsverteilung von 'Stadtvierteln' zum Ausdruck. Die Stadt als hochgradig differenzierte Organisationsform gesellschaftlichen Wirkens, die schon RITTER als „die allerkünstlichste Frucht, welche die Erde trägt" gekennzeichnet hatte, verändert sich mit der Entwicklung der Technik zunehmend schneller und zumeist auch gründlicher als viele ländliche Wirtschaftsformationen. Aber auch die moderne großstädtische Wirtschaftsformation muß sich, abgesehen von Neugründungen aus wilder Wurzel, meistens mit historischem Erbe auseinandersetzen. Sie kann dieses entweder in ihr aktuelles Funktionsgefüge aufnehmen, oder sie muß es mit oft sehr großem Arbeitsaufwand beseitigen oder verändern.

Wirksam sind hierbei nicht nur der hohe Grad gesellschaftlicher Differenzierung in der städtischen Lebensform, sondern auch die meistens sehr starke Bindung der Städte an die Außenwelt im Zusammenhang mit ihren zentralen Funktionen für eine oft sehr weite und z. T. sogar weltweite Umgebung. Dazu kommt als weitere grundlegende Voraussetzung bei allen Wirtschaftsformationen die Wirkungsbeziehungen zu der Landesnatur.

In jeder Wirtschaftsformation gibt es bodengebundene und nicht bodengebundene Vorgänge. Nicht bodengebundene sind z. B. die Formen genossenschaftlicher Organisation bestimmter Wirtschaftsvorgänge und die innere Ausgestaltung der Wohnbauten. Bodengebunden sind u. a. die Benutzung örtlich vorkommender Gesteine als Baumaterial, die Förderung von anorganischen Rohstoffen (z. B. Lehm für die Ziegelei oder Ton für Keramikherstellung), die Verwendung natürlicher Energieträger (Brennstoffe, Wasser- und Windkraft), jede Art von landwirtschaftlicher Produktion sowie die Anlage von Wegen, Straßen, Bewässerungskanälen usw.

Alle bodengebundenen Vorgänge korrelieren in der Regel mit bestimmten Eigenschaften der Landesnatur. Oft sind daher Koinzidenzen der inneren Ordnung einer Wirtschaftsformation mit der naturräumlichen Gliederung der Landschaft leicht erkennbar. Diese dürfen aber nicht in einem deterministischen Sinne als zwangsläufig aufgefaßt werden. Sie sind jeweils nur eines von vielen möglichen Ergebnissen der Auseinandersetzung der wirtschaftenden Gesellschaft mit dem in der Landesnatur vorhandenen Eignungspotential für raumgebundene Lebensfunktionen.

In irgendeiner Weise muß der 'Leistungsplan' der Nutzideen in jedem Fall an die von Natur aus vorhandenen 'Eignungen' angepaßt werden. Von sich aus haben die Eigenschaften der Landesnatur für den Menschen nur einen potentiellen Dienlichkeitswert. In welcher Weise dieser als 'Gegenleistung' für aufgewandte Arbeit nutzbar gemacht wird, bestimmen die wirtschaftenden gesellschaftlichen Gruppen. Je nach dem Grade ihrer Einsicht und ihrer technischen Fähigkeiten geben Menschen den Naturgegenständen und -vorgängen einen Bedeutungsbefehl wie etwa *Bau*material, *Nutz*pflanze, *ackerfähiger* Boden, *brauchbarer* Energieträger usw. und richten dementsprechend ihren Arbeitseinsatz und dessen Funktionsplan ein.

Stellt sich der Bedeutungsbefehl als Irrtum heraus, so war es ein mißglückter Versuch. Die Arbeitsvorgänge werden dann entweder eingestellt oder aufgrund der neu gewonnenen Einsicht modifiziert. Auf diese Weise richten sich sowohl die Arbeitsvorgänge als auch die dabei entstehenden gegenständlichen Formen und die Pläne ihrer räumlichen Ordnung nach der Dienlichkeit des in der Landesnatur Vorgegebenen aus. Aus der Bewährung erprobter Pläne entsteht die an die natürlichen Möglichkeiten angepaßte Organisation einer Wirtschaftsformation.

Wo die Gegenleistung aus der Koppelung des menschlichen Arbeitseinsatzes mit natürlichen Wachstumsvorgängen hervorgeht wie bei land- oder forstwirtschaftlicher Nutzung (der Anlage und Pflege eines Weinberges entspricht die Gegenleistung Traubenertrag), wird der Zusammenhang mit dem natürlichen Wuchspotential der Standorte und damit auch die bis zu einem gewissen Grade notwendige Anpassung an das Fliesengefüge der Landesnatur offensichtlich. Das bedeutet aber nicht, daß z. B. Reben überall angepflanzt werden, wo diese wachsen könnten. Ganz abgesehen davon, daß einer Bevölkerung, die über dafür geeignete Anbauflächen verfügt, Reben unbekannt sein können oder daß sie sich für die Früchte dieser Pflanzen nicht interessiert, richtet sich im allgemeinen das Nutzungsziel auf der einzelnen Fläche nicht nach deren Qualitäten allein. Die verschiedenen in einem Betrieb oder auch im Bereich der ganzen Wirtschaftsformation verfügbaren Geländeteile werden vielmehr in Relation zueinander nach ihren unterschiedlichen Qualitäten bewertet. Danach werden die Nutzflächenpläne mehr oder weniger ausgerichtet. So werden in Anlehnung an Unterschiede der Böden oder des lokalen Klimas bestimmte Teile des Geländes als Äcker, andere als Wiesen, Weiden oder Forste benutzt, sofern nicht Hindernisse der historisch bedingten anthropogenen Struktur, wie etwa Besitzgrenzen oder eine frühere Überbauung mit störenden Anlagen, dem entgegenstehen.

Aufgrund der eigenen und der von den Vorfahren überlieferten Erfahrungen oder in neuerer Zeit oft auch nach planmäßiger wissenschaftlicher Erkundung verleiht die wirtschaftende Bevölkerung der Anordnung von verschiedenartigen Fliesentypen die Bedeutung eines räumlich geordneten Eignungsplans für unterschiedliche Nutzungsmöglichkeiten. Der räumliche Organisationsplan der Wirtschaftsformation wird dementsprechend unter Berücksichtigung des wirtschaftlichen Gesetzes der Rentabilität eingerichtet. Um dieses so gut und rationell wie möglich tun zu können, bedient man sich in der modernen Landwirtschaft vieler Länder jetzt oft der auf wissenschaftlicher Grundlage erarbeiteten Karten der naturräumlichen Gliederung. Zumeist geschieht dieses, um die räumliche Ordnung der Nutzungssysteme in schon funktionierenden Wirtschaftsformationen zu verbessern und rationeller zu gestalten. Oft geht es aber dabei auch darum, die Neueinrichtung von Wirtschaftsformationen für bisher noch unerschlossene Gebiete sinnvoll zu planen. Dabei wird die Landesnatur oft nicht nur nach der potentiellen Produktionsqualität ihrer Bestandteile bewertet. Auch andere Eignungen, wie z. B. die natürlichen Voraussetzungen für die Gesundheit der anzusiedelnden Bevölkerung können schon in der Planung berücksichtigt werden.

So bearbeitet z. B. das Geographische Institut der Sowjetischen Akademie der Wissenschaften in Irkutsk, das Forschungsarbeiten für die Planung der Erschließung ostsibirischer Gebiete durchführt, vom Beginn der Untersuchungen an, neben den Karten der naturräumlichen Gliederung auch medizinisch-geographische Karten, um die Ansiedlung der Menschen, die die neuzuschaffende Wirtschaftsformation tragen sollen, auch in gesundheitlicher Hinsicht den natürlichen Voraussetzungen des neu zu erschließenden Landes möglichst optimal anpassen zu können.

Je planmäßiger eine Wirtschaftsformation begründet und in ihrer Organisation aufgebaut wird, um so mehr können die verschiedenen Qualitäten der Landesnatur abgestuft bewertet und bei der Gestaltung berücksichtigt werden.

Doch haben in den *historisch gewachsenen* Wirtschaftsformationen die Erfahrungen von erfolgreichen Versuchen und Mißerfolgen oft auch zu ähnlichen Ergebnissen geführt. In den meisten *Bodennutzungssystemen* sind in deren 'Leistungsplan' die qualitativ differenzierten Bestandteile der Landesnatur im räumlichen und zeitlichen Turnus der Bearbeitung und in der Art der Nutzung, wenigstens nach den Vorstellungen der wirtschaftenden Gruppen, zweckentsprechend miteinander verbunden. Daß dieses – objektiv betrachtet – nicht immer im gleichen Grade der Fall ist, bleibt davon unberührt. Jedenfalls werden auf diese Weise räumliche Glieder der Landesnatur auf eine Art, die in einer Naturlandschaft nicht vorkommt, aufeinander bezogen. In materiellen Vorgängen werden sie nach menschlichen Plänen miteinander verbunden, wie etwa durch die Düngung des Ackers mit dem Mist des von Erträgen anderer Flächen ernährten Viehs. Die sich biotisch-naturgesetzlich selbstregulierenden Ökosysteme des Ackers und der Wiese werden dadurch in größere und komplexere, nootisch gesteuerte Systeme einbezogen.

4. Alle hier bisher nur in Teilsystemen betrachteten Vorgänge der landschaftlichen Dynamik sind in der realen Wirklichkeit miteinander verknüpft. An jedem einzelnen Ort kommt daher eine kaum übersehbare Vielfalt von Wirkungen zusammen, und eine ebenso große Fülle verschiedenartiger Wirkungen kann davon ausgehen. Aus deren Zusammenspiel in der Landschaft resultieren einerseits vorübergehende Wandlungen wie bei dem sich wiederholenden Turnus einer Feldrotation, andererseits zugleich aber auch fortschreitende Veränderungen. Die Wandlungen der letzteren Art, die zu etwas Neuem führen, pflegen wir als *Entwicklung* zu bezeichnen.

Verwitterung, Abtragung, Bodenbildung und alle Vorgänge organischer Lebenstätigkeit können Bestandteile fortschreitender Prozesse sein. Gleiches gilt für tektonische und klimatische Veränderungen mit ihren Folgeerscheinungen. Dazu kommen in Kulturlandschaften die Entstehung neuer Ideen und die Änderung der Fähigkeiten und Lebensansprüche der Menschen sowie die Schaffung der Mittel, um in der ständigen Auseinandersetzung mit der Natur ihre Umwelt so weit wie möglich nach ihren Wünschen zu gestalten. Dabei werden nicht nur einzelne Bestandteile des dynamischen Systems verändert, sondern dieses auch als Ganzes. Denn wie in allen materiellen dynamischen Systemen tendiert zu jedem Zeitpunkt das Zusammenspiel aller Vorgänge der Synergose nach den Gesetzen der Entropie auf dynamischen Ausgleich der Wirkungen aller beteiligten Faktoren. Da aber das bedingende Faktorenbündel nicht konstant bleibt, können sich mit dessen Variation und mit jedem neu auftretenden Impuls die Richtung und die Intensität der Entwicklung des Systems verändern.

Qualitative Unterschiede der Bestandteile kommen auf unterschiedliche Weise zur Geltung. Die anorganischen Grundlagen sind relativ stabil. Von gewissen, oft plötzlich auftretenden Ereignissen, wie Erdbeben, Vulkanausbrüchen, Bergstürzen usw. abgesehen, ändern sich z. B. das Großrelief und das Makroklima im allgemeinen nur in langen Zeiträumen. Ähnliches gilt in der Naturlandschaft auch für die Lebewelt, sofern nicht durch Klimaänderungen oder andere Ereignisse der erwähnten Art Neubesiedlungs- oder Wanderungsvorgänge und die Anpassung an neue Bedingungen ausgelöst worden sind. Die anthropogenen Wirkkräfte ändern sich im allgemeinen schneller, und zwar mit zunehmender Geschwindigkeit. Sie können auch in der Landesnatur rasch ablaufende irreversible Veränderungen hervorrufen.

Manche Bestandteile der Landesnatur werden von menschlichen Einwirkungen zwar kaum betroffen wie Gesteinsuntergrund, Großreflief und Großklima. Andere, wie vor allem die Lebewelt, sind demgegenüber labil und leicht veränderbar. Ähnliches gilt für die anthropogenen Gegenstände. Auch unter diesen gibt es relativ beständige Phänomene wie in den meisten Fällen die Ortslage der Wohnplätze.

Andere Faktoren bleiben oft nur kurzfristig wirksam, wie manche Ideen von Wirtschaftszielen, die z. T. nur während einer bestimmten Konjunkturperiode die Gestalt und die räumliche Ordnung der Wirkungssysteme beeinflussen.

Manche Gegenstände sind leichter wandelbar als andere und damit anpassungsfähiger an veränderliche Wirkkräfte. MICHOTTE hat dafür den Begriff der *Flexibilität* eingeführt, den ERICH OTREMBA aufgenommen und in der Wirtschaftsgeographie stärker zur Geltung gebracht hat. Bei Wandlungen der Wirkkräfte z. B. durch neue Erfindungen, neu auftretende Wirkziele, durch Änderung der verfügbaren Arbeitskraft oder der wirtschaftspolitischen Situation, kann die Bewertung der Gegenstände, auf die gewirkt wird, und damit deren Bedeutung für die räumliche Ordnung der Landschaft sich wesentlich verändern.

Die Auswirkungen eines solchen Wandels in der Bewertung der Qualitäten von Naturräumen hat der Verfasser am Beispiel des Standortstyps der *feuchten* Eichen-Hainbuchenwälder in Luxemburg gezeigt. Wegen der Schwere seiner Böden blieb zunächst der Wald erhalten, während die Standorte des *typischen* Eichen-Hainbuchenwaldes schon seit der Jungsteinzeit Ackerland waren. Bei späterem Siedlungsausbau entstanden in den Gebieten des feuchten Eichen-Hainbuchenwaldes Einzelhöfe mit Weidewirtschaft. Nach der Einführung besserer Pflüge konnte man auch auf diesen Böden zum Ackerbau übergehen und tat es wegen deren Fruchtbarkeit. Später wurde jedoch der Ackerbau zugunsten von Grünland und Wald wieder aufgegeben, nachdem die Kunstdüngung leicht bearbeitbare Sandböden, die vorher wertlos waren, anbaufähig gemacht hatte und der durch Industrialisierung des Landes entstandene Mangel an Arbeitskräften die Weidewirtschaft begünstigte (SCHMITHÜSEN, 1940, vgl. dazu auch OVERBECK, 1953).

Der Bedeutungswandel der Landesnatur infolge der sich verändernden Ansprüche der Menschen ist auch in der Ortslage vieler Städte erkennbar.

Die Stadt Mannheim z. B. liegt in einem Raum, dessen ursprüngliche Landesnatur nach heutigen Maßstäben alles andere als zur Anlage einer Großstadt geeignet war. Dieses ist aus der Entstehungszeit der Stadt zu verstehen. Anfangs war dort eine militärische Anlage als Grenzschutz gegründet worden, eine Festung auf einer Hochuferinsel, die durch das Gewirr der Flußläufe besonders gut geschützt war. Was damals zweckmäßig war, wurde später ungünstig, als daraus in merkantilistischer Zeit die Stadt entstand. Die Bevölkerung war gezwungen, das für die Anlage einer Stadt schlecht geeignete Gelände mit großem Arbeitsaufwand umzugestalten und damit die Voraussetzungen für die weitere Entwicklung zu der heutigen städtischen Kulturlandschaft künstlich zu schaffen.

Für anthropogene Strukturen gilt sinngemäß ähnliches. Auch deren Bewertung kann sich im Laufe der Zeit, sei es plötzlich oder allmählich, grundlegend verändern. Ein Wechsel in der Richtungstendenz der Entwicklung wird oft durch Wirkungen von außen ausgelöst oder bestimmt. Er kann aber auch in der Landschaft selbst entstehen und in Kraft gesetzt werden wie etwa bei der Austragung des Für und Wider der Intentionen verschiedener Kräftegruppen in der Entwicklungspolitik einer Stadt oder eines Staates.

In manchen Fällen führt der spezielle Zweck eines Gegenstandes mit innerer Zwangsläufigkeit zu dessen Veränderung oder zu seiner räumlichen Verlagerung wie bei Anlagen des Bergbaus, wenn bei der Erschöpfung der Lagerstätten an dem alten Platz die Voraussetzungen für die Funktion entfallen, oder bei einem in seiner Bedeutung wachsenden Hafen, wenn an dessen ursprünglichem Standort eine dem Bedarf entsprechende Erweiterung nicht mehr möglich ist.

Aus der Konkurrenz verschiedener Zweckideen entstehen oft unausgeglichene Verhältnisse, die dazu führen können, daß ein bestimmtes Nutzungssystem das dynamische Übergewicht bekommt. In vielen agrarischen Kulturlandschaften wird auf diese Weise die bisher vorherrschende Wirtschaftsformation durch eine neu auftretende (z. B. Bergbau oder Industrie) gestört, verändert oder sogar aufgelöst und beseitigt. Es kann aber auch zu einem Ausgleich kommen, indem mehrere Wirtschaftsformationen, sei es in räumlicher Arbeitsteilung nebeneinander oder in einer komplex verzahnten Koexistenz in derselben Landschaft zugleich wirksam werden. Ein bekanntes Beispiel ist die Verbindung von Braunkohlenbergbau, Industrie und Landwirtschaft im Vorgebirge bei Köln.

Viele Bestandteile der Landschaft erfahren in solchen Fällen eine starke Veränderung ihrer Bedeutung. Lagerstätten von Industrierohstoffen oder von fossilen organischen Energieträgern, die vorher nur latent als unbenutzte Eignung vorhanden waren, geben, wenn sie erschlossen werden, starke neue Impulse und können dann eine weit um sich greifende lebhafte Entwicklung auslösen. Ähnliches gilt bei der spontanen Neugründung von Städten, wenn ihre Lage, den Bedürfnissen entsprechend, gut gewählt ist. Umgekehrt wirken andere Bestandteile mehr auf die Erhaltung des Bestehenden hin, wie z. B. Böden, die für die Landwirtschaft besonders gut geeignet sind. Weniger günstige Böden sind demgegenüber im Hinblick auf ihren Nutzzweck labiler. Die Tendenz zu einer Kontinuität der Nutzung ist auf ihnen meistens geringer.

Eine starke Behauptungskraft hat in der Regel die Lage der Siedlungen. Daß dieses nicht allgemein gilt, zeigen die Wüstungen. Vor allem bei Städten kann aber das Beharrungsvermögen außerordentlich groß sein. Dafür gibt es viele Gründe. HASSINGER hat von dem „Kapital einer Landschaft" gesprochen (1937). Eine einmal erfolgte glückliche Ortswahl, bei der bewußt oder unbewußt viele Gesichtspunkte berücksichtigt wurden, bringt eine Stadt in den Genuß der Zinsen dieses Kapitals, das oft auch in einer sich wandelnden Landschaft seine Bedeutung nicht verliert. Dazu kommt bei längerem Bestehen einer Stadt die durch sie selbst hervorgerufene Umgestaltung ihrer weiteren Umgebung, z. B. die auf die Stadt ausgerichtete Struktur des Verkehrsnetzes. Aber auch die Gesamtheit dessen, was im Laufe der Zeit in der Stadt investiert wurde, ist von Bedeutung. Allein die Anlagen im Untergrund der Städte haben nach ihrer Kriegszerstörung oft den Ausschlag dafür gegeben, daß sie am gleichen Platz mit kaum verändertem Grundriß wieder errichtet wurden, auch wenn es gute Gründe gab, die dem entgegenstanden.

Das *Kapital der Landschaft* kann sich verändern. Sein Wert kann steigen, wie z. B. durch eine Verbesserung der Lagebeziehungen infolge der Ausweitung des Weltverkehrs. Es kann aber auch entwertet werden, sei es durch natürliche Veränderungen des Raumes wie bei der Versandung von Häfen, sei es durch menschliche Aktivität wie bei der Gründung einer konkurrierenden Stadt in günstigerer Position oder mit stärkerer Wirkkraft für die funktionale Organisation des umgebenden Raumes.

Ein Beispiel dafür, wie die technische Bewältigung einer ökonomischen Idee eine grundlegende Wandlung bewirken kann, ist die örtliche Fixierung der äthiopischen Hauptstadt. Diese war früher nach der Erschöpfung des Brennstoffvorrates der Gegend immer wieder verlegt worden. Nachdem man aber durch die Aufforstung mit Eukalypten um Adis Abeba den zweiten 'THONENschen Kreis' (Holzkreis) künstlich angelegt hatte, konnte die Hauptstadt an diesem Platz bleiben und sich weiter entwickeln.

Auch an die Folgen der Einführung des Stacheldrahts und des Elektrozauns für die Veränderung mancher Landschaften darf in diesem Zusammenhang erinnert werden. Von einer einzigen in eine Landschaft neu eingeführten Idee können wirkungsvolle entwicklungsdynamische Impulse ausgehen.

Nach einer zuerst in Amerika aufgenommenen Anregung von CARL ORTWIN SAUER (1889–1975) faßt man den Vorgang des Auftretens, Wirksamwerdens und der Ausbreitung neuer Ideen oft unter dem Stichwort *Innovation* zusammen. Innovationen in diesem Sinne sind z. B. die Einführung und Ausbreitung neuer technischer Geräte oder neuer Bauideen schöpferischer Architekten und Stadtplaner, aber auch das Aufkommen neuartiger materieller Ansprüche und Lebensbedürfnisse der Gesellschaft oder neuer sozialpolitischer Ideen.

Innovationen werden geographisch erst relevant, wenn sie in der landschaftlichen Dynamik wirksam werden. Entsprechende Vorgänge in der Vergangenheit sind die historischen Ursachen für die gegenwärtige Verbreitung bestimmter Gestaltungsideen in allen Lebensbereichen. Ein Beispiel ist die Verwendung der Konstruktionsform des mediterranen Hohlziegeldaches bei den neueren Holzbauten der Araukaner in Südchile.

Die diffuse Ausbreitung der Idee einer Neubewertung eines bestimmten Gegenstandes kann in einer Landschaft gewichtige Entwicklungsvorgänge verursachen. Ein Beispiel dafür ist die moderne Entwicklung der Stadt Icod auf Tenerife, die zu einem wesentlichen Teil auf der (irrtümlichen) Bewertung des dortigen Drachenbaums als ältestem Baum der Erde, den jeder Reisende gesehen haben müßte, beruht.

Gegenständliche Bestandteile, die bei der Entwicklung der Kulturlandschaften in der Konkurrenz mit Neuem ihre alte Bedeutung verloren haben, bleiben in ihrem materiellen Bestand oft lange erhalten, indem sie andere Funktionen übernehmen. So findet man z. B. in der Serra de Estrella (Portugal) Viehställe in Bauten, wie sie als bäuerliche Wohnhäuser dort schon im Neolithikum gebaut worden sind (Ausgrabungen von Briteiros). Von alten Burgen, Klöstern, Mühlen usw., die durch den Fremdenverkehr eine neue Bedeutung bekommen haben, wurde schon an anderer Stelle gesprochen.

Jede Landschaft besteht zu jedem Zeitpunkt aus einem *Mit- und Ineinander von Altem und Neuem.* Das aktuelle Geschehen ist durchsetzt mit Relikten der Vergangenheit und schon erkennbaren Antriebskräften neuer Entwicklungsprozesse. Die Bestandteile des gegenwärtigen Systems kann man nach ihrer Bedeutung für dessen dynamische Weiterentwicklung untersuchen und gegeneinander abwägen. Absolute Prognosen sind zwar unmöglich, bei einer genaueren Betrachtung der Vorgänge in den gegenwärtigen dynamischen Systemen vermag man aber doch Entwicklungstendenzen zu erkennen, aus denen sich Vorstellungen über die Möglichkeiten zukünftiger Veränderungen ableiten lassen. Dazu ist immer eine umfassende Betrachtung aller beteiligten Komponenten erforderlich. Isolierte Einzelanalysen ohne Bezug auf ihre Bedeutung für das ganze System können im Hinblick auf dessen Beurteilung leicht zu Fehlschlüssen führen und haben deshalb nur geringen Wert. Nicht selten zeigen auch sekundäre Kriterien bestimmte Entwicklungstendenzen an, wie z. B. die Strohmieten auf freiem Feld bei einer in Gang befindlichen Ausweitung des Getreidebaus, der die Wirtschaftsgebäude noch nicht angepaßt worden sind.

Alle Bestandteile und Glieder der gegenwärtigen Dynamik können planmäßig auf ihr Beharrungsvermögen oder ihre Wandlungsfähigkeit hin untersucht werden. Bei konkurrierenden Zwecken ist oft die Stärke der Durchsetzkraft des einen oder anderen ausschlaggebend wie etwa bei dem Beginn der Edölförderung in einem bisher rein agrarischen Gebiet. Bei Großstädten kann man z. B. Kettenreaktions- und Selbstverstärkungsvorgänge, die im Gange sind, erfassen und in gewissen Grenzen ihren möglichen weiteren Verlauf abschätzen.

Neben differenzierenden Entwicklungstendenzen, die aus der Eigenstruktur und dem Prozeßablauf in der Synergose selbst entstehen, gibt es auch solche von mehr allgemeinem Charakter. Diese sind zwar nicht überall und vor allem nicht immer in gleicher Intensität, aber oft doch in sehr ähnlicher Ausrichtung wirksam. Durch Änderungen in der Außenwelt kann die Bedeutung der verschiedenen Bestandteile der Eigenstruktur relativiert werden.

Solches geschieht z. B., wenn eine Landschaft infolge der allgemeinen Verkehrsentwicklung in einen anderen 'Thünenschen Kreis' des Weltmarktes versetzt wird. Es können dann bestimmte latente Eignungen des landschaftlichen Gefüges plötzlich relevant werden, während andere, bisher wichtige, ihre Bedeutung verlieren. Weder der Lagefaktor, noch die Eigenstruktur sind somit in ihrer Wirkung konstant. Auch die Reaktionsfähigkeit der einzelnen Synergosen auf sich ändernde äußere Einflüsse kann sehr unterschiedlich sein.

Divergierende Entwicklungstendenzen in der Dynamik vergleichbarer Landschaften können sowohl in kontinuierlich wirksam bleibenden Faktoren der Naturausstattung begründet sein (z. B. bodengebundenen Ressourcen der wirtschaftlichen Produktion oder deren Mangel) als auch in kulturellen Unterschieden der wirkenden Gesellschaften. Entsprechendes gilt für *konvergierende* Entwicklungen, die in zunehmendem Maße zu Ähnlichkeiten oder Übereinstimmungen im Charakter ursprünglich stärker unterschiedlicher Landschaften führen. *Naturbedingte* Konvergenzen in der Gesamttendenz der Entwicklung treten z. B. vor allem dort auf, wo extrem ungünstige Lebensbedingungen und die Besiedlung durch eine Bevölkerung auf niederer technischer Stufe den Anlaß zu einer besonders starken Anpassung der menschlichen Wirtschafts- und Lebensform an bestimmte Naturbedingungen geben. *Anthropisch bedingte* Konvergenz kann ihre entscheidenden Ursachen auf sehr verschiedenen Ebenen der gesellschaftlichen Struktur haben, wie z. B. in der gleichartigen wirtschaftlichen Lebensform, in der Sprachgemeinschaft, der Staatsgemeinschaft, der historisch begründeten Schicksalsgemeinschaft (sei es im gleichen Staat oder über gegenwärtige Staatsgrenzen hinweg) oder in ideologischen Gemeinschaften verschiedenster Art, oder aber auch in der gleichartigen ,,wirtschaftsgeographischen Situation" (im Sinne von G. Pfeifer).

Allgemeine und weiträumig mehr oder weniger *gleichgerichtete* Wandlungstendenzen entstehen aus der Fortentwicklung der Technik und den teilweise damit parallel laufenden Änderungen der Lebensansprüche der Gesellschaften. Die technische Entwicklung erwächst aus den Fortschritten der Wissenschaft, die ständig neue Möglichkeiten für eine wirksamere Gestaltung der 'Welt' der Mittel schafft. Manche Qualitäts*unterschiede* der Landesnatur verlieren damit ihre bisherige differenzierende Wirkung. Mangelnde Bodenfeuchte wurde schon lange in vielen Gebieten der Erde durch künstliche Bewässerung, mangelnder Nährstoffgehalt der Böden durch Düngung ausgeglichen. Moderne technische Großprojekte von Bewässerungsanlagen und die Massenproduktion von Kunstdünger durch die chemische Industrie ermöglichen dieses heute in ganz anderen räumlichen Dimensionen.

,,Daß [am Südrande des Odenwaldes] auf hochwertigem Lößlehmböden noch Wald vorhanden ist und oft die Zuckerrüben unmittelbar neben dem Wald wachsen, ist zum Teil sicher besitzrechtlich zu erklären. Ein wesentlicher Grund jedoch dafür, daß der Wald auf diesen Flächen erhalten blieb, kommt den dort meistens vorhandenen Klingen und Runsen zu. Heute, im Zeichen der Planierraupen, sind diese Klingen und Runsen kein Hinderungsgrund mehr, die auf den Flächen stockenden, meist sehr wertvollen Waldbestände zu roden und die Böden der landwirtschaftlichen Nutzung zuzuführen" (Oberlandforstmeister a. D. E. Brückner, 1958, brieflich). Das gleiche ist in noch weit größerem Umfang bei der modernen Umwandlung der Weinbaulandschaft des Kaiserstuhl zu beobachten. So können räumliche Unterschiede in der Kulturlandschaft oft leicht zum Verschwinden gebracht werden, indem man mit Hilfe der Technik ihre ursprünglichen strukturellen Ursachen beseitigt.

Viele Einrichtungen, die noch vor wenigen Jahrzehnten markante Bestandteile mancher Landschaften waren, sind allein durch die Elektrifizierung in kürzester Zeit fast vollständig verschwunden und in ihren letzten erhaltenen Exemplaren museumsreif geworden. Dazu gehören die Windmühlen, die noch in der ersten Hälfte des Jahrhunderts in niederländischen Landschaften in großer Zahl in Betrieb waren. Während sie in einer früheren wirtschaftlichen Situation leistungsfähige Betriebe waren, ist ihre Kapazität im Vergleich zu modernen Elektromühlen minimal und daher unrentabel. Wo noch arbeitsfähige Windmühlen stehen, werden sie teils aus sentimentalen Gründen erhalten als 'Wahrzeichen' einer Gegend, zu deren gewohntem Bild sie seit vielen Generationen gehört haben. Oder sie werden erhalten, weil sie im Zeitalter des Tourismus als physiognomische Bestandteile der Landschaft eine indirekte wirtschaftliche Bedeutung bekommen haben, die mit ihrer ursprünglichen Funktion als Mahlmühle oder als Pumpwerk für die Polder nichts mehr zu tun hat.

Die moderne Technik arbeitet nach dem ihr eigenen rationalen Gesetz, mit geringsten Mitteln das Höchstmögliche zu erreichen. Sie schafft ihre Funktionsideen und Formen auf naturgesetzlicher Grundlage. Daraus ergibt sich eine allgemeine Tendenz zur Vereinheitlichung nicht nur der Vorgänge, sondern auch der räumlichen Ordnung in ursprünglich oft stärker differenzierten Landschaften. In früheren Stufen wurden manche Techniken erfunden als Mittel, um bestimmte Formideen realisieren zu können. Die moderne industrielle Technik beherrscht dagegen nicht nur die Formen, sondern neigt immer mehr dazu, auch die Anwendungszwecke selbst mit zu bestimmen. Im Vergleich zum Handwerk verliert die Arbeit dadurch ihre persönliche Note. Nichtrationale psychische Kräfte kommen in der Gestaltung der Kulturlandschaften daher heute in geringerem Maße zur Geltung als früher. Ein Beispiel dafür ist im ländlichen Bereich das schnelle Verschwinden der traditionellen Bauernhausformen in vielen Ländern. Nachdem sich die Ansprüche an den Wohnstandard verändert haben, ist dieser Vorgang, der zu einer gründlichen Veränderung der Siedlungen führt, überall unaufhaltsam, wo wirtschaftliche Prosperität ausreichende Mittel für Neubauten verfügbar macht.

Die seit einigen Jahrzehnten in europäischen Ländern entstandenen Freilichtmuseen für Bauernhäuser sind eine korrelate Bildung zu diesem Vorgang. Dort sammelt man einzelne der übriggebliebenen letzten Beispiele typischer Hausformen aus Landschaften, wo diese vor kurzem noch zum normalen Bestand gehörten, jetzt aber meist durch weiträumig vereinheitlichte Neubauten ersetzt sind.

Einer der wichtigsten Gründe für umwälzende strukturelle Veränderungen in den Kulturlandschaften ist die *Wandlung der sozial geprägten Vorstellungen* der Menschen, die in diesen Landschaften leben. Mit den massenpsychologischen Auswirkungsmöglichkeiten der modernen Kommunikationsmittel werden neue Lebensansprüche schnell verbreitet und als Triebkräfte der Entwicklung wirksam. Ähnliches gilt für die z. T. modisch mitbestimmte Bevorzugung bestimmter Arbeitstechniken und Konsumgewohnheiten. Hand in Hand damit geht die Auflösung der patriarchalisch-hierarchischen Gesellschaftsordnung der vor- und frühindustriellen Zeit, die in vielen Ländern lange Zeit die funktionale Gestaltung von Kulturlandschaften bestimmt oder zum mindesten stark beeinflußt hatte. Besonders in Großstadtlandschaften der modernen Industriegesellschaft ist der zunehmende Anspruch aller Bevölkerungsgruppen, an den Errungenschaften des technischen Fortschritts Anteil zu haben, einer der stärksten Antriebe für die strukturelle Umgestaltung. Die 'autogerechte' Stadt ist schon lange nicht mehr nur ein Schlagwort fortschrittlicher Architekten. Es ist daraus eine generelle Entwicklungstendenz geworden, die überall mitspielt, wo Großstädte wachsen oder sich nach veränderten Ansprüchen ihrer Bevölkerung 'einwohnergerecht' umstrukturieren. Daraus entsteht zugleich ein mehr als früher in die Zukunft gerichtetes planerisches Denken im Hinblick auf eine gezielte Umgestaltung des Vorhandenen. Für Städte und Industrielandschaften, die in noch unerschlossene Räume hinein geplant werden, werden rational geplante Ordnungsmodelle entworfen (z. B. LE CORBUSIER [1887–1965]), von denen manche bereits als Realität der praktischen Bewährungsprobe ausgesetzt sind. In solchen Modellen wird zugleich teilweise erkennbar, was von dem derzeitig Wirksamen als zukunftsträchtig bewertet wird und welche neuen Gesichtspunkte (z. B. Umweltschutz) bei der Umgestaltung in zunehmendem Maße berücksichtigt werden müssen.

Als bemerkenswerte Neuerung in der großstädtischen Industriegesellschaft ist an die Stelle der früheren Landflucht die wenigstens zeitweilige Flucht aus der Großstadt getreten. Diese wirkt sich im Massentourismus mit allen seinen Begleiterscheinungen aus. Das Fortschreiten der wesensmäßigen Verstädterung wird jedoch damit nicht aufgehalten, sondern es werden Auswirkungen der städtischen Lebensform in bisher z. T. noch rein ländliche Landschaften hinausgetragen.

Zugleich mit der zunehmenden Spezialisierung der Arbeit und der Arbeitsteilung ist die innere und äußere Verflechtung der Gesellschaft intensiver und weiträumiger geworden mit Handel, Verkehr, finanzieller, politischer und weltweiter sozialer Verflechtung. In den 'höheren' Stufen ist damit das Leben der Gesellschaften in zunehmendem Maße an Wissenschaft und Technik gebunden, eine Bindung, die sich in der selbstgeschaffenen Umwelt nicht mehr rückgängig machen läßt. Diese ständig weiter wachsende Komplexität der Kulturlandschaften verstärkt zunehmend die gegenseitige Abhängigkeit aller menschlichen Einrichtungen in den Kulturlandschaften und erfordert zwangsläufig immer mehr Planung und weiträumige Zusammenarbeit der Gesellschaften. Zugleich wächst die Weite des Raumes, den man ins Auge fassen muß, um eine bestimmte Kulturlandschaft zu verstehen, und die Aufgabe des Geographen wird zunehmend schwieriger.

9. Kapitel: Der nootische Aspekt der Kultur-
landschaft

In komplexer Weise ist jede Kulturlandschaft zugleich Ausdruck der Natur des Raumes und der Leistungen der Bevölkerung, die darin ihren Lebensraum gestaltet oder gestaltet hat. Aus schöpferischem Willen geschaffene Werte vereinen sich in der Kulturlandschaft mit vitaler Entwicklung und kausalem Getriebe. Der Grad ihrer Durchdringung mit Geistgeschaffenem ist ein entscheidender Wesenszug jeder Kulturlandschaft. Das Geistige in der Landschaft ist in realen Objekten erfaßbar und kann daher auch wissenschaftlich erforscht und dargestellt werden. Einmal vorhanden und im Objektiven verwirklicht, sei es in Werkzeugen, Baustilen, sozialen Organisationsformen oder Sinnbildern, unterliegt auch das Geistige gesetzlichen Entwicklungen. Es wird „geprägte Form, die lebend sich entwickelt". Es fügt sich normativen Kräften der sozialen Psyche, der Umwelt und damit auch der Landschaft.

Geist offenbart sich in der Kulturlandschaft in den mannigfaltigsten Formen: Von der Zweckidee, die hinter jedem schlichten Arbeitsvorgang steht und der wissenschaftlichen Leistung umfassender Naturerkenntnis, die sich in technischen Bauten und in der Verkehrsbewältigung des Raumes widerspiegelt, bis zu dem Niederschlag der Eigenart eines Volkes in allen Einzelheiten der von ihm gestalteten Wirtschaftsformationen und bis zu den feinsten Regungen des Lebensgefühls längst vergangener Kulturen, die als geistiger Ausdruck in Stein gehauen, in der Wahl von Siedlungslagen ausgedrückt oder in die Form einer Parkschöpfung eingehaucht, in der Landschaft weiterbestehen und sich dem sehenden Auge erschließen.

Bei Erscheinungen, deren Zweck die Erfüllung einer materiellen Lebensfunktion wie Wohnung, Ernährung oder Bewegung ist, kann sich der Geist in der Funktionsidee als solcher und in dem dazu erfundenen Bauplan ausdrücken. Die landschaftlichen Formen können dabei ausschließlich von Zweck, Funktionsplan, Material und technischen Gesetzen bestimmt sein. Sie können aber auch darüber hinaus Geistiges, das keine unmittelbare Beziehung zu dem Zweck des Gegenstandes hat, ausdrücken. Ihr Stil kann aus der geistigen Haltung und dem Lebensgefühl der in der Landschaft lebenden Gesellschaft erwachsen oder aber auch von außen übernommen sein.

Auch wenn es sich nur um ein passives Verhalten handelt, daß man z. B. Naturgegenstände (wie etwa Bäume) nicht entfernt, sondern an einer bestimmten Stelle unberührt wachsen läßt, steht dahinter eine menschliche Entscheidung, und es kann sich darin der Geist der Bevölkerung zeigen, die in dieser Landschaft lebt. Insofern ist jede Kulturlandschaft in allen Teilen, über deren Existenz oder Nichtexistenz der Mensch entschieden hat, durch Ideen oder bestimmte menschliche Verhaltensweisen beeinflußt und gestaltet. Das gilt nicht nur für das, was an Gegenständlichem vom Menschen direkt geschaffen worden ist, sondern auch für die Art, wie er sich mit seinem Wirken in die Landesnatur einfügt. So wird jede Kulturlandschaft zu einem selbstgeschaffenen Gegenbild der Gesellschaften oder gesellschaftlichen Gruppen, die sie gestalten oder die ihre historisch überlieferten Strukturen in der Vergangenheit geformt haben.

Viel von den Wesenseigentümlichkeiten der aktuell wirkenden Gesellschaft und von der anthropogenen Geschichte der Landschaft kann daher aus dieser abgelesen werden, wenn man in Verbindung mit den entsprechenden Fachwissenschaften (Anthropologie und Kulturwissenschaften im weitesten Sinne) die dafür notwendigen Grundlagen und Beobachtungsmethoden weiter entwickelt. Dabei geht es nicht nur um einzelne Gegenstände wie etwa Arbeitsgeräte und Bauwerke als Zeugnisse geistiger Fähigkeiten und Funktions- oder Formideen, sondern auch um alle übrigen objektiv realisierten Ausdrucksformen des Umgangs der Gesellschaften mit ihrer Umwelt, des Verhaltens zu Stoff, Raum, Zeit, Leben und die Selbstdarstellung in den durch jede Art von Aktivität geschaffenen Formen. Nicht nur intellektuelle Fähigkeiten, sondern auch Lebensansprüche, Lebensgefühl, Selbstbewußtsein und Charakter, Arbeitsgeist und Wirtschaftsgesinnung, sowie auch Wertbesetzungen und metaphysische Vorstellungen der Gesellschaften können darin sichtbar werden.

Dieses ist nicht nur aus der Art und dem Sinn der einzelnen Objekte oder Formelemente ersichtlich, sondern vor allem auch daraus, *wie* diese in die Landschaft aufgenommen, weiterentwickelt, umgewandelt oder miteinander verbunden oder verschmolzen werden, *wie* bodenständig gewachsene oder seit langem im Raum der betreffenden Landschaft verwurzelte Formen verfallen und durch neue verdrängt werden oder sich siegreich gegen die von allen Seiten anbrandenden raumfremden Formen oder Neuerungsideen behaupten, *wie* eine Landschaft sich nach außen abschließt oder für neue Anregungen aufgeschlossen ist, *wie* eine formenarme Landschaft reicher oder eine reiche ärmer wird, *wie* die Funktionspläne der verschiedenartigen Lebensbereiche in einer Landschaft in Widerspruch zueinander stehen oder aufeinander abgestimmt sind, *wie* sie mit der Natur des Landes harmonieren oder ihr zuwider sind, und *wie* – nicht zuletzt – aus der geschichtlichen Tiefe in der Landschaft die Wirkungen früherer, zeitlich nacheinander einsetzender Entwicklungen und Einflüsse sich räumlich miteinander vereinigen.

Im Umgang mit den Gegenständen im Raum und mit den vorgegebenen Lebensbedingungen, in den Formen und der Intensität des Wirkens und in der Planmäßigkeit der Umweltgestaltung spiegeln sich *intellektuelle* Qualitäten der Gesellschaft, ihre Aufnahmefähigkeit für rationale Ideen und technisches Denken und der Grad ihrer bewußten Einsicht in die Vorgänge der Natur, in modernen Stadt- und Industrielandschaften oft auch in zunehmendem Maße die Dominanz einer rationalen Bewertung, die fast nur noch den momentanen funktionalen Nutzen (z. B. des Schloßgartens als Parkplatz oder der barocken Fassade als Reklamewand) in Betracht zieht. Zugleich präsentieren sich aber im Charakter auch *irrationale* Qualitäten der Gesellschaften wie Gemeinschaftssinn oder Individualismus, Traditionstreue oder historische Ungebundenheit, Nachahmungstrieb oder eigenwillige Absonderung. Entsprechendes kann für Gruppenunterschiede innerhalb der gleichen Landschaft gelten bei der Dokumentation des Sozialprestiges, wie z. B. durch die Höhe der Eingangsstufe und die Zahl der Tatami in den japanischen Bauernhäusern, oder mit den scheinbar unmotiviert dikken Mauern um ländliche Besitztümer zwischen Bari und Tarent (je reicher der Bauer, um so dicker die Mauer) oder auch mit der Stattlichkeit der Hausfassaden bei den Bürgerhäusern vieler alter Städte.

Ähnliches gilt für die Repräsentation des Rechtsbewußtseins und vor allem auch von sozialorganisatorischen oder religiösen Ideen. Darüber hinaus kommen meist völlig *unbewußt* viele andere Charakterzüge der gesellschaftlichen Psyche in der Landschaft zur Geltung: Lebenswille und Temperament, Schaffensfreude, Sinnenfreude oder rationale Nüchternheit, Empfindsamkeit für Harmonie und Schönheit in der heimatlichen Umwelt, Ordnungssinn, Phantasie, Freude an bestimmten Werkstoffen und ihrer materialgerechten Verarbeitung, Sinn für Proportionen, Schmuckbedürfnis, Farbenscheu oder Farbenfreude usw. Auch solche aus der *emotionalen* Welt stammenden Inhalte der Landschaft sind, wenn auch schon oft schwer, der wissenschaftlichen Untersuchung zugänglich, wenn entsprechende Methoden dafür entwickelt werden.

> So lassen sich z. B. die von bestimmten Bevölkerungsgruppen bevorzugten oder abgelehnten Farbverbindungen nach der OSWALDschen Farbenskala in Zahlenformeln erfassen, und man kann die Verbreitung bestimmter Kombinationen kartieren, wobei sich z. B. in Toronto die Stadtviertel nach den verschiedenen Einwanderernationalitäten deutlich unterscheiden würden.

Im Hinblick auf den Gesamtcharakter von Landschaftsräumen kann man auch deren gegenseitige *Aufgeschlossenheit* oder *Absonderung* unter dem nootischen Aspekt betrachten. Abgeschlossenheit gegen die Außenwelt hat im allgemeinen konservativen Charakter und oft auch Stagnation der Entwicklung zur Folge. Die Abgeschlossenheit, die die Aufnahme von Neuem hemmt oder verhindert, kann sehr verschiedene Ursachen haben. Sie kann durch die Lage bedingt sein, wie z. B. bei entlegenen Inseln oder durch die Landesnatur, die durch Verkehrshindernisse wie Gebirgsschranken oder Gewässer den Zugang erschwert. Sie kann aber auch vorwiegend in der mangelnden Aufnahmebereitschaft der Bevölkerung liegen, in dem Mißtrauen gegen Neues und einer irrational begründeten aktiven Abwehr gegen das Eindringen fremder Einflüsse. Eine solche Haltung kann um so dauerhafter wirksam sein, je mehr diese sich auf von der Landesnatur her gegebene Voraussetzungen oder auch auf strukturell begründete Eigenschaften der Bevölkerung (z. B. an Sprachgrenzen) stützen kann. Im Gegensatz zu der in der Landesnatur begründeten Entlegenheit, deren Folgen meist sehr stabil und dauerhaft sind, kann die auf der Willenseinstellung der Bevölkerung begründete Absonderung leichter aufgehoben oder gemildert werden. Die Bedeutung des strukturellen Unterschieds der Sprachgemeinschaften für die Sonderung der Räume wird durch die unterschiedlichen Kulturen selbst demonstriert, die in ihrer Verbreitung vielfach mit Sprachräumen korreliert sind. Dieses ist vor allem dort der Fall, wo sich Sprachräume scharf gegeneinander absetzen und nicht durchdringen oder wo verschiedene Lebensräume so getrennt sind, daß Fortschritte nicht aufgrund direkter Wahrnehmung von der Bevölkerung übernommen werden können.

Von der *geistigen* Haltung der Gesellschaften und vielen der schon genannten anderen Qualitäten hängt es auch ab, ob das in eine Landschaft von außen her aufgenommene Neue darin raumfremd bleibt und eine abgesonderte Rolle spielt oder ob es assimiliert und mit dem raum- oder bodenverwurzelten älteren Bestand an geistigem Gehalt mehr oder weniger harmonisch vereinigt oder schließlich verschmolzen wird. Dabei kann die Aufnahmebereitschaft oder auch die Aufnahmefähigkeit für Einflüsse verschiedener Art differenziert sein, so daß es zu einer spezifischen Selektion dessen, was aufgenommen wird, oder aber auch zu einer Überfremdung der Landschaft mit Neuem kommen kann. Kulturlandschaften sind nur in Ausnahmefällen in ihrem geistigen Gehalt allein von der gegenwärtig darin lebenden Gesellschaft geprägt. Das kann z. B. in jungen Kolonialgebieten und neu erschlossenem Siedlungsland oder auf künstlich geschaffenem Neuland, wie z. B. in den Ijsselmeerpoldern, der Fall sein. Die meisten Kulturlandschaften sind mehrschichtige Schöpfungen einer Folge von oft unterschiedlichen Gesellschaften. Deren in materiellen Strukturen objektiv erhaltene geistige Leistungen können teils unverbunden nebeneinander bestehen, wie die verschiedenen Mineralien in einem kristallisierten Gestein und nur mit gewissen Kontaktformen durchsetzt sein, wie etwa die arabischen, berberischen, jüdischen und spanischen Stadtteile in Xauen während der spanischen Kolonialzeit oder die rezenten italienischen, spärlich mit indianischen, spanisch kolonialzeitlichen Komponenten durchsetzten Siedlungen in südvenezolanischen Landschaften. Oder die historischen Beiträge verschiedener Gesellschaften der Vergangenheit können zu Eigenbildungen kontaminiert verschmolzen sein, wie etwa in den Kulturlandschaften Andalusiens oder in vielen Städten der ehemaligen spanischen Kolonialländer.

So wie es Kathedralen gibt, in denen sich mehrere Stile zu einem Bauwerk größter Harmonie vereinen, so gibt es Kulturlandschaften, die aus dem unterschiedlichen Geist mehrerer Völker (oder Nationen) geprägt worden sind und doch als eine Einheit erscheinen. Wie mit den Pflanzen- und Tierbeständen die räumlich differenzierte Entfaltung des Lebens zu einem Teil des Wesens der landschaftlichen Gliederung der Erde geworden ist, so bergen die Kulturlandschaften unterschiedliche historische Gehalte. Überlieferte Formen sind einbezogen in die Gegenwartsdynamik, so der Bauernhof, dessen Wirtschaftsweise sich auf die Gegenwartsverhältnisse einspielt, dessen Gestalt aber vieles bewahrt, was in der Vergangenheit unter anderen Bedingungen entstanden ist.

In dem einzelnen Bauernhof können nebeneinander Gegenstände stehen, die nach ihrer ursprünglichen Entstehung ganz verschieden alt, und die auch nach ihrer räumlichen Herkunft unterschiedlich einzuordnen sind. Das einfachste Beispiel ist ein altes Bauernhaus, neben dem ein moderner Silo steht. Dasselbe gilt aber auch für viele andere Gegenstände, die zu dem Gesamtkomplex eines Bauernhofs gehören, für die Art, wie ein Zaun gebaut oder wie das Dach konstruiert und gedeckt ist, für das Werkzeug, mit dem man arbeitet usw. Der Gerätepark eines Bauernhofs kann aus Gegenständen bestehen, deren Entstehung sich über Jahrhunderte oder Jahrtausende staffelt.

Neben dem, was für die Gegenwart wirksam bleibt, kann es in den überlieferten Strukturen fossile Relikte anthropogener Strukturen geben, die für die heutige Gesellschaft irrelevant bleiben oder auch zu irgendeinem Zeitpunkt in ihrer Wirksamkeit reaktiviert werden können. Geschichte der Landschaft ist nicht nur Vergangenheit, sondern auch Fortbestehendes, auch wenn der Sinn vieler der überkommenen Strukturen längst vergangen und vergessen ist. Vieles bleibt aber dem Blick des Forschers zugänglich, und der in den Kulturlandschaften objektivierte Geist kann uns Auskünfte über die Vergangenheit geben, die inhaltlich die geschriebenen Quellen in mancher Hinsicht ergänzen.

ERNST JÜNGER hat dieses treffend formuliert: ,,Immer noch lag etwas von jener Zeit als ein feiner Hauch über der alten Stadt als ein Medium zwischen Erinnerung und Substanz, das sich in ihren Winkeln gefangen hatte … Ich habe es seither noch oft empfunden …, das Gefühl, dem Geist einer Zeit sehr nahe zu sein, deren Wirklichkeit uns jedoch für immer entschwunden ist. In jeder geprägten Form liegt etwas verschlossen, das mehr ist als Form, eine Zeit hat ihr Siegel hinterlassen, das wieder aufglüht, wenn es vom tieferen Blick getroffen wird." (Aus: *Das abenteuerliche Herz*).

Die Betrachtungsweise dieses Kapitels ist auf Landschaften aller räumlichen Dimensionsstufen anwendbar. Sie wird naturgemäß um so schwieriger, je komplexer die zu betrachtenden landschaftlichen Systeme sind. Die vielseitige Verflechtung der Problematik soll nur kurz an dem regionalen Beispiel *der moselländischen Winzerlandschaft* gezeigt werden:

Fluß, Klima, Schiefergestein und Oberflächengestalt bilden natürliche Vorbedingungen zu der charaktervollen Kulturlandschaft, die im Laufe der Geschichte vom moselfränkischen Volkstum geschaffen worden ist, wobei mit dem gut entwickelten Naturgefühl, wie es der erfahrene Winzer besitzt, feinste Unterschiede des Bodens und des örtlichen Klimas in der Verteilung der Nutzungsarten berücksichtigt sind und damit die räumliche Gliederung der Landesnatur betont sichtbar wird.

Arbeitsfreude, Fleiß, zähe Ausdauer trotz aller Rückschläge, sowie eine innige Bodenverwurzelung sind die menschlichen Grundlagen für die Prägung der Winzerlandschaft. Gleich dem niederrheinischen Bergmann steht der moselfränkische Weinbauer bei seiner harten Arbeit mit dem Boden „in einem fast magischen Einverständnis" (NADLER). Die Pflege des Weines stützt sich auf ein Wissen, das seit vielen Geschlechtern weitergegeben und vertieft wird. Der Moselwinzer weiß aber auch vom Werte seiner Arbeit und hat ein starkes Selbstgefühl. Er hat das Bewußtsein, mit einem edlen Gegenstande beschäftigt zu sein. Mit einer gewissen Überlegenheit setzt er selbst sich gegenüber dem Eifel- oder Hunsrückbauern ab. Mitbestimmend für die Entwicklung der Geisteshaltung des Winzers war auch die bürgerliche Regsamkeit in den kleinen Markt-, Verwaltungs- und Weinhandelsstädten. Dementsprechend tritt im Siedlungsbild die individuelle Gestaltung stärker hervor als im Bauernland. Die „Lust am Schaffen" des Moselwinzers und sein Temperament werden auch im Hausbau sichtbar. Wie in seiner Sprache, so zeigt sich hier ebenfalls seine Erfindungsgabe und die Fähigkeit zu einer oft kühnen, aber treffsicheren Formgestaltung. Häufige Brände, die durch die Raumenge, den Fachwerkbau und wohl auch durch die große Sommertrockenheit begünstigt wurden, haben diesem Baueifer oft auch unerwünscht Gelegenheit gegeben sich zu betätigen. Gegenüber den Bauerndörfern der Höhengebiete, heben sich die Winzerorte des Moseltales durch ihre größere Schmuckfreudigkeit ab. Dabei sind alle Teile der Bevölkerung mit beteiligt. Der einzelne Stein ward gesetzt, nachdem sich ein Mensch Gedanken gemacht, wohin er zu setzen sei. Balken wurden geschnitzt, das Auge zu erfreuen, der Bildstock errichtet, um den Sinn des Betrachters über den Alltag zu erheben. Der intime Marktplatz ist aus dem Geist von Jahrhunderten gestaltet, aus der Fülle des Daseins tätiger Menschen. Ihre Wünsche, Sorgen und Sehnsüchte, ihre Erfahrungen, ihr Erfindungsgeist und Stolz und ihre Liebe, das alles hat die Gegenstände geformt, abgestimmt und eingefügt in die Vielfalt, hinter der wir ein Ganzes, das Leben einer menschlichen Gesellschaft spüren. Die kunstgewerblichen Leistungen gehen nicht wie im Bauernland auf einzelne Stellen zurück, sondern sie sprudeln aus vielen Quellen; niemand weiß recht woher. Für die unverwüstliche Lebenskraft der Moselwinzer ist bezeichnend, daß manche der schönsten noch erhaltenen alten Fachwerkhäuser gerade aus der Zeit des Dreißigjährigen Krieges stammen. Wo nicht große Brände zerstörend gewirkt haben, sind alle Moselorte reich an Kunstdenkmälern, von denen manche in sehr frühe Bauperioden zurückreichen. Auch darin besteht ein starker Gegensatz zu den angrenzenden Höhengebieten.

Mit den vielgestaltigen Bauformen an der Mosel und ihrer von weit her einstrahlenden Herkunft hat es aber noch eine besondere Bewandtnis. Ich möchte an diesem Beispiel zeigen, wie das innere Gefüge einer Kulturlandschaft weltweit verknüpft ist, und wie die aus geistigen Formen geprägte Gestalt doch auch wieder mit der Landesnatur eine Beziehung haben kann. Diese geht in unserem Falle über die christliche Liturgie oder, genauer gesagt, die Tatsache, daß der *Meßwein* rein sein muß. Zudem soll er leicht und gut sein. Wie bekannt ,hat man bis in das 19. Jh. den Wein im normalen Verbrauch nur gesüßt und gewürzt getrunken. Man brauchte daher auf die Qualitätspflege noch nicht so großen Wert zu legen wie heute, und Weine aus Gebieten, die heute einen guten Namen haben, waren bis vor kurzer Zeit, an unseren Ansprüchen gemessen, miserabel. Der Moselwein ist infolge der nördlichen Lage leicht, zugleich aber wegen des ungewöhnlich günstigen Lokalklimas auf den steilen Schieferhängen gut und ungemischt trinkbar. Zahllose Kirchen, Klöster, Stifte und ähnliche Institutionen aus dem ganzen Rheinstromgebiet und noch weiter her haben schon seit dem Mittelalter an der Mosel Grundbesitz erworben. Viele errichteten in den Moselorten ihre Häuser und brachten dazu Bauleute oder vielleicht auch nur die Bauideen aus der Heimat mit. Vom Bodensee zum Niederrhein und von Lothringen bis nach Mitteldeutschland erstreckt sich der Herkunftsraum der Anregungen, die auf diese Weise die Architektur der Mosel bereichert haben. Trotz des so mannigfaltigen verschiedenen Ursprungs der Einzelformen ist ein einheitliches Gesamtbild entstanden, offenbar, weil die moselfränkische Bevölkerung zwar gerne Neues aufnimmt, aber auch die Begabung besitzt, es mit dem Alten zu verschmelzen und daraus Eigenes zu entwickeln. Die Betrachtung der Gesamtgeosphäre unter dem hier dargestellten nootischen Aspekt im Maßstab der planetarischen Dimension führt zu der Erkenntnis der „Kulturerdteile" im Sinne von KOLB. Dieses sind „Räume subkontinentalen Ausmaßes, deren Einheit auf den individuellen Ursprung der Kultur, auf der besonderen, einmaligen Verbindung der landschaftsgestaltenden Natur- und Kulturelemente, auf der eigenständigen, geistigen und gesellschaftlichen Ordnung und dem Zusammenhang des historischen Ablaufs beruht" (A. KOLB 1962).

10. Kapitel: Landschaftsräume und landschaftliche Systeme höherer räumlicher Dimensionsstufen

10.1 Der Landschaftsraum

Das Verbreitungsgebiet einer bestimmten Landschaft nennen wir einen *Landschaftsraum*. Dieser umfaßt die Gesamtheit der räumlich zusammenhängenden Gegenden, die die gleiche Landschaft haben. In unserer geosynergetischen Terminologie bezeichnen wir die Landschaftsräume als *Synergochoren* (SCHMITHÜSEN und NETZEL, 1962/63).

Die methodische Bedeutung dieses Begriffs im Zusammenhang mit der Aufgabe, die Geophäre in ihrer räumlichen Differenzierung zu erfassen, haben wir schon besprochen (2.4). Wir können damit auf die rationellste Weise zu einer dem Wesen der geosphärischen Struktur gerechten räumlichen Gliederung gelangen. Landschaft ist das opitmale Kriterium, um die Geosphäre induktiv in räumliche Einheiten zu gliedern. Aufgrund einer räumlichen Differentialdiagnose des Totalcharakters werden ,,landschaftlich isomorphe Teile der Geosphäre" (SCHMITHÜSEN, 1967b, S. 127) zusammengefaßt und können gemeinsam betrachtet, untersucht und mit generalisierenden Aussagen dargestellt werden.

Die *Grenzen der Landschaftsräume* sind nicht wie bei den ,,natürlichen Landschaften" HETTNERs (1895, 1908, 1935) oder den ,,Landschaftsräumen" PASSARGEs nur nach der Landesnatur, sondern nach dem Gesamtcharakter ,,unter Berücksichtigung sämtlicher geographischer Merkmale... mit Einschluß aller, auch der geistigen Erscheinungen" (GRADMANN, 1924, S. 130/131) zu ziehen. Wo die Landschaft ausschlaggebend durch den Menschen bestimmt ist, kann das auch für die Grenzen der landschaftlichen Raumeinheiten gelten, während in anderen Fällen vorwiegend oder ausschließlich die Landesnatur den Grenzverlauf bestimmt. Jedes nach beliebigen Kriterien (z. B. nach politischen Grenzen) abgegrenzte Land können wir auf diese Weise in eine überschaubare Anzahl von Betrachtungseinheiten zerlegen, wie es z. B. früher schon JOSEF PARTSCH (1851–1925) in seinem Buch über Schlesien (1896–1911) und GRADMANN in seinem Süddeutschlandwerk (1931) getan haben. Daß beide für den Begriff des Landschaftsraumes andere Bezeichnungen verwendeten, ist nicht von Belang. Auch die Darstellung des Siegerlandes von TH. KRAUS (1931) ist eine Landeskunde auf landschaftsräumlicher Grundlage.

GRADMANN sprach, wie auch andere Autoren, von *natürlichen Landschaften*, wobei mir *natürlich* eine dem Gesamtinhalt der Räume gerecht werdende Abgrenzung gemeint war. Manche Autoren sprechen in dem gleichen Sinne auch von *geographisch* begrenzten Erdräumen. Im Französischen wird seit VIDAL DE LA BLACHE *pays* oft in dem gleichen Sinne, gelegentlich auch *paysage régional*, meistens aber *région géographique* (LEFEVRE, 1946, S. 27) verwendet. Im Englischen findet sich dafür die Bezeichnung *landscape region* oder auch *geographical region*.

Der Begriff eines bestimmten Landschaftsraumes meint ein individuelles Stück der Geosphäre mit seinem gesamten Inhalt und allen seinen inneren und äußeren Raum- bzw. Lagebeziehungen. Demnach gehört der Landschaftsraum in die Kategorie der *Land*begriffe (Idiochore).

Beispiele landschaftsräumlicher Einheiten aus Mitteleuropa sind: der Dungau, die Filder, Berlin, der Harz, die Lüneburger Heide, das Maifeld, der Rheingau, das Ruhrgebiet, der Schwarzwald, die Senne, das Siegerland, der Spreewald, der Taubergrund, die Weinstraße, die Wetterau.

Landschaftsräume sind zwar auf Grund normativer Merkmale nach ihrem strukturellen Baustil abgegrenzt. Als konkrete Sektionen der Geosphäre können sie aber idiographisch betrachtet werden. Sie können zum Objekt einer landeskundlichen Darstellung gemacht werden. Die landschaftsräumliche Gliederung ist die rationellste Basis, um die länderkundlichen (choretischen) Probleme in ihrer ganzen Mannigfaltigkeit anzugehen und das Besondere in der regionalen Differenzierung der *Idiochore* aller Größenordnungen erkennen und darstellen zu können. Zum *Wesen eines Landschaftsraumes* gehören dessen synergetische Struktur, die aus dieser gewonnene räumliche Abgrenzung, die damit gegebene geographische Lage und die daraus resultierenden Lagebeziehungen zu allen übrigen Teilen der Geosphäre. Jeder Landschaftsraum ist in sich räumlich gegliedert und faßt seine Glieder unter eigenen Gesetzmäßigkeiten zusammen; zugleich ist er selbst Glied eines größeren Ganzen, in das er abhängig hineingestellt ist. Die kleinsten Landschaftsräume sind in übergreifende Wirkungszusammenhänge von landschaftlichen Systemen größerer Dimension eingefügt. Als konkrete Objekte haben die Landschaftsräume wie alles Gegenständliche auf der Erde einen geschichtlichen Anfang ihrer Existenz und ein Ende. Sie können von schicksalhaften Ereignissen, deren Ursprung nicht in ihnen selbst liegt, betroffen und durch sie verändert werden.

Wie bei den Landschaften können wir auch bei den Landschafts*räumen* verschiedene *Dimensionsstufen* unterscheiden mit einem hierarchischen System von Landschaftsräumen verschiedener Größenordnung, von den kleinsten Einheiten, die nach Grundeinheiten der Landschaften (Synergosen) abgegrenzt sind, bis zu der Gesamtgeosphäre, die wir als den größten Landschaftsraum ansehen können. Die *landschaftsräumlichen Grundeinheiten,* die aus der unmittelbaren Wahrnehmung erfaßt werden können, und die im räumlichen Aufbau der Länder gewissermaßen elementare Komponenten darstellen, bezeichnen wir (in Anlehnung an das Wort Synergose) als *Choreosen.* Die Landschaftsräume der *größeren* Dimensionen, die nach landschaftlichen Systemen höherer Ordnung, nach Synergemen, abgegrenzt werden, nennen wir in allen in der Hierarchie möglichen Ordnungsstufen *Choreme.*

Einen Ansatz zu einer ähnlichen Auffassung sehen wir in den Vorstellungen von WHITTLESEY (1954) über die Dimensionsstufen der räumlichen Einheiten seiner *Compages,* wenn auch der Compage-Begriff mit unserem Landschaftsbegriff nicht ganz identisch ist. WHITTLESEY unterscheidet Compage-Localities, -Districts, -Provinces und -Realms. Bei der größten Dimension dieser landschaftsräumlichen Einheiten, den Compage-Realms handelt es sich offenbar um Choreme der planetarischen Dimension. Denn WHITTLESEY stellt ausdrücklich fest, daß sie nur in Maßstäben kleiner als 1 : 5 Millionen, d. h. also in Maßstabsklassen der Weltkarte darstellbar seien (WHITTLESEY, 1954, S. 48 und MINSHULL, 1967, S. 139).

Landschaftsräume größerer Dimensionen werden als Areale von Synergemen abgegrenzt. Um zu diesen zu gelangen, müssen wir die landschaftlichen Grundeinheiten (Choreosen) vergleichen und typisieren und in ihrer Zusammenfügung zu komplexen landschaftlichen Systemen betrachten und begreifen.

Mit dem Problem der Erfassung und Abgrenzung von Landschaftsräumen in einem überwiegend anthropogen geprägten Bereich Mitteleuropas hat sich OVERBECK auseinandergesetzt bei seinem Entwurf einer Karte der landschaftlichen Gliederung der Rheinlande (1939). Er wollte darin räumliche Einheiten darstellen, ,,die sich sowohl durch physisch-geographische Merkmale (vor allem auf Grund ihrer Oberflächengestaltung) als auch durch charakteristische kulturgeographische Züge (Siedlungsbild, Wirtschaftsform) deutlich unterscheiden." ,,Eine Gliederung in sogenannte 'natürliche Landschaften' wird deshalb des öfteren wahlweise entsprechend ihrer unterschiedlichen Bedeutung physisch-geographische oder kulturgeographische Merkmale bevorzugen müssen". ,,Für die Beurteilung der Begrenzungslinien im einzelnen muß beachtet werden, daß die Natur keine Grenzlinien kennt, sondern daß in Wirklichkeit die einzelnen Landschaften immer durch mehr oder weniger breite Grenzräume voneinander getrennt sind. Scharf ausgeprägte Grenzlinien bleiben immer die Ausnahme" (OVERBECK, 1939, S. 19).

Von den zahlreichen Versuchen, aus praktischen Bedürfnissen heraus räumliche Gliederungen zu entwickeln, sei hier das französische Beispiel vorgeführt.

Das *Institut national de la Statistique et des Etudes économiques pour la Métropole et la France d'outre-mer* hat in einer Karte im Maßstabe 1 : 1 400 000 mit einem umfangreichen Erläuterungsband eine Gliederung Frankreichs in *Régions géographiques* veröffentlicht. Das Werk ist aus dem Bedürfnis des Statistischen Amtes entstanden und unter dessen Leitung bearbeitet worden. Die Gliederung soll einen Rahmen für die räumliche Aufbereitung und Darbietung der Statistik geben und ein Hilfsmittel sein, um auf Grund des statistischen Materials das Land in seinen gegenwärtigen Verhältnissen zu beschreiben.

Die Einteilung in *Régions géographiques* soll ein konformer Ausdruck dessen sein, was in der Statistik in Zahlen erscheint. Das Land soll damit nach der räumlichen Differenzierung seines ganzen derzeitigen Inhalts gegliedert werden. Die *Régions géographiques* sollen die aus dem Zusammenspiel der Landesnatur mit den menschlichen Verhältnissen entstandenen, in sich zusammengehörigen Bereiche sein. Sie werden demnach folgerichtig nach Inhalt und Begrenzung nicht von einer Merkmalgruppe her bestimmt, also z. B. nicht von den Naturbedingungen allein oder etwa von den Wirtschafts-, Siedlungs- oder Bevölkerungsverhältnissen, sondern von der Gesamtheit dieser Tatbestände, die den Charakter einer Gegend ausmachen. Praktisch werden allerdings nicht alle diese Erscheinungen und Faktoren zugleich berücksichtigt; sondern je nach der Bedeutung, die man ihnen im Einzelfall zuerkennt, werden entweder Eigenschaften der Landesnatur oder menschlich bedingte Erscheinungen den Grenzen der *Régions géographiques* zugrunde gelegt. Es wechseln also von Fall zu Fall die Kriterien der Abgrenzung. Das Ganze ist demnach eine Kombination von naturräumlicher und anthropogeographischer Gliederung. Doch schließt sich die Linienführung im Einzelnen immer an den Verlauf der Gemeindegrenzen an. Diese für den Charakter des ganzen Werkes ausschlaggebende Festlegung ist die konsequente Folge des statistischen Zweckes. Denn die Gemeinde ist die Grundeinheit der statistischen Erhebungen.

Bei der Auswahl der Gemeindegrenzen, die zu Grenzlinien von *Régions géographiques* erhoben werden, wechseln, wie schon bemerkt, die Bestimmungskriterien. Manche Linien entsprechen naturräumlichen Grenzen. Denn im Rahmen der umrissenen allgemeinen Grundsätze der Darstellung war man bemüht, überall dort, wo naturräumliche Grenzen für die menschlichen Erscheinungen ausschlaggebend sind, diejenigen Gemeindegrenzen, die in ihrem Verlauf diesen Naturgrenzen annähernd folgen, zu Grenzlinien der *Régions géographiques* zu machen. Andere Linien folgen den Grenzen der landwirtschaftlichen Struktur, der Bodennutzungsarten oder der Produktionsgebiete bestimmter Wirtschaftsgüter. Manche entsprechen den Grenzen von Industriegebieten, von gewerblichen Wirtschaftsbereichen oder der städtischen Besiedlung. Alle Großstädte sind mitsamt den Gemeinden, die im weitesten Sinne Vorortcharakter haben, als besondere Gebiete ausgeschieden, desgleichen die industriell oder durch die Häufung kleinerer Städte bestimmten Bereiche mit mehr als 100 000 Einwohnern. Bei geringerer Einwohnerzahl sind solche Bezirke von Fall zu Fall verschieden behandelt, d. h. zum Teil als eigene Gebiete ausgeschieden, zum Teil in die umgebende *Région géographique* eingeschlossen worden. In allen Zweifelsfällen hinsichtlich des ausschlaggebenden Abgrenzungskriteriums ist grundsätzlich den Verwaltungsgrenzen (*Départements, Arrondissements, Cantons*) der Vorzug vor allen anderen Grenzen gegeben worden.

Die Gliederung Frankreichs in *Régions géographiques* zeigt 62 ,,große", 114 ,,mittlere" und über 500 ,,kleine" Einheiten. Etwa zwei Dutzend der letzteren sind nochmals untergeteilt. Die Abstufung in der Teilung ist den von Gegend zu Gegend wechselnden Verhältnissen angepaßt. Es gibt z. B. große Einheiten, die nicht weiter untergeteilt sind, und solche, die ohne Zwischenteilung der mittleren Größen-

rdnung in kleine Einheiten zerfallen. Auch sind Gebiete ausgeschieden, die der mittleren Größen-
rdnung angehören und weder einer größeren Einheit zugeteilt noch untergegliedert sind.

Abgesehen von der sehr pragmatischen Methode ihrer Entstehung, entspricht diese Gliederung prinzipiell dem, was wir als landschaftsräumliche Gliederung eines Landes bezeichnen. Ihre Schwächen liegen darin, daß sie einseitig aus dem Aspekt der Statistik entwickelt
worden ist. Sie will der statistischen Beschreibung dienen und Räume aussondern, die vom
Standpunkt des Statistikers in ihrem augenblicklichen Zustand einen relativ einheitlichen
Gesamtcharakter haben. Das Land wird dabei – und das ist der landschaftsräumliche Aspekt
im Gegensatz etwa zu den naturräumlichen – nach der Gesamtheit seines augenblicklichen
Inhalts gegliedert, ohne Rücksicht darauf, was in der räumlichen Differenzierung durch die
Natur des Raumes oder durch das Dasein und Wirken des Menschen bestimmt ist.

Ein allgemeiner *methodischer* Ansatz, um zu landschaftlichen *Einheiten größerer Dimensionen* und damit zu der Abgrenzung großer Landschaftsräume gelangen zu können, kann
über die Typologie der Synergosen (Synergotypen) gewonnen werden. Landschaften höherer Ordnung werden dabei als ein mosaikartig zusammengefügtes räumliches System von
Synergotypen aufgefaßt. Voraussetzung dafür ist, daß wir die Synergosen in typologischen
Ordnungssystemen erfassen können (vgl. 10.2).

Mit wachsender Größenordnung der Räume wird deren synergetische Qualität komplexer und erfordert eine in höherem Maße abstrahierende Betrachtung. Bei der Abgrenzung
von Landschaftsräumen der größeren Dimension kann daher nicht mehr in vollem Umfange
der Gesamtcharakter berücksichtigt werden, sondern es müssen aufgrund deduktiver Arbeitsschritte analytische Kriterien zur Bestimmung der Grenzen herangezogen werden.
Selbst wenn dabei nur objektive Kriterien berücksichtigt werden, ist dabei eine gewisse
Willkür der Grenzziehung unvermeidlich, da in jedem Fall deduktive Vorentscheidungen
über die Auswahl und die relative Bewertung der Grenzkriterien notwendig sind. Das gilt
sowohl für die Abgrenzung nach einzelnen hauptbestimmenden Faktoren oder der *Korrela-
tionsintensität* einer größeren Zahl ausgewählter Faktoren als auch für die sogenannte
Grenzgürtelmethode. Denn in der Wirklichkeit gibt es immer nur Übergänge in Grenzräu-
men. Letzten Endes beruht jede Abgrenzung auf gedanklicher Konstruktion, womit aber
gegen den Wert einer zweckmäßigen Landschaftsraumgliederung nichts gesagt ist.

Landschaftsräume höherer Ordnung sind um so leichter abzugrenzen und in ihrem strukturellen Aufbau als landschaftliche Systeme zu charakterisieren, je stärker bestimmte einzelne Gestaltungsfaktoren für ihren Gesamtcharakter durchschlagend wirksam sind. Beispiele dafür mit Dominanz der Relief- und Höhengliederung sind im mittleren Europa der
Harz, der Schwarzwald und die Alpen. Beispiele mit dominanter Wirkung des Klimas sind
der (überwiegend abiotische) hocharktische Landschaftsgürtel, der subarktische Tundrengürtel, die Sahara und die Namib. Als Beispiele überwiegend anthropisch bestimmter Landschaftsräume können Stadtagglomerationsgebiete wie das Ruhrgebiet, Groß-London,
Groß-Paris und Hongkong genannt werden.

Konsequent nach der geographischen Methode durchgeführte Beispiele der landschaftsräumlichen
Gliederung sind in jüngster Zeit für Länder unterschiedlicher räumlicher Dimensionen, z. B. von MEN-
SCHING (Tunesien 1968), von HUBERTUS PREUSSER (Island) und von MAX HERRESTHAL (Indien) vorge-
legt worden.

Das spezielle Problem, welche Kriterien für die Abgrenzung von Industrielandschaftsräumen in
kleinmaßstäblichen Darstellungen verwendet werden können, hat MICHAEL GLASER untersucht (1972)

und dabei praktisch brauchbare Vorschläge entwickelt, auf die wir noch zurückkommen werden (vgl. 10.4).

10.2 Typologie und Klassifikation synergetischer Systeme

Landschaften höherer Ordnung über der Rangordnung der Synergose sind strukturell als räumliche Systeme von Choreosen aufzufassen. Ihre generalisierte Darstellung wird ermöglicht über die *Typologie der Synergosen* (Synergotypen).

Ein echter Typus wird, wie es z. B. in der biologischen Taxonomie üblich ist, auf der Grundlage des Vergleichs von Individuen gewonnen. Auf dieselbe Weise können wir die nach ihrem Totalcharakter begriffenen Synergosen miteinander vergleichen. Wir erfassen auf diese Weise aus der Beobachtung auf rein empirischem Wege gleichartige bzw. sehr ähnliche Landschaftseinheiten als einen Typus. Einen solchen Sammelbegriff für nach ihrem Gesamtcharakter gleichartige Synergosen nennen wir einen *Synergotypus*. Es gehören dazu alle Synergosen, die untereinander in sehr zahlreichen, insbesondere allen wichtigen synergetischen Merkmalen übereinstimmen.

Die Idee einer solchen Typologie erdräumlicher Einheiten nach ihrem qualitativen Charakter ist keineswegs neu. Sie ist teilweise schon in Begriffen der normalen Sprache realisiert (Wüste, Waldgebirge, Großstadt) und wurde bereits von VARENIUS zur Grundlage wissenschaftlicher Betrachtung gemacht. Ihre Bedeutung für die geographische Methodologie hat auch HETTNER besonders hervorgehoben: „Der größte wissenschaftliche Fortschritt der Geographie hat darin bestanden, daß sie, die Ergebnisse der systematischen Wissenschaften übernehmend und weiterbildend, in dem einen Zweige früher, in dem anderen später, zur generellen oder gattungsbegrifflichen Betrachtung übergegangen ist; daß sie die Formen der Erdoberfläche wie die klimatischen und anderen geographischen Erscheinungen erst beschreibend auf Grund einzelner Eigenschaften, also künstlich, klassifiziert, später nach der Gesamtheit ihrer Eigenschaften auf Typen zurückgeführt und schließlich durch eine genetische Klassifikation zu erfassen gesucht hat" (1927, S. 223). „Wie die natürlichen Systeme der Pflanzen und Tiere auf die Gesamtheit der Eigenschaften begründet sind, kann darum auch eine Klassifikation der Erscheinungen der Erdoberfläche nur dann als natürlich angesehen werden, wenn sie der Gesamtheit der Eigenschaften Rechnung trägt" (ebd., S. 277).

Die Qualität der typologischen Begriffe ist um so höher, je mehr sie vom Gesamtcharakter der einzelnen Synergosen erfassen. Inhaltlich umfassende, induktiv gewonnene Landschaftstypen sind z. B. die Nordwestdeutsche Geest, die Bocagelandschaft der Bretagne und die südwestdeutsche Gäulandschaft. Die Art und Herkunft des Benennungsstichwortes ist gleichgültig. Bei den genannten Beispielen gibt im ersten Fall eine dominante Eigenschaft der abiotischen Landesnatur (Geest = hoch und trocken), im zweiten Fall ein Charakterzug der Vegetation (durch Hecken und Gebüsch gegliedertes Land) und im dritten Fall eine siedlungsgeschichtliche Charakteristik (Altsiedlungsland) das Stichwort für die Benennung. Gemeint ist aber in allen drei Beispielen der Gesamtcharakter eines landschaftlichen Typus mit jeweils ganz bestimmten Eigenschaften der naturräumlichen und der anthropogenen Gestaltung. Die inhaltliche Diagnose der Begriffe erfordert eine umfangreiche Deskription zahlreicher charakteristischer Eigenschaften, die allen zu dem betreffenden Typus gehörenden Landschaften gemeinsam sind.

Diese induktive, auf dem unmittelbaren Vergleich der einzelnen Synergosen begründete Zusammenfassung aller gleichartigen bzw. nach der Gesamtheit ihrer Charakterzüge einander ähnlichen Synergosen unter *einem* Begriff ist methodisch vergleichbar mit der Bildung taxonomischer Einheiten von Pflanzen oder Tieren, die auch auf Grund vergleichender Abstraktion durch eine Typendiagnose charakterisiert werden. Während aber alle Pflanzen und Tiere unter dem biogenetischen Gesichtspunkt (zum mindesten theoretisch) nach einem im Wesen der Organismen begründeten Prinzip (Stammbaum) in einem einheitlichen taxonomischen System überschaubar geordnet werden können, ist dieses bei den Synergosetypen nicht möglich. Denn dabei gibt es kein einheitliches Ordnungsprinzip, das etwa dem der biotischen Phylogenie entsprechen könnte. Die Landschaften sind merogenen Ursprungs. Ihre Gesamtheit kann daher nur nach deduktiven Ordnungskriterien überschaubar gemacht werden. Dabei sind prinzipiell beliebig viele, einander überschneidende Ordnungssysteme gleichberechtigt nebeneinander möglich.

Im praktischen Sprachgebrauch werden die klassifikatorischen Einheiten solcher deduktiver Ordnungssysteme meistens ebenfalls als 'Typen' bezeichnet, obwohl sie prinzipiell etwas anderes sind als die echten Typen in dem oben dargelegten Sinne der empirischen Typologie.

Klassifikatorische Gruppenbegriffe, nach denen Landschaftstypen übersichtlich geordnet werden können, sind in der Praxis der geographischen Forschung bereits seit langem in großer Zahl entwickelt und benutzt worden. Hinter den gebräuchlichen Vergleichskriterien zur Charakterisierung unterschiedlicher Landschaften können wir mehrere verschiedene *Klassifizierungsprinzipien* erkennen, von denen nur einige hier andeutungsweise gekennzeichnet werden sollen:

1. Klassifikationen nach *Alternativkriterien bezogen auf den Totalcharakter,* wie z. B. die Dreigliederung in abiotische Naturlandschaften, belebte Naturlandschaften und Kulturlandschaften. Jede Landschaft kann nur zu *einer* dieser drei Klassen gehören. Eine solche Klassifikation ermöglicht z. B. Aussagen wie diese, daß heute kaum noch ein Viertel der Landoberfläche der Erde als ,,naturlandschaftlich" anzusprechen ist, nämlich ca. 15 % als abiotische (ca. 10 % Eiswüsten und ca. 5 % heiße Trockenwüsten) und weniger als 10 % als belebte Naturlandschaft. Die Bedeutung der Unterscheidung dieser drei Klassen im Hinblick auf die Tatsache, daß ihre Behandlung verschiedene Ansprüche an die anzuwendende Methoden stellt, wurde bereits dargelegt. Auch wurde schon darauf hingewiesen, daß die Zugehörigkeit einer Landschaft zu einer der drei Klassen oft nicht ohne weiteres erkennbar ist, sondern in vielen Fällen erst durch eine gründliche wissenschaftliche Untersuchung festgestellt werden kann. Selbst dann bleiben aber Grenzfälle übrig, die einige Autoren dazu veranlaßt haben, zwischen den Naturlandschaften und der Kulturlandschaft noch eine Übergangsstufe zu unterscheiden, die als *Raublandschaft* bezeichnet wurde (zur Kritik dieser Auffassung vgl. SCHMITHÜSEN, 1968c, S. 234/235). HUGO HASSINGER unterschied 1953 (KLUTE-Handbuch, Bd. 2) auf seiner Karte der ,,Natur- und Kulturlandschaften der Erde" zwischen menschenleeren und menschenbelebten ,,Naturlandschaften".

2. Klassifikationen mit einer graduellen Abstufung nach bestimmten Aspekten des Gesamtcharakters, wie z. B. nach dem Grad der strukturellen Mannigfaltigkeit, der Intensität der Dynamik des Stoff- und Energieumsatzes oder der Stabilität bzw. Veränderungsgeschwindigkeit des Wirkungsgefüges.

Mit einer graduell abstufenden Klassifikation nach der Stärke der menschlichen Wirkungen in der Landschaft ist z. B. auch das vorher erwähnte Problem der Grenzfälle (Stichwort Raublandschaft) zu lösen. Man kann sich dabei etwa der von JALAS (1953, 1965) für die Charakteristik des synanthropischen Charakters der Flora eingeführten Stufenskala der *Hemerobie* (hemerob = gezähmt, kultiviert) bedienen mit den vier Graden:

legung der geographischen Landschaftsforschung unter Einbezug moderner Umweltforschung.

Wir denken, daß dieser Band für Ihr Arbeitsgebiet von Nutzen sein könnte und würden uns freuen, gelegentlich zu erfahren, wie Sie ihn beurteilen.

Mit freundlichen Grüßen
WALTER DE GRUYTER & CO

ppa.

Rudolf Weber

(Dr. - Ing. Rudolf Weber)

WALTER DE GRUYTER & CO.

vormals G. J. Göschen'sche Verlagshandlung, J. Guttentag, Verlagsbuchhandlung,

Georg Reimer, Karl J Trübner, Veit & Comp.

BERLIN · NEW YORK

1000 BERLIN 30, GENTHINER STRASSE 13

Juli, 1976

Sehr geehrte Damen!
Sehr geehrte Herren!

Wir freuen uns, Ihnen heute den Band 12
des Lehrbuchs der Allgemeinen Geographie
vorstellen zu können:

Josef Schmithüsen
ALLGEMEINE GEOSYNERGETIK
349 Seiten. 15 Abb. Geb. DM 80, -

Euhemerob (Naturfremd, überwiegend von menschlichem Wirken bestimmt), *mesohemerob* (naturfern, schwächer anthropisch bestimmt), *oligohemerob* (naturnah, mit bemerkbarem menschlichem Einfluß), *ahemerob* (natürlich). Die letzte Stufe entspricht den beiden Klassen der Naturlandschaften. Die drei anderen ergeben eine Untergliederung der Kulturlandschaft, die durch weitere Unterteilung verfeinert werden kann, z. B. in Analogie zu den sechs Stufen, die FALINSKI (1968) anstelle der ersten drei Hemerobiestufen von JALAS zur Charakteristik der Synanthropiegrade von Pflanzengesellschaften vorgeschlagen hat (*pansynanthrop, eusynanthrop, metasynanthrop, polysynanthrop, protosynanthrop, präsynanthrop*).

Außer nach der Intensität der anthropogenen Gestaltung können wir Kulturlandschaften auch nach ihrer historischen Struktur und nach verschiedenen Graden der Geschichtsträchtigkeit abstufen, z. B. als geschichtsarme oder historisch mehr- oder vielschichtig strukturierte Landschaften.

3. Klassifikation nach dominanten oder aus irgendwelchen anderen Gründen als wichtig angesehenen Kriterien, mit denen die Landschaft nur nach einem bestimmten Teil ihrer Eigenschaften gekennzeichnet wird, wie z. B. als Gebirgs-, Seen-, Karst- oder Waldgebirgslandschaft, als Agrarlandschaft, Bergbaulandschaft, Huertalandschaft usw. Dieses sind keine einander ausschließenden oder graduell abgestuften klassifikatorischen Gruppierungen. Auf eine bestimmte Landschaft können mehrere derartige Kennzeichnungen zugleich zutreffen. Die Bildung solcher Gattungsbegriffe ist als methodische Hilfe berechtigt. Man muß sich allerdings der Grenzen ihrer Aussagefähigkeit bewußt bleiben. Viele sagen tatsächlich nicht mehr aus, als daß ein bestimmtes Faktum in der Physiognomie oder in der Struktur der Landschaft besonders auffällig ist.

Eine durchgehend anwendbare Ordnungsskala ergibt sich aus dem ökologischen Aspekt mit der typologischen Unterscheidung nach bestimmten Qualitäten der Lebensbedingungen (z. B. Kältewüsten, Trockenwüsten) oder der Charakteristik nach der realen oder bei Kulturlandschaften nach der potentiell natürlichen Vegetation bzw. nach dem Charakter der Landesnatur (Naturräumliche Gliederung), worauf wir noch zurückkommen werden. Andererseits gibt es die Möglichkeit, nach den vorherrschenden wirtschaftlichen Lebensformen der menschlichen Gesellschaften und den technischen Stufen ihres Wirkens (Welt der Mittel) zu unterscheiden, wie an anderer Stelle dargestellt wurde. Ausführlichere Vorschläge zu einer systematischen Klassifikation von Landschaftstypen hat ERICH OBST 1948 auf dem Deutschen Geographentag in München vorgelegt (OBST 1950, S. 12–18).

Eine Reihe von speziellen Zweigen der Geographie beschäftigt sich nur mit einer bestimmten Gruppe von Landschaften, wie z. B. die *Agrar*geographie mit Agrarlandschaften, die *Industrie*geographie mit Industrielandschaften oder die *Stadt*geographie mit Stadtlandschaften. Auf die vielen anderen möglichen Kriterien, Landschaften *typologisch* zu kennzeichnen, soll hier im einzelnen nicht eingegangen werden.

Der Sinn einer klassifizierenden Typologie landschaftlicher Einheiten liegt auf der Hand. Wir gewinnen damit die Möglichkeit, auch für räumlich nicht zusammenhängende Landschaften gemeinsame Aussagen zu machen und vor allem größere räumliche Komplexe, die aus verschiedenen typologisch erfaßbaren landschaftlichen Einheiten zusammengesetzt sind, als landschaftliche Systeme (*Synergeme*) größerer Dimension zu erfassen und mit deren Hilfe Landschaftsräume höherer Ordnung abzugrenzen.

10.3 Regionalisierung auf verschiedenen Ebenen der Abstraktion

Grundsätzlich wäre es erwünscht, für alle Dimensionsstufen (von der topologischen über die regionale bis zur planetarischen) unter möglichst vollständiger Berücksichtigung des geosphärischen Totalcharakters eine maßstabsgerechte landschaftsräumliche Gliederung zu entwickeln. Solche Darstellungen würden für viele Anwendungszwecke eine wichtige Grundlage sein. Daß dieses Ziel bei dem derzeitigen Stand der Forschung auf rein induktivem Wege in absehbarer Zeit erreicht werden könnte, ist unwahrscheinlich. Es wäre eine viel zu langwierige Arbeit und würde einen praktisch zum mindesten vorläufig nicht realisierbaren Aufwand an weltweiter Kartierung in großem Maßstab voraussetzen. Mit der *Methode "von unten"*, die von den Landschaftsräumen niederer Ordnung schrittweise zu deren Zusammenfassung in größeren Komplexen vordringt, können wir bisher selbst in gut erforschten Gebieten kaum bis zu einer Darstellung in der regionalen Dimension gelangen. Es müssen daher, zum mindesten für die Gliederung in den höheren Dimensionsstufen rationellere Methoden gefunden werden. Dieses ist nur durch eine stärkere Abstraktion möglich, indem man auf deduktivem Wege partialanalytische Kriterien ausfindig macht, die in einer geeigneten Kombination als Indikatoren der wichtigsten Charakterzüge der landschaftlichen Systeme aufgefaßt und zur Synthese der landschaftsräumlichen Gliederung herangezogen werden können.

In den unteren Stufen der regionalen Dimension ist es noch möglich, Landschaftsräume *induktiv* aufgrund der Beobachtung der räumlichen Struktur des Gesamtcharakters zu erfassen und abzugrenzen. Aber schon in mittleren Stufen der regionalen Dimension wird dieses schwierig und in manchen Fällen sogar schon unmöglich, weil mit zunehmender Ausdehnung der Räume deren synergetische Qualität komplexer wird und für eine maßstabsgerechte Darstellung einen immer stärkeren Generalisierungsgrad erfordert. Für eine kleinmaßstäbliche regionale Übersicht wird ein noch höherer Grad der Abstraktion notwendig, so daß eine Abgrenzung der Landschaftsräume auf rein induktiver Basis praktisch unmöglich wird. Zu einer landschaftsräumlichen Gliederung in den höchsten Stufen der Dimensionshierarchie können wir daher nur noch über eine *deduktiv* abgeleitete konstruktive Synthese mit Hilfe ausgewählter partialanalytischer Kriterien gelangen. Dennoch ist es notwendig, das methodische *Grundprinzip des induktiven Weges der Gliederung* zunächst klar zu sehen, weil nur auf diese Weise ein kritischer Maßstab für die einzusetzenden deduktiven Arbeitsschritte und für den logischen Zusammenhang der zu verwendenden Begriffe gewonnen werden kann.

HETTNER, der sich als erster intensiv und grundsätzlich mit dem Problem der Abgrenzung von Erdräumen beschäftigte, hat 1908 und in vielen anderen seiner späteren Werke deutlich unterschieden zwischen künstlichen und natürlichen Einteilungen der Erdoberfläche. Unter *künstlich* verstand er alle willkürlichen Teilungen nach beliebigen Einzelkriterien und unter *natürlich* eine Einteilung der Erdoberfläche, die nicht auf einzelnen herausgegriffenen Merkmalen beruht, sondern möglichst den Gesamtcharakter der Länder berücksichtigt.

„Die auf einfache Merkmale begründeten künstlichen Einteilungen geben wohl einen bequemen Überblick und gewähren die Möglichkeit einer scharfen Einteilung und damit einer unzweideutigen Einordnung und Lokalisierung der geographischen Tatsachen. Aber keine wird der geographischen Mannigfaltigkeit auch nur einigermaßen gerecht; vielmehr steht jede den meisten anderen Tatsachenreihen ziemlich fremd gegenüber" (HETTNER, 1927, S. 298/299).

HETTNER erfaßte das Problem noch nicht in seinem ganzen Umfang, weil er – wie er von 1895 bis 1933 mehrfach darlegte – noch annahm, daß die Gliederung nach der Landesnatur mit der landschaftsräumlichen Abgrenzung mehr oder weniger identisch sei.

Das hat zu der terminologischen Verwirrung in der ersten Hälfte unseres Jahrhunderts nicht unwesentlich beigetragen. Man vergleiche dazu die Ausführungen in den Abschnitten 4 und 7 der Einleitung zum Handbuch der Naturräumlichen Gliederung Deutschlands (MEYNEN und SCHMITHÜSEN, 1953).

Das Problem, das uns heute Schwierigkeiten macht, ist dadurch entstanden, daß in früheren Epochen der Kulturlandschaftsentwicklung die anthropogenen Züge der Landschaften im allgemeinen an die räumlichen Unterschiede der Landesnatur in höherem Maße angepaßt waren, als das heute im Zeitalter der modernen Technik der Fall ist. In den größten Teilen der Erde fielen daher früher die Grenzen von Landschaftsräumen und Naturräumen zusammen.

Heute ist in sehr weiten Teilen der Geosphäre, insbesondere in den Landschaften mit hoher Zivilisationsintensität der mittleren Breiten der nördlichen Hemisphäre, die Koinzidenz der landschaftsräumlichen Grenzen mit denen der Landesnatur weitgehend aufgehoben. Die industrialisierten und verstädteten Gebiete der großen Bevölkerungsagglomerationen der alten und der neuen Welt mit ihrer überwiegend vom Menschen geprägten landschaftlichen Dynamik halten sich keineswegs mehr an die Grenzen bestimmter Naturräume. Durch das Übergewicht der von Menschen bewirkten Vorgänge sind hier die ursprünglichen Naturraumgrenzen oft überdeckt und kaum noch direkt erkennbar.

HETTNER hatte demgegenüber noch die Vorstellung gehabt, daß einzelne Naturfaktoren, wie z. B. das Klima für die Grenzen auch im kulturellen Bereich von durchschlagender Bedeutung sein könnten: „Die Wirkungen des Klimas erstrecken sich durch alle Naturreiche. Mit ihm ändern sich die Verwitterung und Bodenbildung, die Wasserführung der Flüsse und auch . . . der Pflanzenwuchs; denn die verschiedenen Arten der Wälder, Steppen und Wüsten – um nur die wichtigsten Vegetationsformationen zu nennen – sind an bestimmte Klimate gebunden. Dem entsprechend ändert sich auch das Tierleben. Auch die Besiedelung und das wirtschaftliche und kulturelle Leben des Menschen finden in den verschiedenen Klimagebieten verschiedene Bedingungen. Die Landschaftstypen PASSARGEs sind in der Hauptsache solche klimatisch bedingte Landschaftstypen" (HETTNER, 1927, S. 292).

PASSARGE, in dessen Vorstellungen von großräumiger landschaftlicher Gliederung der klimatisch bestimmte Charakter der Landesnatur die beherrschende Rolle spielte, sah auch die Möglichkeit, verschiedene dominante Faktoren als Ordnungskriterien für die Gliederung heranzuziehen. Er hatte in diesem Zusammenhang mit einer – wie bei ihm üblich – nicht sehr klaren Interpretation den Begriff *Landschaftsblöcke* eingeführt, womit er z. B. die im Catena-Zusammenhang stehenden klimatisch bestimmten Höhenstufenserien innerhalb größerer Gebirgskomplexe meinte, für die er auch die Bezeichnung „Regionallandschaften" verwendete (1930, S. 37).

Die *deduktiv* abgeleitete Methode der landschaftsräumlichen Gliederung größerer Erdäume geht von der Vorstellung aus, daß bei zunehmender räumlicher Dimension und abnehmendem Maßstab der Betrachtung die Mannigfaltigkeit des Inhalts, die für die Abgrenzung berücksichtigt werden kann, sich infolge des notwendigen höheren Abstraktionsgrades zwangsläufig verringert. Bei zunehmender Generalisierung erscheinen bestimmte Faktoren über weite zusammenhängende Erstreckung in ihrer Wirkung in höherem Grade dominant, während andere Charakterzüge der Landschaft demgegenüber an Bedeutung verlieren und bei der diagnostischen Charakteristik landschaftlicher Systeme in den Hintergrund treten oder vernachlässigt werden können.

Man geht daher von der Regionalisierung ausgewählter, als relevant angesehener Teilsysteme des landschaftlichen Wirkungsgefüges aus, um dann daraus auf dem Wege über eine

Synthese die Landschaftsraumgliederung konstruktiv abzuleiten. Diesen Weg hatte J. G. GRANÖ schon seit 1923 bei seinen Untersuchungen über die geographischen Gebiete Finnlands beschritten und in den von ihm für den Atlas von Finnland entworfenen Karten konsequent durchgeführt. Er begründet seine synthetische Karte der geographischen Gebiete auf vier analytischen Karten, nämlich der Regionalisierung des Landes nach dem Relief, den Wasserverhältnissen, der Vegetation und der Besiedlung.

LEO AARIO hat 1963 die analytischen Karten GRANÖs neu bearbeitet und um zwei weitere ergänzt (Landwirtschaft, Industrie). Er verzichtete aber auf die „regionale Synthese durch Verknüpfung der natur- mit den kulturräumlichen Gegebenheiten" mit der Begründung, daß „die sich jetzt vollziehende rasche Entwicklung von Wirtschaftsleben und Besiedlung auch nicht annähernd einen gewissen auf Naturverhältnisse gegründeten Gleichgewichtszustand erreicht hat; und ohne ihn entbehrt eine derartige Synthese der Grundlage" (AARIO, 1963, S. 99). Diese Argumentation erinnert an die früher (3.4) zitierte Äußerung von A. PENCK, daß „die schöne Korrelation geographischer Erscheinungen ... durch das Eingreifen des Menschen völlig zerstört wird". Hier liegt offenbar ein Vorurteil vor, aus dem aber kein Verzicht auf die möglichst vollständige Erfassung der Realität abgeleitet werden kann.

Wir werden damit aber auch darauf aufmerksam gemacht, daß in den Synergemen größerer Dimensionen manche als grundlegend angesehen qualitative typologische Unterscheidungen, wie z. B. der Gegensatz von Natur- und Kulturlandschaft nicht mehr als Kriterien für die Abgrenzung der Choreme dienen können. Denn Natur- und Kulturlandschaft sind keineswegs immer großräumig getrennt. Sie können auf engem Raum wechseln wie bei Wüsten mit ihren Oasen oder hochalpinen Gebirgen mit ihren Tälern. Selbst kulturlandschaftliche Räume höchstzivilisierter Länder erhalten oft, z. B. in Sumpfgebieten, noch Reste reiner Naturlandschaft. In vielen Kulturlandschaften gibt es von extrem hohen bis zu niedrigsten Graden menschlichen Einflusses eine reiche Skala von Wirkungen verschiedenster Intensität.

Wenn wir von der realen geosphärischen Wirklichkeit in ihrer räumlich differenzierten synergetischen Struktur ausgehen, so können wir diese – wie schon früher dargestellt – in drei Teilkomplexe zerlegen und deren räumliche Gliederung getrennt auffassen, nämlich:

1. die räumliche Struktur der aktuell wirkenden Gesellschaften (wirtschaftliche Lebensform),

2. vorgegebene materielle Strukturen,

a) die Landesnatur (naturräumliche Gliederung),

b) historisch überlieferte anthropisch bedingte räumliche Strukturen.

In jedem dieser drei Bereiche ist eine Untergliederung nach Stufen stärkeren Abstraktionsgrades möglich bis zu der regionalisierenden Betrachtung einzelner elementarer Bestandteile. Doch muß man sich bewußt bleiben, daß die Regionalisierung auf diesen Abstraktionsebenen nur Teilaspekte der landschaftsräumlichen Gliederung erfassen, und alle zusammen notwendig sind, um die volle Realität in ihrer räumlichen Ordnung zu begreifen. Ob und wie weit analytische Einzeldarstellungen für die Erkenntnis der landschaftsräumlichen Gliederung in bestimmten Dimensionsstufen herangezogen werden können, müßte in jedem Fall speziell untersucht werden.

In naturlandschaftlichen Bereichen ist eine Typologie der landschaftlichen Wirkungssysteme und damit auch die Abgrenzung von Landschaftsräumen höherer Ordnung weniger schwierig als in Kulturlandschaften, weil dort die Strukturen in höherem Maße als durch gesetzmäßige Zusammenhänge bestimmt erfaßbar sind. Das gilt insbesondere für das Klima, dessen Einfluß viele andere landschaftliche Phänomene stark mit bestimmt.

Analytische räumliche Gliederungen, die sich nicht auf die gesamte Landschaft, sondern nur auf Teilkomplexe oder elementare Bestandteile beziehen, können als Hilfsmittel für die Konstruktion der landschaftsräumlichen Gliederung von Bedeutung sein. Sie sollten aber nicht mit dieser verwechselt oder als solche ausgegeben werden. Für die übersichtliche Ordnung und die inhaltliche Bewertung solcher Gliederungen nach partialem Inhalt sollte man nicht isoliert von niederen Stufen der analytischen Elemente ausgehen, sondern möglichst von umfassenden Partialkomplexen auf Stufen geringeren Abstraktionsgrades in Relation zum Totalcharakter der realen Wirklichkeit.

Unterschiede der Landesnatur können nicht nur durch direkte Eingriffe des Menschen, sondern auch durch deren sekundäre und tertiäre Folgewirkungen relativiert werden. Jeder weiß, wie schwierig es z. B. in einem Industriegebiet oder in einer stark verstädterten Kulturlandschaft ist, die Landesnatur zu erkennen und den Verlauf von Naturraumgrenzen wissenschaftlich exakt nachzuweisen. In einem Raum, der wie das Ruhrgebiet erfüllt ist von Siedlungen, Industrieanlagen, Verkehrsbahnen und vielen anderen Phänomenen menschlicher Aktivität, kann man naturräumliche Grenzen kaum noch unmittelbar wahrnehmen. Hat man sie, was theoretisch möglich ist, rekonstruiert, so sind sie z. T. nicht einmal mehr als aktuell wirkende Strukturgrenzen aufzufassen, weil die anthropogenen Einwirkungen ihre Bedeutung oft weitgehend überspielen.

Anthropogen geprägte Landschaften unter voller Berücksichtigung ihres gesamten Inhaltes typologisch zu erfassen und darauf die Abgrenzung von Landschaftsräumen höherer Dimensionsstufen zu begründen ist praktisch kaum möglich. Dazu sind die kulturlandschaftlichen Wirkungssysteme zu komplex, und ihre räumliche Differenzierung läßt sich nicht in gleicher Weise ,,naturgesetzlich" erfassen wie in den Naturlandschaften. Es kann sich daher hier nur darum handeln, auf Grund einer starken Abstraktion, aber unter Berücksichtigung von Kriterien, die besonders wichtige Züge des Gesamtcharakters erfassen, z. B. die industrialisierten und verstädterten Erdräume, von andersartigen benachbarten Erdräumen abzusetzen. Es geht dabei in erster Linie um die Frage, ob ausgewählte Einzelkriterien in einer bestimmten Rangordnung für eine solche Gliederung herangezogen werden können.

Die *Physiognomie* der Landschaft ist am wenigsten geeignet, industrialisierte Landschaftsräume gegen andere abzugrenzen. ,,Viele Gebiete, die als Industrielandschaften angesprochen werden ... erschließen sich in ihrer Bedeutung erst aus der Statistik, im Landschaftsbild sind sie kaum wahrnehmbar" (OTREMBA, 1960, S. 243). ,,Jedenfalls bietet die Physiognomie aber keinerlei quantitative Anhaltspunkte für Schwellenwerte zwischen Industrielandschaftsräumen und Nichtindustrielandschaftsräumen" (GLASER, 1972, S. 23).

Für Darstellungen in Maßstäben der lokalen und der regionalen Dimension gibt es seit langem erfolgreiche Ansätze zur Entwicklung von Methoden zur Abgrenzung von Industriegebieten oder von industrialisierten Landschaftsräumen.

GEDDES (1915) hatte z. T. anknüpfend an Ideen von MACKINDER (1902, S. 258) unter ,,City regions" Industriegebiete oder Konurbationen zusammen mit ihrem funktional darin integrierten Hinterland verstanden. Wir finden eine ähnliche Auffassung wieder in der Charakterisierung der ,,functional regions" von MINSHULL (1967), wenn er betont, daß diese nicht einheitlich seien, sondern ,,essentially diverse, it is a place where adjacent contrasting physical environments permit a variety of activities which are complementary in supporting the life of the whole" (MINSHULL, 1967, S. 40).

Kriterien für die Abgrenzung von Regionen nach dem ,,metropolitan character" sind in den USA im Zusammenhang mit der Bestimmung des ,,Standard Metropolitan Statistical Areas" entwickelt worden. Dabei werden als Kerngebiete die Städte mit über 50 000 Einwohnern und mit zentralen Funktionen angesehen und für die Zugehörigkeit der übrigen Bereiche die Anzahl der nicht in der Landwirtschaft tägigen erwerbstätigen Personen (> 70 %), die Pendlerzahlen und andere Indikatoren benutzt.

HALL (1972) hat für England auf etwas anderer Grundlage den Begriff der ,,Standard Metropolitan Labour Area" (SMLA) entwickelt. Dabei werden die Kerngebiete der Regionen nach der Beschäftigtendichte in den Verwaltungseinheiten (> 1250 Erwerbstätige pro qkm) oder alternativ nach einem Schwellenwert der absoluten Anzahl der Beschäftigten (> 20 000) bestimmt und alle umgebenden Verwaltungsgebiete in die SMLA einbezogen, aus denen mehr als 15 % der dort wohnenden Arbeiter in diese Kerngebiete einpendeln.

10.4   Landschaftsräumliche Gliederung in der planetarischen Dimension

Das vielbehandelte und bis in die Schulbücher hinein geläufige Thema *Landschaftsgürtel der Erde,* das offenbar einem echten Informationsbedürfnis entspricht, impliziert schon eine wissenschaftliche These. Es setzt die Annahme voraus, daß sich die Landschaftsräume der verschiedenen regionalen Dimensionen zu großen räumlichen Einheiten der planetarischen Dimension zusammenfassen lassen. Daß dieses auf rein induktivem Wege praktisch kaum möglich ist, hatten wir schon festgestellt. Es gilt demnach zu klären, ob und auf welchen anderen Wegen die erwünschte Übersicht über die landschaftsräumliche Gliederung der Gesamtgeosphäre erreicht werden kann.

Es muß dabei ausdrücklich festgestellt werden, daß wir hier *Landschaftsgürtel* im Sinne unserer Definition als *Landschaftsraum höherer Ordnung* verstehen wollen und nicht in irgendeiner anderen Bedeutung. Denn in der Literatur wird der Begriff mit dem Anschein von Selbstverständlichkeit oft in unterschiedlichem Sinne verwendet. Manche Autoren meinen damit lediglich Klimazonen oder Gürtel der potentiell natürlichen Vegetation und nicht die räumliche Gliederung nach der aktuellen landschaftlichen Realität. Bei Gliederungen, die sich nur auf bestimmte Teile des geosphärischen Inhalts (z. B. Klima, Vegetation oder Landesnatur) beziehen, sollte man sich des ausgewählten Abstraktionsniveaus bewußt bleiben und diese auch bei der Benennung der Kartendarstellungen (z. B. Klimazonen, Vegetationsgürtel oder Naturräume) richtig zum Ausdruck bringen.

Aufgrund der vorherrschenden deterministischen Auffassung hatte man bis zum Beginn unseres Jahrhunderts noch kaum Bedenken gehabt, die großräumige naturräumliche Gliederung (nach Klima- und Vegetationszonen) zugleich als geosphärische landschaftsräumliche Gliederung aufzufassen und es daher auch nicht für notwendig gehalten, die beiden Begriffe terminologisch zu unterscheiden. Nach dem weiteren Fortschreiten der anthropogenen Vorgänge des geosphärischen Prozesses dürfte heute kaum noch jemand der Meinung sein, daß die Karte der naturräumlichen Zonen stellvertretend die Darstellung der geosphärischen landschaftsräumlichen Gliederung ersetzen könnte.

Zwar fallen in manchen Teilen der Geosphäre, wie z. B. in polaren Breiten und auch in einigen tropischen Gebieten die Grenzen der gegenwärtigen Landschaftsräume noch mit denen der naturräumlichen Gürtel oder Zonen zusammen, und auch in manchen kulturlandschaftlich geprägten Bereichen, wo eine an Unterschiede der biotischen Standortqualität gebundene Wirtschaft vorherrscht, passen sich die Grenzen der Landschaftsräume teilweise noch der Naturraumgliederung an. Aber in weiten anderen Teilen der Geosphäre, wo die Wirtschaft nicht in diesem Sinne an autochthone ökologische Bedingungen gebunden ist und man vorwiegend mit Energieträgern und Rohstoffen, die von außen kommen, arbeitet – wie vor allem in den industrialisierten und verstädterten Gebieten mit ihrer vorwiegend vom Menschen bestimmten landschaftlichen Dynamik – werden die strukturellen Grundlagen der Landesnatur in der aktuellen Wirklichkeit weitgehend durch die vom Menschen geschaffenen Wirkungszusammenhänge überspielt. In solchen Bereichen hoher Zivilisationsintensität ist die räumliche Koinzidenz von Landschaftsraum und Naturraum größtenteils aufgehoben, und die gegenwärtigen landschaftsräumlichen Grenzen stimmen nicht mehr mit den naturräumlichen Grenzen überein. Diese Divergenzen können bei einer Darstellung der Landschaftsgürtel der Erde, wie man sie z. B. in jedem Schulatlas *neben* der Karte der planetarischen Naturraumgliederung sehen möchte, nicht vernachlässigt werden. Vor allem auch für quantitative Schätzungen der stofflichen und energetischen Vorgänge in der Gesamtgeosphäre und den darin durch den Menschen bewirkten Veränderungen könnte eine Übersichtskarte der realen Landschaftsgürtel der Erde bessere Grundlagen geben als bisher verfügbar sind. Es erscheint daher notwendig, sich über die praktischen Möglichkeiten einer solchen Darstellung Gedanken zu machen.

Wenn schon in der regionalen Dimension ein Generalisierungsvorgang notwendig wird, bei dem auf dem Weg über die typologische Klassifizierung viele Details der konkreten Realität nicht mehr beachtet werden, so muß dieses erst recht für die planetarische Dimension gelten. Hier ist der erforderliche Generalisierungsgrad praktisch nur noch zu erreichen, indem man in einem Wechselspiel von Analyse und Synthese Abgrenzungskriterien ausfindig macht, die – sei es einzeln oder in Kombination miteinander – möglichst viel von dem Gesamtcharakter repräsentieren. Die Kriterien können z. B. bestimmte durchschlagend wirksame Faktoren sein, wie z. B. die Grenzen von Land und Meer oder die klimatisch (durch Wärmemangel oder Trockenheit) bestimmte absolute Verbreitungsgrenze natürlichen pflanzlichen Lebens oder aber auch sehr komplexe, aber weiträumig die Landschaften bestimmende Charakterzüge, wie z. B. dominierende Landwirtschaftsformationen oder der Grad der Industrialisierung und Verstädterung.

Was wir als Landschaftsgürtel der planetarischen Dimension verstehen, ist vergleichbar mit der Zusammenfassung der ,,realms" im Sinne von WHITTLESEY (1954), die in Maßstäben 1 : 5 Millionen noch darstellbar sind (WHITTLESEY, 1954, S. 48). Es ist klar, daß es bei deren Konstruktion nicht um die Ermittlung topographisch exakter Grenzen geht, sondern nur um eine zweckmäßig generalisierte Abgrenzung von Großräumen komplexer landschaftlicher Systeme auf der Grundlage deduktiv abgeleiteter und so weit als möglich auch quantifizierbarer Kriterien.

Die für die Abgrenzung der Landschaftsgürtel ausschlaggebenden Kriterien sind nicht in allen Teilen der Geosphäre die gleichen. Es ist daher nicht möglich, in einer deduktiv abgeleiteten festen Rangfolge bestimmter Kriterien eine Gliederung ,,von oben" her durchzuführen, wie es z. B. bei der planetarischen naturräumlichen Gliederung möglich ist.

Vgl. P. BIROT (1970), der zur Abgrenzung der ,,régions naturelles du globe" primär die großen tektonisch-geomorphologischen Einheiten und für die Unterteilung in zweiter Linie das Klima und die Vegetation heranzieht.

Die Schwierigkeit bei der landschaftsräumlichen Einteilung ergibt sich vor allem aus dem unterschiedlichen Grad der Wirkungsintensität des Menschen in den verschiedenen Teilen der Erde. Unter diesem Gesichtspunkt können als Ausgangspunkt für eine pragmatische Gliederung in der Gesamtgeosphäre drei große Teilbereiche unterschieden werden:

1. Bereiche, die noch ganz oder absolut überwiegend naturlandschaftlichen Charakter haben und wo infolgedessen die naturräumliche und die landschaftsräumliche Gliederung praktisch identisch sind. Solche Teile der Geosphäre bieten bei der Abgrenzung der Landschaftsgürtel die geringsten Schwierigkeiten, da diese hier allein nach dominanten Faktoren der Landesnatur vorgenommen werden kann.

2. Bereiche, die zwar in ihren räumlichen Wirkungssystemen weitgehend anthropogen geprägt sind, in denen sich aber die räumliche Differenzierung der Kulturlandschaft noch mehr oder weniger streng in die naturräumliche Gliederung einpaßt. Dieses gilt insbesondere für viele ländliche Kulturlandschaften mit bodengebundener Wirtschaft auf nichtindustrieller Stufe, wo die wirtschaftlichen Lebensformen und die gesellschaftliche Struktur durch besondere Bedingungen der Landesnatur entscheidend mitbestimmt oder an diese angepaßt und daher in ihrer Verbreitung noch eng an naturräumliche Grenzen gebunden sind. Auch in solchen Bereichen kann man sich für die Abgrenzung der großen landschaftsräumli-

chen Einheiten noch weitgehend auf Kriterien der Landesnatur stützen, wobei allerdings in jedem Fall eine kritische Prüfung der Berechtigung dieser Methode vorausgehen muß.

3. Bereiche, in denen die vom Menschen geschaffenen landschaftlichen Wirkungszusammenhänge die Unterschiede der Landesnatur überspielen, so daß die naturräumlichen Grenzen im Verhältnis dazu in den Hintergrund treten oder verwischt werden und für die Abgrenzung der landschaftsräumlichen Einheiten bedeutungslos werden. Dieses trifft insbesondere für die von Gesellschaften der höheren Zivilisationsstufen gestalteten Landschaften zu, z. B. für die hochindustrialisierten und stark verstädterten Bereiche in den mittleren Breiten der Nordhemisphäre, aber auch für andere Teile der Geosphäre. Dort müssen infolgedessen für die Abgrenzung der Landschaftsgürtel auf jeden Fall andere, auf den anthropogenen Wirkungszusammenhängen begründete Kriterien gefunden bzw. methodisch entwickelt werden.

Da landschaftliche Isomorphie nicht Homogenität bedeutet und Industrialisierung und Verstädterung historische Vorgänge sind, die sich nicht naturgesetzlich vollziehen, können dabei Methoden der Interpolation oder der Extrapolation, wie z. B. bei der Abgrenzung von Klimagürteln üblich sind, nicht verwendet werden. Dem Wesen der als ,,industrialisiert und verstädtert" gekennzeichneten Landschaftsräume würde es am meisten entsprechen, wenn wir sie als *energetische Systeme* nach ihrem Stoff- und Energieumsatz und dem Grade der Mobilität ihrer Bevölkerung erfassen und abgrenzen könnten. Dazu ist aber bisher noch fast nirgendwo auf der Erde brauchbares Informationsmaterial vorhanden. Wir sind daher auf Merkmale angewiesen, die von den genannten Raumqualitäten abhängig sind und damit indirekt den Grad der Industrialisierung und Verstädterung anzeigen, und die zugleich in statistischen Erhebungen oder kartographischen Darstellungen der meisten Länder in einer für diesen Zweck geeigneten räumlichen Differenzierung greifbar sind.

Es gilt also zu untersuchen, welche Kriterien unter den genannten Gesichtspunkten als Hilfsmittel für die Abgrenzung der Industrielandschaftsgürtel im weltweiten Maßstab herangezogen werden können. Das Problem liegt hier anders als bei der Frage nach der bestmöglichen Art der Abgrenzung eines Industrielandschaftsraumes in der regionalen Dimension. Denn die ,,industrialisierten Landschaftsgürtel" der planetarischen Dimension schließen zwangsläufig viele kleinere Landschaftsräume mit ein, die bei regionaler Betrachtung als ,,nichtindustriell" ausgesondert werden müßten.

MICHAEL GLASER hat am Beispiel eines Teiles der europäischen industrialisierten Landschaftsräume versucht, eine Methode zu entwickeln, die den genannten Ansprüchen genügen kann. Die erste Aufgabe war dabei, nach einheitlichen *Bemessungsgrundlagen* zu fahnden, die das funktionale Gewicht der Industrie im landschaftlichen Gefüge widerspiegeln und für die zugleich die notwendigen Informationen in Länderstatistiken und Regionalatlanten normalerweise zu finden sind. Dieses gilt am ehesten für Daten der *Erwerbsstruktur*. ,,In der sozialräumlichen Struktur zeichnet sich die wirtschaftliche Struktur in einer einzigen Größe ab" (OTREMBA 1960, S. 343). Als Ausgangspunkt bieten sich die Zahlen der Beschäftigten im *sekundären* Bereich an und deren Relation zur Erwerbsstruktur. Doch kann dabei auch der *teritiäre* Sektor nicht außer acht gelassen werden, da seine Zunahme oft eine Folgefunktion der Industrialisierung ist, so daß er gerade in hochindustrialisierten Gebieten den relativ wieder zurückgehenden Anteil des sekundären Sektors übertreffen kann.

Im allgemeinen sind Industriegebiete zugleich Räume mit besonders hoher *Bevölkerungsdichte.* Es gibt aber auch industrialisierte Gebiete mit geringer (z. B. Südskandinavien) und andererseits auch agrarische Räume (z. B. in Südeuropa und in den Tropen) mit hoher Bevölkerungsdichte. ,,Daher erscheint die Bevölkerungsdichte als Indikator für die Industrielandschaft weniger geeignet zu sein als die Erwerbsstruktur. Die Aussagekraft der Berufsstruktur wird aber wesentlich vergrößert, wenn man sie zusätzlich im Zusammenhang mit der Bevölkerungsdichte sieht" (GLASER, 1972, S. 20). Denn bei gleich hohem Anteil der Erwerbspersonen des sekundären Bereichs an der Gesamtzahl der Berufstätigen kann der absolute Grad der Industrialisierung der Landschaft extrem verschieden sein. Manche nördliche Waldgebiete zum Beispiel, die bis auf wenige Menschen, die im Bergbau arbeiten, fast unbesiedelt sind, können sicher nicht zu den Industrielandschaftsräumen gerechnet werden. Ein unterer Schwellenwert der Bevölkerungsdichte kann daher als Negativ-Kriterium die Aussagen der Erwerbsstruktur ergänzen bzw. korrigieren.

Auch die *Dichte des Verkehrsnetzes* kann, wenn auch nur mit Einschränkungen, als ein zusätzlicher qualitativer Indikator für die Abgrenzung der Industrielandschaftsräume in Betracht gezogen werden. „Wäre es möglich, die Verkehrserschließung – und möglichst auch die Auslastung der Verkehrswege und Verkehrsmittel – auf einen gemeinsamen quantitativen Nenner zu bringen, so könnte man auf diese Weise einen wertvollen Indikator für die Industrielandschaft erhalten." (GLASER, 1972, S. 21). Leider sind aber fast alle vorliegenden Verkehrskarten nur qualitativ und geben für den großräumigen Vergleich keine ausreichenden Grundlagen.

Zwischen der Standortsverteilung der Industrie, der Bevölkerungsdichte, der Erwerbsstruktur und dem Verkehrsnetz bestehen enge Zusammenhänge. *Industriestandortskarten* sind aber meist nur qualitativ und auch bei quantitativer Differenzierung für den weiträumigen Vergleich unbrauchbar, weil das Problem der Generalisierung unter weltweitem Aspekt fast unlösbar ist.

Aufgrund der theoretischen Abwägung der möglichen Kriterien geht GLASER bei seinem kartographischen Darstellungsversuch des europäischen Industrielandschaftsgürtels nach dem Prinzip vor, durch die *Kombination mehrerer analytischer Einzelkriterien* eine synthetische Karte zu konstruieren, die mit Hilfe einiger weiterer (vorwiegend nur qualitativer) Kriterien überprüft und z. B. durch die Änderung der im ersten Ansatz gewählten Schwellenwerte der Hauptkriterien korrigiert wird. Eine besonders heikle Aufgabe ist dabei die zweckmäßige maßstabsgerechte Generalisierung.

Nach Vorversuchen mit einem höheren Schwellenwert, der nicht zu einer maßstabsgerechten Zusammenfassung der einzelnen Industriegebiete führte, ging GLASER von der Darstellung des Areals aus, in dem mehr als 40 % der Erwerbspersonen im sekundären Bereich beschäftigt sind, ein Grenzwert, der auch in manchen Regionalatlanten benutzt wird. „Man kann nicht sagen, ob dieser Schwellenwert richtig oder falsch ist, man kann ihn höchstens für zweckmäßig oder unzweckmäßig halten". (GLASER, 1972, S. 73). „Zusätzlich werden in einem zweiten Schritt diejenigen Räume erfaßt, die zwar einen etwas geringeren Anteil an Erwerbspersonen im sekundären Bereich haben, aber einen hohen Anteil im tertiären Bereich ... Die Schwellenwerte wurden dabei wie folgt festgelegt: mindestens 30 % der Erwerbspersonen im sekundären Bereich, mindestens 50 % der Erwerbspersonen im tertiären Bereich, also jedenfalls weniger als 20 % der Erwerbspersonen im primären Bereich ... Die Bevölkerungsdichte wird nun als zusätzliches Korrektiv mit in Betracht genommen ... Dadurch werden diejenigen Gebiete ausgeklammert, in denen die Zahl der Erwerbspersonen im sekundären Bereich zwar im Vergleich zu den anderen Sektoren relativ hoch ist, z. B. wegen schlechter Voraussetzungen für die Landwirtschaft etwa in Gebirgslagen, wo aber andererseits die absolute Zahl der industriellen Arbeitsplätze gering ist. Der Schwellenwert wird auf 50 E/km² festgesetzt". (GLASER, 1972, S. 34).

Durch die Kombination der drei vorgenannten Kriterien ergeben sich die *Industrielandschaftsräume* als die Gebiete, in denen

    a) über 40 % der Erwerbspersonen im sekundären Bereich arbeiten oder

    b) 30 %–40 % der Erwerbspersonen im sekundären Bereich und 50 % oder mehr im tertiären Bereich und

    c) mehr als 50 E/km² leben (GLASER, 1972, S. 35).

Dem zweiten Schritt der Synthese, der zu einer für den *Maßstab der Weltkarte* generalisierten Abgrenzung des europäischen Industrielandschafts*gürtels* führen soll und bei dem Einzelentscheidungen des Bearbeiters unvermeidlich sind, lagen folgende Überlegungen zugrunde: Der Industrielandschaftsgürtel ist als eine übergeordnete räumliche Einheit zu begreifen, in der eine Häufung von einzelnen Industrierevieren mit den durch diese stark beeinflußten Nachbargebieten zusammengefaßt werden.

,,Industrielandschaftsräume, die stark räumlich isoliert von den übrigen sind, gehören nicht zum Gürtel. Wie weit einzelne Räume von anderen entfernt sein dürfen, damit man sie noch zum Gürtel zählt, muß im Einzelfall entschieden werden. Je größer die Bedeutung eines einzelnen Industrielandschaftsraums ist, desto eher wird man ihn im Zweifelsfall an den Gürtel anschließen müssen. Die Industrielandschaftsräume im südlichen Skandinavien sind z. B. so isoliert und liegen in einer Zone von insgesamt geringer Bevölkerungsdichte, so daß man Südskandinavien insgesamt vom Industrielandschaftsgürtel ausschließen kann. Das Phänomen Industrielandschaft ist hier nicht mehr dominant. Rücksichtnahme auf den Gesamtcharakter der Landschaft gehört zur Bestimmung der Grenze des Gürtels" (GLASER, 1972, S. 43). Der im Sinne dieser Überlegungen durchgeführte kartographische Versuch sollte dazu anregen, entsprechende Versuche für andere Erdteile durchzuführen, damit dabei die Anwendbarkeit der hier gewählten Kriterien überprüft und gegebenenfalls die bisher gewählten Schwellenwerte verändert und so angepaßt werden können, daß der Entwurf einer Weltkarte auf dieser Grundlage möglich wird.

Um praktisch zu einem *Grundkonzept der landschaftsräumlichen Großgliederung der Geosphäre* zu gelangen, können wir pragmatisch vorgehen. So können wir z. B. auf Grund unserer länderkundlichen Gesamtkenntnis feststellen, in welchen Teilen der Erde die naturräumliche Gliederung noch heute die Grenzen der Landschaftsgürtel allein bestimmt, und wo das nicht mehr der Fall ist.

Ohne Zweifel dominant geblieben sind die *naturräumlichen* Zonengrenzen in den polaren Bereichen. Dort haben wir in beiden Hemisphären zwei gut definierbare natürliche Grenzen, durch die je zwei zirkumpolare Landschaftsgürtel eindeutig bestimmt sind:

1. Die durch Wärmemangel bedingten *polaren Grenzen der Landvegetation,* durch die in beiden Hemisphären je eine Zone abiotischer Landschaften abgesondert werden kann. In der Arktis erstreckt sich der Gürtel der Kältewüsten über die Inseln und das Packeis des Polarmeeres und einen kleinen Teil des angrenzenden Festlandes; im südpolaren Bereich umfaßt er den größten Teil des antarktischen Kontinents.

2. Die *polaren Waldgrenzen,* durch die in beiden Hemisphären subpolare Landschaftsgürtel (mit Vegetation, aber ohne Wald) nach den niederen Breiten hin abgegrenzt werden können. Die polaren Waldgrenzen sind nicht nur physiognomisch auffällig und daher kartographisch verhältnismäßig leicht festlegbar. Sie repräsentieren vielmehr in vieler Hinsicht grundlegende Unterschiede landschaftlicher Wirkungssysteme. Denn an der Waldgrenze endet nicht nur die Verbreitung von höheren und anspruchsvolleren pflanzlichen Lebensformen, sondern auch von höher organisierten mehrschichtigen Lebensgemeinschaften und komplexeren Ökosystemen. Zugleich ist sie im allgemeinen auch eine, wenn auch nicht immer ganz scharfe Grenze für unterschiedliche Lebens- und Wirtschaftsformen der Menschen. Denn mit der Möglichkeit des Pflanzenanbaus und mit dem Wald als Wirtschaftsobjekt wird im bewaldeten Bereich die auf Bodenbenutzung begründete Dauersiedlung begünstigt. Die Polargrenze der Ökumene verläuft zwar im allgemeinen schon in den subpolaren Zonen, so daß also – mit Ausnahme der abiotischen polaren Landschaftsgürtel – die Möglichkeit menschlichen Einflusses auf die Landschaftsraumgrenzen nirgendwo ganz außer acht gelassen werden kann. Auch die subpolaren Landschaftsgürtel sind in beiden Hemi-

sphären sehr ungleich. Der *subarktische* Gürtel umfaßt im wesentlichen die nördlichen Randgebiete der großen Kontinente, der *subantarktische* dagegen nur ozeanische Inseln. Der Gegensatz wird besonders deutlich in der biotischen Ausstattung. Wenn auch in der Pflanzenwelt noch Ähnlichkeiten mit gewissen konvergenten Lebensformen und sogar einige gemeinsame Sippen mit bipolaren Arealen vorkommen, so ist die Masse der Pflanzen- und Tierwelt im Norden und Süden doch sehr verschieden. Im Bereich der Holarktis gibt es zirkumpolar eine weitgehende Übereinstimmung der Biota, im Süden dagegen eine starke Differenzierung von Insel zu Insel mit eigener Flora und Fauna, die mit der Nordhemisphäre zum größten Teil keine Beziehungen hat.

Übergeordnete zonale Grenzen sind wohl im wesentlichen auch die äußeren Grenzen der Tropenzone, innerhalb derer die Landesnatur in hohem Maße konvergente Lebensformen bei Pflanzen, Tieren und Menschen bedingt. Gemeint sind die Grenzen der im engeren Sinne tropischen gegen die subtropischen Lebensräume, wobei die Frage des Verlaufs und der praktischen Ermittlung dieser Grenzen noch zu erläutern bleibt. Auch hierbei handelt es sich (wie bei der polaren Waldgrenze) um Grenzen, die letztlich planetarisch klimatisch bedingt sind, die aber sowohl naturräumlich als kulturlandschaftlich oder wirtschaftsgeographisch und damit auch insgesamt als echte Landschaftsraumgrenzen erfaßt werden können.

Ohne Anspruch auf Vollständigkeit seien in wenigen Stichwörtern einige Züge der tropischen Landschaftszone erwähnt: in den Tiefländern kein Frost; Jahreszeiten durch die Niederschlagsverteilung und nicht durch Temperaturunterschiede bedingt; regionale Abstufung der Klimate von immer feucht bis fast immer trocken. Grundsätzliche Unterschiede des biotisch bedingten Stoff- und Energieumsatzes im Vergleich zu außertropischen Zonen. Gleichmäßig hohe Wärme begrenzt die physische Leistungsfähigkeit der Menschen im Tiefland und damit die kulturelle Entwicklung, die oft ihr Schwergewicht in Höhenlagen hat. Starke ethnische Differenzierung zwischen den Kontinenten mit konservativen, z. T. konvergenten Lebensformen. Besondere Formen der auf die Weltwirtschaft ausgerichteten Aktivität (z. B. Plantagenwirtschaft, raubwirtschaftliche Waldausbeutung). Besondere Probleme der tropischen Entwicklungsländer.

Problematisch wird aber schon die Frage nach der ersten *Untergliederung* der Tropenzone. Zur Wahl steht einerseits die naturräumliche Unterteilung in immerfeuchte, wechselfeuchte und trockene Tropen, oder aber auf Grund der durchgreifenden kulturlandschaftlichen Unterschiede die Dreiteilung in asiatische, afrikanische und amerikanische Tropen. Unter dem landschaftsräumlichen Gesichtspunkt sollte man wohl der letzten Gliederung den Vorrang geben, zumal dafür nicht nur Argumente aus dem anthropischen Bereich sprechen, sondern auch biotisch-taxonomische wie die Grenze zwischen Neotropis und Paläotropis und sogar auch solche der physikalischen Faktoren, wie z. B. die große Bedeutung des Monsunklimas im asiatischen Bereich.

Nach unseren bisherigen Überlegungen können wir vorläufig zusammenfassend feststellen: Von der *planetarisch-klimazonalen* Ordnung her gibt es sechs durchschlagend wirksame Hauptgrenzen, aus denen sich eine planetarisch-zonale Gliederung in folgende *sieben Zonen* ergibt: die beiden hochpolaren Zonen (anorganische Naturlandschaften), zwei subpolare Zonen (bis zu der polaren Waldgrenze), eine tropische Zone und zwei Mittelgürtel (im Bereich der gemäßigten und subtropischen Klimate) zwischen den Tropengrenzen und den polaren Waldgrenzen. Diese Zonen sind sehr ungleich, verschieden groß und in ganz verschiedenem Grade differenziert. Sie bedürfen unbedingt einer weiteren Gliederung.

Wenn wir sechs dieser Zonen paarweise zusammenfassen, so geschieht das beinahe gewohnheitsmäßig unter dem Gesichtspunkt der symmetrischen Anordnung der Klimazonen der Erde. Unter dem Aspekt der Landschaften betrachtet, bleibt aber von der Symmetrie nur wenig. Das System der sieben Zonen erweist sich vielmehr bei näherem Zusehen als total asymmetrisch.

Bei den beiden *Mittelzonen* gemäßigter und subtropischer Breiten zwischen den polaren Waldgrenzen und den Tropengrenzen ist sogar die klimatische Symmetrie bis zu einem gewissen Grade aufgehoben oder zum mindesten sehr abgeschwächt auf Grund des großen Unterschiedes in der Verteilung von Land und Meer. Die Landräume der nordhemisphärischen Mittelzone sind verhältnismäßig groß und haben in ihren Klimaten überwiegend kontinentalen Charakter. Im Süden dagegen sind die Landräume weniger ausgedehnt und dementsprechend in ihrem Klimacharakter ozeanischer oder zum mindesten weniger kontinental. Daher haben wir auch bei den Lebensformen der Pflanzen und Tiere und bei den Typen der Bioformationen und Ökosysteme nur in beschränktem Maße Konvergenzen zwischen beiden Hemisphären. Stark konvergent sind noch die subtropischen Winterregengebiete mit ihrer Hartlaubvegetation und z. T. auch noch die Trockensteppen der semiariden Gebiete. Aber die sommergrünen Laubwaldgebiete der Nordhemisphäre haben im Süden, abgesehen von einem kleinen Teil Chiles keine Parallele. Umgekehrt gibt es zu den Regenwäldern der südlichen gemäßigten Zone in der Nordhemisphäre kaum Vergleichbares. Flora und Fauna beider Zonen sind einander völlig fremd. Aber die stärksten Unterschiede finden wir im anthropogenen Bereich.

So lohnend und für die Erkenntnis der Zusammenhänge wichtig eine vergleichende Betrachtung der jeweils nach der planetarischen Anordnung korrespondierenden Zonen beider Hemisphären ist, so unzweckmäßig wäre es, sie bei einer Gesamtdarstellung etwa zusammen behandeln zu wollen. Während naturräumlich immerhin noch eine gewisse Symmetrie festzustellen ist, kann bei der anthropogenen Gestaltung der Landschaften davon kaum noch die Rede sein.

Eindeutig an erster Stelle stehen aber *anthropogene Kriterien* für die große zonale landschaftsräumliche Gliederung des Bereichs, der hier zunächst einmal ganz neutral als die *nordhemisphärische Mittelzone* bezeichnet werden soll. Damit ist die Zone der verstädterten und industrialisierten Landschaften in Amerika, Europa, Sibirien und Ostasien gemeint. Diese liegen zwar mit ihren Entwicklungskernen in den naturräumlichen Bereichen der sommergrünen Laubwaldgebiete Amerikas, Europas und Ostasiens; sie sind aber längst nach Norden und Süden und in das Innere der Kontinente hinein weit darüber hinausgewachsen und haben in dem landschaftlichen Wirkungssystem in großen Bereichen die naturräumlichen Grenzen überspielt und in ihrer Bedeutung relativiert. Das gilt z. B. auf weiten Strecken für die Südgrenze der nördlichen Nadelwaldzone. Der Landschaftsraum, der sich zu einem sehr großen Teil mit dem Naturraum des borealen Nadelwaldgürtels deckt, ist zwar im Norden noch durch die natürliche Verbreitungsgrenze des Waldes gegen die Subarktis begrenzt; im Süden dagegen ist die Grenze dieses Landschaftsgürtels z. T. durch die Nordgrenze der stark bevölkerten, verstädterten und industrialisierten Landschaften des *Mittelgürtels* bestimmt. Das gilt ganz besonders für Kanada, Nord- und Osteuropa und z. T. auch für Sibirien und Ostasien. Die Frage nach den konkreten Kriterien für die Abgrenzung bedarf hier einer speziellen Untersuchung über die in diesem Kapitel bereits an anderer Stelle berichtet wurde.

Wir betrachten es nicht nur als unsere Aufgabe, die landschaftsräumliche Großgliederung der Geosphäre in Zonen und Gürtel hier im einzelnen aufzuführen. Anschließend sei hier nur eine tabellarische Übersicht gegeben, aus der ersichtlich ist, wie man sich eine solche Gliederung vorstellen kann.

Vorläufige Übersicht über eine mögliche Gliederung der Erde in Landschaftszonen bzw. -gürtel

1. *Hocharktische Zone*

2. *Subarktische Zone*
   21 Tundrengürtel
   22 Subarktische Wiesenländer

3. *Nordhemisphärische Mittelzone*
   31 Borealer Landschaftsgürtel (311 Nordamerika)
                                                 (312 sibirische Taiga)
                                                 (313 Nordeuropa)
   32 Abendländisch industrialisierte Mittelzone
                                                 321 europäisch-sibirischer Bereich
                                                 322 nordamerikanischer Bereich
   33 Ostasien   331 Japan
                                                   332 Nordchina
                                                   333 Südchina
   34 Zentralasiatisches Hochland
   35 Afro-asiatischer subtropischer Trockengürtel
   36 Mediterraner Gürtel
   37 Nordamerikanische Subtropen

4. *Tropenzone*
   41 Amerikanische Tropen
   42 Afrikanische Tropen
   43 Asiatische Tropen

5. *Südhemisphärische Mittelzone*
   51 Südamerikanischer Teil
   52 Südafrikanischer Teil
   53 Australien/Neuseeland

6. *Subantarktische Zone*

7. *Antarktische Zone*

11. Kapitel: Ökologische Geosynergetik

11.1 Ökologie und Landschaftsforschung

Mit dem Bewußtwerden der Umweltproblematik ist „*Landschaftsökologie*" zu einem Modewort geworden. Es erscheint in wissenschaftlichen Untersuchungen, Buchtiteln und Forschungsprogrammen, in der Benennung von Lehrveranstaltungen, Lehrstühlen und Instituten nicht nur im Bereich der Geographie und der Biologie, sondern auch in anderen Wissenschaftszweigen, insbesondere auch solchen, die auf die Anwendung wissenschaftlicher Erkenntnisse für die Landschaftspflege und die Landesplanung ausgerichtet sind. Für Personen, die sich mit solchen Arbeitsrichtungen befassen, ist der Name *Landschaftsökologe* ebenfalls ein gängiges Wort geworden.

Wir sehen darin einerseits die erfreuliche Tatsache, daß geosynergetisches Denken sich ausbreitet und zunehmend wirksam wird, z. T. offenbar unter dem Druck praktischer Probleme, zu deren Lösung es nützliche Beiträge zu liefern vermag. Landschaftsökologie repräsentiert, nicht nur von der Entstehung dieses Begriffs her, sondern vor allem in den Forschungsaufgaben, die damit programmatisch gestellt werden, ein Kerngebiet der wissenschaftlichen Forschung und Lehre, ganz abgesehen davon, wie man es im einzelnen interpretieren mag.

Die Erkenntnis der *Notwendigkeit ökologischer Forschung in der Landschaft* hat beigetragen zu der Anerkennung der vorher lange umstrittenen Landschaftslehre. Von deren Fragestellung aus sind viele Probleme, die jetzt brennend akut geworden sind, schon seit Jahrzehnten erkannt worden. Mit der geosynergetischen Betrachtungsweise sind Voraussetzungen dafür geschaffen worden, diese Probleme wissenschaftlich zu begreifen und forschungsmethodisch zu bewältigen. Auf diesen Vorarbeiten begründet sich z. B. auch das internationale und interdisziplinäre Forschungsprogramm der UNESCO „*Man and the Biosphere*" (MAB).

Andererseits ist mit dem Zugriff Außenstehender nach dem interessant gewordenen klangvollen *Wort Landschaftsökologie* die Gefahr einer Sinnveränderung entstanden, so daß der Begriff mehrdeutig wird und damit an Wert verliert. Zwei prinzipiell unterschiedliche Auslegungen stehen einander gegenüber, was aber manchen Autoren, die das Wort benutzen, anscheinend noch nicht bewußt ist und daher leicht zu Mißverständnissen führt.

Über die Ursache dieser Verwirrung kann folgendes vorweg gesagt werden: CARL TROLL, der den Terminus Landschaftsökologie einführte, hatte dabei Ökologie in dem Sinne des biologischen Wissenschaftsbegriffs als Erforschung der Leben-Umwelt-Relation gemeint. Andere, denen offenbar der Begriff der Biologie nicht bekannt war, haben sich aber aus der Übersetzung von Landschaftsökologie zu „Landschaftshaushaltslehre" verleiten lassen, das Wort Ökologie (in der irrigen Meinung, daß dieses „Haushalt" bedeutet) als Sachbegriff auf den Stoff- und Energieumsatz geosynergetischer Systeme anzuwenden. Sie sprechen auch bei anorganischen Landschaften, in denen es keine Leben-Umwelt-Relation gibt, von deren Ökologie. Denn das Wort Landschaftshaushalt gibt von sich aus keinen Anlaß zu einer Beschränkung auf die Leben-Umwelt-Relation. Damit entsteht aber ein anderer Sinn, der eher dem von „Ökonomie" entspricht als dem, was die Biologie seit mehr als einem Jahrhundert mit Ökologie meint.

Über den Inhalt des wissenschaftlichen *Landschafts*begriffs ist, wie wir dargelegt haben, in den letzten Jahrzehnten auf internationaler Ebene eine gewisse Übereinstimmung erreicht worden, und man arbeitet damit heute auch interdisziplinär. Er hat sich als zweckmäßig erwiesen, weil sich von seiner Konzeption ein umfassendes System von Forschungsmethoden ableiten läßt, mit deren Hilfe komplexe Probleme des geosphärischen Synergismus in allen räumlichen Dimensionsstufen der Erforschung zugänglich gemacht werden.

Die Auffassung der Landschaft als räumlich-strukturiertes Wirkungssystem aus den drei nach unterschiedlicher Gesetzlichkeit erfaßbaren Teilsystemen des Anorganischen, des Biotischen und des Nootischen hat sich als Schlüssel bewährt, um viele auch für die Praxis wichtige Probleme einer systemtheoretischen Durchleuchtung und damit auch neuen Methoden der quantitativen Analyse zugänglich zu machen. Daher ist es verständlich, daß sich diese Auffassung insbesondere in praxisnahen Wissenschaften, die der angewandten Geographie nahe stehen, reibungsloser und schneller durchgesetzt hat als bei manchen Geographen.

Wenn wir nach ökologischen Aspekten in der Landschaftsforschung fragen, ist es aber auch nötig, den Begriff *Ökologie* zu klären. Dieser ist 1866 von ERNST HAECKEL in seinem Werk ,,Generelle Morphologie der Organismen" für einen bestimmten Problembereich der Biologie mit dem eigens dafür neu geprägten Terminus begründet worden. HAECKELs Ausgangspunkt für die Wortschöpfung ,,Öcologie" war seine Absicht, *die Gestalt und die Lebensweise der Organismen, aus deren Wirkungsbeziehungen zu ihrer Umwelt zu erklären*. Er nahm dafür das griechische Wort *oikos* (= Haus, Wohnung, ,,*Umwelt*"!) in Anspruch.

Im Rahmen der Physiologie, deren Aufgabe es sei, die Leistungen der Organismen zu erklären, habe die Ökologie, die HAECKEL deshalb auch ,,Relations-Physiologie" nannte, die Aufgabe, die *Leistungen der Organismen in ihren Beziehungen zur Außenwelt* zu untersuchen und zu erklären (HAECKEL, 1866, Bd. 2, S. 236, Anm. 1). Ökologie sei demnach die ,,Wissenschaft von den Beziehungen des Organismus zur umgebenden Außenwelt, wohin wir im weiteren Sinne alle Existenzbedingungen rechnen können" (ebd., Bd. 2, S. 286).

Erläuternd fügte er hinzu: ,,Als organische Existenzbedingungen betrachten wir die sämtlichen Verhältnisse des Organismus zu allen Organismen, mit denen er in Berührung kommt". Damit erfaßte er auch bereits die Problematik der *Synökologie*, die man später als besonderen Forschungsbereich der *Autökologie* gegenübergestellt hat. Auf die Biozönose konnte HAECKEL noch nicht Bezug nehmen, weil dieser Begriff erst 1877 von KARL MÖBIUS erfunden wurde.

Die Möglichkeit, die gleiche Betrachtungsweise auch auf den *Menschen* und die ,,Kette der Wechselbeziehungen" mit seiner von ihm selbst beeinflußten Lebensumwelt anzuwenden, hatte HAECKEL ebenfalls schon angesprochen und dabei beispielhaft auf Wirkungszusammenhänge in der Landschaft verwiesen (ebd., 1866, Bd. 2, S. 235).

Im Hinblick auf die hier zu diskutierende Problematik muß festgehalten werden, daß der von HAECKEL geprägte Begriff Ökologie nicht, wie es oft geschieht, mit ,,Haushaltslehre" oder gar mit ,,Haushalt" zu übersetzen ist, sondern mit ,,*Wissenschaft von den Umweltbeziehungen der Organismen*". Wo bei HAECKEL das Wort Haushalt vorkommt, spricht er ausdrücklich von dem ,,Haushalt der thierischen Organismen" (HAECKEL, 1870, S. 364). Die funktionalen Beziehungen in dem Stoff- und Energieumsatz geosphärischer Systeme gehören in den Aufgabenbereich der Ökologie nur soweit, wie sie als ,,*Umwelt*" zu Organismen in Beziehung gesetzt werden können, um deren Lebensmöglichkeit und ihre Gestalt und Lebensweise verständlich zu machen.

Unter *Umwelt* verstehen wir die Gesamtheit der äußeren Lebensbedingungen, die für eine bestimmte Lebenseinheit (Individuum, Taxon, Population, Biozönose) an deren Lebensstätte wirksam ist. *Ökologie* in dem in den biologischen Wissenschaften seit einem Jahrhundert weltweit eingebürgerten Sinne hat es immer mit Beziehungen zwischen Lebenseinheiten auf der einen und deren Umwelt auf der anderen Seite zu tun.

Die beiden Begriffe *Landschaft* und *Ökologie* sind zum ersten Mal von C. TROLL (1939) in eine enge Verbindung gebracht worden in dem Aufsatz „Luftbildplan und ökologische Bodenforschung". TROLL wollte in dieser Arbeit die Verwendung des Luftbildes für die Landschaftsforschung demonstrieren und stellte dar, welche Fülle von Informationen durch wissenschaftliche Interpretation des Luftbildes in Verbindung mit ökologischen Geländeuntersuchungen gewonnen werden kann. „Die Vertrautheit mit den ökologischen Zusammenhängen" (TROLL, 1939, S. 244) erlaubt es, aus der Abbildung der Vegetation auf viele im Luftbild nicht direkt wahrnehmbare Tatsachen zu schließen – beispielsweise auf Bodeneigenschaften, Grundwasserverhältnisse, Verwitterungsvorgänge, den Grad menschlicher Wirkungen und manches andere – und auf dieser Grundlage „*landschaftsökologische Karten*" (S. 244) zu zeichnen, wie es z. B. englische Forstwissenschaftler bereits getan hatten.

„Das Bestreben, die Luftbildpläne durch die ökologische Analyse in natürliche Räume zu gliedern, führten den Forstmann und Praktiker R. BOURNE auf Wege, die sonst von der theoretischen Geographie begangen wurden" (C. TROLL, 1939, S. 286). BOURNE hatte nämlich mit seinen Begriffen der „Sites" und der „Site-Associations" das begründet, was wir dann als naturräumliche Gliederung weiter entwickelt haben.
Die von C. R. ROBBINS in Nord-Rhodesien mit Hilfe der Vegetation aus dem Luftbild erarbeitete Land-Klassifikation ist nach C. TROLL „in vollem Sinn eine topographische Analyse und Gliederung des Gebietes... Die aufgestellten Typen sind auch kleinste *ökologische Landschaftseinheiten*, die bodenkundlich – hydrologisch – morphologisch charakterisiert und erklärt und zum Teil auch benannt werden und für die auch die landwirtschaftlichen Möglichkeiten angegeben werden" (C. TROLL, 1939, S. 268).

Nach C. TROLL „steht meistens die Pflanzendecke im Mittelpunkt der Beobachtung, einmal weil sie der geschlossene und sichtbare Ausdruck für den ganzen Komplex der klima- und bodenökologischen Faktoren ist, weil sich andererseits auch viele kulturgeographische Verhältnisse, vor allem die Landwirtschaft, auf denselben Grundlagen aufbauen" (C. TROLL, 1939, S. 296).
Entscheidend ist dabei – dieses zu zeigen ist der Sinn der Zitate – die *ökologische Forschung im biologischen Sinne* und eine dementsprechende Ausbildung und Erfahrung der Bearbeiter. „Ein geschulter Ökologe könnte in wenigen Wochen terrestrischer Aufnahme mit dem Luftbildplan in der Hand einen Überblick über Bodenwert und landwirtschaftliche Möglichkeiten... gewinnen" (C. TROLL, 1939, S. 272).
Dazu auch ein Beispiel, das keinen Zusammenhang mit der Vegetation hat: In bezug auf die im Luftbild unterscheidbaren Weiß- und Schwarzwasserflüsse der Tropen sagte C. TROLL: „Da sich Weiß- und Schwarzwasser auch in hygienischer Hinsicht ganz verschieden verhalten, angeblich sogar in bezug auf die Malariabrutstätten, können derartige Luftbeobachtungen recht große praktische Bedeutung erlangen. Dieses eine Beispiel... möge genügen, um zu zeigen, daß sich entscheidende Forschungen über die Ökologie unerschlossener Länder auf dem Wege über die Aero-Limnologie vorwärtstreiben lassen" (C. TROLL, 1939, S. 262/263).

„Als *Landschaftskunde* und als *Ökologie* treffen sich hier (in der Luftbildforschung) die Wege der Wissenschaft". Aus dieser *Gegenüberstellung* entstand die gewichtige Wortverbindung in dem Satz: „Luftbildforschung ist zu einem sehr hohen Grade Landschaftsökologie" (C. TROLL, 1939, S. 297).

Ohne direkten Zusammenhang mit dieser klaren Ableitung des Begriffs folgen dann zwei weitere Sätze: „Die Luftbildforschung... führt auf der gemeinsamen Ebene des Landschaftshaushaltes so verschieden marschierende Wissenszweige... zusammen" (ebd.). „Das gemeinsame Ziel ist das Verständnis der Raumökologie der Erdoberfläche" (ebd.) Die beiden hier unvermittelt auftretenden und von

C. TROLL nicht interpretierten Stichwörter ,,Landschaftshaushalt" und ,,Raumökologie" sind Anhalts-
unkte zu Auslegungen geworden, die in eine andere Richtung führen, als der Autor nach dem gesamten
übrigen Inhalt seines Aufsatzes beabsichtigt hatte. ,,Landschaftshaushalt", hier ohne Kommentar hinter Landschaftsökologie gesetzt, war geradezu ein Anreiz, den ursprünglichen Sinn von Ökologie um-
zuprägen, was jedoch nicht in C. TROLLS Absicht lag, wie er selbst mehrfach ausdrücklich betont hat.

Obwohl das Hauptthema in C. TROLLS Aufsatz von 1939 die Luftbildinterpretation war,
hat er darin doch die verschiedensten *Aspekte der ökologischen Landschaftsforschung* zum
mindesten angedeutet. Anderes, was in diesem Zusammenhang weniger zur Geltung kommen konnte, hat er in späteren Aufsätzen ergänzt und ausgeweitet. Bei der Luftbildgeologie,
die die Ineinanderschachtelung von Kratern oder die Übereinanderlagerung verschiedenartiger Lavaströme entschleiert, spricht TROLL aber korrekterweise *nicht* von Landschaftsökologie.

Landschaftsökologie war, wie die Zitate erkennen lassen, bei TROLL von vornherein auch
auf die Erforschung von Leben-Umwelt-Relationen in der Kulturlandschaft bezogen, nämlich auf alle jene Probleme im Bereich des menschlichen Wirkens, bei denen die Menschen
mit ihrer Aktivität in der Landschaft an biotische Gesetzlichkeit gebunden sind wie bei der
Wirtschaft mit Pflanzenwuchs und Tierleben und anderen Arten des Umgangs mit Biozönosen, oder aber auch bei dem Verhalten der Menschen selbst in bezug auf ihre in der eigenen
physischen Konstitution begründete ökologische Valenz. Die Bedeutung dieser For-
schungsprobleme repräsentiert sich in der Entwicklung eigener Wissenschaftszweige wie
Land- und Forstwirtschaftsökologie, medizinischer Geographie und anderen. Sie alle finden
in der ökologischen Landschaftsforschung im Sinne von C. TROLL ihren Platz.

Etwas grundlegend anderes geschieht aber, wenn manche Autoren das gesamte funktionale System der Landschaft selbst als deren Ökologie bezeichnen und damit den Begriff, der
ursprünglich eine Wissenschaft meint, zu dem Sinn materielles Funktionssystem versachli-
chen. Diese Umdeutung ist zustande gekommen, indem man, ohne Rücksicht auf den Sinn
des von HAECKEL geschaffenen Begriffs, Landschaftsökologie als ,,*Landschaftshaushaltslehre*" ins Deutsche übersetzte. Der damit gewählte andere Ausgangspunkt ist die *ökonomische*
Vorstellung eines Haushalts im Sinne von Einnahmen und Ausgaben, Stoff- und Energieumsatz und Bilanz. Von Haushalt in diesem Sinne kann man auch in einem rein anorganischen
System reden, wie es seit langem geschieht, wenn man z. B. von dem Wasserhaushalt eines
Gletschers spricht. Mit Ökologie hat das aber nichts zu tun.

Übrigens ist das Wort *Haushalt* schon vor 150 Jahren von den Physiokraten und ,,Landesverschöne-
rern" auf die Landschaft angewandt worden. So lesen wir z. B. bei A. v. VOIT (1824): ,,Man hat nicht
nur einzelne Erzeugnisse des Landmannes zu beachten und begünstigen, sondern es muß die ganze
Haushaltung einer Landschaft geprüft und gewürdigt werden".
K. ROSENKRANZ, dessen Formulierung des Landschaftsbegriffs von 1850 der heutigen systemtheoretischen Auffassung standhält, damals aber noch keine Resonanz fand, hatte in dem gleichen Sinn von der
landschaftlichen ,,*Ökonomie*" gesprochen. Wenn das Wort Ökonomie wegen seiner spezifisch wirtschaftlichen Bedeutung für Landschaftshaushalt heute nicht mehr anwendbar ist, so müßte das erst recht
für Ökologie gelten, da dieses Wort für einen anderen Sinn im Bereich der Biologie eigens geschaffen
worden ist.

Auf die vielen Varianten der Umdeutung von Ökologie können wir nicht eingehen. Man
sollte aber interdisziplinär eine Klärung anstreben. Sonst wird ein weites Tor für viele neue
Mißverständnisse geöffnet. Gerade in unserer Zeit, in der die aktuelle Umweltproblematik
die Landschaftsforschung so stark antreibt, ist es wichtig, einen engeren Kontakt der Geo-
raphie mit anderen Disziplinen herbeizuführen, damit wir in der Theorie und der Praxis der

Forschung und auch in der Anwendung der Geosynergetik für die Landschaftspflege und die Planung eine gemeinsame oder doch wenigstens gegenseitig verständliche Sprache behalten.

Die weite Fächerung der Bedeutung, in der Ökologie heute verwendet wird, geht zum Teil auf FRIE-DERICHS und THIENEMANN zurück, die als „allgemeine Ökologie" eine alle Zweige der Naturwissenschaften überbrückende „Wissenschaft von der Natur" (FRIEDERICHS, 1937) oder die Lehre vom Haushalt der Natur" (THIENEMANN, 1941, S. 224) verstanden wissen wollten, „die Wissenschaft von dem Verhältnis der Wesen und Dinge, der Naturerscheinungen zueinander" (FRIEDERICHS, 1937, S. 66). Mit dieser Ausweitung seiner Bedeutung würde allerdings das Wort Ökologie überflüssig, da es dann nur noch ein Synonym für Naturwissenschaft oder *Science* wäre.

Eine andere, ähnlich gerichtete Anregung zu einer unqualifizierten inhaltlichen Ausweitung des Ökologiebegriffs war von dem amerikanischen Geographen H. H. BARROWS ausgegangen, der 1922 in einer Presidential Adress „*Geography as human ecology*" die Frage aufgeworfen hatte, ob nicht die gesamte Geographie als Ökologie des Menschen aufzufassen sei (BARROWS, 1923). Auch diese Gleichsetzung würde den spezifischen Sinn des Ökologiebegriffs aufheben und das Wort überflüssig machen. Auf die Problematik der Ökologie des Menschen müssen wir noch zurückkommen.

Der dritte Ansatzpunkt zu einer Auflösung des Ökologiebegriffs ist, wie schon dargelegt wurde, von der Mißdeutung des Wortes Landschaftsökologie ausgegangen. Diese hat bei manchen Autoren zu einer Gleichsetzung von Ökologie mit Geosynergetik geführt, bei anderen sogar dazu, den Wissenschaftsbegriff Ökologie in einen Sachbegriff umzuwandeln, mit dem das konkrete Funktionsgefüge eines realen geosynergetischen Systems bezeichnet wird. Ökologie wird dabei als Synonym für Synergismus verwendet. Für die geosynergetischen Systeme der verschiedenen Dimensionsstufen haben wir aber, wie in diesem Band dargelegt ist, bereits international eingeführte Begriffe. Wir müssen dafür nicht den Ökologiebegriff mißbrauchen, für dessen Bestimmung die Biologie die Priorität hat.

Prinzipiell ist es weder erforderlich noch zweckmäßig, das Wort Ökologie entgegen der Absicht seines Schöpfers umdeuten zu wollen und damit von der Biologie zu verlangen, ihren Wissenschaftsbegriff, der eine mehr als 100jährige Tradition hat, umzubenennen. Wir teilen in dieser Hinsicht die Auffassung von PAUL MÜLLER: „Aus methodischen, pragmatischen und wissenschaftshistorischen Gründen ist es notwendig, die Ökologie als Wissenschaft aufzufassen, deren Aufgabe die Untersuchung der *naturgesetzlich* faßbaren Wechselwirkungen zwischen Organismen (Pflanze, Tier, Mensch) und deren Außenwelt ist" (P. MÜLLER, 1974, Geoforum 18/74).

Wenn wir, was sicher berechtigt und notwendig ist, die ökologische Fragestellung im Sinne von HAECKEL und TROLL in die Landschaftsforschung einbringen, dann dürfte es zweckmäßig sein, den inzwischen mehrdeutig gewordenen und daher leicht irreführenden Ausdruck „Landschaftsökologie" möglichst zu vermeiden. Wir wissen, was der Initiator des Begriffs damit gemeint hatte, nämlich ökologische Forschung (im Sinne des biologischen Ökologiebegriffs) *in* der Landschaft. *Ökologische Landschaftsforschung* ist dafür ein weniger mißverständlicher Ausdruck als Landschaftsökologie.

Die Bezeichnung „*Landschaftsbiologie*", die gelegentlich – z. B. in dem Namen des Instituts für Landschaftsbiologie der Slovakischen Akademie der Wissenschaften in Bratislava – in einem ähnlichen Sinne verwendet wird, verführt weniger leicht zu Mißverständnissen, weil jedermann weiß, daß die Landschaft kein Organismus ist und daher hier nur von biologischer Forschung in der Landschaft die Rede sein kann.

Auch SOCHAVA hat in einem Aufsatz über Geographie und Ökologie betont, daß „die Ökologie von uns hier als biologische Disziplin aufgefaßt wird, welche die Struktur und die Funktionen der ökologischen Systeme aller Größenordnungen erforscht" (SOCHAVA, 1972). Mit dieser Aussage wird *implicite* festgestellt, daß „ökologische Systeme" *belebte Systeme* sind.

In der Realität einer *anorganischen Naturlandschaft,* an deren Wirkungssystem kein Leben beteiligt ist, kommen wir mit Physik aus, um alles, was vor sich geht, erklären zu können. Ein Bezug zur Ökologie könnte hier nur über die negative Aussage hergestellt werden, daß und warum Leben hier an dem Wirkungssystem nicht beteiligt ist.

In einer *belebten Naturlandschaft* ohne Mitwirkung des Menschen ist eindeutig klar, was hier als ökologische Problematik aufzufassen ist, nämlich die Beziehungen von Vegetation und Tierwelt zu deren Lebensbedingungen. Lebensformen der Taxa, Struktur und Dynamik der Biozönosen und Bioformationen, Besiedlungsvorgänge, Biosukzessionen und Biogenese auf der einen Seite, Umweltfaktoren, Standorte, Biotope und Biochoren auf der anderen, sowie das Ökosystem (vgl. 11.2) als die verbindende Konzeption zwischen beiden sind einige Stichwörter, die den Umfang dieser Problematik andeuten.

In der *Kulturlandschaft* kommt als ein weiterer Umweltfaktor für die Pflanzen- und Tierwelt und ihre Biozönosen das Wirken des Menschen hinzu. Dieses ist zwar nicht in seinen Ursachen, die in nootisch motivierten Entscheidungen menschlicher Gruppen oder Gesellschaften liegen, wohl aber in seinen realen Auswirkungen und deren materiellen und energetischen Folgen in gleicher Weise naturgesetzlich zu fassen, wie die Vorgänge in der Naturlandschaft.

Die ökologische Fragestellung ist anwendbar auf Forschungsgegenstände verschiedener Art und Rangordnung. Es handelt sich dabei aber immer um Biota, die in ihrer Wechselwirkung mit ihrer Umwelt studiert werden. Die Untersuchung kann sich auf einzelne Taxa oder ihre Populationen beziehen, und zwar auf deren Existenzbedingungen (Möglichkeit des Vorkommens) und auf ihre Anpassungsform und Verhaltensweise (z. B. Produktivität) in Relation zu unterschiedlichen Umweltbedingungen. Solche Probleme sind aber nur teilweise, z. B. bei Arten mit dominierendem Einfluß auf das landschaftliche Wirkungssystem oder bei Nutzpflanzen und Nutztieren für die Landschaftsforschung relevant. Sonst ist die Autökologie der Taxa vorwiegend ein Anliegen der Biologie.

Die Ökologie der Biozönosen ist demgegenüber in höherem Maße ein Problem der Landschaftsforschung. Denn Biozönosen sind konkrete Bestandteile des räumlichen Wirkungsgefüges. Die Kenntnis ihrer Umweltbeziehungen ist eine wichtige Voraussetzung für das Verständnis vieler Vorgänge in der Landschaft. Das gilt nicht nur für die natürlichen, sondern ebenso für die vom Menschen beeinflußten oder künstlich geschaffenen biozönotischen Einheiten in der Kulturlandschaft.

Die Erforschung der Beziehungen zwischen der Zusammensetzung der Biozönosen einerseits und dem Komplex der Standortsfaktoren andererseits ist die Grundlage für die Beurteilung der biotischen Produktivität von Geländeeinheiten aller räumlichen Dimensionsstufen und für die Gliederung der Landschaften in typologisch faßbare funktionale räumliche Bestandteile (Biogeozönosen oder Ökosysteme) nach ihrem realen Charakter und auch nach ihrem Entwicklungspotential. Erst auf dieser Grundlage wird es möglich, den räumlichen Geltungsbereich der Ergebnisse lokaler spezieller Untersuchungen zu erfassen und diese für Erkenntnisse über die komplexeren räumlichen Gefüge größerer räumlicher Dimension auszuwerten.

Wenn wir es als Aufgabe der Ökologie ansehen, die naturgesetzlich faßbaren ,,Leistungen der Organismen in ihren Beziehungen zur Außenwelt zu untersuchen'' (HAECKEL), kann zweifellos die ökologische Fragestellung auch auf den *Menschen* angewandt werden. Dieses gilt nicht nur im Sinne der physischen Anthropologie und der medizinischen Humanökologie mit Bezug auf die direkte körperliche Abhängigkeit von der Umwelt, sondern auch im Hinblick auf die Selbstdifferenzierung in die unterschiedlichen Lebensformen der sozialen Gruppen, Gesellschaften und Kulturen, soweit diese als Anpassungsformen an äußere Existenzbedingungen gesetzlich erfaßt werden können. Schon HAECKEL und später vor allem THIENEMANN und FRIEDERICHS haben gezeigt, daß ökologische Gesetzmäßigkeiten gegen die er nicht ungestraft verstoßen kann, auch für den Menschen Gültigkeit haben.

Die Beziehungen des Menschen zu seiner Umwelt haben aber verschiedene Aspekte. Von diesen ist nur ein Teil (der physisch-anthropologische) von gleicher Art wie bei der Ökologie der Pflanzen- und Tierwelt. Der andere Teil, der sich auf die nootisch begründeten Adaptionsleistungen bezieht, kann zwar in vieler Hinsicht analog behandelt werden. Es gibt aber dabei doch grundlegende Unterschiede, die in der Wesensverschiedenheit des menschlichen Lebens von dem der übrigen Organismen ihre Ursachen haben und die nicht unberücksichtigt bleiben können.

Ökologische Forschung in der Landschaft mit speziellem Bezug auf den Menschen kann sich auf folgende fünf Hauptbereiche erstrecken, die im einzelnen in Wirkungsrelationen miteinander verbunden sind:

1. Die physische Abhängigkeit der menschlichen Individuen und Populationen von äußeren Lebensbedingungen und die Probleme der phänotypischen und der genetischen Anpassung.

2. Die nootisch begründete Anpassung an äußere Lebensbedingungen durch Selbstgestaltung der sozialen Lebensformen und der Welt der Mittel.

3. Die Auswirkungen der menschlichen Aktivität auf die Struktur und die Dynamik der realen Umwelt.

4. Die ökologischen Aspekte der Wechselwirkungen zwischen Mensch und Umwelt in geosynergetischen Systemen.

5. Ökologische Erkundung akuter Umweltprobleme und ökologische Methoden als Hilfsmittel der zielbewußten Planung und Steuerung zukünftiger menschlicher Aktivität.

Diese fünf Problemkreise sind unterschiedliche Aspekte des gleichen Gesamtproblems (Mensch-Umwelt-Relation) und müssen daher auch in ihrem wechselseitigen Bezug zusammen gesehen werden. Sie reichen z. T. weit über die landschaftliche Problematik hinaus, sollen aber hier nur in bezug auf diese in Betracht gezogen werden.

1. Den an erster Stelle genannten Bereich kann man auch als Ökologie des Menschen *in einem engeren biologischen Sinne* bezeichnen, als *Human-Ökologie* im Sinne der physischen Anthropologie, der Medizin und der physischen Anthropogeographie. Diesen Wissenschaftsdisziplinen fällt auch vorwiegend die Aufgabe zu, diese Probleme nicht nur allgemein, sondern auch in ihrem landschaftlichen Zusammenhang zu untersuchen. Es geht dabei um alle direkten Beziehungen zwischen den genetisch bedingten biotischen Qualitäten der Menschen und den realen Einzelfaktoren oder Faktorenkomplexen der Außenwelt, wie z. B. Gesundheit, körperliche Leistungsfähigkeit und Wohlbefinden in Abhängigkeit von klimatischen Faktoren, von der Ernährung, von Kontakten mit anderen Lebewesen (Infektion, Allergie) usw., und um die *ökologische Valenz der Menschen im biotischen Sinne*, d. h. die Variationsbreiten in den Ansprüchen der Individuen und der Rassen oder anderer physisch-anthropologischer Typengruppen und deren Adaptionsfähigkeit an unterschiedliche oder auch zeitlich wechselnde äußere Einwirkungen.

2. Die *Anpassung der Lebensformen menschlicher Gesellschaften* an die Umwelt beruht nicht nur wie die Adaptionsleistungen der Pflanzen und Tiere auf gesetzmäßigen biogenetischen Prozessen, sondern – und das ist der entscheidende Unterschied zwischen den Menschen und den anderen Organismen – vor allem auch auf zweckgerichteten Gemeinschaftsleistungen, die *rational* oder auch emotional motiviert sind. In der „Welt der Mittel", mit deren Hilfe der Mensch seine Umwelt nach technischen Ideen und unter Einsatz von Fremdenergie zielstrebig umgestaltet, haben sich die Menschen gewissermaßen „zusätzliche Organe" geschaffen, die wir insgesamt auch *materielle Kultur* nennen können. Diese läßt sich in ihrer Entstehung und in ihrem Einsatz im Wirkungsgefüge der Landschaft nicht auf eine in den Individuen biogenetisch programmierte biotische Gesetzlichkeit zurückführen, sondern ist nur *geschichtlich* zu begreifen.

Die Gattung Homo gab es seit 3 Millionen Jahren, die Art Homo sapiens seit 100 000 Jahren. Aber erst in den letzten 10 000 Jahren haben sich in der Menschheit die Lebensformen entwickelt, die dann fast auf der ganzen Erde die Landschaften immer schneller verändert haben. Vor dem Neolithikum waren die anthropogenen Wirkungen noch verhältnismäßig gering gewesen. Die Sammler, Jäger und Fischer der Frühzeit hatten die natürlichen Ökosysteme wenig gestört. Vermutlich hat die Benutzung des Feuers für die Jagd in einigen Teilen der Erde die ersten Veränderungen bewirkt.

Durch Pflanzenanbau mit Handwerkzeugen und mit der Tierhaltung hatte der seßhaft werdende Mensch begonnen, die biotische Stoffproduktion zu lenken. Vor 5000 Jahren kam dazu der Pflugbau, der sich von Vorderasien nach Nordafrika, Europa, Südasien und China ausbreitete. Die tierische Arbeitskraft ermöglichte großflächigen Anbau und höhere Bevölkerungsdichte. Zugleich entstanden die ersten städtischen Lebensformen. Es kam zu der Metallverarbeitung mit Brennstoffenergie, und mit der Erfindung von Göpelwerken und Mühlen wurde die Arbeitskraft der Tiere und die Energie der anorganischen strömenden Medien in höherem Maße nutzbar. Damit wurde künstliche Bewässerung in größerem Umfang möglich, und ursprünglich pflanzenarme Gebiete wurden in Kulturoasen umgewandelt. Radfahrzeuge mit Zugtieren erlaubten weiträumigeren Warenaustausch. Damit wurde auch die Entwicklung neuer Bautechniken gefördert, und die Siedlungen wurden weniger abhängig von der Versorgung aus dem lokalen Bereich. Abgesehen von kleineren räumlichen Verlagerungen der Energiequellen, z. B. durch Kanalbauten, blieb aber die Wirtschaft überwiegend bodengebunden, und die Kulturlandschaften fügten sich noch weitgehend in die von der Landesnatur gegebene räumliche Ordnung ein.

Dieses wurde anders, nachdem im 18. Jh. die wichtigsten Grundlagen der Industrialisierung geschaffen waren. Mit der Dampfmaschine konnte man in Brennstoffen gespeicherte Energie als kontinuierlich arbeitende Nutzenergie in mechanischen Produktionsanlagen einsetzen. Eisenbahn und Dampfschiff machten den Ferntransport von Massengütern möglich, so daß die Lage der Produktionsstätten nicht mehr an Fundorte von Rohstoffen und Energieträgern gebunden blieb. Der Industrialisierung folgte das schnelle Wachstum der Städte. In der nächsten Phase, ausgelöst durch Motorisierung, Elektrifizierung und moderne Chemieindustrie, beschleunigte sich die Entwicklung und wurde fast explosionsartig sehr weiträumig in großen Teilen der Erde wirksam. Das Automobil als Mittel flächenhaften Schnellverkehrs mit kleinen Fahreinheiten, Erdöl als neu erschlossener Energieträger, Ferntransport elektrischer Energie, Kunststoffe, Luftverkehr, neue Kommunikationsmittel, Reglertechnik, Kybernetik, Erschließung der Kernenergie, das sind nur wenige Stichworte, um die Vielfalt der immer wirksamer werdenden Eingriffe in die Landschaften anzudeuten.

Die Menschen leben demnach *nicht* in Biozönosen, deren Gestaltung in Relation zur Umwelt nur auf biotischer Gesetzlichkeit beruht. Ihre gesellschaftlichen Lebensformen und deren Wirken in den Funktionssystemen der Landschaft sind vielmehr auf organisatorischen Ideen ökonomischer und anderer Art begründet. In ihrer Anpassung an die vorgegebenen äußeren Lebensbedingungen gibt es zwar einzelne Vorgänge, die wegen ihrer Bindung an naturgesetzliche Abläufe ökologisch erfaßt werden können. Im ganzen kann aber die Selbstgestaltung der Lebensformen menschlicher Gesellschaften wegen der nootischen Komponente höchstens in einer gewissen Analogie zu ökologischen Vorgängen betrachtet werden. Mit Ökologie allein, die nur naturgesetzliche Vorgänge untersucht, ist sie nicht zu erfassen.

3. Mit der *Technik* im weitesten Sinne als final gestalteter Wirklichkeit haben die Menschen ihre Wirkungsbeziehungen zu der natürlichen Außenwelt verändert und sich eine auf sie selbst bzw. auf ihre Gesellschaften oder sozialen Gruppen ausgerichtete *Eigenwelt* geschaffen. Die *Wirkpläne,* mit denen die Menschen in das dynamische Geschehen der Landschaft eingreifen und deren Struktur verändern, sind zwar nicht nach ihrer Entstehung naturgesetzlich erfaßbar, wohl aber in ihren materiellen Auswirkungen und deren *Folgen.* Diese erstrecken sich einerseits auf den geosphärischen Stoff- und Energieumsatz in allen Dimensionsstufen der Landschaften und ihrer Bestandteile und verändern damit auch die Lebensbedingungen der Organismen. Dazu kommen direkte Einflüsse auf die Vegetation und die Tierwelt (Mensch als ökologischer Faktor) und außerdem genetische Veränderungen durch Züchtung, Ausmerzung oder indirekte Selektionswirkungen. Damit können auch die Lebensansprüche der Taxa, deren Konkurrenzverhältnisse und die Diversität der Biotabestände verändert werden. Alle diese Vorgänge in ihrer räumlichen Diffenziertheit und in ihren Folgen für die Dynamik der verschiedenen Ökosysteme zu klären, ist ein Aufgabenbereich der ökologischen Landschaftsforschung.

Bei jeder Art von Nutzung der Biomasse hat der Mensch es primär mit Problemen der Pflanzen- und Tierökologie oder der Ökologie von Biozönosen zu tun. Deren Kenntnis, sei es durch Erfahrung von Erfolg oder Mißerfolg oder auf Grund wissenschaftlicher Untersuchung, ist die notwendige Voraussetzung, wenn im Umgang des Menschen mit der biotischen Produktion die Wirkziele ökonomischen Handelns erreicht werden sollen.

Es ist daher erstaunlich, daß die Geographie erst spät dazu gelangt ist, die Bodenbewirtschaftung als menschliche Nutzung von Lebensvorgängen auch ökologisch zu betrachten. Sowohl die ökologische Feldforschung als auch die auf landschaftliche Probleme ausgerichtete experimentelle Ökologie haben ihre ersten Ansätze in einer Reihe von speziellen Disziplinen, die auf die unmittelbare praktische Anwendung ihrer Forschungsergebnisse zielen (z. B. Agrarökologie, Forstökologie, Limnologie und Fischereibiologie) gehabt. Sie hatten dort schon einen starken Aufschwung genommen, bevor sie, zuerst noch zögernd, auch in das Arbeitsprogramm der Geographie aufgenommen wurden. Die ökologische Biogeographie, die für die Bearbeitung solcher Probleme in erster Linie zuständig wäre, ist noch heute in vielen Ländern, z. B. auch in Deutschland, unterentwickelt, wenn sich auch ihre Situation in den letzten Jahrzehnten erheblich verbessert hat.

4. In den landschaftlichen Wechselwirkungssystemen zwischen Mensch und Umwelt (,,Anthropogeozönosen") sind auf der Seite des Lebens, das in den Relationen zu seiner Umwelt zu betrachten ist, geistig strukturierte, soziale Gruppen oder Gesellschaften die Bezugseinheiten. Diese sind auf Kommunikation begründete überindividuelle Aktionssubjekte. Sie wirken auf das Aktionsobjekt Umwelt und zugleich auch auf ihre eigene Organisationsform durch auf Ideen begründete Gemeinschaftsleistungen. Damit werden durch menschliche Arbeit bewirkte und gesteuerte Vorgänge in der Landschaft unter Nutzzweckaspekten anthropozentrisch organisiert.

Die ökologischen Aspekte in der ,,Kette der Wechselbeziehungen" (HAECKEL, 1866, Bd. 2, S. 235) zwischen den Menschen und der von diesen selbst beeinflußten Lebensumwelt können wir in ihrem komplexen Zusammenhang am ehesten erfassen, wenn wir die wirkenden Gesellschaften als wirtschaftliche Lebensformen und die funktionalen Systeme ihres Wirkens als dynamische Teilsysteme der Landschaft erfassen (Wirtschaftsformationen). Auf diese Weise können alle Vorgänge, die darin nach biotischer Gesetzlichkeit ablaufen, in ihrem auf das Aktionssubjekt bezogenen Zusammenhang erfaßt werden. Damit wird es auch möglich, die Art der Anpassung und den Anpassungsgrad der wirtschaftlichen Lebensform an das natürliche Potential zu ermitteln.

5. Ökologische Landschaftsforschung hat in jüngerer Zeit als Grundlage der Landesplanung, der Landschaftspflege und des weltweiten Umweltschutzes große Bedeutung erlangt. Man hat erkannt, daß die wachsenden Ansprüche der Menschheit an den Raum, die sich vergößernde Leistungsfähigkeit der technischen Mittel und die zunehmende Geschwindigkeit dieser Entwicklung, die natürlichen Eignungen in den geosphärischen Systemen zum Teil überbeansprucht. Dieses führt zu Rückwirkungen, in denen die in der natürlichen Struktur der Geosphäre begründeten *Grenzen der Eignung* für die anthropogene Umgestaltung sichtbar werden. Je mehr der Mensch zu einer Gestaltung ohne Rücksicht auf die in der Natur liegenden Eignungsgrenzen übergeht, um so anfälliger wird das entstehende Gebilde, um so größer ist die Gefahr eines Rückschlages, und um so mehr ständige Arbeit gehört dazu, das Gestaltete zu erhalten. Das gilt für jeden einzelnen Bestandteil der Landschaft und für geosynergetische Systeme aller Dimensionsstufen bis zur Gesamtgeosphäre. Dieses zu erkennen, um danach das Verhalten der Gesellschaften rational an die begrenzten Eignungen des vorgegebenen Lebensraumes anzupassen und damit einer Gefährdung der eigenen Existenz entgegenzuwirken, ist das aktuelle *Kernproblem der Ökologie des Menschen.* Der entscheidende Unterschied gegenüber der Ökologie der Pflanzen und Tiere ist, daß es zu diesem Adaptionsvorgang der Einsicht und der Willensentscheidung bedarf. Voraussetzung dafür ist die wissenschaftliche Erforschung der Folgen des menschlichen Eingreifens in die Landschaften aller Dimensionsstufen.

11.2 Ökosystemforschung

Unter dem Aspekt der sie verbindenden materiellen Wirkungsbeziehungen kann eine Lebensgemeinschaft zusammen mit ihrer unmittelbar relevanten Lebensumwelt (,,Lebensstätte" nach THIENEMANN) als eine Einheit (THIENEMANN, 1926, 1928; FRIEDERICHS, 1927) aufgefaßt werden. Für derartige Einheiten hat TANSLEY 1935 mit einer eindeutigen Interpretation den Terminus *Ökosystem (ecosystem)* eingeführt.

,,But the more fundamental conception is, as it seems to me, the whole system (in the sense of physics), including not only the organism-complex, but also the whole complex of physical factors forming what we call the environment of the biome – the habitat factors in the widest sense. Though the organisms may claim our primary interest, when we are trying to think fundamentally we cannot separate them from their special environment, with which they form one physical system. It is the systems so formed which, from the point of view of the ecologist, are the basic units of nature on the face of the earth. Our natural human prejudices force us to consider the organisms (in the sense of the biologist) as the most important parts of these systems, but certainly the inorganic factors are also parts – there could be no systems without them, and there is constant interchange of the most various kinds within such systems, not only between the organic and the inorganic. These *ecosystems,* as we may call them, are of the most various kinds and sizes" (TANSLEY, 1935).

Vor ihm hatte R. WOLTERECK im Zusammenhang mit der Interpretation des biozönotischen Gleichgewichts in Lebensgemeinschaften schon den Ausdruck ,,ökologisches System" benutzt: ,,Die einzelnen Organismen und die einzelnen Populationen eines Sees bilden in ihrer Gesamtheit das, was man in den allgemeinen Naturwissenschaften ein geschlossenes System nennt; sie sind Glieder eines ökologischen Systems". ,,Nur in einzelnen Beispielen können wir heute schon ökologische Systeme unserer Seen synthetisch erfassen und dabei wahrnehmen, daß es sich in ihnen um eigenartige Gleichgewichtszustände handelt, die sich in ihrer Ganzheitsgesetzlichkeit (Gestalt) jahraus jahrein konstant erhalten . . . Das Resultat des gesamten Geschehens in diesem dreigliedrigen System ist nicht Erhaltung oder Begünstigung der beteiligten Individuen oder Populationen, sondern lediglich: Erhaltung des ökologischen Gleichgewichts der Volkszahlen, derart, daß der Bestand aller Systemglieder Jahr für Jahr in derjenigen Höhe gewahrt bleibt, auf die dieses Gleichgewichtssystem einmal eingespielt ist" (WOLTERECK, 1928).

Der Begriff Ökosystem in dem von TANSLEY definierten Sinne ist allgemein gebräuchlich geworden. An die Stelle autökologischer subjektbezogener Betrachtung ist darin die gegenständliche Auffassung des gesamten Wechselwirkungskomplexes von Lebensgemeinschaft und Umwelt getreten. Man meint damit ein *dynamisches System aus biotischen und abiotischen Komponenten,* das als räumliche Einheit erfaßbar ist. Ökosysteme sind Bestandteile in geosynergetischen Systemen. Der von SUKATSCHEV 1950 eingeführte Begriff *Biogeozönose* wird von vielen Autoren als Synonym zu Ökosystem aufgefaßt. Ökosysteme können, wie schon TANSLEY bemerkt hatte, von verschiedener Größenordnung und unterschiedlichem Komplexheitsgrad sein. Der Begriff kann (ähnlich wie Biozönose) sowohl im individuellen Sinne, z. B. für einen bestimmten Waldbestand mit seinem Standort, als auch qualitativ-typologisch verwendet werden.

In dem letzteren Sinne gebraucht HAASE (1964, 1965) die Bezeichnung ,,Ökotypus". Das ist nicht zweckmäßig, weil dieses Wort in der Autökologie schon lange in anderer Bedeutung festgelegt ist. Man müßte hier bei der vollständigen Formulierung *Ökosystem-Typus* bleiben, wenn man nicht (wie es z. B. bei dem Begriff Assoziation üblich ist) auf die formale Unterscheidung der beiden Bedeutungen verzichten will.

Rein anorganische geosynergetische Systeme sind definitionsgemäß keine Ökosysteme. Man sollte dieses bei dem Wortgebrauch beachten, da sonst der grundlegende Unterschied von physikalischen und biotischen Wirkungssystemen, die unterschiedliche Methoden der Forschung erfordern, verwischt würde. SOCHAVA (1971) hat betont, daß als Ökosystem ein Geosystem nur unter einem bestimmten Aspekt begriffen wird. Es werden damit die Biota und alles, was mit diesen in Beziehung steht, herausgehoben. ,,When we speak of an ecosystem, we approach a system *biocentrically"* (SOCHAVA in einem vervielfältigten Manuskript des Symposiums in Irkutsk 1971).

Der Begriff Ökosystem kann aber nicht nur auf natürliche, vom Menschen unbeeinflußte Systeme beschränkt werden. Ob und in welchem Grad der Mensch als wirkender Faktor beteiligt ist, kann oft erst nach einer sehr gründlichen Untersuchung herausgefunden werden. In Kulturlandschaften sind die Ökosysteme zum mindesten teilweise sowohl in ihrem biotischen Charakter als auch in ihrer räumlichen Verbreitung und Anordnung durch Einwirkungen des Menschen mitbestimmt. Die natürlichen Biozönosen und damit auch deren Ökosysteme können durch den Menschen zerstört oder stark verändert sein, und künstlich geschaffene neue Ökosysteme (z. B. Acker, Wiese, Weide, u. ä.) können an ihre Stelle getreten ein. Die Verbreitung der unterschiedlichen Ökosystemtypen ist hier durch menschliche Willensentscheidungen determiniert und ihre Verbreitungsgrenzen müssen daher nicht mit den natürlichen standortsräumlichen Grenzen übereinstimmen, wie das bei den Ökosystemen in Naturlandschaften der Fall ist. Daraus ergibt sich auch die Aufgabe, die Ökosysteme nach dem Grade der menschlichen Beeinflussung typologisch zu gliedern. Die Skala der unterschiedlichen Hemerobiegrade (vgl. Kap. 10.2) ist auch auf Ökosysteme anwendbar.

ELLENBERG (1973) hat einen Versuch vorgelegt, die Ökosysteme nach funktionalen Gesichtspunkten zu klassifizieren. Er unterscheidet innerhalb des globalen Ökosystems Biosphäre zwei Hauptgruppen von Ökosystemen, nämlich:

1. *natürliche oder naturnahe* Ökosysteme, deren Stoffhaushalt in erster Linie von der (aktuellen) Sonnenenergie abhängig ist und

2. *urban-industrielle* Ökosysteme, deren Haushalt in erster Linie von zusätzlichen Energiequellen (fossilen Brennstoffen, Kernenergie) abhängig ist.

Für die zweite Hauptgruppe beschränkt sich ELLENBERG auf diese allgemeine Kennzeichnung und bezeichnet „die Typisierung und Klassifikation von ökologischen Systemen, in denen der Mensch die entscheidende Rolle spielt" als eine zwar dringliche, aber „noch kaum lösbare Aufgabe" (ELLENBERG, 1973, S. 23).

„Im Prinzip ist beispielsweise eine Stadt mit ihren Randbezirken und dem Umland, aus dem sie vorwiegend versorgt wird, durchaus als Ökosystem zu betrachten. Denn die darin lebenden Menschen sind Glieder von Nahrungsnetzen und nehmen an Energieumsätzen wie Stoffkreisläufen teil. Wie ODUM (1971) mit Recht betont, liegt hier namentlich für die mathematische Systemanalyse kein grundsätzlich anderer Fall vor als etwa bei einem Süßwassersee mit seiner Uferzonierung und seinen Zuflüssen oder bei einem Korallenriff. Über formale oder philosophische Ansätze und Analogieschlüsse ist man hier aber noch kaum hinausgekommen. Es wäre eine der reizvollsten und zugleich dringlichsten Aufgaben, die Erforschung der anthropogenen Ökosysteme auf eine solidere Grundlage zu stellen (ELLENBERG, 1973, S. 23).

Für seine erste Hauptgruppe der *natürlichen und naturnahen* Ökosysteme gibt ELLENBERG eine detaillierte Klassifikation an, mit der die Ökosysteme deduktiv „in Typen von abgestufter Wesensähnlichkeit gegliedert werden. Hauptkriterien bei einer solchen Gliederung sind:

a) *vorherrschende Lebensmedien* (Luft, Wasser, Boden) und deren Beschaffenheit,

b) *Biomasse und Produktivität der Primär-Produzenten,* d. h. in der Regel der grünen Pflanzen,

c) *begrenzende Faktoren* für diese Produktivität sowie für die Biomasse und Produktivität der Zersetzer und der übrigen Konsumenten,

d) *regelmäßige Stoffgewinne oder -verluste,* z. B. durch Nährstoffzufuhr oder durch Sedimentation organischer Substanz,

e) *relative Rolle der sekundären Produzenten,* d. h. der Mineralisierer und anderen Zersetzer sowie der Herbivoren, Carnivoren, Parasiten usw.,

f) *Rolle des Menschen* für die Entstehung des Ökosystems und für dessen Energie- und Stoffkreislauf, insbesondere im Hinblick auf zusätzliche Energiequellen (fossile Brennstoffe, Kernenergie)" (ELLENBERG, 1973, S. 235/36).

Zu dem Problem der im Sinne einer Ökologie des Menschen („human ecology") anthropozentrisch aufzufassenden geosynergetischen Systeme (z. B. einer Agrarlandschaft, einer Industrielandschaft oder einer Großstadt), macht ELLENBERG außer den zitierten Bemerkungen keine weiteren Angaben. Hier eine begriffliche und methodische Klärung herbeizuführen, dürfte auch weniger eine Aufgabe des Biologen sein als der Geographie in Verbindung mit den Sozial- und Wirtschaftswissenschaften und den schon im vorhergehenden Abschnitt genannten verschiedenen Arbeitsrichtungen der Ökologie des Menschen.

Daß die Ökologie des Menschen in dem Ökosystem, so wie dieses von den meisten Biologen heute aufgefaßt wird, nicht zur Geltung kommen kann, geht z. B. auch deutlich aus dem „Modell eines vollständigen Ökosystems", wie es ELLENBERG (1973, S. 3) publiziert hat, hervor. Der Mensch findet dort *in* dem Ökosystem nur in dem Kompartiment „übrige Konsumenten" einen Platz und eventuell noch in zwei auf die Stoffproduktion der grünen Pflanzen gerichteten, nicht näher erläuterten Beziehungspfeilen „Einflüsse anderer Art". Alle sonstigen Aktivitäten des Menschen können dagegen in diesem Schema nur in den nicht näher spezifizierten randlichen Außenbedingungen des Ökosystems, dem Input und Output des Stoff- und Energieflusses und der „Einflüsse anderer Art" untergebracht werden (vgl. Abb. 14).

Einen Einstieg in die damit verbundene generelle Problematik finden wir am ehesten über den schon an anderer Stelle behandelten Begriff der *Wirtschaftsformation* oder der als inhalt-

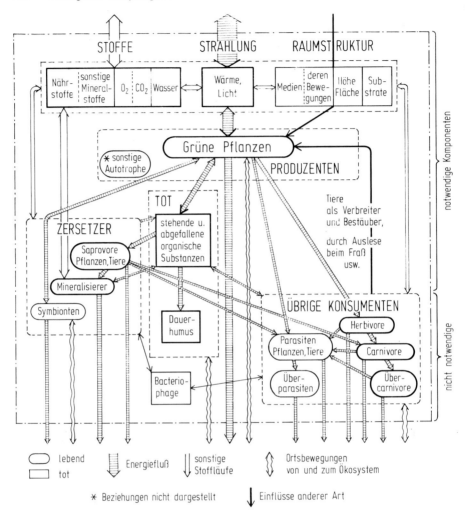

STOFFE   STRAHLUNG   RAUMSTRUKTUR

| Nähr-stoffe | sonstige Mineral-stoffe | O₂ | CO₂ | Wasser | | Wärme, Licht | | Medien | deren Bewe-gungen | Höhe Fläche | Sub-strate |

Grüne Pflanzen

* sonstige Autotrophe

PRODUZENTEN

TOT

ZERSETZER

stehende u. abgefallene organische Substanzen

Tiere als Verbreiter und Bestäuber,

durch Auslese beim Fraß usw.

Saprovore Pflanzen, Tiere

Mineralisierer

Symbionten

Dauer-humus

ÜBRIGE KONSUMENTEN

Herbivore

Parasiten Pflanzen, Tiere

Carnivore

Bacterio-phage

Über-parasiten

Über-carnivore

notwendige Komponenten

nicht notwendige

| ◯ lebend | ⬇ Energiefluß | ⬇ sonstige Stoffläufe | ◇ Ortsbewegungen von und zum Ökosystem |
| ▭ tot | | | |

* Beziehungen nicht dargestellt   ⬇ Einflüsse anderer Art

Abb. 14 Modell eines vollständigen Ökosystems (nach ELLENBERG 1973, S. 3)

liche Erweiterung daraus abzuleitenden „*sozio-ökonomischen Formation*". Diese kann auf der *Betrachtungsebene der Ökologie des Menschen* zum mindesten in einer gewissen Analogie zu dem von den Biologen für die Betrachtung von biozönotischen Einheiten aus Pflanzen und Tieren geschaffenen Begriff des Ökosystems aufgefaßt werden. Es bleibt aber die Frage offen, ob es zweckmäßig ist, dafür ebenfalls den Terminus Ökosystem zu verwenden.

Wenn auch, wie ELLENBERG sagt, „beispielsweise eine Stadt mit ihren Randbezirken und dem Umland... durchaus als Ökosystem zu betrachten" (ELLENBERG, 1973, S. 23) ist, so bestehen doch auf jeden Fall zwischen dieser Art von „Systemen" und den natürlichen oder naturnahen außer der Abhängigkeit von zusätzlichen Energiequellen noch grundsätzlich andere Unterschiede. Diese sind in der verschiedenen Art der Ursächlichkeit der Vorgänge begründet. Denn die Regelung ist in diesen anthropischen Systemen *keine naturgesetzliche Selbstregulierung*. Sie wird vielmehr nach willkürlichen Plänen aufgrund sehr komplexer Motive von den Gesellschaften gesteuert.

Unter dem Aspekt der geosynergetischen Gesamtdynamik ist daher zu erwägen, ob nicht die folgende Einteilung der als räumliche Einheiten abgrenzbaren dynamischen Teilsysteme vorzuziehen ist:

1. Abiotische geosynergetische Systeme, Wirkungsgefüge von ausschließlich anorganischen Komponenten, wie z. B. ein hochalpiner Gletscher oder ein arktischer Strukturbodenkomplex.

2. *Ökosysteme oder Biogeozönosen,* räumliche Wirkungsgefüge aus biotischen und abiotischen Komponenten mit biotisch-naturgesetzlicher Selbstregulierung, wie Wälder, Steppen oder Seen. In diesen sind die menschlichen Einwirkungen als äußere Faktoren aufzufassen, deren Folgen in der Dynamik der Systeme der biotisch-gesetzlichen Regelung unterliegen.

3. *Anthropogeozönosen,* nootisch gesteuerte geosynergetische räumliche Systeme, wie z. B. eine Stadt oder eine agrarische oder industrielle Wirtschaftsformation.

Die zweite Hauptgruppe der Ökosysteme in dem Gliederungsschema von ELLENBERG würde damit entfallen. Ein anthropisches Geosystem ,,wie beispielsweise eine Stadt mit ihren Randbezirken und dem Umland" (ELLENBERG, 1973, S. 23) als ein auf die menschliche Gesellschaft bezogenes und von ihr gesteuertes funktionales System kann in seiner Gesamtheit nicht als Ökosystem erfaßt werden, da es als Ganzes nicht der biotisch-naturgesetzlichen Selbstregulierung unterliegt. Als räumliche Bestandteile und funktionale Komponenten können zwar in der Anthropogeozönose Ökosysteme (wie z. B. Wälder, Wiesen, Teiche, Ruderalplätze usw.) enthalten sein. Studieren wir diese unter dem Aspekt der biotischen Gesetzlichkeit der Vorgänge, so sind das Untersuchungen zur Ökologie der Wälder, Wiesen und Ruderalgesellschaften, jedoch nicht zur Ökologie des Menschen. Unter diesem Aspekt muß das Gesamtsystem anthropozentrisch, d. h. als nootischer Regelung unterworfene Anthropogeozönose aufgefaßt werden.

Auch bei der allein auf den Stoff- und Energieumsatz der Geosysteme eingeschränkten Betrachtung, die heute oft als die ,,Ökologie der Landschaft" bezeichnet wird, findet nur ein einseitiger Teilaspekt der Wirklichkeit Berücksichtigung. Denn der Mensch wird dabei nur als Randbedingung eines materiellen Funktionssystems und nicht als aktiver Gestalter des auf ihn selbst gerichteten Funktionsgefüges seiner Umwelt gesehen.

Auf das Problem der Anthropogeozönose werden wir in dem Abschnitt über Mensch und Umwelt noch zurückkommen.

Die Ökosystemforschung ist naturwissenschaftlich ausgerichtet. Sie untersucht die materiellen und energetischen funktionalen Systeme, die sich aus den Wirkungsbeziehungen der Lebensgemeinschaften zu ihrer standörtlichen Umwelt ergeben. Sie kann dabei Einheiten der verschiedensten Dimensionen betrachten, u. a. auch solche, deren räumliche Ausdehnung weit unter der Größenordnung der Geobiozönosen liegt. Sie bedarf der engen Zusammenarbeit vieler naturwissenschaftlicher Disziplinen, muß aber wohl nach ihrem Hauptziel, die Vorgänge, die mit dem Leben verbunden sind, zu erforschen, als ein Teil der allgemeinen Biologie angesehen werden. Eine kritische Übersicht über die Ziele und den derzeitigen Stand der Ökosystemforschung aus der Sicht der Biologen hat ELLENBERG (1973, Einführung S. 1–31) gegeben, auf die hier verwiesen werden kann.

In den Ökosystemen ist der Assimilationsprozeß der Pflanzen die Grundlage für die Umwandlung der von der Sonne eingestrahlten Energie in nutzbare chemische Energie. Alles
Leben auf der Erde ist von diesen Vorgängen abhängig. Regelungsmechanismen, die oft in
Abhängigkeitsbeziehungen zu der Artenmannigfaltigkeit der Biozönosen stehen, befähigen
die Ökosysteme, ihre Struktur aufrechtzuerhalten oder sie nach Störungen bis zu einem gewissen Grade wiederherzustellen. Die Analyse der einzelnen Ökosysteme muß sich deshalb
auf deren gesamte strukturelle Organisation, auf die Artenzusammensetzung und deren
räumliche Ordnung und ihre wechselseitigen Wirkungsbeziehungen, und insbesondere auf
die organische Primärproduktion und den gesamten Stoff- und Energiehaushalt richten.
Von besonderer Bedeutung sind in diesem Zusammenhang Forschungen über den Einfluß
äußerer Einwirkungen auf die Ökosysteme, mit vergleichenden Untersuchungen über die
Strukturen und Funktionen verschiedener Ökosysteme unter ähnlichen Standortsbedin-
gungen, und über Ökosysteme, die in unterschiedlicher Art oder in verschiedenem Grade
vom Menschen beeinflußt werden. Eine für die praktische Anwendung besonders wichtige
Aufgabe ist es dabei, Indikatoren herauszufinden, mit deren Hilfe die Folgen der durch
menschliches Wirken hervorgerufenen Veränderungen erkannt und nach Möglichkeit gemessen oder wenigstens in ihrer Bedeutung abgeschätzt werden können.

Die Erforschung der Stoffproduktion und des Stoff- und Energieumsatzes in Ökosystemen ist in
jüngster Zeit sehr gefördert worden. Untersuchungen in allen Erdteilen werden z. T. im Rahmen internationaler Forschungsprogramme (Internationales Biologisches Programm, ,,Man and Biosphere"-
Programm u. a.) durchgeführt. Trotzdem sind bis jetzt die Kenntnisse noch sehr begrenzt, und insbesondere die Vorstellungen über den nach Ökosystemen gegliederten Energieumsatz in der Geosphäre
beruhen noch vorwiegend auf sehr rohen Schätzungen.

Als ein Beispiel quantitativer Untersuchung eines Ökosystems erwähnen wir hier die von
FITTKAU, KLINGE und Mitarbeitern 1971 mit einem großen Arbeitsaufwand bei Manaus in
einem Bestand des zentralamazonischen Regenwaldes durchgeführte Biomassen-Analyse.
Diese ist deshalb bemerkenswert, weil dabei auch besonderes Gewicht darauf gelegt worden
ist, den Anteil der verschiedenen Tiergruppen getrennt zu erfassen. Für die Untersuchung
wurde ein Stück des Urwaldes in der Größe von 0,25 ha abgeholzt. Die Bestandteile wurden
sortiert und verwogen und die dabei gewonnenen Ergebnisse teilweise durch Schätzungen
ergänzt.

Pro Hektar berechnet, wurde die oberirdische pflanzliche Biomasse mit ca. 1000 t Frischmasse ermittelt (davon 94,2 % von Bäumen und Palmen, 5,8 % von Lianen und der Rest vorwiegend von Epiphy-
ten). Das tote Pflanzenmaterial wurde auf ca. 100 t, und die Wurzelmasse auf ca. 200 t veranschlagt.
Unter den Pflanzen von mehr als 1,5 m Höhe dominierten in dem Bestand Leguminosen, Sapotaceen,
Lauraceen, Chrysobalanaceen, Rubiaceen, Burseraceen, Annonaceen, Lecythidaceen, Moraceen, Palmen und Violaceen mit 63 % aller Arten und 79 % aller Individuen.
Die Gesamtbiomasse der in dem Bestand lebenden Tiere betrug nur etwa 0,2 t/ha, und zwar aufge-
schlüsselt nach den verschiedenen Tiergruppen: 84 kg Makro- und Meso-Bodenfauna; dazu noch etwa
95 kg Insekten, 3,3 kg Spinnen und Skorpione, 0,08 kg Gastropoden, 10,5 kg Oligochaeten, 1,5 kg
Amphibien, 2,4 kg Reptilien, 1,4 kg Vögel und 8,5 kg Säuger. 42 % der tierischen Biomasse entfällt auf
die Bodenfauna. Nach dem Nahrungsmaterial der Tiere aufgegliedert, stammen 48 % der tierischen
Biomasse von Streu (Litter), 24 % von tierischer Nahrung, 19 % von Holz, 7 % von lebendem Pflanzenmaterial (außer Holz) und 2 % von gemischter Nahrung aus Pflanzen und Tieren.
Der Bestand an tierischer Biomasse baut sich demnach (im Gegensatz zu den tropischen Gras-
land-Ökosystemen) vor allem auf der von Pilzen besiedelten und z. T. verarbeiteten toten Pflanzensub-
stanz auf, während lebende Pflanzenmasse als Nahrung nur eine viel geringere Bedeutung hat. Der jähr-
liche Anfall von Pflanzenstreu in diesem Wald beträgt nach Messungen von KLINGE und RODRIGUES

7,3 t Trockenmasse pro Hektar (davon 76,6 % Blätter und etwa 2 t Äste und 1 t Stamm-
holz). Damit werden dem Boden jährlich 2,2 kg P, 12,7 kg K, 5 kg Na, 18,4 kg Ca und
11,9 kg Mg entzogen. Der größte Teil der Streu wird in wenigen Wochen mineralisiert, und zwar vor allem durch Pilze, deren Hyphen in großer Menge in den Därmen der Bodentiere festgestellt werden können.

Die Ergebnisse einer derartigen arbeitsaufwendigen Untersuchung geben zunächst nur
Aufschluß über die Verhältnisse in einem einzigen lokalen Waldbestand. Aussagen von allgemeinem Wert können daraus nur abgeleitet werden, wenn der Geltungsbereich der Ergebnisse aufgrund der Einordnung des Einzelbestandes in einen Typus, dessen Verbreitung
kartiert werden kann, erfaßt wird.

11.3 Mensch und Umwelt

Die Frage nach der Umwelt des Menschen ist so alt wie die Wissenschaft selbst. Schon die alten Mileter
und HERODOT (ca. 484 – nach 430 v. Chr.), HIPPOKRATES (460 – ca. 377 v. Chr.), ARISTOTELES, THEO-
PHRAST (371 – 287 v. Chr.) und viele andere bis zu STRABO (ca. 63 v. – 23. n. Chr.) um die Wende der
Zeitrechnung, sie alle versuchten, Umwelt des Menschen zu begreifen, wenn auch mit verschiedenen
Methoden der theoretischen Spekulation und der empirischen Deskription. Im Pragmatismus des Rö-
merreiches erstarb das Ringen um die Methoden, und nach der Ausbreitung der christlichen Lehre war
dafür im abendländischen Bereich über lange Zeit kein Bedarf mehr vorhanden. Erst nach mehr als einem Jahrtausend (etwa im 13. Jh.) fing man wieder an, sich mit zunehmender Intensität und Wissenschaftlichkeit mit der wahrnehmbaren realen Welt, in der wir leben, zu beschäftigen. Wiederum tat man
es mit verschiedenen Methoden, teilweise mit den gleichen wie im Altertum, mit philosophischer Spekulation und mit kosmographischer, historischer und naturwissenschaftlicher Deskription, darüber
hinaus aber dann auch auf neuen Wegen der Forschung, die als Wahrheitskriterium die mathematische
Voraussagbarkeit und als Erfahrungsquelle das Experiment benutzten, wie KOPERNIKUS (1473–1543),
GALILEI (1564–1642) und NEWTON, um nur je einen aus den für die Begründung der exakten Naturwissenschaften entscheidenden drei Jahrhunderten zu nennen.

A. von HUMBOLDT und RITTER haben, jeder auf seine Art, die Ergebnisse der vorausgegangenen Forschungen zusammenzufassen versucht. Seitdem hat sich eine wachsende Zahl von wissenschaftlichen
Disziplinen mit vielen Einzelproblemen der Umwelt des Menschen befaßt. Aber der Blick auf den großen Zusammenhang ging bis zum Ende des vorigen Jahrhunderts weitgehend verloren. Bezeichnend dafür ist die Tatsache, daß das 1877 erschienene Buch von GEORGE PERKINS MARSH (1801–1881), in dem
erstmals intensiv auf die Gefahren der durch den Menschen bewirkten Landschaftsschäden hingewiesen
wurde, kaum zur Kenntnis genommen wurde und für fast ein Jahrhundert in Vergessenheit geriet. Auch
die zahlreichen Anregungen aus der Biologie wurden von der Geographie, der von ihrer landeskundlichen Aufgabe her das Problem Mensch und Umwelt noch am nächsten lag, nur zögernd aufgenommen.
Erste Ansätze, etwa bei RATZEL, der 1901 einen Aufsatz „Der Lebensraum" veröffentlichte, blieben
vorübergehend in der deterministischen Auffassung stecken. RATZEL selbst hatte diese in seinem Aufsatz scharf formuliert mit dem Satz „Alles irdische Dasein ruht auf einerlei Gesetz" (RATZEL, 1901,
S. 101).

Einen konkreten Ansatz im Sinne der heutigen Umweltforschung sehen wir bei
A. PENCK, der sich mit der Tragfähigkeit der Erde auf Grund des biotischen Produktions-
potentials in verschiedenen Naturraumzonen beschäftigte und diese Problematik erstmals
auf der Grundlage allgemeiner Schätzungen wissenschaftlich behandelte.

Zu einer klaren Auffassung der Probleme der Umwelt des Menschen bedurfte es noch einer besseren Einsicht in die unterschiedliche Gesetzlichkeit des Wirkens der drei Hauptseinsbereiche und in deren Zusammenspiel in der Wirklichkeit der geosphärischen Systeme.
Diese Erkenntnisse, die zu unserer synergetischen Auffassung der landschaftlichen Systeme

geführt haben, wurden von Geographen und Ökologen in der ersten Hälfte des Jahrhunderts schrittweise gewonnen. Wesentliche Beiträge dazu verdanken wir, um nur wenige Namen nicht mehr lebender Autoren in der Reihenfolge ihrer Geburtsdaten zu nennen, den Geographen VIDAL DE LA BLACHE, ALBRECHT PENCK, HETTNER, GRADMANN, KARL SAPPER, SIEGFRIED PASSARGE, JEAN BRUNHES, KREBS, LAUTENSACH, WAIBEL und den Ökologen JAKOB VON UEXKÜLL, KARL ESCHERISCH, KARL FRIEDERICHS und AUGUST THIENEMANN. Aus der Zusammenfassung der Anregungen dieser und anderer Autoren war vor der Mitte des Jahrhunderts die synergetische Auffassung der Geosphäre und ihrer Bestandteile entstanden mit der Landschaftslehre, wie sie seitdem von vielen Autoren aufgefaßt wird. Von anderen wurde sie nicht gebilligt und oft bekämpft. Es bedurfte noch des Schocks durch die der Weltöffentlichkeit bewußt werdende Umweltgefährdung, um hier eine Wandlung der Auffassung anzubahnen.

Jetzt sind es vor allem die Praktiker der Raumforschung, Raumordnung, Landesplanung und Landschaftspflege, die unsere Landschaftslehre anwenden und eine vertiefte Forschung auf diesem Gebiet verlangen und damit vielen Geographen erst die Augen öffnen für die Bedeutung des Instruments, das sie seit Jahrzehnten besitzen, aber bisher zum Teil noch zu wenig benutzt haben. Als Vertreter der Landespflege hat WOLFGANG HABER bei dem internationalen Kolloquium der Deutschen UNESCO-Kommission über Probleme der Nutzung und Erhaltung der Biosphäre 1968 in Berchtesgaden darauf hingewiesen, daß die Fehlentwicklungen im Umgang mit dem Naturpotential der Landschaftsräume sich zumeist zwanglos darauf zurückführen lassen, ,,daß kaum jemals der gesamte Lebensraum, sondern immer nur jeweils interessierende Ausschnitte daraus ohne Zusammenhang mit dem Ganzen und Unteilbaren, entwickelt und gestaltet worden sind" (1969, S. 44). Auch BUCHWALD und LANGER haben aus der gleichen Sicht eine Intensivierung der ökologischen Landschaftsforschung gefordert. Sie betonen dabei die Notwendigkeit, sowohl die naturräumliche Gliederung als auch die räumliche Gliederung der menschlich bedingten Ökotope zu erfassen (BUCHWALD und LANGER, 1969, S. 36–43).

In der gegenwärtigen ,,*Umweltforschung*" meint man mit Umwelt des Menschen nicht die subjektive Vorstellungswelt im Sinne UEXKÜLLs, aber auch nicht die gesamte wahrnehmbare Außenwelt, sondern von dieser nur das, was für das Leben der Menschen wirksam ist und damit zu ihren Lebensbedingungen gehört. Da die Menschheit gesellschaftlich strukturiert ist und in dieser Gliederung lebt, denkt, handelt, und auch mit den Rückwirkungen ihres Handelns fertigwerden muß, wenn sie überleben will, können wir auch sagen: Die *Umwelt der Menschheit* ist die Gesamtheit der gesellschaftsrelevanten Strukturen des geosphärischen Wirkungssystems. Diese sind ihrerseits die Folge historischer Ursachen, nämlich der im Verlauf des geosphärischen Prozesses entstandenen Inhomogenität der Seinsbereiche (vgl. 4.3).

,,At a certain stage of evolution, conditions were created that led to the formation of human society, and the system began to be transformed into the environment for social development. The process of transformation of the geographical sphere into the sphere of social development has preceeded over thousands of years. It is still continuing to this day. At first the environment occupied only a few small oases on the earth's surface. As society evolved, the environment expanded, and today it would be hard to name any major portions of the earth's land or water areas that are not at all being used in the interests of mankind.

In the broad sense and in indirect form, the earth's entire geographical shell may be viewed as the geographical environment of human society. But there are still differences between those segments of the geosphere where the elements of nature have been heavily drawn into the production process and those segments where they have remained virtually untouched or have been drawn into the process of production in rare exceptions. The spatial complexes of the geosphere evidently need to be differentiated in terms of the degree of human use. And once we accept the fundamental unity of the geographical sphere and the environment, we need to distinguish those segments of the geographical sphere in which the evolution of human society directly occurs. If we adopt such an approach, we cannot evidently, for the time being, view the bottom of the oceans as part of the geographical environment. But potentially the entire geosphere can and must be viewed as the geographical environment. The most significant difference is that the geographical sphere is an absolute concept while the geographical environment is a relative concept, which has no meaning outside of (or without) the existence of human society." (ANUCHIN 1972).

Die Deutsche Forschungsgemeinschaft definiert für den Gebrauch in ihrem eigenen Bereich Umweltforschung als ,,diejenige Forschung, die sich mit den Lebensbedingungen des Menschen und deren Veränderungen durch menschliche Eingriffe befaßt" (DFG-Mitteilungen 2/74, S. 5 und 2/73, S. 8–10).

Anthropozentrisch, d. h. unter Heraushebung des Strukturbestandteiles Menschheit oder Gesellschaft als Subjekt, kann man das reale geosphärische Wirkungssystem in zwei Teilsysteme zerlegen. Damit wird die Möglichkeit geschaffen, die Wirkungsbeziehungen zwischen diesen beiden Teilsystemen, nämlich der gesellschaftlich strukturierten Menschheit auf der einen und deren realer Umwelt auf der anderen Seite zu untersuchen. Als *Umwelt* werden damit die für das Leben der Menschheit relevanten Strukturen und Vorgänge zusammengefaßt, während alle übrigen Eigenschaften der geosphärischen Systeme außer Betracht bleiben.

Diese Betrachtungsweise nach zwei einander gegenüberzustellenden Teilsystemen Mensch und Umwelt ist für alle Dimensionsstufen der gesellschaftlichen Gliederung möglich, nicht nur für die Gesamtmenschheit, sondern auch für die einzelnen regionalen Gesellschaften verschiedener Größenordnung bis hinab zu kleinsten gesellschaftlichen Gruppen. Der konkrete Inhalt dessen, was als Umwelt zu erfassen ist, wird dabei relativiert. Denn von den Strukturen der Umwelt der Menschheit ist für eine bestimmte gesellschaftliche Gruppe nur noch ein Teil unmittelbar relevant. Andererseits bildet die Menschheit selbst einen Teil der Umwelt jeder regionalen Gesellschaft, und zu der Umwelt jeder Gruppe gehören auch die Strukturen der Gesellschaft, in der die Gruppe lebt *(soziale Umwelt)*.

Daraus ergibt sich eine Menge von noch zu lösenden methodischen Aufgaben, die das Gesamtproblem Mensch und Umwelt schwieriger machen, als es auf den ersten Blick erscheinen mag. Die Art der Schwierigkeiten ist in den einzelnen Dimensionsstufen unterschiedlich. Infolgedessen hat die Forschung z. T. von ganz verschiedenen Aspekten aus angesetzt und ist noch nicht zu einem einheitlichen methodischen Betrachtungssystem vorgedrungen. Hier macht sich insbesondere der Mangel an interdisziplinärer Verständigung deutlich bemerkbar. Denn es geht dabei um eine Problematik, die eine begriffliche und terminologische Abstimmung zwischen Sozialwissenschaften, Naturwissenschaften und Geographie erforderlich macht.

Umwelt bezogen auf den Menschen ist keine Kategorie, die nur mit naturwissenschaftlichen Methoden zu erforschen ist, da die Umweltbeziehungen des Menschen nicht wie die der Pflanzen und Tiere allein auf naturgesetzliche Vorgänge zurückgeführt werden können.

,,The geographical environment cannot be investigated from the point of view of any science that limits its object of study to the sphere of action of a particular set of laws. The essence of the geographical environment, its specific character, lies not so much in the operation of particular laws in the evolution of matter, as in the interplay of different kinds of laws. Investigation of the environment thus requires that we focus attention on the concrete manifestations of the man-nature interplay and that we carry on our research athwart the boundaries between sciences (the physical-chemical, biological and social sciences). That is the kind of investigation that geography engages in" (ANUCHIN, 1972).

Die Art und die Intensität der menschlichen Wirkungen in geosynergetischen Systemen hängt von verschiedenen strukturellen Ursachen ab, wie z. B. den unterschiedlichen sozio-ökonomischen Lebensformen, der Bevölkerungsstruktur und -dichte, den verschiedenen Techniken der Nutzungssysteme und vielen anderen speziellen räumlichen Relationen, wie z. B. dem Bedarf städtischer Siedlungskomplexe an leicht erreichbaren Naherholungsgebieten. Daher müssen vor allem auch die Wechselbeziehungen zwischen benachbarten regionalen Einheiten untersucht werden.

Manche Auswirkungen der Aktivität der Menschen auf die Umwelt sind direkt wahrnehmbar und zum Teil auch instrumentell meßbar. Das gilt z. B. für stoffliche Veränderungen der Luft, die durch den Rauch von Fabrikschornsteinen, Hauskaminen oder Motorfahrzeugen entstehen, der schädliche Gase (z. B. SO_2) oder Schwermetall (z. B. Blei) enthält. Derartige Luftverunreinigungen können zum mindestens teilweise entweder am Ort ihres Austritts in die Luft als ,,Emission" oder im Bereich ihrer Auswirkung als ,,Immission" durch Messung der lokalen Immissionskonzentration oder als Ausbreitungsvorgang des Immissionsstromes quantitativ erfaßt werden. Zu diesem Zweck sind in vielen Industriestaaten spezielle Meßstellennetze eingerichtet worden (Immissionskataster). Mit deren Hilfe wird die Ausbreitung oder die lokale Anreicherung von Schadstoffen teils direkt durch chemische Analysen, teils indirekt durch die Feststellung der Wirkung auf lebende oder tote Indikator-Objekte ermittelt wie z. B. über die Absterberate von Flechtenexsikaten oder über die Korrosionsrate von exponierten Metallplatten.

Solche Messungen oder quantitative Schätzungen bekommen aber erst dann einen praktischen Sinn, wenn zugleich entsprechende Parameter für die Bedeutung der Immissionsgrade gefunden werden können. Das heißt, sie müssen in Relation gesetzt werden zu bestimmten Wirkungszusammenhängen in der menschlichen Umwelt, wie z. B. schädlichen Veränderungen von Lebensgemeinschaften, Böden, Gewässern, pflanzlichen oder tierischen Nahrungsmitteln usw.

Mit Hilfe der ökologischen Forschung kann die Art und die Stärke der durch menschliches Wirken hervorgerufenen Umweltveränderungen zum Teil aus der planmäßigen Beobachtung der Auswirkungen auf die in der Landschaft lebenden Organismen abgelesen werden. Als solche lebende Anzeiger (*Bioindikatoren*) können bestimmte einzelne Pflanzen- oder Tierarten oder ganze Lebensgemeinschaften verwendet werden. Auch funktionale Veränderungen des gesamten Ökosystems (z. B. die Bildung bestimmter Humusformen) können in ähnlicher Weise als Indikatoren dienen.

Ein seit langem bekanntes Beispiel für die Bioindikatormethode ist die Empfindlichkeitsskala der mitteleuropäischen Baumarten gegen Rauchschäden, die schon seit dem Anfang des Jahrhunderts (WIELER, STOCKLASA) vor allem im Umkreis von Blei-, Zink- und Silberhütten studiert worden ist. Eine ebenfalls schon seit Jahrzehnten planmäßig entwickelte und heute allgemein übliche Untersuchungsmethode ist die Verwendung von Flechten als Bioindikatoren bei der sogenannten ,,Flechtenkartierung" in Großstädten. Damit können die verschiedenen Grade der Luftverschmutzung in ihrer räumlichen Verbreitung erfaßt werden. Ursprünglich war diese Methode auf der Beobachtung des spontanen Vorkommens von

Flechten bzw. ihres Fehlens begründet. Jetzt werden dabei Flechtenexsikate in regelmäßiger Verteilung an Beobachtungsstationen exponiert, so daß die Absterberate in quantitativer Abstufung ermittelt werden kann. Parallel dazu ermittelt man durch Begasungsexperimente im Laboratorium die Reaktionen der Flechten auf bestimmte Arten und Mengen von Schadstoffen; damit werden die Flechtenexsikate als Bioindikatoren geeicht und ermöglichen sehr spezifische Aussagen über die lokale Schadstoffkonzentration und über die Immissionsströme.

Die Gewässerforschung benutzt Bioindikatoren ebenfalls schon seit langem zur Feststellung des Belastungsgrades durch Verschmutzung (Saprobiensystem).

In allen diesen Fällen handelt es sich um die Untersuchung von Ökosystemen oder von bestimmten einzelnen darauf einwirkenden Faktoren oder Faktorengruppen, die als solche Bestandteile der menschlichen Umwelt sein können und z. T. über deren Qualität gewisse Aussagen ermöglichen. Ökologisch betrachtet werden dabei Biozönosen oder bestimmte Gruppen von Pflanzen oder Tieren, die als Bioindikatoren, d. h. als Anzeiger für bestimmte Zustände oder Vorgänge in der materiellen Umwelt Verwendung finden. Auf die ,,Ökologie des Menschen", d. h. auf dessen Verhalten zu seiner eigenen Umwelt kann dabei nur insofern Bezug genommen werden, als mit Hilfe der Bioindikatoren Faktoren getestet werden, die unmittelbar für die rein physische Existenz und Gesundheit des Menschen von Bedeutung sind. Alle übrigen Probleme der ,,human ecology", d. h. der gesamte Komplex der Probleme, wie die Menschen mit ihrer realen Umwelt umgehen und diese für sich nutzbar machen, bleiben dabei unberücksichtigt.

Abb. 15 Modell der Analyse nach den Teilsystemen ,,Mensch" und ,,Umwelt"

Umweltforschung in dem oben definierten Sinne anthropozentrisch aufgefaßt, erfordert eine systemanalytische Betrachtung, bei der die Verhaltensweise der Gesellschaften und die auf deren Lebensweise ausgerichteten Wirkungsbeziehungen im Mittelpunkt stehen müssen. Das heißt, es ist notwendig, in den geosynergetischen Systemen der verschiedenen Dimensionsstufen jeweils das Teilsystem Mensch oder wirkende Gesellschaft zu isolieren und in seinen Relationen zu den übrigen Systemteilen zu betrachten. Als Systemelemente sind dabei einerseits die Strukturen der wirkenden Gesellschaft und andererseits der für diese Gesellschaft relevante Teil der geosphärischen Struktur zu erfassen, d. h. die realen anorganischen, biotischen and anthropogenen materiellen Bestandteile des betreffenden Lebensraums, und als Randbedingungen auch die von außen her zu diesem Erdraum bestehenden Wirkungsbeziehungen. Aus dem Wirken der Gesellschaft und den Gegenwirkungen der Umwelt (in dem eben gekennzeichneten weiten Sinne) resultieren die realen Vorgänge in dem zu analysierenden System, und daraus das Systemverhalten, d. h. dessen Dynamik, die ihrerseits zu Veränderungen der Systemelemente führt (vgl. Abb. 15).

Bei dieser Art von Umweltforschung, die auf die Gesamtbeziehung von Mensch und Umwelt zielt, handelt es sich nur noch zu einem (früher schon charakterisierten) Teil um ökologische Probleme im Sinne der Biologie, nämlich soweit der Mensch mit seinen vitalen körperlichen Funktionen biotischer Gesetzlichkeit unterliegt, und soweit er mit Biota wirtschaftet oder auf andere Weise in die Lebensbedingungen von Pflanzen und Tieren oder der gesamten Biosphäre eingreift.

11.4   Der Mensch und die Biosphäre

In der Zeit überwiegend bodengebundener Wirtschaft, und auch noch in der frühindustriellen Stufe konnten Stoff- und Energieaustausch zwischen den Erdräumen noch mehr oder weniger nur als Randbedingungen der landschaftlichen Wirkungssysteme aufgefaßt werden. Planung des menschlichen Wirkens und seiner räumlichen Ordnung gab es nur unter Aspekten der regionalen Dimension. Folgen für andere Teile der Erde wurden nur in Betracht gezogen, wenn sie als Rückwirkungen im regionalen Bereich unmittelbar spürbar wurden.

Das Problem der globalen Folgen der Eingriffe des Menschen in die landschaftlichen Wirkungssysteme ist erst in jüngster Zeit in das allgemeine Bewußtsein gerückt. Man weiß jetzt, daß die vom Menschen geschaffenen materiellen Interdependenzen zwischen den Landschaftsräumen dazu zwingen, auch nach naturgegebenen Grenzen der weiteren Entwicklungsmöglichkeiten zu fragen. Im Vordergrund steht dabei schon seit Beginn des Jahrhunderts die Frage nach der ,,Tragfähigkeit der Erde'', nach den Grenzen der Ernährungsmöglichkeit der wachsenden Erdbevölkerung. Erst seit allerjüngster Zeit wird auch die Frage beachtet, welche Folgen die Gesamtheit aller vom Menschen geschaffenen landschaftlichen Veränderungen auf lange Sicht für das Leben auf der Erde haben kann.

Mit seiner Fähigkeit, in der geosphärischen Realität neue Wirkungszusammenhänge zu begründen, hat der Mensch in vielen Landschaften die natürlichen Ökosysteme größtenteils zerstört, die biotische Stoffproduktion verändert und einen Teil der ursprünglichen Lebewelt zum Aussterben gebracht. Er hat damit nicht nur in die Evolution des Lebens eingegriffen, sondern auch den Stoff- und Energiehaushalt der Gesamtgeosphäre verändert. Welche Folgen das auch für den Menschen selbst haben kann, ist noch nicht abzusehen. Die Erforschung dieser Fragen hat erst begonnen. Sie erfordert interdisziplinäre und internationale Zusammenarbeit und bedarf einer verstärkten Förderung, wenn sie mit ihren Ergebnissen nicht zu spät kommen soll. Die Vernunft gibt dem Menschen die Macht seines Wirkens, aber auch die Verantwortung, die möglichen Folgen vorauszudenken und die Grundlagen seines Lebens nicht selbst zu zerstören.

„Die Existenz begrenzender Bedingungen für das irdische Leben" (KLAUS SCHOLDER, DFG-Mitteilungen 2/74, S. 3) ist mit der weltweiten Aufnahme des Umwelt-Begriffs in den letzten Jahren stärker in das allgemeine Bewußtsein der Menschheit gerückt als jemals zuvor. Zugleich ist damit die Einsicht gewachsen, daß es dabei „nicht nur um eine Summe von Einzelproblemen geht, . . . daß keine der das irdische Leben begrenzenden Bedingungen für sich genommen werden kann, sondern daß jede dieser Bedingungen mit allen anderen zusammenhängt". „Auch in manchen Bereichen der Forschung hat der Begriff Umwelt eine ähnliche verändernde Funktion ausgeübt. Eine Reihe von Projekten mit bisher scheinbar partieller Zwecksetzung ist durch die Einführung des Begriffs einem großen Ganzen zugeordnet worden. Bei gleichem Gegenstand haben sich dabei Forschungsmethoden und Forschungszwecke gewandelt" (ebd. S. 3).

Damit hat auch die Einsicht an Boden gewonnen, daß Umweltprobleme nicht von der ökologischen Forschung allein gelöst werden können. Denn es geht dabei ja nicht nur um biotisch-gesetzlich ablaufende Prozesse, sondern vor allem auch um die rational gesteuerten Wirkpläne, die das Verhalten der Gesellschaften zu ihrer Umwelt bestimmen. Daher ist hier geosynergetische Forschung im umfassendsten Sinne erforderlich, wobei der Umgang mit der Umwelt vor allem auch in seinen Motivierungen und mit seinen spezifisch anthropischen Regelungsformen erfaßt werden muß. Denn wenn aus den Erkenntnissen über umweltschädigende Wirkungen der menschlichen Tätigkeit praktische Konsequenzen für das weitere Verhalten der Menschheit gezogen werden sollen – und das ist schließlich das allgemein anerkannte anzustrebende Ziel – dann müssen nicht nur die praktischen Möglichkeiten eines vernünftigen Umgangs mit der Umwelt (Optimierungsmodelle) aufgezeigt, sondern auch die möglichen Wege ihrer Realisierung durch Änderungen des gesellschaftlichen Verhaltens gefunden werden. Die Voraussetzungen für diese Art von Anpassung der Gesellschaften an die Bedingungen der Umwelt wissenschaftlich zu klären, ist zweifellos eine Aufgabe der Sozialwissenschaften. Sie ist nur aus der übergeordneten Sicht der Geosynergetik zu lösen, keineswegs allein von der Ökologie, die als naturwissenschaftliche Disziplin nur einen bestimmten Teilaspekt der anthropogenen geosphärischen Vorgänge zu erfassen vermag.

Diese heute offensichtliche Tatsache ist durch die Verwendung des Begriffs „human ecology" (seit BARROWS 1923) oft verdunkelt worden. Für die von der Vernunft gesteuerte Anpassung des Menschen an die Bedingungen der Umwelt sollte man deshalb diese Bezeichnung besser nicht mehr benutzen.

Wegen der Bedeutung und der großen Dringlichkeit dieser Aufgaben vor allem auf großräumiger und globaler Ebene hat seit 1971 die UNESCO die Initiative ergriffen zu dem „langfristigen internationalen und interdisziplinären Programm über »Mensch und Biosphäre«" (MAB). Dieses Forschungsprogramm zielt darauf, die Strukturen und die Vorgänge in der Geosphäre und in deren ökologisch unterschiedlichen Regionen zu untersuchen und die durch den Menschen bewirkten Veränderungen der Lebensgrundlagen und ihre Auswirkungen zu erforschen und zugleich auch das allgemeine Verantwortungsbewußtsein der Menschheit für diese Vorgänge zu erwecken und zu fördern.

Der erste Bericht des Internationalen Koordinationsrates für das MAB-Programm hat insbesondere die Notwendigkeit einer ökologischen Erforschung der Wechselbeziehungen zwischen Mensch und Umwelt betont. Die Untersuchungen im Rahmen des Programms sollen sich nicht mit Fragen von nur lokalem Interesse, sondern hauptsächlich mit Problemen der Großräume der Erde und solchen von globaler Bedeutung befassen. Die Ozeane wurden in das Programm nicht aufgenommen, weil es in Verbindung mit der Internationalen Ozeanographischen Kommission (IOC) schon ein internationales Meeresforschungsprogramm gibt. Auch Untersuchungen mit rein pragmatischen Zielen für Landwirtschaft, Industrie und Gesundheitswesen wurden ausgeschlossen sowie ebenfalls Fragen der praktischen Handhabung des Umweltschutzes und der städtischen und ländlichen Siedlungsentwicklung.

Das *MAB-Programm* zielt in erster Linie auf geosynergetische Forschung in der globalen Dimension. Es richtet sich daher auch ausdrücklich nicht nur an die Naturwissenschaften, wie das bei dem vorher angelaufenen Internationalen Biologischen Programm (IBP) der Fall gewesen war, das vor allem die Ökosystemforschung gefördert hatte, sondern ebenso an die Sozialwissenschaften. Auf beiden Seiten sollen wissenschaftliche Grundlagen angeregt und erarbeitet werden, um die Folgen des menschlichen Wirkens besser zu erkennen und einen vernünftigen und pfleglichen Umgang der Menschheit mit ihrer Umwelt zu ermöglichen.

Den teilnehmenden Nationen wurden *13 Projekte als Rahmenthemen* zur Wahl gestellt, die teilweise regional nach großen naturräumlichen Einheiten, teilweise nach speziellen Sachthemen definiert sind.

1. Ökologische Folgen der zunehmenden menschlichen Einwirkungen auf tropische und subtropische Wald-Ökosysteme.

2. Ökologische Folgen verschiedener Landnutzungs- und Bewirtschaftungsarten auf temperierte und mediterrane Waldlandschaften.

3. Menschlicher Einfluß und Landnutzungsformen in Weidewirtschaftsgebieten: Savannen, Grasländer (temperierter bis arider Gebiete), Tundren.

4. Wirkungen des Menschen auf die Dynamik von Ökosystemen in ariden und semiariden Zonen mit besonderer Berücksichtigung der Folgen künstlicher Bewässerung.

5. Ökologische Auswirkungen menschlicher Tätigkeit auf Qualität und Bestand von Seen, Sümpfen, Flüssen, Deltas, Ästuare und Küstenzonen.

6. Auswirkungen menschlicher Aktivität auf Gebirgs- und Tundra-Ökosysteme.

7. Ökologie und rationelle Nutzung von Inselökosystemen.

8. Erhaltung (conservation) von Naturgebieten und des in ihnen enthaltenen Gen-Bestandes.

9. Ökologische Auswirkungen der Schädlingsbekämpfung und der Düngung auf terrestrische und aquatische Ökosysteme.

10. Einfluß großer technischer Anlagen auf den Menschen und seine Umwelt.

11. Ökologische Wirkungen der Energienutzung in städtischen und industriellen Systemen.

12. Beziehungen zwischen Umweltveränderungen und genetischen und demographischen Änderungen.

13. Wahrnehmung (perception) der Umweltqualität.

Die Forschungen im Rahmen des MAB-Programms sollen unter anderen folgende *Aufgaben* erfüllen:

1. die vom Menschen bewirkten Veränderungen der Biosphäre zu erkennen und abzuschätzen,

2. die Strukturen und Vorgänge und die gesamte Dynamik, der natürlichen, der durch den Menschen beeinflußten und der vom Menschen geschaffenen Ökosysteme zu erforschen und zu vergleichen,

3. die Beziehungen zwischen „natürlichen" Ökosystemen und sozioökonomischen Prozessen zu untersuchen und zwar vor allem vergleichend im Hinblick auf die Auswirkungen unterschiedlicher Strukturen der Bevölkerung, der Siedlung und der Technik auf die zukünftige Lebensfähigkeit solcher Systeme,

4. Methoden zur Messung von Umweltveränderungen zu entwickeln und wissenschaftlich begründete Kriterien für die Beurteilung der Umweltqualität, den vernünftigen Umgang mit den Hilfsquellen und den Schutz der Natur aufzustellen,

5. die weltweite Zusammenarbeit der Umweltforschung, die Entwicklung von Voraussagetechniken und die Umwelterziehung auf allen Ebenen (einschließlich der Spezialistenausbildung) zu fördern und das Verantwortungsbewußtsein für Umwelt und Natur allgemein anzuregen und zu stärken.

Nach dieser Konzeption erfordert das Programm *drei methodisch verschiedene Forschungsansätze.*

Der *erste* Ansatz zielt darauf, Grundeinheiten von Ökosystemen so vollständig wie möglich zu analysieren. Dieses ist die Fortsetzung eines Teiles der Aufgaben des Internationalen Biologischen Programms, das von 1967 bis 1972 von der UNESCO durchgeführt worden war. Jedoch sollen im Rahmen des MAB-Programms jetzt vor allem weiträumig verbreitete Ökosystemtypen, die – wie z. B. Wälder, Steppen und Tundren – wichtige Bestandteile großer Landschaftsgürtel sind, untersucht werden. Die Analyse soll insbesondere unter dem Gesichtspunkt durchgeführt werden, daß die lokalen Ökosysteme Bestandteile landschaftlicher Wirkungszusammenhänge sind und daher als Bestandteile größerer komplexer räumlicher Einheiten erfaßt werden müssen. Da menschliche Einwirkungen infolge der Wirkungszusammenhänge in sozioökonomischen Nutzungssystemen meistens mehrere Ökosysteme zugleich betreffen, müssen die Ökosysteme auch in ihrer Gruppierung zu komplexen räumlichen Einheiten untersucht werden, und zwar vor allem im Hinblick auf den Stoff- und Energieaustausch zwischen den Bestandteilen solcher regionaler Komplexe.

Der *zweite* Forschungsansatz des MAB-Programms zielt daher auf die Untersuchung der Wechslbeziehungen zwischen Mensch und Umwelt, der Wirkungen des Menschen auf die Umwelt einerseits und der Umwelt auf den Menschen andererseits. Wo immer es möglich ist, sollten ländliche und städtische Kulturlandschaften mit nicht vom Menschen veränderten natürlichen Wirkungssystemen unter ähnlichen naturräumlichen Bedingungen verglichen werden. Schon allein aus diesem Grunde ist es notwendig, in allen großen Naturräumen der Erde repräsentative Beispiele der natürlichen Ökosysteme unter Schutz zu stellen. Damit würde zugleich ein Beitrag zu der Erhaltung der genetischen Diversität des Lebens geleistet.

Der Mensch muß in seiner Partnerschaft zur Natur gesehen werden. Mit den von ihm bewirkten landschaftlichen Veränderungen gestaltet er selbst die Bedingungen seiner zukünftigen Existenz. Daher ist es auch wichtig, zu erforschen, wie die Menschen ihre Umwelt auffassen und auf sie einwirken, und welche Wirkungen andererseits die Veränderungen der Umwelt für den Menschen haben.

Der *dritte* Ansatz des MAB-Programms ist nach seiner Forschungsmethode überwiegend geographisch mit dem Schwergewicht auf Landschaftsforschung und Biogeographie in den verschiedenen Dimensionen der räumlichen Integration. Die intensive Analyse lokaler Ökosysteme, in dem an erster Stelle genannten Forschungsbereich, bekommt ihren vollen Wert im Rahmen des Gesamtprogramms erst, wenn zugleich auch die Strukturen funktionaler Systeme anderer Größenordnungen untersucht werden, nämlich die komplexeren regionalen Einheiten aller Dimensionen bis hinauf zu dem globalen Gesamtsystem der Geosphäre. Dieses sind Probleme, mit denen sich die Geographie seit langem beschäftigt. Sie ist daher hier in besonderem Maße zur aktiven Mitarbeit berufen. Dabei kommt vor allem die landschaftliche Methode (Geosynergetik) zur Geltung, die dazu dient, geosphärische Wirkungsgefüge der verschiedensten Größenordnungen in ihrer komplexen Dynamik zu erfassen. Als Landschaften verschiedener Dimensionen erfassen wir die Integrationssysteme, in deren räumlich-strukturellen Einheiten die Wirkungszusammenhänge zwischen der gesellschaftlich strukturierten Bevölkerung und ihrer räumlichen Umwelt rationell untersucht werden können. Die landschaftliche Methode ermöglicht es, räumliche Gefüge aus qualitativ unterschiedlichen Lokalitäten als Synergosen (Grundeinheiten der Landschaft) und diese ihrerseits als Bestandteile größerer räumlicher Wirkungssysteme zu erfassen. Nur indem man stufenweise die Integration der Systeme verschiedener Größenordnung von der topischen über die regionale bis zur globalen Dimension erfaßt, kann man aus der lokalen analytischen Forschung Erkenntnisse über größere Erdräume bis hinauf zur Gesamtgeosphäre gewinnen.

Viele Probleme der Wirkungen des Menschen in der Geosphäre sind Probleme der globalen Dimension, wie z. B. die Auswirkungen der Gesamtheit aller anthropogenen Veränderungen auf die Zusammensetzung und die Dynamik der Atmosphäre und auf den *planetarischen Stoff- und Energiehaushalt*. Zu stichhaltigen quantitativen Schätzungen solcher Veränderungen sind alle drei Forschungsansätze des MAB-Programms notwendig, nämlich: die möglichst vollständige Analyse der relevanten Vorgänge in den verschiedenen Typen lokaler Ökosysteme, die funktionale Analyse der Wechselbeziehungen zwischen den gesellschaftlichen Strukturen (Lebensform, Wirtschaftsweise, Siedlungsform, Bevölkerungsdichte usw.) und ihrer landschaftlichen Umwelt, und schließlich die kartographische Abgrenzung äquivalenter regionaler Einheiten in kleinmaßstäblicher Übersicht, um damit die flächenhafte Ausdehnung der Geltungsbereiche lokaler Analysenergebnisse zu erfassen und zu Grundlagen für großräumige und globale Kalkulationen zu gelangen.

Nur mit Hilfe der Erfassung der landschaftlichen Komplexe der verschiedenen Dimensionsstufen kann der Gegensatz überbrückt werden, daß wir die Kenntnis der Gesamtdynamik in Großräumen aus analytischen Untersuchungen ableiten müssen, die aber in genügender Vollständigkeit und Exaktheit nur auf kleinstem Raum durchgeführt werden können. Die Grundlage einer Generalisierung ist dabei zunächst die Typisierung der Anordnungsmuster der lokalen Ökosystemtypen in größeren komplexen räumlichen Strukturen. Es müssen Kriterien gefunden werden äquivalente Komplexe zu identifizieren, um deren Verbreitung kartographisch darstellen zu können.

In vom Menschen unbeeinflußten Landschaften sind die dort vorkommenden Ökosysteme in ihrer räumlichen Anordnung in der Regel korreliert mit der natürlichen räumlichen Gliederung der physikalischen und chemischen Lebensbedingungen, d. h. mit dem biotischen Potential der Naturräume. Ausnahmen kommen vor aufgrund des Zeitfaktors z. B. bei der Besiedlung neu entstandener Standorte und noch nicht abgeschlossenen Migrationen. In Naturlandschaften kann daher, von den erwähnten Ausnahmen abgesehen, die Typologie der Biozönosen und die Kartierung ihrer räumlichen Verbreitung unmittelbar zu einem ausreichend genauen und vollständigen Überblick über das komplexe räumliche Gefüge der unterschiedlichen Ökosystemeinheiten führen.

Man wird dort auch leicht charakteristische ökologische Gruppen mehr oder weniger stenotoper Pflanzen und Tiere oder charakteristische Artenkombinationen von Pflanzen- und Tiergesellschaften herausfinden und mit deren Hilfe die Typen lokaler Ökosysteme identifizieren und in ihrer topographischen Verbreitung kartographisch darstellen können. Schwieriger ist es – auch schon in Naturlandschaften – solche topographischen Einheiten in ihrer räumlich komplexen Anordnung zu größeren Einheiten zusammenzufassen und diese gegeneinander abzugrenzen, um die Verbreitung der komplexen Gruppierungen in Karten kleineren Maßstabs generalisiert darstellen zu können. Man kann dabei oft mit Serien, Gruppen oder Schwärmen von Ökosystemtypen arbeiten, die mit bestimmten räumlichen Abfolgen (Catena) physikalischer und chemischer Standortsfaktoren korreliert sind.

Viel komplizierter aber sind diese Probleme in Landschaften, in denen menschliche Einwirkungen die ursprünglichen natürlichen Verhältnisse tiefgreifend verändert haben, und wo demzufolge die vorkommenden Ökosysteme nicht mehr ,,natürlich" sind. Die tatsächliche gegenwärtige Verbreitung von Pflanzen und Tieren ist dort nicht mehr durch natürliche Faktoren allein bestimmt, sondern durch die Mitwirkung des Menschen. Das gleiche gilt sinngemäß für die Biozönosen und für die Anordnungsmuster und die Grenzen der komplexen räumlichen Systeme. Hier führt die biosoziologische Klassifikation nicht unmittelbar zu der Erkenntnis von Standortseinheiten gleicher natürlicher Qualität. Denn auf gleichartigen Standorten können durch frühere oder gegenwärtige Einwirkungen des Menschen ganz verschiedene Biota-Bestände vorhanden sein (wie Wälder, Wiesen, Ruderal-Gesellschaften usw.). In diesem Fall kann die räumliche Verbreitung der unterscheidbaren biosoziologischen Einheiten durch historische Ereignisse bedingt zufällig oder willkürlich sein.

Allerdings bestehen auch hier Korrelationen zwischen den mit soziologischen Methoden erfaßbaren biozönotischen Einheiten (Subassoziationen, Varianten, Stadien usw.). Aber um diese zu erfassen, sind oft sehr spezielle und schwierige vegetationsdynamische Untersuchungen (Sukzessionsforschung, Gesellschaftsring) erforderlich. Mit Hilfe der homologen Ersatzgesellschaften, die gleichartige Standortsqualität (Epifacies nach der Terminologie der sowjetischen Geographen) anzeigen, wird es ermöglicht, Karten der potentiellen natürlichen Vegetation zu entwerfen.

Prinzipiell wird mit der Möglichkeit einer exakten Konstruktion von *Karten der potentiellen natürlichen Vegetation* die Grundlage geschaffen, diese mit der *realen* gegenwärtigen Vegetation zu vergleichen und damit das Ausmaß der durch den Menschen bewirkten Veränderungen nicht nur an einzelnen Lokalitäten, sondern auch für größere Regionen der Erde abschätzen zu können.

Voraussetzung dafür ist

1. eine auf der lokalen Analyse der Prozesse begründete qualifizierende *Typologie* sowohl der realen als auch der potentiell natürlichen biozönotischen Einheiten (Ökosystemtypen) und

2. eine *Kartierung* der räumlichen Verbreitung sowohl der realen als auch der potentiell natürlichen ökologisch qualifizierten Typen der biozönotischen Einheiten.

Aus dem *Vergleich* beider Karten, die mit ihren typologischen Einheiten die Geltungsbereiche der Ergebnisse lokaler Ökosystemforschung anzeigen, können quantitative Schätzungen über den Grad der durch den Menschen bewirkten Veränderungen im Umsatz von Stoff und Energie abgeleitet werden.

Für kleinere Gebiete ist dieses nicht sehr schwierig, wenn die oben genannten beiden Voraussetzungen erfüllt sind. Die größte Schwierigkeit liegt darin, diesen Weg der Forschung auch für die Anwendung auf große Räume gangbar zu machen. Dabei entstehen die oben schon allgemein charakterisierten Probleme der typologischen Erfassung komplexerer räumlicher Anordnungsmuster von Ökosystemen. Das gilt für alle kleinmaßstäblichen Darstellungen, die Übersichten über große Räume geben sollen, sowohl für die Kartierung der potentiell natürlichen Vegetation als auch, und zwar in einem noch viel größeren Schwierigkeitsgrad, für Karten der realen Vegetation.

Ein prinzipielles Problem ist bei den beiden Arten von Kartierungsgegenständen das gleiche. *Weltkarten,* die als Berechnungsgrundlagen des Stoff- und Energieumsatzes der Erde dienen können und zur Feststellung, welches Ausmaß darin die vom Menschen bewirkten Änderungen bereits haben und welche Folgen bei bestimmten Wirkungen (z. B. die Zerstörung der tropischen Regenwälder) voraussehbar sind, müssen die Verbreitung räumlicher *Einheiten äquivalenter Ökosystemqualitäten* darstellen, einerseits der realen und andererseits der potentiell natürlichen. Aus der Differenz von beiden können die bisher schon vom Menschen bewirkten Veränderungen erfaßt werden.

Um in der Weltkarte ökologisch äquivalente Typen adäquat darstellen zu können, müssen wir wegen der unterschiedlichen Flora in den verschiedenen Erdteilen von der Taxonomie der Gesellschaften absehen. Wir bedienen uns dabei der *Pflanzenformationstypen.* In diesen werden strukturell gleichartige Gesellschaften ohne Rücksicht auf ihren floristischen Charakter zu Typen oder Typengruppen zusammengefaßt.

Die bisher veröffentlichten Karten der Vegetation der Erde stellen fast alle nur die potentiell natürliche Vegetation nach den vorherrschenden Pflanzenformationen dar. Die meisten sind ungenau, teils wegen mangelnder oder ungleichwertiger Beobachtungsgrundlagen, teils weil die dargestellten Verbreitungsbereiche nicht nach Vegetationsbeobachtungen, sondern auf Grund von Analogieschlüssen nach klimatischen Daten entworfen wurden. Alle darauf begründeten quantitativen Schätzungen der organischen Stoffproduktion und des Stoff- und Energieumsatzes sind daher bisher nur vage und zweifelhafte Spekulationen.

Ein erster Entwurf einer für alle Erdteile in gleichem Maßstab nach einer einheitlichen Formationstypologie bearbeiteten Weltkarte der potentiellen natürlichen Vegetation ist vom Verfasser für den Atlas zur Biogeographie entworfen worden und als Vorabdruck 1968 (Duden-Lexikon) und seitdem mehrfach (Meyers Weltatlas, und Meyers Kontinente und Meere, 1968–1973) veröffentlicht worden. Die Karte im Maßstab 1 : 25 Millionen stellt die Vegetation der Erde, gegliedert nach etwa 160 strukturellen Typen dar. Diese repräsentieren zwar noch nicht in allen Fällen die potentiell natürlichen Vegetationseinheiten. Soweit dieses nicht der Fall ist, können sie aber mit fortschreitender Erkenntnis in solche umgedeutet und entsprechend zusammengefaßt werden.

Die im gleichen Maßstab vorliegenden Vegetationskarten der Erdteile im MIRA-Weltatlas sind für quantitative Kalkulationen nicht verwendbar, weil sie auf Grund einer syntaxonomischen Vegetationstypologie für jeden Kontinent spezielle, untereinander nicht vergleichbare Legendeneinheiten haben.

Das Problem der *kleinmaßstäblichen Darstellung der realen Vegetation* ist wegen der dabei auftretenden Schwierigkeiten der Generalisierung bisher noch nicht ernsthaft in Angriff genommen worden. Zu seiner Lösung sind noch grundlegende Forschungen erforderlich über die ökologische Äquivalenz hochkomplexer räumlicher Struktureinheiten der realen Vegetation und deren für die kleinmaßstäbliche Darstellung brauchbare Typologie. Es besteht aber ohne Zweifel ein dringendes Bedürfnis, solche Karten zu entwickeln. Denn nur diese könnten die notwendigen grundlegenden Informationen bieten, um die Auswirkungen der menschlichen Einflüsse auf den Stoff- und Energiehaushalt der ganzen Erde quantitativ zu erfassen oder wenigstens in großen Zügen abzuschätzen. Nur auf der Grundlage des quantitativen Vergleichs der Verbreitungsgebiete der ökologisch verschiedenen Typen der realen Vegetation mit denen der potentiell natürlichen Vegetation kann mit einiger Sicherheit erfaßt werden, in welchem Ausmaß der Mensch bereits jetzt den Stoff- und Energiehaushalt der Erde verändert hat, und welche Folgen es für die Zukunft haben wird, wenn die Menschheit so weiter wirkt wie bisher.

Literaturverzeichnis

Abkürzungen
Coll. Geogr. = Colloquium Geographicum (Bonn)
Die Erde = Zeitschrift der Gesellschaft für Erdkunde zu Berlin (Berlin)
Erdkunde = Erdkunde, Archiv für wissenschaftliche Geographie (Bonn)
Erdkundl. Wissen = Erdkundliches Wissen, Schriftenreihe für Forschung und Praxis (Wiesbaden)
Forsch. z. Dt. Landesk. = Forschungen zur deutschen Landeskunde (Bad Godesberg)
Geogr. Berichte = Geographische Berichte, Mitteilungen der Geographischen Gesellschaft der Deutschen Demokratischen Republik (Gotha)
Geogr. Helv. = Geographica Helvetica (Bern)
Geogr. Rdsch. = Geographische Rundschau (Braunschweig)
GZ = Geographische Zeitschrift (Wiesbaden)
PM = Petermanns Geographische Mitteilungen (Gotha)
Rhein. Viertelsjahresbl. = Rheinische Vierteljahresblätter (Bonn)
Soviet Geography = Soviet Geography, Review and Translation (New York)

AARIO, LEO, 1963: Die räumliche Gliederung Finnlands. Die Erde, 94. Jg., S. 98–114.

ACKERMANN, E. A., 1963: Where is a Research Frontier? Annals Assoc. Amer. Geogr. 53.

ALBERS, GERD, 1966: Chancen und Grenzen der Planung. Mensch und Landschaft im technischen Zeitalter. Hrg. v. d. Bayerischen Akademie der Schönen Künste.

ALBRECHT, VOLKER, 1974: Der Einfluß der deutsch-französischen Grenze auf die Gestaltung der Kulturlandschaft im südlichen Oberrheingebiet. Ein Beitrag zur quantitativen Analyse physiognomisch faßbarer Kulturlandschaftselemente. Freiburger Geogr. Hefte, 14.

ANT, HERBERT, 1967: Korrelierte Artengruppen und Mosaikkomplexe im Bereich des Fließwasser-Benthos. Schriftenreihe für Vegetationskunde, Heft 2 (Bad Godesberg).

ANUCHIN, V. A., 1960: Teoreticheskiye problemy geografii (Theoretical Problems of Geography). Gos. Izd. Geogr. Lit. (Moskau).

ANUCHIN, V. A., 1961: On the Subject of Economic Geography. Soviet Geography, Bd. 2, No. 3, S. 26–35.

ANUCHIN, V. A., 1972: Straddling the boundaries between sciences. Soviet Geography, Bd. 12, No. 7, Sept. 72.

APIANUS, PETER, 1524: Cosmographicus Liber (Landshut).

APPENZELLER, H., 1947: Sprachphilosophische Erörterungen über den Landschaftsbegriff. Geogr. Helv. Bd. 2, S. 256–261.

ARMAND, D. L., 1952: Die Grundprinzipien der physisch-geographischen Rayonierung. Nachr. d. Akad. d. Wiss. d. UDSSR, Geogr. Serie, S. 68–82. (Moskau).

BAGROW, LEO und RALEIGH ASHLIN SKELTON, 1963: Meister der Kartographie (Berlin).

BAKER, JOHN NORMAN LEONHARD, 1963: The history of Geography (Oxford).

BANSE, EWALD, 1922: Die neue Geographie. Vierteljahrsblätter für Künstlerische Geogr. und f. Freunde freier Forschung der Länder und Völker. Jg. 1 (1922) – Jg. 4 (1925/26) (Braunschweig).

BANSE, EWALD, 1928: Landschaft und Seele. Neue Wege der Untersuchung und Gestaltung (München/Berlin).

BARROWS, HARLAN HARLAND, 1923: Geography as Human Ecology. Annals Assoc. Amer. Geogr. 13, S. 3–8.

BARSCH, H., 1968: Arbeitsmethoden in der Landschaftsökologie. Arbeitsmethoden in der Physischen Geographie (Berlin).

BARTELS, DIETRICH, 1968 (a): Die Zukunft der Geographie als Problem ihrer Standortbestimmung. GZ. 56. Jg., S. 124–142.

BARTELS, D., 1968 (b): Zur wissenschaftstheoretischen Grundlegung einer Geographie des Menschen. Erdkundl. Wissen. Heft 19.

BARTELS, D., 1969: Theoretische Geographie. GZ, 57. Jg., S. 132–144.

BARTELS, D., (Hrg.) 1970: Wirtschafts- und Sozialgeographie (Köln/Berlin).

BARTHEL, HELLMUTH (Hrg.). 1968: Neef-Festschrift-Landschaftsforschung, Beiträge zur Theorie und Anwendung. Ergänzungsheft 271 zu PM.

BAUER, LUDWIG und HUGO WEINITSCHKE, 1964: Landschaftspflege und Naturschutz (Jena).

BAULIG, H., 1948: La géographie est-elle une science? Bulletin de la Société Belge d'Etudes Geographiques, Bd. 17, Nr. 1, S. 17–26 (Louvain).

BECK, HANNO, 1955: Entdeckungsgeschichte und geographische Disziplintheorie. Erdkunde, Band 9, S. 197–204.

BECK, H., 1973: Geographie. Europäische Entwicklung und Erläuterungen. Orbis Academicus, Band II/16 (Freiburg/München).

BECK, L. C., 1884: Die Aufgaben der Geographie mit Berücksichtigung der Handelsgeographie, I. u. II. Jahresber. d. Württembergischen Vereins für Handelsgeogr., S. 69–112.

BECKER, WERNER, 1970: Vom alten Bild der Welt. Alte Landkarten und Stadtansichten (München).

BEHRMANN, WALTER, 1948: Die Entschleierung der Erde (Frankfurt).

BERG, L. S., 1929: Očerk istorij russkoj geografičeskoj nauki (Abriß der Geschichte der russischen geographischen Wissenschaft, russisch) (Leningrad).

BERG, L. S., 1950: Natural Regions of the Union of Soviet Socialist Republics 1937 (New York).

BERGER, H., 1903²: Geschichte der wissenschaftlichen Erdkunde der Griechen (Leipzig/Wien).

BERTRAND, G., 1968: Paysage et géographie globale. Esquisse méthodologique (1). Revue géographique des Pyrénées et du Sud-Ouest, Tome 39, Fasc. 3, S. 249–272 (Toulouse).

BILLWITZ, K., 1963: Die sowjetische Landschaftsökologie. PM 107. Jg., S. 74–80.

BIROT, PIERRE, 1970: Les régions naturelles du globe (Paris).

BLANCHARD, RAOUL, 1906: La Flandre (Paris).

BLISS, L. C., 1962: Net primary production of tundra ecosystems. In: Die Stoffproduktion der Pflanzendecke. Vorträge und Diskussionsergebnisse des internationalen ökologischen Symposiums Stuttgart-Hohenheim 4.–7. 5. 1960 (Stuttgart).

BLUNTSCHLI, H., 1921: Die Amazonasniederung als harmonischer Organismus. G. Z. 17, S. 49–67.

BOBEK, HANS, 1942: Geographie und Raumforschung. Raumforschung und Raumordnung 6 (Köln).

BOBEK, H., 1948: Stellung und Bedeutung der Sozialgeographie. Erdkunde, Bd. 2, S. 118–125.

BOBEK, H., 1950: Aufriß einer vergleichenden Sozialgeographie. Mitt. d. Geogr. Ges. in Wien, Bd. 92, S. 34–45.

BOBEK, H., 1951: Die räumliche Ordnung der Wirtschaft als Gegenstand geographischer Forschung. Der österreichische Betriebswirt Bd. 1, H. 1 (Wien).

BOBEK, H., 1953: H. Lautensachs Geographischer Formenwandel – ein Weg zur Landschaftssystematik. Erdkunde, Bd. 7, S. 288–293.

BOBEK, H., 1957: Gedanken über das logische System der Geographie. Mitteilungen d. Geogr. Ges. in Wien, Bd. 99, H. 2/3, S. 122–145.

BOBEK, H., 1959: Die Hauptstufen der Gesellschafts- und Wirtschaftsentfaltung in geographischer Sicht. Die Erde, 90. Jg., S. 259–298.

BOBEK, H., 1962: Über den Einbau der sozialgeographischen Betrachtungsweise in die Kulturgeographie. Deutscher Geographentag Köln, Tagungsberichte und Wissenschaftliche Abhandlungen, S. 148–165 (Wiesbaden).

BOBEK, H., 1970: Bemerkungen zur Frage eines neuen Standorts der Geographie. Geogr. Rdsch., 22. Jg., Heft 11, S. 438–443.

BOBEK, H. u. JOSEF SCHMITHÜSEN, 1949: Die Landschaft im logischen System der Geographie. Erdkunde, Bd. 3, S. 112–120.

BÖER, W., 1959: Zum Begriff des Lokalklimas. Zeitschr. f. Meteorologie, Bd. 13 (Berlin).

BOESCH, HANS, 1946: Beiträge zur Frage der geographischen Raumgliederung in der amerikanischen Literatur. Vierteljahrsschr. d. Naturforschenden Gesellschaft in Zürich. S. 37–50.

BOESCH, H., 1947: Die Wirtschaftslandschaften der Erde (Zürich).

BOESCH, H., 1955: Amerikanische Landschaft. Neujahrsblatt. Herausgegeben von der Naturforschenden Gesellschaft in Zürich für das Jahr 1955.

BOESCH, H., 1962: Zur Stellung der modernen Geographie. Geogr. Helv., Band 17, S. 288–293.

BOESCH, H., 1969: Weltwirtschaftsgeographie. 2. Auflage (Braunschweig).

BOESCH, H. u. H. CAROL, 1960: Principles of the Concept "Landscape". (Referat beim

18. Int. Geogr. Kongr. 1956 in Rio de Janeiro). Geogr. Helv., Bd. 15, S. 254–256.

BOMMERSHEIM, PAUL, 1940: Von der Einheit der Wirklichkeit in der Heimat. Untersuchungen zur Philosophie der Länderkunde. Sonderschr. d. Akad. Gemeinnütziger Wissenschaft zu Erfurt H. 14.

BOMMERSHEIM, P., 1942: Die anschauliche Landschaft und das Wirken. Zeitschr. f. Erdkunde, 10. Jg., Heft 2, S. 81–90 (Frankfurt).

BORCHERDT, CH., 1961: Die Innovation als agrargeographische Regelerscheinung. Arbeiten aus dem Geogr. Inst. d. Univ. d. Saarlandes, Bd. 6 (Saarbrücken).

BORCHERT, GÜNTER, 1963: Südost-Angola. Landschaft, Landschaftshaushalt und Entwicklungsmöglichkeiten im Vergleich zum zentralen Hochland von Mittel-Angola. Hamburger Geogr. Studien, H. 17 (Hamburg).

BORN, MARTIN, 1961: Wandlung und Beharrung ländlicher Siedlung und bäuerlicher Wirtschaft. Untersuchungen zur frühneuzeitlichen Kulturlandschaftsgenese im Schwalmgebiet. Marburger Geogr. Schriften, Heft 14.

BORN, M., 1972: Wüstungsschema und Wüstungsquotient. Erdkunde, Bd. 26, H. 3, S. 208–218.

BORN, M., 1974: Die Entwicklung der deutschen Agrarlandschaft. Erträge der Forschung. Band 29 (Darmstadt).

BOURNE, RAY, 1928: Aerial Survey in Relation to the Economic Development of New Countries (with special reference to an investigation carried out in Northern Rhodesia). Oxford Forestry Memoirs, Nr. 9 (Oxford).

BOURNE, R., 1931: Regional Survey and its Relation to Stocktaking of the Agricultural and Forest Resources of the British Empire. Oxford Forestry Memoirs, Nr. 13 (Oxford).

BRAUN, GUSTAV, 1925: Zur Methode der Geographie als Wissenschaft (Greifswald).

BRAUN, JULIUS, 1867: Historische Landschaften (Stuttgart).

BRAUN-BLANQUET, J., 1928: Pflanzensoziologie, Grundzüge der Vegetationskunde. Biologische Studienbücher, Nr. 7 (Berlin). (2. Auflage 1951 Wien; 3. Auflage 1964 Wien-New York).

BREUSING, ARTHUR, 1880: Lebensnachrichten von Bernhard Varenius. PM, Bd. 26, S. 136–141.

BRINKMANN, THEODOR, 1913: Über die landwirtschaftlichen Betriebssysteme und ihre Standortorientierung. Fühlings Landwirtsch. Zeitung, 62 (Stuttgart).

BROEK, J. O. M., 1938: The Concept Landscape in Human Geography. Comptes rendus du Congr. Int. de Géogr. (Amsterdam).

BRÜNGER, H., 1948: Gedanken über das Wesen, Methoden und die Begriffsbildung der Flur- und Siedlungsgeographie. Erdkunde, H. 2, S. 126–146.

BRUNHES, JEAN, 1910: La Géographie humaine. Essai de classification positive. Principes et exemples (Paris).

BRUNHES, J., 1913: Du caractère propre et du caractère complexe des faits de Géographie humaine. Annales de Géographie Bd. 22, S. 24 (Paris).

BRUNHES, J., 1925: La Géographie Humaine (3. Aufl., Paris).

BRÜNING, KURT (Hrg.) 1953: Wirksame Landschaftspflege durch wissenschaftliche Forschung. Forschungs- und Sitzungsber. der Akad. für Raumforschung, Band II, 1951.

BUACHE, PHILIPPE, 1756: Essai de Géographie physique, où l'on propose des vês générales sur l'espèce de Charpente du Globe, composée des chaînes de montagnes qui traversent les mers comme les terres; avec quelques considérations particulières sur les différens bassins de la mer, et sur sa configuration intérieure. Histoire de l'Academie Royale des Sciences. Année MDCCLII. avec les mémoires de mathématique et de physique, pour la même année; tirés des registres de cette académie, S. 399–416 (Paris).

BUCHER, AUGUST LEOPOLD, 1812: Betrachtungen über die Geographie und über ihr Verhältnis zur Geschichte und Statistik (Leipzig).

BUCHWALD, K. u. W. ENGELHARD, 1968: Handbuch für Landschaftspflege und Naturschutz. 4 Bde. (München, Basel, Wien).

BUCHWALD, K. und H. LANGER, 1969: Ökologische Landschaftsforschung als Grundlage und Voraussetzung der Landschaftspflege und des Naturschutzes. Deutsche UNESCO-Kommission, Probleme der Nutzung und Erhaltung der Biosphäre, S. 36–43 (Köln).

BÜDEL, J., 1936: Die Abgrenzung von Kulturlandschaften auf verschiedenen Wirtschaftsstufen. Festschrift für Norbert Krebs (Stuttgart).

BUDOWSKI, G., 1970: The place of Conservation in the Shaping of a Better World. The Need for an "Exponential" Action. IUCN (Morges).

BUFFON, GEORGES LOUIS(LECLERC), 1749–1804: Histoire naturelle. 44 Bde. (Paris).

BURCKHARDT, JACOB, 1901: Die Cultur der Renaissance in Italien. (1. Auflage 1860), 8. Auflage hrg. von Ludwig Geiger (Leipzig).

BÜRGER, KURT, 1935: Der Landschaftsbegriff. Ein Beitrag zur geographischen Erdraumfassung. Dresdner Geogr. Studien, H. 7 (Dresden).

BURTON, L., 1963: The quantitative revolution and theoretical geography. Canad. Geogr. 7.

BUSCH-ZANTNER, R., 1937: Ordnung der anthropogenen Faktoren. PM. 83.

BÜSCHING, A. F., 1770: Neue Erdbeschreibung (Hamburg).

BÜSCHING, A. F., 1808: Neue Erdbeschreibung. Sehr vermehrte und verbesserte Auflage. Hrg. von E. D. EBELING (Hamburg).

CANZLER, FRIEDRICH GOTTLIEB, 1790–1791: Abriß der Erdkunde nach ihrem ganzen Umfang zum Gebrauch bei Vorlesungen. 3 Bände Göttingen).

CAPT, ANNETTE, 1947: Die Anwendung von GRANÖs Methode zur Landschaftsgliederung am Beispiel des Kantons Zürich (Diss. Zürich).

CAROL, HANS, 1946 a: Begleittext zur wirtschaftsgeographischen Karte der Schweiz. Geogr. Helv., Bd. 1, S. 185–245.

CAROL, H., 1946 b: Die Wirtschaftslandschaft und ihre geographische Darstellung. Geogr. Helv., Band 1, S. 247–278.

CAROL, H., 1952: Das agrargeographische Betrachtungssystem. Ein Beitrag zur landschaftskundlichen Methodik, dargelegt am Beispiel der Karru in Südafrika. Geogr. Helv., Bd. 7, S. 17–67.

CAROL, H., 1956 a: Zur Diskussion um Landschaft und Geographie. Geogr. Helv., Band 11, Heft 2, S. 111–133.

CAROL, H., 1956 b: Sozialräumliche Gliederung und planerische Gestaltung des Großstadtbereiches. Dargestellt am Beispiel Zürich. Raumforschung und Raumordnung, Heft 14 (Köln-Berlin).

CAROL, H., 1957: Grundsätzliches zum Landschaftsbegriff. PM, Bd. 101, H. 2, S. 93–97.

CAROL, H., 1960: Geography of the Future. (masch. Man.).

CAROL, H., 1961 a: Die Geographie als Grundlage praktischen Wirkens. Gymnasium Helvet., Bd. 1 (1961–62), S. 41–45 (Aarau).

CAROL, H., 1961 b: Geography of the future. The Professional Geographer, Bd. 13, S. 14–18 (Washington).

CAROL, H., 1963: Zur Theorie der Geographie. Mitt. d. Österreichischen Geogr. Ges., Bd. 105, H. 1 (Wien).

CAROL, H. u. E. NEEF, 1957: Zehn Grundsätze über Geographie und Landschaft. PM, Bd. 101., S. 97–98.

CARPENTER, NATHANAEL, 1625: Geography (Oxford).

CARUS, CARL GUSTAV, o. J.: Neun Briefe über Landschaftsmalerei. Geschrieben in den Jahren 1815 bis 1824. Hrg. und mit einem Nachwort begleitet von Kurt Gerstenberg (Dresden).

CHABOT, GEORGES, 1950: Les conceptions françaises de la science géographique. Norsk Geografisk Tidsskrift, Bd. 12, H. 3/4 (Oslo).

CHABOT, G., 1952: La Valeur Scientifique de la Géographie Régionale. Proceedings, VIIIth General Assembly – Congress International Geographical Union, S. 570–574 (Washington).

CHEVALIER, A., 1925: Essai d'une classification biogéographique des principaux systèmes de culture. Rev. Int. de Renseign. Agric. 3.

CHOLLEY, A., 1942: Guide de l'étudiant en géographie (Paris).

CHORLEY, R. J. und P. HAGGET (Hrg.) 1965: Frontiers in Geographical Teaching (London).

CHRISTALLER, W., 1933: Die zentralen Orte in Süddeutschland (Jena).

CHRISTIANI, DAVID, 1645: Systema Geographiae Generalis (Marburg).

CLARK, KENNETH, 1956: Landscape into art (Edinburgh).

CLARKE, G. L., 1954: Elements of ecology (New York).

CLAUSER, E., 1965: Anthropogene und naturräumliche Ordnung in der Kulturlandschaft am Beispiel der Landschaftsstruktur des Kreises Leonberg. Forsch. z. dt. Landesk., Band 149.

CLAVAL, P., 1964: Essai sur l'évolution de la géographie humaine. Cahiers de Géographie de Besançon No. 12 (Paris).

CLEMENTS, F. E., 1916: Plant Succession. Carnegie Institute of Washington, Publication 242 (Washington).

CLOZIER, RENÉ, 1942: Les étapes de la géographie. Collection, Que Sais-Je? No. 65 (Paris).

CLÜVER, P., 1624: Introductio in Universam Geographiam (Amsterdam).

COCHLÄUS, JOHANNES, 1960: Brevis Germaniae Descriptio (1512). Neudruck mit deutscher Übersetzung und Kommentar von Karl Langosch (Darmstadt).

COLINVAUX, P. A., 1973: Introduction to Ecology (New York, London, Sydney, Toronto).

COTTA, BERNHARD VON, 1854: Deutschlands Boden, sein geologischer Bau und dessen Einwirkungen auf das Leben der Menschen (Leipzig).

COTTRELL, FRED, 1970: Energy and Society: The Relation between Energy, Social Change and

Economic Development (Westport Connecticut).

COWLES, HENRY CHANDLER, 1899: The Ecological Relations of Vegetation of the Sand Dunes of the Lake Michigan. Botanical Gazette, Nr. 27 (Chicago).

COWLES, H. C., 1911: The Relation of Physiographic Ecology to Geography. Annals of the Association of American Geographers, Band 1 (Lawrence/Kansas).

CREDNER, WILHELM, 1926: Landschaft und Wirtschaft in Schweden (Breslau).

CREDNER, W., 1927: Die Hauptgoldländer der Gegenwart. GZ, 33. Jg., S. 1–22.

CREDNER, W., 1941: Vom Stil der US-amerikanischen Kulturlandschaften. GZ, Jg. 47.

CREDNER, W., 1943: Die deutsche Agrarlandschaft im Kartenbild. Sitzungsberichte der Zusammenkunft europäischer Geographen in Würzburg (Leipzig).

CREUTZBURG, NIKOLAUS, 1925: Die Entwicklung des nordwestlichen Thüringer Waldes zur Kulturlandschaft. Freie Wege vergleichender Erdkunde. Erich von Drygalski zum 60. Geburtstag (München/Berlin).

CREUTZBURG, N., 1930: Kultur im Spiegel der Landschaft (Leipzig).

CRONE, G. R., 1951: Modern Geographers. An Outline of Progress in Geography since 1800 A. D (London).

CRONE, G. R., 1964: British Geography in the Twentieth Century. Geogr. Journal 130.

CUMBERLAND, KENNETH B., 1956: Why geography? New Zealand Geographer, Band 12, Nr. 1, S. 1–11 (Wellington).

CUPACHIN, VIKTOR M., 1967: Theoretische und methodische Grundlagen komplexer naturräumlicher Gliederung Kasachstans. Wissensch. Abh. d. Geogr. Ges. d. DDR, Bd. 5, S. 232–240 (Leipzig).

CZAJKA, WILLI, 1956: Bespr. von: Handbuch der naturräumlichen Gliederung Deutschlands, hrg. v. E. MEYNEN u. J. SCHMITHÜSEN (Lief. 1–3). Göttingische Gelehrte Anzeigen, 210. Jg., Nr. 3/4, S. 268–271 (Göttingen).

CZAJKA, W., 1956/57: Die geographische Zonenlehre. Geogr. Taschenbuch, S. 410–429 (Wiesbaden).

CZAJKA, W., 1962/63: Systematische Anthropogeographie. Geogr. Taschenbuch S. 287–313 (Wiesbaden).

DAHM, KLAUS, 1960: Landschaftsgliederung des Innerste-Berglandes, zugleich ein Beitrag zur Methodik der geographischen Raumgliederung. (Diss. Göttingen). Jahrb. Geogr. Gesellsch. zu Hannover für 1958/59.

DANSEREAU, PIERRE, 1957: Biogeography, an ecological perspective (New York).

DANSEREAU, P., 1970: Challenge for Survival (New York).

DASMANN, RAYMOND F., 1959: Environmental Conservation (New York).

DÄUMEL, GERD, 1963: Gustav Vorherr und die Landesverschönerung in Bayern. Beitr. z. Landespflege, Bd. 1, S. 333–376. (= Festschrift für H. Fr. Wiepking) (Stuttgart).

DAVIS, WILLIAM MORRIS, 1912: Die erklärende Beschreibung der Landformen (Leipzig).

DEMANGEON, ALBERT, 1905: La Picardie et les régions voisines: Artois, Cambrésis, Beauvaisis (Paris).

DEMANGEON, A., 1947[3]: Problèmes de Géographie humaine (Paris).

DEMOLL, R., 1954: Bändigt den Menschen! Gegen die Natur oder mit ihr? (München).

DERRUAU, M., 1961: Précis de géographie humaine (Paris).

DICKINSON, R. E., 1939: Landscape and Society. Scott. Geogr. Magaz. 55.

DITTMAR, GUSTAV, 1936: Hans Staden, der Amerikaforscher aus dem Hessischen. Atlantis, Band 8, S. 613–619.

DODGE, R. E., 1938: The Interpretation of Sequent Occupance. Annals Assoc. Amer. Geogr. 28.

DÖRRENHAUS, FRITZ, 1971: Urbanität und gentile Lebensformen. GZ. Beihefte Erdkundl. Wissen, Heft 25.

DOSE, K. und H. RAUCHFUSS, 1975: Chemische Evolution und der Ursprung lebender Systeme (Stuttgart).

DRUDE, OSCAR, 1905: Die Beziehungen der Ökologie zu ihren Nachbargebieten. Abh. d. Naturwissensch. Ges. „Isis" (Dresden).

DUVIGNEAUD, P., 1962: L'écosystème. L'écologie, science moderne de synthèse (Bruxelles).

DYLIS, N. V., 1971: Sovremennoe sostojanie biogeocenologičeskich issledovanij v SSSR (Der gegenwärtige Stand der biogeozönologischen Forschungen in der UdSSR (russisch). Bjulleten' M. O-ba Isp. prirody, otd. biologii (Bulletin d. Moskauer Ges. d. Naturforscher. Biol. Abt.) (Moskau).

DŽAVACHAŠVILI, A. N., 1957: O strukture geografičeskoj nauki (Zur Struktur der geographischen Wissenschaft). Geografija v Škole, Nr. 3.

EBEL, JOHANN GOTTFRIED, 1793: Anleitung auf die nützlichste und genußvollste Art in der Schweiz zu reisen. 4 Bände (Zürich).

EBEL, J. G., 1798-1802: Schilderung der Gebirgsvölker der Schweiz. 2 Bände (Leipzig).

EBEL, J. G., 1808: Über den Bau der Erde in dem Alpengebirge. 2 Bände (Zürich).

EBERSOHL, HORST, 1965: Hans Staden von Homberg als Vorläufer der modernen Geographie. Analyse seiner geographischen Auffassung (Saarbrücken, Staatsarbeit/Manuskript).

ECKHARTSHAUSEN, KARL VON, 1788: Ueber das Verderbnis der Luft die wir einathmen (München).

EGGER, W. A., 1873: Naturanschauung im Zeitalter der Renaissance. Jahrbuch des Österreichischen Alpenvereins, Bd. 9, S. 301-306.

EGLI, EMIL, 1961: Die Geographie in Wissenschaft und Bildung. Geogr. Helv., Bd. 16, S. 226-235.

EGNER, ERICH, 1956: Riehl, Wilhelm Heinrich. Handwörterbuch der Sozial-Wissenschaften, Bd. 9, S. 20-21 (Hrg. von Erwin von Beckerath u. a.) (Stuttgart/Tübingen/Göttingen).

EHRLICH, P. R., EHRLICH, A. H. und J. P. HOLDREN, 1973: Human Ecology. Problems and Solutions (San Francisco).

EIBL-EIBESFELDT, IRENÄUS, 1963: Werkzeuggebrauch beim Spechtfinken. Natur und Museum, Bd. 93, S. 21-25 (Frankfurt/Main).

EIMERN, J. V., 1955: Zur Methodik der Geländeklimaaufnahme. Mitteilungen d. dt. Wetterdienstes, Bd. 2, Nr. 14 (Offenbach).

EISEL, U., 1970: Überlegungen zur formalen und pragmatischen Kritik an der Landschafts- und Länderkunde. Geografiker, Heft 4, S. 9–18 (Berlin).

ELLENBERG, HEINZ, 1937: Über die bäuerliche Wohn- und Siedlungsweise in Nordwestdeutschland in ihrer Beziehung zur Landschaft, insbesondere zur Pflanzendecke. Mitt. d. Floristisch-soziologischen Arbeitsgemeinschaft in Niedersachsen, Bd. 3 (Hannover).

ELLENBERG, H. (Hrg.) 1971: Integrated Experimental Ecology. Methods and Results of Ecosystem research in the German Solling Project. (Berlin-Heidelberg-New York).

ELLENBERG, H. (Hrg.), 1973: Ökosystemforschung (Berlin-Heidelberg-New York).

EMBERGER, L., 1955: Une classification biogéographique des climats. SQ. (Montpellier).

ENDRISS, GERHARD, 1965: Dorferneuerung und Veränderung der Landschaft. Mitt. d. Badischen Landesvereins für Naturkunde und Naturschutz, N. F. 8, Heft 4, S. 701-724 (Freiburg i. Br.).

ENEQUIST, G., 1953: Die jüngereEntwicklung der Geographie in Schweden. Erdkunde, H. 7, S. 111-123.

EUCKEN, RUDOLF CHRISTOF, 1879: Geschichte der Philosophischen Terminologie. Im Umriß dargestellt (Leipzig).

Europäische Kunst um 1400. Achte Ausstellung unter den Auspizien des Europarates (Wien) 1962.

FABER, KARL–GEORG, 1972: Theorie der Geschichtswissenschaft (2. Aufl. München).

FABRI, JOHANN ERNST EHREGOTT, 1784–1785: Handbuch der neuesten Geographie. 2 Bände (Halle).

FAGAN, JOHN F., 1974: The Earth Environment (Englewood Cliffs/New Jersey).

FALINSKI, J. B. (Hrg.), 1968: Synantropizacja szaty roslinnej. I. Neofityzm i apofityzm. Mater. Zakl. Fitosoc. Stos. U. W. Warszawa-Bialowieza, Bd. 25, S. 1–229.

FAUTZ, BRUNO, 1963: Sozialstruktur und Bodennutzung in der Kulturlandschaft des Swat (Nordwesthimalaya). Diss. T. H. Karlsruhe 1963 (Gießener Geographische Schriften).

FAUTZ, B., 1970: Die Entwicklung neuseeländischer Kulturlandschaften. Arbeiten aus dem Geogr. Inst. d. Univ. d. Saarlandes, Sonderband 2.

FEDERMANN, NIKOLAUS, 1557: Indianische Historia. Eine schöne kurtzweilige Historia Niclaus Federmanns des Jüngern von Ulm erster Raise so er von Hispania und Andolosia ausz in Indias des Oceanischen Mörs gethan hat, und was ihm allda ist begegnet bisz auff sein Widerkunfft inn Hispaniam, auffs kurtzest beschriben, gantz lustig zu lesen (Hagenau).

FEDOROV, E. K., 1962: Nekotorye problemy razvitija nauk o Zemle (Probleme der Entwicklung der Wissenschaften von der Erde). Voprosy Filosofii, Nr. 11 (Moskau).

FELS, EDWIN, 1935: Der Mensch als Gestalter der Erde (Leipzig).

FELS, E., 1954: Der wirtschaftende Mensch als Gestalter der Erde.In: R. Lütgens (Hrg.), Erde und Weltwirtschaft. Ein Handbuch der Allgemeinen Wirtschaftsgeogr., Band 5 (Stuttgart).

FINKE, L., 1972: Die Bedeutung des Faktors „Humusform" für die landschaftsökologische Kartierung. Biogeographica I (The Hague).

FITTKAU, E. J., 1971: Ökologische Gliederung des Amazonasgebietes auf geochemischer Grundlage. Münster Forsch. geol. Paläontol. 20/21, S. 35–50.

FITTKAU, E. J., et al. (Hrg.) 1968/69: Biogeography and Ecology in South America., 2 Bde. (The Hague).

FLECHTNER, H. J., 1970: Grundbegriffe der Kybernetik. 5. Aufl. (Stuttgart).

FLIEDNER, DIETRICH, 1974: Räumliche Wirkungsprinzipien als Regulative strukturverändernder und landschaftsgestaltender Prozesse. GZ 62, S. 12–28.

FOCHLER-HAUKE, GUSTAV, 1953: Corologia geográfica. El paisaje como objeto de la geografia regional. Universidad Nacional de Tucuman. Publicacion 675 Serie Didactica H. 7.

FOCHLER-HAUKE, GUSTAV, 1953: Introduccion a la historia de la geografia (Tucuman).

FORSTER, GEORG, 1843: Georg Forster's sämtliche Schriften. 9 Bände. (Herausgegeben von dessen Tochter und begleitet mit einer Charakteristik Forster's von G. G. Gervinus.) (Leipzig)

FORSTER, REINHOLD, 1783: Bemerkungen über Gegenstände der physischen Erdbeschreibung, Naturgeschichte und sittlichen Philosophie auf seiner Reise um die Welt gesammelt (Berlin).

FORSTER, R., 1798: Beobachtungen und Wahrheiten nebst einigen Lehrsätzen, die einen hohen Grad von Wahrscheinlichkeit erhalten haben; als Stoff zur künftigen Entwerfung einer Theorie der Erde (Leipzig).

FOSBERG, F. R., 1967: Succession and Condition of Ecosystems. The Journal of the Indian Bot. Soc., Vol. XLVI Nr. 4, S. 351–355.

FOUQUET, K., 1957: Hans Staden und sein Reisewerk. Staden-Jahrbuch, Bd. 5, S. 7–21 (Sao Paulo).

FRALING, H., 1950: Die Physiotope der Lahntalung bei Laasphe. Westfälische Geogr. Studien, Bd. 5.

FRANCK, SEBASTIAN, 1534: Weltbuch. Spiegel und Bildnisse des ganzen Erdbodens (Tübingen).

FRANZ, H., 1950: Bodensoziologie als Grundlage der Bodenpflege (Berlin).

FRENZEL, KONRAD, 1927: Beiträge zur Landschaftskunde der westlichen Lombardei mit landeskundlichen Ergänzungen. Mitt. d. Geogr. Ges. in Hamburg, Band 38, S. 217–373.

FRENZEL, WALTER, 1924: Historische Landschafts- und Klimaforschung. PM, H. 3–4, S. 74–75.

FREY, JAKOB, 1877: Die Alpen im Lichte verschiedener Zeitalter (Berlin).

FREYER, HANS, 1966: Landschaft und Geschichte. Mensch und Landschaft im technischen Zeitalter. Hrg. von der Bayerischen Akad. der Schönen Künste. S. 39–71 (München).

FRIEDERICHS, KARL, 1927: Grundsätzliches über die Lebenseinheiten höherer Ordnung und den ökologischen Einheitsfaktor. Die Naturwissenschaften, Bd. 15 (Berlin).

FRIEDERICHS, K., 1930: Die Grundfragen und Gesetzmäßigkeiten der land- und forstwirtschaftlichen Zoologie. 1. Band: ökologischer Teil (Berlin).

FRIEDERICHS, K., 1937: Ökologie als Wissenschaft von der Natur oder biologische Raumforschung. Bios, Nr. 7 (Leipzig).

FRIEDERICHS, K., 1955: Die Selbstgestaltung des Lebendigen (München/Basel).

FRIEDERICHS, K., 1957: Der Gegenstand der Ökologie. Studium Generale, Bd. 10 (Berlin, Göttingen, Heidelberg).

FRIEDERICHSEN, MAX, 1914: Moderne Methode der Erforschung, Beschreibung und Erklärung geographischer Landschaften (Gotha).

FRIEDERICHSEN, M., 1921: Die geographische Landschaft. Geogr. Anzeiger, Nr. 21, Heft 7/8, S. 151–161 (Gotha).

FRISCHEN, ALFRED und W. MANSHARD, 1971: Kulturräumliche Strukturwandlungen am Volta River. Die Entwicklung eines neuen „Aktivraumes" in Südostghana. Erdkunde, Bd. 25, S. 51–65.

FUCHS, GERHARD, 1966: Der Wandel zum anthropogeographischen Denken in der amerikanischen Geographie. Marburger Geogr. Schriften, Heft 32.

FUCHS, G., 1967: Das Konzept der Ökologie in der amerikanischen Geographie. Bd. 21.

FUCHS, WALTER HEINRICH, 1938: Die Züchtung resistenter Rassen der Kulturpflanzen.

FUNK, SUSI, 1927: Die Waldsteppenlandschaften, ihr Wesen und ihre Verbreitung. Veröff. d. Geogr. Inst. d. Albertus-Universität Königsberg, Heft 8 (Hamburg).

GALLOIS, LUCIEN, 1890: Les Géographes allemands de la Renaissance (Paris).

GANSSEN, ROBERT, 1957: Bodengeographie mit besonderer Berücksichtigung der Böden Mitteleuropas (Stuttgart).

GANSSEN, R., 1961: Bodenbenennung, Bodenklassifikation und Bodenverteilung aus geographischer Sicht. Die Erde, 92. Jg.

GANSSEN, R., 1965: Grundsätze der Bodenbildung. Ein Beitrag zur theoretischen Bodenkunde (Mannheim).

GASPARI, ADAM CHRISTIAN, 1792: Lehrbuch der Erdbeschreibung, 1. Kursus (Weimar.)

GATTERER, JOHANN CHRISTOPH, 1775–1778: Abriß der Geographie. (Göttingen.)

GAUSS, PAUL, 1926: Vegetation und Anbau im Stromberg- und Zabergäugebiet. Verhandl. d. Naturhistorisch-medizinischen Vereins zu Heidelberg, N. F., Bd. 15, S. 284-373.

GEDDES, P., 1915: Cities in Evolution (London).

GEIBEN, RUDOLF, 1965: Heinrich Gottlob

Hommeyer, ein Vertreter der Reinen Geographie um 1800. – Analyse seiner geographischen Auffassung. Staatsarbeit (Manuskript) (Saarbrücken).

GEIGER, R., 1961: Das Klima der bodennahen Luftschicht (Braunschweig).

GEIPEL, R., 1952: Soziale Struktur und Einheitsbewußtsein als Grundlagen geographischer Gliederung. Rhein-mainische Forschungen, Heft 38 (Frankfurt).

GEISLER, WALTER, 1924: Die landschaftliche Gliederung des Mitteleuropäischen, insbesondere Norddeutschen Flachlandes. PM, 70. Jg., S. 109-111.

GELLERT, JOHANNES F., 1967: Die gesellschaftliche Aufgabe der Geographie und das Wesen der geographischen Wissenschaften. Geogr. Berichte, Bd. 12, S. 108–124.

GEOGRAFIKER, 1969: Dokumentation zur Landschafts- und Länderkunde. Geografiker, Heft 3. Sonderheft zum 37. Deutschen Geographentag, S. 17–30 (Berlin).

GEORGE, P., 1958: La place de la géographie parmi les sciences humaines. Bulletin Ass. Géogr. Franç. 275.

GERASIMOV, I. P. (Innokenti Petrowitsch), 1960: The Present Status and Aims of Soviet Geography. Soviet Geography, Bd. 1, No. 1–2, S. 3–16.

GERASIMOV, I. P., 1969: Die Wissenschaft von der Biosphäre und ihrer Umgestaltung. Konstruktive Richtungen des heutigen geographischen Denkens. PM, 113. Jg., S. 49–51.

GERASIMOV, I. P., 1969: Introduction. Soviet Geography, Bd. 10, No. 5, S. 217–220.

GERASIMOV, I. P., ISAKOV, YU. A., PANFILOV, D. V., 1972: The Internal Circulation of Matter in the Principal Types of natural Ecosystems of the USSR. Soviet geography, Bd. 13.

GERLAND, GEORG KARL CORNELIUS (Hrg.), 1887ff: Beiträge zur Geophysik (Stuttgart).

GERLING, W., 1965: Der Landschaftsbegriff in der Geographie. Kritik einer Methode (Würzburg).

GLASER, MICHAEL, 1972: Industrielandschaftsräume und Industrielandschaftsgürtel in Europa. Versuch einer Abgrenzung und typologischen Gliederung (Diplomarbeit Saarbrücken).

GLAUBER, JOHANN RUDOLPH, 1648–1650: Furni Novi Philosophici, oder Beschreibung einer neuerfundenen Distillir-Kunst (Amsterdam, Frankfurt/M.).

GLAVAČ, VJEKOSLAV, 1972: Aufgaben und Methoden der Landschaftsökologie. Natur und Landschaft, 47.

GLAZOVSKAJA, MARIA A., 1964: Die geochemi-

schen Grundlagen für die Typologie und die Methodik der Erforschung natürlicher Landschaften (russisch) (Moskau).

GMELIN, JOHANN GEORG, 1741–1752: Reisen durch Sibirien. 4 Bände (Göttingen).

GOELNITZ, ABRAHAM, 1643: Compendium Geographicum (Amsterdam).

GOETHE, JOHANN WOLFGANG VON, 1855: Aus meinem Leben. Wahrheit und Dichtung. Goethes sämtliche Werke in vierzig Bänden., Band 20, 21, 22 (Stuttgart und Tübingen).

GOETHE, J. W. V., 1959: Schriften zu Natur und Erfahrung. Schriften zur Morphologie I. (Cotta'sche Ausgabe, Bd. 18) (Stuttgart).

GÖRGMAIER, DIETER, 1974: Kulturlandschaft als Lebensraum (München).

GORMSEN, E, 1970: Die Geowissenschaften und die Stellung der Geographie im Programm der UNESCO. GZ, 58. Jg., S. 12–27.

GÖTZ, WILHELM, 1883: Zeigt sich die ,,allgemeine Geographie" als Wissenschaft? Ausland Bd. 43, S. 844–847 (Braunschweig).

GÖTZE, ALFRED (Hrg.), 1943: Trübners Deutsches Wörterbuch, Band IV, S. 359–361.

GRADMANN, ROBERT, 1901: Das mitteleuropäische Landschaftsbild nach seiner geschichtlichen Entwicklung. GZ, 7. Jg., S. 361–377 und S. 435–447.

GRADMANN, R., 1916: Wüste und Steppe. GZ, 22. Jg., S. 417–441, 489–509.

GRADMANN, R., 1919 a: Die Erdkunde und ihre Nachbarwissenschaften. Int. Monatsschr. f. Wissenschaft, Kunst und Technik, Bd. 14.

GRADMANN, R., 1919 b: Pflanzen und Tiere im Lehrgebäude der Geographie. Geographische Abende, Heft 4 (Berlin).

GRADMANN, R., 1920: Die Erdkunde und ihre Nachbarwissenschaften. Int. Monatsschr. für Wissenschaft, Kunst und Technik, 14. Jg., Heft 7, S. 605–626 (Leipzig, Berlin).

GRADMANN, R., 1924: Das harmonische Landschaftsbild. Zeitschr. d. Ges. f. Erdk. z. Berlin, S. 129–147.

GRADMANN, R., 1926: Harmonie und Rhythmus in der Landschaft. PM, Nr. 72, S. 23.

GRADMANN, R., 1931 a: Süddeutschland (Stuttgart).

GRADMANN, R., 1931 b: Das länderkundliche Schema, GZ, Bd. 37.

GRADMANN, R., 1948: Altbesiedeltes und jungbesiedeltes Land. Studium Generale, Bd. 1 (Berlin/Göttingen, Heidelberg).

GRAF, OSKAR MARIA, 1925: Vom Begriffe der Geographie im Verhältnis zur Geschichte und Naturwissenschaft (München).

GRANÖ, JOHANNES GABRIEL, 1923: Eesti maastikulised üksused. Deutsches Referat: Die landschaftlichen Einheiten Estlands (Tartu).

GRANÖ, J. G., 1925: Atlas of Finland (Helsinki 1925–1928).

GRANÖ, J. G., 1927: Die Forschungsgegenstände der Geographie. Publicationes Instituti Geographici Universitatis Aboensis, Nr. 1. (Turku.)

GRANÖ, J. G., 1929: Reine Geographie, eine methodologische Studie. Soc. Geogr. Fenniae, Acta Geografica, Bd. 2 (Helsinki).

GRANÖ, J. G., 1931: Die geographischen Gebiete Finnlands. Publ. Inst. Geogr. Univ. Turkuensis, Nr. 6 (Helsinki).

GRANÖ, J. G., 1952: Régions géographiques et une méthode pour les délimiter. Compte rendu du XVIe Congrès international de Gèographie, Lisbonne 1949 (Lissabon).

GREENWOOD, N. H. und EDWARDS, J. M. B., 1973: Human environments and natural systems: a conflict of dominion (North Scituate/Mass.).

GRIES, HARTMUT, 1969: Winzer und Ackerbauern am oberen Mittelrhein. Rhein-Mainische Forschungen 69 (Frankfurt a. M.).

GRIGORYEV, ANDREY ALEKSANDROVICH, 1948: Die Fortschritte der sowjetischen physischen Geographie in den letzten 30 Jahren. PM, Bd. 92, S. 19–32.

GRIGORYEV, A. A., 1956², Geographie. Große Sowjet-Enzyklopädie, Bd. 10. Deutsche Übersetzung (Leipzig).

GRIMM, JACOB und WILHELM, 1885: Deutsches Wörterbuch, Bd. 6 (bearb. v. Moriz Heyne) (Leipzig).

GRIN, A. M. (Hrg.), 1973: Die Untersuchung der Wasserhaushaltsstruktur von Ökosystemen. Unterkommission 8. „Hydrologie" KAPG (Moskau, russisch).

GRISEBACH, A., 1838: Über den Einfluß des Klimas auf die Begrenzung der natürlichen Floren. Linnaea 12.

GRISEBACH, A., 1847: Gesammelte Abhandlungen und kleine Schriften (Leipzig).

GRISEBACH, A., 1872: Die Vegetation der Erde nach ihrer klimatischen Anordnung (Leipzig).

GRUBER, OTTO, 1961: Bauernhäuser am Bodensee (Konstanz/Lindau).

GRUENTER, R., 1953: „Landschaft". German-Roman Monatsschrift N.F., Bd. III (Heidelberg).

GÜNTHER, SIEGMUND, 1904: Geschichte der Erdkunde (Leipzig, Wien).

GURLITT, D., 1948: Grundbegriffe der Geographie. Universitas, Zeitschr. f. Wissenschaft,

Kunst und Literatur, 3. Jg., S. 427–436 (Stuttgart).

GURLITT-JANSEN, MARIA, 1949: Die Geschichte der Alpenforschung und die Entwicklung des alpinen Landschaftserlebnisses im 18. Jahrhundert (Bonn).

GUTERSOHN, HEINRICH, 1942: Geographie und Landesplanung. Kultur- und staatswissenschaftliche Schriften der Eidgenössischen Technischen Hochschule Zürich. Heft 31 (Zürich).

GUTERSOHN, H., 1946: Harmonie in der Landschaft. Arbeiten aus dem Geographischen Institut der Eidgenössischen Technischen Hochschule Zürich, Heft 4 (Zürich).

GUTERSOHN, H., 1963: Die Geographie als Grundlage der Orts-, Regional- und Landesplanung. Basler Beiträge zur Geographie und Ethnologie, Geographische Reihe, Heft 5. Ergänzungsheft zu Regio Basiliensis (Basel).

HAASE, GÜNTER, 1961: Landschaftsökologische Untersuchungen im Nordwest-Lausitzer Berg- und Hügelland (Diss. Leipzig).

HAASE, G., 1964 a: Landschaftsökologische Detailuntersuchung und naturräumliche Gliederung. PM, 108. Jg.

HAASE, G., 1964 b: Zur Anlage von Standort-Aufnahmekarten bei landschaftsökologischen Untersuchungen. Geogr. Berichte, 9. Jg., H. 33.

HAASE, G., 1967: Zur Methodik großmaßstäbiger landschaftsökologischer und naturräumlicher Erkundung. In: E. NEEF (Hrg.): Probleme landschaftsökologischer Erkundung und naturräumliche Gliederung (= Wiss. Abh. der Geogr. Ges., Bd. 5, S. 35–128) (Leipzig).

HAASE, G., 1968: Inhalt und Methodik einer umfassenden landwirtschaftlichen Standortkartierung auf der Grundlage landschaftsökologischer Erkundung. Wiss. Veröff. d. Dt. Inst. für Länderkunde N.F. 25/26 (Leipzig).

HAASE, G., 1973: Zur Ausgliederung von Raumeinheiten der chorischen und der regionalen Dimension – dargestellt an Beispielen aus der Bodengeographie. PM, 117. Jg., S. 81–90.

HAASE, G./H. RICHTER/H. BARTHEL, 1964: Zum Problem landschaftsökologischer Gliederung, dargestellt am Beispiel des Changai-Gebirges in der MVR. Wiss. Veröff. d. Dt. Inst. für Länderkunde, N.F., Bd. 21/22 (Leipzig).

HAASE, JUTTA und G. HAASE, 1964: Die Bedeutung von Stufenwerten der monatlichen Niederschlagssumme für die Kennzeichnung regionaler Klimaunterschiede. Leipziger geogr.

Beitr., Festschrift E. Lehmann zum 60. Geburtstag.

HABER, WOLFGANG, 1969: Grundsätze der Entwicklung und Gestaltung des gesamten Lebensraumes. Deutsche UNESCO-Kommission, Probleme der Nutzung und Erhaltung der Biosphäre.

HAECKEL, ERNST, 1866: Generelle Morphologie der Organismen. 2 Bände (Berlin).

HAECKEL, E., 1870: Über Entwicklungsgang und Aufgaben der Zoologie. Jenaische Z. Med. Naturw., Bd. 5, S. 352–370.

HAGGET, P., 1965: Locational analysis in human geography (London).

HAHN, EDUARD, 1892: Die Wirtschaftsformen der Erde. PM 36.

HAHN, E., 1896: Die Entstehung der Haustiere und ihre Bedeutung für die Wirtschaft des Menschen (Leipzig).

HAHN, F. G., 1887: Die Klassiker der Erdkunde und ihre Bedeutung für die geographische Forschung der Gegenwart. Königsberger Studien.

HAHN, HELMUT, 1957: Sozialgruppen als Forschungsgegenstand der Geographie. Erdkunde, Bd. 11.

HALL, P., 1972: Spatial Structure of metropolitan England and Wales. Spatial Policy Problems of British Economy (London).

HALLER, ALBRECHT VON, 1728: Frucht der großen Alpenreise. In: HIRZEL, Ludwig: Einleitung zu Hallers Gedichten (Frauenfeld 1882).

HALLER, A. v., 1742: Enumeratio methodica stirpium Helvetiae indigenarum (Göttingen).

HALLER, A. v., 1753: Die Alpen. In: Versuch Schweizerischer Gedichte (8. Aufl.) (Göttingen).

HALLER, A. v., 1768: Historia stirpium indigenarum Helvetiae (2. Aufl.) (Bern).

HALLER, A. v., 1883: Tagebücher seiner Reisen nach Deutschland, Holland und England 1723–1727. Mit Anmerkungen herausgegeben von Ludwig Hirzel (Leipzig).

HAMBLOCH, H., 1958: Naturräume der Emssandebene. Spieker, Heft 9 (Münster).

HAMBLOCH, H., 1960: Einödgruppe und Drubbel. Ein Beitrag zu der Frage nach den Urhöfen und Altfluren einer bäuerlichen Siedlung. Landesk. Karten und Hefte d. Geogr. Kommission für Westfalen, Reihe Siedlung und Landschaft in Westfalen, Bd. 4, S. 39–56.

HAMELIN, LOUIS-EDMOND, 1952: La géographie difficile. Université Laval, Publications de l'Institut d'Histoire et de Géographie, Cahiers de Géographie 2 (Quebec).

HANTZSCH, VIKTOR, 1897: Deutsche Geographen der Renaissance. GZ, Bd. 3, S. 507–514, S. 557–566, S. 618–624.

HANTZSCH, V., 1900: Die landeskundliche Literatur Deutschlands im Reformationszeitalter. Dt. Geschichtsblätter, Bd. 1, S. 18–22 und S. 41–47.

HARD, GERHARD, 1969 a: Der „Totalcharakter der Landschaft". Re-Interpretation einiger Textstellen bei Alexander von Humboldt. Erdkundl. Wissen, Heft 23, S. 49–73.

HARD, G., 1969 b: Die Diffusion der „Idee der Landschaft". Erdkunde, Bd. 23, S. 249–264.

HARD, G., 1970 a: Der „Totalcharakter der Landschaft". GZ, Bd. 23.

HARD, G., 1970 b: „Die Landschaft" der Sprache und die „Landschaft" der Geographen. Coll. Geogr. 11, Bonn.

HARRIS, C., 1958: Geography in the Soviet Union. Professional Geographer 10, pp. 8–13.

HARTKE, WOLFGANG, 1948: Gliederung und Grenzen im Kleinen. Erdkunde, Bd. 2, S. 174–179.

HARTKE, W., 1956: Die „Sozialbrache" als Phänomen der geographischen Differenzierung der Landschaft. Erdkunde, Bd. 10, S. 257–269.

HARTKE, W., 1961: Die Bedeutung der geographischen Wissenschaft in der Gegenwart. Deutscher Geographentag Köln. Tagungsber. und Wiss. Abh., S. 113–131 (Wiesbaden, 1962).

HARTMANN, NICOLAI, 1948: Die philosophischen Grundlagen der Naturwissenschaften (Jena).

HARTSCH, INGE, 1959: Reliefgliederung und ökologische Differenzierung im südöstlichen Teil der Dresdner Elbtalwanne (Diss. Leipzig).

HARTSHORNE, RICHARD, 1939: The Nature of Geography. Annals of the Ass. of American Geographers, S. 173–658 (Lawrence/Kansas).

HARTSHORNE, R., 1960: Perspective on the Nature of Geography (Frome and London).

HARVEY, DAVID, 1969: Explanation in Geography (London).

HASENKAMP, GEORG, 1925: Die Wege als Erscheinungen im Landschaftsbild (Freiburg).

HASSINGER, HUGO, 1919: Über einige Aufgaben geographischer Forschung und Lehre. Kartogr. und Schulgeogr. Zeitschr., Jg. 8. (Wien).

HASSINGER, H., 1925: Die Tschechoslowakei (Wien).

HASSINGER, H., 1930: Über Beziehungen zwischen der Geographie und den Kulturwissenschaften. Freiburger Universitätsreden, Bd. 3.

HASSINGER, H., 1932: Der Staat als Landschaftsgestalter. Zeitschr. f. Geopolitik 9.

HASSINGER, H., 1933: Die Geographie des Menschen. In: Klute, F.: Handb. d. geogr. Wissensch., Bd. II: Allgemeine Geographie (Potsdam).

HASSINGER, H., 1937: Die Landschaft als Forschungsgegenstand. Schriften d. Ver. zur Verbreitung naturwissensch. Kenntnisse in Wien, Bd. 77, S. 76–95.

HASSINGER, H., 1940: Einige Gedanken über Aufbau und Zielsetzung der Anthropogeographie. Zeitschr. f. Erdk., Bd. 8.

HAUBER, EBERHARD DAVID, 1727: Nützlicher Discours von dem gegenwärtigen Zustand der Geographie, besonders in Teutschland (Ulm).

HEISENBERG, WERNER, 1971: Schritte über Grenzen (München).

HELLPACH, WILLY, 1917: Die geopsychischen Erscheinungen Wetter, Klima und Landschaft in ihrem Einfluß auf das Seelenleben. 2. vermehrte und durchgesehene Auflage (Leipzig).

HELLPACH, W., 1950: Geopsyche (Stuttgart).

HELLPACH, W., 1952: Mensch und Volk der Großstadt, 2. Aufl. (Stuttgart).

HENNING, EDWIN, 1952: James Cook, Erschließer der Erde (Stuttgart).

HERRESTHAL, MAX, 1974: Die landschaftsräumliche Gliederung des indischen Subkontinents (Diss. Saarbrücken).

HERZ, KARL, 1966: Das Strukturmodell der Landschaft. Zeitschr. f. d. Erdkundeunterricht, Band 18, Heft 3, S. 88–89 (Berlin).

HERZ, K., 1968: Großmaßstäbliche und kleinmaßstäbliche Landschaftsanalyse im Spiegel eines Modells, PM, Erg. H. 271.

HERZ, K., 1973: Beitrag zur Theorie der landschaftsanalytischen Maßstabsbereiche. PM, 117 Jg., S. 91–96.

HETTNER, ALFRED, 1895: Geographische Forschung und Bildung. GZ, 1. Jg., 1. Heft, S. 1–19.

HETTNER, A., 1898: Die Entwicklung der Geographie im 19. Jahrhundert. (Rede beim Antritt der Geographischen Professur an der Universität Tübingen am 28. April 1898), GZ, 4. Jg., S. 305–320.

HETTNER, A., 1903: Grundbegriffe und Grundsätze der physischen Geographie. GZ, 9. Jahrg., Heft 1, S. 21–40, Heft 3, S. 121–139, Heft 4, S. 193–213.

HETTNER, A., 1905: Das Wesen und die Methoden der Geographie. GZ, 11. Jg.

HETTNER, A., 1908: Die geographische Einteilung der Erdoberfläche. GZ, Jg. 14, S. 1–150.

HETTNER, A., 1918: Die allgemeine Geographie und ihre Stellung im Unterricht. GZ 24, S. 172–178.

HETTNER, A., 1919: Die Einheit der Geographie in Wissenschaft und Unterricht. Geogr. Abende im Zentralinst. f. Erziehung und Unterricht, Heft 1 (Berlin).

HETTNER, A., 1923: Methodische Zeit- und Streitfragen. GZ, 29. Jg.

HETTNER, A., 1927: Die Geographie. Ihre Geschichte, ihr Wesen und ihre Methoden (Breslau).

HETTNER, A., 1929: Der Gang der Kultur über die Erde (2. Aufl. Leipzig u. Berlin).

HETTNER, A., 1935: Gesetzmäßigkeit und Zufall in der Geographie. GZ, 41. Jg., S. 2–15.

HIEKEL, W., 1964: Zur Charakteristik des Abflußverhaltens in den Thüringerwald-Flüssen Vesser und Zahme Gera. Archiv f. Naturschutz und Landschaftsforschung, Bd. 4 (Berlin).

HILDEN, K., 1957: Johannes Gabriel Granö. Sitzungsber. d. Finnischen Akad. d. Wissensch. 1956 (Helsinki).

HIRSCHFELD, C. C. L., 1779–1785: Theorie der Gartenkunst (Leipzig).

HIRSCHFELD, C. C. L., 1787: Das Landleben. 3. Aufl. (Frankfurt und Leipzig).

HOFFMANN, W. G., 1956: Industrialisierung. Handwörterb. der Sozialwissensch. (Stuttgart).

HOFMANN, M., 1970: Ökologische und synergetische Landschaftsforschung. GZ, 58. Jg.

HOLTMEIER, FRIEDRICH–KARL, 1974: Geoökologische Beobachtungen und Studien an der subarktischen und alpinen Waldgrenze in vergleichender Sicht. Erdwissenschaftliche Forschung VIII (Wiesbaden).

HOMMEYER, HEINRICH GOTTLOB, 1805: Beiträge zur Militair-Geographie der Europäischen Staaten (Breslau).

HOMMEYER, H. G., 1810: Reine Geographie von Europa oder Allgemeine Terrain-Beschreibung der Europäischen Erdfläche. Erste und zweite Lieferung. 2 Charten (Königsberg).

HOMMEYER, H. G., 1811: Einleitung in die Wissenschaft der reinen Geographie (Königsberg).

HOOSON, D., 1959: Some Recent Developments in Content and Theory of Soviet Geography. Annals of the Ass. of American Geographers 49, pp. 73–82 (Lawrence/Kansas).

HORNSTEIN, FELIX, von, 1951: Wald und Mensch (Ravensburg).

HUBRICH, HEINZ, 1964: Landschaftsökologische Untersuchungen im Übergangsbereich der nordsächsischen Gefildezone (Diss. Leipzig).

HUBRICH, H., 1965: Mikrochoren in Nordwest-Sachsen. Ein Beitrag zur regional-geographischen Forschung. Leipziger geogr. Beitr., Festschrift E. Lehmann zum 60. Geburtstag.

HUGIN, GERHARD, 1963: Wesen und Wandlung

318 Literaturverzeichnis

der Landschaft am Oberrhein. Beitr. zur Landespflege, Bd. 1, Festschrift für H. Fr. Wiepking, S. 185–250 (Stuttgart).

HUMBOLDT, ALEXANDER VON, 1845–1862: Kosmos. Entwurf einer physischen Weltbeschreibung, 5 Bände. (Stuttgart und Tübingen), Band 1, 1845, Band 2, 1847.

HUMBOLDT, A. v., 1849³: Ansichten der Natur, mit wissenschaftlichen Erläuterungen. (Dritte verbesserte und vermehrte Ausgabe) 2 Bde. (1. Auflage Tübingen 1808, Stuttgart/Tübingen).

HUMBOLDT, A. v. und A. BONPLAND, 1807: Ideen zu einer Geographie der Pflanzen nebst einem Naturgemälde der Tropenländer. Auf Beobachtungen und Messungen gegründet, welche vom zehnten Grade nördlicher bis zum zehnten Grade südlicher Breite, in den Jahren 1799, 1800, 1801, 1802 und 1803 angestellt worden sind (Tübingen/Paris).

HUTTENLOCHER, FRIEDRICH, 1925: Ganzheitszüge in der modernen Geographie, Die Erde 3. Jg., S. 461–465.

HUTTENLOCHER, F., 1949: Versuche kulturlandschaftlicher Gliederung am Beispiel Württemberg. Forsch. z. dt. Landesk., Bd. 47, 1949, S. 7–10, 43–46.

ILLIES, JOACHIM, 1971: Einführung in die Tiergeographie (Stuttgart).

ILYISCHEV, L. F., 1964: Metodologicheskiye problemy nauki (Methodological Problems of Science); Moscow: Academy of Sciences USSR, (Zitiert nach SOVJET GEOGRAPHY 1964).

IMHOF, EDUARD, 1967: Die Kunst in der Kartographie. International Yearbook of Cartography, Bd. 7, S. 21–32.

IMHOF, E., 1968: Landkartenkunst gestern, heute, morgen (Zürich).

IMHOF, M., 1792: Über die Verbesserung des physikalischen Klimas Bayerns durch eine allgemeine Landeskultur (München).

INSTITUTE FOR SCIENTIFIC CO-OPERATION, 1973: Applied Sciences and Development (Tübingen).

ISACHENKO, A. G., 1957: Die Entwicklung der Landschaftsökologie in der UdSSR in 40 Jahren (russisch). Izvestija Vsesoj. Geogr. Obščestva, H. 4.

ISAČENKO, A. G., 1965: Osnovy landšaftovedenija i fisikogeografičeskoe rajonirovanie (Die Grundlagen der Landschaftskunde und die physisch-geographische Rayonierung, russisch) (Moskau).

ISACHENKO, A. G., 1972 a: Determinism and

Indeterminism in Foreign Geography. Soviet Geography: Bd. 13, Nr. 7, S. 421–432.

ISACHENKO, A. G., 1972 b: On the unity of Geography. Soviet Geography, Bd. 13, Nr. 4, S. 195–219.

ISARD, W., 1960: Methods of Regional Analysis (New York–London).

JAEGER, FRITZ, 1910: Der Gegensatz von Kulturland und Wildnis und die allgemeinen Züge ihrer Verteilung in Ost-Afrika. Eine anthropogeographische Skizze. GZ, 16, S. 121–133.

JAEGER, F., 1926: Die Frage der Austrocknung Südafrikas und die Maßregeln dagegen. Tropenpflanzer 29, S. 127–136.

JÄGER, HELMUT, 1963: Zur Methodik der genetischen Kulturlandschaftsforschung. Ber. z. dt. Landesk., Bd. 30 (Bad Godesberg).

JÄGER, HERBERT, 1968: Die Ziegelindustrie in Jockgrim und Rheinzabern. Veröffentl. d. Pfälzischen Ges. z. Förderung der Wissenschaften, Bd. 57 (Speyer).

JALAS, J., 1953: Hemerokorit ja hemerobit. Luonnon Tutkija, Bd. 57, S. 12–16.

JALAS, J., 1965: Hemerobe und hemerochore Pflanzenarten. Ein terminologischer Reformversuch. Acta Soc. Fauna Flora Fenn., Bd. 72, II, S. 1–15.

JAMES, P. E., 1952: Toward a further Understanding of the Regional Concept. Annals of the Ass. of American Geographers 42 (Lawrence/Kansas).

JAMES, P. E., 1962: The Region as a Concept. Geographical Review 47 (New York).

JAMES, P. E., 1972: All possible worlds. A history of geographical ideas (New York).

JAMES, P. E. and CLARENCE F. JONES (Hrg.), 1954: American geography, inventory and prospect (Syracuse).

JASPERS, K., 1949: Philosophie und Wissenschaft. Antrittsvorlesung an der Universität Basel (Zürich).

JESSEN, OTTO, 1938: Niederländische Einflüsse in der deutschen Kulturlandschaft. Comptes rendus du Congr. Int. de Géographie (Amsterdam).

JESSEN, O., 1950: Die Fernwirkungen der Alpen. Mitt. Geogr. Ges. München.

JONES, E., 1956: Cause and Effect in Human Geography. Annals Assoc. Amer. Geogr. 42.

JÜNGER, FRIEDRICH GEORG, 1966: Wachstum und Planung. Mensch und Landschaft im technischen Zeitalter. Herausgegeben von der Bayerischen Akad. der Schönen Künste, S. 130–154 (München).

JUSATZ, H. J., 1944: Ökologie des Menschen als Forschungsaufgabe., PM, 90. Jg.

KAISER, ERNST, 1937: Landschaftsbiologie. Ein Weg zu ganzheitlichem Unterricht (Erfurt).

KALESNIK, STANISLAV K., 1951: Über einige theoretische Fragen der physischen Geographie (Diskussionsbeitrag russisch). Deutsche Übersetzung bei W. A. OBRUTSCHEW in Sowjetwissenschaft, Naturw. Reihe, 1952 (Berlin).

KALESNIK, S. V., 1954: On some results of the discussion of theoretical aspects of physical geography. Vestn. IGU, No. 7 (Moskau).

KALESNIK, S. V., 1958: La géographie physique comme science et les lois géographiques générales de la terre. Annales de Geographie, Bd. 67, S. 385–403.

KALESNIK, S. V., 1961: The Present State of Landscape Studies. Soviet Geography, Bd. 2.

KALESNIK, S. V., 1965: Some Results of the New Discussion about a "Unified" Geography. Soviet Geography, Bd. 6, No. 7, S. 11–26.

KÄMPFER, ENGELBERT, 1777–1779: Geschichte und Beschreibung von Japan. Hrg. von Ch. W. Dohm (Lemgo), (Neudruck Stuttgart 1964).

KANT, IMMANUEL, 1839: Schriften zur Physischen Geographie. Herausgegeben von Friedr. Wilh. Schubert. Immanuel Kant's Sämmtliche Werke. Herausgegeben von Karl Rosenkranz und Friedr. Wilhelm Schubert. Sechster Teil (Leipzig).

KANT, I., 1867–1868: Gesammelte Werke. 8 Bände (Leipzig).

KANT, I., 1922: Physische Geographie (1. Aufl. 1802). Immanuel Kant: Sämtliche Werke, hrg. v. Karl Vorländer in Verbindung mit O. Buek, P. Gedan, W. Kinkel, F. M. Schiele, Th. Valentiner u. a., Bd. 9 (Leipzig).

KAPP, E., 1845: Philosophische oder vergleichende allgemeine Erdkunde als wissenschaftliche Darstellung der Erdverhältnisse und des Menschenlebens nach ihrem inneren Zusammenhang. 2 Bände (Braunschweig).

KASTROP, RAINER, 1971: Ideen über die Geographie und Ansatzpunkte für die moderne Geographie bei Varenius unter Berücksichtigung der Abhängigkeit des Varenius von den Vorstellungen seiner Zeit (Diss. Saarbrücken).

KAUFFMANN, HANS, 1971: Albrecht Dürer – Umwelt und Kunst. Albrecht Dürer 1471–1971. Ausstellung des Germanischen Nationalmuseums Nürnberg, 21. 5. bis 1. 8. 1971 (München).

KAYSER, KURT (Hrg.), 1951: Landschaft und Land, der Forschungsgegenstand der Geographie. Festschrift Erich Obst zum 65. Geburtstag, dargebracht von seinen Freunden, Mitarbeitern und Schülern (Remagen).

KAYSER, KURT (Hrg.), o. J.: Die berühmten Entdecker und Erforscher der Erde (Köln).

KELLER, R., 1961: Gewässer und Wasserhaushalt des Festlandes (Leipzig).

KENNTNER, GEORG, 1963: Die Veränderungen der Körpergröße des Menschen, eine biogeographische Untersuchung. Diss. Saarbrücken (Karlsruhe).

KENNTNER, G., 1973: Gebräuche und Leistungsfähigkeit des Menschen im Tragen von Lasten. Biogeographica III (The Hague).

KERNER VON MARILAUN, A., 1861: Zeitliche Umwandlung der Pflanzenformationen. Verh. Zool.-Bot. Ges. Wien, XI (Wien).

KERNER VON MARILAUN, A., 1863: Das Pflanzenleben der Donauländer (Innsbruck).

KERNER VON MARILAUN, A., 1864: Österreichs waldlose Gebiete. Österr. Revue I.

KERNER VON MARILAUN, A., 1869: Die Abhängigkeit der Pflanzengestalt von Klima und Boden (Innsbruck).

KERSTEN, KURT, 1957: Der Weltumsegler Johann Georg Forster (1754–1794) (Bern).

KIESSLING, M., 1909: Varenius und Eratosthenes. GZ, Bd. 15, S. 12–28.

KIMBLE, G. H. T., 1951: The Inadequacy of the Regional Concept. In Stamp, L. D. and S. W. Wooldridge (ed.): London Essays in Geography (London).

KINNE, O., 1957: Physiologische Ökologie – ein modernes Forschungsgebiet. Biologisches Zentralblatt, Bd. 76 (Leipzig).

KLINGE, HANS, 1973: Struktur und Artenreichtum des zentralamazonischen Regenwaldes. Amazoniana, IV, H. 3, S. 283–292.

KLINGE, H. und W. A. RODRIGUES, 1968: Litter Production in an Area of Amazonian Terra Firma Forest I, II. Amazoniana 1 (4), S. 287–302, 303–310.

KLINGE, H. und W. A. RODRIGUES, 1971: Materia organica e nutrientes na mata de terra firme perto de Manaus. Acta Amazonica 1 (1), S. 69–73.2

KLINK, H.-J., 1964: Naturräumliche Gliederung des Ith. Hils-Berglandes. Art und Anordnung der Physiotope und Ökotope (Diss. Göttingen).

KLINK, H.-J., 1966: Die naturräumliche Gliederung als ein Forschungsgegenstand der Landeskunde. Ber. z. dt. Landesk., Bd. 36 (Bad Godesberg).

KLINK, H.-J., 1972: Geoökologie und naturräumliche Gliederung – Grundlagen der Umweltforschung. Geogr. Rdsch., 24. Jahrg., S. 7–18.

KLUTE, FRITZ, 1933: Handbuch der geographischen Wissenschaft, (Potsdam).

KNIGHT, C. B., 1965: Basic concepts of Ecology (New York).

KNOCH, K., 1950: Geländeklimaarten. Forschungen und Sitzungsberichte d. Akad. f. Raumforschung und Landesplanung, Bd. 1. H. 1 (Hannover).

KNOCH, K., 1963: Die Landesklimaaufnahme. Ber. d. Dt. Wetterdienstes (Offenbach).

KNÖTIG, H., 1972: Bemerkungen zum Begriff „Humanökologie". Humanökologische Blätter, 2/3, S. 3–140.

KOEGEL, LUDWIG, 1927: Tropenurwald und Wüstenlandschaften der Erde. Vereinigung Natur und Kultur E.V. (München).

KÖLLNER, VOLKHARD, 1965: Der natürliche Landschaftsübergang zwischen Göttinger Wald und Unterem Eichsfeld. Ber. z. dt. Landesk., Bd. 35, S. 62–73 (Bad Godesberg).

KÖNIG, RENE, 1967: Soziologie (Frankfurt/Main).

KOHL, JOHANN GEORG, 1845: Der Verkehr und die Ansiedlung der Menschen in ihrer Abhängigkeit von der Gestaltung der Erdoberfläche (Dresden und Leipzig).

KOLB, ALBERT, 1962: Die Geographie und die Kulturerdteile. Hermann von Wissmann – Festschrift, hrg. von Adolf Leidlmair, S. 42–49 (Tübingen).

KONDRACKI, JERZY, 1967: Landschaftsökologische Studien in Polen. Wissenschaftl. Abh. d. geogr. Ges. d. DDR, Bd. 5, S. 216–231 (Leipzig).

KONDRACKI, J., 1969: Grundlagen der physisch-geographischen Regionalisierung (polnisch, Warschau).

KOPP, D., 1965: Die forstliche Standortserkundung als Beitrag zu einer standörtlich-kartographischen Inventur der Kulturlandschaft, dargestellt am Beispiel des nordostdeutschen Tieflandes. Archiv für Naturschutz und Landschaftsforschung, Bd. 5 (Berlin).

KOPP, D. und H. HURTIG, 1970: Zur Weiterentwicklung der Standortsgliederung im Nordostdeutschen Tiefland. Archiv für Forstwesen, Bd. 9 (Berlin).

KRAUKLIS, A. A., V. S. MICHEEV und G. V. BAČURIN, 1969: Programmnye i metodičeskie voprosy izučenija prirodnych režimov tajgi (Fragen zum Programm u. zur Methodik der Untersuchung von Naturhaushalten der Taiga, russisch). Inform. bjull. Nauč. Soveta po kompl. osvoeniju taežnych territ., vyp. 4 (Irkutsk).

KRAUS, GREGOR, 1911: Boden und Klima auf kleinstem Raum. Versuch einer exakten Behandlung des Standorts auf dem Wellenkalk (Jena).

KRAUS, THEODOR, 1931: Das Siegerland ein Industriegebiet im Rheinischen Schiefergebirge. Forschungen zur Deutschen Landes- und Volkskunde, Bd. 28, H. 1 (Stuttgart).

KRAUS, T., 1948: Räumliche Ordnung als Ergebnis geistiger Kräfte. Erdkunde, Bd. 2, S. 151–155.

KRAUS, T., 1951: Geographie als individuelle Länderkunde, Erdkunde, Bd. 5, S. 193–196.

KRAUS, T., 1952: Über das Wesen der Länder. Verhandl. d. Dt. Geographentages Frankfurt 1951 (Remagen).

KRAUS, T., 1957 a: Wirtschaftsgeographie als Geographie und als Wirtschaftswissenschaft. Die Erde, Bd. 88.

KRAUS, T., 1957 b: Geographie unter besonderer Berücksichtigung der Wirtschafts- und Sozialgeographie. Aufgaben deutscher Forschung, S. 161–177 (Köln/Opladen).

KRAUSE, FRITZ, 1923: Völkerkundliche Strukturlehre und ihre Anwendung auf unser modernes Kulturleben. PM, 69. Jg., S. 250–252.

KRAUSE, F., 1924: Das Wirtschaftsleben der Völker (Breslau).

KRAUSE, KARL CHRISTIAN FRIEDRICH, 1883: Die Wissenschaft von der Landverschönerkunst. Aus dem handschriftlichen Nachlasse des Verfassers herausgegeben von Dr. Paul Hohlfeld und Dr. August Wünsche (Leipzig).

KRAUSE, KURT, 1929: Die Anfänge des geographischen Unterrichts im 16. Jahrhundert (Gotha).

KRAUSE, W., 1963: Eine Grünland-Vegetationskarte der südbadischen Rheinebene und ihre landschaftsökologische Aussage. Arb. z. Rhein. Landesk., H. 20 (Bonn).

KRAUSS, GUSTAV, 1936: Aufgaben der Standortskunde. Bericht über die Mitgliederversammlung des Deutschen Forstvereins in Stettin 1936. Jahresber. d. dt. Forstvereins, S. 319 ff.

KREBS, NORBERT, 1923: Natur- und Kulturlandschaft. Zeitschr. d. Ges. f. Erdk., S. 81–94.

KREBS, N., 1941: Vom Wesen und Wert der Länder. Aus den Abhandl. d. preußischen Akad. der Wissenschaften, Math.-naturw. Klasse Nr. 4 (Berlin).

KREBS, N., 1951: Vergleichende Länderkunde (Stuttgart).

KRETSCHMER, KONRAD, 1933: Geschichte der Geographie als Wissenschaft. Handbuch d.

Geogr. Wissenschaft, Band Physikalische Geographie. S. 1–23 (Potsdam).

KRINGS, HERMANN, 1956: Meditation des Denkens (München).

KROHM, KARL, 1927: Die Buschwüsten. Veröff. d. Geogr. Inst. d. Albertus-Universität Königsberg, Heft 9 (Hamburg).

KRÖNERT, T., 19680: Über die Anwendung landschaftsökologischer Untersuchungen in der Landwirtschaft. Wissenschaftl. Veröff. d. dt. Inst. f. Länderk., N.F. 25/2 (Leipzig).

KRUEDENER, A. v., 1926: Waldtypen als kleinste Landschaftseinheiten bzw. Mikrolandschaftstypen, PM, Bd. 72, S. 150–158.

KRUMMSDORF, A., 1960: Beitrag zur Methodik der Landschaftsanalyse zur Flurneuordnung. Zeitschr. f. Landeskultur, Bd. 1, H. 1/2.

KUGLER, H., 1963: Zur Erfassung und Klassifikation geomorphologischer Erscheinungen bei der ingenieurgeologischen Spezialkartierung. Zeitschr. f. Angewandte Geologie, H. 11 (Berlin).

KÜHN, ARTHUR, 1938: Die Neugestaltung der Deutschen Geographie im 18. Jhdt. Ein Beitrag zur Geschichte der Geographie an der Georgia Augusta zu Göttingen (Leipzig).

KÜHNE, G., 1953/54: Der geographische Landschaftsbegriff. Wiss. Zeitschr. d. Martin-Luther-Universität Halle-Wittenberg, math.-naturw. R. 3 (Halle).

KÜHNELT, W., 1960: Inhalt und Aufgabe der Festlandsökologie (Epeirologie). Österreichischer Akad. Wiss. Anzeiger, math.-naturw. Kl. 97 (Wien).

KULLMER, H. J., 1966: Zum Verfahren der ökologischen Standortgliederung (Hannover.) (Diplomarbeit, Inst. für Landschaftspflege und Naturschutz der TH Hannover).

KUNDLER, P., 1959: Zur Methodik der Bilanzierung. Zeitschr. f. Pflanzenernährung und Bodenkunde, Bd. 95 (Weinheim).

KUPERUS, G., 1953: Geografie als leer der bestaansruimte. Tijdschrift van het Koninklijkt Nederlandsch Aardrijkskundig Genootschap R. 2, T. 70, H. 4 (Amsterdam).

KUSKE, B., 1926: Die historischen Grundlagen der Weltwirtschaft. Kieler Vorträge, gehalten im Wiss. Klub d. Inst. f. Weltwirtschaft und Seeverkehr an der Universität Kiel.

KUTZEN, JOSEF AUGUST, 1883: Das Deutsche Land in seinen charakteristischen Zügen und seinen Beziehungen zu Geschichte und Leben der Menschen. (1. Aufl. 1855) (Breslau).

LAATSCH, W. und E. SCHLICHTING, 1959: Bodentypus und Bodensystematik. Zeitschr. f. Pflanzenernährung und Bodenkunde, Bd. 87 (Weinheim).

LAMPE, FELIX, 1926: Geographisches Denken. Pädagogische Warte 33, S. 51–54 (Osteriwek a. Harz).

LANDMANN, MICHAEL, 1961: Der Mensch als Schöpfer und Geschöpf der Kultur (München/Basel).

LANGE, GOTTFRIED, 1961a: Das Werk des Varenius, eine kritische Gesamtbibliographie. Erdkunde, Bd. 15, S. 1–16.

LANGE, G., 1961b: Varenius über die Grundfragen der Geographie. Ein Beitrag zur Problemgeschichte der geographischen Wissenschaft. PM, 105 Jg., S. 274–283.

LANGER, HANS, 1967: Zum Problem der ökologischen Landschaftsgliederung. Int. Symposium über theoretische Probleme d. biologischen Landschaftsforschung, 4.–9. Sept. 1967 (Bratislava).

LANGER, H., 1969: Methodologische Grundlagen der Landschaftspflege. Natur und Landschaft, Bd. 44, H. 8 (Mainz).

LANGER, H., 1970 a: Landschaftspflege als Raumplanung. Natur und Landschaft, Bd. 45, H. 1 (Mainz).

LANGER, H., 1970 b: Die ökologische Gliederung der Landschaft und ihre Bedeutung für die Fragestellung der Landschaftspflege. Beiheft 3 zu Landschaft und Stadt (Stuttgart).

LANGER, H., 1971: Landschaftsplanung – Arbeitsrahmen zur Projektplanung. Natur und Landschaft, 46.

LANGER, H., 1971: Planung als kybernetisches Modell. Landschaft und Stadt, 3. Jahrg., Heft 4.

LANGER, H., 1973: Ökologie der geosozialen Umwelt. Landschaft und Stadt, 5. Jahrg., Heft 3.

LANGOSCH, KARL, siehe: Cochlaeus, Johannes.

de LATTIN, GUSTAF, 1967: Grundriß der Zoogeographie (Jena).

LAUCKNER, MAGDA, 1962: Die landschaftsökologische Catena im Gebiet des Eibenstöcker Turmalingranits (Diss. Leipzig).

LAUTENSACH, HERMANN, 1926: Ein Handbuch zu Stieler. a. Allgemeine Geographie zur Einführung in die Länderkunde b. Länderkunde (Gotha).

LAUTENSACH, H., 1933: Wesen und Methoden der geographischen Wissenschaft. Handbuch der Geographischen Wissenschaft: Allgemeine Geographie I. Hrg. von F. Klute (Potsdam).

LAUTENSACH, H., 1938: Über die Erfassung und Abgrenzung von Landschaftsräumen. Comptes Rendus du Congr. Int. de Geographie (Amsterdam).

LAUTENSACH, H., 1952 a: Otto Schlüters Bedeutung für die methodische Entwicklung der Geographie. PM, 96. Jg., S. 219–231.

LAUTENSACH, H., 1952 b: Der Geographische Formenwandel. Studien zur Landschaftssystematik. Coll. Geogr., Bd. 3, 1952, S. 1–16.

LAUTENSACH, H., 1953 a: Über die Begriffe Typus und Individuum in der geographischen Forschung. Münchner Geographische Hefte, H. 3 (Regensburg).

LAUTENSACH, H., 1953 b: Forschung und Kompilation in der Länderkunde. Geogr. Rdsch., 5. Jg., S. 4–6 (Braunschweig).

LEFÈVRE, M. A., 1946: Principes et problèmes de géographie humaine (Bruxelles).

LEHMANN, EDGAR, 1959: Carl Ritters kartographische Leistung. Die Erde, 90. Jg., Heft 2, S. 184–222.

LEHMANN, E., 1967: Regionale Geographie und naturräumliche Gliederung. Wiss. Abh. d. Geogr. Ges. d. DDR, Bd. 5, S. 1–21 (Leipzig).

LEHMANN, H., 1950 a: Das naturräumliche Gefüge des oldenburgisch-ostfriesischen Geestrückens und der Hunte-Leda Niederung. Ber. z. dt. Landesk., Bd. 8, S. 324–339 (Stuttgart).

LEHMANN, H., 1950 b: Die Physiognomie der Landschaft. Studium Generale, 3. Jg., S. 182–195 (Berlin/Göttingen/Heidelberg).

LEHMANN, OTTO, 1936: Über die Stellung der Geographie in der Wissenschaft. Vierteljahresschr. d. Naturforsch. Ges. in Zürich, Bd. 81 (Zürich).

LEHMANN, O., 1937: Der Zerfall der Kausalität und die Geographie (Zürich).

LEHOVEC, O., 1953: Erdkunde als Geschehen. Landschaft als Ausdruck eines Kräftespiels. Erdkundl. Wissen, Bd. 2.

LEIGHLY, I. B. (Ed.), 1963: Land and Life (A Selection from the Writings of Carl Ortwin Sauer) (Berkeley/Los Angeles).

LENDL, EGON, 1951: Die mitteleuropäische Kulturlandschaft im Umbruch der Gegenwart. Schriften des Inst. für Kultur- und Sozialforschung in München, Bd. 2.

LE ROY, EDOUARD, 1927: L'exigence idéaliste et le fait de l'évolution (Paris).

LESER, HARTMUT, 1971: Landschaftsökologische Studien im Kalaharisandgebiet um Auob und Nossob. Erdwissenschaftl. Forschung, Bd. III (Wiesbaden).

LESER, H., 1974: Angewandte Physische Geographie und Landschaftsökologie als Regionale Geographie. GZ, 62. Jg., S. 161–178 (Wiesbaden).

LESER, H., 1976: Landschaftsökologie. Uni-Taschenbücher 521 (Stuttgart).

LESZCZYCKI, ST., 1960: The latest approaches and concepts in geography. Soviet Geography, Bd. 1, No. 4, S. 3–17.

LEUTENEGGER, ALBERT, 1922: Begriff, Stellung und Einteilung der Geographie (Gotha).

LEYSER, POLYCARPIUS, 1726: Commentatio de vera Geographiae Methodo (Helmstadii).

LIEBIG, JUSTUS VON, 1865⁴: Chemische Briefe (1. Aufl. 1844, Leipzig/Heidelberg).

LIETH, H., 1964/1965: Versuch einer kartographischen Darstellung der Produktivität der Pflanzendecke auf der Erde. Geographisches Taschenbuch (Wiesbaden).

LINDEN, H., 1958: Naturräumliche Kleingliederung und Agrarstruktur an der Grenze des Westfälischen Hellwegs gegen das Sand-Münsterland. Forsch. z. dt. Landesk., Bd. 106 (Bad Godesberg).

LITT, THEODOR, 1952: Naturwissenschaft und Menschenbildung (Heidelberg).

LITT, TH., 1957: Technisches Denken und menschliche Bildung. 2. Aufl. (Heidelberg).

LOCKE, JOHN, 1894: An Essay concerning Human Understanding (1. Ausgabe 1690, London). Hrg. v. A. C. Fraser, 2 Bände (Oxford).

LONG, GILBERT, 1974: Diagnostic phyto-écologique et aménagement du territoire. Collection d'écologie 4 (Paris).

LORENZ, KONRAD, 1942: Induktive und teleologische Psychologie. Die Naturwissenschaften, Bd. 30, S. 133–143.

LUDIN, ADOLF, 1938: Wasserkraftanlagen II, 1 (Handbibliothek f. Bauingenieure), S. 26 (Berlin).

LUKIČEVA, A. N. und D. N. SABUROV, 1971: Fazies-Serien. Nachrichten d. Geogr. Gesellschaft d. UdSSR (russisch).

LULOFS, JAN, 1750: Inleiding tot eene Natuur-en Wiskundige Beschouwing van den Aardkloot (Leyden).

LUNDEGARDH, H., 1925: Klima und Boden in ihrer Wirkung auf das Pflanzenleben. Neuauflagen 1930, 1949, 1954 (Jena).

LÜTGENS, RUDOLF, 1921: Spezielle Wirtschaftsgeographie auf landschaftskundlicher Grundlage. Mitt. d. Geogr. Ges. Hamburg (Hamburg).

LÜTGENS, R., 1950: Die geographischen Grundlagen und Probleme des Wirtschaftslebens. Erde und Weltwirtschaft, Bd. 1 (Stuttgart).

LÜTHY, H., 1970: Mathematisierung der Sozialwissenschaften (Zürich).

LUTZ, J. L., 1950: Ökologische Landschaftsforschung und Landeskultur. Bayrisches Landwirtschaftliches Jahrbuch, Bd. 27 (München/Basel/Wien).

MAASS, HARRY, 1920: Die Pflanze im Landschaftsbilde (Leipzig).

MACKA, MIROSLAV (Ed.), 1967: Economic Regionalization. Proceedings of the Commission on Methods (Brno 1965) Academia (Prague).

MACKINDER, H. J., 1902: Britain and the British Seas (Oxford).

MÄDING, ERHARD, 1942: Landespflege. Die Gestaltung der Landschaft als Hoheitsrecht und Hoheitspflicht (Berlin).

MÄGDEFRAU, KARL, 1973: Geschichte der Botanik (Stuttgart).

MANNERT, KONRAD, 1788–1802: Geographie der Griechen und Römer. 6 Bde. (Nürnberg).

MANSHARD, WALTER, 1952: Der „Site"-Begriff in der britischen Geographie. Erdkunde, S. 284–286.

MANSHARD, W., 1968: Agrargeographie der Tropen (Mannheim).

MANSHARD, W., 1970: Reinhaltung der Biosphäre und Umweltforschung. Eine internationale Aufgabe unter Beteiligung der Geographie. PM, 114. Jg., H. 4, S. 283–285.

MARKUS, E., 1936: Geographische Kausalität. Publicationes Instituti Universitatis Tartuensis Geographici, No. 22 (Tartu).

MARSH, GEORGE PERKINS, 1877: The Earth as Modified by Human Action (New York).

MARTENS, ROBERT, 1968: Quantitative Untersuchungen zur Gestalt, zum Gefüge und Haushalt der Naturlandschaft (Imoleser Subapennin). Hamburger Geogr. Studien, 21.

MARTHE, FRIEDRICH, 1877: Begriff, Ziel und Methode der Geographie und v. Richthofen's China, Bd. I. Zeitschr. d. Ges. f. Erdk. z. Berlin, Bd. 12, S. 422–467.

MARTHE, F., 1879: Was bedeutet Carl Ritter für die Geographie? Zeitschr. d. Ges. f. Erdk. z. Berlin, Bd. 14, S. 374.

MARTIUS, K. F. PH., 1824: Die Physiognomie des Pflanzenreiches in Brasilien. (München).

de MARTONNE, EMMANUEL, 1948: Evolution de la Géographie. In: Traite de la Géographie Physique, Bd. 1, S. 3–26 (Paris).

MARX, S., 1960: Zur regionalen Struktur der Niederschlagsverteilung in Ostsachsen. Zeitschr. f. Meteorologie, Bd. 14, H. 10 (Berlin).

MATURABA, S., 1965: Seasonal Behaviour of a Japanese Evergreen Broad-Leaved Forest, with Special Reference to Water, Ash and Calcium Contents-Ecological Characteristics of the Alliance Shiion Sieboldi. Jap. Journal of Ecology, 15, 1.

MATZNETTER, JOSEF, 1958: Die Kanarischen Inseln. Wirtschaftsgeschichte und Agrargeographie (Gotha).

MAULL, OTTO, 1925: Zur Geographie der Kulturlandschaft. Festgabe E. v. Drygalski (Berlin).

MAULL, O., 1932 a: Geographie der Kulturlandschaft (Leipzig).

MAULL, O., 1932 b: Anthropogeographie (Leipzig).

MAULL, O., 1938: Die Einheit der Landschaft und länderkundliche Einheiten. Comptes rendus du Congrès International de Géographie, Bd. 2, S. 150–157 (Amsterdam).

MAULL, O., 1951: Allgemeine Geographie als Propädeutik oder geographische Grunddisziplin. Landschaft und Land, der Forschungsgegenstand der Geographie. Festschrift Erich Obst zum 65. Geburtstag (Remagen).

MAULL, O., 1953: Besprechung von Lautensach, Hermann: Der Geographische Formenwandel. Mitt. d. Geogr. Ges. in München, 38. Band, S. 162–165 (München).

MAULL, O., 1954/55: Zonenbegriffe im länderkundlichen Sprachgebrauch. Geographisches Taschenbuch 1954/1955 (Wiesbaden).

MAY, J. A., 1970: Kant's Concept of Geography and its relation to recent geographical thought. University of Toronto (Toronto and Buffalo).

MAZÚR, EMIL (Hrg.), 1972: Theoretische Probleme der physisch-geographischen Raumgliederung (Bratislava).

MCHALE, JOHN, 1974: Der ökologische Kontext (Frankfurt/Main).

MEADOWS, D., et all., 1972: The Limits to Growth. A report for the Club of Rome's project on the predicament of mankind (New York).

MECKELEIN, W., 1965: Entwicklungstendenzen der Kulturlandschaft im Industriezeitalter. TH Stuttgart, Reden und Aufsätze 32.

MEDVEDKOV, Y. V., 1967: An Application of Topology in Central Place Analysis. Reg. Sc. Ass. Papers, XX, S. 77–84 (Den Haag).

MEIER-LEMGO, KARL, 1937: Engelbert Kaempfer, der erste deutsche Forschungsreisende 1651–1716. Leben, Reisen, Forschungen nach bisher unveröffentlichten Handschriften Kaempfers im Britischen Museum bearbeitet (Stuttgart).

MENSCHING, HORST, 1968: Tunesien, eine geographische Länderkunde. Wissenschaftliche Länderkunde, Bd. 1 (Darmstadt).

MERULA, PAULUS G.F.P.V., 1605: Cosmographiae generalis libri tres: item geographiae particularis libri quatuor: quibus Europa in genere, speciatim Hispania, Gallia, Italia describuntur. Cum tabulis Geographicis aeneis. (Amsterdam).

MESSERSCHMIDT-SCHULZ, JOHANNE, 1938: Die Darstellung der Landschaft in der deutschen Dichtung des ausgehenden Mittelalters (Breslau).

MEUSEL, H., 1954: Die natürliche Landschaft als Problem der geographischen und biologischen Forschung. Dt. Akad. d. Landwirtschaftswiss. Berlin Rechenschaftsber. und Vortr. 1–18 (Berlin).

MEYER, E. H. F., 1854–57: Geschichte der Botanik. 4 Bände (Nachdruck Amsterdam 1965) (Königsberg).

MEYNEN, E., 1969: Datenverarbeitung in der thematischen Geographie. Veröffentlichungen der Akad. f. Raumforschung und Landesplanung, Forschungs- u. Sitzungsberichte, Bd. 51.

MEYNEN, E. und E. RIFFEL (Hrg.), 1973: Geographie Heute, Einheit und Vielfalt. E. Plewe zu seinem 65. Geburtstage von Freunden u. Schülern gewidmet. Erdkundl. Wissen, H. 33.

MEYNEN, E. und J. SCHMITHÜSEN (Hrg.), 1953 ff: Handbuch der naturräumlichen Gliederung Deutschlands (Bad Godesberg 1953–1962).

MICHOTTE, PAUL L., 1921: L'orientation nouvelle en Géographie. Bulletin de la Société Royale Belge de Géographie, 45. Jg. S. 5–43 (Bruxelles).

MINSHULL, ROGER, 1967: Regional Geography, Theory and Practice (London).

MÖBIUS, K., 1877: Die Auster und die Austernwirtschaft (Berlin).

MORTENSEN, HANS, 1950: Die moderne Problematik der Geographie. Deutsche Universitätszeitung, 5. Jg., Nr. 11 (9. Juni 1950) S. 15–17 (Bonn).

MOSCHELES, JULIE, 1926: Das logische System der Geographie des Menschen. Mitt. d. Geogr. Ges. in Wien, Bd. 69, S. 163–171 (Wien).

MUCHINA, L. I., 1973: Prinzipy i metody technologičeskoj ocenki prirodnych kompleksov (Prinzipien und Methoden der technologischen Bewertung von naturräumlichen Komplexen, russisch). Akademija nauk SSSR. Institut geografii (Geogr. Inst. d. Ak. d. Wiss. d. UdSSR) (Moskau).

MÜLLER, PAUL, 1972: Die Bedeutung der Biogeographie für die ökologische Landschaftsforschung. Biogeographica I (The Hague).

MÜLLER, P., 1973: Probleme des Ökosystems einer Industriestadt, dargestellt am Beispiel von Saarbrücken. Verh. d. Ges. f. Ökologie (Gießen).

MÜLLER, P., 1974: Editorial: Ökonomie-Ökologie Equilibrium. Geoforum 18/1974, S. 5 (Oxford).

MÜLLER, P., 1974: Beiträge der Biogeographie zur Geomedizin und Ökologie des Menschen. Fortschritte der Geomedizin (Wiesbaden).

MÜLLER, P., 1974: Aspects in Zoogeography (Den Haag).

MÜLLER-MINY, HEINRICH, 1940: Die linksrheinischen Gartenbaufluren der südlichen Kölner Bucht im besonderen die des Vorgebirges im Kartenbild. Ber. z. Raumforschung und Raumordnung. Hrg. von P. Ritterbusch. Bd. 5 (Leipzig).

MÜLLER-MINY, H., 1962: Betrachtungen zur naturräumlichen Gliederung. Ber. z. dt. Landeskd., Bd. 28 (Bad Godesberg).

MÜLLER-WILLE, WILHELM, 1936: Die Ackerfluren im Landesteil Birkenfeld und ihre Wandlungen seit dem 17. und 18. Jahrhundert. Beitr. z. Landesk. d. Rheinl., 2. Reihe, H. 5 (Bonn).

MÜLLER-WILLE, W., 1942: Das Rheinische Schiefergebirge und seine kulturgeographische Struktur und Stellung. Dt. Archiv f. Landes- und Volksforschung, VI. Jahrg., Heft 4, S. 537–591.

MÜLLER-WILLE, W., 1942: Die Naturlandschaften Westfalens. Westfälische Forschungen, Bd. 5.

MÜLLER-WILLE, W., 1952: Westfalen. Landschaftliche Ordnung und Bindung eines Landes (Münster).

MÜLLER-WILLE, W., 1956: Siedlungs-, Wirtschafts- und Bevölkerungsräume im westlichen Mitteleuropa um 500 n. Chr. Westfälische Forschungen, 9, S. 5–25.

MÜLLER-WILLE, W., 1958: Die spätmittelalterlich-frühneuzeitliche Kulturlandschaft und ihre Wandlungen. Berichte zur deutschen Landeskunde, 19, S. 187–200.

MÜNSTER, SEBASTIAN, 1544: Cosmographia (Basel).

MÜNSTER, S., 1965: Mappa Europae. Faksimile der Originalausgabe von Christian Egenolff Frankfurt am Main 1536. Mit einem Nachwort hrg. v. Klaus Stopp (Wiesbaden).

NAGEL, E., 1961: The Structure of Science (New York).

NEEF, ERNST, 1951/52: Das Kausalitätsproblem in der Entwicklung der Kulturlandschaft. Wiss. Zeitschr. d. Universität Leipzig, H. 2 (Leipzig).

NEEF, E., 1955: Werden und Wesen eines Landschaftsbegriffes. PM, 99. Jg., H. 1, S. 24–26.

NEEF, E., 1955/56: Einige Grundfragen der

Landschaftsforschung. Wiss. Zeitschr. der Karl-Marx-Universität Leipzig, mathematisch-naturwissenschaftliche Reihe 5, H. 5 (Leipzig).

NEEF, E., 1956: Die axiomatischen Grundlagen der Geographie. Geogr. Berichte, Jg 1.

NEEF, E., 1961: Landschaftsökologische Untersuchungen als Grundlage standortsgerechter Landnutzung. Die Naturwissenschaften, 49 (Berlin).

NEEF, E., 1963 a: Topologische und chorologische Arbeitsweisen in der Landschaftsforschung. PM, 107. Jg.

NEEF, E., 1963 b: Die Stellung der Landschaftsökologie in der Physiogeographie. Geogr. Berichte, Bd. 25.

NEEF, E., 1963 c: Dimensionen geographischer Betrachung. Forschung und Fortschritte, 37 (Berlin).

NEEF, E., 1965: Elementaranalyse und Komplexanalyse in der Geographie. Mitt. d. Österreichischen Geogr. Ges. Wien, 107 (Wien).

NEEF, E., 1967 a: Die theoretischen Grundlagen der Landschaftslehre (Gotha/Leipzig).

NEEF, E., 1967 b: Anwendung und Theorie in der Geographie. PM 111. Jg.

NEEF, E., 1967 c: Entwicklung und Stand der landschaftsökologischen Forschung in der DDR. Wiss. Abh. d. Geogr. Ges. d. DDR, Bd. 5, S. 22–34 (Leipzig).

NEEF, E. (Hrg.) 1967 d: Probleme der landschaftsökologischen Erkundung und naturräumlichen Gliederung. Wissensch. Abh. d. Geogr. Ges. d. DDR, Bd. 5 (Leipzig).

NEEF, E., 1968: Der Physiotop als Zentralbegriff der komplexen Physischen Geographie. PM, 112. Jg.

NEEF, E., 1970: Zu einigen Fragen der vergleichenden Landschaftsökologie. GZ, 59, S. 161–175.

NEEF, E., 1972: Geographie und Umweltwissenschaft. PM, 116. Jg., S. 81–88.

NEEF, E., GERHARD SCHMIDT und MAGDA LAUCKNER, 1961: Landschaftsökologische Untersuchungen an verschiedenen Physiotopen in Nordwestsachsen. Abh. d. Sächsischen Akad. d. Wiss. zu Leipzig, Mathematisch-naturwissenschaftliche Klassen, Band 47, Heft 1 (Berlin).

NETZEL, ERICH, 1966: System und Terminologie der Geographie. Geogr. Rdsch., 18. Jg., H. 2, S. 60–63.

NEUMAYER, GEORG von, 1875: Anleitung zu wissenschaftlichen Beobachtungen auf Reisen. Mit besonderer Rücksicht auf die Bedürfnisse der Kaiserlichen Marine. (Berlin, 2. Auflage. 1888 Berlin).

NEUMEISTER, HANS, 1971: Das System Landschaft und die Landschaftsgenese. Geogr. Berichte, 16. Jg., S. 119–133.

NITZ, HANS-JÜRGEN, 1970: Agrarlandschaft und Landwirtschaftsformation. Moderne Geographie in Forschung und Unterricht (Hannover).

NÖTZOLD, ENNO, 1966: Die Auffassung der Landschaft in den Werken der beiden Forster. Staatsexamensarbeit (Saarbrücken) Manuskript.

OBERBECK, GERHARD, 1971: Allgemeine Geographie oder Länderkunde? Einige Bemerkungen zur wissenschaftstheoretischen Situation der Geographie. Geogr. Helv., 26. Jg., Heft 1, S. 26–27.

OBERBECK-JACOBS, URSELMARIE, 1957: Die Entwicklung der Kulturlandschaft nördlich und südlich der Lößgrenze im Raum um Braunschweig. Jahrb. d. Geogr. Gesellsch. zu Hannover.

OBST, ERICH, 1922: Eine neue Geographie? Die neue Geographie. Vierteljahresblätter für künstlerische Geogr. und Freunde freier Forschung der Länder und Völker. Hrg. Ewald Banse, Jg. 1, 1922 (Braunschweig).

OBST, E., 1923: Die Krisis in der geographischen Wissenschaft. Preußische Jahrbücher, 192, 1923, 1, S. 16–28 (Berlin).

OBST, E., 1935: Zur Auseinandersetzung über die zukünftige Gestaltung der Geographie. Geogr. Wochenschrift und wiss. Zeitschr. f. d. Gesamtgebiet der Geographie 3.

OBST, E., 1950: Das Problem der Allgemeinen Geographie. Deutscher Geographentag München 1948, Heft 2 (Landshut/Bayern).

ODUM, E. P., 1971: Fundamentals of Ecology (Philadelphia).

OEHME, RUTHARDT, 1956: Johannes Georgius Tibianus. Ein Beitrag zur Kartographie und Landesbeschreibung Südwestdeutschlands im 16. Jahrhundert (Remagen).

OEHME, R., 1961: Der deutsche Südwesten im Bild alter Karten (Konstanz/Stuttgart).

OERTEL, K. O., 1899: Die Naturschilderung bei den deutschen geographischen Reisebeschreibern des 18. Jhdts. (Diss. Leipzig).

OFFE, HANS, 1960/61: Bernhard Varenius. Geographisches Taschenbuch, S. 435–438 (Wiesbaden).

OLSCHOWY, GERHARD, 1969: Begriffe auf dem Gebiet der Landespflege. Natur und Landschaft 44.

OPPEL, ALWIN, 1884: Landschaftskunde, Versuch einer Physiognomie der gesamten Erdoberfläche in Skizzen, Charakteristiken und Schilderungen (Breslau).

OPPENHEIM, P., 1926: Die natürliche Ordnung der Wissenschaften (Jena).

OTREMBA, ERICH, 1948: Die Grundsätze der naturräumlichen Gliederung Deutschlands. Erdkunde, Bd. 2, S. 156–167.

OTREMBA, E., 1951/52: Der Bauplan der Kulturlandschaft. Die Erde 3/4 (Berlin).

OTREMBA, E., 1956: Die deutsche Agrarlandschaft. Erdkundl. Wissen 3.

OTREMBA, E., 1957: Wirtschaftsräumliche Gliederung Deutschlands. Mitteilungen des Wirtschaftsgeographischen Arbeitskreises Nr. 1. Ber. z. dt. Landesk., Bd. 18, H. 1.

OTREMBA, E., 1960: Allgemeine Agrar- und Industriegeographie (2. Auflage, Stuttgart).

OTREMBA, E., 1961a: Das Spiel der Räume. Geogr. Rdsch. Zeitschrift für Schulgeographie, 13. Jg., H. 4, S. 130–135 (Braunschweig).

OTREMBA, E., 1961b: Die Flexibilität des Wirtschaftsraumes. Erdkunde, Bd. 15, S. 45–53.

OTREMBA, E., 1963: Räumliche Ordnung und zeitliche Folge im industriell gestalteten Raum. GZ, Bd. 51.

OTREMBA, E., 1969: Der Wirtschaftsraum – seine geographischen Grundlagen und Probleme (Stuttgart).

OTREMBA, E., 1973: Fortschritt und Pendelschlag in der geographischen Wissenschaft. Geographie Heute: Einheit und Vielfalt. Ernst Plewe zu seinem 65. Geburtstag. GZ, Beihefte, H. 33, S. 27–41.

OVERBECK, HERMANN, 1939: Die landschaftliche Gliederung der Rheinprovinz und ihrer Nachbargebiete. Beiträge zur Landesplanung, H. 5 (Düsseldorf).

OVERBECK, H., 1953 a: Joseph Partschs Beitrag zur landeskundlichen Forschung. Ber. z. Dt. Landesk. Bd. 12, H. 1.

OVERBECK, H., 1953 b: Der geographische Bedeutungswandel am Beispiel der Kulturlandschaftsgeschichte des Mosel-Saar-Nahe-Raumes. Rhein. Vierteljahresblätter, 18. Jg., H. 3/4, S. 141–169.

OVERBECK, H., 1954: Die Entwicklung der Anthropogeographie (insbesondere in Deutschland) seit der Jahrhundertwende und ihre Bedeutung für die geschichtliche Landesforschung. Blätter für Deutsche Landesgeschichte, 91. Jg., S. 182–244 (Wiesbaden).

VAN PAASSEN, CHRISTIAAN, 1957: The Classical Tradition of Geography (Groningen).

PAFFEN, KARLHEINZ, 1948: Ökologische Landschaftsgliederung. Erdkunde, Bd. 2, S. 167–173.

PAFFEN, K. H., 1953: Die natürliche Landschaft und ihre räumliche Gliederung. Eine method. Untersuchung am Beispiel der Mittel- und Niederrheinlande. Forsch. z. Dt. Landesk., Bd. 68.

PAFFEN, K. H., 1959: Stellung und Bedeutung der physischen Anthropogeographie. Erdkunde, Bd. 13, S. 354–372.

PAFFEN, K. H. (Hrg.), 1973: Das Wesen der Landschaft. Wege der Forschung, Bd. 39 (Darmstadt).

PALLAS, PETER SIMON, 1771–1776: Reisen durch verschiedene Provinzen des Russischen Reiches, 3 Bde. (Petersburg).

PALLMANN, H., RICHARD, F. und R. BACH, 1948: Über die Zusammenarbeit von Bodenkunde und Pflanzensoziologie. 10. Kongreß des internat. Verbandes forstl. Versuchsanst., S. 57–95.

PARTSCH, JOSEF, 1891: Philip Clüver. Der Begründer der historischen Länderkunde (Wien).

PARTSCH, J., 1896–1911: Schlesien (Breslau).

PARTZSCH, D., 1961: Beiträge zur Theorie der Landschaftskunde und Landschaftsgliederung (Berlin).

PASCHINGER, VIKTOR, 1924: Versuch einer landschaftlichen Gliederung Kärntens. Zur Geographie der deutschen Alpen. Festschrift Robert Sieger (Wien).

PASSARGE, SIEGFRIED, 1908: Die natürlichen Landschaften Afrikas. PM, 54. Jg., S. 147–160 u. S. 182–188.

PASSARGE, S., 1913: Physiogeographie und Vergleichende Landschaftsgeographie. Mitt. d. Geogr. Ges. in Hamburg, Band 27 (Hamburg).

PASSARGE, S., 1919/1920: Die Grundlagen der Landschaftskunde. Ein Lehrbuch und eine Anleitung zu landeskundlicher Forschung und Darstellung. Bd. I, Hamburg 1919, Bd. II und Bd. III, Hamburg 1920.

PASSARGE, S., 1921: Erdkundliches Wanderbuch. Bd. 1: Die Landschaft. Wissenschaft und Bildung, Bd. 170 (Leipzig).

PASSARGE, S., 1921–1930: Vergleichende Landschaftskunde. Heft 1, 2, Berlin 1921, Heft 3, Berlin 1922, Heft 4, Berlin 1924, Heft 5, Berlin 1930.

PASSARGE, S., 1922: Aufgaben und Methoden der vergleichenden Landschaftskunde und ihre Stellung im System der Erdkunde. Verh. des 20. Deutschen Geographentages zu Leipzig 1921 (Berlin).

PASSARGE, S., 1923 a: Die Landschaftsgürtel der Erde. Natur und Kultur (Breslau).

PASSARGE, S., 1923 b: Ist die vergleichende Landeskunde ein selbständiger Zweig der Erdkunde? PM, 69. Jg.

PASSARGE, S., 1924: Landeskunde und Vergleichende Landschaftskunde. Zeitschr. d. Ges. f. Erdk. zu Berlin, S. 331–337.

PASSARGE, S., 1927: Die Erde und ihr Wirtschaftsleben (Hamburg-Berlin).

PASSARGE, S., 1930: Wesen, Aufgaben und Grenzen der Landschaftskunde. PM, Ergänzungsheft Nr. 209, S. 29–44.

PASSARGE, S., 1933: Einführung in die Landschaftskunde (Leipzig und Berlin).

PATERSON, S. S., 1962: Der CVP-Index als Ausdruck forstlicher Produktionspotentiale. In: Die Stoffproduktion der Pflanzendecke (Stuttgart).

PAULY, JOACHIM, 1975: Völklingen. Studien zur Wirtschafts-, Sozial- und Siedlungsstruktur einer saarländischen Industriestadt. Arbeiten aus dem Geogr. Inst. d. Univ. d. Saarlandes, Bd. 20.

PENCK, ALBRECHT, 1894: Morphologie der Erdoberfläche. 2 Bände (Stuttgart).

PENCK, A., 1906: Beobachtung als Grundlage der Geographie. Abschiedsworte an meine Wiener Schüler und Antrittsvorlesung an der Universität Berlin (Berlin).

PENCK, A., 1907: Klima, Boden und Mensch. Schmollers Jahrbuch.

PENCK, A., 1910: Versuch einer Klimaklassifikation auf physiogeographischer Grundlage (Berlin).

PENCK, A., 1919: Ziele des geographischen Unterrichts (Leipzig).

PENCK, A., 1924: Das Hauptproblem der physischen Anthropogeographie. Sitzungsber. d. preußischen Akad. d. Wissenschaften, Bd. 12.

PENCK, A., 1926: Deutschland als geographische Gestalt. Leopoldina, Heft 58, N.F. I.

PENCK, A., 1928: Neuere Geographie. Zeitschr. d. Ges. f. Erdk. zu Berlin. Sonderband zur Hundertjahrfeier der Gesellschaft, S. 31–56.

PENCK, A., 1941: Die Tragfähigkeit der Erde. In: Lebensraumfragen Europäischer Völker, hrg. von K. H. Dietzel et al. (Leipzig).

PENCK, WALTER, 1924: Die morphologische Analyse (Stuttgart).

PERELMAN, A. I., 1962: Geochemie der Landschaften (russisch, Moskau).

PESCHEL, OSCAR, 1870: Neue Probleme der vergleichenden Erdkunde als Versuch einer Morphologie der Erdoberfläche (2. Auflage 1876, Leipzig).

PESCHEL, O., 1877[2]: Geschichte der Erdkunde bis auf Alexander von Humboldt und Carl Ritter. Hrg. S. Ruge (München).

PEUS, F., 1954: Auflösung der Begriffe „Biotop" und „Biozönose". Deutsche Entomologische Zeitschrift, N.F. 1 (Berlin).

PFEIFER, GOTTFRIED, 1935: Die Bedeutung der „frontier" für die Ausbreitung der Vereinigten Staaten bis zum Mississippi. GZ, 41. Jg., S. 138–158.

PFEIFER, G., 1936: Die räumliche Gliederung der Landwirtschaft in Kalifornien. Veröff. d. Ges. f. Erdk. zu Leipzig, Bd. 10.

PFEIFER, G., 1938: Entwicklungstendenzen in Theorie und Methode der regionalen Geographie in den Vereinigten Staaten nach dem Kriege. Zeitschr. d. Ges. f. Erdk. zu Berlin.

PFEIFER, G., 1952: Das wirtschaftsgeographische Lebenswerk Leo Waibels. Erdkunde, Bd. 6, S. 1–20.

PFEIFER, G., 1958: Zur Funktion des Landschaftsbegriffes in der deutschen Landwirtschaftsgeographie. Studium Generale, 11. Jg., S. 399–411 (Berlin/Göttingen/Heidelberg).

PFEIFER, G., 1960: Ritter, Humboldt und die moderne Geographie. Verh. d. dt. Geographentages Berlin 1959 (Wiesbaden).

PFEIFER, G., 1965: Geographie heute? Festschrift Leopold G. Scheidl zum 60. Geburtstag, I. Teil, S. 78–90 (Wien).

PFEIFER, G. (Hrg.), 1971: Symposium zur Agrargeographie. Heidelberger Geogr. Arb., H. 36.

PFEIFER, G., 1973: Vergangenheit, Gegenwart und Zukunft – Zeit und Raum in der Geographie. Noch einmal „Geographie heute". Geographie Heute – Einheit und Vielfalt, Ernst Plewe zu seinem 65. Geburtstag von Freunden und Schülern gewidmet. GZ Beiheft, Bd. 33, S. 13–26.

PFEIFER, H. (Hrg.), Alexander von Humboldt, Werk und Weltgeltung (München).

PHILIPPSON, ALFRED, 1892: Zwei Vorläufer des Varenius. Ausland, Nr. 52, S. 817 ff. (Braunschweig).

PHILIPPSON, A., 1914: Das Mittelmeergebiet (3. Aufl., Leipzig).

PHILIPPSON, A., 1919: Inhalt, Einheitlichkeit und Umgrenzung der Erdkunde und des erdkundlichen Unterrichts. Mitt. der preussischen Hauptstelle für den Naturwiss. Unterricht, Bd. 1, H. 2, Beitrag zum erdkundl. Unterricht (Leipzig).

PIAGET, JEAN, 1974: Biologie und Erkenntnis (Frankfurt a. M.).

PINDER, WILHELM, 1937: Vom Wesen und Werden deutscher Formen. Geschichtliche Betrachtungen (Leipzig).

PLETNIKOV, YU. K., 1969: The Subject of Geography and the Science of the Man-Nature Relationship. Soviet Geography, Bd. 10, No. 5, S. 256–265.

PLEWE, ERNST, 1932: Untersuchungen über den Begriff der „vergleichenden" Erdkunde und seine Anwendung in der neueren Geographie. Zeitschr. d. Ges. f. Erdk. zu Berlin. Ergänzungsheft IV.

PLEWE, E., 1952: Vom Wesen und den Methoden der regionalen Geographie. Studium Generale, 5. Jg., H. 7 (Berlin/Göttingen/Heidelberg).

PLEWE, E., 1957: D. Anton Friedrich Büsching. Das Leben eines deutschen Geographen in der zweiten Hälfte des 18. Jahrhunderts. Stuttgarter Geogr. Studien, Bd. 69, S. 100–120.

PLEWE, E., 1959: Carl Ritter. Hinweise und Versuche zu einer Deutung seiner Entwicklung. Die Erde, 90.Jg., H. 2, S. 98–166.

PLEWE, E., 1960: Carl Ritters Stellung in der Geographie. Verh. d. dt. Geographentages, Berlin 1959 (Wiesbaden).

PLEWE, E., 1969: Die „Industrieformation" Jockgrim. Ein wirtschaftsgeographisches Problem. Besprechung in Ber. z. Dt. Landesk., Bd. 42, S. 325–331.

PLOTT, ADALBERT, 1963: Bibliographie der Schriften Carl Ritters. Die Erde, S. 13–36.

POLYNOW, B. B., 1956: Geochemische Landschaften. Isbrannyje Trudy. Hrg. von der Akad. der Wiss. d. UdSSR (Moskau).

PORTMANN, ADOLF, 1966: Der Mensch im Bereich der Planung. Mensch und Landschaft im Technischen Zeitalter, S. 9–39. Hrg. von der „Bayerischen Akademie der Schönen Künste" (München).

PREOBRAŻENSKIJ, V. S., 1975: Besedy o sovremennoj fizičeskoj geografii (Gespräche über die gegenwärtige physische Geographie, russisch). Akademija nauk SSSR. Naučno-populjarnaja serija (Akad. d. Wissensch. d. UdSSR. Populärwissenschaftl. Reihe) (Moskau).

PREUSS, H., 1959: Johann August Zeune in seinem Einfluß auf Carl Ritter. Die Erde, 90. Jg. Heft 2, S. 230–239.

PREUSSER, HUBERTUS, 1972: Landschaftstypologische und landschaftsräumliche Gliederung Islands (Diss. Saarbrücken).

PULYARKIN, V. A., 1969: On the Content of the Concept „Geographical Environment" and the Influence of the Environment in Society. Soviet Geography, Bd. 10, No. 5, S. 237–247.

PYTHEAS VON MARSEILLE, 1959: Über das Weltmeer. Die Fragmente übersetzt und erläutert von D. Stichtenoth (Köln/Graz).

QUASTEN, HEINZ, 1970: Die Wirtschaftsformation der Schwerindustrie im Luxemburger Minett. Arbeiten aus dem Geogr. Inst. d. Univ. d. Saarlandes, Bd. 13.

RAMAN, K. G., 1959: Versuch einer Klassifikation und Typisierung geographischer Landschaften als Grundlage einer physisch-geographischen Rayonierung. (Russisch). Uč. Zapiski Latv. Gos. Univ. im P. Stucki, XXII (2), Nr. 2.

RAMENSKIJ, L. G., 1938: Einführung in die komplexe bodenkundliche und geobotanische Untersuchung des Landes (russisch, Moskau).

RATHJENS, CARL, 1962: Karawanenwege und Pässe im Kulturlandschaftswandel Afghanistans seit dem 19. Jahrhundert. Hermann von Wissmann-Festschrift, S. 209–221 (Tübingen).

RATHJENS, C., 1963: Wilhelm Credner. Gedanken zu seinem 70. Geburtstage. GZ, 51. Jg., H. 2, S. 81–89.

RATHJENS, C., 1972: The Indian Desert of Thar as a Man Made Desert. 22nd International Geographical Congress Commission Meeting. Ca 11, July 24–30, 1972.

RATHJENS, C., 1973: Mensch und Umwelt. Bemerkungen zur Tätigkeit der IGU-Kommission „Man and Environment". GZ, 61. Jg., 1973, H. 1, 1. Quartal.

RATZEL, FRIEDRICH, 1881: Die Erde, in 24 gemeinverständlichen Vorträgen über allgemeine Erdkunde. Ein geographisches Lesebuch (Stuttgart).

RATZEL, F., 1882: Anthropogeographie I – Grundzüge der Anwendung der Erdkunde auf die Geschichte (Stuttgart).

RATZEL, F., 1901: Der Lebensraum. Festgabe zur siebzigsten Wiederkehr des Geburtstages von Albert Schäffle.

RATZEL, F., 1904: Über Naturschilderung (München und Berlin). Reprographischer Nachdruck der 4. Aufl. Wiss. Buchgesellsch. 1968 (Darmstadt).

REGEL, C. und E. WINKLER, 1953: Zur Landschaftsdiskussion in der Sowjet-Geographie. Geogr. Helv., Bd. 8, H. 3.

REICHELT, GÜNTHER und OTTI WILMANS, 1973: Vegetationsgeographie (Braunschweig).

RESWOY, P. D., 1924: Zur Definition des Biozönosebegriffs. Russische Hydrobiologische Zeitschrift, Nr. 3.

RICHTER, BERNHARD, 1900: Die Entwicklung der Naturschilderung in den deutschen geographischen Reisebeschreibungen mit besonderer Berücksichtigung der Naturschilderung in der ersten Hälfte des 19. Jahrhunderts (Diss. Leipzig).

RICHTER, HANS, 1964: Der Boden des Leipziger Landes. Wiss. Veröff. d. dt. Inst. f. Länderkunde, N.F. 21/22 (Leipzig).

RICHTER, H., 1967: Fragen der Naturraumerkundung im Flachland. Wiss. Abh. d. geogr. Ges. d. DDR, Bd. 5, S. 277–283 (Leipzig).

RICHTER, H., 1968: Beitrag zum Modell des Geokomplexes. Landschaftsforschung. PM, Ergänzungsheft 271, S. 39–48.

RICHTER, H., 1968: Naturräumliche Strukturmodelle. PM, 112. Jg., S. 9–14.

RICHTER, H. und H. KUGLER, 1972: Landeskultur und landeskultureller Zustand des Territoriums. Wiss. Abh. d. Geogr. Ges. d. DDR, 9 (Leipzig).

RICHTHOFEN, FERDINAND FREIHERR von, 1875: Geologie. In: Neumayer, Georg von: Anleitung zu wissenschaftlichen Beobachtungen auf Reisen. 2. Auflage Berlin 1888 (2 Bde.) (Berlin).

RICHTHOFEN, F. von, 1877–1912: China, Ergebnisse eigener Reisen. (Bd. I, Berlin 1877; Bd. II, Berlin 1882; Bd. IV, Berlin 1883; Atlas I. Abt. Berlin 1885; Bd. III posthum hrg. v. E. Tiessen, Berlin 1912; Bd. V posthum hrg. v. F. Frech 1911; Atlas, 2. Abt. hrg. v. M. Groll, Berlin 1912).

RICHTHOFEN, F. von, 1883: Aufgaben und Methoden der heutigen Geographie. Akademische Antrittsrede (Universität Leipzig).

RICHTHOFEN, F. von, 1886: Führer für Forschungsreisende. Anleitung zu Beobachtungen über Gegenstände der physischen Geographie und Geologie (Berlin).

RICHTHOFEN, F. von, 1903: Triebkräfte und Richtungen der Erdkunde im 19. Jahrhundert. Rektoratsrede Berlin 15. 10. 1903. Zeitschr. d. Ges. f. Erdk. z. Berlin.

RICHTHOFEN, F. von, 1907: Tagebücher aus China. 2 Bände (Berlin).

RICKERT, HEINRICH, 1925[5]: Die Grenzen der naturwissenschaftlichen Begriffsbildung (Tübingen).

RIEHL, WILHELM HEINRICH, 1859: Die Volkskunde als Wissenschaft. Ein Vortrag. In: Riehl: Kulturstudien aus drei Jahrhunderten (Stuttgart, Neudruck des Vortrages, Tübingen 1935).

RIEHL, W. H., 1861: Land und Leute (Stuttgart).

RIEHL, W. H., 1869: Die Naturgeschichte des Volkes als Grundlage einer deutschen Sozial-

politik. (4. Auflage, Stuttgart, Berlin 1903). Vierter Band. Wanderbuch (Stuttgart).

RITTER, CARL, 1804: Europa, ein geographisch-historisch-statistisches Gemälde (1. Band).

RITTER, C., 1822–1859[2]: Die Erdkunde im Verhältnis zur Natur und zur Geschichte des Menschen, oder allgemeine vergleichende Geographie, als sichere Grundlage des Studiums und Unterrichts in physikalischen und historischen Wissenschaften. 19 Bde. (Berlin).

RITTER, C., 1835: Über das historische Element in der geographischen Wissenschaft. Historisch-Philologische Abh. d. Königl. Akad. d. Wiss. z. Berlin aus dem Jahre 1833, S. 41–67.

RITTER, C., 1852: Einleitung zur allgemeinen vergleichenden Geographie und Abhandlungen zur Begründung einer mehr wissenschaftlichen Behandlung der Erdkunde (Berlin).

RITTER, C., 1862: Allgemeine Erdkunde. Vorlesungen an der Universität zu Berlin, gehalten von Carl Ritter. Hrg. v. H. A. Daniel (Berlin).

RITTER, C., 1880[2]: Geschichte der Erdkunde und der Entdeckungen (Berlin).

RITTER, C., 1959: Einige Bemerkungen bey Betrachtung des Handatlas über alle bekannten Länder des Erdbodens, herausgegeben von Herrn Professor Heusinger im Herbst 1809. In: Guts Muths: Neue Bibliothek für Pädagogik Bd. 1, 1810, S. 298–312. Wiederabdruck in Erdkunde Bd. 13, H. 2, S. 83–88.

ROBBINS, C. R., 1934: Northern Rhodesia, an experiment in the classification of the land with the use of aerial photographs. Journal of Ecology, 22 (Cambridge).

ROBINSON, G.W.S., 1953: The Geographical Region: Form and Function. The Scottish Geographical Magazine, 69/2, S. 49–58 (Edinburgh).

RODOMAN, B. B., 1972: Principal Types of Geographical Regions. Soviet Geography: Review and Translation.

ROGLIC, J., 1961: Die gegenwärtigen Probleme der Geographie. Geogr. Rdsch., Bd. 13, S. 425–431.

ROSENKRANZ, JOHANN KARL FRIEDRICH, 1850: System der Wissenschaft. Ein philosophisches Encheiridion (Königsberg).

ROTHACKER, E., 1948: Probleme der Kulturanthropologie (Bonn).

RUGE, SOPHUS, 1891: Die Entwicklung der Karthographie von Amerika bis 1570. PM, Ergänzungsband 23.

RUGE, S., 1892: Die deutschen Geographen der Renaissancezeit. PM, 38. Jg., S. 40–42.

RÜHL, ALFRED, 1918: Aufgaben und Stellung der

Wirtschaftsgeographie. Zeitschr. d. Ges. f. Erdk. z. Berlin.

RÜHL, A., 1925: Vom Wirtschaftsgeist im Orient (Leipzig).

RÜHL, A., 1927: Vom Wirtschaftsgeist in Amerika (Leipzig).

RÜHL, A., 1928: Vom Wirtschaftsgeist in Spanien (Leipzig).

RÜHL, ARTHUR, 1957: Waldgeographische Kriterien bei der Abgrenzung naturräumlicher Einheiten. Allg. Forst- und Jagdzeitung, 128. Jg., Heft 10/11, S. 208–212 (Frankfurt/Main).

RUSSEL, BERTRAND, 1970: Denker des Abendlandes (Stuttgart).

RUTTNER, F., 1953: Grundriß der Limnologie (Berlin).

RUŽIČKA, MILAN, 1967: Die Stellung der Landschaftsbiologie in der Biologie und Geographie. Wiss. Abh. d. Geogr. Ges. d. DDR, Bd. 5, S. 242–250 (Leipzig).

SAEY, P., 1968: A New Orientation of Geography. Bulletin de la Société Belge d'études Géographiques, Tome XXXVII, No 1 (Louvain).

SAGOROFF, SLAWTSCHO, 1961: Theorie der volkswirtschaftlichen Energiebilanzen (Würzburg).

SANDRART, JOACHIM VON, 1675: Teutsche Academie der edlen Bau-, Bild- und Mahlerey-Künste.

SAPPER, KARL, 1917: Geologischer Bau und Landschaftsbild (Braunschweig).

SAPPER, K., 1941: Der Wirtschaftsgeist und die Arbeitsleistungen tropischer Kolonialvölker (Stuttgart).

SAUER, CARL ORTWIN, 1925: The morphology of landscape. University of California Publ. in Geogr., Bd. 2 (1919–1929), S. 19–48 (Berkeley).

SAUER, C. O., 1931: Cultural Geography. Encyclopaedia of the Social Sciences, Bd. 6, S. 621–623.

SAUSHKIN, YU. G., 1959: The modern system of geographical sciences in the USSR. Vestn. MGU, No. 4 (Moskau).

SAUSHKIN, YU. G., 1966 a: Die Entwicklungsperspektiven der sowjetischen Geographie. Aus der Praxis der sowjetischen Geographie, VEB Hermann Haack, Geographisch-Kartographische Anstalt (Gotha/Leipzig).

SAUSHKIN, YU. G., 1966 b: Concerning a Certain Controversy. Soviet Geography, Bd. 7, No. 2, S. 9–14.

SAUSHKIN, YU. G., 1966 c: History of Soviet Economic Geography. Soviet Geography, Bd. 7, No. 8, S. 3–104.

SAUSHKIN, YU. G., 1966 d: An Introductory Lecture to First-Year Geography Students. Soviet Geography, Bd. 7, No. 10, S. 52–62.

SCAMONI, ALEXIS, 1960: Waldgesellschaften und Waldstandorte (Berlin).

SCHAFFNER, W., 1946: Die geographische Grenze zwischen Jura und Mittelland. Ein Beitrag zur Landschaftskunde der Schweiz (Diss. Zürich).

SCHAMP, H., 1958: Der Wandel der Kulturlandschaft als geographisches Problem. Geogr. Rdsch., 10. Jg.

SCHARLAU, KURT, 1948: Geographie und Weltbild im Wandel der Zeiten. Sandbosteler Beiträge Nr. 2.

SCHEDEL, HARTMANN, 1493: Buch der Chroniken (Nürnberg).

SCHIRMER, H., 1955: Die räumliche Struktur der Niederschlagsverteilung in Mittelfranken. Forsch. z. Dt. Landesk., Bd. 81.

SCHLENGER, HERBERT, 1951: Die geschichtliche Landeskunde im System der Wissenschaften. Geschichtliche Landeskunde und Universalgeschichte. Festgabe für Hermann Aubin zum 23. Dezember 1950, S. 25–45 (Hamburg).

SCHLENKER, G., 1960: Ertragspotentiale verschiedener Waldgesellschaften. Die Stoffproduktion der Pflanzendecke (Stuttgart).

SCHLÜTER, OTTO, 1896: Siedelungskunde des Thales der Unstrut von der Sachsenburger Pforte bis zur Mündung (Diss. Halle).

SCHLÜTER, O., 1902: Die Siedelungen im nordöstlichen Thüringen. Ein Beispiel für die Behandlung siedelungsgeographischer Fragen. (Vortrag.). Zeitschr. d. Ges. f. Erdk. z. Berlin, S. 850–874.

SCHLÜTER, O., 1903: Die Siedlungen im nordöstlichen Thüringen. Ein Beispiel für die Behandlung siedelungsgeographischer Fragen. Zeitschr. d. Ges. f. Erdk. z. Berlin.

SCHLÜTER, O., 1906: Die Ziele der Geographie des Menschen (München und Berlin).

SCHLÜTER, O., 1907: Über das Verhältnis von Natur und Mensch in der Anthropogeographie. GZ, 13. Jg.

SCHLÜTER, O., 1919: Die Stellung der Geographie des Menschen in der erdkundlichen Wissenschaft. Geographische Abende im Zentralinstitut für Erziehung und Unterricht, 5. Heft (Berlin).

SCHLÜTER, O., 1920: Die Erdkunde in ihrem Verhältnis zu den Natur- und Geisteswissenschaften. Geogr. Anzeiger, 21. Jg., S. 145–152, S. 213–218 (Gotha).

SCHLÜTER, O., 1928: Die analytische Geographie

der Kulturlandschaft. Zeitschr. d. Ges. f. Erdk. z. Berlin, Sonderband 1928, S. 388–392.

SCHMEER, GERHARD, 1965: Wie begreift Goethe geographische Landschaften? (Manuskript Saarbrücken).

SCHMID, EMIL, 1955: Der Ganzheitsbegriff in der Biocoenologie und in der Landschaftskunde. Geogr. Helv., 10, S. 153–162.

SCHMIDEL, ULRICH, 1567: Warhafftige und liebliche Beschreibung etlicher fürnehmen Indianischen Landschafften und Insulen, die vormals in keiner Chronicken gedacht und ernstlich in der Schiffart Ulrici Schmidts von Straubingen, mit grosser gefahr erkündigt, und von ihm selbst auffs fleissigst beschreiben und dargethan (Frankfurt).

SCHMIDT, G., 1955/56: Das Bodenwasserregime verschiedener Waldstandorte Nordwestsachsens im Verlaufe des Jahres 1954. Wiss. Zeitschr. d. Univ. Leipzig, Math.-nat. Reihe, Heft 13.

SCHMIDT, PETER HEINRICH, 1937: Philosophische Erdkunde (Stuttgart).

SCHMIDT, P. H., 1939: Goethe als Geograph (St. Gallen).

SCHMIDT, R., 1965: Landschaftsökologisches Mosaik und naturräumliches Gefüge in der nördlichen Großenhainer Pflege (Diss. Dresden).

SCHMIDT, R., 1974: Geoökologische und bodengeographische Einheiten der chorischen Dimension und ihre Bedeutung für die Charakterisierung der Agrarstandorte in der DDR. Wiss. Veröff. d. Geogr. Inst. d. Akad. d. Wiss. d. DDR, 29.

SCHMITHÜSEN, JOSEF, 1934 a: Der Niederwald des linksrheinischen Schiefergebirges. Ein Beitrag zur Geographie der rheinischen Kulturlandschaft. Beitr. z. Landesk. d. Rheinl., 2. Reihe, Heft 4.

SCHMITHÜSEN, J., 1934 b: Vegetationskundliche Studien im Niederwald des linksrheinischen Schiefergebirges. Tharandter Forstl. Jahrb., Bd. 85, H. 5, S. 225–264.

SCHMITHÜSEN, J., 1936: Zur räumlichen Gliederung des westlichen Rheinischen Schiefergebirges und angrenzender Gebiete. Rhein. Vierteljahresbl., Jahrgang 6, Heft 3/4, S. 209–229.

SCHMITHÜSEN, J., 1938: Die Entwicklung der luxemburgischen Landwirtschaft in geographischer Sicht. Dt. Archiv. f. Landes- und Volksforschung, Jg. 2, S. 48–51.

SCHMITHÜSEN, J., 1939: Wesensverschiedenheiten im Bilde der Kulturlandschaft an der wallonisch-deutschen Volksgrenze. Dt. Archiv. f.

Landes- und Volksforschung, Jg. 3, S. 568–575.

SCHMITHÜSEN, J., 1940: Das Luxemburger Land. Landesnatur, Volkstum und bäuerliche Wirtschaft. Forsch. z. Dt. Landesk., Bd. 34.

SCHMITHÜSEN, J., 1941: Arbeit und Leben der Moselwinzer. Ber. z. Dt. Landesk., Bd. 1, S. 21–26.

SCHMITHÜSEN, J., 1942: Vegetationsforschung und ökologische Standortslehre in ihrer Bedeutung für die Geographie der Kulturlandschaft. Zeitschr. d. Ges. f. Erdk. z. Berlin, S. 113–157.

SCHMITHÜSEN, J., 1948a: Grundsätze und Richtlinien für die Untersuchung der naturräumlichen Gliederung von Deutschland und ihre Darstellung im Maßstabe 1:200 000. Amt für Landesk., Geogr. Landesaufnahme 1:200 000, Richtlinien und Mitteilungen Nr. 1; Naturräumliche Gliederung (Scheinfeld/Mittelfranken).

SCHMITHÜSEN, J., 1948b: Fliesengefüge der Landschaft und Ökotop. Vorschläge zur begrifflichen Ordnung und zur Nomenklatur in der Landschaftsforschung. Ber. z. Dt. Landeskd., Bd. 5, S. 74–83.

SCHMITHÜSEN, J., 1950 a: Über Sinn und Stand der Arbeiten zur naturräumlichen Landschaftsgliederung von Deutschland. Forsch.- u. Sitzungsber. d. Ak. f. Raumforschung u. Landespl., Band 1, S. 12–15.

SCHMITHÜSEN, J., 1950 b: Das Klimaproblem, vom Standpunkt der Landschaftsforschung aus betrachtet. Mitt. der Flor.-Soz. Arbeitsgem., N.F. Heft 2, S. 176–182.

SCHMITHÜSEN, J., 1951/52: Die räumliche Ordnung in der Landschaft. Geogr. Taschenbuch 1951/52, S. 370–371.

SCHMITHÜSEN, J., 1952 a: Leo Waibel. 22. 2. 1888 bis 4. 9. 1951. Die Erde, Bd. 83, S. 99–107.

SCHMITHÜSEN, J., 1952 b: Die naturräumlichen Einheiten auf Blatt 161 Karlsruhe. Geogr. Landesaufnahme 1:200 000, Naturräumliche Gliederung Deutschlands (Stuttgart).

SCHMITHÜSEN, J., 1954 a: Pflanzenstandortskarte als Grundlage der naturräumlichen Gliederung. Umschaudienst, 4. Jg., S. 63–65 (Hannover).

SCHMITHÜSEN, J., 1954 b: Der geistige Gehalt in der Kulturlandschaft. Ber. z. Dt. Landesk., Bd. 12, H. 2, S. 185–188.

SCHMITHÜSEN, J., 1959 a: Das System der Geographischen Wissenschaft. Ber. z. Dt. Landesk., Bd. 23.

SCHMITHÜSEN, J., 1959 b: Allgemeine Vegetationsgeographie. Lehrbuch der Allgemeinen Geographie, Band IV, 1. Aufl. (3. Auflage 1968) (Berlin).

SCHMITHÜSEN, J., 1961: Die Bedeutung des Begriffes der „Wirtschaftsformation", dargelegt an neueren Arbeiten zur Landschaftsforschung. Ber. z. Dt. Landeskunde, Bd. 28, S. 81–88.

SCHMITHÜSEN, J., 1963: Der wissenschaftliche Landschaftsbegriff. Mitt. d. Flor.-Soz. Arbeitsgem., N.F., H. 10, S. 9–19.

SCHMITHÜSEN, J., 1964: Was ist eine Landschaft? Erdkundl. Wissen, H. 9.

SCHMITHÜSEN, J., 1965: Der Wald in den Kulturlandschaften des östlichen Nordpfälzer Berglandes. Geogr. Rdsch., 17. Jg., Heft 4, S. 152-155.

SCHMITHÜSEN, J., 1967 a: Internationale Diskussion über theoretische Probleme der Landschaftsforschung in der Slowakei. Bericht über zwei Symposia. Ber. z. Dt. Landesk., Bd. 39, S. 122–124.

SCHMITHÜSEN, J., 1967 b: Naturräumliche Gliederung und landschaftsräumliche Gliederung. Ber. z. Dt. Landesk., Bd. 39, S. 125–131.

SCHMITHÜSEN, J., 1968 a: The System of Geography. Universitas, Bd. 10, S. 173–184.

SCHMITHÜSEN, J., 1968 b: Begriff und Inhaltsbestimmung der Landschaft als Forschungsobjekt vom geographischen und biologischen Standpunkt. Archiv. f. Naturschutz und Landschaftsforschung, Bd. 8, S. 101–112.

SCHMITHÜSEN, J., 1970: Geschichte der geographischen Wissenschaft von den ersten Anfängen bis zum Ende des 18. Jahrhunderts (Mannheim/Wien/Zürich).

SCHMITHÜSEN, J., 1970: Anfänge und Ziele der neuzeitlichen Geographischen Wissenschaft. Moderne Geographie in Forschung und Unterricht. S. 9–20 (Hannover).

SCHMITHÜSEN, J., 1970: Die Aufgabenkreise der Geographischen Wissenschaft. Geogr. Rdsch., 22. Jg., S. 431–437.

SCHMITHÜSEN, J., 1971: Der Formationsbegriff und der Landschaftsbegriff in der Wirtschaftsgeographie. Heidelb. Geogr. Arbeiten, H. 36, S. 26–31.

SCHMITHÜSEN, J., 1973: Die Entwicklung der Landschaftsidee in der europäischen Malerei als Vorgeschichte des wissenschaftlichen Landschaftsbegriffes. Festschrift für Ernst Plewe, Beiheft 33 der GZ, S. 70–80.

SCHMITHÜSEN, J., 1974: Was verstehen wir unter Landschaftsökologie? Verhandl. d. Dt. Geographentages, Bd. 39 (Kassel).

SCHMITHÜSEN, J., 1974: Landschaft und Vegetation. Gesammelte Aufsätze von 1934 bis 1971 (Saarbrücken).

SCHMITHÜSEN, J., 1975: Ansätze zu einer praktisch anwendbaren objektiven Methode der Abgrenzung von Industrielandschaftsgürteln im Generalisierungsgrad der Weltkarte, erläutert am Beispiel des westlichen Europa. Otremba – Festschrift.

SCHMITHÜSEN, J. und E. NETZEL, 1962/63: Vorschläge zu einer internationalen Terminologie geographischer Begriffe auf der Grundlage des geosphärischen Synergismus. Geogr. Taschenbuch, S. 283–286.

SCHMITTHENNER, HEINRICH, 1951 a: Studien über Carl Ritter. Frankf. Geogr. Hefte, 25. Jg., H. 4.

SCHMITTHENNER, H., 1951 b: Lebensräume im Kampf der Kulturen (Heidelberg).

SCHMITTHENNER, H., 1954 a: Zum Problem der allgemeinen Geographie und der Länderkunde. Münchner Geogr. Hefte 4.

SCHMITTHENNER, H., 1954 b: Studien zur Lehre vom geographischen Formenwandel. Münchener Geogr. Hefte 7.

SCHNURRE, OTTO, 1922: Tiergeographie und Landschaftsgeschichte. GZ, Jg. 28.

SCHOENICHEN, W., 1939: Biologie der Landschaft (Neudamm und Berlin).

SCHOLDER, KLAUS, 1974: Umwelt– die Entstehung eines Bewußtseins. Deutsche Forschungsgemeinschaft, Mitteilungen 2, S. 1–2 (Bonn).

SCHÖLLER, P., 1960: Kulturraumforschung und Sozialgeographie. In: M. Braubach et al. (Hrg.): Aus Geschichte und Landeskunde. Festschrift für F. Steinbach zum 65. Geburtstag (Bonn).

SCHOTTMÜLLER, HERMANN, 1961: Der Löss als gestaltender Faktor in der Kulturlandschaft des Kraichgaus. Forsch. z. Dt. Landesk., Bd. 130.

SCHREIBER, K. F., 1971: Ökologische Probleme der Landschaftsnutzung und deren Konsequenzen für die Landschaftsplanung. 8. Landwirtschaftlicher Hochschultag (Mainz).

SCHREPFER, HANS, 1923: Das phänologische Jahr der deutschen Landschaften. GZ, Bd. 29.

SCHREPFER, H., 1934: Einheit und Aufgaben der Geographie als Wissenschaft (Frankfurt/Main).

SCHREPFER, H., 1935: Über Wirtschaftsgebiete und ihre Bedeutung für die Wirtschaftsgeographie. Geographische Wochenschrift, 3. Jg., S. 497–520.

SCHREPFER, H., 1942: Dalmatien. Versuch einer Deutung der Funktion und Gestalt eines maritimen Raumes. Zeitschr. f. Erdk., Bd. 10, S. 285–298.

SCHRETZENMAYR, M., 1959/60: Konstruktionsmöglichkeiten der vorherrschenden natürlichen Waldgesellschaft einer Landschaft am Beispiel des Tharandter Waldes. Wiss. Zeitschr. d. Techn. Univ. Dresden, Heft 9.

SCHRÖTER, C. und O. KIRCHNER, 1896–1902: Die Vegetation des Bodensees (Lindau).

SCHRÖTER, MANFRED, 1934: Philosophie der Technik (München/Berlin).

SCHUDEROFF, GEORG-JONATHAN, 1825: Für Landesverschönerung (Altenburg).

SCHULTZ, ARVED, 1920: Die natürlichen Landschaften von Russisch-Turkestan. Hamburger Universitätsabh. aus dem Gebiet der Auslandskunde Bd. 2, Reihe C: Naturwissenschaften Bd. 1 (Hamburg).

SCHULTZE, ARNOLD, 1962: Die Sielhafenorte und das Problem des regionalen Typus im Bauplan der Naturlandschaft. Gött. Geogr. Abh., H. 27.

SCHULTZE, JOACHIM HEINRICH, 1943: Grundlagenforschung und Zweckforschung in der modernen Geographie. PM, 89. Jg.

SCHULTZE, J. H., 1955: Die naturbedingten Landschaften der Deutschen Demokratischen Republik. PM, Ergänzungsheft Nr. 257.

SCHULTZE, J. H., 1957: Die wissenschaftliche Erfassung und Bewertung von Erdräumen als Problem der Geographie. Die Erde, 88. Jg., Heft 3–4.

SCHULTZE, J. H., 1959: Carl Ritter zum Gedächtnis. Die Erde, 90. Jg., Heft 2, S. 97.

SCHULTZE, J. H., 1970: Landschaft. Handwörterbuch der Raumforschung und Raumordnung. 2. Aufl., Spalte 1820–1840 (Hannover).

SCHULTZE-NAUMBURG, PAUL, 1916/17: Kulturarbeiten. Die Gestaltung der Landschaft durch den Menschen. 3 Bde. (München).

SCHULTZE-NAUMBURG, P., 1924: Vom Verstehen und Genießen der Landschaft (Rudolstadt/Thüringen).

SCHÜNKE, WILHELM, 1938: Marsch und Geest als Siedlungsboden im Lande Großhadeln. Schr. d. Geogr. Inst. d. Univ. Kiel, Bd. VIII, 3.

SCHÜRER, PERCY ERNST, 1939: Über Landschaftsdarstellung in der deutschen Kunst um 1500. Festschrift für Richard Hamann, S. 117–135 (Burg bei Magdeburg).

SCHUSTER, M., 1961: Bericht über die Tagung der Deutschen Gesellschaft für Völkerkunde in Freiburg. Umschau in Wissenschaft und Technik, 61. Jg., Heft 22, S. 703 (Frankfurt/Main).

SCHWABE, GERHARD HELMUT, 1958: Hochzivilisation in ökologischer Sicht. (Versuch einer

Kritik von außen, Manuskript). Aus der Hydrobiolog. Anstalt der Max-Planck-Gesellschaft (Plön).

SCHWABE, G. H., 1961: Zur Landschaftsökologie. Natur und Landschaft, Bd. 36, H. 5 (Mainz).

SCHWABE, G. H., 1962: Über Rückwirkungen der technischen Zivilisation auf den Menschen. Studium Generale, 15. Jg. H. 8, S. 495–512.

SCHWABE, G. H., 1972: Ökologie und Soziologie. Mitt. d. Verbandes Dt. Biologen Nr. 180, S. 872–873, in Naturwiss. Rundschau Bd. 25, H. 5.

SCHWABE, G. H., 1973: Umwelt heute. Beiträge zur Diagnose (Erlenbach-Zürich u. Stuttgart).

SCHWARZ, GABRIELE, 1949: Die Entwicklung der geographischen Wissenschaft seit dem 18. Jahrhundert (Berlin).

SCHWEITZER, ALBERT, 1921: Zwischen Wasser und Urwald (München).

SCHWENKEL, HANS, 1957: Die Landschaft als Natur- und Menschenwerk (Kosmos-Bändchen, Stuttgart).

SCHWERDTFEGER, F., 1956: Biozönose und Pflanzenschutz. Mitt. d. Biologischen Bundesanstalt, 85, 11.

SCHWERDTFEGER, F., 1963: Autökologie (Hamburg/Berlin).

SCHWICKERATH, M., 1954: Die Landschaft und ihre Wandlung auf geobotanischer und geographischer Grundlage entwickelt und erläutert im Bereich des Meßtischblattes Stolberg (Aachen).

SCHWICKERATH, M., 1956: Die naturräumlichen Landschaftseinheiten und ihre Bedeutung für die erhaltende und gestaltende Landschaftspflege. Schriftenreihe der Naturschutzstelle Darmstadt, Beiheft 3, S. 7–23.

SCHWIEKER, F., 1925: Hamburg, eine landschaftskundliche Stadtuntersuchung (Hamburg).

SCHWIND, MARTIN, 1950: Sinn und Ausdruck der Landschaft. Studium Generale, Bd. 3, S. 196–201.

SCHWIND, M., 1951: Kulturlandschaft als objektivierter Geist. Deutsche Geographische Blätter, Bd. 46, 1.

SCHWIND, M., 1952 a: Die Umweltlehre J. v. Uexkülls in ihrer Bedeutung für die Kulturgeographie. Verhandl. d. Dt. Geographentages in Frankfurt 1951 (Remagen).

SCHWIND, M., 1952 b: Das Verhältnis des Menschen zu seiner Umwelt als geographisches Problem. Veröff. d. Ges. f. Int. Wissenschaftsgeschichte, H. 2, S. 1–17 (Bremen).

SCHWIND, M., 1962: Deutsch-niederländische

Begegnung im Raum des Bourtanger Moors (Kiel).

SCKELL, FRIEDRICH LUDWIG, 1819: Beitraege zur bildenden Gartenkunst für angehende Gartenkünstler und Gartenliebhaber (München).

SECKENDORFF, VEIT LUDWIG VON, 1737²: Teutscher Fürsten-Staat. Samt des sel. Herrn Autoris Zugabe sonderbarer und wichtiger Materien (1. Aufl. 1720; Neudruck 1972 Aalen) (Jena).

SEIFERT, ALWIN, 1966: Technik in der Landschaft. Mensch und Landschaft im Technischen Zeitalter, S. 71–93 (München).

SERENI, EMILIO, 1961: Storia del paesaggio agrario italiano (Bari).

SIDARITSCH, MARIAN, 1923: Landschaftseinheiten und Lebensräume in den Ostalpen, PM, 69. Jg.

SIDARITSCH, M., 1924: Die landschaftliche Gliederung des Burgenlandes. Mitt. d. Geogr. Ges. in Wien, Bd. 67.

SIEBERT, ANNELIESE, 1955: Begriff und Wesen der Landschaft. Umschaudienst, 5. Jg. (Hannover).

SIEBERT, A., 1969: Der Baustoff als gestaltender Faktor niedersächsischer Kulturlandschaften. Forsch. z. Dt. Landesk., Bd. 167.

SIEGER, ROBERT, 1915: Länderkunde und Landeskunde. PM, 61. Jg., S. 700–704.

SIEGER, R., 1923: Natürliche Räume und Lebensräume. PM, 69. Jg., S. 252–256.

SIEGER, R., 1925: Natürliche Grenzen. PM, 72. Jg., S. 23.

SIMLER, JOSIAS, 1931: De Alpibus Commentarius. Die Alpen. (1. Aufl. 1574 Zürich, 2. Aufl. 1633 Leyden). Hrg. von Alfred Steinitzer (München).

SIOLI, H., 1956: Über Natur und Mensch im brasilianischen Amazonasgebiet. Erdkunde, 10, S. 89–109.

SIOLI, H., 1972: Ökologische Aspekte der technisch-kommerziellen Zivilisation und ihrer Lebensformen. Biogeographica I (The Hague).

SION, JULES, 1909: Les paysans de la Normandie orientale. Pays de Caux, Bray, Vexin normand, Vallée de la Seine. Etude géographique (Paris).

SMITH, R. L., 1972: The ecology of man: an ecosystem approach (New York).

SOCHAVA, VICTOR B., 1967: Einige Ergebnisse und Perspektiven der komplexen Raumgliederung. Sympozium o Fyzickogeografickej Regionalizacii (Moravany pri Piestanoch).

SOCHÀVA, V. B., 1968: The Training of Geographers in the Field of Applied Geography. International Geography. International Geographical Union – Commission on Applied Geography (New Delhi).

SOCHAVA, V. B., 1971: Geography and Ecology. Soviet Geography, vol. XII, No. 5, May 71, S. 277–317.

SOCHAVA, V. B., 1972: Geographie und Ökologie. PM, 116. Jg., S. 89–98.

SOCHAVA, V. B., 1974: A New Work on Theoretical Geography (a Review of David Harvey, Explanation in Geography). Soviet Geography XV, 5.

SOCHAVA, V. B., A. A. KRAUKLIS und V. A. SNYTKO, 1974: K unifikacii ponjatij i terminov, ispol'zuemych pri kompleksnych issledovanijach landšafta (Zur Vereinheitlichung der Begriffe u. Termini, die bei komplexen Landschaftsuntersuchungen benützt werden, russisch). Dokl. Inst. geografii Sibiri i Dal'nego Vostoka (Ber. d. Inst. f. die Geographie Sibiriens u. des Fernen Ostens), Nr. 42 (Novosibirsk).

SÖLCH, JOHANN, 1924: Die Auffassung der „natürlichen Grenze" in der wissenschaftlichen Geographie (Innsbruck).

SÖLCH, J., 1949: Die wissenschaftliche Aufgabe der modernen Geographie. Almanach der Österreichischen Akademie der Wissenschaften. Nr. 98 (Wien).

SOLNCEV, N. A., 1949: Die Morphologie der geographischen Naturlandschaft. Fragen der Geographie, Bd. 16.

SORRE, MAXIMILIEN, 1943–1953: Les fondements de la Géographie Humaine. 3 Bde (Paris).

SORRE, M., 1961: L'homme sur la Terre (Paris).

SOULAVIE (GIRAUD, JEAN LOUIS), 1783: Histoire naturelle de la France Méridionale, 7 Bde (Paris).

SOUTHWICK, CH. H., 1972: Ecology and the Quality of our Environment (New York, Cincinnati, Toronto, London, Melbourne).

SPATE, O. H. K., 1957: How Determined is Possibilism? Geogr. Studies 4.

SPETHMANN, HANS, 1927: Neue Wege in der Länderkunde, Zeitschr. für Geopolitik, 4. Jg., S. 989–998.

SPETHMANN, H., 1928: Dynamische Länderkunde (Breslau).

SPETHMANN, H., 1933: Das länderkundliche Schema in der deutschen Geographie. Kämpfe um Freiheit und Fortschritt (Berlin).

SPÖRL, HANNI, 1968: Die Auffassung der Landschaft bei Albrecht von Haller. Staatsexamensarbeit (Manuskript, Saarbrücken).

SPRANGER, EDUARD, 1949²: Der Bildungswert der Heimatkunde. 1. Auflage 1943, Leipzig (Stuttgart).

STADEN, HANS, 1557: Warhaftig Historia und beschreibung eyner Landtschafft der Wilden,

Nacketen, Grimmigen Menschfresser-Leuthen, in der Newenwelt America gelegen, vor und nach Christi geburt im Land zu Hessen unbekannt, biß uff dise 2 nechst vergangene jar. Da sie Hans Staden von Homsberg auß Hessen durch sein eygne erfarung erkant, und jetzo durch den truck an tag gibt (Marburg).

STEINITZER, ALFRED, siehe: Simler, Josias.

STOCKER, OTTO, 1957: Grundlagen, Methoden und Probleme der Ökologie. Ber. d. Dt. Botan. Gesellschaft, Bd. 70.

STOCKER, O., 1958: Das System der biologischen Wissenschaften und das Problem der Finalität in empirischer und transzendentaler Betrachtung. Philosophia Naturalis, Bd. 5, H. 1 (Meisenheim/Glan).

STOCKER, O., 1962: Steppe, Wüste und Savanne. Die Asymetrie des ariden Gürtels und andere ökologische Probleme. Festschrift Franz Firbas. Veröff. d. Geobot. Inst. d. Eidgenössischen Technischen Hochschule, Stiftung Rübel, H. 37, S. 234–243 (Zürich).

STOCKLASA, J., 1924: Über die Resorption der Ionen durch das Wurzelsystem der Pflanzen aus dem Boden. Dt. Botan. Zeitschr., Bd. 42.

STOLTENBERG, IDA, 1927: Landschaftskundliche Gliederung von Paraguay. Mitt. d. Geogr. Ges. in Hamburg, Bd. 38.

STORKEBAUM, WERNER (Hrg.), 1967: Zum Gegenstand und zur Methode der Geographie. Wege der Forschung, Bd. 58.

STORKEBAUM, W. (Hrg.), 1969: Sozialgeographie. Wege der Forschung, Bd. 59.

STRAUSS, GERALD, 1959: Sixteenth-Century Germany. Its Topography and Topographers (Madison, Wisc.).

STRYGOWSKI, WALTER, 1949: Die Gliederung Österreichs in Landschaften. Der Aufbau. Hrg. vom Stadtbauamt der Stadt Wien., S. 330–339.

STUDER, BERNHARD, 1863: Geschichte der physischen Geographie der Schweiz bis 1815 (Zürich/Bern).

STUGREN, B., 1972: Grundlagen der allgemeinen Ökologie (Jena).

STURM, ANNELIESE, 1959: Die Wälder des östlichen Nordpfälzer Berglandes. Die Entwicklung der heutigen Forstwirtschaftsformation aus den Waldwirtschaftsformationen während der letzten 300 Jahre. Veröff. d. Pfälz. Ges. z. Förderung der Wissenschaft, Bd. 39 (Speyer).

SUKAČEV, V. N., 1940: Razvitie raztitel'nosti kak élementa geografičeskoj sredy (Die Entwicklung der Vegetation als Element des geographischen Milieus, russisch). Aus: O geografičeskoj srede v lesnom proizvodstve (über das geographische Milieu in der Waldproduktion) (Leningrad).

SUKAČEV, V. N., 1949: Über das Verhältnis der Begriffe ,,geographische Landschaft'' und ,,Biogeozönose''. Voprosy Geografii, Heft 16 (Moskau).

SUKAČEV, V. N., 1950: Biogeocenoz (Biogeozönose, russisch). Bol'šaja sovetskaja Enciklopedija (Große Sowjetische Enzyklopädie), B. 5 (Moskau).

SUKOPP, H., 1973: Die Großstadt als Gegenstand ökologischer Forschung. In: Schriften d. Vereins zur Verbreitung naturwiss. Kenntnisse. 1973, S. 90–140 (Wien).

SUTTON, D. B. und N. P. HARMON, 1973: Ecology: Selected Concepts (New York, London, Sydney, Toronto).

SZAVA-KOVATS, ENDRE, 1960: Das Problem der geographischen Landschaft. Geogr. Helv., S. 38–47.

TANSLEY, A. G., 1935: The use and abuse of vegetational concepts and terms. Ecology, Bd. 16.

TANSLEY, A. G., 1939: The British Isles and their Vegetation (Cambridge).

TAYLOR, GRIFFITH, 1957: Geography in the Twentieth Century (New York).

TEILHARD DE CHARDIN, PIERRE, 1959: Der Mensch im Kosmos. Le phénomène humain (München).

TEILHARD DE CHARDIN, P., 1961[2]: Die Entstehung des Menschen. Le groupe zoologique humain (München).

THIENEMANN, AUGUST, 1918: Lebensgemeinschaft und Lebensraum. Ein Vortrag. Naturwiss. Wochenschrift, N. F. 17: Nr. 20 u. 21.

THIENEMANN, A., 1925: Die Binnengewässer Mitteleuropas. Die Binnengewässer, Bd. 1 (Stuttgart).

THIENEMANN, A., 1926: Das Leben im Süßwasser. Eine Einführung in die biologischen Probleme der Limnologie (Breslau).

THIENEMANN, A., 1928: Der Sauerstoff im eutrophen und oligotrophen See. Ein Beitrag zur Seetypenlehre (Stuttgart).

THIENEMANN, A., 1931: Limnologie. Handwörterbuch der Naturwissenschaften, Bd. VI.

THIENEMANN, A., 1939: Grundzüge einer allgemeinen Ökologie. Archiv für Hydrobiologie, Bd. 35 (Stuttgart).

THIENEMANN, A., 1941: Leben und Umwelt. Bios, Bd. 12 (Leipzig).

THIENEMANN, A., 1941: Vom Wesen der Ökologie. Biologia Generalis. Int. Zeitschr. f. Allgemeine Biologie, Bd. 15 (Wien).

THOMALE, ECKHARD, 1972: Sozialgeographie. Eine disziplingeschichtliche Untersuchung zur Entwicklung der Anthropogeographie. Marburger Geogr. Schriften. Heft 53.

THOMAS, M. und G. HAASE, 1964: Versuch einer Klassifikation von Bodenfeuchteregime-Typen. Vortrag vor dem Arbeitskreis für Landschaftsökologie der Geogr. Ges. d. DDR, 19. 11. 1964 (Manuskript).

THOMASIUS, H., 1961: Standortssystematische und standortsgeographische Auswertung der Ergebnisse der Standortserkundung in NW-Sachsen. I und II. Wiss. Zeitschr. d. Techn. Univ. Dresden, 10.

THOMSON, JAMES OLIVER, 1948: History of Ancient Geography (Cambridge).

THOSS, RAINER, 1972: Zur Planung des Umweltschutzes. Raumforschung und Raumordnung.

THOSS, R. und H. P. DÖLLEKER, 1974: Energy and Environmental Planning. OECD, Paris.

TICHY, FRANZ, 1958: Die Land- und Waldwirtschaftsinformationen des Kleinen Odenwaldes. Heidelberger Geogr. Arbeiten 3.

TICHY, F., 1960: Die vom Menschen gestaltete Erde. Ruperto-Carola, 12. Jg., H. 28 (Heidelberg).

TICHY, F., 1972: Die Aufgaben der Ökologie in der Kulturlandschaftsforschung. Biogeographica I (The Hague).

TICHY, W., 1959: Carl Ritters Schriften zur Kunst. Die Erde, 90. Jg., H. 2, S. 223–229.

TISCHLER, W., 1965: Agrarökologie (Jena).

TOFFLER, ALVIN, 1975: Die Grenzen der Krise (Bern und München).

TOKYO NATIONAL MUSEUM (Hrg.), 1953: Painting 14th–19th Centuries. (Pageant of Japanese Art II) (Tokio).

TOKYO NATIONAL MUSEUM (Hrg.), 1964: An Aid to the Understanding of Japanese Art (Tokio).

TRAUTMANN, W., 1966: Erläuterungen zur Karte der potentiellen natürlichen Vegetation der Bundesrepublik Deutschland 1 : 200 000, Blatt 85, Minden. Schriftenreihe für Vegetationskunde, Bd. 1.

TROLL, CARL, 1926: Die natürlichen Landschaften des rechtsrheinischen Bayerns. Geogr. Anzeiger, 27. Jg., S. 5–18, Karte Nr. 4.

TROLL, C., 1939a: Gedanken zur Systematik der Anthropo-Geographie – (zu H. HASSINGERS „Die Geographie des Menschen") – Zeitschr. d. Ges. f. Erdk. z. Berlin, H. 5/6.

TROLL, C., 1939b: Luftbildplan und ökologische Bodenforschung. Zeitschr. d. Ges. f. Erdk. z. Berlin, H. 7/8, S. 241–298.

TROLL, C., 1943: Methoden der Luftbildfor-

schung. Sitzungsberichte der europäischen Geographen in Würzburg 1942 (Leipzig).

TROLL, C., 1950: Die geographische Landschaft und ihre Erforschung. Studium Generale, 3. Jg., H. 4/5.

TROLL, C., 1956: Der Stand der geographischen Wissenschaft und ihre Bedeutung für die Aufgaben der Praxis. Forschungen und Fortschritte. Bd. 30, H. 9, S. 257–262.

TROLL, C., 1966: Ökologische Landschaftsforschung und vergleichende Hochgebirgsforschung. (Ausgewählte Beiträge I). Erdk. Wissen, 11.

TROLL, C., 1966: Luftbildforschung und landeskundliche Forschung. (Ausgewählte Beiträge II). Erdk. Wissen, 12.

TROLL, C., 1968: Leo Waibel zum Gedächtnis. Erdkunde. Bd. 22, S. 63–65.

TROLL, C., 1975: Vergleichende Geographie der Hochgebirge der Erde in landschaftsökologischer Sicht. Geogr. Rundschau.

TRUSOV, YU. P., 1969: The Concept of the Noosphere. Soviet Geography, Bd. 10, No. 5, S. 220–237.

TÜXEN, REINHOLD, 1931: Die Pflanzendecke zwischen Hildesheimer Wald und Ith mit ihren Beziehungen zu Klima, Boden und Mensch. In: W. Barner. Unsere Heimat. S. 55–131 (Hildesheim).

TÜXEN, R., 1931/32: Die Pflanzensoziologie in ihren Beziehungen zu den Nachbarwissenschaften. Der Biologe. H. 1 (München).

TÜXEN, R., 1937: Die Pflanzengesellschaften Nordwestdeutschlands. Mitt. d. Flor.-Soz. Arbeitsgem. in Niedersachsen, H. 3.

TÜXEN, R., 1939: Die Pflanzendecke Nordwestdeutschlands in ihren Beziehungen zu Klima, Gesteinen, Böden und Mensch. Dt. Geogr. Blätter, Bd. 42.

TÜXEN, R., 1954 a: Pflanzengesellschaften und Grundwasserganglinien. Angewandte Pflanzensoziologie, H. 8.

TÜXEN, R., 1954 b: Die Wasserstufenkarte und ihre Bedeutung für die nachträgliche Feststellung von Änderungen im Wasserhaushalt einer Landschaft. Angewandte Pflanzensoziologie, H. 11.

TÜXEN, R., 1956: Die heutige potentielle natürliche Vegetation als Gegenstand der Vegetations-Kartierung. Angewandte Pflanzensoziologie, H. 13.

TÜXEN, R. (Hrg.), 1968: Pflanzensoziologie und Landschaftsökologie. Bericht über das Internationale Symposium in Stolzenau/Weser 1963 der Intern. Ver. für Vegetationskunde (Den Haag).

UEXKÜLL, J. v., 1940: Bedeutungslehre. Bios Bd. 10 (Leipzig).

UHLIG, HARALD, 1956: Die Kulturlandschaft. Methoden der Forschung und das Beispiel Nordost-England. Kölner Geogr. Arbeiten Bd. 9/10.

UHLIG, H., 1967: Die naturräumliche Gliederung – Methoden, Erfahrungen, Anwendungen und ihr Stand in der Bundesrepublik Deutschland. Wiss. Abh. d. Geogr. Ges. d. DDR, Bd. 5, S. 161–215.

UHLIG, H., 1970: Organisationsplan und System der Geographie. Geoforum, Bd. I.

UHLIG, H., 1970: Landschaftsökologie. Westermann Lexikon der Geographie, Bd. III, 1970, S. 41–44 (Braunschweig).

UHLIG, LUDWIG, 1965: Georg Forster (Tübingen).

UHLIG, S., 1954: Beispiel einer kleinklimatischen Geländeuntersuchung. Zeitschr. f. Meteorologie, Nr. 8.

UNESCO, 1968: Aerial surveys and integrated studies. Natural resources research, Bd. VI (Paris).

UNESCO, 1970: Ecology of the subarctic regions. Proceedings of the Helsinki symposium. Ecology and Conservation, Bd. 1 (Paris).

UNESCO, 1973: International classification and mapping of vegetation. Ecology and conservation, Bd. 6 (Paris).

UNESCO, 1971–1974: MAB-Reports 1–17, 19, 20, 22, 25–27 (Paris).

UNHOLD, J., 1886: Die ethnologischen und anthropogeographischen Anschauungen bei I. Kant und J. Reinhold Forster (Diss. Leipzig).

VACHER, ANTOINE, 1908: Le Berry. Contribution à l'étude géographique d'une région française (Paris).

VALLAUX, C., 1929: Les Sciences géographiques (Paris).

VAN PAASEN, C., 1957: The Classical Tradition of Geography (Groningen).

VARENIUS, B., 1649: Descriptio Regni Japoniae. Cum quibusdam affinis materiae, ex variis auctoribus collecta et in ordinem redacta (Amsterdam).

VARENIUS, B., 1650: Geographia Generalis, in qua affectiones generales Telluris explicantur (Amsterdam).

VARGA, L., 1928: Ein interessanter Biotop der Biocönose von Wasserorganismen. Biologisches Zentralblatt. Bd. 28, S. 143–162 (Leipzig).

VERNADSKY, W. I., 1945: The Biosphere and the Noosphere. American Scientist, vol. 33, No. 1 (Burlington).

VIDAL DE LA BLACHE, PAUL, 1897: Histoire et Géographie. Atlas général Vidal-Lablache (Paris).

VIDAL DE LA BLACHE, P., 1908: Tableau de la géographie de la France. In: Ernest Lavisse: Histoire de France depuis les origines jusqu'à la révolution, Bd. 1 (Paris).

VIDAL DE LA BLACHE, P., 1910: Régions françaises. Revues de Paris (Paris).

VIDAL DE LA BLACHE, P., 1911a: De l'Interprétation géographique des Paysages. Compte rendu des Travaux du neuvième Congrès International de Géographie, S. 59–64 (Genf).

VIDAL DE LA BLACHE, P., 1911 b: Les genres de vie dans la géographie humaine. Annales de Géographie 20 (Paris).

VIVIEN DE SAINT-MARTIN, LOUIS, 1873: Histoire de la Géographie et des Découvertes géographiques depuis les temps les plus reculés jusqu'à nos jours (Paris).

VOGEL, WALTHER, 1926: Zur Lehre von den Grenzen und Räumen. GZ, 32. Jg., S. 191–198.

VOIT, AUGUST VON, 1821: Über Verschönerung eines Landes durch rationelle Landwirtschaft in Beziehung auf anzulegende Agrikulturschulen und Musterwirtschaften, wodurch wissenschaftl. Grundsätze allgemein verbreitet werden, dann durch Gartenkunst und Architektonik. Polytechnisches Journal, Bd. 4, S. 1–55 (Stuttgart).

VOIT, A. VON, 1824: Beiträge zur allgemeinen Baukunde, eine Sammlung technischer Beobachtungen und Erfahrungen über Architektur, Hydrotechnik, Mechanik und Landwirtschaft (Augsburg/Leipzig).

VOLLMER, GERHARD, 1975: Evolutionäre Erkenntnistheorie (Stuttgart).

VOLZ, WILHELM, 1921: Im Dämmer des Rimba. Sumatras Urwald und Urmensch (Breslau).

VOLZ, W., 1923 a: Das Wesen der Geographie in Forschung und Darstellung. Antrittsrede Leipzig. Schlesische Jahrbücher für Geistes- und Naturwissenschaften (Breslau).

VOLZ, W., 1923b: Der Begriff des „Rhythmus" in der Geographie. Mitt. d. Ges. f. Erdk. z. Leipzig, 1923–25, Bd. 48.

VOLZ, W., 1951/52: Ganzheit, Rhythmus und Harmonie in der Geographie. Die Erde, 1951/52, H. 2, S. 97–116.

VOPPEL, GÖTZ, 1961: Passiv- und Aktivräume. Forsch. z. Dt. Landesk., Bd. 132.

VORHERR, GUSTAV, 1807: Ideen und Fingerzeige zur Organisation des deutschen Vaterlandes.

Allgemein. Anzeiger der Deutschen (Gotha).

VORHERR, G., 1826: Dr. Vorherr's Erklärung der Landesverschönerungskunst. Monatsblatt für Bauwesen und Landesverschönerung, 5. Jg. (München).

VORONOV, A. G., 1973: Geobotanika. Izdanie vtoroe, izpravlennoe i dopolnennoe (Geobotanik. Zweite verbesserte und vervollständigte Ausgabe, russisch, Moskau).

WAGNER, GEORG, 1960: Einführung in die Erd- und Landschaftsgeschichte (3. Aufl., Öhringen).

WAGNER, HERMANN, 1885: Bericht über die Entwicklung der Methodik und des Studiums der Erdkunde (1883–1885). Geogr. Jahrbuch, Bd. 10, S. 539–648.

WAGNER, H., 1963: Landschaftsforschung und Vegetationskartierung. Mitt. d. Österr. Geogr. Ges., Bd. 105.

WAIBEL, LEO, 1912: Physiologische Tiergeographie. GZ 18, H. 3, S. 163–165.

WAIBEL, L., 1913: Lebensformen und Lebensweise der Tierwelt im tropischen Afrika. Mitt. d. Geogr. Ges. Hamburg, 27, S. 1–75.

WAIBEL, L., 1914: Der Mensch im Wald und Grasland von Kamerun. GZ, 20. Jg.

WAIBEL, L., 1920: Der Mensch im südafrikanischen Veld. GZ, 26. Jg.

WAIBEL, L., 1921: Urwald, Veld, Wüste (Breslau).

WAIBEL, L., 1922: Die Viehzuchtgebiete der südlichen Halbkugel. GZ, 28. Jg., S. 54–74.

WAIBEL, L., 1927: Die Sierra Madre de Chiapas... Verh. u. Wiss. Abh. d. 22. Dt. Geographentags zu Karlsruhe (Breslau 1928).

WAIBEL, L., 1928: Beitrag zur Landschaftskunde. GZ, 34. Jg., S. 475–486.

WAIBEL, L., 1929: Die wirtschaftsgeographische Gliederung Mexikos. GZ, 35. Jg., S. 416–439.

WAIBEL, L., 1930: Die wirtschaftsgeographische Gliederung Mexikos. Festschrift für A. Philippson, S. 32–55 (Leipzig und Berlin).

WAIBEL, L., 1933 d: Probleme der Landwirtschaftsgeographie. Wirtschaftsgeogr. Abh. hrg. von Leo Waibel, Nr. 1 (Breslau).

WAIBEL, L., 1933b: Was verstehen wir unter Landschaftskunde? Geogr. Anzeiger, 34. Jg., S. 197–207.

WAIBEL, L., 1933 c: Die Sierra Madre de Chiapas. Mitt. d. Geogr. Ges. in Hamburg, Bd. 43, S. 12–162.

WAIBEL, L., 1933d: Die Wirtschaftsform des tropischen Plantagenbaus. 92. Vers. Ges. Dt. Naturf. u. Ärzte, S. 160–161, (Berlin)

WAIBEL, L., 1935: Probleme der Landwirt-

schaftsgeographie. Verh. u. wiss. Abh. d. 25. Dt. Geographentages Bad Nauheim, 1934 (Breslau).

WAIBEL, L., 1937: Die Rohstoffgebiete des tropischen Afrika (Leipzig).

WARMING, E., 1895: Pflanzengeographie auf ökologischer Grundlage.

WEDECK, HORST, 1967: Zur Frage der Abgrenzung von Physiotopen durch Vegetationskomplexe. Schriftenreihe f. Vegetationskunde, H. 2.

WEICHHART, PETER, 1975: Geographie im Umbruch. Ein methodologischer Beitrag zur Neukonzeption der komplexen Geographie (Wien).

WEIGT, ERNST, 1957: Die Geographie. Eine Einführung in Wesen, Methoden, Hilfsmittel und Studium (Braunschweig).

WEISCHET, WOLFGANG, 1955: Über Klimaforschung im Maßstab des Landschaftsgefüges. Deutscher Geographentag Hamburg. Tagungsber. u. wiss. Abh. (Wiesbaden).

WEISCHET, W., 1970: Chile. Seine länderkundliche Individualität und Struktur. Wiss. Länderkunden, Bd. 2/3 (Darmstadt).

WEISS, RICHARD, 1933: Das Alpenerlebnis in der deutschen Literatur des 18. Jahrhunderts (Horgen, Zürich, Leipzig).

WEIZSÄCKER, C. F. VON, 1960: Die Sprache der Physik. Sprache der Wissenschaft, hrg. von Joachim Jungius – Gesellschaft der Wissenschaften, S. 137–153 (Göttingen).

WELTE, ADOLF, 1934: Der Weinbau des mittleren Mainlandes. Forsch. z. Dt. Landes- und Volkskunde, Bd. 31, H. 1 (Stuttgart).

WENZEL, ALFRED, 1946: Die Technik als philosophisches Problem (München).

WERNER, D., 1965: Über den Anteil anthropogen ausgelöster Abtragungsprozesse am aktuellen Erscheinungsbild von Relief und Boden im Mittleren Buntsandstein Südostthüringens (Diss. Jena).

WERNLI, OTTO, 1958: Die neuere Entwicklung des Landschaftsbegriffes. Geogr. Helv., Bd. 13, S. 1–59.

WESTERMANN, 1968: Lexikon der Geographie (Braunschweig).

WHITTLESEY, DERWENT, 1954: The Regional Concept and the Regional Method. American Geography: Inventory and Prospect, ed. by Preston E. James and Clarence F. Jones, S. 19–68 (Syracuse).

WIELER, A., 1905: Untersuchungen über die Einwirkung schwefliger Säure auf die Pflanzen (Berlin).

WILDENOW, KARL LUDWIG, 1792: Grundriß der Kräuterkunde (5. Aufl. Berlin 1810).

WILHELMY, HERBERT, 1952: Südamerika im Spiegel seiner Städte (Hamburg).

WILHELMY, H., 1973: Amazonia as a Living Area and an Economic Area. Applied Sciences and Development (Tübingen).

WIMMER, JOSEF, 1885: Historische Landschaftskunde (Innsbruck).

WIMMER, J., 1905: Geschichte des deutschen Bodens mit seinem Pflanzen- und Tierleben von der keltisch-römischen Urzeit bis zur Gegenwart. Historisch-geographische Darstellungen (Halle/Saale).

WINDHORST, HANS-WILHELM, 1974: Agrarformationen. GZ, 62. Jg., H. 4, S. 272–294.

WINDLER, H., 1954: Zur Methodik der geographischen Grenzziehung am Beispiel des Grenzbereiches der Kantone Schwyz, Zug und Zürich. Geogr. Helv. 9, S. 129–185.

WINKLER, ERNST, 1946: Das System der Geographie und die Dezimalklassifikation. Eidg. Techn. Hochschule, Arbeiten aus dem Geogr. Inst. (Zürich).

WINKLER, E., 1955: Das Handbuch der naturräumlichen Gliederung Deutschlands. Erdkunde, Heft 9, S. 320–322.

WINKLER, E., 1957: Der Gegenstand der Geographie und die Nachbarwissenschaften. Geogr. Helv., Bd. 12.

WINKLER, E., 1957: Das Allgemeine und die Geographie. Erdkunde, 11.

WINKLER, E., 1965: Reminiszensen zum Landschaftsbegriff. Geogr. Helv., Bd. 20.

WINKLER, E. (Hrg.), 1975: Probleme der Allgemeinen Geographie. Wege der Forschung (Darmstadt).

WIRTH, EUGEN, 1969: Zum Problem einer allgemeinen Kulturgeographie. Raummodelle – kulturgeogr. Kräftelehre – raumrelevante Prozesse – Kategorien. Die Erde, 100. Jg., Heft 2–4, S. 155–193.

WISOTZKI, EMIL, 1897: Zeitströmungen in der Geographie (Leipzig).

WITT, WERNER, 1958: Die Veränderungen der Kulturlandschaft als Grundlage landesplanerischer Entwicklungsrichtlinien. Informationen des Instituts für Raumforschung, Jg. 8 (Bad Godesberg).

WÖHLKE, WILHELM, 1969: Die Kulturlandschaft als Funktion von Veränderlichem. Geogr. Rdsch., 21. Jg., S. 298–308.

WOLTERECK, R., 1928: Über die Spezifität des Lebensraumes, der Nahrung und der Körperformen bei pelagischen Cladoceren und über ,,Ökologische Gestaltsysteme''. Biologisches Zentralblatt, Band 28, S. 521–551 (Leipzig).

WOOLDRIDGE, S. W. and W. EAST GORRON, 1951: The Spirit and Purpose of Geography. Hutchinson's Univeristy Library (London).

WÜRTENBERGER, FRANZSEPP, 1958: Weltbild und Bilderwelt von der Spätantike bis zur Moderne. (Wien/München).

YEFREMOV, YU. K. 1961 a: An approach to integrated physical-geographic description of an area. Soviet Geography, Sept., S. 42–47.

YEFREMOV, YU. K., 1961 b: The concept of landscapes of different orders. Soviet Geography, Dec., S. 32–43.

YEFREMOV, YU. K., 1969: The Landscape Sphere and the Geographical Environment. Soviet Geography, Bd. 10, No. 5, S. 248–256.

ZEUNE, JOHANN AUGUST, 1808: Gea. Versuch einer wissenschaftlichen Erdbeschreibung (Berlin).

ZEUNE, J. A., 1815: Erdansichten oder Abriß einer Geschichte der Erdkunde vorzüglich der neuesten Fortschritte in dieser Wissenschaft (Berlin).

ZEUNER, FREDERICK E., 1967: Geschichte der Haustiere (München, Basel, Wien).

ZISCHKA, ANTON, 1974: Die Welt bleibt reich. Eine optimistische Bestandsaufnahme (Bern).

ZSCHOCKE, REINHART, 1970: Die Kulturlandschaft des Hunsrücks. Kölner Geogr. Arbeiten, 24.

Personenregister

AARIO, L. 141, 268
ALTDORFER, A. 85
ANAXIMANDER 11
ANTONELLO DA MESSINA 84
ANUSCHIN, V. A. 14, 68, 295 f.
APIAN, PHILIPP 88
APIANUS, PETER 45, 91 f.
ARBOS, PH. 127
ARISTOTELES 15, 293
ARMAND, D. L. 14

BALLAUF, T. 74
BANSE, E. 75, 133 f., 145
BARROWS, H. H. 134, 137, 282, 299
BARTELS, D. 65
BAULIG, H. 126
DE BEAUVAIS, V. 81
BECK, L. C. 121, 219
BELLINI, G. 84
BERG, L. S. 141
BIROT, P. 271
BLANCHARD, R. 127
BOBEK, H. 14, 64, 144, 163
BOESCH, H. 14
BOMMERSHEIM, P. 162
BOTTICINI, F. 85
BOURNE, R. 207, 280
BRAUN, G. 97, 135
BRAUN, J. 123
BRAUN-BLANQUET, J. 139
BREHM, B. 75
BREUGHEL, J. 84
BRINKMANN, TH. 135
BRÜCKNER, D. E. 251
BRÜSER, G. VI
BRUNHES, J. 127, 130, 218, 294
BRUNNSCHWEILER, D. 14
BUACHE, PH. 98, 100, 110
BUCHER, Å. L. 104, 107
BUCHWALD, K. 294
BÜRGER, K. 138
BÜSCHING, A. F. 12
BURCKHARDT, J. 82 f.
BYRON, G. G. N. 102

CAROL, H. 14, 45, 145
CARUS, C. G. 109

CELTIS, K. 85
CHEVALIER, A. 135
CHRISTALLER, W. 213
CLOZIER, R. 144
COCHLAEUS (DOBNECK, J.) 89 ff., 93
VON COTTA, B. 111 f., 116
CREUTZBURG, N. 135
CRONE, G. R. 102
CUVIER, G. 110
CZAJKA, W. 14, 65, 208

DARWIN, CH. II
DAVIS, W. M. 130, 132
DEMANGEON, A. 127
DESCARTES 4
DOBNECK, J. (COCHLAEUS) 89 ff., 93
DRUDE, O. 115
DÜRER, A. 85 f.
DUHAMEL, G. 240

EBEL, J. G. 102
VON ECKHARTSHAUSEN, K. 101
EGLI, E. 22, 165
EIBL-EIBESFELD, I. 227
EINSTEIN, A. 173
ELLENBERG, H. 239, 288 ff., 291
ENGELBRECHT, T. H. 32
ESCHERISCH, K. 294
EUCKEN, R. II, 4, 76, 91, 219
VAN EYCK 83

DA FABRIANO, G. 84
FALINSKI, J. B. 265
FALINSKI, J. B. 265
FECHNER, G. 19
FELS, E. 180
FIORENZO DI LORENZO 85
FISCHER, TH. 119
FITTKAU, E. J. 292
FORSTER, G. 89, 100
FRA ANGELICO 84
FRA FILIPPO 84
FRANCK, S. 91
FRANZ VON ASSISI 81
FRENZEL, W. 134 f.
FRIEDERICHS, K. 135, 139, 194, 207 f., 242, 282, 284, 287, 294

Sachregister

Walter de Gruyter
Berlin · New York

Jacques Bertin

Graphische Semiologie
Diagramme. Netze. Karten.

Übersetzt und bearbeitet nach der 2. französischen Auflage von
Georg Jensch, Dieter Schade, Wolfgang Scharfe.
Lexikon-Oktav. 430 Seiten mit über 1000, z. T. farbigen Abbildungen. 1974. Ganzleinen DM 168,– ISBN 3 11 003660 6

Peter Haggett

Einführung in die kultur- und sozialgeographische Regionalanalyse
Aus dem Englischen übertragen von Dietrich Bartels, Barbara u.
Volker Kreibich
Groß-Oktav. XXIV, 414 Seiten mit 163 Abbildungen und 64 Tabellen. 1973. Plastik flexibel DM 56,–
ISBN 3 11 001630 3 (de Gruyter Lehrbuch)

Eduard Imhof

Kartographische Geländedarstellung
Quart. XX, 425 Seiten mit 14 mehrfarbigen Karten und Bildtafeln und 222 einfarbigen Abbildungen. 1965. Ganzleinen DM 96,–
ISBN 3 11 006043 4

Horst Falke

Anlegung und Ausdeutung einer geologischen Karte
Groß-Oktav. VIII, 220 Seiten mit 156 Abbildungen und 7 vierfarbigen Tafeln. 1975. Plastik flexibel DM 48,–
ISBN 3 11 001624 9 (de Gruyter Lehrbuch)

Walter de Gruyter
Berlin · New York

Günter Hake

Kartographie I
Kartenaufnahme, Netzentwürfe, Gestaltungsmerkmale, topographische Karten
5., neubearbeitete Auflage
Klein-Oktav. 288 Seiten mit 132 Abbildungen und 8 Anlagen. 1975. Kartoniert DM 19,80
ISBN 3 11 005769 7 (Sammlung Göschen, Band 9030)

Kartographie II
Thematische Karten, Atlanten, kartenverwandte Darstellungen, Kartentechnik, Automation, Kartenauswertung, Kartengeschichte
2., neubearbeitete Auflage
Klein-Oktav. 307 Seiten mit 112 Abbildungen und 10 Anlagen. 1976. Kartoniert DM 19,80
ISBN 3 11 006739 0 (Sammlung Göschen, Band 2166)

Gerhard Hard

Die Geographie
Eine wissenschaftstheoretische Einführung
Klein-Oktav. 318 Seiten mit 9 Abbildungen. 1973.
Kartoniert DM 19,80
ISBN 3 11 004402 1 (Sammlung Göschen, Band 9001)

H. G. Gierloff-Emden

Mexiko
Eine Landeskunde
Groß-Oktav. XXIV, 634 Seiten mit 148 Abbildungen und 93 Bildern und 1 mehrfarbigen Übersichtskarte von Mexiko. 1970.
Ganzleinen DM 136,– ISBN 3 11 001025 9

Martin Schwind

Das Japanische Inselreich
Eine Landeskunde nach Studien und Reisen in 3 Bänden
Band 1: Die Naturlandschaft. Groß-Oktav. XXXII, 581 Seiten mit 121 Abbildungen, 60 Bildern, 65 Tabellen und 1 farbigen topographischen Karte 1:2 Mill. 1967. Ganzleinen DM 150,–
ISBN 3 11 000721 5

Preisänderungen vorbehalten